Physical Models of Living Systems: Probability, Simulation, Dynamics Second Edition

生命系统的物理建模：概率、模拟及动力学

（第二版）

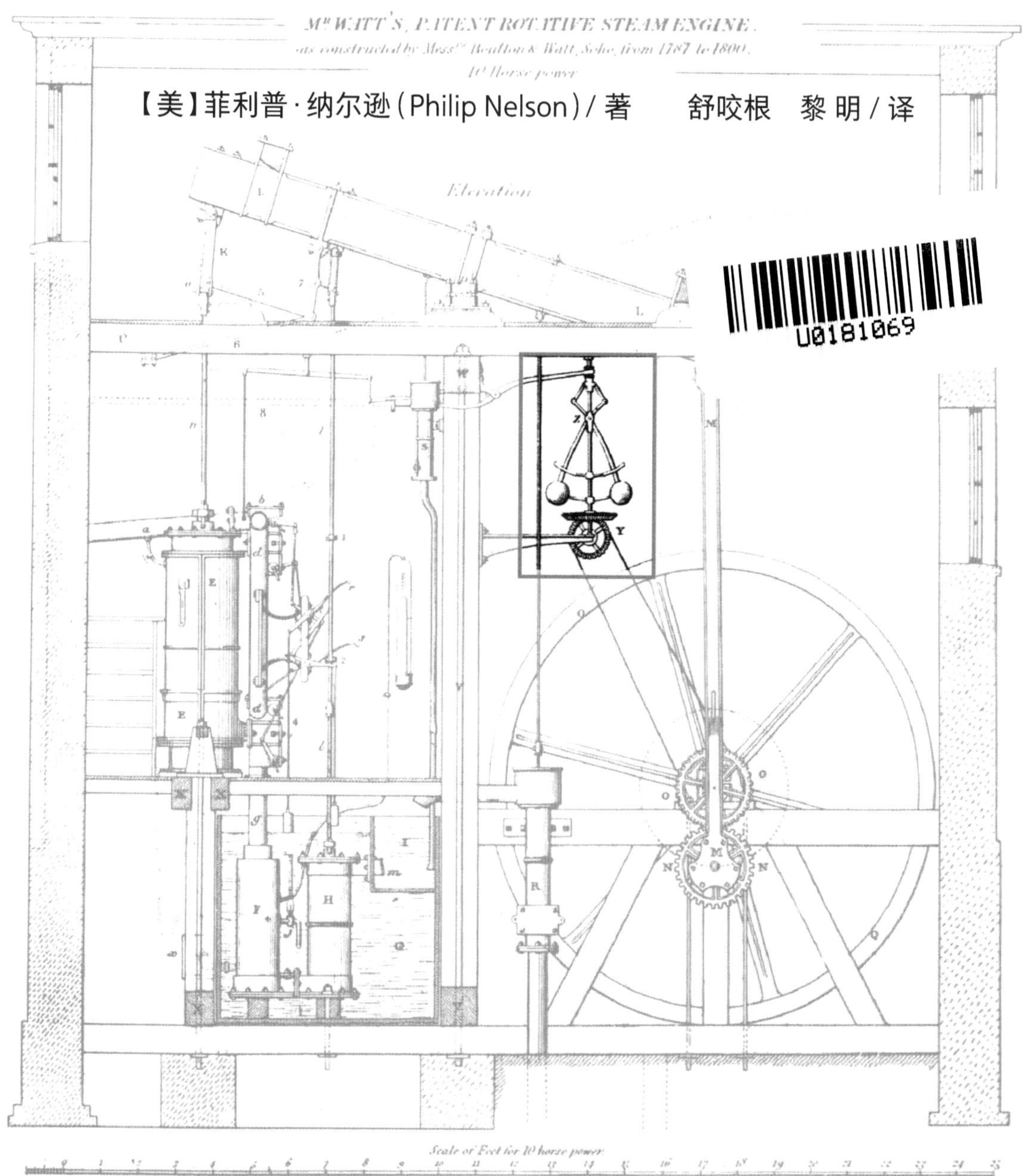

【美】菲利普·纳尔逊（Philip Nelson）/ 著　　舒咬根　黎明 / 译

上海科学技术出版社

图书在版编目（CIP）数据

生命系统的物理建模 ：概率、模拟及动力学 ：第二版 / (美) 菲利普·纳尔逊 (Philip Nelson) 著 ；舒咬根，黎明译. -- 2版. -- 上海 ：上海科学技术出版社，2023.9

书名原文：Physical Models of Living Systems: Probability, Simulation, Dynamics

ISBN 978-7-5478-6106-6

Ⅰ. ①生… Ⅱ. ①菲… ②舒… ③黎… Ⅲ. ①生命系统理论—物理学—建模系统 Ⅳ. ①Q1-0

中国国家版本馆CIP数据核字(2023)第048333号

Physical Models of Living Systems:
Probability, Simulation, Dynamics, Second edition
by Philip Nelson
First published by Chiliagon Science, Philadelphia PA USA

上海市版权局著作权合同登记号 图字：09-2021-1124号

责任编辑 杜治纬 王佳
装帧设计 陈宇思

生命系统的物理建模：概率、模拟及动力学（第二版）

【美】菲利普·纳尔逊（Philip Nelson）著
舒咬根 黎明 译

上海世纪出版（集团）有限公司
上海科学技术出版社 出版、发行
（上海市闵行区号景路159弄A座9F—10F）
邮政编码201101 www.sstp.cn
常熟市华顺印刷有限公司印刷
开本 787×1092 1/16 印张 33.25
字数 560 千字
2018年8月第1版
2023年9月第2版 2023年9月第1次印刷
ISBN 978-7-5478-6106-6/Q·79
定价：248.00元

献给 Janice Enagonio、冯奚乔（Feng Xiqiao）、Andrew Lange 三位同学以及 Tom Dodson 和其他人。

来自落日的余晖，
来自大洋和清新的空气，
来自蓝天和人的心灵，
一种动力，一种精神，推动
一切有思想的东西，一切思想的对象，
穿过一切东西而运行。

——威廉·华兹华斯[1]（William Wordsworth）

[1]华兹华斯：浪漫主义诗人，英国文学史上最重要的诗人之一。以上选自其作品《廷腾寺》（王佐良译本）。——译者注

中文版自序

最新版《生命系统的物理建模》能与中国读者见面，我感到非常高兴。感谢舒咬根教授、黎明教授承担本教材的翻译工作，他们出色地完成了这一专业且繁琐的工作，并在整个翻译过程中一直与我保持着良好的沟通与合作。感谢欧阳钟灿教授组织安排了本书中文版（第一版）的出版，并不断给予鼓励和支持。同时，非常荣幸能一直与上海科学技术出版社合作，我要特别感谢编辑团队提供的大量协助。

这一新版本增加了几个新的主题，这些主题都是世界范围内的研究热点，这为做出重要科学发现提供了广阔天地！我希望中国的读者们能像我虚构的学生 Smith 和 Jones 一样，乐于与其他学生辩论和讨论这些想法，同时思考如何将它们应用到实际的实验中。这样，你将逐渐超越本书和其他书中的内容，创造出自己的新思想。

菲利普·纳尔逊

2022年10月22日

译者序

菲利普·纳尔逊（P. Nelson）教授于2015年推出了其系列教材的第二部《生命系统的物理建模》（第一版）。2017年我们与上海科学技术出版社合作，出版了该书中译本。自第一版面世以来，本书介绍的研究领域又取得了一些新进展。为此，作者近年对原书进行了较大幅度的改动和增补，于2022年出版了本书的第二版。本书即是对应的中文译本。

本书强调细胞中各种动态现象的物理建模，主要讲解随机过程、非线性动力学、统计推断等常用且重要的建模方法。第1、第2篇介绍了概率建模在重要生命科学课题（例如里程碑式的卢里亚–德尔布吕克实验）上的成功应用，同时也详细介绍了与之紧密相关的统计推断方法（贝叶斯方法）及其在最前沿技术（例如分别获2014年和2017年诺贝尔化学奖的超分辨荧光显微技术和冷冻电子显微镜技术）中的应用。本书第3、第4篇用力学类比的方式引入了细胞基因调控中的负反馈、正反馈等概念，并介绍了如何建立随机过程模型、非线性动力学模型来理解细胞的内稳态、开关行为、周期振荡等重要且有趣的现象。另外值得一提的是，自2020年新冠疫情暴发之后，人们对疫情传播的动力学高度重视，第二版也适时增加了这方面的内容，介绍了几个经典的传播模型，尤其对极少数超级传播者对疫情传播造成的巨大不确定性给出了简要且有说服力的分析。这些概念和方法对学习物理生物学及合成生物学的读者来说都具有很强的实用性，而作者通过对少数经典实例的透彻分析，详细展示了这些方法的流程和关键细节，为读者提供了一本容易上手的基础教程。

本书与我们翻译的其他教材《生物物理学：能量、信息、生命》（2006，2016，2023，上海科学技术出版社）、《细胞的物理生物学》（2013，科学出版社）与《从光子到神经元——光、成像和视觉》（2020，科学出版社）在内容上可互为补充。这些书籍可作为物理生物学领域的系统教材。

本书的翻译得到了多方面的支持。译者要特别感谢欧阳钟灿院士的鼓励和支持，感谢国家自然科学基金重大专项“能量代谢仿生体系的理论基础与表征技术”（22193032）、瓯江实验室高端医疗器械集群启动资金（OJQDJQ2022001）和中国科学院大学温州研究院（WIUCASQD2020009，WIUCASK20002，WIUCASICTP2022）的资助。

由于本书涉及内容极广，译者的知识和水平所限，误译之处或在所难免，敬请读者批评指正。

译者
2023年3月25日

网页资源

本书网站 `http://www.physics.upenn.edu/biophys/PMLS2e` 包含下列学生资源链接：

- *Datasets* 包含习题会用到的数据集。书中用 Dataset 1 表示列表中序号为 1 的数据集。
- *Media* 给出了外部媒体（图像、录音和视频）的链接。书中用 Media 2 表示列表中序号为 2 的链接。
- *Errata* 在必要的地方会给出。

致学生

科学教育我们不可尽信专家。

——理查德·费曼

这是一本有关生命系统物理建模的书。通过学习本书，你能掌握某些建模技巧，并且能更好地评估各种科学主张，而无须依赖专家。

生命系统涉及的尺度从单个大分子到完整的有机体。如果你习惯了物理学研究，则首先感受到的将是有机体在每个尺度上的令人窒息的复杂性。例如，相比于单个细胞做出决策时所需要的分子相互作用，描述月球轨道的牛顿方程简直简单得不值一提。然而，仔细观察发现月球运动也是复杂的，存在着潮汐相互作用、锁模以及进动等不同现象。为了研究复杂系统，我们必须首先建立物理模型，通过一系列理想化近似把我们的焦点集中在最重要的特征上，从而使问题变得易处理。

生命系统的物理建模通常会拿我们理解得比较透彻的非生命系统进行类比。通过类比，我们会惊讶地发现，几个基本概念就能诠释生命科学和物理科学中各个尺度的大量问题。你之前学习的课程可能聚焦于跟生命关系不大的物理概念。但我们会发现，对于很多噪声动力学系统来说，要在不确定世界中达到优化并获得成功，其采取的策略正是基于这些概念。我们，以及其他生命体，就是这样的系统。

物理建模追求的是定量阐明实验数据，目的不只是简单地总结一下，而是通过检验各种可能模型给出的不同预测来揭示系统隐含的机制。之所以坚持定量预测，是因为我们通常设想出的卡通图像（无论是草图或仅是文字描述）多半是听起来合理但定量解释上是失败的。反之，如果模型的数值预测被详细证实，则不太可能只是巧合。

好的模型不仅能解释已有数据，而且能预言新现象（新数据），这或许是实际建模中最重要的一点。例如，好的模型能提示我们可以采取哪些定量的、物理的方法来处理数据，由此揭示模型本身的缺陷。一旦发现了某些缺陷，好的模型还能建议我们如何考虑系统的更多细节，或者以更实际的方式处理它们。一旦模型经过足够多的证伪实验的检验，那么该模型最终就会被认为是“可行的”，甚至被广泛“认可”。

本书将展示一些建模实例，在某些情况下，对于定量数据的物理建模就能使得科学家推断出背后的机制，而其中某些关键的分子在当时是完全未知的。这些案例值得学习，在你进行探索研究时就可以模仿这种模式。

本书的结构和特点

- 每章都有“**思考题**”，这些问题普遍是简单和容易的（尽管不全是）。除此之外，大部分公式是前面提到过而又必须由你自己推导的。这么做会大大提高你对问题的理解，尤其是考试遭遇到这类问题时你会轻松很多。
- 很多章内容都以“拓展”结束，该节主要是为比较优秀的学生准备的，部分内容比正文材料假设了更多的背景知识（有些内容只是更详细而已）。某些脚注和习题也标记了 [T2] ，也属于“拓展”的内容。
- 附录 A 总结了本书用到的数学符号和关键字符。附录 B 总结了一些有助于分析问题的实用工具。附录 C 列出了几个物理常量，供参考。
- 很多公式和重要观点都标注了引用编号。符号“式(x.y)”和“**要点**(x.y)”共用同一编号序列。
- “Smith”和“Jones”是书中虚构的两个学生，历史上科学家提出的很多论点都会通过他们传达给读者。

技能

科学不仅仅是供你记忆的一堆事实。你当然需要知道很多事实，本书也将提供一些事实作为案例研究的背景材料，但是你尤其需要技能。你仅仅阅读本书（或任何其他书）是不会获得这种技能的，至少需要完成每章末尾和正文中的一些练习。

本书特别强调：

- 模型构建技能：重点是确定一个恰当的描述层次并写出在该层次上合理的表达式。（随机性可能是该系统的基本特征吗？模型能通过量纲分析方法的验证吗？）在了解他人的工作时，我们也要重视它们的模型做了哪些假设和近似等。
- 融会贯通技能：物理模型通常能揭示隐藏在看似无关的话题背后的相似性，从而将这些话题联系起来。一旦人们发现了这种共性，就会导致科学上的重大进展。
- 批判的技能：有时候一个心爱的物理模型被证明是……错的。例如，亚里士多德就曾经主张人脑的主要功能是冷却血液。为了评估各种假说，你必须了解原始数据如何向我们传递信息，并转化为可理解的知识。

- 计算机技能：特别在研究生物系统时，我们通常需要进行多次试验，每次试验的结果略有不同。实验积累的数据量很容易超出简单分析方法（例如我们在数学入门课上学到的）的处理能力。就在不久前，当一本类似本书的教材列举前人做过的工作时，你还无法亲自动手对它们进行分析，因为当时的计算机尚不具备这样的计算能力。而今你可以在个人电脑上进行工业强度级的分析。

在阅读原始文献、解释实验数据，甚至评估报纸声称的许多统计和赝统计结论时，你确实需要上述技能。

另外两项技能也值得单独提及：

- 好奇心：书中的某些习题，比如“评论……”，听起来含糊其辞，其实是故意引你提问的。“什么是有趣点？值得在这里评论吗？”这类习题往往有多个“正确”答案，因为有趣的事情也许不止一件。在科学研究中，没有人会告诉你这些答案。因此要养成会提出这些问题的好习惯。

- 沟通技巧：如果不能有效地传播，即便最伟大的发现也会变得毫无用处。为此，你需要提升沟通技巧。在解答书中习题时，你可以设想自己是在为持怀疑态度的读者准备同行评审报告。你能再花几分钟时间使别人更容易明白你做了什么及为什么要这么做吗？为了可读性，能否将坐标轴标示得更好些？对代码能否做一些注解？或者能否增加一步证明？你能够预见到反对意见吗？

这六项技能将大大增强我们的能力。例如，本书某些最有趣的图片在其他地方都没有出现过，你可以利用网站上的数据自己创建它们。此外，你在本书获得的技能是*可移植的*，即可以应用到其他课程和研究中。

适当的数学方法

为了解释某些现象，我们首先在脑海中酝酿一个模型，并用草图表达出来。这类草图有助于你清楚地向他人解释你提出的机制，并做出可验证的实验预测。尽管此类传统表示很管用，但你首先需要执行一些计算才能获得足够详细的预测以验证模型。

有时候模型的预测是确定性的，即明确告知每次实验都会发生什么。这种模型可被单次实验所验证。但是更常见的情况是模型只能做出*概率性*的预测。本书将讲解概率论的关键思想，并对模型的预测及其与真实数据的符合程度做出精确断言。你学过的微积分看似与生命没有多少关系，因为它通常被当作对*连续变量*做出*确定性*预测的工具（例如，“石块被抛出后多久会落地”），而此处我们关注的问题是关于*离散随机变量*的预测（例如“耐药细菌数量”）。针对这种问题，本书将发展适当的数学方法。我们还会用到微积分，但有时候会以某种出乎意料的方式。

计算机能做的

某些时候，一个计算器、一张纸和一支笔就可以轻易完成这些计算步骤。可是，更多的时候，在某一步你需要一个非常快速和精确的助手，计算机可以担当这个角色。

如果模型做的是统计预测，需要大量的实验数据来验证；或者，你提出的机制中包含大量变量，需要长时间的计算；此时你确实需要计算机。有时候模型验证还涉及模拟系统包含的每个随机变量；为了寻找最佳的拟合值，有时候还必须做多次模拟，每次选用不同的未知参数值。只有计算机才能非常快速地完成所有这些事。

为了更可靠地使用计算机，你也需要了解一点后台的计算进程，这就要求你自行编写简单的分析程序。本书中有很多练习就是要训练你的编程技能。

最后，你需要理解计算结果，并将结果传达给别人。数据的可视化是一门艺术，它可以忠实、直观地展现数据中蕴含的定量信息。从最简单的 xy 二维曲线到最花哨的交互式 3D 图像。计算机比以往任何时候都更快捷更方便地实现了数据的可视化。

本书没有专门安排计算机编程和数据可视化的章节，指导教师会帮你寻找适合你使用的平台和其他资源。你一开始可能不习惯这些做法，并且经常碰壁，但每当你发现了一行错误代码并对其修正后就会获得满足感，下次遇到这类问题时你就可以从容应对。

计算机做不了的

首先，计算机不擅长提出富有想象力的模型；其次，计算机没有直觉，而这种直觉是建立在与以往的经验做类比的基础上的，这些经验帮助我们鉴定主要因素及其相互作用；再次，计算机不知道哪种预测容易在实验室测量；最后，计算机也不能选择哪种可视化模式能帮你更好地传达你的结果。

最重要的是，计算机不能告诉你何时应该用计算机进行计算，何时用纸笔计算会更好。计算机也不会告知你某种可视化方式会误导别人或会被一些不相关的信息所干扰。这些高层次的洞察力是你自己的工作。

其他图书

本书旨在帮助那些有志于成为科学家的人在生命系统的物理建模方面获得一些技能和框架。我的另两本书则介绍了其他方面的内容，这些主题涉及力学与流体力学、熵与熵力、生物电与神经冲动、力学化学的能量转换（《生物物理学：能量、信息、生命》中译本，黎明、戴陆如等译，2023），及光、成像和视觉（《从光子到神经元》中文版，舒咬根、黎明译，2021）。

其他文献和书籍对生物物理或相关领域的介绍更全面，对本书也是很好的补充。最近的文献和图书包括[1]：

普及类：Franklin et al., 2019; Nordlund & Hoffman, 2019; Parke, 2020.

细胞和分子生物物理学：Bahar et al., 2017; Phillips et al., 2012; Sheetz & Yu, 2018.

细胞生物学/生化背景知识：

关于视觉：Challoner, 2015; Goodsell, 2016.

Alberts et al., 2019; Berg et al., 2019; Iwasa & Marshall, 2020; Lodish et al., 2021; Morris et al., 2019.

医学/生理学：Amador Kane & Gelman, 2020; Herman, 2016; Hobbie & Roth, 2015.

更专业的文献和图书：

网络、信号、控制：Alon, 2019; Bialek, 2012; Covert, 2015; Del Vecchio & Murray, 2015; Newman, 2018; Voit, 2017.

生物学和物理学中的概率：Denny & Gaines, 2000; Linden et al., 2014.

生物物理化学：Atkins & de Paula, 2011; Dill & Bromberg, 2011.

实验方法：Leake, 2016; Nadeau, 2018.

数学背景知识：Bodine et al., 2014; Bressloff, 2021; Otto & Day, 2007.

计算方法：Baylor, 2020; Guttag, 2021; Hill, 2020; Kinder & Nelson, 2021; Pine, 2019.

最后，书不能像网上资源那样随时更新，开放式的在线百科等公共网络资源提供了很多及时更新的文献信息。你也可以从 `http://bionumbers.hms.harvard.edu/`获取很多理化参量和实验测量值，这些数值在生命系统物理建模时经常用到。

[1]请参阅本书后面的参考文献。

致指导教师

物理学家："我想研究大脑。告诉我一点有用的知识吧。"
生物学家："好的，首先，大脑分为两半……"
物理学家："行了，这点就足够了！"

——阿德里安·帕塞吉安（V. Adrian Parsegian）

新版《生命系统的物理建模》增加了几个章节和许多习题，还有更新和说明。

本书是我在宾夕法尼亚大学授课数年的讲义，学员主要是二、三年级理工科学生，他们至少受过一年的物理学和相关数学课程的训练。他们对合成生物学、超高分辨显微镜等有所了解，并希望有所作为。

最近很多文献强调未来生命科学和医学的突破有赖于拥有定量研究背景和系统分析经验的研究人员。作为呼应，一系列"数学生物学"、"系统生物学"和"生物信息学"之类的书相继面世。但是，这些书都没有强调物理建模的重要性，有的甚至故意贬低物理建模的意义。本书试图用一些案例来澄清这一点。

本书也恪守下列原则[1]：

- 即便未来不想从事生物物理研究，物理专业的学生也能从生命体研究中获得激励，学习掌握很多基本物理概念。
- 即便未来不想从事生物物理研究，生命科学专业的学生也应该学习基本物理概念，因为这些概念有助于我们阐明生命体的构造和功能及相应的研究仪器。

在以往的一年级课程甚至整个本科课程中，学生们都没有机会接触到概率论及动力系统的基本概念，而这些是近期合成生物学、系统生物学和数据科学产生重大进展的基础。本书将展示物理科学与生命科学之间是如何相互促进的，为的就是改变这一现状。

我们还将达成如下共识：

- 我们尽可能将基本概念与现有经验紧密结合。

[1]见致学生。

- 为了理解某些在很多领域中通用的分析方法，学生们需要对概率和推断具备一点直觉。这些分析方法包括最大似然方法和贝叶斯建模，还有在本科教育大纲中经常被忽略的其他通用概念和方法，包括：卷积、长尾分布、反馈控制和泊松过程（及其他马尔科夫过程）。

- 算法思维不同于纸笔分析，很多学生在他们的职业生涯阶段还没有遇到这类问题，但算法思维对于几乎每个科学分支的日常实践至关重要。最近的报道已经注意到现有课程在这方面的严重不足并提出了改进建议，学生越早习惯这种思维模式越好。

- 学生需要在具体案例学习中明确了解“理论的出处”。

本书当然不是要对庞杂的生物物理学领域给出全面深入的阐述。我的目的仅仅是让学生掌握一些在自然科学、工程学、应用数学等方面都能用得上的基本技巧和思考原则，以便理解生物体如何运用它们的某些卓越能力。我将向学生们讲解数量有限但细节充实的一些案例，使他们能自行开展科研水平的分析。案例的选择保持了前后一致的风格，我认为它们为理解当前的研究进展提供了最佳入口。这些案例也适合学生们从头到尾完成所有计算，从而避免在文中出现“可证明……”这类字眼。

选修本课程的学生拥有不同的专业背景，学科跨度很大。对授课老师既是挑战也是机遇，每当学科交叉的那一刻就会出现篇首引语中的那一幕。我发现只要略施小计就能将不同背景和能力的学生集合在一起，开展学科交互，并逐渐形成一种习惯。

本书的使用方法

大多数章节都以“**拓展**”结束，某些内容适用于掌握更高级背景知识的学生；另一些是本科层次的讨论而后续内容又不需要的，根据你和学生们的兴趣可以给予单独讨论，正文不依赖于这些内容。另外，教师指南列出了许多额外的参考文献，其中一些可能有助于搜索原始文献。

本书是现代生物物理学的基础教材，也可作为诸如物理学、生物物理学、各类工程学和应用数学等专业课的补充教材。尽管正文是本科课程教材，但它的很多内容超出了一般本科物理课程的范围。因此，只要添加部分或全部“**拓展**”小节的内容和你自己专业的一些文献（或在教师指南引用的工作），本书很容易就成了研究生的基础教材。

本书与我先前那两本书（Nelson, 2020；Nelson, 2017）没有关联性，这部分解释了为什么特定主题在这三本书里几乎不重叠。近期出版有类似目的的书罗列在“致学生”中，其他的出现在章节的结尾。

书中材料的编排方案可以有很多种，例如根据生物体系类别或长度。我对选材的编排思路是希望建立起一个完整的分析框架，让读者能理解第11—

15章中某些重要的、极具代表性的生物现象。

基于计算机的作业

教材有无习题之间的差别类似于
学语言时"只会读"与"还能说"之间的差别。

——弗里曼·戴森

书中的所有练习都已经通过了学生的亲身实践。很多练习要求学生使用计算机。当然，不用计算机也能理解这些文中或题中叙述的内容，但我依然认为学生应该学会从头开始写短程序。学习编写程序的最佳方式是受其他学科（例如生物物理）的具体问题驱动，而不是毫无针对性的编程课。本书的网站收集了对应于习题的实验数据集，很多文献强调了学生使用这类实验数据的重要性（参见 National Research Council, 2003）。

为了将来从事研究，学生需要学会数据可视化、随机变量的模拟和数据集的处理，本书习题会涉及这些训练。*教师指南*给出了这些习题和**"思考题"**的解答。当一个完美的数据拟合呈现时是很激动人心的，而早期经常获得这种经历对学生来说很重要。

在我自己的教学班里，许多学生没有编程经验。另一本独立的书（Kinder & Nelson, 2021）提供了一些计算机实习及如何入门的建议。记住，对初学者来说，编程非常耗时，在整个学期中你可能只分派了几个分量较重的习题，但你的学生可能需要你给予大量的指导。

课堂演示

体验式学习几乎是物理学课程所独有：我们将一套仪器带入教室，给学生展示一些令人惊讶的*真实的*现象，既不是模拟也不是隐喻。*教师指南*建议了可以对哪些内容进行课堂演示。

教学的新方向

生命科学的学生真的需要这么多物理学的背景知识吗？尽管这不是一本有关医学方面的书，然而，本书的许多目标与预科学生的准备指南是契合的，尤其是更新版的 MCAT 测试（American Association of Medical Colleges, 2017）[2]：

- "提高科学严谨性及其与人类生物学的相关性的需求最有可能通过更多的跨学科交叉课程来满足。"

[2]参见 Clemmons et al., 2020; American Association for the Advancement of Science, 2011.

- 即将进入医学院的预科学生应该具备：
  - “会利用定量推理和恰当的数学方法来描述或解释自然现象。”
  - “对科学探究过程具有一定理解，能说清楚科学知识是如何发现和验证的。”
  - “能解释生物分子如何决定细胞的结构和功能。”
  - “能从原理上理解分子和细胞如何组装成器官，有机体如何发育成结构并发挥功能。”
  - “能解释有机体如何感知并控制其内部环境，以及如何应答外部变化。”
- 在此基础上，医学院学生还需要一套核心能力，包括理解医学技术的原理。
- 最后，执业医生需要向患者解释疾病的复杂性和多变性，并且具备用定量证据与患者沟通的能力。

本书为物理学课程如何实现上述目标提供了一个可参考的范例。

标准申明

这是一本教科书而不是专著。很多精妙的论点被有意放置在“**拓展**”或教师指南中，有的甚至没有被提及。书中选择的实验仅仅是为了服务于我想阐明的观点。书中对原始文献的引用比较随意，书中的任何内容都并非我个人的原创。我也不保证书中所述历史的完整性。

目 录

引言：HIV 研究的突破得益于学科交叉 1

第 1 篇 预备知识

第1章 病毒动力学 6

1.1 导读：拟合 …… 6
1.2 HIV 感染过程建模 …… 7
1.2.1 生物背景 …… 7
1.2.2 半对数图可以揭示数据的指数关系 …… 9
1.2.3 鉴别系统要素及其主要相互作用是物理建模的第一步 …… 10
1.2.4 数学分析可以预测一系列行为 …… 11
1.2.5 大部分模型都需要用数据拟合 …… 13
1.2.6 过约束与过拟合 …… 14
1.3 有关建模的几句忠告 …… 15
总结 …… 16
拓展 …… 19
习题 …… 21

第2章 物理学与生物学 26

2.1 导读：推断 …… 26
2.2 交叉 …… 27
2.3 量纲分析 …… 28
总结 …… 28
习题 …… 30

第 2 篇　生物学中的随机性

第3章　离散型随机性　34

3.1　导读：分布 …… 34
3.2　随机性事例 …… 35
3.2.1　五个典型事例阐明随机性概念 …… 35
3.2.2　随机系统的计算机模拟 …… 39
3.2.3　生物和生化的随机性事例 …… 39
3.2.4　假象：流行病学中的成簇 …… 40
3.3　离散型随机系统的概率分布 …… 40
3.3.1　概率分布描述了随机系统在什么程度上是可预测的 …… 40
3.3.2　随机变量将数值与样本空间中的点相关联 …… 42
3.3.3　加法规则 …… 43
3.3.4　减法规则 …… 43
3.4　条件概率 …… 44
3.4.1　条件概率是两概率的比值 …… 44
3.4.2　独立事件与乘法规则 …… 45
3.4.3　婴儿床死亡事件与检察官谬论 …… 45
3.4.4　几何分布描述一系列独立尝试后获得成功所需的等待时间 …… 46
3.4.5　联合分布 …… 48
3.4.6　医学检查的恰当解释需要条件概率为前提 …… 49
3.4.7　贝叶斯公式凝练了条件概率的计算 …… 52
3.5　期望和矩 …… 53
3.5.1　期望表达的是随机变量多次试验的平均值 …… 53
3.5.2　随机变量的方差是其涨落的一种度量 …… 55
3.5.3　平均值的标准误差随样本数的增加而减小 …… 57
3.5.4　关联性和协方差 …… 58
总结 …… 60
拓展 …… 63
习题 …… 65

第4章　实用离散分布　74

4.1　导读：模拟 …… 74

4.2 二项式分布 ………… 74
4.2.1 溶液中取样的过程等同于伯努利试验 ………… 74
4.2.2 多次伯努利试验的总和遵循二项式分布 ………… 75
4.2.3 期望和方差 ………… 76
4.2.4 如何计算细胞内的荧光分子数 ………… 77
4.2.5 二项式分布的计算机模拟 ………… 78
4.3 泊松分布 ………… 79
4.3.1 样本数趋于无穷时二项式分布变得简单 ………… 79
4.3.2 低概率的伯努利试验之和服从泊松分布 ………… 80
4.3.3 泊松分布的计算机模拟 ………… 83
4.3.4 单离子通道的电导测定 ………… 83
4.3.5 泊松分布的简单卷积运算 ………… 84
4.4 中奖分布及细菌遗传学 ………… 86
4.4.1 理论正确很重要 ………… 86
4.4.2 不可重复的实验数据仍然可能包含重要信息 ………… 87
4.4.3 抗性产生机制的两个模型 ………… 88
4.4.4 卢–德假说对幸存数的分布做出可检验的预测 ………… 89
4.4.5 展望 ………… 92
总结 ………… 93
拓展 ………… 95
习题 ………… 98

第5章 连续分布 107

5.1 导读：长尾分布 ………… 107
5.2 概率密度函数 ………… 107
5.2.1 连续随机变量概率分布的定义 ………… 107
5.2.2 三个关键分布：均匀分布、高斯分布和柯西分布 ………… 109
5.2.3 连续随机变量的联合分布 ………… 111
5.2.4 三个关键分布的期望和方差 ………… 112
5.2.5 卷积和混合分布 ………… 114
5.2.6 概率密度函数的变换 ………… 115
5.2.7 特定分布的计算机模拟 ………… 117
5.3 高斯分布 ………… 118
5.3.1 高斯分布起源于二项式分布的极限情形 ………… 118

5.3.2 中心极限定理解释高斯分布的普遍性……119
5.3.3 高斯分布的局限性……120
5.3.4 扩散定律……121
5.4 长尾分布……123
5.4.1 许多复杂系统产生长尾分布……123
5.4.2 双对数图可以揭示数据的幂律关系……123
总结……125
拓展……128
习题……132

第6章 能量面上的随机行走 141

6.1 导读：首通时间……141
6.2 粒子……141
6.2.1 分子扩散的随机行走模型……141
6.2.2 有偏随机行走模型……142
6.3 势阱中的随机行走……144
6.3.1 力场可用位置依赖的步进概率来建模……144
6.3.2 玻尔兹曼分布……144
6.4 逃逸……146
6.4.1 首通时间为单分子水平上的速率概念提供了定量诠释……146
6.4.2 简单情况中拉力会加速解离……148
6.5 逆锁键……150
6.5.1 分子对有多种解离路径……150
6.5.2 单分子实验测量整个解离时间分布……152
6.5.3 逆锁键在生物分子中的实现……153
6.6 生物学效应……153
6.6.1 免疫细胞激活涉及逆锁键……153
6.6.2 白细胞滚动也依赖于逆锁键……156
6.6.3 细胞黏附复合物的形成……157
总结……158
拓展……160
习题……163

第7章 模型选择和参数估计 168

7.1 导读：似然 ……168
7.2 最大似然 ……169
7.2.1 模型好坏的评判 ……169
7.2.2 不确定情况下的决策 ……170
7.2.3 贝叶斯公式给出新数据更新置信度的自洽方案 ……171
7.2.4 计算似然的实用方法 ……172
7.3 参数估计 ……174
7.3.1 直觉 ……174
7.3.2 模型参数的最大可能值可以由有限数据集得出 ……174
7.3.3 置信区间给出与当前数据一致的参数范围 ……176
7.3.4 小结 ……177
7.4 卢里亚–德尔布吕克实验的似然分析 ……178
7.5 定位显微镜 ……178
7.5.1 显微术 ……178
7.5.2 纳米精度的荧光成像 ……179
7.5.3 完整成像：PALM/FPALM/STORM ……182
7.6 拓展最大似然方法可以使我们从数据推断函数关系 ……184
总结 ……186
拓展 ……189
习题 ……197

第8章 冷冻电镜单粒子重构 205

8.1 导读：对齐校准 ……205
8.2 强大的新工具 ……206
8.2.1 冠状病毒刺突蛋白是关键的治疗靶点 ……206
8.2.2 许多感兴趣的大分子不能结晶 ……207
8.3 从强噪声数据中提取信号 ……209
8.4 互关联 ……211
8.4.1 互关联中的峰值标识了两个信号的最佳匹配 ……211
8.4.2 数值实现 ……212
8.5 通过互关联实现一维对齐的方法 ……213
8.6 改进方法：最大化后验概率 ……214
8.6.1 为提取图像而边缘化潜在的偏移变量 ……215

8.6.2 互关联与加权函数 ……218
8.6.3 卷积的数值实现 ……219
8.6.4 迭代法重构图像 ……220
8.6.5 一维图像重构小结 ……220
8.7 通过互关联处理二维问题 ……221
8.8 通过最大后验改进二维方法 ……223
8.8.1 为提取二维图像而边缘化潜在平移和旋转变量 ……223
8.8.2 二维图像重构小结 ……226
总结 ……226
拓展 ……229
习题 ……234

第9章 泊松过程及其模拟 236

9.1 导读：平均速率 ……236
9.2 单分子机器动力学 ……236
9.3 重温几何分布 ……238
9.4 泊松过程可以被定义为重复伯努利试验的连续时间极限 ……240
9.4.1 驻留时间满足指数分布 ……241
9.4.2 计数服从泊松分布 ……244
9.5 泊松过程的有用特性 ……246
9.5.1 泊松过程被稀释后还是泊松过程 ……246
9.5.2 两个泊松过程合并后还是泊松过程 ……246
9.5.3 稀释和合并特性的意义 ……247
9.6 更多例子 ……248
9.6.1 低浓度时的酶转化遵循泊松过程 ……248
9.6.2 神经递质释放 ……249
9.7 多级过程与卷积 ……251
9.7.1 肌球蛋白 V 的步进时间显示出双头特性 ……251
9.7.2 相对标准偏差能揭示动力学中的子步 ……253
9.8 计算机模拟 ……254
9.8.1 简单泊松过程 ……254
9.8.2 多类事件的泊松过程 ……254
总结 ……255
拓展 ……258

习题 ……260

第10章　细胞过程的随机性　268

10.1　导读：库存……268
10.2　随机行走……268
10.2.1　研究现状……268
10.2.2　驻留时间和步进方向都随机的布朗运动模型……269
10.3　分子群体动力学类似马尔科夫过程……270
10.3.1　生–灭过程描述细胞中化学物质群体数量的涨落……271
10.3.2　在连续确定性近似下生–灭过程会趋于稳定数量……273
10.3.3　Gillespie算法的随机模拟……274
10.3.4　稳态的生–灭过程也存在涨落……276
10.4　基因表达……277
10.4.1　活细胞中的 mRNA 数量可以精确监测……278
10.4.2　转录以阵发方式生产 mRNA……279
10.4.3　展望……282
10.4.4　远景：蛋白生产中的随机性……283
10.5　细胞内的力学……283
10.5.1　动粒与微管形成逆锁键……283
10.5.2　驱动蛋白步进速率取决于施加的负载和提供的 ATP……284
总结……286
拓展……289
习题……297

第 3 篇　反馈控制

第11章　负反馈控制　306

11.1　导读：不动点……306
11.2　机械反馈系统及其相图……307
11.2.1　细胞内的稳态问题……307
11.2.2　负反馈可以将系统带入稳态并维持在设定点……307
11.3　细胞内的湿件……309
11.3.1　分子存量可视为细胞状态变量……309
11.3.2　生–灭过程蕴含着简单负反馈……310

11.3.3 细胞可以通过变构修饰来控制酶活性……310
11.3.4 转录因子可以控制基因的活性……311
11.3.5 人工控制模块可以用在更复杂的生物体……313
11.4 分子存量动力学……315
11.4.1 转录因子通过多个协同的弱相互作用结合到 DNA 上……315
11.4.2 两个速率常数控制结合概率……315
11.4.3 阻遏物结合曲线可由平衡常数和协同参数来描述……316
11.4.4 基因调控函数定量描述基因对转录因子的响应……320
11.4.5 稀释和清除可抵消转录物的生成……321
11.5 合成生物学……322
11.5.1 网络图……322
11.5.2 负反馈可以稳定分子存量并削弱细胞的随机性……323
11.5.3 有调控与无调控基因的内稳态的定量比较……324
11.6 天然的负反馈示例：*trp* 操纵子……327
11.7 系统在恢复到稳定不动点过程中发生过冲……329
总结……331
拓展……334
习题……339

第12章　正反馈、传染病和基因开关　341

12.1 导读：分水岭……341
12.2 正反馈……341
12.2.1 增长失控……341
12.2.2 限制性营养源：恒化器……342
12.2.3 无量纲化可以降低方程的复杂度……344
12.2.4 展望……347
12.3 传染病扩散……347
12.3.1 无免疫力：SI 模型……347
12.3.2 终身免疫：SIR 模型……349
12.3.3 暂时免疫：SIRS 模型……350
12.4 细菌行为……351
12.4.1 细胞可以感知其内部状态并产生类似开关的响应……351
12.4.2 细胞可以感知其外部环境并与内部状态信息进行整合……353
12.4.3 Novick 和 Weiner 在单细胞水平上对诱导的诠释……354

12.4.4 Novick–Weiner 实验的定量预测 ……356
12.5 正反馈导致双稳态 ……359
12.5.1 机械切换器 ……359
12.5.2 电子开关及神经兴奋性 ……361
12.5.3 二维相图存在分界线 ……362
12.6 大肠杆菌中的合成开关网络 ……363
12.6.1 两个互阻遏基因可以构建开关 ……363
12.6.2 调节分岔可使开关复位 ……366
12.6.3 展望 ……368
12.7 天然开关 ……369
12.7.1 *lac* 开关 ……369
12.7.2 λ 开关 ……372
总结 ……374
拓展 ……377
习题 ……386

第13章 细胞振子 389

13.1 导读：极限环 ……389
13.2 许多单细胞也有昼夜时钟 ……389
13.3 合成的细胞振子 ……390
13.3.1 延迟负反馈回路能提供振荡行为 ……390
13.3.2 连环制约的三阻遏物也可以激发振荡 ……390
13.4 机械时钟可用相图描述 ……392
13.4.1 负反馈环中添加开关可以改善其性能 ……392
13.4.2 弛豫振子的生物合成 ……397
13.5 自然振子 ……397
13.5.1 蛋白质回路 ……398
13.5.2 非洲爪蟾的有丝分裂时钟 ……398
总结 ……402
拓展 ……404
习题 ……410

第 4 篇　非线性混沌动力学

第14章　疫情传播中的人口变动　414

14.1 导读：超级传播者 ……414
14.2 随机 SIR 模型 ……415
14.2.1 有时候疫情可自发平息 ……415
14.2.2 SIR 模型中归因于某个体的新增感染数服从几何分布 ……416
14.3 因过度分散导致的超级传播 ……417
14.3.1 某些疾病的传染性是高度可变的 ……417
14.3.2 极少数超级传播者会产生很大的影响 ……419
总结 ……419
习题 ……421

第15章　随机可激发动力学与避险行为　423

15.1 导读：可激发 ……423
15.2 对冲策略 ……424
15.2.1 多样性不仅仅是生活的调味品 ……424
15.2.2 细菌的耐受性源自随机性和自发性 ……424
15.2.3 枯草杆菌有几种应激反应策略 ……425
15.3 感受态切换 ……426
15.3.1 感受态是个体在随机时刻做出的全有或全无的决策 ……426
15.3.2 感受态网络具有单个稳定不动点（连续确定性近似条件下）……427
15.3.3 随机的分子涨落可开启程式化响应 ……431
15.3.4 ComK/ComS 模型做出可检验的预测 ……433
15.4 远景 ……433
总结 ……433
习题 ……436

附录A　符号列表　439

A.1 数学符号 ……439
A.2 图形符号 ……440
A.2.1 相图 ……440
A.2.2 网络图 ……441
A.3 具名变量 ……441

附录B 单位和量纲分析 445

B.1 基本单位……446
B.2 量纲和单位……446
B.3 无量纲量……448
B.4 关于图……448
B.5 关于角度……449
B.6 量纲分析的丰厚回报……449

附录C 数值 451

致谢 453

鸣谢 457

参考文献 460

索引 476

后记 497

引言：HIV 研究的突破得益于学科交叉

坐标：洛斯阿拉莫斯国家实验室，时间：1994年

多年来，阿伦·佩雷尔森（Alan Perelson）和很多同行一直在琢磨一张神秘的曲线图（图 0.1）。这张图也是由一系列普通的起伏线段组成的，但蕴含了大量信息。

该曲线的神秘特征在于它清楚地显示了 HIV 之所以危险的原因：血液中病毒颗粒的浓度在一个短暂的高峰后快速降至一个低水平并稳定下来。因此，典型的患者并不会出现严重的症状，而变成了数十年的无症状感染者。但病毒颗粒浓度终将不可避免地再次上升，直到葬送患者生命。

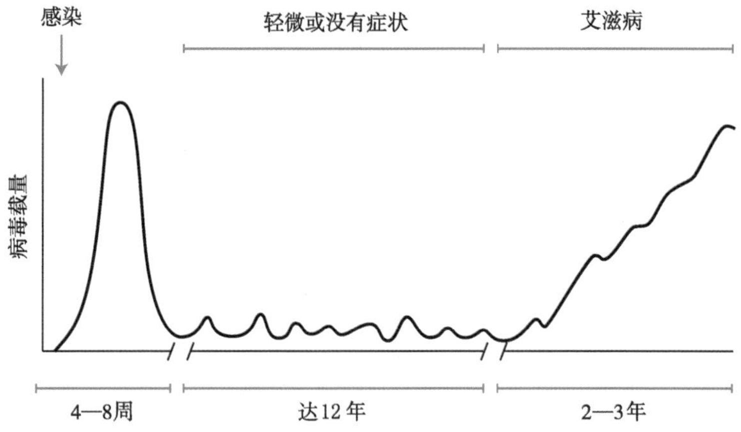

图0.1（草图） **HIV 的感染过程**，1990 年代人们对疾病感染过程的认知。一个相对短暂的高峰期后，血液中病毒颗粒的浓度（“病毒载量”）快速降至一个低水平并稳定数十年，患者在此期间毫无症状（无症状感染者），但最终患者体内的病毒载量迅速增加，并出现艾滋病症状。（摘自 Weiss，1993。）

在 1990 年代前期，上述事实让很多研究人员以为 HIV 是慢病毒，在快速暴发前它几乎以蛰伏的方式待在体内达数年。那**潜伏期**怎么会这么长？这数年间病毒究竟发生了什么？患者的免疫系统初始是如何有效地抗击病毒而最终又是怎样被击垮的？

阿伦·佩雷尔森和许多研究人员怀疑过 HIV 可能不是慢病毒，甚至在潜

伏期也没闲着。他类比了一个物理系统：如果要维持一个漏斗的水位，则必须有水流补充（图 0.2），尽管我们无法确定流入的水流有多快，但我们能肯定的是：无论流入多大或多小，流出的速率一定与流入的相等。阿伦·佩雷尔森将该观点应用到 HIV：病毒有可能一直在快速繁殖，只是以相同的速率被人体清除掉后才进入一个漫长的潜伏期。

图0.2（类比） 漏斗的稳态，流入速率 $Q_{\rm in}$ 平衡了流出速率 $Q_{\rm out}$ 。如果观察到漏斗液体的体积 V 是稳定的，则我们可以推定 $Q_{\rm in}=Q_{\rm out}$ ，但无法知道两者的确定值，除非有更多信息。类比病毒动力学， $Q_{\rm in}$ 对应身体产生病毒颗粒的速率，而 $Q_{\rm out}$ 则是免疫系统清除病毒的速率。（见第 1 章。）

真实的漏斗让人联想到 HIV 数据另一个简单特征：随着水的体积增加，出口压强也增加，流出速率 $Q_{\rm out}(V)$ 也将上升，无论如何设定 $Q_{\rm in}$ 的大小，系统总会自调整到一个稳态。类似地，尽管 HIV 感染者病毒浓度的稳态值各不相同，但都能维持很长时间。

阿伦·佩雷尔森是洛斯阿拉莫斯国家实验室理论生物学和生物物理组的主任。至 1994 年，他已经发展出了若干数学分析模型描述临床数据，可是模型的未知参数太多，而现有数据（图 0.1）又没有太大的帮助。那么，在对底层细胞事件缺乏了解的情况下，他是如何取得研究进展的呢？

坐标：纽约，时间：1994年

作为有资源开展临床试验的艾伦·戴蒙德艾滋病研究中心主任，何大一也对 HIV 很困惑。他曾获得过最新的抗 HIV 药物利托那韦（ritonavir）并进行了试验。利托那韦是一种“蛋白酶抑制剂”，能阻止 HIV 病毒的复制。

试验过程涌现了一些奇怪的现象：利托那韦似乎能非常快速地降低患者的病毒颗粒总量，该结果令人困惑。因为大家都知道利托那韦本身并不摧毁现存的病毒颗粒，只是阻止病毒的复制。如果 HIV 确如人们相信的那样是慢病毒，那么即便病毒复制被终止，它应该还能继续存活一段时间。那么，上述现象背后的原因是什么？

另外，抗病毒药物治疗过的患者只是短暂出现好转，利托那韦和其他类似的药物长期（数月）使用后还是会失效。因此需要全新的模型来诠释这些新现象。

坐标：希尔顿黑德岛，时间：1994年

阿伦·佩雷尔森只关注定量数据，对新药一无所知。在一个有关 HIV 的学术会议上，他偶然听了何大一同事库普（R. Koup）的报告，随后就与库普通话并交流了各自工作。当谈话最终聚焦到利托那韦实验所显示的令人困惑的结果时，库普说他们正在寻找合作者帮助厘清获得的奇怪数据，他问阿伦·佩雷尔森是否有兴趣加入，答案是肯定的。

何大一和同事怀疑仅仅测量药物使用前后一个月的病毒总量（当时流行的做法）是否足以揭示细节。有说服力的测量应该是针对无症状的携带者而不是已表现出全部症状的艾滋病患者，而且给药后需要*每天*监测血液病毒浓度。

随后他们开展了更多的临床试验。对大量病患的测量揭示了同一事实（图 0.3）：*病毒复制被阻止后病毒总量会在 2—3 周内下降百倍。*

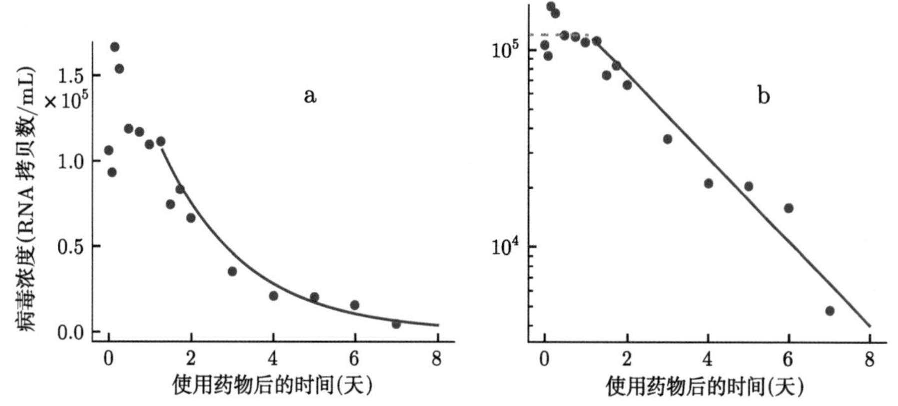

图0.3（实验数据和初步拟合）　蛋白酶抑制剂治疗后患者血液中病毒浓度（“病毒载量”）快速下降。图 a：实线显示每 1.4 天病毒总量减半的时间过程。图 b：在半对数图中，虚线凸显了早期（初始平台期）表现相对于指数形式的偏差；见第 1 章。（数据来自 Perelson，2002；见Dataset 1。）

阿伦·佩雷尔森和何大一对测量结果目瞪口呆，病毒总量快速下降意味着人体以极快的速率持续清除病毒。用图 0.2 的话说，Q_{out} 巨大，这也意味着不施加药物时病毒产率 Q_{in} 也是巨大的。类似的结果不久在别的抗病毒药物上重现：病毒根本不是处于蛰伏状态，而是在疯狂地复制。数据分析可给出数值 Q_{out}（详见第1章）。研究人员利用该测量值估算了典型的无症状患者

每天至少新生10亿病毒颗粒[1]。

另一个由乔治·肖（George Shaw）领导的研究小组也独立地开展了类似的研究。该小组也有一位名叫马丁·诺瓦克（Martin Nowak）的数学家，他本来也是艾滋病研究的"局外人"。两小组几乎同时在《自然》上发表了各自的发现。这些工作的意义是深远的。因为病毒复制如此快速，以至于对任一种药物都很容易变异出抗药的突变体[2]。确实，病毒基因组上的任意位点在数小时内都足以经历任何可能的单碱基突变。因此，每一个感染的患者甚至在使用药物前就已经拥有了一定数量的耐受突变病毒。突变株会在两周内壮大起来，让患者再次病倒。艾滋病毒之所以能逃避被人体彻底清除的命运，是因为它能持续地与患者免疫系统玩"猫捉老鼠"的游戏。

如果我们同时使用两种抗病毒药物，情况会怎样呢？对病毒来说，要尝试每个可能的双突变是不容易的，而要对付三个以上的突变则更难。事实上，后续工作表明三种不同药物的"鸡尾酒"显然能够无限期地阻止 HIV 病毒感染的进程。使用这类鸡尾酒疗法的患者尽管没有治愈，但其体内的病毒载量依然很低，因此至少能存活。

启示

这是一本有关基础科学的书，不是有关艾滋病的书，更不是有关纯医学的书，然而，上述故事还是给我们提供了一些重要启示。

上述两个研究小组在对抗可怕疾病方面都取得了显著成就。这得益于下述普遍策略：

1. 组建（或加入）一个跨学科的团队，利用不同的方法研究同一问题；
2. 利用简单的物理类比（储水的漏斗）和对应的方法（例如动力系统理论，这是物理学的一个分支）；
3. 开展针对性实验，以获得新的定量数据，用数据来证实或证伪提出的猜想。

该策略仍将继续发挥重要作用。

本书包括很多抽象概念，因此某些内容读起来有点枯燥。当你充分理解了这些抽象概念并具体应用时，会发现它们其实非常管用。事实上，有时候这种抽象性恰好也是其广泛适用性的一种体现。的确，好的想法可以像燎原野火那样从一个学科照亮另一个学科。让我们开始吧！

[1]更精确的估算表明平均产率居然比这个早期估计的下限值还大。

[2]实际上，突变的事实早在数年前已经被确认，可是在揭示这些实验以前，很难理解突变会促进进化（抵抗）的事实。

第 1 篇　预备知识

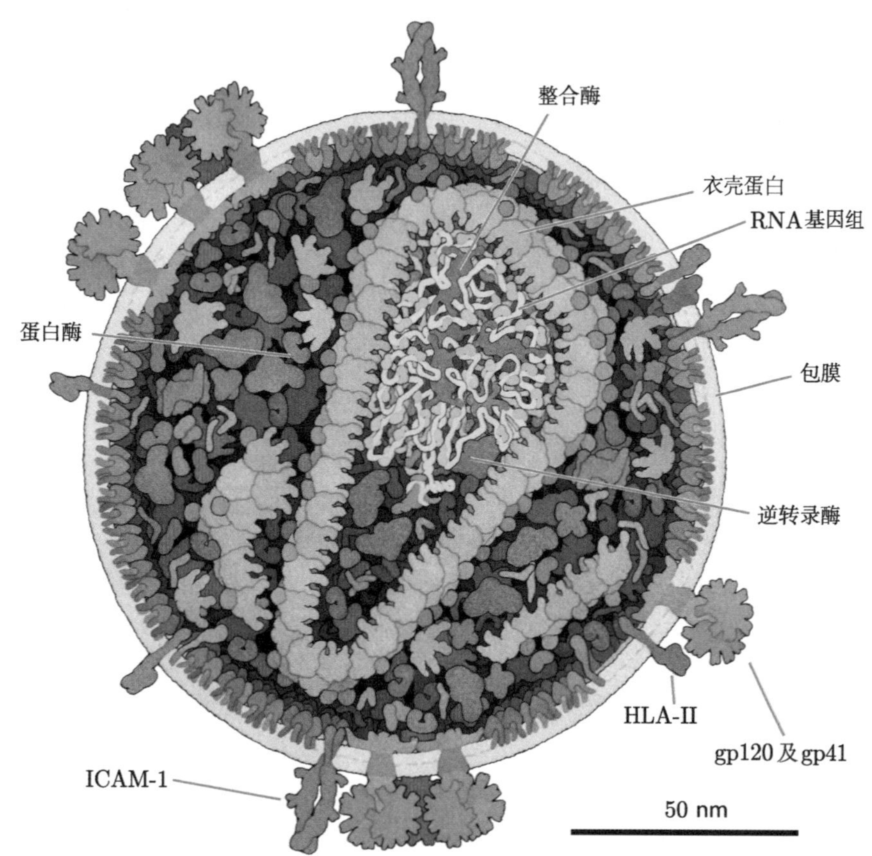

（基于结构数据的艺术加工图）　人类免疫缺陷病毒颗粒被一层磷脂包膜所包裹。包膜上镶嵌着识别人类 T 细胞的 gp120 蛋白。包膜包裹了数种酶（蛋白分子机器），包括 HIV 蛋白酶、逆转录酶和整合酶。两条携带 HIV 基因组的 RNA 链被包装在一个称为衣壳的锥形蛋白质壳内。见Media 1。（蒙 David S. Goodsell 惠赠。）

第1章　病毒动力学

相同的思想不是一次，
也不是两次，
而是无数次呈现于世间。

——亚里士多德

1.1　导读：拟合

引言提出了取得科学进展的三步走策略（第 4 页）。但实验往往不能直接给出我们想要的信息，因而不能直接对我们的原始假设证实或证伪。本章将阐明为什么 1995 年前的实验数据不能直接检验引言中提出的病毒突变假设。

为此还需要第四步策略：

4. 将物理类比（或**物理模型**）数学化，并用实验数据进行拟合。

这里的**拟合**表示"调整模型中的一个或多个参数"，我们每选择一组**拟合参数值**，模型就能预测某些实验测量值，我们再与实际测量值进行比较。如果拟合成功，我们就称该模型是"可行的"，并从最佳拟合参数值中得出初步结论。我们将在本章仔细讨论引言所述系统，阐明如何构建物理模型、表达为数学公式、拟合数据、评估拟合的合理性，直至得出最终结论等一系列步骤。为完成这些任务，本章还会教你一些基础的计算机技术。

每章将以一个便于记忆的生物问题开篇，同时提出解决该问题的相关物理思想。

本章焦点问题
生物学问题：为什么首个抗 HIV 药物在取得短暂的成功后最终还是失败了？
物理学思想：联合临床试验数据进行物理建模，进而检验和揭示 HIV 感染的惊人特征。

1.2 HIV 感染过程建模

我们从几个 1995 年就知道的 HIV 相关事实入手。我们无须了解细节，但要充分了解当时已经掌握了哪些内容。

1.2.1 生物背景

1981 年，美国疾病预防控制中心注意到了一种罕见疾病的发病率突然上升，该疾病的特征是身体免疫系统被抑制。随着非致命性感染病患死亡数量的突然上升，人们才逐渐认识到这是一种新的不明病因的疾病，并将其描述性地命名为获得性免疫缺陷综合征（AIDS）。

两年后，法国和美国的研究团队从 AIDS 病患的淋巴液中分离出了病毒，并命名该病毒为人类免疫缺陷病毒（HIV）。为了理解 HIV 为何如此难以被根除，我们必须简要勾画出其工作机理（这归功于后来的研究）。

HIV 病毒包括一个小包装体（称为病毒颗粒或**病毒粒子**，含有基因组的两份 RNA 拷贝）、一个保护性的蛋白壳（**衣壳**）、一些初始感染步骤所需的蛋白分子以及最外的一层**包膜**（见第 5 页图）。类似于 HIV 这样的**逆转录病毒**，基因组是以 RNA 的形式存在的，这就意味着感染期间必须将 RNA 再转换成 DNA[1]。

HIV 基因组相当短，仅 10 000 个碱基，却编码了九个基因，可直接合成 19 个不同的蛋白。其中有三个蛋白编码基因执行下列功能[2]：

- *gag* 基因编码四个蛋白，其中一个构成病毒颗粒衣壳。
- *pol* 基因编码三个蛋白机器（酶）：负责将基因组转换成 DNA 的**逆转录酶**；协助将病毒 DNA 拷贝插入感染细胞基因组的**整合酶**；将 *gag*（和 *pol* 自己）的产物切割成独立蛋白的**蛋白酶**（图 1.1）。
- *env* 基因编码一个嵌入包膜的蛋白（称为 gp41）和另一个吸附到 gp41 的蛋白（称为 gp120，见第 5 页），后者突出在包膜外，协助病毒靶向侵入宿主细胞。

HIV 通常攻击那些保护我们免受疾病的免疫力较强的细胞。其 gp120 蛋白一旦结合到人类免疫细胞（**CD4+辅助性 T 细胞**或简称“T 细胞”）的受体上，就触发了病毒粒子包膜与 T 细胞外膜的融合，从而导致病毒粒子内容物侵入 T 细胞。病毒粒子包含逆转录酶和整合酶，前者负责将病毒基因转换成 DNA，后者再将 DNA 拷贝整合到宿主细胞的基因组中。被整合过的 DNA 再被转录并产生更多的病毒 RNA，某些新生的 RNA 又被翻译成了新的病毒蛋白，剩余的新生 RNA 被这些蛋白包装起来组成新的病毒颗粒，每个感染的

[1]信息的正常传输方向是从 DNA 到 RNA；之所以命名为逆转录病毒是因为它与正常方向相反。

[2]它们是“结构”基因，其他六个基因编码转录因子，见第11章。

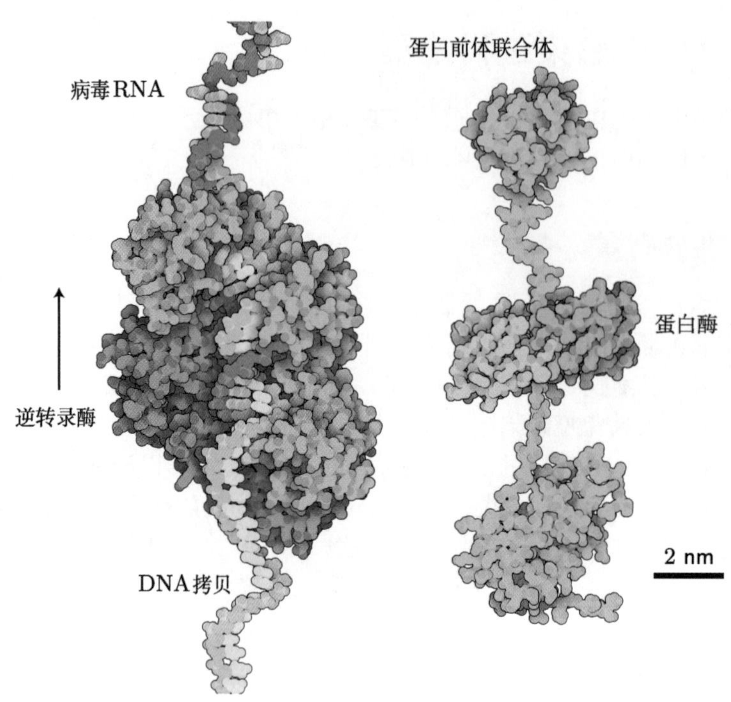

图 1.1（**基于结构数据的艺术加工图**） **HIV 复制必需的两个蛋白机器**。*左侧*：逆转录酶，将病毒 RNA 转录成 DNA。该分子机器沿RNA移动（*箭头方向*），在合成 DNA 序列的同时将对应的 RNA 摧毁。*右侧*：HIV 蛋白酶，将病毒基因（此处为 *gag*）直接编码的多蛋白长链切割成独立蛋白。许多抗病毒药物是通过阻遏这两个蛋白机器之一的活性而发挥药效的。（蒙David S. Goodsell惠赠。）

细胞可以产生数千病毒粒子。新生的病毒粒子最终会杀死宿主细胞并从中逃逸，进而将感染扩散。免疫系统可以承受这种感染达数年，但 T 细胞总量始终在下降。当 T 细胞总量跌到正常值的 20% 时，免疫响应已经很难应对病毒的攻击，AIDS 症状便开始出现。

上述简要总结不禁使人想起 1980 年代后期研发的某些药物。首个有效的抗 HIV 药物叫齐多夫定（或 AZT），其作用是阻遏逆转录酶的活性。其他**逆转录酶抑制剂**也陆续被发现，可是，就像引言中提到的，它们一般都很短命。第二个方法是靶向蛋白酶分子；如利托那韦那样的**蛋白酶抑制剂**，它导致病毒粒子内产生有缺陷（没有正确切割）的蛋白，例如，当 *pol* 基因翻译后会产生一个长氨基酸链，包含三个蛋白分子的序列。每个蛋白分子在这种状态下都没有功能。只有当蛋白酶将这条长链正确切割成三份后，三个蛋白分子才能正确折叠，从而成为有活性的分子机器。然而，事实证明这类蛋白酶抑制剂的效用也是短暂的。

1.2.2 半对数图可以揭示数据的指数关系

HIV 感染显然是个复杂的过程，战胜这个狡猾对手的唯一办法看来只能是继续探寻有效期更长的药物（例如蛋白酶抑制剂）。

但是，从科学上讲，这些错综复杂的细节有时候会妨碍我们思维方式的更新。例如，引言所述的突破也只有在 HIV 感染的根本特征（即病毒在单个患者体内就能够快速进化）被发现和证实后才能发生。

引言中曾提及，如果病毒复制速率很高则快速突变是可能的，该速率可以在药物阻塞病毒复制后通过测量病毒载量的衰减获得。为展示其中的一个特征，我们用特定方式来绘制数据（如图 0.3）：

假设可测变量 y 与另一变量 t 的关系形式是 $y = b^t$（**指数关系**），y 在这里对应于血液中的病毒浓度，而 t 则是测量时间。更准确地说，考虑关系

$$y/y_* = Ab^{t/t_*}.$$

在这个公式中，底数 b 和前置因子 A 是无量纲常数，标度 y_* 和 t_* 分别是与 y 和 t 具有相同量纲的常数。当我们绘制 $\log_{10}(y/y_*)$ 对 t/t_*（即 $\log_{10}(y/y_*) = \log_{10} A + t(t_*^{-1} \log_{10} b)$）时，函数则变成了简单的线性形式。如果假设是真的话，则我们绘制的曲线将是一条直线。

思考题1A

a. 上述结论与采用自然对数还是常用对数有关吗？

b. 当我们考察曲线与数据的匹配程度时，以下事实可能会有助于你思考：在对数标度上两条曲线之间的恒定间隔意味着恒定的相对偏差（百分比偏差）。

这类图形通常以一种常见的格式呈现：

- 横轴依然是 t/t_*（相差一个常数），如果 $t_* = 1$ s，则横坐标可以标记为“时间 (s)”。
- 如上所述，纵坐标是 $\log_{10} y/y_*$，刻度表示实际的 y/y_* 值（不是 $\log_{10} y$ 的值）。如果 $y_* = 1$ mL^{-1}，则纵坐标可以标记为“病毒载量(1/mL)”。

第二点意味着对应于 y 的相等增量的刻度线不会在纵轴上等距出现。图 0.3 和本书的其他地方都能看到此类**半对数图**的示例[3]：

对数轴通常每隔 10 倍标记一次，其中“次”刻度不均匀地分布在两“主”刻度之间，从而提醒读者这是对数坐标，“主”刻度在图中往往标记得比较醒目。比如第一个“主”刻度 1000 表示病毒浓度除以 y_* 得出的纯数，此

[3] “半”提醒我们只有一个轴用对数标度，“双对数图”是指两个轴都用对数标度；我们在第 5.4.2 节将用该方法揭示其他数据集的不同特征。

后的“次”刻度依次代表 2000，3000,…，9000；而下一个“主”刻度代表 10000，“次”刻度表示 20000 等，以此类推。

10^4 后的“次”刻度表示 2×10^4，而不是 11000。

1.2.3 鉴别系统要素及其主要相互作用是物理建模的第一步

首先，尽管图 0.3 的数据很有启发性，但它不是我们建立病毒快速突变假设所需要的。突变的主要根源是逆转录[4]，逆转录常常只发生在 T 细胞感染后。想要假设病毒容易突变，首先需要确认单位时间内的确产生了很多新的 T 细胞感染。这与证明新病毒颗粒正在快速产生可不是一码事。因此我们必须谨慎思考数据提供的信息，简单图示是不够的。

其次，实验数据（图 0.3 中的点）与指数衰减（线）符合得并不理想。仔细检查发现，病毒总量的快速下降并不发生在药物施用的那一刻（“时间 0 点”），在指数衰减前，病毒总量却呈现一个初始平台期（图中的情况与其他病患的数据相似）。存在这点差别倒也不奇怪，毕竟到目前为止我们还没有定量化表述我们的原始直觉。

再次，我们需要鉴别影响病毒总量的相关过程和参量。感染的 T 细胞会产生自由病毒粒子，后者再感染新的 T 细胞。被感染的 T 细胞最终不是自然死亡就是被身体防御系统杀死。我们将这个联合效应称为感染细胞的**清除**。免疫系统还会摧毁自由病毒粒子，这又是一种清除。为了将这些过程考虑到模型中，我们首先命名相关参量，t 表示抗病毒药物施用后的时间，$N_{\rm I}(t)$ 为 t 时刻被感染的 T 细胞数量， $N_{\rm V}(t)$ 为 t 时刻自由病毒粒子在血液中的数量（病毒载量乘血液总体积）[5]。

在药物施用以前（即 $t<0$），病毒的产生与移除大致平衡，达到**准稳态**，也就是图 0.1 所示的长时间的低病毒总量期[6]。新增感染在此时期必须被 T 细胞的清除所平衡，因此，我们可以通过测量清除速率来推断准稳态时期新增感染的速率。

最后，为了简化，我们假设抗病毒药物完全阻止了 T 细胞的新增感染，即从那时起，未感染的 T 细胞与感染的 T 细胞和病毒粒子“脱钩”。我们还假设每个感染细胞在任何短暂瞬间被清除的概率相同，该概率依赖于时长 Δt，$\Delta t=0$ 时概率为 0, 我们可以合理假设该概率是某常数与 Δt 的乘积，并命名为 $k_{\rm I}$ [7]。为了求清除数量，我们将现有总数乘以每个被清除的概率。

一个量在单位时间内的变化即是它的时间导数。按照我们的模型，在施

[4]下一步骤就是将逆转录出的 DNA 拷贝整合到 T 细胞的 DNA 中以产生新的病毒基因组，这一步骤相当精确，我们可以忽略整合步骤本身引发的突变。

[5]由于血液体积对患者来说是恒定的，因此我们可以只记浓度，也可以只记总量。

[6]真正稳态是无限期持续的；图表显示却相反，准稳态最终让位于完全不同的态。

[7] [T2] 这一步忽略了饱和的可能性：在感染细胞的浓度非常高时，免疫系统可能会过载，从而有效地降低 $k_{\rm I}$。后面的章节将研究这些影响，目前只需记住简单模型不适用于感染后期即可。我们还假设受感染的 T 细胞在被清除之前不太可能分裂。

用药物后，N_{I} 应该服从如下的简单方程：

$$\boxed{\frac{\mathrm{d}N_{\mathrm{I}}}{\mathrm{d}t} = -k_{\mathrm{I}}N_{\mathrm{I}} \quad (t > 0) \quad \text{感染 T 细胞数的物理建模}} \tag{1.1}$$

在该方程中，**清除速率常数**k_{I}是模型的一个自由**参量**，事先不知道它的数值。它以与**动力学变量** N_{I}（时间函数）的乘积项出现。后面的章节将通过更仔细的分析来代替这里使用的非正式推理。

在感染 T 细胞死亡期间，病毒粒子也同时一边被产生一边又被部分清除。与求 N_{I} 的假设类似，我们假设每个病毒粒子单位时间内被清除的概率均为 k_{V}，且短时间 Δt 内新增的病毒数量与感染细胞总量成正比，即 γN_{I}，此处比例常数 γ 是另一个自由参量。参考方程(1.1)，我们可以将模型总结成第二个方程：

$$\boxed{\frac{\mathrm{d}N_{\mathrm{V}}}{\mathrm{d}t} = -k_{\mathrm{V}}N_{\mathrm{V}} + \gamma N_{\mathrm{I}}. \quad \text{患者体内病毒颗粒总数的物理建模}} \tag{1.2}$$

上述讨论总结在图 1.2 里。

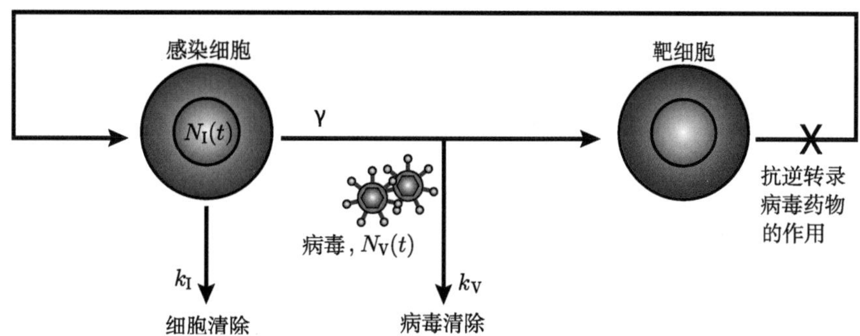

图 1.2（**示意图**） **简化的病毒生命周期**。在模型中，抗病毒药物的治疗效果是阻断 T 细胞的新增感染（叉号）。正文引入的常数 k_{I}，k_{V}，γ 显示在对应过程的作用线旁边。

1.2.4 数学分析可以预测一系列行为

下列变量在我们的分析中可供参考：

t	药物注射后计时
$N_{\mathrm{I}}(t)$	感染的 T 细胞总量，初始值为 N_{I0}
$N_{\mathrm{V}}(t)$	病毒粒子总量，初始值为 N_{V0}
k_{I}	感染 T 细胞的清除速率常数
k_{V}	病毒粒子的清除速率常数
γ	每个感染 T 细胞产生病毒粒子的速率常数
β	γN_{I0} 的缩写

有了上述术语，我们可以将研究思路表述得更具体：

- 我们要检验病毒在单个患者体内突变的假设。
- 病毒最可能发生变异的环节是易出错的逆转录步骤，而每感染一个 T 细胞就会发生一次逆转录。因此，我们需要知道准稳态中 T 细胞的感染速率。
- 但是，感染 T 细胞的增长速率在 1995 年以前还不能直接测量。能测量的是病毒载量 N_{V} 在药物施用后随时间变化的过程。
- 我们的模型，即方程(1.1)—(1.2)，在已知量和待求量之间建立了联系：
  — 在准稳态，T 细胞感染速率为 $k_{\mathrm{I}}N_{\mathrm{I}}$，与清除速率相等。
  — 参数 k_{I} 可以通过方程(1.1)—(1.2)拟合抗病毒药物施用后的非稳态数据获得。

注意方程(1.1)并不包含 N_{V}，这个著名的单变量方程的解是指数衰减函数：

$$N_{\mathrm{I}}(t) = N_{\mathrm{I0}}\mathrm{e}^{-k_{\mathrm{I}}t}.$$

常数 N_{I0} 是感染 T 细胞数量的初始值，我们将解代入方程(1.2)，即

$$\frac{\mathrm{d}N_{\mathrm{V}}}{\mathrm{d}t} = -k_{\mathrm{V}}N_{\mathrm{V}} + \gamma N_{\mathrm{I0}}\mathrm{e}^{-k_{\mathrm{I}}t}. \tag{1.3}$$

此处虽有四个未知量 k_{I}，k_{V}，γ 和 N_{I0}，但是我们还可以简化。注意到其中两个在方程中是以乘积形式出现，因此我们可以用单个未知量 $\beta = \gamma N_{\mathrm{I0}}$ 代替 γ 和 N_{I0}。由于实验并不实际测量感染 T 细胞总量，我们不需要预测它，因此也不需要 γ 和 N_{I0} 的值。

我们可以用算法直接求解方程(1.3)，但最好先有点直观了解。想想图 0.2 的比喻，漏斗中水的体积可视为 N_{V}。对实际的漏斗来说，流出速率依赖于漏斗底部的压强，因此也与水位有关，类似地，方程(1.2)说明 t 时刻清除（流出）速率依赖于 $N_{\mathrm{V}}(t)$。再来看流入速率，不同于定态情况中流入速率为常数且等于流出速率，此处由方程(1.3)可知流入速率为 $\beta\mathrm{e}^{-k_{\mathrm{I}}t}$（见图 0.2）。

这些物理类比让我们容易推测一些普遍行为。如果 $k_{\mathrm{I}} \gg k_{\mathrm{V}}$，则在液体大量流出漏斗之前，它先爆发式增长，紧接着迅速衰减。经过这个短暂的**瞬态**过程后，N_{V} 开始随时间指数下降，衰减速率常数为 k_{V}。在另一种极端情况下，即 $k_{\mathrm{V}} \gg k_{\mathrm{I}}$，漏斗的排水速率接近流入速率[8]。因此水位再次指数下降，但此时衰减指数是流入指数 k_{I}。

[8]漏斗的水从未排干，因为在我们的模型中流出速率与水位高度正相关，即水位高度趋于零时，流出速率也趋于零。这对真实漏斗来说可能不是好的描述，但对病毒来说却很合理，因为当病毒浓度很低时，免疫系统很难发现它们。

由此，我们可以知道方程(1.3)的长时行为的解要么正比于 $e^{-k_I t}$，要么正比于 $e^{-k_V t}$，由速率常数较小者决定，我们注意到这两个指数函数的任何加法组合都具有该属性，因为最终下降得更快的项变得可以忽略不计。因此我们可以考虑如下组合

$$N_V(t) \stackrel{?}{=} Xe^{-k_I t} + (N_{V0} - X)e^{-k_V t}. \tag{1.4}$$

其初值自然等于 N_{V0}。此处 X 是任意常数。我们称方程(1.4)为一个**试探解**，现在是否可以通过选择 X 的值让公式(1.4)成为方程(1.3)的一个解？可以验证 $X = \beta/(k_V - k_I)$ 时就能给出方程的一个解。

思考题1B

a. 验证上述结论。

b. 试探解公式(1.4)似乎是两项的和，每一项都随时间衰减。如何才能展现出经常在实验数据（例如图 0.3）中观察到的初始平台期?

我们现在有一系列可供选择的数学模型，下面我们来看实验数据是否支持其中某个模型。

T2 第1.2.4′节（第 19 页）更细致地讨论病毒在单个病患体内突变的假设。

1.2.5 大部分模型都需要用数据拟合

到目前为止，我们提出了含有三个未知参数 k_I，k_V，β 的物理模型，其中 k_I 与病毒能快速感染 T 细胞的假设有关，因此其数值是我们想获得的。尽管在 1995 年之前，感染的 T 细胞总量还不能被直接测量，但模型可以对随后观察到的病毒数量 $N_V(t)$ 给出一个预期值。用模型拟合实验测量的病毒浓度数据可以获得 k_I 的值。

根据病毒初始载量 N_{V0}和参数 k_I，k_V，β的值，数学上可以得出 $N_V(t)$的预期值。我们所预测的行为的确与图 0.3b 所示的 $N_V(t)$ 在初始过渡期后的指数衰减行为定性吻合，但我们仍面临一些难题：

- 未知数 k_I，k_V，β 待定；
- 模型本身需要审慎评估。模型中的所有假设和近似，原则上都值得怀疑。

为确认模型并获得待定参数的数值，我们必须尝试与数据做详细对比。尽管不同病患的初始病毒载量 N_{V0} 极不相同，但我们仍然期盼他们的 k_I 值相似。只有这样，该速率“非常大”的共识才具有普适性（正因为非常大，病毒才可能在病患体内突变）。

当然，不难证明某些函数无法用于拟合。图 1.3 显示两个特定函数都不符合实验数据。其中一个函数属于我们上一节构建的试探解。看起来很糟糕，但在习题 1.4 中通过适当的参数选择可以获得很好的数据拟合。另一个是线性函数 $N_{\rm V}(t) \stackrel{?}{=} A - Bt$ 可以让曲线符合起止两点，但无法让其符合所有实验点。出现这种情况并不奇怪，因为我们还没有物理模型可以导出随时间线性衰减的结果。如果我们正在考虑的模型无法拟合实验结果，则足以证明该模型是错误的。

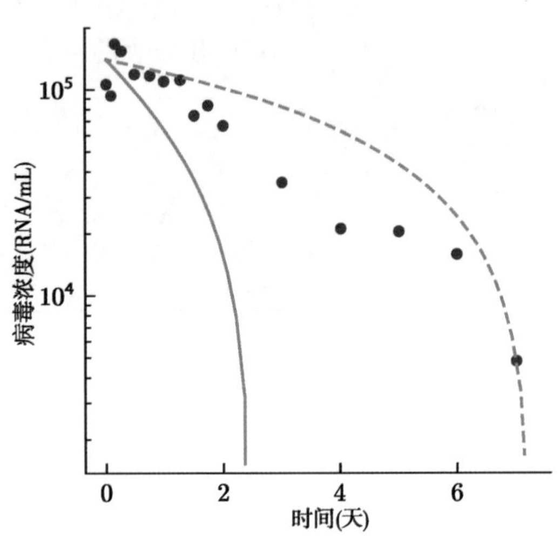

图 1.3（**实验数据**） **坏拟合**。该半对数坐标中的点就是图 0.3 的实验数据。实线是模型[公式(1.4)]的一组坏参数的试探解。尽管解起始于初始观测值，但很快就偏离了其他实验数据。不过，习题1.4选择了另一组参数却很好地拟合了实验数据。虚线展示了另一个非物理模型的函数拟合。尽管其起止值正确，但不存在任何模型参数能使其拟合所有数据。

做完习题 1.4 后，你就会得到上节模型的最佳拟合。你可以通过分析获得最佳拟合参数值，从而对模型中的主要假设的合理性进行评估。

1.2.6 过约束与过拟合

上述物理模型粗略考虑了系统中存在的一些过程，同时忽略了很多其他过程。这当然不够完善，但习题 1.4 证明模型与数据之间在细节上已足够吻合，这表明我们的模型是“可行的”。尽管模型拟合只需要调节三个未知参量，但依然存在模型完全错误（忽略了一些真实的重要特性）的风险，因为错误模型也可以通过调整参数值使结果*看起来*很好。这是一个严重的问题，因为此种情况下偶然拟合出的参数值没有意义。在我们试图为任何系统建模之前必须解决这些问题。

在我们的例子中，你可以在习题 1.4 通过三参数的恰当选择拟合三个以上的数据点，我们称之为数据**过约束**模型，因为要求满足的条件的数目超过了可调节参数的数目。当模型在过约束情况下还能与数据匹配时，表明模型的正确性不太可能是一种巧合。相反的情况被称为**过拟合**。在某些极端例子中，模型含有足够多的可调参数，以至于能拟合任何数据，而无论模型正确与否。

过约束模型的成功拟合提升了我们的信心，即模型反映了真实，甚至揭示了一些没有多少直接证据的隐藏的要素。在 HIV 事例中，这个隐藏要素就是 T 细胞，其总量无法直接从原始数据中获得。

T2 第1.2.6′节（第 19 页）更细致地讨论了在何种意义上我们的模型算是超定模型，并简要介绍了一个更实际的病毒动力学模型。

1.3　有关建模的几句忠告

我们有时候观察到实验数据的变化形式时，马上就会想到某些简单的数学函数。我们可以写下包含某些参数的函数，沿数据点把它绘下来，并调节参数使函数与实验数据达到最佳拟合。习题 1.5 中你将使用这种“盲拟合”方法。表面上看，它类似于我们在本章对 HIV 数据的拟合，但两者有本质区别。

盲拟合通常是总结现有数据的方便形式。因为许多系统对时间进程或某个参数变化的响应是连续的，选择一个简单的光滑函数总结实验数据能使我们进行**内插值**（预言两个实测数据点之间的测量值）。但是，就像你在习题 1.5 中即将看到的，盲拟合常常在**外插值**方面（预测实际测量范围以外的可能测量值）方面是失败的[9]。原因是我们选择的数学函数与导致这些行为的内在机制之间没有联系。

本章沿用了完全不同的思路，我们首先想象出一个与已有经验相一致的、看似合理的机制（物理模型），进而将其表述为数学公式。如果遗漏了一些重要因素或相互作用，则物理模型有可能出错。可是，如果模型对数据能给出不平凡的成功预测，则将鼓励我们在初始实验条件范围以外去检验它。一旦模型经历了较好的检验，我们就认为它是“可行的”，并且有理由将其应用在其他情况。因此，HIV 模型成功的数据拟合提供了一个治疗策略（引言中描述的多药物疗法）。本书的其他章节将关注不同的案例。

在早期，一个理论“模型”往往只是几个句子，或一个卡通图。为什么我们必须将这些图像数学化？原因之一是方程能使模型变得精准、完善和自洽，也只有方程能揭示模型的全部含义，包括可能的实验检验。某些“叙述性模型”听起来合理，但需要精准表达时就变得不自洽了，或者依赖于一些物理上不可能测量的参数值。数学化方法能用公式表示和探讨潜在的机制，并排除某些不合理的机制，使我们能专注于对可行模型的实验检验。

最后，熟练建模能提前告诉我们实验能否区分两个或两个以上可供考虑的机制，甚至提示实验设计的哪些变化可以提升这些区别的能力。因此，物理建模可以使我们在实验中大大提升时间和费用的使用效率。

[9]即便内插值也可能无效：可能数据点太少以至于一个简单的函数可以拟合，但事实上这种关系是不存在的（见习题 1.6）。盲拟合的第三个陷阱是：在某些情况下，系统的行为并不随参数的变化而平滑变化。如第12章所讨论的情况。

总结

针对一个复杂的生物系统，本章提出了一个简单的还原论方法。该方法有优势也有缺陷，优势之一是普适性：用于描述 HIV 病毒动力学的这类方程也能用于理解其他病毒感染（例如乙肝、丙肝）。

更宽泛地说，当你能用一个简单模型（或许还用到某些方程）对一大堆令人费解的结果给出定量解释时，这无疑是一段很棒的科研经历。而当你发现某些看起来完全不同的系统或过程能用相同的方程加以描述时，这就更是一种了不起的经历。由此，你就能从你熟悉的某个系统获得关于另一个系统的见解。本章中我们提出的方程就与漏斗系统有很深的联系，后者的行为启发我们找到了方程的解。

可是，有关 HIV 动力学的物理模型依然存在一个大的局限性。尽管数据拟合支持高病毒产率的图像，但它并不能完全验证引言中提出的整个图景。该图景断言高产率以某种方式导致抗药性的进化。事实上，尽管这些联想是直观的，但本章并没有定量阐明这些关系。写出方程(1.1)–(1.2)的那一刻，我们就默认了 T 细胞和病毒总量随时间的变化是连续的假设，该假设可以使我们利用熟悉的微积分技术。但这些总量实际上是整数，因此随时间的变化肯定是非连续的。

这个差别在很多情况下显得无关紧要。病毒群体通常非常巨大，个体颗粒的离散特性无足轻重。但我们关心的恰恰是非常罕见的单个颗粒从易感到

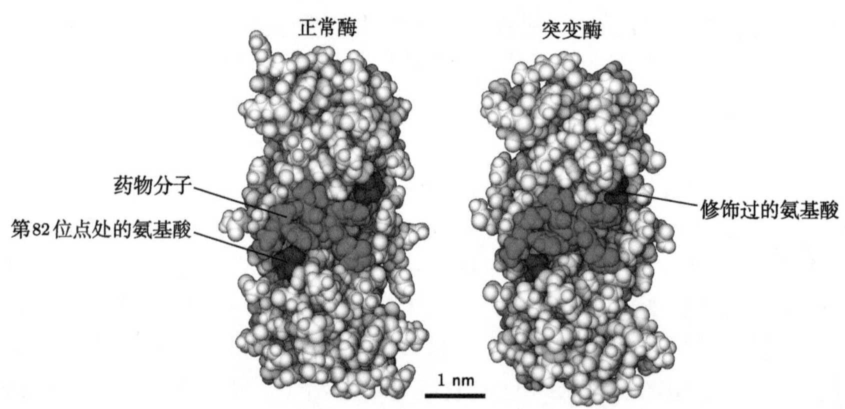

图 1.4（基于结构数据的重构图） **抗病毒药物是那些与 HIV 酶紧密结合并阻断其功能的分子。** HIV 蛋白酶可以通过突变某些特定的氨基酸获得抗药性，这些突变虽然对酶的形状改变轻微，但削弱了药物分子与其作用位点之间的契合度。药物利托那韦显示为绿色。*左侧*：二聚体 HIV 酶的两条蛋白链的第 82 位点通常都是缬氨酸（品红色），它们与药物的接触会强化药物与酶的结合。结合的药物分子则阻塞了酶的活性位点，从而抑制其功能的发挥（见图 1.1）。*右侧*：在突变酶中，该位点氨基酸已经被替成了较小的丙氨酸（红色），弱化了与药物的亲和力。利托那韦就很难再结合，因而酶的活性不再受影响。（图片由 David S. Goodsell 惠赠。）

抗药的偶然突变事件（图 1.4），这要求我们发展出新的直觉并开发新的方法来处理这类问题。

“偶然性”一词凸显了我们理解上的另一差距：我们的方程（或者更一般地说，微积分）描述的是确定性系统， 即那些只需足够了解当前状态就可完全预知未来的系统。对于某些现象诸如预言日食，该方法很有效。但是这种时钟决定论对于生命系统并不太适用，正如我们将看到的，即使纯物理现象也存在内在的概率特性。第3—9章我们将在生命系统的物理建模中引入随机的概念。

关键公式

本书每章的末节都会集中展示该章中有用的数学公式。不过，这里要展示的也包括了你之前学过的并对后继章节有用的数学公式。

- 数学术语：形如 $f(x)=b^x$ 的为**指数函数**，底数 b 是常数。形如 $g(x)=x^a$ 的为**幂律函数**，指数 a 为常数（可以是负数）。
- 数学近似：下面给出常用函数的泰勒级数展开。有些近似只有当 x“足够小”时才有效。

$$\begin{aligned}\exp(x)&=1+x+\cdots+\frac{1}{n!}x^n+\cdots\\ \cos(x)&=1-\frac{1}{2!}x^2+\frac{1}{4!}x^4-\cdots\\ \sin(x)&=x-\frac{1}{3!}x^3+\frac{1}{5!}x^5-\cdots\\ 1/(1-x)&=1+x+\cdots+x^n+\cdots\\ \ln(1-x)&=-x-\frac{1}{2}x^2-\cdots-\frac{1}{n}x^n-\cdots\\ \sqrt{1+x}&=1+\frac{1}{2}x-\frac{1}{8}x^2+\cdots\end{aligned}$$

此外，我们马上将会用到以下公式。

二项式定理：$(x+y)^M=\mathrm{C}_M^0x^My^0+\mathrm{C}_M^1x^{M-1}y^1+\cdots+\mathrm{C}_M^Mx^0y^M$，式中二项式系数为

$$\mathrm{C}_M^\ell=M!/(\ell!(M-\ell)!),\quad \ell=0,\cdots,M.$$

高斯积分：$\int_{-\infty}^{\infty}\mathrm{d}x\exp(-x^2)=\sqrt{\pi}$。

复利公式[10]：$\lim_{M\to\infty}\left(1+\frac{a}{M}\right)^M=\exp(a)$ 。

[10]如果年利率是 a 且每年计复利 M 次，则公式左边是一年后储蓄存款在初始余额上的乘积因子。

- 连续增长/衰减：微分方程 $\mathrm{d}N_\mathrm{I}/\mathrm{d}t = kN_\mathrm{I}$ 的解 $N_\mathrm{I}(t) = N_{\mathrm{I}0}\exp(kt)$，表示指数衰减（如果 $k < 0$）或指数增长（如果 $k > 0$）。

- 病毒动力学模型：患者使用抗病毒药物后（$t = 0$），病毒载量和感染 T 细胞的总量可由下述模型描述：

$$\frac{\mathrm{d}N_\mathrm{I}}{\mathrm{d}t} = -k_\mathrm{I}N_\mathrm{I} \quad (t \geq 0), \tag{1.1}$$

$$\frac{\mathrm{d}N_\mathrm{V}}{\mathrm{d}t} = -k_\mathrm{V}N_\mathrm{V} + \gamma N_\mathrm{I}. \tag{1.2}$$

延伸阅读

准科普

关于过拟合：Silver, 2012, chapt.5.

中级阅读

HIV：Herron & Freeman, 2014.
酶：Bahar et al., 2017.
建模和 HIV 动力学：Otto & Day, 2007, chapt. 1; Perelson & Ribeiro, 2018.

高级阅读

Ho et al., 1995; Wei et al., 1995; Perelson & Nelson, 1999; Nowak & May, 2000. 方程(1.1) 和方程(1.2) 来自 Wei et al.,1995, 其等价分析见1.2.4节.
T2 潜伏：Weinberger, 2015.

拓展

T2 1.2.4 拓展

1.2.4′ 突变体增殖使潜伏期终止

1995 年事件之前，马丁・诺瓦克、R. 梅和 R. 安德森已经发展出一个理论来解释图 0.1 所示的一般行为（见 Nowak, 2006, chapt.10）。根据该理论，病毒载量初始峰值期间，HIV 的一个特定株占据主导地位，因为它比其他株复制得快，而后免疫系统设法控制了该株。但随着时间的推移，该株发生了突变，产生了很多分型。最终使免疫系统崩溃，因为它不能同时应付所有突变的病毒株，进而导致病毒浓度迅速上升。同时，每轮突变会激活一类新的 T 细胞进行应答。随着被感染的 T 细胞越来越多，其响应能力也越来越弱。

T2 1.2.6 拓展

1.2.6′a 可证伪预测的判定标准（非正式）

正文中曾提到我们的模型是过约束的，因为我们只需要调节三个未知参量 $k_{\rm I}$，$k_{\rm V}$和 β 就可以拟合三个以上的数据点。更精确地说图 0.3b 的数据包含了几个独立的“可视化特征”：末段指数衰减曲线的斜率、截距、初始斜率、初始值 $N_{\rm V0}$、从初始平台期过渡到指数衰减的锐度。五个特征中，只有 $N_{\rm V0}$ 已经被写入解的表达式，其他四个必须通过参数选择来拟合。但是我们只有三个参数可调，因此我们的试探解原则上提供了一个**可证伪预测**：数学上无法保证一定存在一组参数能拟合数据。如果我们确实找到了一组参数拟合了这些数据，则至少可以说该数据对模型的支持力度大了一点，这也使得我们对该模型多了一份信心。在这个具体的案例中，一方面是由于数据的分散性，另一方面是有效数据点太少，导致没有一个可视化特征是精确已知的。因此我们只能说(i)数据与模型定性上并不冲突，但(ii)数据与慢病毒假设给出的 $(k_{\rm I})^{-1} \approx 10$ 年不相符。

1.2.6′b 针对具一定疗效的药物的更现实的病毒动力学模型

人们对正文中的 HIV 动力学模型已经进行了多方面的改进。例如，我们假设使用药物之后没有新的感染发生，但文中提及的那些药物并非完全如此。某些药物是病毒入侵后才阻止逆转录的，这些药物只能是部分有效，因此 T 细胞的新感染依然存在，只是药物施用后感染速率降低了。其他药物试图阻止“有复制能力的”病毒颗粒的产生，这些药物也只是部分有效。佩雷尔森（Perelson，2002）提出了包含上述观点的一组更复杂的方程。设定 $N_{\rm U}(t)$ 为未感染的 T 细胞总量，$N_{\mathrm{X}}(t)$ 为灭活病毒粒子数，模型为：

$$\frac{\mathrm{d}N_{\mathrm{U}}}{\mathrm{d}t} = \lambda - k_{\mathrm{V}}N_{\mathrm{U}} - \epsilon N_{\mathrm{V}}N_{\mathrm{U}} \tag{1.5}$$

$$\frac{\mathrm{d}N_{\mathrm{I}}}{\mathrm{d}t} = \epsilon N_{\mathrm{V}}N_{\mathrm{U}} - k_{\mathrm{I}}N_{\mathrm{I}} \tag{1.6}$$

$$\frac{\mathrm{d}N_{\mathrm{V}}}{\mathrm{d}t} = \epsilon'\gamma N_{\mathrm{I}} - k_{\mathrm{V}}N_{\mathrm{V}} \tag{1.7}$$

$$\frac{\mathrm{d}N_{\mathrm{X}}}{\mathrm{d}t} = (1-\epsilon')\gamma N_{\mathrm{I}} - k_{\mathrm{V}}N_{\mathrm{X}} \tag{1.8}$$

此处常数 λ 和 k_{V} 分别代表 T 细胞的正常出生和死亡率，ϵ 代表剩余感染力，ϵ' 表示有复制能力的病毒颗粒的产生的比例。

这个更详尽的模型也做了不易被证明的假设，不过它可以很好地解释大量的数据。例如，当时间超过图 0.3 所示范围时，病毒浓度的指数衰减行为会被终止。

1.2.6′c 处于潜伏期的感染细胞使得 HIV 的根除变得困难

很不幸，被感染的细胞不全是短命的。我们从方程中求得的细胞死亡率只是反映了那些不断向血液释放病毒的感染细胞的行为特征，而其他感染细胞并不向血液释放病毒。还有一些感染细胞尽管不产生病毒，但其基因组中潜伏着“原病毒”，这些细胞不久将被激活，这才是根除 HIV 很难的原因。

习题

1.1 分子结构图形

你可以自制分子结构图。请访问蛋白结构数据库[11]：www.rcsb.org。在主页上，尝试使用其名称、登录代码或“PDB ID”搜索并查看大分子结构。（你可以从主页上的“molecule of the month”栏开始。）到达分子主条目后，单击“3D view: Structure”，你就可以选择各种基于 Web 的查看器对结构可视化。JSmol 查看器可以报告结构中任意两个原子之间的距离：先双击一个原子，再将指针悬停在任何其他原子上（或双击）时，两者之间的距离将会显示在屏幕上。某些查看器可提供适合于出版（或家庭作业）的高质量的图像输出。

或者，你可以下载感兴趣的分子的 PDB 坐标文件，然后在计算机上使用独立的可视化应用程序。JMol 是不错的选择，只是计算机需要安装 Java，后者可以免费获取：sourceforge.net/projects/jmol/。另一个查看器是 Chimera，详细介绍参见：pdb101.rcsb.org/learn/videos/visualizing-pdb-structures-with-ucsf-chimera-for-beginners。

如果你想找点有趣的例子，不妨看看 Molecules of the Month 板块，或者使用书末“鸣谢”（第 457 页）中列出的条目来检索本书中出现的结构图。

a. 根据以下条目产生与本章有关的图像：

— 1j1b（HIV-1 逆转录酶与奈韦拉平的复合物）；

— 1hsg（HIV-2 蛋白酶与蛋白酶抑制剂的复合物）；

— 1r18（HIV-1 蛋白酶抵抗株与利托那韦的复合物）。

b. 再试试以下这些第 12 章将会讨论的分子：

— 1lbh（结合到安慰性诱导物 IPTG 上的 *lac* 阻遏物）；

— 3cro（结合到 DNA 片段的 Cro 转录因子）；

— 1pv7（结合到类乳糖分子 TDG 的乳糖通透酶）。

c. 下列条目也值得试试：

— 1mme（锤头状核酶）；

— 2f8s[干扰小 RNA(siRNA)]；

[11] 另见 Media 2。PDB 由结构生物信息学合作研究实验室（RCSB）运营（Burley et al., 2021）。

1.2 半对数作图

a. 用计算机画出函数 $f_1(x) = \exp(x)$ 和 $f_2(x) = x^{3.5}$ 在 $2 \leqslant x \leqslant 7$ 的曲线，定量比较两函数是否类似？

b. 用半对数作图画出上述两个函数曲线，指数函数会呈现什么显著的特征呢？

1.3 半衰期

科学家有时候不喜欢用方程(1.1)中的 k_{I}，而是采用**半衰期**，即总量指数地衰减到初始值一半所需的时间。推导两个变量的关系。

1.4 抗病毒药物建模

对抗病毒药物施用后 HIV 感染的时间过程进行分析。假设病毒清除快于 T 细胞死亡（当然不需要快很多），即 $k_{\mathrm{V}} > k_{\mathrm{I}}$。

a. 仿照第 1.2.4 节，写出可测量的 $N_{\mathrm{V}}(t)$的试探解，表达为初始载量 $N_{\mathrm{V}0}$以及待定参数 k_{I}，k_{V} 及 β 函数。

b. 获取数据集 Dataset 1[12]，并用计算机在半对数坐标内作图。每个数据点用圆圈或加号表述，数据点之间不需要线段连接。标明横纵坐标名称。对常数 k_{I}，k_{V} 和 β 任意取值，将试探解叠加到实际数据点上。选择较好的参数值使试探解拟合数据。

c. 你很快会发现仅仅通过猜测很难获得正确的参数值。与其借助某些傻瓜软件直接搜索，不如按下述方法选择参数，使得试探解关键特征与数据相符。首先注意到在半对数图形中实验数据在相当长时段呈线性（不用在意数据点的分散性）。试探解公式 (1.4) 也接近线性，即 $N_{\mathrm{V,asymp}}(t) = X\mathrm{e}^{-k_{\mathrm{I}}t}$，因此你可以用该方程拟合数据。将曲线与实验数据比较，调节参数使曲线与数据的长期趋势吻合，并找出直线上的两点求得两参数 k_{I} 和 X，以保证 $N_{\mathrm{V,asymp}}(t)$ 与数据吻合。

d. 将参数 k_{I} 和 X 代入公式(1.4) 就获得了拥有正确的初始值 $N_{\mathrm{V}0}$ 和长期行为的试探解。但这些还不足以让你唯一地确定 k_{V}，你可以再考虑一项约束：药物施用后，感染的 T 细胞数量并不马上开始下降。即在本模型中，在零时刻之前病毒的产生和清除是等速的，于是，解在初始是准稳态：

$$\left.\frac{\mathrm{d}N_{\mathrm{V}}}{\mathrm{d}t}\right|_{t=0} = 0.$$

利用该约束可以决定 c 小题试探解的所有参数，再画图比较。（为了看起来拟合得更好，你可以调整 $N_{\mathrm{V}0}$ 和其他参数。）

---

[12]该参考方式指的是本书网站的 Dataset 链接。

e. 上述探讨假设 T 细胞感染速率的倒数比感染潜伏期短很多，即

$$1/k_{\mathrm{I}} \ll 10 \ \text{年}$$

所获数据支持该前提假设吗？

f. 利用习题 1.3 的结论，将(d)的答案转换成病毒和感染 T 细胞的半衰期。（可以理解为在一个有清除但没有新增病毒或新增感染的假想系统中的半衰期。）

1.5 盲拟合

获取 Dataset 2，该文件包含两列数据，第一列数据标记的是各年份（零点是任意设置的），第二列是当年的世界总人口估计。

a. 利用计算机绘制上述数据图。

b. 有一简单的数学函数可以大致重现这些数据

$$f(t) = \frac{100000}{2050 - (t/1\text{年})}. \tag{1.9}$$

用计算机绘出这个函数图，并与实际数据图进行比较。你可以使用同样形式的函数 $f(t) = A/(B-t)$，通过调整 A 和 B 的值，可以获得非常漂亮的拟合结果。（有现成方法可以完成拟合，但建议你至少“亲手”做一次。）画出最好的拟合图，并指出 A 和 B 的值。

c. 你认为这是一个好的模型吗？即，除了能大致重复数据外，它还能提供有意义的信息吗？拟合的值是否合理？请解释。

1.6 盲拟合（续）

五类动物的数据列表如下：

动物类别	体重(kg)	基因组大小近似值（$\times 10^6$ 个碱基对）
猫	4.5	3 070
地鼠	0.23	3 270
人类	73	3 455
象	5 500	4 220
马	465	3 178

a. 用这些数据作图。这些数据之间是否存在关系（任何意义上）？

b. 在图中再加入一个数据：

毒镖蛙	0.003	8 830

对你已经找到的关系产生了什么影响？前五个数据点是否有一些共性？这些共性还能代表所有动物吗？

1.7 T2 微分方程组的特殊情况

下述两个线性耦合的微分方程是从方程(1.1)和方程(1.2)简化而来的：

$$\mathrm{d}A/\mathrm{d}t = -k_{\mathrm{A}}A, \quad \mathrm{d}B/\mathrm{d}t = -k_{\mathrm{B}}B + A.$$

这组方程有两个线性独立的特解，可以通过线性组合获得通解[13]。因此通解有两个自由参数，分别代表各特解的权重。

一般地，常系数线性微分方程组都有指数形式的解，当然也存在例外，这种例外甚至可以出现在只有两个方程的最简单的例子里面。记住本题的物理类比，第一个方程描述的函数 $A(t)$ 表示进入容器B的流速，该容器底部有洞。

第 1.2.4 节讨论了如果 $k_{\mathrm{A}} \ll k_{\mathrm{B}}$ 则容器 B 不可能积累很多，其流出最终由 k_{A} 决定。相反，如果 $k_{B} \ll k_{\mathrm{A}}$，则容器 B 将越注越满直到容器 A 完全耗尽，而容器 B 的流出速率由 k_{B} 控制。任何一种情况，其长期行为都是指数函数，事实上，我们发现所有时段其总行为是两个指数函数的线性组合。

但是，如果 $k_{\mathrm{A}} = k_{\mathrm{B}}$，则会发生什么？上述推理不适合这种情况，因此我们不能保证每个解的长时间行为都是指数下降的。事实上，对应于 $A(0) = 0$，只存在一个指数解，它仅仅描述容器B如何耗尽。但是，必定还存在另一个特解。

a. 求 $k_{\mathrm{A}} = k_{\mathrm{B}}$时的另一个特解，并写出系统的通解。给出解析结果（公式），而不是数值结果。[提示：先求出容器A的解$A(t) = A_0\exp(-k_{\mathrm{A}}t)$，代入另一方程得

$$\mathrm{d}B/\mathrm{d}t = -k_{\mathrm{A}}B - A_0\exp(-k_{\mathrm{A}}t).$$

如果 $A_0 \neq 0$，则不存在 $B(t) = \exp(-k_{\mathrm{A}}t)$ 的形式解，尝试 t 的各种幂函数与该形式乘积的解，再求方程的解。]

b. 上述情况看起来与真实 HIV 问题并不相关。是这样吗？

1.8 T2 感染细胞计数

完成习题 1.4，然后按下述方法估算准稳态时感染 T 细胞的总量。（评估单个患者体内病毒突变的假说时会用到这个数据，见第3章。）

[13]一般地，含 N 个未知数的 N 个一阶线性微分方程组存在 N 个独立的特解。

a. 人体血液总量约 5 L，每个 HIV 病毒颗粒携带 2 份 RNA 基因组，因此，病毒颗粒总量是 2.5×10^3 mL 乘以图 0.3b 所标示的量。根据病毒总量写出习题 1.4 中 N_{V0} 和 X 的值。

b. 拟合出 β 的数值。（在习题 1.4 中已求得 k_{I} 的值。）

c. 符号 β 是乘积 γN_{I0} 的缩写，此处 $\gamma\approx100k_{\mathrm{I}}$ 是病毒从一个 T 细胞释放的速率，而 N_{I0} 是我们要求的值。由问题a 和问题b 获得的值估算 N_{I0}。

第2章　物理学与生物学

自然现象类似于西卜林先知的预言中散落的叶子，
每片叶子上只写一个单词或一个音节；
当每片叶子都以适当的排列被联系在一起时，
整体立即呈现出一种清晰而和谐的声音。

——托马斯·杨（1807 年）

2.1　导读：推断

本书的其余部分将探讨两大类命题：

1a. 生物体利用物理机制获取周围的信息并对这些信息做出响应。理解这些机制背后的基础科学问题对理解它们如何工作至关重要。

1b. 科学家也利用物理机制获取所研究的系统的信息。同样，了解一点基础科学会拓展测量的范围和有效性（反过来也会使得测量所支持的模型的适用范围和有效性得以拓宽）。

2a. 由于信息被噪声[1]部分地稀释，生物体必须为获得最佳响应而做出推断（猜测）。

2b. 很多情况下，科学家也必须通过概率化的方式来推断测量结果的含义。

事实上，尽管存在巨大的生物多样性，所有生物体都拥有一个最突出的共同特征，那就是它们能够对动荡不休的物理环境所提供的各种机会和限制做出适应性响应。生物体必须收集周围环境的信息，基于这些信息对现在和将来做出推断，并调整行为方式实现某些结果的最优化。

上述的每个命题都以对照的方式列出，以凸显如下的优美对称性：

你在理解实验数据时需要概率性推断，狮子和羚羊在收集数据并做出决定时同样需要概率性推断。

在正文开始之前，可能还需要明确两个要点。

[1]**噪声**的日常定义是“没有内容的声音刺激”，说得夸张点是“我这代人没法欣赏的音乐”。在本书中，噪声是“随机性”的代名词，后者详见第3章讨论。

3a. 在理解环境并做出恰当响应方面做得最成功的生物体最有可能在同类竞争中胜出（即，主宰其生态位）。

3b. （与上述对应的内容请自行补充。）

2.2 交叉

乍看之下，物理学似乎处在生物学思维的对立面。物理学方面，我们已经有简单的牛顿三定律[2]，生物学方面则是看似随意的生命之树；物理学方面依然存在对简洁的不懈追求，生物学方面则是无法简化的复杂性特征；物理学叙事强调普适性，生物学则强调历史事件的偶然性；物理学注重确定性，即从现有测量数据预测未来，生物学则充斥着不可预测性。

但是物理学内容比牛顿定律丰富得多。在 19 世纪，科学家逐渐接受了所有物质是由分子组成的观点。同时也意识到如果室内空气是由自由飞舞的小颗粒组成，则其运动必然是*随机的*（非确定性的）。尽管我们不能直接看到这类运动，但在 20 世纪早期，人们已经清楚意识到，任何微米尺度的粒子在水中的运动是持续不停而又随机的（被称为**布朗运动**，参见 Media 3）。一个物理学分支由此诞生了，它专门研究这种纯物理又随机的系统。事实证明，随机行为也可以得出确定性的结论，主要原因是每种“随机性”都有我们可以定量测量甚至预测的特征参数。类似的方法可以应用到生命系统的随机性。

20世纪物理学的另一个主要发现是，光也有粒子性。正如我们很难意识到水流是由离散的分子组成一样，平时我们也没有注意到光束也具有颗粒特性。然而，在我们后续的定位显微镜的研究中将证明，光的粒子特性是很重要的。

回到生物学，19 世纪最伟大的进展是*共同祖先*原理。因为所有生物体部分地分享各自的族谱，我们可以通过研究同族中的其他成员来了解他们。就像物理学家能够通过研究简单原子来发现最复杂分子的线索一样，生物学家也有理由通过研究细菌来寻找蝴蝶和长颈鹿的线索。此外，这个庞大亲缘树的遗传行为也具有一个特殊的性质，它包含众多离散的信息包（基因），后者要么被精确复制，要么发生随机的、离散的改变（突变或重组）。到了 20 世纪，上述观念又经历了广泛地拓展。目前科学界已经很清楚，尽管长期来看，遗传的后果是微妙、多样的，但其背后的发生*机制*在整个生命世界中是通用的。

物种个体之间的相遇、竞争和合作至少有部分的随机性，这使我们联想到化学反应中的物理过程。在每个个体内，每个细胞的生命过程也只是离散分子之间的化学反应，而其中某些关键分子只有很少几个复本，有些只是应答少数几个离散的外部信号。例如，嗅觉受体能够感受几个气味分子；视觉

[2]还有麦克斯韦那简洁而不简单的方程组。

受体则可以感应单光子水平的事件。在这层次上，生物学和物理学之间的差异就消失了。

总之，20 世纪的科学家越来越认可如下事实：离散性和随机性是许多物理和生物现象的根源。他们发展出的适合两个领域的数学方法至今依然有效。

2.3 量纲分析

附录 B 列出的分析工具对于整理我们的物理建模思想不可或缺。在此提供与本书主题有关的两个快速练习：

思考题2A 回到方程(1.3)并验证其符合附录 B 所给出的单位规则，依据该规则，导出变量 $k_{\rm I}$，$k_{\rm V}$，β 和 γ 的单位，并证明“$k_{\rm V}$ 比 1/(10年) 大很多”的陈述在量纲上是正确的。

思考题2B 将硬币（直径为 1 cm）置于离眼睛 3 m 远的位置，求其角直径。将答案表述成弧度和弧分，并与从地球看月亮的角直径比较，后者是 32 arcmin。

为了与变量区分，本书单位的名称将被设置成特殊字体，cm 代表“厘米”，cm 可能代表浓度与质量的乘积，而“cm”则有可能代表某些普通词汇的缩写。字符 $\mathbb{L}$ 则代表量纲（长度），详见附录 B。

具名变量一般是单个斜体字母，我们可以任意指定，但必须统一使用，便于读者理解我们的用意。附录 A 收集了许多具名变量的定义和其他一些本书用到的字符。

总结

为了说服某些挑剔教授（或同行评审）对我们工作的怀疑，我们在物理课上有必要推出烦人的苦差事“误差分析”。在生物学课程里面，误差分析在临床试验里被设计成一门单独的课程。本书尝试将概率推理直接应用于研究生物体如何利用惊人的技巧来应对环境并推断出最佳行动方案。

通过该方法，我们可以在多个层次和不同的时间尺度上研究与环境适应相关的某些历史案例。就像前言中提及的，与所有高等生物一样，最原始的生命形式（病毒）通过突变获得的应对新挑战的能力也仅仅表现为数量占优；能够移动的单个细菌拥有遗传和代谢回路，这些回路使它们拥有较快的应变能力：这些特定的能力只是在被需求时才释放出来，便于它们在遭遇困难尤其在寻找食物时能够生存[3]。更为复杂的是脊椎动物，异常快速的神经回路能使我们击打高速网球，或用长又黏的舌头迅速抓到昆虫。上述每个层次都包含着物理机制，某些机制对你来说是新颖的，某些似乎又是脱离常识的。（你可能需要对自己积累的知识做出一点改变和调整，以了解这些机制的工作原理。）

关键公式

参见附录 B。

- 角度：求两条射线在端点相交的角度，画一条中心在交点的圆弧，圆弧始于一射线，终于另一射线。弧度角 （rad） 是弧线长度与半径之比。因此，角度单位 rad 是无量纲的，另一个无量纲的角度单位是度，定义为 $\pi/180$ 弧度。

延伸阅读

准科普

作为信息处理机器的生物体：Bray, 2009; Parthasarathy, 2022.

中级阅读

Alon, 2019; Sheetz & Yu, 2018.
量纲分析：Mahajan, 2014.

高级阅读

Bialek, 2012; Steven et al., 2016.

[3]第12章和第15章将探讨与这些现象相关的案例。

习题

2.1 希腊字母

我们使用了希腊字母表中的一些字母。以下是科学家们常用的字母，同时列出了大小写字母（不过，当大写字母看起来像罗马字母时，就不再计入了）：

α, β, γ/Γ, δ/Δ, ϵ, ζ, η, $\theta/\vartheta/\Theta$, κ, λ/Λ, μ, ν,
ξ/Ξ, π/Π, ρ, σ/Σ, τ, $\phi/\varphi/\Phi$, χ, ψ/Ψ, ω/Ω

当我们写计算机代码时经常是依次这样拼写：alpha, beta, gamma, delta, epsilon, zeta, eta, theta, kappa, lambda[4], mu, nu, xi (发音作“k'see”), pi, rho, sigma, tau, phi, chi(发音作“ky”), psi 和 omega。

作为练习，请检查下列的引文：

“Cell and tissue, shell and bone, leaf and flower, are so many portions of matter, and it is in obedience to the laws of physics that their particles have been moved, moulded, and conformed. They are no exception to the rule that Θεὸς αεὶ γεωμετρεῖ.” —D'Arcy Thompson

从每个希腊字母的发音，你能猜出 Thompson 想要表达的含义吗？［提示：ς 是 α 的变体。］

2.2 不常用的单位

在美国，汽车油耗常常表述成“每加仑英里数”。某种意义上，该数的倒数更有意义，称为“燃油效率”。

a. 给出燃油效率的量纲，并用国际单位制（SI 制）。

b. 现有某车每加仑燃油行驶 30 英里，下面从物理或几何上为其燃油效率给出一个形象的理解。想象一根装满燃油的长管，其排列方式使得汽车在向前行驶时吸进燃油。假定汽车能以该效率无限期地行驶（燃油供给是充足的），估计管子的横截面积。

2.3 凯特勒指数

如果患者身体脂肪的百分比已知，则可以直接诊断患者是否肥胖，但是百分比并不容易测量。经常用“体重指数”（BMI，或“凯特勒指数”）作为粗略的替代指数。

a. 如果患者体重 m 超过某个固定阈值时，我们就说患者超重，这样简单的标准有什么问题吗？

[4]请注意，某些计算机语言不允许命名 lambda 为变量。

为此定义 BMI 为：

$$\mathrm{BMI} = \frac{\text{体重(kg)}}{[\text{身高(m)}]^2},$$

且 BMI > 25 被设定为超重。

b. 为什么 BMI 的阈值可能是更好（尽管不完美）的超重指数。

c. 忽略纯数字 25，上述超重阈值的标准能否进一步修正？你的答案可能是另一种幂律形式。

2.4 力学敏感度

大多数人勉强能感受到一粒盐从 $h = 10$ cm 高处掉落到皮肤上这一事件。将一粒盐设为边长为 0.2 mm 的立方体，其质量密度为 10^3 kg m^{-3}。从 10 cm 高处掉下来时，它会释放多少引力势能？[提示：如果你不记得计算公式，也可以用本题给出的参数，通过量纲分析构造成出单位为 J = kg m^{2}s^{-2} 的物理量。引力加速度 $g \approx 10$ m s^{-2}。]

2.5 关于波

a. 求深海表面波速的近似表达式。答案将包括水的质量密度($\rho \approx 10^3$kg m^{-3})、波长 λ 和/或引力加速度（$g \approx 10$ m s^{-2}）。[提示：别想得太复杂；不需要解任何运动方程。海洋的深度并不重要（原则上是无限深），水的表面张力或黏度也无关紧要（可以忽略不计）。]

b. 数值估算波长 1 m 的结果，看看你的答案是否合理。

2.6 浓度单位

附录 B 引入一个浓度单位名叫“摩尔每升”，缩写为 M。对 1 mM 糖溶液进行量纲分析，并求一个立方微米溶液的平均糖分子数。

2.7 原子的能量尺度

请阅读附录 B。

a. 遵循 B.6 小节的思路，利用力常数 k_e、电子质量 m_e 和约化普朗克常数 $\hbar$ 构建能量标度。将该数值表达为焦耳（单位）。类似于方程 B.1（第 450 页）中的指数 a, b 和 c 各为多少？

b. 我们知道每个分子在化学反应中均包括数个 eV 的能量转移，**电子伏特**单位等于 1.6×10^{-19} J。（例如，从氢原子中移走一个电子所需的能量约为 14 eV。）估算a.中的能量有多少电子伏特？

2.8 血流

请阅读附录 B。

当流体通过管道时，有时会以**层流**方式流过（另一方式是“湍流”），即每个流体元素都以恒定速度（无加速度）移动。例如，通过中小型血管的血液是层流的。因为无加速度，流体遭遇的阻尼不依赖于质量密度。然而，流体的另一重要参数黏度是相关的。假设黏度（η）体温下大约为 2.8 mPa s。符号 Pa 代表压力的 SI 单位（单位面积受力）。

a. 将 mPa（毫帕）转化成 SI 基本单位。

   无限长管可以由管径 a 这个数字来表征。流动阻力不但取决于流体自身，还与总体积流量（单位时间内的体积）Q 有关。

b. 黏滞阻力（摩擦）会导致流体沿管道的压力持续下降，压降量纲为（压强）/（距离），使用量纲分析并用 η, a 和 Q 近似表达该压降的公式。

c. 假设动脉斑块使管道直径减少到正常值的一半，但 Q 不变。使用b.的公式预测压降的变化。

第 2 篇　生物学中的随机性

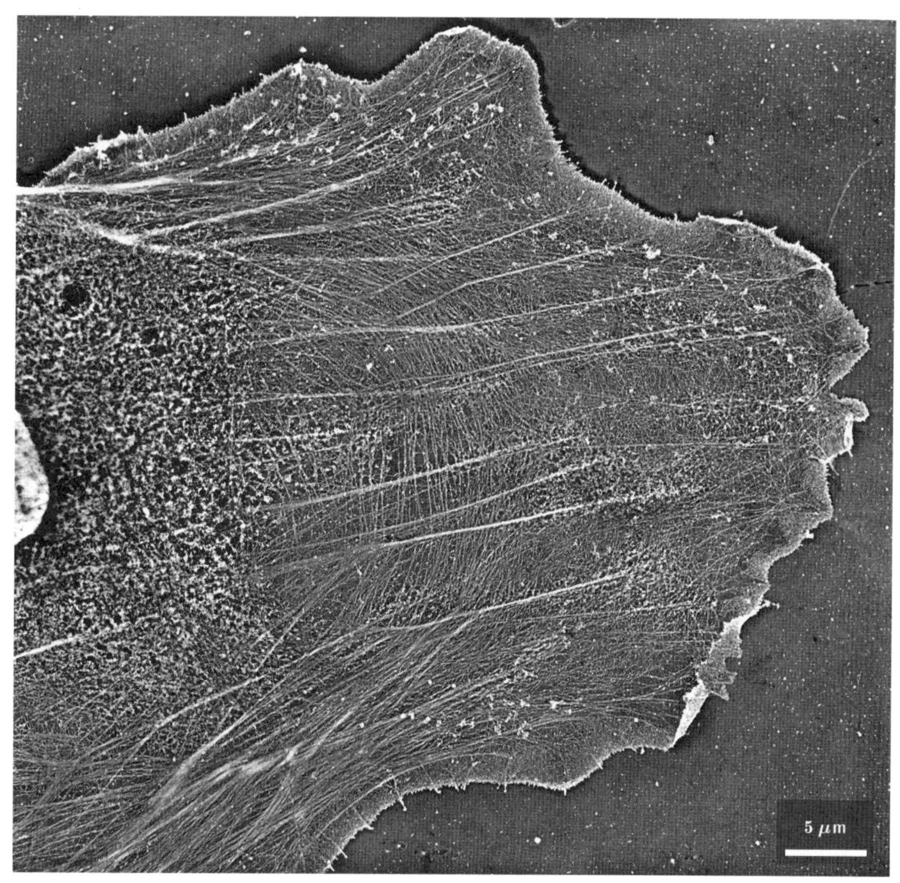

（电子显微图）　爬行细胞的前缘（非洲爪蟾青蛙的成纤维细胞），图中高亮部分是错综复杂的细丝（骨架）网络。该网络既没有想象中的规整，也没有想象中的随机，即，在任何局部区域，细丝都展现出明确的取向分布。这是与细胞功能相关的。（蒙 Tatyana Svitkina 惠赠。）

第3章　离散型随机性

偶然性比因果律更基本。

——马克斯·玻恩

3.1　导读：分布

假设有 30 人聚会，我们按聚会者名字的字母排序再标出其身高。直觉告诉我们这种身高排序是"随机的"，我们没有办法预测任何身高数值。但可以肯定的是，这种身高排序又不是"完全随机的"，因为我们可以提前预测不存在身高超过某个值（如 3 m）的个体。因此，还不曾有某些观察是完全不可预测的。

如果将身高从低到高排序，直觉告诉我们这种排序比之前的拥有"较少的随机性"——因为每次输入的值不会比前者小。此外，如果按字母排序的前 25 名身高都低于 1 m，则我们对这群人甚至第 26 人似乎可以得出一个合理的结论——他们可能都是孩子。

本章将用数学语言来表述这些直觉认知，并用之于物理建模。对随机性的系统研究有助于我们厘清：(i) 来自外部环境的随机性；(ii)实现其决策和行动的分子机制的内在随机性。

许多讨论将始于平常的抛币试验。抛币似乎不是生物学的主题，但可以导出贯穿整个生物学的一些重要的随机分布，例如二项式分布、泊松分布和几何分布。此外，以抛币为例，我们还可以方便地构建更多普适概念（例如似然函数）。有了这些扎实的基础，我们才能够拓展到更抽象的问题。

本章焦点问题

生物学问题：如果每次捕食猎物的尝试都是独立的随机试验，则猎食者在美餐之前必须等待多长时间？

物理学思想：很多物理课程中都出现这类概率分布，例如酶转换过程中的等待时间分布。

3.2 随机性事例

3.2.1 五个典型事例阐明随机性概念

考虑五个具体的物理系统，其产生的结果通常被描述为“随机的”。比较这些例子将有助于我们了解自然界随机性的一些基本特征。

1. 抛币，并记录落地后朝上的那面（正面或反面）。

2. 随机数发生器（大多数数学软件中都有这个函数包）。

3. 有一个十面骰子（各面编号分别为 0—9），每个面出现的概率相等。抛掷一次，在你得到的数值前加上小数点，写成十进制小数的形式。再抛掷一次，将得到的数值连同上一个数值一起写成两位的十进制小数，这等价于计算“第一次数值 ÷10+ 第二次数值 ÷100”。由此得到的小数将呈等间距均匀分布。

   抛 m 次币的组合结果可用来构建一个类似上述十进制分数的“随机的 m 位二进制分数”：

$$x = \frac{1}{2}s_1 + \frac{1}{4}s_2 + \cdots + \frac{1}{2^m}s_m, \tag{3.1}$$

   其中 $s_i = 1$ 对应于正面， $s_i = 0$ 对应于反面，而 x 值总是处在 0 和 1 之间。

4. 用光敏探测器探测微弱光源。尽管日常生活中，光看起来是连续的，但实际上它以小包（“光子”）的形式抵达。因此，探测器以单个电脉冲（“尖头信号”）响应；我们记录两个连续尖头信号之间的**等待时间** t_{w}[1]。

5. 每隔几秒拍一帧视频，观察在水中自由运动（布朗运动）的微米尺度粒子的连续位置[2]。

让我们逐个仔细剖析上述例子，从中提炼出随机性的普适概念，并学会如何描述不同种类的随机性。

1a. 事实上，抛币试验也不是完全不能预测，我们可以设想一个精密的抛币机与气流隔绝以确保每次落地都是正面朝上；但人工抛币时，我们会得到结果序列 s_1，s_2，$\cdots$，这些数字没有呈现明显的关联性结构。

此处“结构”意指实验数据中蕴含的有助于预测下一次事件的信息。但是，我们除了知道每个 s_i 有两个可选值之外，也无法做出更多预测。即使能够构造一枚有偏硬币，使其落地时面朝上的概率（记为 ξ）不等于1/2，这个概率值

[1]你可以听 Media 4 提供的尖头信号的例子，并与 Media 5 提供的具有相同平均速率但规则间隔的点击信号进行比较，有些学者用“驻留时间”代替等待时间。

[2]见 Media 3。

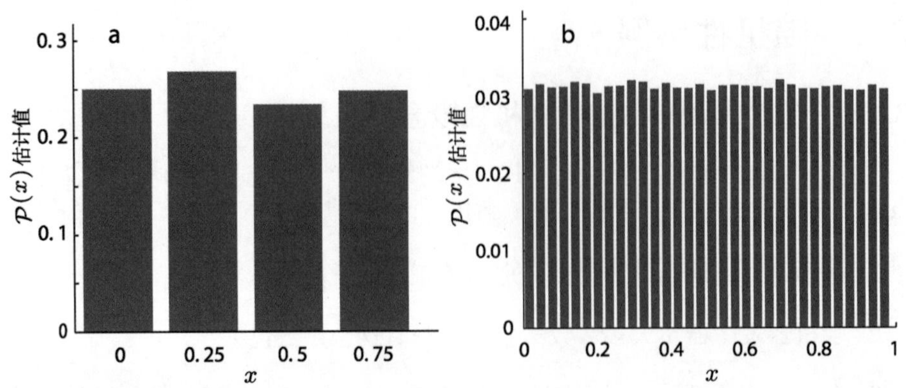

图 3.1（**计算机模拟**） **均匀分布的随机变量**。图 a：500 次二位随机二进制分数 [即表达式(3.1)的 $m=2$]的经验分布。图 b：250 000 次五位随机二进制分数经验分布（ $m=5$ ）。符号 $\mathcal{P}(x)$ 表示各种结果的概率，本章将给出精确定义。注意图b 的柱的高度比图a 低很多，因为总概率（100%）被分配到更多柱中了。

也不能给出确定的结果序列。我们称这种随机性为**伯努利试验**，只要 ξ 不等于 1 或 0，我们根本无法根据之前的试验结果来预测下次的试验结果。

2a. 计算机产生的一系列"随机"数也不是真正随机的，毕竟计算机的目的就是为数学问题提供确定性答案的。但随机数算法的确能产生足够复杂的数字序列，以至于从任何实用目的看，这个序列中没有明显的关联结构。

3a. 回到二进制分数，一枚无偏的硬币做双抛试验（即 $m=2$ 和 $\xi=1/2$），则会产生4个可能的结果：<u>正正</u>，<u>正反</u>，<u>反正</u>和<u>反反</u>，对应于公式(3.1)的结果为 $x=0$，$1/4$，$1/2$ 和 $3/4$。如果我们做许多双抛试验并画出结果的直方图（图 3.1a），则连续的 x 值被画成了一个**离散均匀分布**，且期望四个柱的高度接近相等。如果选择更大的m值（如 $m=5$），则会出现更多可能的结果，即允许的 x 值挤在0至1的区间（图 3.1b）。此外，柱的高度也接近相等（如果我们进行足够多的试验）[3]。最后，我们能断言的无非就是 $0 \leqslant x < 1$，完全在意料之中。

4a. 至于光探测器，无论我们怎样完善设备，在弱光时也只能获得不规则间隔的尖头信号。然而连续尖头信号之间的间隔存在某些规律性：比如等待时间 $t_{\rm w}$ 肯定大于 0，且短等待比长等待更多（图 3.2a）。换句话说，能被我们预测的仍然是概率分布，即等待时间分布。对于图 3.2a 所示的数据云块，我们能明确断定的大概只有这些点不是等概率出现的这一直观感受。相比之下，直方图表示法（图 3.2b）则清楚展示一个确定的模

[3]不妨设想一下大 m 极限。此时，直方图的柱顶几乎连成一条连续直线。这本质上实现了对所示区间内**连续均匀分布**的实数抽样。第5章将讨论连续分布。

式。不同于上述例子 **3**，此处该图展示的是一个不均匀的分布，即“指数分布”[4]。

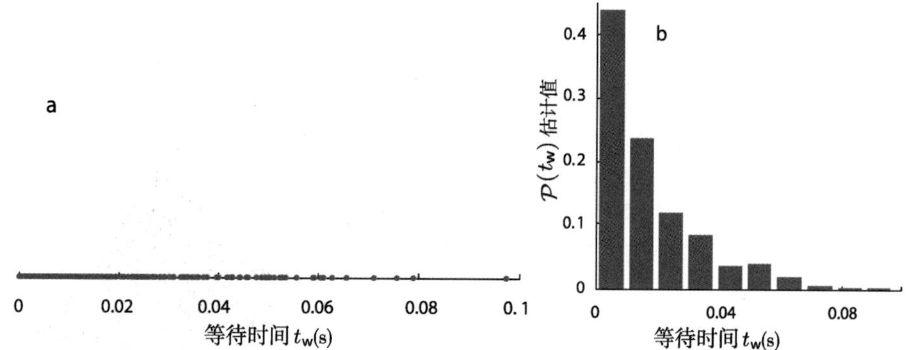

图 3.2（**实验数据**） **可视化分布的两种方法**。图a：云图显示了 290 个连续尖头信号之间的等待时间，类似于 289 个点形成的一朵云，左侧点密度比右侧的高。图b：同样的数据以直方图表示，越高的柱对应于图a 中密度越大的区域。数据被细分成 10 个离散柱。（数据由John F. Beausang惠赠，见Dataset 3。）

所以在这种情况下，从之前许多试验经历中获得的有限知识有助于我们猜测下一个尖头信号到来前的等待时间。我们可以通过检查等待时间序列的前 100 个数据来获取平均等待时间（与光源亮度有关），但我们用该方法获得的信息也存在极限。如果我们知道其分布的一般形式是指数的，则所求等待时间完全可以由平均等待时间表征。任何初始测量数据只是完善我们对平均等待时间的估计，而不可能告诉我们下一个事件发生的具体时间。

5a. 以等间隔时间 Δt 对单个布朗运动粒子的位置进行逐次“抓拍”，尽管这些位置反映了粒子与水分子之间复杂得难以想象的碰撞作用，但至少我们对某些事实还是有把握的。比如，虽然在足够长时间内粒子移动的距离没有上限，但视频的连续两帧之间粒子的位置差距不可能超过 1 cm，即，第 i 帧的粒子位置确实提供了第 $i+1$ 帧粒子位置的部分信息。与例子 **1—3** 相反，连续观察到的位置是“关联的”[5]。一旦我们知道第 i 帧粒子位置就可以部分预测第 $i+1$ 帧的粒子位置，而第 i 帧之前的粒子位置对此则无所助益。也就是说，布朗粒子除了当前的位置外已经“忘记”了自己经历过的历史，因此，其随机行走的分布只依赖于当前位置。产生了一系列具有“健忘”特性步骤的随机系统被称为**马尔科夫过程**[6]。

布朗运动是马尔科夫过程的特例，第 $i+1$ 帧的粒子位置分布有一个简

[4]区分指数分布（诸如等待时间）和指数函数（诸如第1章中药物治疗后感染 T 细胞的数量）非常重要。第9章将详细讨论指数分布。

[5]第 3.4.2 节将给出关联的精确定义。

[6]第 10.3 节将详细讨论。

单的形式，它是所有步骤公有的一个普适函数。因此将位置矢量 $\boldsymbol{x}_i$ 减去 $\boldsymbol{x}_{i-1}$ 得到的位移矢量 $\boldsymbol{\Delta x}_i$ 是无关联的，其分布的峰值位于零处（图 3.3）。

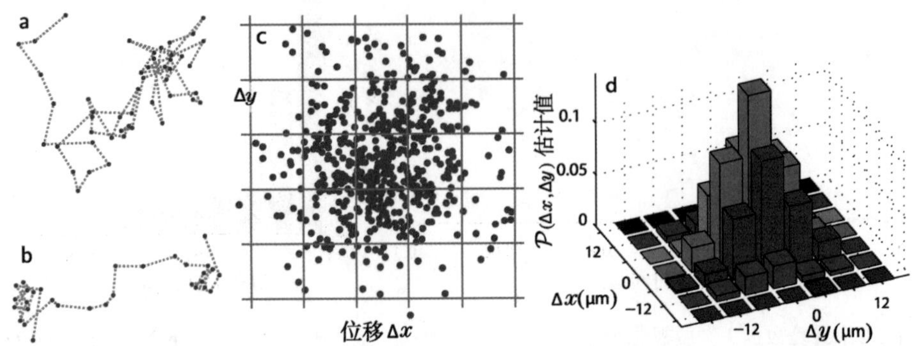

图 3.3（**实验数据**） **布朗运动的展示方式（从左至右渐次抽象）**。图 a：点表示微米颗粒布朗运动 30 秒间隔快照的连续位置。线段只是位置点的连线，不是粒子的真实路径。图 b：另一个试验的类似数据。图 c：508 个连续位置点的位移矢量 $\boldsymbol{\Delta x}$ 的云表示，中心点对应于零位移。网格线标尺为 6 μm，图中显示粒子位移偶尔会超过 16 μm，但是，绝大部分位移远比这小。图 d：相同数据的直方图表示。数据被划分到多个柱中，形成了一个离散分布。（数据来自Perrin，1909；见Dataset 4。）

当我们研究更多与生物相关的系统时会经常提起这些典型例子。这些例子启发我们可以从实用目的出发为“随机性”提出如下定义：

> 如果系统产生的一系列结果没有可显式描述的关联结构，则我们称该系统是等价于随机的。 (3.2)

上述例子中涉及的量必须具有如下特征才能认为是等价于随机的：

1b—3b. 抛币（或计算机产生随机整数）可以由有限的允许数值序列来刻画，且序列呈均匀分布。

4b. 尖头信号的等待时间可以由一个允许值的范围（$t_{\mathrm{w}} > 0$）和该范围内的一个特殊分布（非均匀的）来刻画。

5b. 布朗运动可以由每帧视频中粒子位置的非均匀分布来刻画，同一粒子在相邻两帧视频中的位置存在某种特定关系。

总之，我们研究的每个随机系统都有其自身的结构，该结构刻画了它拥有“哪种随机性”。

要点3.2的定义听起来似乎并不精确。但是一个听起来精确的数学定义不见得有帮助。我们如何确信特定的生物或物理系统的确符合这种精确定义？也许电子测量装置存在意料之外的季节性波动或缓慢漂移。事实上，在科学中很多时候对所谓随机系统的初步鉴定常常会忽略隐藏在实际观测中的一些结构信息（例如，关联性）。稍后我们可以辨明这些额外的结构并发现一些新东西。我们千万别臆想自己对系统了如指掌，最好将我们关于系统随机性的各种说法都仅看作权宜之计，这些说法都会随着数据的积累而得以修正。后面章节将介绍如何具体做到这一点。

3.2.2 随机系统的计算机模拟

除了前面提到的整数随机函数，数学软件系统还具有另一种功能，即模拟在 0 和 1 之间连续均匀分布的随机数。因此，我们可以用计算机模拟伯努利试验（抛币），将机器产生的随机数与常数 ξ 比较，如果小于 ξ，则定义为正面，否则定义为反面。也就是说，我们可以将区间 $[0,1]$ 划分为两个子区间，并记录抽取的随机数属于哪个区间，则落在该子区间的概率对应于该子区间的宽度。

后面的章节会大大拓宽这个思路，通过编写简单的模拟程序和绘制结果图表，你就可以预先获得一些有价值的洞见[7]。

3.2.3 生物和生化的随机性事例

现在举三个例子，其特征类似于第 3.2.1 节中的物理例子：

1c. 许多生物是**二倍体**；也就是说，它们的每个细胞都含有两个完整的基因组副本，一个来自父亲，另一个来自母亲。亲代通过**减数分裂**形成生殖细胞（卵子或精子/花粉），而他们的每一个基因副本也被分配到各生殖细胞，这种分配基本上是随机地从两个现存的副本中选择。因此，从某种意义上说，遗传可以被认为是 $\xi=1/2$ 的伯努利试验，其中正面可以理解为生殖细胞接收的副本源自祖母，而反面则对应另一份副本[8]。

4c. 许多化学反应可以近似认为处于“充分混合”状态中。在这种情况下，该反应在很短的时间间隔 $\mathrm{d}t$ 发生的概率仅取决于该时间间隔开始时刻的反应分子总数，而与系统的早期历史无关[9]。例如，单个**酶**分子可以游荡在不会与之作用的其他分子群中，一旦遇到酶的**底物**分子，则酶与之结合，改变其化学性质，最后释放其**产物**，而酶自身没有任何改变。因此，在酶没有显著改变底物整体浓度的整个时间间隔内，产物分子逐个生成过程的等待时间分布与图 3.2b 类似。

5c. 如果考虑的时间间隔较长，或底物分子的初始数量不是很大，则有必要考虑总量的变化。然而，在充分混合的溶液中，每个反应步骤只取决于

[7] 见习题 3.2 和 3.4。

[8] $\boxed{T_2}$ 这种简化的图像因基因换位、复制、切除和点突变等其他遗传过程而复杂化。此外，因为在染色体上的基因是物理连锁的，因此，对应于不同基因的伯努利试验不一定相互独立。

[9] 与第1章 HIV 病毒被免疫系统清除的情况类似。

底物和产物分子的当前数量，与先前历史无关。即使是各类分子之间同时发生许多反应的大系统，往往也可以以这种方式处理。因此，许多生化反应网络具有例子**5a** 的马尔科夫特性。

3.2.4 假象：流行病学中的成簇

再看一下图 3.1，这些柱是从有限的均匀分布的样本中抽样得到的概率分布。可是，如果我们被告知这些柱来自实验数据，则我们可能会问这些数据是否存在额外的结构。图 3.1a 中的第二柱高于其他柱，但这一点算是显著吗?

当有效数据有限时，人类对上述问题的直觉并不总是可靠的。例如，我们分析某种疾病的大批患者的家庭地址，发现这些地址存在明显的地理上的成簇，我们也很难断定这是一种传染病，因为如果样本数不是非常大，即使是平均分布，样本点也会显示成簇的特征。第4章将开发一些工具来评估这样的假象问题[10]。

第 3.2 节介绍了几种随机行为，以及一些能帮助我们做比较研究的可视化工具。

3.3 离散型随机系统的概率分布

3.3.1 概率分布描述了随机系统在什么程度上是可预测的

要点(3.2)对随机性的直觉定义依赖于“结构”这一概念。为了将*要点*表述得更精确，我们首先应注意到前述所有例子至少原则上能给出**可重复的**测量结果。即，他们源自的物理系统足够简单，以至于可以设想该系统能复制出许多副本，这些副本在所有统计要素方面是全同的，相互之间又没有内在的联系。让我们回顾一下第 3.2.1 节中的部分例子：

1d. 我们可以制造很多全同的硬币，并用相似的手势进行抛币实验。

4d. 可以构造许多相同的光源照射到相同的探测器。

5d. 可以构造许多腔室，在每个腔室的特定点释放一个微米大小的粒子并开始计时，再观察粒子随后的布朗运动。

我们可以从这些反复测量中获得随机系统中可能存在的显著关联结构。第 3.2.1 节讨论的例子中蕴含的关联结构相当少：

1e. 我们能够从大量抛币实验中获得的有助于猜测下一个结果的信息是表征伯努利试验的唯一数值 ξ。

[10]见习题 4.11。

2e、3e. 类似地，在这些例子中，一旦我们列出允许的结果并确定它们都是等概率的（均匀分布），则不可能再从现有的结果中收集更多的信息。

4e. 在光检测试验中，每个尖头信号的等待时间也是相互独立的，所有这些可测的时间分布对预测下一个结果是有用的。这与例子 **2e** 和 **3e** 不同，因为此时的分布非均匀（图 3.2）。

5e. 在布朗运动中，尽管粒子的连续位置不是独立的。我们仍然可以把粒子经历整个试验的全部轨迹作为“结果”（或观察），并且断言每个试验都是独立的。则针对各种轨迹，我们就能预测粒子发生大跳跃的概率比发生小跳跃的概率低很多（即，轨迹空间中也存在一个概率分布）。这种高维分布实现可视化很难，图 3.3 对此进行了简化表示，即只考察在特定时间间隔中的净位移 $\boldsymbol{\Delta x}$。

有了上述直观想法作为铺垫，我们现在就可以从离散结果的特殊情况出发，正式定义随机系统的“结构”或概率分布。

假设随机系统是可复制的；即在相同条件下，它可以被独立地重复测量。再假设结果完全是从离散清单中抽取的项，标记为 ℓ [11]。假设我们得到了多次测量的结果（总数为 N_{tot}），并发现 $\ell=1$ 的有 N_1 个，以此类推。则整数 N_ℓ 是观测到的结果为 ℓ 的次数，我们称之为结果 ℓ 的**频率**[12]。如果我们从头开始进行另 N_{tot} 个测量，则会得到不同的频率 N'_ℓ。但如果 N_{tot} 足够大，则两者应接近相等。我们就说结果为ℓ的离散**概率分布**是所有试验结果中 ℓ 的占比，即[13]

$$\mathcal{P}(\ell)=\lim_{N_{\text{tot}}\to\infty} N_\ell/N_{\text{tot}}. \tag{3.3}$$

注意 $\mathcal{P}(\ell)$ 总是非负。此外，

任何离散概率分布函数都是无量纲的。

因为对任何 ℓ，$\mathcal{P}(\ell)$ 都是两个整数的比值。所有 N_ℓ 的累加必须等于 N_{tot}（每次观察总会得到某个结果）。因此，任何离散分布必须具有这样的性质：

$$\boxed{\sum_\ell \mathcal{P}(\ell)=1 \quad \text{离散情况的归一化条件}} \tag{3.4}$$

公式(3.3)也可以用于有限数量的观测以获得 $\mathcal{P}(\ell)$ 的估计值，在画图时常以柱高表示该估计值，因此，所有柱高累加必须等于 1，如图 3.1a、图 3.1b、图 3.2b、图 3.3d 所示。这种表示看起来像一个直方图，实际上它与普通直方图的区别仅在于前者每条都乘以 $1/N_{\text{tot}}$。

[11] 这份清单可能是无限的，但“离散”指的是我们至少可以用整数标记。第5章将讨论连续分布。

[12] 该术语与概率含义存在不可避免的冲突，ΔN 是整数且没有单位，但在物理学中“频率”一词通常指的是另一个不同的量，其单位是 $\mathbb{T}^{-1}$（例如，音频）。我们必须依赖于上下文确定其具体的含义。

[13] T2 不幸的是，一些学者称 $\mathcal{P}(\ell)$ 为**概率质量函数**，而赋予“概率分布函数”完全不同的意义（就是我们通常所称的“累积分布”）。

我们称所有可能的结果集合为**样本空间**。如果 ℓ_1 和 ℓ_2 是两个截然不同的结果，则我们也可以求“测量值是 ℓ_1 或 ℓ_2 ”的概率。更一般地，设**事件** E 是样本空间的子集，每当我们从随机系统抽样的结果 ℓ 属于该子集时，我们称事件 E “发生了”。一个事件 E 发生的概率是所有抽样结果中属于子集 E 的占比，量 $\mathcal{P}(\ell)$ 对应于样本空间子集只包含一个点的特殊情况。

我们也可以把事件做如下陈述：事件 E 对应于“测量的结果在集合 E 内”，我们每次从随机系统抽样时，该事件要么是真，要么是非真。我们可以把逻辑运算 **or**、**and** 和 **not** 理解为求并集、交集和补集的运算。

简而言之，样本空间上的任何归一化的非负函数都可能是某个物理系统的概率分布。

3.3.2 随机变量将数值与样本空间中的点相关联

第 3.3.1 节介绍了很多抽象的术语，我们再补充一些具体实例。

伯努利试验对应着只有两个点的样本空间，所以 $\mathcal{P}_{\mathrm{bern}}(\ell)$ 只包含两个数字，即 $\mathcal{P}_{\mathrm{bern}}(\underline{\text{正面}})$ 和 $\mathcal{P}_{\mathrm{bern}}(\underline{\text{反面}})$。我们约定：

$$\mathcal{P}_{\mathrm{bern}}(\underline{\text{正面}};\xi)=\xi \text{ 和 } \mathcal{P}_{\mathrm{bern}}(\underline{\text{反面}};\xi)=(1-\xi), \tag{3.5}$$

其中 $\xi\in[0,1]$。ξ 前面的分号提醒我们“该”伯努利试验实际上是依赖于参数 ξ 的分布族。分号之前的是结果，之后的是参数。例如，无偏抛币特例 $\mathcal{P}_{\mathrm{bern}}(s;1/2)$，结果标记为变量 s，其值可取两个$\{\underline{\text{正面}}，\underline{\text{反面}}\}$。

我们也可以将样本空间的结果形式上用数字标记（如雏菊花的花瓣数量，或某时段细胞内 RNA 分子副本的数量），或者使用结果清单的标号，而其数字没有任何特殊意义。例如，我们的随机系统由某种疾病的大量病例组成，结果 s 可标记为发现病例的城镇。即便这样，也可能存在一个或多个有趣的有关 s 的数值函数。例如，$f(s)$ 可以是从诸如发电站这样的特定点到每个城镇的距离。样本空间的任何此类数值函数被称为**随机变量**。如果结果标记本身就是一个有直观含义的数字（不妨称其为 ℓ），则 $f(\ell)$ 可以是任意的普通函数，甚至就是 ℓ 本身。

前文给出了有关随机变量的一个相当乏味的例子，即在某个范围内均匀分布的离散型随机变量（图 3.1a、b）。例如，如果 ℓ 限制为 3 至 6 的整数值，则这种均匀分布可称为 $\mathcal{P}_{\mathrm{unif}}(\ell;3,6)$。即，如果 $\ell=3,4,5$ 或 6，则其值均为 1/4；否则均为 0。值得再次强调，括号中的分号将随机变量（此处为 ℓ）的潜在取值与其他参数区别开来，这些参数确定了我们讨论的分布函数到底是家族中的哪一个[14]。后文中我们将定义几个诸如此类的参数化理想分布函数族。

再比如后面章节会遇到的“几何分布”，为了理解几何分布，我们可以想象一只青蛙攻击苍蝇并不总是成功的。每次攻击尝试都是独立的伯努利试

[14]我们常常将参数值省略以缩短表述的符号，例如，如果上下文含义清晰，则 $\mathcal{P}_{\mathrm{unif}}(\ell)$ 可以代替繁琐的 $\mathcal{P}_{\mathrm{unif}}(\ell;3,6)$。

验，其成功概率为 ξ，问：青蛙的下一餐必须等待多长时间？这个问题尽管没有唯一的答案，但我们可以求得答案的分布。 j 表示下次获得成功所需的尝试次数，我们称该分布为 $\mathcal{P}_{\text{geom}}(j;\xi)$。第 3.4.4 节将推导出该分布的明确表达式。在此只需注意，随机变量 j 在这种情况下可以取任何正整数，因为样本空间是离散的（尽管是无限的）。还需注意到，与前述例子类似，“该”几何分布实际上是依赖于参数值 ξ 的一个族，其值可以是 0 和 1 之间的任何数。

3.3.3 加法规则

ℓ 的测量值是 ℓ_1 或 ℓ_2 的概率就是简单加和 $\mathcal{P}(\ell_1)+\mathcal{P}(\ell_2)$（除非 $\ell_1=\ell_2$）。更一般地，如果两个事件 E_1 和 E_2 没有重叠，则我们称它们**互斥**；公式(3.3)隐含

$$\boxed{\mathcal{P}(\mathsf{E}_1 \textbf{ or } \mathsf{E}_2)=\mathcal{P}(\mathsf{E}_1)+\mathcal{P}(\mathsf{E}_2) \quad \text{互斥事件的\textbf{加法规则}}} \tag{3.6}$$

如果事件有重叠，两概率简单相加会夸大（ E_1 **or** E_2 ）的概率，因为有些结果会被重复计算[15]。在这种情况下，我们必须修正规则为：

$$\boxed{\mathcal{P}(\mathsf{E}_1 \textbf{ or } \mathsf{E}_2)=\mathcal{P}(\mathsf{E}_1)+\mathcal{P}(\mathsf{E}_2)-\mathcal{P}(\mathsf{E}_1 \textbf{ and } \mathsf{E}_2) \quad \text{广义\textbf{加法规则}}} \tag{3.7}$$

思考题3A

从公式(3.3)出发证明等式(3.7)。

3.3.4 减法规则

not-E 表示“结果不包含 E 的事件”，则事件 E 和 **not**-E 是互斥的。此外，每个结果只对应其中之一为真。在这种情况下，公式(3.3)可表示成：

$$\boxed{\mathcal{P}(\textbf{not-}\mathsf{E})=1-\mathcal{P}(\mathsf{E}) \quad \textbf{减法规则}} \tag{3.8}$$

当我们想了解一个复杂事件时，这个显而易见的规则对我们非常有利[16]。

如果事件 E 是伯努利试验的结果之一，则 **not**-E 是其中的另一个结果，等式(3.8)就等同于归一化条件。更一般地，假设我们有许多事件 $\mathsf{E}_1,\cdots,\mathsf{E}_n$ 且两两互斥；再假设它们覆盖了整个样本空间，则等式(3.8)可更广泛地表述为所有 $\mathcal{P}(\mathsf{E}_i)$ 之和等于 1 ，即是更广义的归一化条件形式。例如，图 3.2b 的每一柱都对应着在指定的等待时间范围内发生的一系列事件，也就是说我们已经将**数据分区**，将大量连续的观测值转换成离散的柱集，每个柱的高度对应于结果落在该数据分区中的概率[17]。

[15] 当 E_1，或 E_2，或者两者都是真时，E_1 **or** E_2 逻辑上也是真。

[16] 见习题 3.5。

[17] T2 数据分区是无奈之举，也并不总是可取的。参见第 7.2.4′ 节。

3.4 条件概率

3.4.1 条件概率是两概率的比值

考虑两个场景：

a. 你的朋友掷六面骰子而你看不到结果，问你是否下注在 5 朝上。在你回答之前，旁观者正好经过并提供情报说骰子显示的是某个奇数。这些信息是否会让你重新评估你已经下的注？

b. 你的朋友掷六面骰子又抛币而你都看不到结果，然后问你是否下注在 5 朝上。在你回答之前，旁观者正好经过并提供情报说币是正面的。这是否也会让你重新评估你已经下的注？

在场景 **a** 中你改变主意的原因是附加信息能使你消除一些样本空间（对应于偶数号码的）。令 E_5 表示“掷出 5”的事件，$\mathsf{E}_{\rm odd}$ 则表示“掷出奇数”的事件。在给定掷出奇数的前提下掷出 5 的概率则被称为“给定 $\mathsf{E}_{\rm odd}$ 的前提下 E_5 发生的条件概率”，记为 $\mathcal{P}(\mathsf{E}_5 \mid \mathsf{E}_{\rm odd})$。公式(3.3)给出的掷出 5 的概率是 1/3，明显大于早先估计的 1/6。更一般地，条件概率 $\mathcal{P}(\mathsf{E} \mid \mathsf{E}')$ 考虑的是部分信息，即公式(3.3)的分母只计算事件 E' 为真的数量，而分子只计算 E 和 E' 都为真的数量，则：

$$\mathcal{P}(\mathsf{E} \mid \mathsf{E}') = \lim_{N_{\rm tot}\to\infty} \frac{N(\mathsf{E}\ \textbf{and}\ \mathsf{E}')}{N(\mathsf{E}')}.$$

我们可以用如下方法来计算条件概率，将分子和分母同时除以总测量数，则：

$$\mathcal{P}(\mathsf{E} \mid \mathsf{E}') = \lim_{N_{\rm tot}\to\infty} \frac{N(\mathsf{E}\ \textbf{and}\ \mathsf{E}')/N_{\rm tot}}{N(\mathsf{E}')/N_{\rm tot}} \tag{3.9}$$

或

$$\boxed{\mathcal{P}(\mathsf{E} \mid \mathsf{E}') = \frac{\mathcal{P}(\mathsf{E}\ \textbf{and}\ \mathsf{E}')}{\mathcal{P}(\mathsf{E}')} \quad \textbf{条件概率}} \tag{3.10}$$

我们有时会引入符号 $\mathcal{P}(\mathsf{E} \mid \mathsf{E}'\ \textbf{and}\ \mathsf{X})$，其中 X 表示已知为真的（即确定的）附加条件。

思考题3B

> a. 将上述场景 **a**、**b** 中的概率表述为等式(3.10)的形式。
>
> b. 仿照等式(3.10)写出 $\mathcal{P}(\mathsf{E} \mid \mathsf{E}'\textbf{and}\ \mathsf{X})$ 的相应表达式。

再次强调：在某些情况下我们能确切获得部分信息，因此可对一般的概率分布进行细化，这就给出了条件概率分布。

3.4.2 独立事件与乘法规则

等式(3.10)可以等价地写成

$$\mathcal{P}(\mathsf{E}\ \text{and}\ \mathsf{E}') = \mathcal{P}(\mathsf{E} \mid \mathsf{E}') \times \mathcal{P}(\mathsf{E}') \quad \textbf{广义乘法规则} \tag{3.11}$$

该规则的一个特例显得尤为重要。有时候明知道事件 E' 的发生对预测事件 E 毫无关系（这就是你不会在上述场景 **b** 中改变你下注的原因）。也就是说，你提供的附加信息与你的预测无关，即：$\mathcal{P}(\mathsf{E}_5 \mid \mathsf{E}_{\underline{正面}}) = \mathcal{P}(\mathsf{E}_5)$。在这种情况下，乘法规则变成 $\mathcal{P}(\mathsf{E}_5\ \textbf{and}\ \mathsf{E}_{\underline{正面}}) = \mathcal{P}(\mathsf{E}_5) \times \mathcal{P}(\mathsf{E}_{\underline{正面}})$。更一般地，如果

$$\mathcal{P}(\mathsf{E}\ \text{and}\ \mathsf{E}') = \mathcal{P}(\mathsf{E}) \times \mathcal{P}(\mathsf{E}'). \quad \textbf{统计独立事件} \tag{3.12}$$

我们说两个事件是**统计独立的**[18]。而两个统计上不独立的事件被称为是**关联的**。等式(3.12)非常有用，因为随机系统物理模型通常都先验地假设两个事件是独立的。

为了把抽象概念直观表达出来，我们用一个单位正方形（边长为 1）代表随机系统，然后将其分割成不同的格子对应于所有可能的测量结果。设想我们掷一对无偏的八面骰子，则样本空间拥有 64 个等概率的基本事件。图 3.4a 以星号代表基本事件。在阴影区域中的星号集合称为 E_1 事件；非阴影区域的称为 **not-**E_1 事件。斜线区域的称为 E_2 事件；非斜线区域的称为 **not-**E_2 事件。因为每个结果具有相同的概率，因此各种事件的概率可以简单地由所测得的各事件发生数乘 1/64 可得；等价地对应于单位正方形中各区域的面积。

在图 3.4a 中，左侧两个块是有阴影的，而右侧的则无；在顶部两个块有斜线、底部的则没有。这种布置意味着 $\mathcal{P}(\mathsf{E}_1\ \textbf{and}\ \mathsf{E}_2) = \mathcal{P}(\mathsf{E}_1)\mathcal{P}(\mathsf{E}_2)$，其他三个区块也类似。因此，根据乘法规则，该联合分布具有独立事件所拥有的乘积形式。相反，图 3.4b 表示了其他联合分布，其中的事件不再是独立的。

思考题3C

计算图 3.4a、b 中的 $\mathcal{P}(\mathsf{E}_1)$ 和 $\mathcal{P}(\mathsf{E}_1 \mid \mathsf{E}_2)$ 并加以讨论。

T2 第3.4.2′节（第 63 页）将介绍更广义的乘法及减法规则。

3.4.3 婴儿床死亡事件与检察官谬论

在 20 世纪 90 年代，英国官员以谋杀罪起诉数百名妇女，原因是她们自己的婴儿死在了婴儿床上。被控妇女家庭遭受了多次婴儿床死亡事件，而陪审团做出裁决经常依据的法则是“首次是悲剧；再次有嫌疑；第三次就是谋

[18] “统计独立”一词常缩写为“独立”或“无关”。

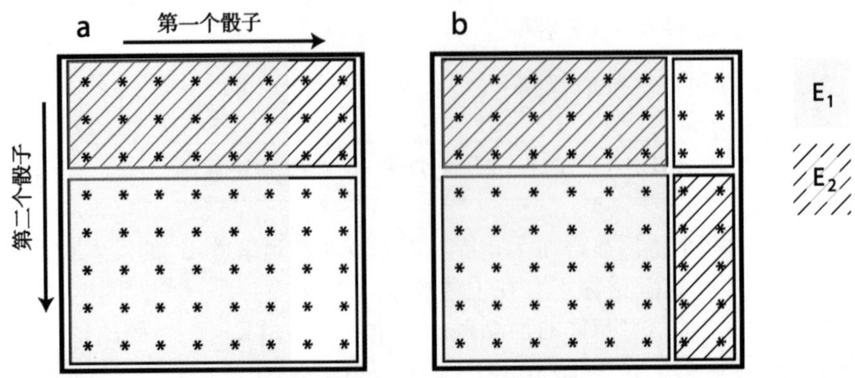

图 3.4（框图） **统计独立与统计关联的图示**。每个方形图中都包含 64 个等概率结果，图中的分区对应着概率分布。图 a：掷两个八面骰子的样本空间，E_1 表示第一个骰子结果小于 7 的事件，对应于阴影区域；E_2 表示第二个骰子结果小于 4 的事件，对应于斜线区域。显然，E_1 和 E_2 是统计独立的，这一点图形表示得很明显，例如，（E_1 **and** E_2）占据的左上角矩形，其宽度是 E_1 区域的宽度；长度是 E_2 区域的长度。图 b：样本空间同图 a，但考虑的是另外两个事件。（E_1 **and** E_2）再次占据的左上角矩形，但这一次它的面积并不是 $\mathcal{P}(E_1)$ 和 $\mathcal{P}(E_1)$ 的乘积。因此，这两个事件不再独立。

杀”。在某个案例中，一位专家评判上述依据时指出，英国当时每 8 500 个婴儿中有一个死在婴儿床上，死因不明。专家随后计算出同一家庭遭遇两次这样的死亡事件的概率低至 $(1/8\,500)^2$。

对一个数量远小于 $8\,500^2$ 的样本集合，某个家庭竟然多次出现婴儿床死亡事件，这的确意味着这些连续事件之间不是统计独立的。但这种非独立性的唯一来源并不一定是蓄意谋杀，而后者正是隐含在上述裁决判据中的逻辑漏洞（也称为“检察官谬误”）。有可能存在一个非刑事的因素（如遗传的易感性疾病，当然这种疾病在家族内部是相关的）导致的婴儿床死亡，皇家统计学会出面干预后，英国总检察长对 258 宗定罪案开始了法律审查。

婴儿床死亡事件也可能与每个家庭一直保持的生活习惯或愚昧无知有关（因此婴儿的连续死亡事件也就相关了）。有趣的是，在一场说服家长确保孩子侧睡或躺着睡的轰轰烈烈的知识竞赛后，英国的婴儿床死亡事件发生率下降了 70%。非常巧合的是，正当知识竞赛进行得如火如荼时，先前被判定婴儿床死亡事件谋杀罪名成立的案子突然被撤销了！

3.4.4 几何分布描述一系列独立尝试后获得成功所需的等待时间

第 3.3.2 节引入了一个可重复的独立试验（青蛙攻击苍蝇），结果只是成功或失败，每次成功的概率是 ξ。j 代表迎来一次成功需要攻击的次数，例如 $j=2$ 表示成功之前经历了一次失败（总计两次攻击）。求随机变量 j 的概率分布。

我们在某只苍蝇被抓住后开始统计，已知青蛙每次攻击成功的概率为 ξ，

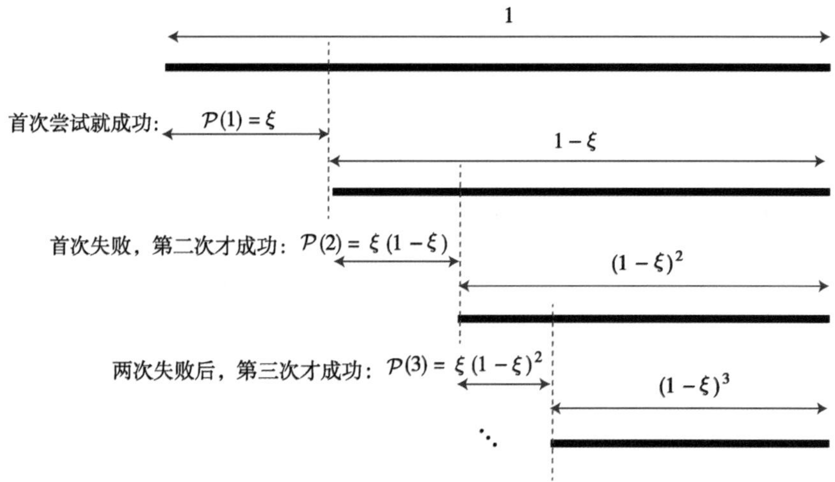

图 3.5（**图示**） **几何分布[等式(3.13)]的可视化表示**。前面 $j-1$ 次连续失败，每次失败的概率为 $(1-\xi)$；紧跟着一次成功，概率为 ξ。本图清楚地表明 $\mathcal{P}(j)$ 的总和等于 1，且无论 ξ 值如何，最概然结果始终是 $j=1$。

则首次攻击成功的概率：$\mathcal{P}_{\text{geom}}(1;\xi)=\xi$。一次成功接着一次失败的概率是乘积：$\mathcal{P}_{\text{geom}}(2;\xi)=\xi(1-\xi)$，以此类推，则有（图 3.5）：

$$\boxed{\mathcal{P}_{\text{geom}}(j;\xi)=\xi(1-\xi)^{j-1}\quad j=1,2,\cdots\quad \textbf{几何分布}}\tag{3.13}$$

这个离散概率分布函数族是“几何的”，因为每个值是前面值再乘一个常数，这就构成了所谓的“几何级数”。

思考题3D

a. 画出参数 $\xi=0.15,0.5$ 和 0.9 时的概率分布函数。由于函数 $\mathcal{P}_{\text{geom}}(j)$ 只定义在整数 j 上，画图时务必将不同的 j 值对应的点用相应符号注明，而不要只画点之间的连线。

b. 根据上述情况解释图形特征。j 在每条曲线中的最概然值是多少？想想为什么你得到这个结果。

思考题3E

$j=1,2,\cdots$ 代表了一个完备的互斥事件集，因此对任何 ξ，$\sum_{j=1}^{\infty}\mathcal{P}_{\text{geom}}(j;\xi)=1$ 必须成立。使用函数$1/(1-x)$的泰勒级数进行验证，并估计 $x=0$ 附近的值。另外，想想图 3.5 如何以几何方式显示该结果。

在习题 3.9 中你会得出该分布族的其他一些基本性质。

3.4.5 联合分布

有时随机系统产生的每个测量包含两个信息；即系统的样本空间可由一对离散变量自然标记。考虑掷六面骰子和抛币两个试验的联合作用。样本空间由数组 (ℓ, s) 组成，其中 ℓ 和 s 分别表示掷骰子和抛币的结果。因此，样本空间总共含有 12 个组合，概率分布 $\mathcal{P}(\ell, s)$ 仍由公式(3.3)定义，称为 ℓ 和 s 的**联合分布**。 它可以被想象成一个表格，其行代表 ℓ，列代表 s，内容则是 $\mathcal{P}(\ell, s)$。比较接近的生物学例子是二维布朗运动：图 3.3d 显示了随机变量 Δx 和 Δy 的联合分布，两者是固定等待时间后的位移矢量 $\boldsymbol{\Delta x}$ 的分量。

思考题3F

假设我们掷两个六面骰子，问骰子上的数字加起来是2、6、12的概率各是多少？想想如何联合使用加法规则与乘法规则。

有时候我们对 s 的取值并不感兴趣，这时我们可以专门考察事件 $\mathsf{E}_{\ell=\ell_0}$，从而将联合分布约化。换句话说，随机系统给出的结果只需满足 ℓ 等于特定值 ℓ_0 即可，而对 s 不必有任何限制。概率 $\mathcal{P}(\mathsf{E}_{\ell=\ell_0})$ 常称为整个 s 的**边缘分布**，并简写成 $\mathcal{P}_\ell(\ell_0)$；也可以说是“边缘化” s 后从联合分布获得的分布[19]。我们在图 3.3 中将整个 30 秒的布朗运动路径约化到最后的位移时其实就是不自觉地这样做了。

如果每个事件 $\mathsf{E}_{\ell=\ell_0}$ 与每个事件 $\mathsf{E}_{s=s_0}$ 之间都是统计独立的。我们就说随机变量 ℓ 和 s 本身也是独立的。

思考题3G

a. 证明 $\mathcal{P}_\ell(\ell_0) = \sum_s \mathcal{P}(\ell_0, s)$。

b. 如果 ℓ 和 s 相互独立，证明 $\mathcal{P}(\ell, s) = \mathcal{P}_\ell(\ell) \times \mathcal{P}_{\rm s}(s)$。

c. 设想这样一个随机系统，从一副洗好的牌中抽牌，抽出后不再放回（无放回抽样），再抽第二张牌，如果 ℓ 是第一张牌的名字，s 为第二张牌的名字，则这些随机变量相互独立吗？

图 3.3d 通过几何方法展示了“统计独立”的含义，即分布中的每个彩色区域（Δx 固定，而 Δy 变化）具有相同的整体形式，区别只是依赖于 Δx 的整体标度因子不同而已。

接下来的想法简单又微妙，因而值得仔细说明。假设 ℓ 对应于掷四面骰子而 s 对应于抛币，为了验证归一化或计算某些平均值等，我们经常要计算 ℓ, s 的所有可能性的总和。我们象征性地称每一项为 $[\ell, s]$，则可以有两种方式

[19]下标“ℓ”用于将该分布与别的单变量函数区别开来，例如分布 $\mathcal{P}_{\rm s}$ 是边缘化 ℓ 获得的。含义明确时我们可以放弃下标。符号 $\mathcal{P}(\ell_0, s_0)$ 就不需要任何下标，因为 (ℓ_0, s_0) 完全指定抛币/掷骰子试验的样本空间中的某一点。

组合表示总和：

$$([1,\underline{反面}]+[2,\underline{反面}]+[3,\underline{反面}]+[4,\underline{反面}])$$
$$+([1,\underline{正面}]+[2,\underline{正面}]+[3,\underline{正面}]+[4,\underline{正面}])$$

或者

$$([1,\underline{反面}]+[1,\underline{正面}])+([2,\underline{反面}]+[2,\underline{正面}])+([3,\underline{反面}]+[3,\underline{正面}])$$
$$+([4,\underline{反面}]+[4,\underline{正面}])$$

无论哪种方式都是 8 项，只是分组不同而已。但是不同版本在反映不同问题的时候可能各有侧重，所以都尝试一下总是有益的。

上述第一个公式可以表述为"首先维持 s 为反面不动，累加 ℓ；再保持 s 为正面，累加 ℓ"。第二个公式可表述为"首先维持 ℓ 为 1，累加 s；以此类推"。事实是这些方法给出了相同的答案，可以用符号写成：

$$\sum_{\ell,s}(\cdots)=\sum_{s}\left(\sum_{\ell}(\cdots)\right)=\sum_{\ell}\left(\sum_{s}(\cdots)\right). \tag{3.14}$$

使用这种方法解决以下问题：

思考题3H

a. 假设我们获得了一个归一化的联合分布（不一定是描述独立事件的分布），我们使用**思考题**3G 中的公式求其边缘分布。证明所得 $\mathcal{P}_\ell(\ell)$ 已自动归一化了。

b. 反之，如果两个边缘分布（$\mathcal{P}_{\rm die}$ 和 $\mathcal{P}_{\rm coin}$）都是归一化的，证明两个结果的联合分布将自动归一化。

3.4.6 医学检查的恰当解释需要条件概率为前提

问题陈述

接下来我们将应用上述逻辑处理一个人们熟悉的问题，给出的答案是出人意料的。对于这个问题，本来通过常识就可以准确作答，但人们往往倾向于接受另一个看似合理、实则错误的回答。条件概率的概念给这类问题提供了一个更加可靠的处理方法。

假设你参加了一次大规模随机筛查，诊断是否罹患某种危险疾病。你自己也不觉得有病，但检查结果却呈"阳性"，说明你其实是患病的。更糟的是医生会告诉你检查的"准确率达 97%"，这听起来很糟糕。

这种情况在科学中很常见，我们测量的某些东西虽然不是我们想知道的，但也不是毫不相关的。此时我们可以尝试统计推断方法，即，基于所获取的

新信息，我们如何改进对问题的表述？在本例中，我们想知道的是“我病了吗”，条件概率的思想可以帮助我们把问题更精确的转化成计算给定阳性结果的条件下患病的概率 $\mathcal{P}$(病 | 阳性)。

要回答这个问题，我们需要一些更准确的信息。那些给出“是/非”结论的医学检查，其准确度通常包含如下两个部分：

- **敏感性**是检查结果为阳性的真病患在全体真病患中的占比。敏感性高的检查几乎可以检出每个病人，即结果呈**假阴性**的非常少。为便于说明，我们假设该检查具有 97% 的敏感性（ 3% 的假阴性率）。

- **选择性**是检查结果为阴性的健康人在全体健康人中的占比。高选择性意味着检查呈**假阳性**的极少。 假设该检查也有 97% 的选择性（ 3% 的假阳性率）。

在实践中，假阳性和假阴性产生的原因有人为失误（试管标签脱落）、固有的涨落、样本污染等。有时敏感性和选择性取决于设置实验协议时所选择的阈值，阈值的选择往往可以提升敏感性和选择性之一，但以降低另一个为代价。

分析

$\mathsf{E}_{\mathrm{sick}}$ 表示从总体中随机选取的个体的确患病的事件，$\mathsf{E}_{\mathrm{pos}}$ 表示从总体中随机选取的个体检查呈阳性的事件。这两个事件当然不是独立无关的，否则检查结果就没有意义了。事实上两者之间的关联很强，正如试验数据所示。但这两个事件也不是完全等价，因为无论是敏感性还是选择性都不是完美的。缩写 $\mathcal{P}(S) = \mathcal{P}(\mathsf{E}_{\mathrm{sick}})$，$\mathcal{P}(P) = \mathcal{P}(\mathsf{E}_{\mathrm{pos}})$。在本例中，敏感性为 $\mathcal{P}(P \mid S) = 0.97$。

在写任何更抽象的公式之前，我们尝试对问题进行图示。完整的总体人口由 1×1 的含有均匀分布点的正方形代表，一个点代表总体中的个体。则个体属于任何子集的概率等于该子集在正方形中的面积。基于身体状况患病/健康（ S/H ）和检验结果（ P/N ）我们将总体分为四个区域，并对各区域命名。例如 $\mathcal{P}_{HN}$ 表示 $\mathcal{P}$(健康 **and** 阴性)，依次类推。因为检验结果与患者的健康有关，图像类似于图 3.4b。

图 3.6 直观显示了上面的描述。由此可得

$$\text{敏感性} = \mathcal{P}(P \mid S) = \frac{\mathcal{P}(S \textbf{ and } P)}{\mathcal{P}(S)} = \frac{\mathcal{P}_{SP}}{\mathcal{P}_{SN} + \mathcal{P}_{SP}} = 97\%.$$

思考题3I

确认该图所示的选择性也是 97%。

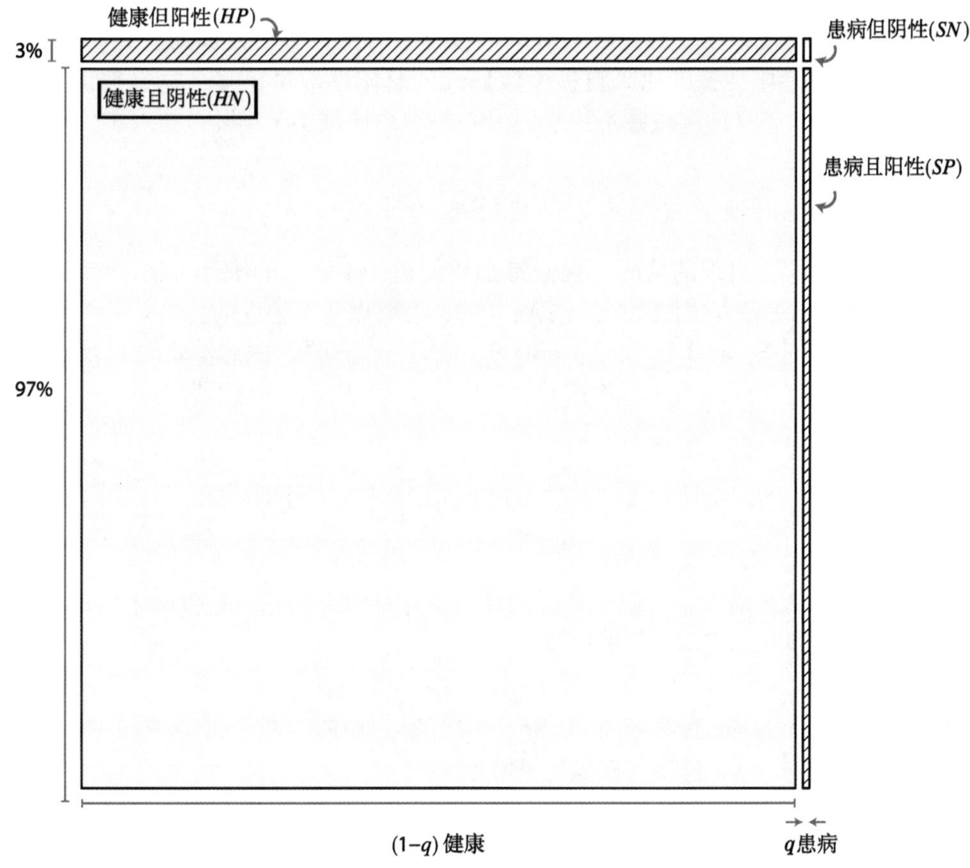

图 3.6(**框图**) **医学检查的联合分布图示**。标注的是健康(着色)与病患，以及阳性(阴影线)与阴性的检查结果。四个区域的面积表示相对于全部人口的占比。事件 E_{sick} 和 E_{pos} 是高度(尽管不完美)相关的，所以标注类似于图 3.4b，而不是图 3.4a(第 46 页)。

如果你检查呈阳性，可以给出你生病的概率

$$\mathcal{P}(S \mid P) = \frac{\mathcal{P}(S \textbf{ and } P)}{\mathcal{P}(P)} = \frac{\mathcal{P}_{SP}}{\mathcal{P}_{SP} + \mathcal{P}_{HP}} = \frac{1}{1 + (\mathcal{P}_{HP}/\mathcal{P}_{SP})}. \tag{3.15}$$

你真的病了吗？令人惊讶的是根据现有信息无法做出回答。图 3.6 明确指出一个必要的关键信息依然缺失：病人占总体的比例。假设你回去找医生并发现比例 $\mathcal{P}(S) = 0.9\%$，这个量在图中被称为 q。则 $\mathcal{P}_{HP} = 0.03 \times (1 - q)$，以此类推，我们可以完成公式(3.15)的计算：

$$\mathcal{P}(S \mid P) = \left[1 + \frac{0.03 \times 0.991}{0.97 \times 0.009}\right]^{-1} \approx \frac{1}{4}. \tag{3.16}$$

值得注意的是，虽然你检查呈阳性，且检查也是“97%准确”，你也可能没有患病[20]。

这是怎么回事？假设我们可以检查整个总体。健康人群的巨大数量也会产生一些假阳性，即比来自极少数病人的真阳性数量还多，这是常识分析。在图 3.6 中，HP 区域并不比我们关心的 SP 区域小（实际上更大）。

3.4.7 贝叶斯公式凝练了条件概率的计算

针对上节出现的情况，我们有必要创建一个普适的统计方法。考虑两个事件 E_1 和 E_2，它们之间可以是独立的，也可以是不独立的。

注意到 E_1 **and** E_2 与 E_2 **and** E_1 是同一个事件。因此等式(3.11)（第 45 页）隐含着 $\mathcal{P}(\mathsf{E}_1 \mid \mathsf{E}_2) \times \mathcal{P}(\mathsf{E}_2) = \mathcal{P}(\mathsf{E}_2 \mid \mathsf{E}_1) \times \mathcal{P}(\mathsf{E}_1)$，重组后有：

$$\boxed{\mathcal{P}(\mathsf{E}_1 \mid \mathsf{E}_2) = \mathcal{P}(\mathsf{E}_2 \mid \mathsf{E}_1)\frac{\mathcal{P}(\mathsf{E}_1)}{\mathcal{P}(\mathsf{E}_2)} \quad \textbf{贝叶斯公式}} \tag{3.17}$$

在日常生活中，人们经常混淆条件概率 $\mathcal{P}(\mathsf{E}_1 \mid \mathsf{E}_2)$ 和 $\mathcal{P}(\mathsf{E}_2 \mid \mathsf{E}_1)$，贝叶斯公式则量化了它们之间的区别。

思考题3J

a. 计算图 3.4b 所示情况的量 $\mathcal{P}(\mathsf{E}_1 \mid \mathsf{E}_2)$ 和 $\mathcal{P}(\mathsf{E}_2 \mid \mathsf{E}_1)$。证明它们满足贝叶斯公式。

b. 计算 $\mathcal{P}(\textbf{not-}\mathsf{E}_1 \mid \mathsf{E}_2)$，$\mathcal{P}(\mathsf{E}_1 \mid \textbf{not-}\mathsf{E}_2)$ 和 $\mathcal{P}(\textbf{not-}\mathsf{E}_1 \mid \textbf{not-}\mathsf{E}_2)$。

等式(3.17)把之前非正式的步骤形式化了。在评估事件 E_1 时，我们通常对其为真的概率多少有点头绪。这叫做**先验**概率，是我们在获得进一步的新信息之前对 E_1 的置信概率。如果获得的新信息表明 E_2 也为真，则我们需要将先验概率 $\mathcal{P}(\mathsf{E}_1)$ 更新为**后验**概率 $\mathcal{P}(\mathsf{E}_1 \mid \mathsf{E}_2)$，这就是当 E_2 为真时 E_1 发生的条件概率。贝叶斯公式告诉我们这个后验概率可以从 $\mathcal{P}(\mathsf{E}_2 \mid \mathsf{E}_1)$ 中计算得到，后者称为**似然函数**。有时候我们可以预先知道似然函数，因此贝叶斯公式非常有用。

例如，我们可以用贝叶斯公式自动导出第 3.4.6 节的结果[21]。此处等式(3.17)表示 $\mathcal{P}(S \mid P) = \mathcal{P}(P \mid S)\mathcal{P}(S)/\mathcal{P}(P)$，其分子等于敏感性乘 q，分母可以根据阳性检查的两种可能表示如下：

$$\mathcal{P}(P) = \mathcal{P}(P \mid S)\mathcal{P}(S) + \mathcal{P}(P \mid \textbf{not-}S)\mathcal{P}(\textbf{not-}S) \tag{3.18}$$

[20] 四分之一的患病机会可能需要医疗干预，或至少需要进一步检查。“决策理论”试图根据各种结果的概率推荐不同的治疗方案，并指出每个方案副作用的严重性。

[21] 该普适框架还可以让我们去处理其他情况，例如那些选择性不等于敏感性的情况（参见习题 3.14）。

思考题3K

利用等式(3.11)证明等式(3.18)，然后联合贝叶斯公式导出公式(3.16)。

思考题3L

a. 假设我们的检查有完美的敏感性和选择性。写出此时的贝叶斯公式，并确认符合你的预期。

b. 假设我们的检查毫无价值；也就是说，事件 $\mathsf{E}_{\rm sick}$ 和 $\mathsf{E}_{\rm pos}$ 是统计上独立的。确认在这种情况下数学公式也符合你的预期。

T2 第 3.4.7′ 节（第 64 页）发展了贝叶斯公式的扩展形式。

3.5　期望和矩

假设两个人玩一个游戏，每次动作都是伯努利试验。如果结果 $s=$反面，则 Smith 向 Jones 支付一便士；否则，Jones 向 Smith 支付两便士。每“轮”有 $N_{\rm tot}$ 次动作。很显然，Smith 能赢得 $N_{\rm tot}\xi$ 次而输掉 $N_{\rm tot}(1-\xi)$ 次。因此，尽管每一轮的确切结果不同，但 Smith 还是可以期望他的银行存款余额可增加约 $N_{\rm tot}(2\xi-(1-\xi))$ 便士。

除了输赢这种“典型”结果外，游戏玩家们还关心其他方面，例如，“比输赢这类典型结果还糟糕的风险是什么？”别的生物也喜欢玩类似的游戏，而且风险往往更大。

3.5.1　期望表达的是随机变量多次试验的平均值

为了使问题表达得更精确，我们引入一个随机变量 $f(S)$，且 $s=$ 正面时取 $f(s)=+2$；而 $s=$ 反面时取 $f(s)=-1$。描述该游戏的一个有用的量是 $N_{\rm tot}$ 趋于无穷大时 f 取的平均值，这个量被称为 f 的**期望**，并由符号 $\langle f\rangle$ 表示[22]，其中 $N_{\rm tot}$ 便是测量次数。

“期望”一词并不意味着我们“期望”在任何实际测量中能观测到这个确切的值；例如，在离散分布中，$\langle f\rangle$ 一般处于两个允许的 f 值之间，所以从未被真正观测到。

[22]符号 $\langle f\rangle$、$\mathbb{E}(f)$、μ_f 分别代表“ f 的期望”“f 被期望的值”和“ f 的期望值”，是不同语境中定义的同义词，表示“一个随机变量被无限重复测量后获得的平均值”。这个概念不同于“样本均值”，后者被定义为“特定的有限测量的平均值”。

例题： 利用公式(3.3)证明 f 的期望也可以表达成公式：

$$\langle f\rangle = \sum_s f(s)\mathcal{P}(s) \tag{3.19}$$

该式对所有可能出现的结果求和（而不是对 N_{tot} 次重复测量求和）；但每项结果做了概率加权。

解答： 在抛币试验中，假设有 N_1 次抛出正面；N_2 次抛出反面。为了求出 $N_{\text{tot}} = N_1+N_2$ 次试验的 $f(s)$ 平均值，我们可以将所有 f 值累加后除以 N_{tot}。我们也可以先对 N_1 次的 $f(\underline{正面}) = +2$ 累加，再对 N_2 次的 $f(\underline{反面}) = -1$ 累加：

$$\langle f\rangle = (N_1 f(\underline{正面}) + N_2 f(\underline{反面}))/N_{\text{tot}}$$

当 N_{tot} 趋于无穷大时，这种表达等于 $f(\underline{正面})\mathcal{P}(\underline{正面}) + f(\underline{反面})\mathcal{P}(\underline{反面})$，与公式(3.19)相同。类似的方法可以证明任何离散概率分布的公式。

我们对期望的简洁表示是有代价的，如果我们试验的每个硬币都有不同的 ξ 值，则就需要写出类似 $\langle f\rangle_\xi$ 来区分不同的分布。

某些随机系统产生的结果不是数字。例如，如果你要求每个朋友“随意”写下一个英文单词，则像“所写的英文单词的平均值是什么”之类的问题就没有意义。不过，如果 f 代表英文单词中的字母个数，那我们仍然可以使用公式(3.19)来计算 f 的期望。在其他某些有意思的例子中，抽样结果的标号是有意义的数值（此时我们通常用 ℓ 而不是 s 来表示这些标号），则讨论 ℓ 本身的多次抽样的平均值是有意义的，有时称其为 $\mathcal{P}(\ell)$ 的**一阶矩**[23]。（以此类推，高阶矩是高幂次 ℓ 的期望。）

注意 $\langle\ell\rangle$ 是表征分布的特殊数值，它不同于 ℓ 本身（它是从该分布中抽取的随机值），也不同于 $\mathcal{P}(\ell)$（ℓ 的函数）。期望也不等于**最概然值**，后者是 $\mathcal{P}(\ell)$ 达到最大时对应的 ℓ 值[24]。例如，在图 3.2b 的例子中，等待时间的最概然值是零，而平均等待时间显然是大于零的。

思考题3M

> 证明 $\langle 3\rangle = 3$，即，考虑一个“随机变量”，每次抽样的值总是正好等于 3。更一般地，无论我们使用什么分布，任何常数的期望就是常数本身。因此，$\langle\langle f\rangle\rangle$ 与 $\langle f\rangle$ 确实是相同的。

期望是随机变量潜在概率分布的一个属性，且不能通过试验直接获取（因为试验不可能无限次进行下去）。后面章节将讨论如何估算它。

[23] T2 “一阶”这个词为更高阶的情况（ℓ 的高次幂的期望）奠定了基础，参见第 3.5.2′ 节。

[24] 离散分布的最概然值也被称为**众数**。若 $\mathcal{P}(\ell)$ 在两个或更多个不同的抽样点达到最大值，则其最概然值没法定义。均匀分布是这种情况的极端例子。

3.5.2 随机变量的方差是其涨落的一种度量

如果 ℓ 的测量只有一次，就不能保证测得的是最概然值。我们使用类似的“扩散’“抖动”“噪声”“弥散度”和“涨落”等词汇来描述该现象。这与Smith 和 Jones 在抛币游戏中评估下注的“风险”密切相关。对于一个均匀分布来说，“弥散度”显然与 ℓ 的合理取值范围有关。我们可以使任何分布的弥散度定量化吗?

将这些直觉定量化的一种方式是定义如下的统计量（反映随机变量总体分布特征）[25]

$$\boxed{\mathrm{var}f = \langle (f - \langle f \rangle)^2 \rangle \quad \text{随机变量的\textbf{方差}}} \tag{3.20}$$

对于“f 离其期望的平均差距有多少?”，公式(3.20)右侧基本上回答了这个问题。必须注意到，在这个定义中，对 $(f - \langle f \rangle)$ 平方至关重要。如果我们只计算 $(f - \langle f \rangle)$ 的期望，则结果总是等于零，也就没法获得有关 f 弥散度的信息!如果给偏差平方，则无论是上偏还是下偏都会确保对方差的累加贡献，而不是相互抵消。

方差类似于期望，既取决于随机变量 $f(\ell)$，也取决于我们选择的分布 $\mathcal{P}(\ell)$。因此，如果我们研究抛币之类带有参数 ξ 的分布族，则 $\mathrm{var}\, f$ 将是 ξ 的函数，但不会是 ℓ 的函数，因为后者在公式(3.19)的求和中被抵消了。

另一变量是 f 在给定分布中的**标准差**[26]，定义为 $\sqrt{\mathrm{var} f}$。取平方根主要是为了使标准差与 f 拥有相同的量纲。

例题：我们将平方根引入标准差定义是另有动机的。设想一群火星班学生，每个学生身高是你们班对应学生的两倍。如果希望火星班学生身高分布的“弥散度”是你们班学生身高分布“弥散度”的两倍，则哪个量才具有这样的属性呢?

解答：火星班学生身高 h 的方差是：

$$\mathrm{var}(2h) = \langle ((2h) - \langle 2h \rangle)^2 \rangle = 2^2 \langle (h - \langle h \rangle)^2 \rangle.$$

因此，火星班学生身高分布的方差是我们班学生身高分布方差的四倍。即，方差“内部”的因子 2 移到“外部”时变成了 2^2。而标准差（不是方差）的标度因子则是 2。

---

[25]第 5.2 节将介绍一类分布，其方差作为弥散度的描述符是无效的。但在很多情况下，方差仍是弥散度的简单而又恰当的度量，并被广泛使用。

[26]标准差也被称为 f 的“均方根”或 **RMS 偏差**，想想为什么这是一个好名称。

例题：

a. 证明 $\text{var} f = \langle f^2 \rangle - (\langle f \rangle)^2$。（如果 f 是 ℓ 本身，我们就说“方差是二阶矩减去一阶矩的平方”。）

b. 证明：如果 $\text{var} f = 0$，则公式(3.20)表明每次测量获得的值确实是 $\langle f \rangle$。

解答：

a. 将公式(3.20)展开有 $\text{var} f = \langle f^2 \rangle - 2\langle f \langle f \rangle \rangle + \langle (\langle f \rangle)^2 \rangle$。记住 $\langle f \rangle$ 是常数，不是随机变量，可以从期望表达式中提出来（参见**思考题**3M），则有

$$\text{var} f = \langle f^2 \rangle - 2\left(\langle f \rangle\right)^2 + \left(\langle f \rangle\right)^2$$

就是要证明的表达式。

b. 记 $f_* = \langle f \rangle$，则题目要求 $0 = \langle (f - f_*)^2 \rangle = \sum_\ell \mathcal{P}(\ell)(f(\ell) - f_*)^2$。方程右侧的每一项 $\geqslant 0$，然而总和要等于零，只有每项分别等于零。对每个结果 ℓ，必须 $\mathcal{P}(\ell) = 0$，或 $f(\ell) = f_*$。由于 $\mathcal{P} = 0$ 不可能发生，故只能是每个测量值 f 确实等于期望 f_*。

假设离散随机系统的结果可由整数 ℓ 标记。我们可以构造一个新的随机变量 m：每次我们被要求产生一个标记为 m 的样本，即将抽样为 ℓ 的样本添加常数 2（即 $m - \ell + 2$）。则分布 $\mathcal{P}_{\text{m}}(m)$ 看起来形状与 $\mathcal{P}_\ell(\ell)$ 完全一样，只是右移了 2，这不奇怪因为 $\langle m \rangle = \langle \ell \rangle + 2$。两个分布是等宽的（这也不奇怪），因为两者都有相同的方差。

思考题3N

a. 从方差的定义出发，证明上述推论。

b. 假设另一个随机系统每抽取一次产生两个数值 ℓ 和 s，已知两者的期望和方差。求 $2\ell + 5s$ 的期望。请将这类线性组合的期望表达为更一般的形式。

c. 继续(b)，你能从现有信息计算 $2\ell + 5s$ 的方差吗？

例题：求伯努利试验分布 $\mathcal{P}_{\text{bern}}(s;\xi)$ 的期望和方差，均表达为参数 ξ 的函数。

解答： 取决于如何设置<u>正面</u>和<u>反面</u>的数值 $f(s)$，如果分别设置成 1 和 0，则历经样本空间的累计只有两项，即 $\langle f\rangle = 0\times(1-\xi)+1\times\xi=\xi$，及

$$\mathrm{var}f = \langle f^2\rangle - (\langle f\rangle)^2 = (0^2\times(1-\xi)+1^2\times\xi)-\xi^2,$$

或

$$\boxed{\langle f\rangle = \xi, \qquad \mathrm{var}f = \xi(1-\xi) \quad \text{伯努利试验}} \tag{3.21}$$

想想为什么这些结果是合理的：ξ 的极端值（0 和 1）对应于确定性（即结果没有弥散度）。当 $\xi=\frac{1}{2}$ 时，该试验是最不可测的，即函数 $\xi(1-\xi)$ 达到最大。尝试不同的 f(<u>正面</u>) 和 f(<u>反面</u>) 值，再次推导期望和方差的表达式。

思考题30

假设 f 和 g 是离散随机系统的两个独立的随机变量。

a. 证明 $\langle fg\rangle=\langle f\rangle\langle g\rangle$。考虑如何使用独立假设和表达式(3.14)；举个反例证明两个非独立的随机变量不服从这个规则。

b. 根据 f 和 g 各自的期望，求 $f+g$ 的期望和方差。

c. 求 $f-g$ 的期望和方差。

d. 假设 f 和 g 的期望都大于零，定义随机变量 x 的**相对标准差**（RSD）为 $\sqrt{\mathrm{var}\ x}/|\langle x\rangle|$，这是一个无量纲的量。比较 $f+g$ 和 $f-g$ 对应的 RSD。

（一些作者使用同义词**变异系数(CV)** 表示相对标准偏差。）我们把部分结果总结如下：

两个随机变量的差是一个涨落**更大**的随机变量。 (3.22)

[T2] 第 3.5.2′ 节（第 64 页）讨论了分布的其他阶次矩，有助于简化对分布的描述，同时也讨论了关于两个随机变量统计独立性的检验问题。

3.5.3 平均值的标准误差随样本数的增加而减小

假设一个可复制的随机系统允许反复地独立测量 f。我们想知道 f 的期望，问题是我们既没有时间执行无穷次测量，也不知道公式(3.19)计算所需的先验分布 $\mathcal{P}(\ell)$。因此我们做 M 次有限测量并取平均值，获得**样本均值**

$$\bar{f}=(f_1+\cdots+f_M)/M. \tag{3.23}$$

这个量本身是随机变量，当我们再做一批 M 次测量时不会获得完全相同的样本均值[27]。只有当样本数趋于无穷大时我们才能期望样本均值收敛到一个特定的数值。因为现实中我们从来没有测量过无穷大的样本数，因此我们更想知道上述对真实期望值的估计 $\bar{f}$ 到底有多好？

$\langle\bar{f}\rangle$ 当然是 M 项之和乘以 $1/M$，如果每项都具有相同的期望（即 $\langle f\rangle$），则 $\langle\bar{f}\rangle=\langle f\rangle$。但我们也需要估计样本批次之间的 $\langle\bar{f}\rangle$ 变化有多大，即方差：

$$\text{var}\,(\bar{f})=\text{var}\,\left(\frac{1}{M}(f_1+\cdots+f_M)\right).$$

此处 f_i 是第 i 个批次的测量值，假设所有随机变量 f_i 彼此独立，因为不同次测量之间是无关的。方差表达式中的因子 $1/M$ 可移到括号外，变成因子 $(1/M^2)$[28]。在**思考题**30(b)中，我们发现自变量和的方差等于它们方差的和，在这种情况下，和式中的每一项全部相等，因此

$$\text{var}\,(\bar{f})=\left(\frac{1}{M^2}M\right)(\text{var}\ f)=\frac{1}{M}\text{var}\ f. \tag{3.24}$$

答案中的因子 $1/M$ 意味着

测量次数越多，样本均值越接近真正的期望值。 (3.25)

等式(3.24)的平方根被称为**均值标准误差**或 **SEM**。

SEM 阐明了更广义的思想：**统计量**是我们遵循标准方法从有限的样本数据中计算出的量；而**估计量**则是有助于推断数据分布的某个特征的统计量。**要点**(3.25)表明，样本均值是真实期望值的一个有用的估计量。更准确地说，只要 var f 有限，估计量 $\bar{f}$ 会随样本量的增加而变得越来越精准。

3.5.4 关联性和协方差

独立事件的乘法规则等式(3.12)也可以被用来检验两个事件是否统计独立，但该准则的评估并不容易。怎么确定联合概率分布 $\mathcal{P}(\ell,m)$ 是否可以分解成乘积形式呢？方法之一是先计算每个 ℓ 值的条件概率 $\mathcal{P}(\ell\mid m)$，再看看其值是否依赖于 m。但还有一个快捷方法至少能证明两个变量是不独立的（即它们是关联的）。

假设 ℓ 和 m 都是数值（即两个都是随机变量），则我们可以定义**关联系数**[29]：

$$\text{corr}\,(\ell,m)=\frac{\langle(\ell-\langle\ell\rangle)(m-\langle m\rangle)\rangle}{\sqrt{(\text{var}\ \ell)(\text{var}\ m)}} \tag{3.26}$$

[27] T2 更确切地说，$\bar{f}$ 是 M 批次独立测量的联合分布的随机变量。

[28] 见第 55 页。

[29] 有些学者称该量为“皮尔逊关联系数”。

思考题3P

a. 证明公式(3.26)中的分子可以表示成 $\langle \ell m\rangle - \langle \ell\rangle\langle m\rangle$ 而不改变结果。[提示：回到第 55 页有关方差的例题。]

b. 如果 ℓ 与 m 统计独立，证明 $\mathrm{corr}(\ell, m) = 0$。

c. 为什么公式(3.26)括号中每个因子必须减去各自的期望值?

d. [T2] 图3.7中，解释图 a 和 b 为什么具有相似的关联性，而它们的斜率明显不同。对图 c、d 也与此类似，请给出解释。

公式(3.26)的分子也被称为 ℓ 和 m 的**协方差**或 $\mathrm{cov}(\ell, m)$，除以分母后整个表达式与 ℓ 和 m 的标度无关，这使得关联系数能够用于描述两个变量之间的联动趋势。

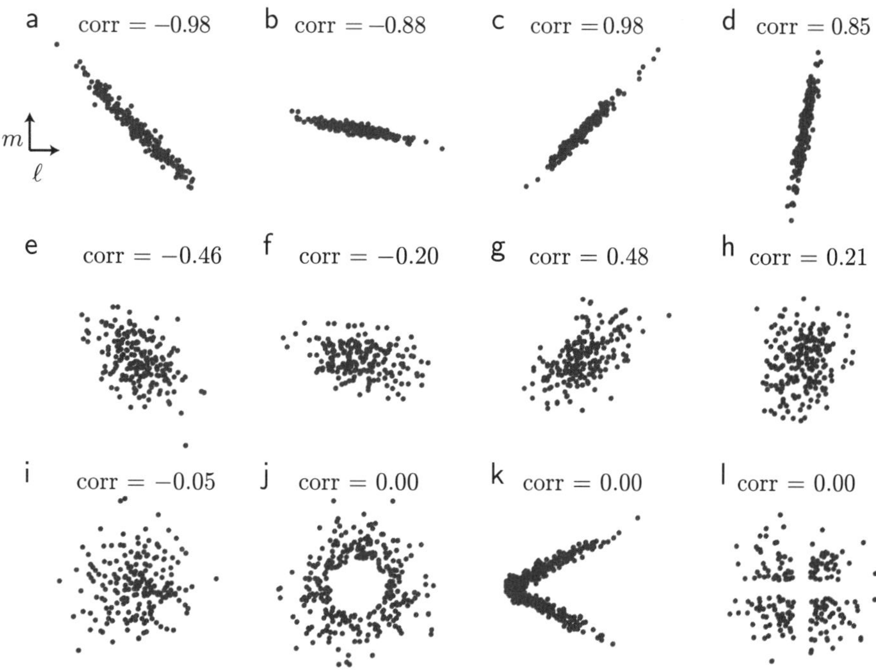

图 3.7（**模拟数据集**） **某些分布的关联系数**。每个图显示了联合概率分布的云表示（即 $\ell - m$ 平面内的点集），其对应的 $\mathrm{corr}(\ell, m)$ 值显示在每个数据集上面。需要注意的是关联系数反映了两随机变量之间线性关系（图a–h）的弥散度和方向。若变量之间无关（图 i），则关联系数接近于 0。但即便关联系数等于 0，也不表示变量之间一定不存在关联（图j–l）。每种情况的关联系数是来自 5 000 个样本点的估值，但显示的云只是其中的 200 个点。

当每次测量给出的 ℓ 和 m 同时大于或小于其对应的期望时，则该测量对关联系数有正的贡献。因此，正值的 $\mathrm{corr}(\ell, m)$ 表明两者同向变化（图 3.7c、d、g、h），而负值则表明两者反向变化（图 3.7a、b、e、f）。

当我们反复抛币时，数据形成了一个**时间序列**。我们不期望第 i 次抛出正面的概率依赖于之前的试验结果，当然肯定也不会依赖于后来的试验结果。但许多其他的时间序列确实有这样的关联性[30]。为了识别是否时间依赖，分配数值 $f(s)$ 给每次抛币结果，并认为序列中每个抛硬币结果 f_1，$\cdots$，f_M 是不同的随机变量，其中 f_i 之间可以是独立的、也可以是不独立的。如果随机系统是平稳的（对每个下标 M 移动相同的量，所有的概率不变），我们就可以对任何起始点 i 定义其**自关联函数**为 $C(j) = \mathrm{cov}(f_i, f_{i+j})$。如果该函数对任意 j 是非零的（$j = 0$ 除外），则该时间序列是相关的。

总结

所有生物体都是统计推断机器，它们不断探寻周围环境蕴含的各种规则结构并使用多种方法来加以利用。但是，很多结构都部分地被随机性所遮蔽。本章介绍了如何从有限次观测中找出可识别结构的方法。

第4—10章还将继续扩展上述思路。不过，目前我们已经掌握了贝叶斯公式[等式(3.17)]这个强大的工具。在严格的数学意义上，这个公式不过是从条件概率定义式导出的一个平庸结果。但是，正如我们已经看到的，条件概率本身是一个微妙的概念，并且出现在很多我们亟待理解的问题中（见第 3.4.6 节），贝叶斯公式有助于我们解决这些问题。

更广泛地说，随机性通常是物理模型的一个重要组成部分，因此模型预测的一般是概率分布。我们需要学习如何用这些模型处理实验数据。第4章将在细菌遗传学历史实验的背景下学习处理方法。

关键公式

- 离散的可复制的随机系统的概率分布：

$$\mathcal{P}(\ell) = \lim_{N_{\mathrm{tot}} \to \infty} N_\ell / N_{\mathrm{tot}}, \qquad [3.3]$$

对有限的抽样数 N_{tot}，整数 N_ℓ 有时称为可能结果的频率。

比值 $N_\ell / N_{\mathrm{tot}}$ 都落在 0 和 1 之间，可用来估计 $\mathcal{P}(\ell)$。

[30]例如，布朗运动的粒子所经历的连续位置（第 38 页 **5a**）。

- 离散分布的归一化：$\sum_\ell \mathcal{P}(\ell) = 1$。

- 伯努利试验：$\mathcal{P}_{\text{bern}}(\underline{\text{正面}};\xi) = \xi$，及 $\mathcal{P}_{\text{bern}}(\underline{\text{反面}};\xi) = 1-\xi$。参数 ξ 和 $\mathcal{P}$ 本身是无量纲的。如果正面和反面分别被设定数值 $s=1$ 和 0，则随机变量的期望 $\langle s\rangle = \xi$，方差为 $\text{var}\ s = \xi(1-\xi)$。

- 加法规则：$\mathcal{P}(\mathsf{E}_1\ \textbf{or}\ \mathsf{E}_2) = \mathcal{P}(\mathsf{E}_1) + \mathcal{P}(\mathsf{E}_2) - \mathcal{P}(\mathsf{E}_1\ \textbf{and}\ \mathsf{E}_2)$。

- 减法规则：$\mathcal{P}(\textbf{not-}\mathsf{E}) = 1 - \mathcal{P}(\mathsf{E})$。

- 乘法规则：$\mathcal{P}(\mathsf{E}_1\ \textbf{and}\ \mathsf{E}_2) = \mathcal{P}(\mathsf{E}_1 \mid \mathsf{E}_2) \times \mathcal{P}(\mathsf{E}_2)$。（此式也给出了条件概率的定义。）

- 统计独立性：如 $\mathcal{P}(\mathsf{E}\ \textbf{and}\ \mathsf{E}') = \mathcal{P}(\mathsf{E}) \times \mathcal{P}(\mathsf{E}')$或等价地 $\mathcal{P}(\mathsf{E}_1 \mid \mathsf{E}_2) = \mathcal{P}(\mathsf{E}_1 \mid \textbf{not-}\mathsf{E}_2) = \mathcal{P}(\mathsf{E}_1)$，则我们称两事件统计独立。

- 几何分布：$\mathcal{P}_{\text{geom}}(j;\xi) = \xi(1-\xi)^{(j-1)}$，它对应于一系列独立动作，每次动作“成功”的概率为 ξ。概率 $\mathcal{P}$、随机变量 $j=1, 2, \cdots$ 和参数 ξ 都是无量纲的。j 的期望是 $1/\xi$；方差是 $(1-\xi)/\xi^2$。

- 边缘分布：联合分布 $\mathcal{P}(\ell, s)$ 的边缘分布是 $\mathcal{P}_\ell(\ell_0) = \sum_s \mathcal{P}(\ell_0, s)$ 以及 $\mathcal{P}_s(s_0) = \sum_\ell \mathcal{P}(\ell, s_0)$。如果 ℓ 和 s 相互独立，则 $\mathcal{P}(\ell_0 \mid s_0) = \mathcal{P}_\ell(\ell_0)$，反之亦然；此时 $\mathcal{P}(\ell_0, s_0) = \mathcal{P}_\ell(\ell_0)\mathcal{P}_s(s_0)$。

- 贝叶斯公式：$\mathcal{P}(\mathsf{E}_1 \mid \mathsf{E}_2) = \mathcal{P}(\mathsf{E}_2 \mid \mathsf{E}_1)\mathcal{P}(\mathsf{E}_1)/\mathcal{P}(\mathsf{E}_2)$。在讨论模型的正文中，我们依次称 $\mathcal{P}(\mathsf{E}_1)$为先验分布、$\mathcal{P}(\mathsf{E}_1 \mid \mathsf{E}_2)$ 为获得事件 E_2 最新信息后的后验分布，$\mathcal{P}(\mathsf{E}_2 \mid \mathsf{E}_1)$ 则为似然函数。

  有时将分母重写成 $\mathcal{P}(\mathsf{E}_2) = \mathcal{P}(\mathsf{E}_2 \mid \mathsf{E}_1)\mathcal{P}(\mathsf{E}_1) + \mathcal{P}(\mathsf{E}_2 \mid \textbf{not-}\mathsf{E}_1)\mathcal{P}(\textbf{not-}\mathsf{E}_1)$ 更有用。

- 矩：离散随机变量 f 的期望就是其一阶矩：$\langle f\rangle = \sum_\ell f(\ell)\mathcal{P}(\ell)$。如果每次测量结果的标号 ℓ 本身是一个数值量，那么 $\langle\ell\rangle$ 称为 ℓ 分布的一阶矩。

  随机变量的方差是其与期望值之间的均方差 $\text{var}f = \langle(f - \langle f\rangle)^2\rangle$，也可以写成 $\text{var}f = \langle f^2\rangle - (\langle f\rangle)^2$。标准差是方差的平方根。如果 ℓ 本身是一个数值量，则 $\langle\ell^2\rangle$ 被称为二阶矩。

  T2 偏度和峰度都在第 3.5.2′ 节（第 64 页）中定义。

- 关联性和协方差：协方差$\text{cov}(\ell, s) = \langle(\ell - \langle\ell\rangle)(s - \langle s\rangle)\rangle$。

  关联系数$\text{corr}(\ell, s) = \text{cov}(\ell, s)/\sqrt{(\text{var}\ell)(\text{var}s)}$。

延伸阅读

准科普

Gigerenzer, 2002; Strogatz, 2012; Woolfson, 2012.

中级阅读

Otto & Day, 2007, § P3; Dill & Bromberg, 2011, chapt. 1; Tijms, 2018; Holmes & Huber, 2019.

高级阅读

Linden et al., 2014.

拓展

T2 3.4.2 拓展

3.4.2′a 条件概率的减法规则

下面是有关条件概率的又一个实用例子。

思考题3Q

a. 证明 $\mathcal{P}(\textbf{not-}\mathsf{E}_1 \mid \mathsf{E}_2) = 1 - \mathcal{P}(\mathsf{E}_1 \mid \mathsf{E}_2)$。

b. 更一般地，写出 $\mathcal{P}(\ell \mid \mathsf{E})$ 归一化公式，其中 ℓ 是离散随机变量，而 E 是指任何事件。

3.4.2′b 条件概率的乘法规则

类似地

$$\mathcal{P}(\mathsf{E}_1 \textbf{ and } \mathsf{E}_2 \mid \mathsf{E}_3) = \mathcal{P}(\mathsf{E}_1 \mid \mathsf{E}_2 \textbf{ and } \mathsf{E}_3) \times \mathcal{P}(\mathsf{E}_2 \mid \mathsf{E}_3) \tag{3.27}$$

思考题3R

证明等式(3.27)。

3.4.2′c 条件概率的统计独立性

延伸第 3.4.2 节的讨论。如果在 E_3 提供了关于 E_1 的某些信息的前提下，E_2 提供不了关于 E_1 的任何新信息，则 E_1 和 E_2 “在 E_3 为真”的条件下是独立的；即

$$\mathcal{P}(\mathsf{E}_1 \mid \mathsf{E}_2 \textbf{ and } \mathsf{E}_3) = \mathcal{P}(\mathsf{E}_1 \mid \mathsf{E}_3) \quad \text{在 } \mathsf{E}_3 \text{ 为真的条件下 } \mathsf{E}_1 \text{ 与 } \mathsf{E}_2 \text{ 相互独立}$$

代入等式(3.27)，证明第三条件下两个事件独立的公式是

$$\mathcal{P}(\mathsf{E}_1 \textbf{ and } \mathsf{E}_2 \mid \mathsf{E}_3) = \mathcal{P}(\mathsf{E}_1 \mid \mathsf{E}_3) \times \mathcal{P}(\mathsf{E}_2 \mid \mathsf{E}_3) \tag{3.28}$$

T2 **3.4.7 拓展**

3.4.7′ 复合条件下的贝叶斯公式

将贝叶斯公式扩展后有

$$\mathcal{P}(\mathsf{E}_1 \mid \mathsf{E}_2 \text{ and } \mathsf{E}_3) = \mathcal{P}(\mathsf{E}_2 \mid \mathsf{E}_1 \text{ and } \mathsf{E}_3) \times \mathcal{P}(\mathsf{E}_1 \mid \mathsf{E}_3)/\mathcal{P}(\mathsf{E}_2 \mid \mathsf{E}_3). \quad (3.29)$$

思考题3S

利用**思考题**3R的结果证明等式(3.29)。

T2 **3.5.2 拓展**

3.5.2′a 偏度和峰度

分布的一阶矩和二阶矩与峰的位置和宽度相关，是很有用的综合统计量，事实上我们把二阶矩特称为方差。其他两个矩也经常被用来提供更详细的信息：

- 有些分布相对于峰是不对称的。不对称度可通过计算**偏度**来量化，定义为 $\langle(\ell - \langle\ell\rangle)^3\rangle/(\mathrm{var}\ \ell)^{3/2}$，对称分布时其值为零。
- 即使两个分布均有一个对称的峰且具有相同的方差，但两个峰的形状可能存在差异，则**峰度**参数可以根据四阶矩进一步阐明其峰形；定义为 $\langle(\ell - \langle\ell\rangle)^4\rangle/(\mathrm{var}\ \ell)^2$。

3.5.2′b 关联系数的局限性

如果两个随机变量是统计独立的，则公式(3.26)引入的量等于零。如果两个随机变量的关联系数为非零，则它们是关联的。但反过来结论不一定成立：有可能两个非独立的随机变量其关联系数也等于零。图 3.7 的j—l 给出了一些例子。例如，图 j表示 ℓ 和 m 两者都未曾接近于零的一个分布；因此，尽管是非线性关系，知道一个值也会得到另一个值的一些信息。

习题

3.1 复杂的时间序列

考虑天气情况，例如每天的最高温度。这类事件一般来说都是不可预测的。但是，在这种时间序列中仍存在某些规律性。试举几例加以说明。

3.2 掷六面骰子

编写几行计算机程序获得如图 3.1a、b 所示的分布，参数 m 取为 6，抽样次数取为 6 000。(也就是说，产生 6 000 个 6 位随机二进制分数)。如果结果出乎你预料，你该如何理解它并加以改进?

3.3 随机行走的终点分布

本习题介绍“随机行走”，即布朗运动的物理模型。从 Dataset 4 中获取实验数据，展示了某个微米级颗粒的布朗运动轨迹(每隔 $T = 30$ s 做一次位置采样)。两个数据文件中都包含两列，分别是 $\Delta_T x$ 和 $\Delta_T y$ 的数据，即粒子从这一帧到下一帧的相对位移。在每帧的时间间隔内粒子经历了许多分子的碰撞。

图 3.3a、b 显示了两条轨迹的累积位移(即相对于起点的实际位置)，轨迹显示相同时间间隔的位移长短不均。因此，我们首先来探讨位移的平方值:

a. 将实验数据换算成 $(\Delta_T x)^2 + (\Delta_T y)^2$ 并列表。求该值的范围，再将该范围细分为一组宽度适中的分区，将每个样本归类到对应的区域，并将每个分区出现的频率表示为直方图。[提示：什么是“合适的”的分区？为简单起见，先做等宽分区。每个区域应该足够宽，使每个区域的样本数足够统计(例如，超过 30 个样本)，以确保估计概率的准确度。同时，区域宽度也应该足够窄，便于观察其概率的总体趋势。]

第 **5a** 点指出，这种运动源于每次观察之间的大量分子的碰撞。为了对那些看不见的个体碰撞建模，我们想象一个小棋子被放置在一个小棋盘的中心，并将该中心设置为 $(0,0)$。棋子每秒沿 x 轴移动一步，棋子同时也沿 $\pm y$ 方向随机移动相同距离 L；方向选择也是随机和等概率的，并且每次步进与 x 的步进无关。

布朗粒子沿 $\pm x$ 的每次位移都是 1 μm，方向的选择是随机的，也是等概率的，且每次步进都是独立的。	**布朗运动的首个物理建模**

(3.30)

总之，基本步长 $\Delta x = \pm L$ 和 $\Delta y = \pm L$，设想有多条轨迹都起始于原点 $(0, 0)$。

b. 模拟 1 000 次这样的步行。为此，每步绘制的两个独立的随机变量均等于 ±1 μm，再累加这些单独的位移。重复问题a 中的步骤，但使用你模拟的 500 步后的总位移而不是实验数据。你的结果与a中的实验结果定性相似吗？

c. 能否猜测某个数学函数来描绘问题a、b 的结果？若能，如何重新绘制上述实验或模拟数据来验证你的猜测？对模拟做哪些改变可以增强你对猜测的信心？

3.4 赌徒谬误

人类大脑中似乎存在一个根深蒂固的误解，即“如果连续抛出五次正面，则下一次抛出反面的概率增加了”。我们理智上知道这是错的，但在日常生活中很难避免这种错误的变相版本一再发生。

如果设定正面为 +1 和反面为 −1，且 X 为 10 抛结果的总和[31]。在任何给定的每轮 10 抛中，我们不太可能得到恰巧为零的结果。但如果持续做每轮 10 抛，则 X 的长期平均值会是零。

假设试验以连续抛出五次正面为起始点，Jones 认为

“接下来五次抛币得到反面的次数肯定会过半，这样才能使 X 尽量接近零，因为 X‘希望’均值为零。”

让我们探讨一下这个命题。

a. 使用计算机模拟 200 轮 10 抛序列，抽出以五连抛正面为开端的序列，求这些序列的 X 平均值。[提示：在程序中定义变量 `Ntrials` 和 `Nflips`，并在开始行设定 `Ntrials` = 200 和 `Nflips` = 10，便于你调整这些参数。]

b. 取参数 `Ntrials` = 2 000 和 8 000 并重复问题 a。如上文预测的那样，答案收敛到零吗？解释为什么会得到该结果。

c. 为理解“均值回归”的实际含义，分别考虑 `Nflips` = 10，100，500 和 2 500 及 `Ntrials` = 50 000，重复问题a。仍然挑选那些以五连抛正面为开端的序列。[提示：无须写四次类似的程序，只写一次，把它放入一个循环，每次更换 `Nflips` 的新值。]

d. 当序列越来越长（`Nflips` 值越来越大）时，问题c的结果与抛掷结果的弥散度比变得微不足道。证明如下：再次以 `Nflips` = 10 启动程序，保存每一个序列的 X 值，共计 50 000 项。然后求所有值的弥散度（标

[31] 这种方法相当于各自统计正面和反面的总数再相减。

准差）。方法之一是用样本均值替换公式(3.20)中的期望值，再求其平方根。以 `Nflips` = 100，500 和 2 500 重复计算。

e. 下面这个命题是否比前面那个更有道理？
异常历史能影响后续事件，但会随时间逐渐减弱。

3.5 减法规则

a. 假设你在寻找特殊类型的细胞，也许可以通过表达荧光蛋白来标记这些细胞。你洒一滴血在含有 N 个格子的网格底板上，再在每个格子寻找感兴趣的细胞类型。假定一个特定的样本拥有 M 个带标签的细胞。则底板上至少一个格子拥有一个以上这类标签细胞的概率是多少？［提示：每个标签细胞独立地“选择”一个格子，则有 N^M 个等概率选择。求没有格子拥有一个以上标签细胞的概率，再利用减法规则。］

b. 对于 $N = 400, M = 20$ 的情况计算上述概率。

3.6 疫苗的有效性

2021 年，某个国家报告说：在一定时期内，未接种疫苗的人中有 214 例 SARS-CoV-2 重症感染，而接种疫苗的人中却有 301 例重症。从表面上看，疫苗的表现很糟糕。许多评论员于是得出结论：最初寄予厚望的疫苗已经失去了效力。让我们仔细看看。

以下是一些更翔实的数据：

	未接种疫苗		接种疫苗	
	年龄 < 50	年龄 $\geqslant 50$	年龄 < 50	年龄 $\geqslant 50$
整体人数	1 116 833	186 077	3 501 117	2 133 515
重症病例	43	171	11	290

病情较轻（不需要住院）的患者没有统计在内。

我们很想知道

$$\text{接种疫苗会在多大程度上改变患重症的概率？} \tag{3.31}$$

与简单地比较 214 和 301 两个数字的做法相比，条件概率的思路提供了更可靠的方法来回答上述问题。

a. 联合两个年龄组的数据估算 $\mathcal{P}(\text{重症} \mid \text{接种})$ 和 $\mathcal{P}(\text{重症} \mid \text{未接种})$。

b. 我们可以通过上述量的比值

$$1 - \frac{\mathcal{P}(\text{重症} \mid \text{接种})}{\mathcal{P}(\text{重症} \mid \text{未接种})}$$

来定义疫苗对抗重症的**有效性**。为什么这样的定义是合理的？利用表中数据，计算该比值。

c. 仅仅以比值 214/301 来计算 $\mathcal{P}$(重症, 接种)/$\mathcal{P}$(重症, 未接种) 是无法回答问题(3.31)，为什么？

我们可以做得更好。你是一个个体，不是一个随机选择的群体成员。要回复问题(3.31)，则我们应该问，

接种疫苗对我这样的人在得重症的概率方面有多大改变？

感染的结果取决于年龄，而你有特定的年龄[32]。至关重要的是，在这个人群中，不同年龄段的疫苗接种率有很大差异。

d. 估算表中给出的每个年龄组的 $\mathcal{P}$(重症 | 接种, 年龄) 和 $\mathcal{P}$(重症 | 未接种, 年龄)，我们称这个过程为按年龄**分层**。

e. 分别计算每个年龄组对重症的抵抗力并进行评论。

f. 现在用图形表示这些想法。首先聚焦在年轻群体，再把该群体分成四个子群，分别由正方形表示，其面积是一个公共常数乘以联合概率$\mathcal{P}$(接种, 非重症 $|< 50$) 以及其他三个这样的联合概率。解释图形与问题c的答案之间的关系。

g. 对于 $\geqslant 50$ 的人群，重复上述计算。

3.7 病毒变异

HIV 病毒的基因组与任何其他基因组一样，是只包含四个“字母”（碱基对）的字符串。HIV 的基因序列很短，总计只有 $n \approx 10^4$ 个字符。

HIV 基因组逆转录出错的概率是大约每复制 3×10^4 个“字母”错配一次。假设每个出错都是随机地由其他三个 DNA 碱基之一错配。每次病毒感染T细胞，逆转录步骤制造了这样的出错机会，这些错配将被传递到子代病毒颗粒；患者血液中受感染的 T 细胞的总数处于准稳态，大约 10^7 个[33]。

a. 求逆转录事件产生某个特定错配（例如导致耐药性的自发突变） 的概率。为了估计用药之前存在的特定突变的T细胞数量（这些细胞稍后会释放耐药的病毒颗粒），需要乘以总体数（10^7）。

b. 重复问题a，求自发发生两个或三个特定错配的概率，对结果做出评述。

[提示：你可以假设每个感染的 T 细胞是被野生型病毒颗粒感染的，因此突变不会累积。例如，野生型可能比突变型复制得更快，从而突变型无法出现在准稳态中。]

---

[32]你还有特定的性别、种族等，因此对它们进行分层可能也很重要，但可用数据并没有那么细化。

[33]见习题 1.8。

3.8 从青蛙到酶

酶分子持续受到其他分子的碰撞，其中只有一小部分是酶能识别的底物分子。假设每 10^{-12} s 恰好发生一次这样的碰撞（理想情况下）。任何有效碰撞（即与酶的底物分子碰撞）的概率是 10^{-10}。则在一次有效碰撞之后，下一次发生有效碰撞需要的等待时间超过 0.1 s 的概率是多少？

3.9 $\mathcal{P}_{\mathrm{geom}}$ 的基本特性

a. 继续沿着**思考题**3E的思路求几何分布的期望和方差。[提示：考虑表达式

$$\frac{\mathrm{d}}{\mathrm{d}\xi}\sum_{j=0}^{\infty}(1-\xi)^j.$$

用两种不同的方式计算，再使两个表达式彼此相等。]

b. 当 ξ 趋于 0 和 1 时，问题 a中结果会如何变化？是否与你的预期定性符合？

现在求几何分布在 K 次或小于 K 尝试后首次“成功”的总概率（**累积分布**）。为此，首先完成**思考题**3E。

c. 写出 $1/(1-z)$ 的泰勒级数展开式，再次写出该展开式且每项乘 z^K，两式相减，则剩下的便是我们想要的前 K 项。所以简化表达式是

$$\frac{1}{1-z}-z^K\frac{1}{1-z}$$

利用它求累积分布。

3.10 天气

图 3.8 a 是某地某季节连续数天的天气概率分布。结果被标记为 X_1X_2，其中 $X=r$ 或 s，表示互斥的选项“雨”或“晴”，下标 1 和 2 分别表示今天和明天。

图3.8 b显示了更现实情况。计算 $\mathcal{P}$(明天雨)、 $\mathcal{P}$(明天雨 | 今天雨) 和 $\mathcal{P}$(明天雨 | 今天晴) 并对结果做出评述。对图 a重复上述计算。

3.11 医学检查

如图 3.4a、b，如果 E_2 是医学检查的结果，而 E_1 是患者患病的诊断，则哪幅图对检查的描述更好？

3.12 家族病史

回顾第 3.4.6 节。如果明确知晓你有某疾病的家族病史，那么会如何影响依据阳性检查结果诊断你患病的概率？在使用贝叶斯公式的时候如何利用这一信息？

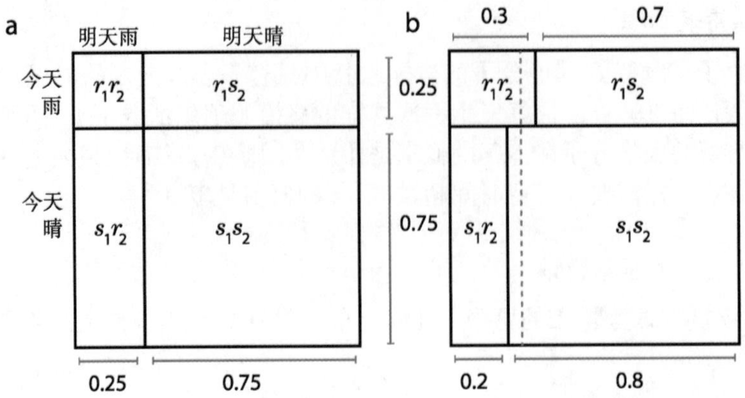

图 3.8（框图） **连续数天的天气概率**。图 a：两种结果都是独立的情况。图 b：另一种概率。虚线用于与情况图a 比较。

3.13 体育中的兴奋剂

背景：2006 年环法自行车赛第 17 赛段结束后，实验室提取了某运动员的尿样并做了标记。该实验室声称检查结果绝少出现阳性，除非测试对象非法服用类固醇药物。基于这样一种判定，国际体育仲裁法庭维持对该运动员违法服用兴奋剂的指控。

事实上，整个赛程该自行车运动员被检查了 8 次，对所有选手的检查累计达 126 次。

a. 假设该自行车运动员是无辜的，而检查的假阳性率是 2%。则 8 次检查至少一次阳性的概率是多少？

b. 假设假阳性率只有 1%，而所有参赛选手都是无辜的。那么有（至少一个）选手至少一次被判定为阳性的概率是多大？

c. 其实，只知道假阳性率是不够的。为了得到在给定检查结果下违规的概率，我们需要一些额外的定量信息（法院没有）。这些定量信息究竟是什么？ [提示：假设假阴性率很小，且假阴性率也不是你需要的那个定量信息。]

3.14 便潜血检查

图 3.6 代表的情况是，医学检验的敏感性等于其选择性，其实这种情况并不常见。

便潜血检查联合其他手段可以探测结直肠癌。设想你在某个特定区域用该检查方法对特定年龄和特定性别组进行大规模筛查，在其他信息缺失的情况下，已知该组个体中有 0.3% 会患病，且患这种病的人有 50% 的概率检查呈阳性，而没有患这种病的人也有 3% 的概率检查呈阳性。

基于上述数据，随机选取一个筛查呈阳性的患者，则有可能计算出 $\mathcal{P}$(患病 | 阳性) 吗?

3.15 吸烟与癌症

1993 年，约 28% 的美国男性归类为吸烟者。吸烟者在某个时期死于肺癌的概率是非吸烟者在同时期死于肺癌的 11 倍左右。

a. 将以上信息表达为 $\mathcal{P}$(死于肺癌 | 吸烟者)、 $\mathcal{P}$(死于肺癌 | 非吸烟者)、 $\mathcal{P}$(吸烟者) 和 $\mathcal{P}$(非吸烟者)。

b. 利用这些数据，计算某时期死于肺癌的美国男性的确也是吸烟者的概率。

[备注：这个习题忽略了很多细节，例如，美国人口中与吸烟相关联的年龄结构，以及吸烟者、戒烟者等之间卷烟消费率的变化等等。]

3.16 额外信息的影响

“蒙提・霍尔悖论”是个经典问题，我们可以用本章的知识对此进行分析。

已知三个门之一的背后藏着一个有价值的奖品，三个门的选择是等概率的。游戏编导（即蒙提）知道哪个门背后藏有奖品，但你不知道。规则规定：你做出初步选择；蒙提再选择其余一个没有奖品的门并打开；最后你还可以改变或维持初选，再打开你选定的门。重点是要寻找该游戏的最佳策略。

假设你开始选择门 #1[34]，则奖品可能在门 #2 或门 #3 的背后，甚至两门背后可能都没有奖品，在蒙提打开其余的一个无奖品的门后，你获得了相关的额外信息了吗? 如果没有，则没有必要改变你的选择（类似于第 3.4.2 节的场景 **a**）；如果有，或许你应该改变（类似于场景 **b**）。用 6 单元网格分析该游戏：

		有奖品的门号		
		1	2	3
蒙提打开的	2	A	B	C
无奖品的门号	3	D	E	F

该表中，

$$\begin{aligned} A &= \mathcal{P}(\text{奖品在门 \#1 背后而蒙提揭示奖品不在门 \#2 背后}), \\ D &= \mathcal{P}(\text{奖品在门 \#1 背后而蒙提揭示奖品不在门 \#3 背后}), \end{aligned}$$

依此类推，你可以证明

$A=1/6,\ \ D=1/6$, 但是

[34]根据对称性，只分析这种情况就够了。

$B = 0$，$C = 1/3$（如果奖品不在你选择的门背后，蒙提没有其他选项），同理

$E = 1/3$，$F = 0$

a. 利用条件概率定义计算
$\mathcal{P}$(奖品在门 #1 背后 | 蒙提揭示奖品不在门#2 背后)。

b. 计算 $\mathcal{P}$(奖在门#3 背后 | 蒙提揭示奖品不在门#2 背后)，并与答案（a）比较。注意到 $\mathcal{P}$(奖品在门#2 背后 | 蒙提揭示奖品不在门#2 背后) = 0，因为蒙提不会这么做。

c. 现在回到问题：如果最初选择#1，然后蒙提向你揭示奖品不在门#2 背后，你会将选择改成#3 还是维持#1?

3.17 伯努利试验

第 57 页的例题中发现：如果正面被设定为数值 1 而反面被设定为数值 0，则伯努利试验分布的期望和方差是其参数 ξ 的函数。现在设定正面为数值 1/2 而反面为数值 $-1/2$，重新计算期望和方差。

3.18 无偏随机?

设 ℓ 是均匀分布中的整数型随机变量，且 $3 \leqslant \ell \leqslant 6$，求 ℓ 的方差。

3.19 [T2] 多重检验

假设你是医生在检查病人，且认为她很可能患了咽喉炎。具体而言，你认为病人的症状与 90% 患此病的患者的症状类似。为了进一步验证你的推断，用咽拭子取样并将其发送到实验室进行检验。

咽拭子测试并不是完美的检验。如果患者确实患有咽喉炎，也只有 70% 的病例检验呈阳性；剩余的则是假阴性。如果患者没有患咽喉炎，也只有 90% 的病例检验呈阴性；其余的则是假阳性。

对同一个病人连续取样 5 次，并将其发送到实验室做独立检验。反馈的结果 $(+ - + - +)$ 的次序完全是打乱了的。是否可以从这些数据总结出一些结论？即，结果修正了你对病人患病概率的推断吗?

a. 基于上述信息，你对病人患病概率的最新估值是多少? [提示：利用等式(3.27)、(3.28)有关独立性的结论]。

b. 从实验员的角度重新考察上述问题。除了 5 个检验结果，实验员没有任何有关患者的信息。实验员分析所基于的先验假设是患者患病的概率是 50%（而不是 90%）。

3.20 和的方差

在**思考题**30(b)中，求出了两个独立的随机变量之和的方差。如果不做变量独立的假设，用 $\mathrm{var}f$、$\mathrm{var}g$ 和协方差 $\mathrm{cov}(f,g)$ 写出 $f+g$ 的方差的表达式。

3.21 二进制分数

使用解析的方法而不是计算机模拟求第 3.2.1 节（见图 3.1）中讨论的随机的 m 位二进制分数的期望和方差。

第4章 实用离散分布

或许整个历史就是几个隐喻各种运用的历史。

——豪尔赫·路易斯·博尔赫斯（Jorge Luis Borges）

4.1 导读：模拟

许多日常的科学事务包括对现象建模、完善模型，直到能定量预测，最后检验这些预测。需要预测的往往是概率分布，这正是本书的主题。本章将从某个生物系统的物理建模出发，以最简单的计算机模拟方法讨论如何做出这样的预测。

第3章给人的印象可能是概率分布是从重复测量中推导出来的一个纯粹的经验结构 [公式(3.3)]。然而，在实践中我们一般使用某些特定概率分布，它们是基于对研究对象的某些简化假设（物理模型）而提出的。例如，在某些情况下，我们有理由相信某个变量在一定范围内是均匀分布的。然而，我们通常需要更复杂的分布，令人惊讶的是只需要三个额外的离散概率分布就能描述大量生物学和物理学问题：二项式分布、泊松分布和几何分布。值得注意的是，这三个都是从平庸的伯努利试验衍生出来的[1]。此外，每个都具有相当简单的数学性质。了解这些分布的一般性质可以使我们获得相关系统的有用信息。

本章焦点问题
生物学问题： 细菌在首次面对药物或病毒时是如何获得抗性的？
物理学思想： 卢里亚–德尔布吕克（Luria–Delbrück）实验通过检查统计预测来检验抗性模型。

4.2 二项式分布

4.2.1 溶液中取样的过程等同于伯努利试验

实验中常常会有这样的问题：假设有 10 mL 溶液只含有 4 个特定分子，每个还标记着荧光染料。混合均匀后提取 1 mL 样本（“等分样品”），则样本

[1]后面的章节将展示高斯和指数分布及泊松过程，也都是伯努利试验的衍生物。

中有多少个这种特定分子[2]？答案之一是，“我无法预测，因为它是随机的”。这当然是事实，但前一章为该问题提供了更多信息。

我们真正想知道的是样本中分子数 ℓ 出现各种值的概率分布。为了确定分布，我们可以设想准备了很多份同样的溶液，并从每份溶液中提取 1 mL 样本，然后统计每个样本中有多少带标记的分子。在取样前，各标记分子独立而又随机地游荡在溶液中。在取样的瞬间，每个特定分子要么被捕获，要么未捕获，而在伯努利试验中捕获的概率为 ξ。设定 $s=1$ 为捕获、$s=0$ 表示未捕获，则有 $\ell=s_1+s_2+\cdots+s_M$，其中 M 是原溶液中标记分子的总数。

伯努利试验很容易刻画，其概率分布仅仅是两个高度为 ξ 和 $\xi'=1-\xi$ 的直方图。如果 ξ 或 ξ' 等于 1，则不存在随机性，“弥散度”也为零。如果 $\xi=\xi'=\frac{1}{2}$，则“弥散度”最大（见 57 页例题）。至于当前的问题，我们进行多批次伯努利试验（每批次有 M 个试验）。我们不关心每批次单次取样的细节，只对取样结果做简化描述，尤其是求出离散随机变量 ℓ 的概率分布。

先来看几个预测。每个标记分子的捕获就像抛币，如果无偏地抛币 50 次，我们期望得到“约”25 次正面，即使是 24 或 26 次我们也不会感到惊讶[3]。换句话说，针对无偏抛币，我们期望 ℓ 的最概然值是 $M/2$，同时我们也期望得到有关该值的“弥散度”。类似地，当我们从溶液中抽取样本时，我们期望得到每个样本中的标记分子数 ξM 及该数值的弥散度。

如果无偏抛币 10 000 次，我们期望正面的占比达到高精度的 1/2，而如果只有几次抛币试验，则出现诸如 $\ell=0$ 或 $\ell=M$ 的极端结果并不意外。对于一般的伯努利试验，如果抛币次数很大，我们期望实际值不会偏离 ξM 太多，下面将对此给出更精确的描述。

4.2.2 多次伯努利试验的总和遵循二项式分布

从溶液中取样类似于 M 次抛币，只是我们只记录出现正面的总次数 ℓ。因此，“结果”可能是 $\ell=0,\cdots,M$ 中的某个值，我们想知道每个结果出现的概率。

第 4.2.1 节讨论的是 $M=4$ 的问题，且

$$\xi=(\text{取样体积})/(\text{总体积})=0.1$$

如果定义 $\xi'=1-\xi$，则有 $(\xi+\xi')^4=1$，将其展开成 16 项并使其累加等于1就会理解该式的意义。根据 ξ 和 ξ' 的幂次归并同类项，发现有 1 项 ξ^4、4 项 $\xi^3\xi'$ 等等。一般来说，$\xi^\ell(\xi')^{M-\ell}$ 项对应于 ℓ 次正面的抛币试验，根据二项式理论，其对总概率的贡献为（图 4.1）：

[2]现代生物物理方法确实可以给小体积中的单个荧光染料分子准确计数，所以这不再是一个问题了。

[3]事实上，如果我们恰巧获得 25 次 正面，且重做整个试验多次，总是得到 25 次，这反而令人惊讶了。

$$\mathcal{P}_{\text{binom}}(\ell;\xi,M)=\frac{M!}{\ell!(M-\ell)!}\xi^{\ell}(1-\xi)^{M-\ell},\ \ell=0,\cdots,M \quad \textbf{二项式分布} \tag{4.1}$$

这个概率分布确实是两参数 M 和 ξ 的 ℓ 离散分布族，其结构具有归一化特性：固定两参数，对所有可能的 ℓ 求和总能得到 1。

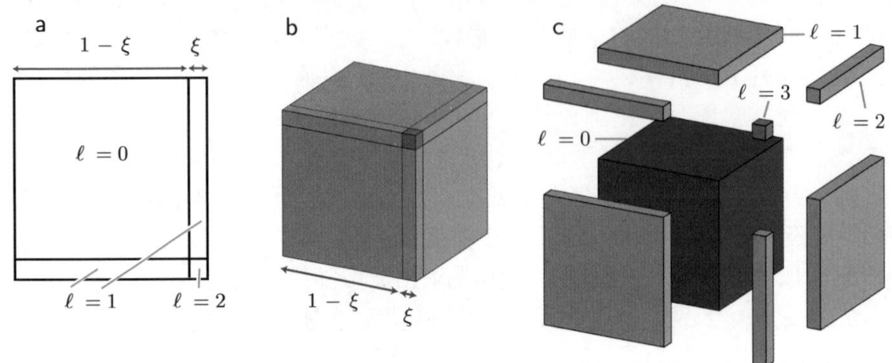

图 4.1（**草图**） **二项式理论图示**。图 a：$M=2$ 和 $\xi=1/10$ 时，小方块代表两次正面抛币，面积是 ξ^2；两个长块表示一次正面/一次反面，总面积是 $2\xi(1-\xi)$；剩余区域面积是 $(1-\xi)^2$。因此，三类结果的面积分别对应于公式(4.1)中的三项，其中 $M=2$ 及 $\ell=0,1$ 和 2。这些表达式的总和等于整个单位正方形的面积，所以这样的分布确实是归一化的。图 b：当 $M=3$ 时，图中蓝色小立方体表示三次正面抛币，等等。（代表 $\ell=0$ 的大立方体隐藏在背面。）这次有四类结果，体积对应于公式(4.1)的各项。图 c 是图 b 的分解图。

思考题4A

a. 画出 $M=4$ 和 $\xi=0.1$ 时的二项式分布，是否有明显的概率捕获一个以上标记分子？

b. 展开 $(\xi+\xi')^5$，写出所有 6 项，再与上述通式的 $\mathcal{P}_{\text{binom}}(\ell;\xi,5)$ 进行比较。

4.2.3 期望和方差

例题：

a. 求二项式分布中 ℓ 的期望和方差表达式。[提示：利用公式(3.21)。]

b. 根据(a)的表达式确认我们早先的直觉，即得到正面的次数大约为 $M\xi$，且随着 M 的增大，其弥散度将变得很小。

解答：

a. 期望是 ξM,方差是 $M\xi(1-\xi)$，这些都是很容易从独立随机变量之和的期望和方差的通式中得到（见**思考题3O**，第 57 页）。

b. 更准确地说，我们想看看标准差是否小于期望。其比值 $\sqrt{M\xi(1-\xi)}/(M\xi)$ 确实随 M 的增大而变小。

4.2.4 如何计算细胞内的荧光分子数

细胞内某些关键分子要素的数量只有几十个，相对来说是个小数。我们感兴趣的是在整个细胞周期内尽可能准确地测量这些关键分子的数量。

后面的章节将讨论一些方法，这些方法可以使特定分子发光（荧光）从而实现可视化。在某些便利的情况下，我们可以分辨出单个荧光分子并直接计数。在其他情况下，由于分子运动太快或其他原因导致无法直接计数，即使是这样，由于我们认为这些分子是全同的，因此它们发射的总光子数（荧光强度）y 就等于分子数 M 乘常数 α。

将观察值 y 转换成 M 时 α 是必需的，问题是很难准确估算**这个常数**。该常数取决于每个荧光分子有多亮、在发射与探测之间又损失了多少等等。N. Rosenfeld 和同事建立了一种基于概率论的测量 α 的方法。下面将解释如何通过测量 y 的样本均值和方差来求出待定常数 α。其实这个方法并不难理解，因为相对标准偏差是依赖于样本大小的（见上小节例题）。

细菌分裂时非常均匀地将胞体分为两半。假设分裂之前有 M_0 个荧光分子发射的总荧光强度 y_0，分裂后两个子代中的荧光分子分别为 M_1 和 $M_2 = M_0 - M_1$。如果荧光分子在细胞内总是随机地布朗运动，则给定 M_0 时，随机变量 M_1 将服从 $\mathcal{P}_{\rm binom}(M_1;\frac{1}{2},M_0)$ 分布。因此，M_1 的方差等于$\frac{1}{2}(1-\frac{1}{2})M_0$。定义“分配误差” $\Delta M = M_1 - M_2$，则有 $\Delta M = M_1-(M_0-M_1) = 2M_1 - M_0$。因此[4]，

$$\mathrm{var}(\Delta M) = 4\mathrm{var}(M_1) = 4\times\frac{1}{2}(1-\frac{1}{2})M_0 = M_0.$$

现在用荧光强度 y 重新表达上式，取 $y=\alpha M$，其中 α 是待求常数：

$$\mathrm{var}(\Delta y) = \alpha^2\mathrm{var}(\Delta M) = \alpha^2 M_0 = \alpha y_0.$$

即，我们可以预言

> 由初始荧光强度均为 y_0 的细胞组成的群体，其荧光强度“分配误差” Δy 的标准差将在细胞分裂后变成 $(\alpha y_0)^{1/2}$。 (4.2)

要点(4.2)在实验可测量的量（ y_0和 Δy ）与未知的校准常数 α 之间建立了联系，拟合试验数据可求得 α 值。

---

[4]见 56 页**思考题3N(a)**。

只是实验者需要观察大量分裂前后的细胞并按 y_0 值分类[5]，则对应每个 y_0 值会出现多个 Δy 值。计算方差导出的数据集可用于**要点**(4.2)的拟合，图 4.2 显示了较好的拟合。

T2 第 4.2.4′ 节（第 95 页）讨论了最近对细胞分裂的一些假设的重新评估。

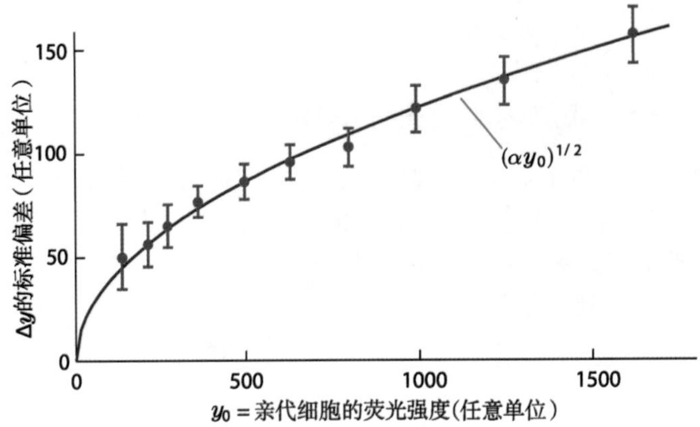

图 4.2（**实验数据拟合**） **单分子荧光测量值的校准曲线**。*横轴*：细胞分裂前的荧光强度测量值。*纵轴*：具有特定 y_0 值的细胞分裂后，子代细胞荧光强度分配误差的标准差估算值。*误差棒*表示这个量的不确定性，部分原因是被测的细胞数量有限。*曲线*：**要点**(4.2)的预测函数。参数 α 的最佳拟合值是每个标记分子 15 个荧光单位。（数据来自 Rosenfeld et al., 2005。）

4.2.5 二项式分布的计算机模拟

概率分布若能表达为类似公式(4.1)那样的精确数学形式当然很好，某些重要结果就可以直接从公式验证。然而某些时候，一个已知分布仅仅是构造更复杂分布的前奏，而后者的精确数学形式很难获得。此时*模拟*我们研究的分布显得尤为重要，即，通过计算机程序输出满足给定分布的随机事件序列[6]。第3章描述了伯努利试验的计算机模拟[7]。虽然某些数学计算软件自带二项式分布的模拟器函数，但是了解如何对*任何*离散分布从头开始建立这样一个函数发生器是有意义的。

我们希望将第3.2.2节的**要点**扩大到超过两个结果的样本空间。如果我们要模拟 $M=3$ 时变量 ℓ 的分布 $\mathcal{P}_{\text{binom}}(\ell;M,\xi)$，则我们需将单位长度划分为 4 个区段，宽度分别为 $(1-\xi)^3$ 、 $3\xi(1-\xi)^2$、 $3\xi^2(1-\xi)$ 和 ξ^3，依次对应于

[5] T2 Rosenfeld 和同事使用的 y_0 值范围较宽，而且保证在细胞分裂期间所标记的荧光分子既不产生也不清除。

[6] 例如，你可以利用该技能模拟本章后面的细菌遗传学和第10章的细胞内 mRNA 总量。

[7] 参见第 3.2.2节（第 39 页）。

$\ell = 0, 1, 2$ 和 3 个正面 [见公式(4.1)]。第一区段始于 0 并终于 $(1-\xi)^3$，以此类推。

思考题4B

a. 编写一个小程序，命名为`binomSimSetup(xi)`，为输入的 ξ 值输出适合于三次抛币分布 $\mathcal{P}_{\mathrm{binom}}(\ell; M=3, \xi)$ 的各区段边界位置表。

b. 编写一个调用函数`binomSimSetup(xi)`的简短“主”程序，程序使用区段边界位置数据生成整体服从二项式分布的 100 个 ℓ 值，并画直方图。显示几个不同 ξ 值的直方图，包括 $\xi = 0.6$。

c. 求 100 个样本的样本均值和方差，并与前面例子的结果进行比较。重复 10 000 个样本的值。

4.3 泊松分布

二项式分布公式(4.1)因为拥有两个参数 M 和 ξ 而显得比较复杂，尽管两个参数听起来不算多，但有太多参数时要快速拟合数据就变得复杂和不方便。幸运的是，通常我们可以将其替换为简化的近似表达式。本节导出的简化分布只有一个参数，因此可以提升模型的预测能力。

接下来的推导是很基础的，因此值得详细说明。重要的是要理解我们采用的近似对某个特定的问题是否合理。

4.3.1 样本数趋于无穷时二项式分布变得简单

这里的物理问题类似于第 4.2.1 节所述，但数字更具体：如果你取 1 升纯水（10^6 mm^3）并加入 5×10^6 个荧光标记分子，充分混合后再提取 1 mm^3，则样本中含有多少标记分子 ℓ?

第 4.2 节已经将该问题凝练成一个涉及二项式概率分布的问题，在此情况下，分布的期望 $\langle \ell \rangle = M\xi = (5 \times 10^6)(1\ \mathrm{mm}^3)/(10^6\ \mathrm{mm}^3) = 5$。如果下次我们取 1 立方米水再溶入 50 亿标记的分子（浓度相同），我们当然期望相同体积 $V = 1\ \mathrm{mm}^3$ 的样品中 $\langle \ell \rangle = 5$。因此可以合理地认为此时整个分布 $\mathcal{P}(\ell)$ 基本上与以前的相同，毕竟这一千升溶液中任意一升中都含有 500 万个标记分子，与前述情况相同。同理，与含有 5×10^{11} 个标记分子的 100 m^3 溶液的情况也基本一样。总之，对于浓度均为 $c = 5 \times 10^6/\mathrm{L}$ 的任何足够大的分子库，我们可以合理地预期它们给出同一个极限分布。但仅仅“合理”是不够的，我们还需要证明这个结论，找出极限分布的明确公式。

4.3.2 低概率的伯努利试验之和服从泊松分布

上一节的文字叙述可以翻译成数学语言：如果已知标记分子浓度 c 和样本体积 V 的值，求极限情况下样本中标记分子数 ℓ 的一个分布，所谓极限情况是指样本库巨大而 $\langle\ell\rangle$ 保持恒定。讨论将涉及的命名参量列表如下，以供参考：

V	样本体积，保持恒定
V_*	样本库体积，极限时 $\to\infty$
$\xi=V/V_*$	单个分子被捕获的概率，极限时 $\to 0$
c	浓度（分子数密度），保持恒定
$M_*=cV_*$	样本库中的总分子数，极限时 $\to\infty$
$\mu=cV=M_*\xi$	常数（与 V_* 无关）
ℓ	样本中的标记分子数（随机变量）

假设 M_* 个分子都在体积为 V_* 的库中做布朗运动，则 $c=M_*/V_*$。考虑到一系列实验都是同一个浓度，则对任意选取的 V_* 值意味着 $M_*=cV_*$。再者每个分子的布朗运动都是独立的，所以它们以相同的概率 $\xi=V/V_*=Vc/M_*$ 被捕获。

捕获的总分子数反映了 M_* 个全同而又独立的伯努利试验的总和，其分布已经导出，因此只需计算

$$\lim_{M_*\to\infty}\mathcal{P}_{\rm binom}(\ell;\xi,M_*),\qquad 其中\ \ \xi=Vc/M_*.\tag{4.3}$$

取极限时参数 V，c 和 ℓ 保持不变。

思考题4C

想想该极限如何解决第 4.3.1 节所讨论的物理问题。

注意 V 和 c 只是以乘积的形式出现，如果引入新参数 $\mu=Vc$ 就可在公式中省略一个变量。参数 μ 是无量纲的，因为浓度 c 的量纲是体积的倒数（例如，“每升分子数”）。

将二项式分布[公式(4.1)]代入上述表达式并整理得

$$\lim_{M_*\to\infty}\left(\frac{\mu^\ell}{\ell!}\right)\left(1-\frac{\mu}{M_*}\right)^{M_*}\left(1-\frac{\mu}{M_*}\right)^{-\ell}\frac{M_*(M_*-1)\cdots(M_*-(\ell-1))}{M_*^\ell}.\tag{4.4}$$

表达式(4.4)的第一个因式与 M_* 无关，因此可以把它移到极限表达式外面。在 M_* 无穷大时第三个因式恰好等于 1，而最后的因式是

$$(1-M_*^{-1})(1-2M_*^{-1})\cdots(1-(\ell-1)M_*^{-1}).$$

上述因式数量固定，且每个因子都非常接近 1，所以在极限情况下整个表达式变成了 1，可以被移除。

表达式(4.4)中第二个因式有点麻烦，因为其指数也趋于无穷大。我们引用复利公式有[8]

$$\lim_{M_*\to\infty}\left(1-\frac{\mu}{M_*}\right)^{M_*}=\exp(-\mu). \tag{4.5}$$

为了说服自己相信公式(4.5)，做变换 $X=M_*/\mu$；则上式变成 $((1-X^{-1})^X)^\mu$。你只需在计算器上计算 X 很大时的量 $(1-X^{-1})^X$，其值接近 $\exp(-1)$。所以公式(4.5)左侧等于 e^{-1} 的 μ 次幂。

整合各项后得

$$\mathcal{P}_{\text{pois}}(\ell;\mu)=\frac{1}{\ell!}\mu^\ell\mathrm{e}^{-\mu}. \quad \textbf{泊松分布} \tag{4.6}$$

图 4.3 显示了我们求得的 $\mu=3$ 的极限情况的二项式分布，即泊松分布。图 4.4 比较了两个不同 μ 值的泊松分布。因为 ℓ 不能小于零，所以这些分布不是对称的；但 ℓ 可以任意地大（因为我们取 M_* 为无穷大）。如果 μ 较小，则分布图又高又窄。如果 μ 较大，则凸起部分外移，分布就变得较宽[9]。

思考题4D

分别针对 $\mu=0.1$，0.2 和 1 的情况画图。

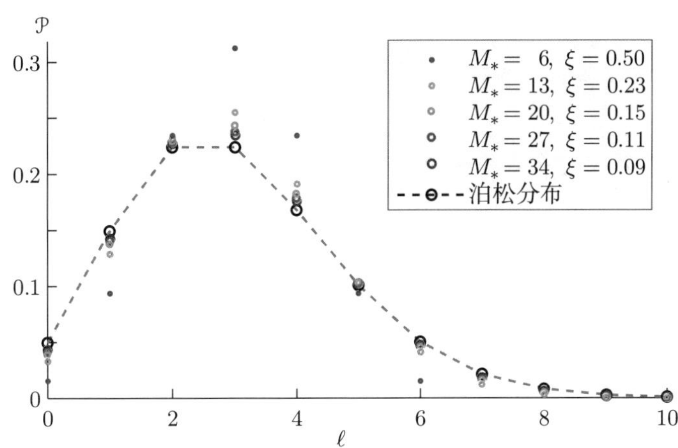

图 4.3（**数学函数**） **二项式分布极限情况下呈泊松分布**。黑色圆圈表示 $\mu=3$ 的泊松分布[公式(4.6)]。虚线只是连续点的连线，该分布只定义在整数 ℓ。彩色圆圈呈现了二项式分布[公式(4.3)]在 M_* 变大时怎样收敛到泊松分布，此时 $M_*\xi=3$ 维持不变。

[8] 见第 17 页。

[9] 见思考题4E。

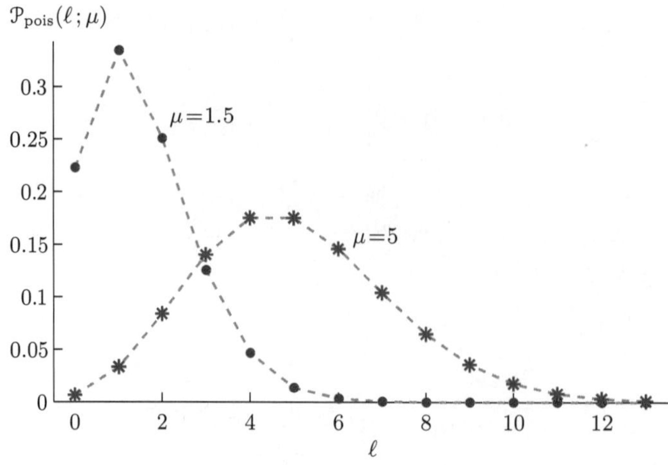

图 4.4（**数学函数**）**泊松分布的两个例子**。虚线依然是连续点的连线，泊松分布仅定义在整数 ℓ 上。

例题：确认泊松分布对任何固定的 μ 值都已经归一化了，并求其期望和方差，两者都是 μ 的函数。

解答：当我们对无穷多项的 $\mathcal{P}_{\text{pois}}(\ell;\mu)$ 累加时，得到 $\mathrm{e}^{-\mu}$ 乘以 e^{μ} 的泰勒展开（见第 17 页），其积等于 1。

计算期望和方差的方法很多，这里推荐一个其他情况也适用的方法（见习题 3.9 和第 5.2.4节）。求期望时，公式(3.19)引导我们计算 $\sum_{\ell=0}^{\infty}\ell\mu^{\ell}\mathrm{e}^{-\mu}/(\ell!)$。可以从 $\frac{\mathrm{d}}{\mathrm{d}\mu}(\sum_{\ell=0}^{\infty}\mu^{\ell}/(\ell!))$ 出发，用两种不同的方法计算，并比较其结果。

一方面，括号内的值等于 e^{μ}，所以其导数也是 e^{μ}。另一方面，对每一项求导后累加有

$$\sum_{\ell=1}^{\infty}\ell\mu^{\ell-1}/(\ell!)$$

该导数已经将因子 ℓ 从指数上拉下来，使得表达式与我们要求的量几乎一样。

设定这两个表达式彼此相等，并稍做调整有

$$\mathrm{e}^{\mu}=\sum_{\ell=1}^{\infty}\ell\mu^{\ell-1}/\ell!=\mu^{-1}\sum\mathrm{e}^{\mu}(\mathrm{e}^{-\mu}\mu^{\ell}/\ell!)\ell=\mu^{-1}\mathrm{e}^{\mu}\langle\ell\rangle.$$

因此，含有参数 μ 的泊松分布的 $\langle\ell\rangle=\mu$。

现在，你可以利用类似的求导来计算 var ℓ，并表述成参数 μ 的函数。[提示：为了从指数上拉下两个 ℓ 因子，尝试两次求导。]

思考题4E 还有更便捷的方法获得同样的答案。你已经获得了二项式分布（第 76 页的例题）的期望和方差，所以你可以很容易取适当极限[公式(4.3)]来求得泊松分布的对应值。将得到的结果与上述例题的结果进行比较。

对上述结果小结如下：

- 对于大量独立和低概率的伯努利试验的累加，可以用泊松分布来描述。
- 极限情况下，双参数二项式分布族约化成单参数族，在 M_* 很大的情况下（尽管 M_* 的具体值仍未知）这个简化也是实用的。
- 无论 ℓ 值是多少，期望与方差之间存在重要关系

$$\boxed{\operatorname{var}\ell = \langle \ell \rangle \quad \text{对任何泊松分布}} \tag{4.7}$$

4.3.3 泊松分布的计算机模拟

思考题4B 的方法可以模拟泊松分布的随机变量[10]。尽管我们不能把单位间隔划分为无穷多个区段，然而在实践中，对于大的 ℓ 来说，泊松分布非常小，因此只需设置有限数量的区段即可。

4.3.4 单离子通道的电导测定

泊松分布已不再神秘，它只是二项式分布极限情况下的一个近似，但是它的应用范围比第 4.3.1 节所叙述的看起来要广泛得多：

> *每当大量独立的是/否事件都具有低概率且有足够的事件数确保总的“是”计数不可忽略时，该总计数将遵循泊松分布。* (4.8)

在 20 世纪上半叶，人们已经慢慢意识到细胞膜某种程度上可以控制自己的电导，而且这种控制在神经细胞和肌肉细胞传递信息的能力方面处于中心地位。有关控制机制的一种假说是：

• 细胞膜本身不渗透离子（它是绝缘体）， • 但膜上布满了微小而又离散的门通道。 • 每个门通道（或**离子通道**） 对某类特定的离子可以选择性开关。 这种开关行为反过来又影响跨膜电位。 • 每个通道的开关行为是独立的。	膜电导的物理建模

[10]见习题 4.6。

上述第三点源于正负电荷分离会产生电位差，因此这些电荷具有跨膜流动来降低膜电位的趋势。

离子通道假说引起过激烈的辩论，部分原因是已知的细胞膜的组分都无法完成开关角色。该假说虽然预测了单通道电流的一般幅度，但是该预测值当时还不能被检验，因为当时电子仪器的灵敏度不足以检测如此微小的离散的开关电流事件。

在这方面取得突破性进展的是 B. Katz 和 R. Miledi，他们从许多通道的电导的统计分析中推断出单个离子通道的电导。他们研究肌肉细胞，因为当时已经公认其膜电导对神经递质乙酰胆碱的浓度很敏感。图 4.5 展示了肌肉细胞跨膜电位的两个时间序列，顶部轨迹来自静息细胞；底部轨迹来自暴露于乙酰胆碱的肌肉细胞，其中乙酰胆碱由微量移液器提供。Katz 和 Miledi 注意到，乙酰胆碱不仅改变了静息电位，也增强了电位的*噪声*[11]。他们给出的解释是这种现象反映了在由许多离子通道组成的集群中，神经递质分子与各通道结合和去结合导致的通道的独立开关动作引起的额外噪声。

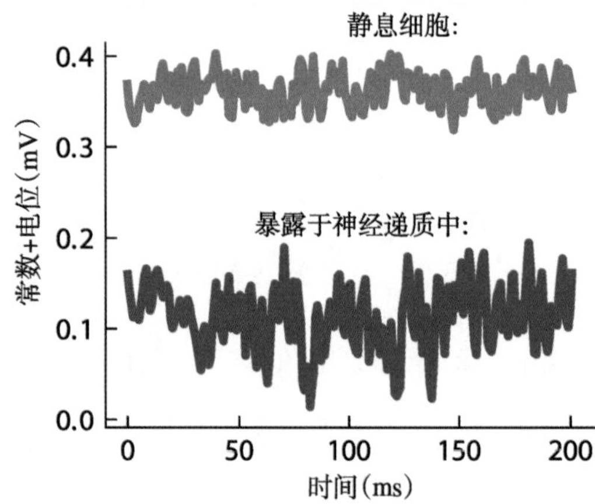

图 4.5（**实验数据**） **青蛙缝匠肌细胞的膜电位**。为了便于区分，两条轨迹做了垂直移动。当细胞暴露于神经递质中时，噪声（随机性）幅度会增加。（数据来自 Katz & Miledi, 1972。）

在习题 4.14 中，你会按照 Katz 和 Miledi 的逻辑，从类似于图 4.5 的数据来评估单个通道打开的效应。实验者将该结果转换成通道电导的参考值，该值大致符合纳米尺度通道的合理值，从而强化了离子通道的假说。

总之，

尽管上述物理模型只能给出概率性预测，但的确是可检验的。

该主题将贯穿本章始终。

4.3.5 泊松分布的简单卷积运算

泊松分布的期望与方差之间关系简单，我们再来求该分布族的另一个重要属性，同时学习称为“卷积”的新运算。

[11]改变静息电位的其他手段，如直接电刺激，并没有改变的信号的噪声幅度。

例题：假设随机变量 ℓ 服从泊松分布，其期望为 μ_1；随机变量 m 也服从泊松分布，但期望是 μ_2，且 m 与 ℓ 相互独立。求 $\ell+m$ 的概率分布，并解释你是如何得到答案的。

解答：首先，有一个基于物理推理的直观论证：假设我们拥有浓度 c_1 的蓝墨水分子和浓度 c_2 的红墨水分子，体积为 V_* 的腔室中因此包含了 $(c_1+c_2)V_*$ 个有色分子。我们现在取样并计数有色（不管红/蓝）分子。按第 4.3.2 节的逻辑意味着联合分布是 $\mu=(c_1+c_2)V_*\cdot(V/V_*)=\mu_1+\mu_2$ 的泊松分布。

下面是另一个证明：首先利用独立自变量 ℓ 和 m 的乘法规则得到联合分布 $\mathcal{P}(\ell,m)=\mathcal{P}_{\rm pois}(\ell;\mu_1)\mathcal{P}_{\rm pois}(m;\mu_2)$，其次令 $n=\ell+m$，并使用加法规则求特定 n 值（因此 ℓ 取值受限）的概率：

$$\mathcal{P}_{\rm n}(n)=\sum_{\ell=0}^{n}\mathcal{P}_{\rm pois}(\ell;\mu_1)\mathcal{P}_{\rm pois}(n-\ell;\mu_2) \tag{4.9}$$

最后用二项式定理确认累加项包含 $(\mu_1+\mu_2)^n$，再联合其他因子给出 $\mathcal{P}_{\rm n}(n)=\mathcal{P}_{\rm pois}(n;\mu_1+\mu_2)$。

思考题4F

令 $n=\ell+m$

a. 利用已知的泊松分布的期望和方差公式以及独立随机变量之和的期望和方差公式，计算 $\langle n\rangle$ 和 $\mathrm{var}(n)$，表达为 μ_1 和 μ_2 的函数。

b. 利用上述例题的结果计算这两个量，并与问题a中求得的结果比较。

公式(4.9)右侧的结构在很多情况下都会出现[12]，我们称之为卷积。如果 f 和 g 是任意两个函数，则它们的**卷积** $f\star g$ 是新函数，其在特定 n 处的值是

$$(f\star g)(n)=\sum_{\ell}f(\ell)g(n-\ell). \tag{4.10}$$

在这个表达式中，求和历经所有允许的 ℓ 值。将上述例题的推理应用到任意分布可得出如下重要结论：

两个独立随机变量和的分布是它们各自分布的卷积。 (4.11)

[12]例如，参见第 5.3.2 节（第 119 页）和第 9.7 节（第 251 页），卷积也出现在图像处理中（第 8.6.3 节，第 219 页）。

在泊松分布的特殊情况下，例题还表明

任意两个泊松分布的卷积依然是泊松分布。 (4.12)

思考题4G 回到**思考题**3F（第 48 页），6×6 阵列代表掷两个（不同）骰子的36个结果，从中筛选出两个骰子号之和等于特定值（例如 6 ）的所有结果。从卷积的角度重新诠释原问题。

思考题4H 从定义式(4.10)证明：如果 f 和 g 已经归一化，则 $f\star g$ 也自动归一化。

T2 第8章将着眼于卷积在图像处理中的应用。

4.4 中奖分布及细菌遗传学

4.4.1 理论正确很重要

某些科学理论是相当抽象的，证实或证伪这些理论似乎是一场游戏，很多科学家都宣称是在证实或证伪某个理论。不过，如果有些理论从一开始就被认为是正确的，则它无疑会对后继工作产生重大影响。

进入 20 世纪以来，关于遗传本质的辩论仍然活跃并产生了多种观点。我们挑选其中两个极端的，一个极端称为达尔文假说：生物的遗传变化是自发的，面对新环境挑战的进化是适应于这类挑战的选择性突变；另一个极端称为拉马克假说[13]： 生物主动创造遗传变化以应对环境的挑战。微生物水平的遗传机制相当重要，因为细菌出现的耐药性至今依然对人类健康构成严重威胁。

1943 年，卢里亚和德尔布吕克就开始在细菌里探索遗传机制。除了解决基本的生物学问题外，这项工作还发展了一种重要的科学研究范式。他们提出了两个相互竞争的假说，并试图从中产生可检验的定量预测。但预测的概率性在那个时代显得很不寻常。单细菌实验得不出任何结论，因为单个细菌在什么时候获得耐药性是不确定的。但大量细菌的某些整体行为模式对于确定是哪种机制能提供关键信息。下面我们将看到，随机性是如何被证明为数据最有趣的特征，这种随机性往往被认为是不受欢迎的实验瑕疵而被刻意忽视。

[13]这个假说并不是拉马克主要学术贡献，而只是他伟大思想的附属物。他的伟大贡献主要是研究进化和适应现象。

4.4.2 不可重复的实验数据仍然可能包含重要信息

细菌可以被化学试剂（例如抗生素）或**噬菌体**之类病毒杀死，但总有一些细菌能从菌落中生存下来，并将抗性传递给它们的后代。即便是由单个无抗性细菌繁衍形成的菌落，其中也总能找到一些具有抗性的幸存者。

卢里亚和德尔布吕克都知道前人已经提出了“达尔文假说”和“拉马克假说”，都对细菌抗性给出了解释，但答案都不能完全令人信服。于是他们开启了自己的研究，目的是更精确定量地表述两个假说，然后从中提出预测，并设计一个实验来检验这些预测。“拉马克假说”表述成

在生存威胁出现之前，源于单个祖先的菌落之中的个体都是全同的。每个个体面对挑战时都单打独斗，因而大多数个体死去。然而，随机选择的少数细菌个体产生了某种改变，使其能适应挑战而存活，并且这种改变能在后代中无限期地传递下去。	***H1***

达尔文假说表述成

突变并不是在**响应**挑战的瞬间发生的，无论是否面临生存挑战，整个菌落随时都在自发突变，且突变一旦发生就可遗传。大部分细菌无力应对挑战而死去，生存下来的只是那些在先前突变中获得抗性的个体及其后代。	***H2***

在 1943 年，DNA 在遗传中的作用还未被确认，也没有任何分子层面的证据来支持任何一种假说，因此需要借助经验数据来进行检验。

卢里亚和德尔布吕克多次分离培养大肠杆菌的特定菌株。每次培养都给予充足的营养，生长 t_{f} 时间后再面对病毒噬菌体 T1 的挑战。为了统计幸存者，卢里亚和德尔布吕克每次都将细菌撒布在一个器皿上培养并实现其连续生长，每个幸存个体最终会发育成一个看得见的菌落。幸存者的数量很少以至于各菌落在空间上完全分离，可以用肉眼计数。每次培养的幸存者数量 m 不同，所以实验者报告的不是同一个数字，而是每次观察到的特定 m 值频率的直方图（图 4.6）。

卢里亚立刻意识到上述结果定性上就不符合所谓“好科学”的认知标准，但在某些方面，他的数据看起来是合理的，因为分布在 $m=0$ 附近有峰值，然后随 m 的增加迅速下降。问题是存在一些**离群值**，即远离主流集团的意外数据点[14]。更糟的是第二和第三次进行同样的实验时，离群值始终存在，只是数值每次都有很大的差异。在这种情况下，一般人很自然地会推断这只是一个糟糕的不可重复实验！下一步的工作应该是努力寻找背后的原因（例如样品污染）甚或放弃整个结果。但是，卢里亚和德尔布吕克意识到假说 ***H2*** 可以解释这些异常结果。

[14]如果卢里亚满足于两次或三次培养，他可能会完全错过低概率的离群值。

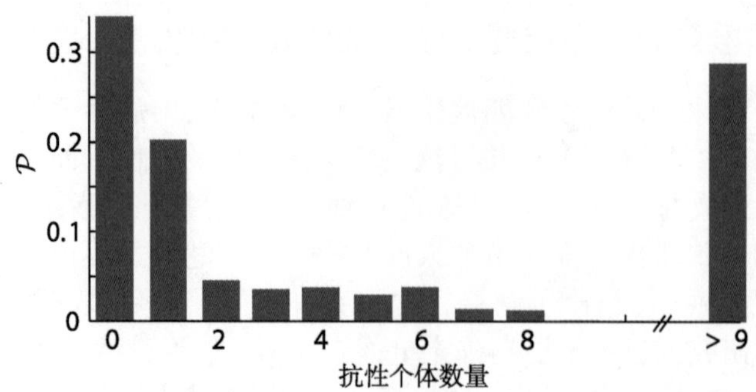

图 4.6（**实验数据**） **来自卢里亚和德尔布吕克历史文献的数据。**这个直方图代表了他们的试验之一，包含 87 个培养基的数据。最右侧的柱计入了所有离群值，详见正文。图 4.8 对他们的实验数据给出了更细致的展示，并用两个竞争模型对数据做了拟合。（数据来自 Luria & Delbrück，1943。）

我们到目前为止遇到的分布要么在某个范围外完全为零（如均匀和二项式分布）、要么在有限范围外至少衰减非常迅速（如泊松或几何分布）。相比之下，卢里亚–德尔布吕克实验的经验分布却有一个**长尾巴**；即，不可忽视的数值范围延伸到了非常大的 m。[15]这种分布还有个更时髦的说法“中奖分布”，因为它类似于通常只给出一些小奖（或无奖）、但偶尔也给出一个大奖的赌博机。

T2 第 4.4.2′ 节（第 95 页）提到了卢里亚和德尔布吕克许多附加试验中的一个。

4.4.3 抗性产生机制的两个模型

卢里亚和德尔布吕克推断如下：每次培养都取数个无抗性的个体并开始计时（“初始时间为零”），经过计时 t_f 后，它们都各自繁衍出数量较大的菌落（细菌数记为 $n(t_\mathrm{f})$），再令其遭受诸如噬菌体攻击的挑战。

- ***H1*** 表述的是：当遭遇挑战时，每个个体要么以很低的概率 ξ 突变、要么以很高的概率 $1-\xi$ 不突变，且这种随机事件是彼此独立的。我们已经知道这种情况下能生存的突变体总数 m 是一个随机变量并且服从泊松分布。而图 4.6 的数据似乎并不符合这种分布。

- ***H2*** 表述的是：从 0 到 t_f 的整个时段，个体的每次分裂都存在一个小概率事件使个体自发产生具有抗性的遗传突变。因此，尽管突变事件只是又一次伯努利试验，根据 ***H2***，什么时候突变发生就变得非常重要，因

[15]有些作者使用短语“胖尾”，指的是同一件事，因为分布的尾部在数值上超出我们的预期，所以它是“胖的”。第5章将给出更多的例题说明这样的分布在自然界无处不在。

为早期的突变体会产生许多具有抗性的后代，而接近 t_f 的突变体就没有机会再产生后代了。因此在这种情况下系统具有随机性的放大效应。

H2 似乎能够定性地解释观测到的中奖分布，即只要幸运突变出现在实验初期就会产生这类偶然性试验结果（图 4.7）。但如何定量检验这些结果呢？

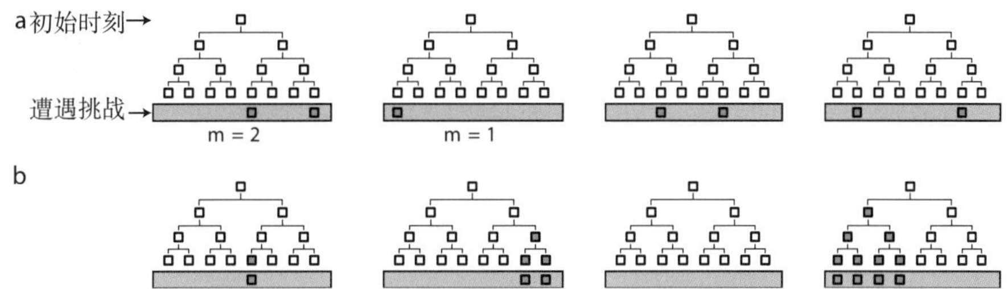

图 4.7（**框图**） **有关卢里亚–德尔布吕克实验的两组想象的细菌谱系。**图 a："拉马克假说"（***H1***）认为，细菌的抗性是在遭遇挑战（橙色）时才产生的。抗性个体的数量（绿色）因而服从泊松分布。图 b："达尔文假说"（***H2***）则认为细菌的抗性随时会产生。如果它产生得早（例如第二、四两图），结果可能会有很多抗性个体。

需要注意的是两种假说都包含一个未知的拟合参数，即每种情况的突变概率。因此，如果在某个假说下我们可以通过调整这个参数来获得好的拟合，而在另一个假说下不存在获得好拟合的参数，则我们就可以做出公平的比较以支持前者。同时请注意，没有一个假说要求我们理解突变、抗性或遗传的生化细节。二者都将所有细节提炼成由数据决定的单个数字。如果胜出的模型进而能成功做出多于一个的定量预测（例如，预测分布的整个形状），则我们可以说数据已经以过约束的方式充分支持该模型。

T2 第 4.4.3′ 节（第 95 页）提供了卢里亚和德尔布吕克实验的更多细节。

4.4.4 卢–德假说对幸存数的分布做出可检验的预测

假说 ***H1*** 预测了抗性细菌数量的概率分布是 $\mathcal{P}_{\text{poiss}}(m;\mu)$ 形式，其中 μ 是未知常数。为了比较这两个假说，我们需要求对 ***H2*** 假说做出同样的预测。下面列出讨论中将涉及的几个物理量，便于查阅：

n	细胞总量
g	分裂次数（子代数）
α_g	每次分裂时个体的突变概率
t_f	实验的最终时刻
μ_{step}	每次分裂所产生的新突变体的期望值

（续表）

ℓ	在特定培养过程中，每次分裂所产生的新突变体的数量（随机变量）
m	时刻 t_{f} 有抗性突变的细菌数量（随机变量）

生长

每次培养开始于零时刻且初始总量为 n_0（可以对接种培养物的细菌悬浮液进行取样来直接估计该量）。拥有充足食物且没有病毒挑战的细菌生长率也可以测量，因为每分裂一次增长一倍，因而呈指数式增长。卢里亚和德尔布吕克估计 $n_0 \approx 150$、而最终的总量为 $n(t_{\mathrm{f}}) = 2.4 \times 10^8$。因此生长阶段末期细菌总量

$$150 \times 2^g = 2.4 \times 10^8,$$

则分裂次数 $g = \log_2(2.4 \times 10^8/150) \approx 21$，再简化假设所有个体都同步分裂 21 次。

突变

假说 ***H2*** 认为，每次分裂时不同细菌个体的子代细胞能否获得抗性突变是独立“决策的”。因此，分裂时新生的抗性个体数量是泊松分布的随机变量，其期望正比于分裂前的总体数量。比例常数是每个细胞每次分裂时的突变概率 α_{g}，它是模型的一个自由参数。突变后的细胞继续分裂，我们假定它们的分裂时间与原初细胞的分裂时间是一样的[16]。

中奖分布的计算机模拟

原理上，我们已经拥有了足够的信息以导出卢里亚–德尔布吕克分布 $\mathcal{P}_{\mathrm{LD}}(m; \alpha_{\mathrm{g}}, n_0, g)$。然而在实践中很难进行解析推导，因为答案不是众所周知的标准分布。卢里亚和德尔布吕克不得不借助一个相当特别的数学简化以获得预测，即便这样，解析计算也非常复杂。

然而，用计算机模拟上述物理模型倒是比较容易。每次运行计算机程序都会获得一次模拟培养的历史记录，就是抗性个体最终数量 m 的值。运行程序多次可以建立 m 值的直方图，既可以与实验直接比较，又可以做例如 $\langle m \rangle$ 或 $\mathrm{var}\,(m)$ 的约化统计计算。

首先设定两个种群变量 `Nwild` 和 `Nmutant` 的初始值分别为 n_0 和 0。这两个量将进行 g 次更新

- 每分裂一次数量翻倍。

[16] T2 参见第 4.4.3′ 节（第 95 页）。

- 然后从期望为 $\mu_{\rm step}=(\texttt{Nwild})\alpha_{\rm g}$ 的泊松分布抽取随机数 ℓ（代表那次分裂的新增突变数量），并将 ℓ 添加到 Nmutant，同时从 Nwild 减去 ℓ。

- 最后，g 次分裂后的 Nmutant 最终值就是本次模拟培养的 m。

- 我们用参数 $\alpha_{\rm g}$ 的同一个值多次重复模拟，构建 m 的估计概率分布，再将模拟的概率分布与实验数据比较。

我们再尝试另一个 $\alpha_{\rm g}$ 值重复上述计算，最后选一个最好的。

上述策略得益于我们在 4.3 小节辛苦学到的知识。原则上，我们可以在每个分裂（倍增）步骤直接模拟 Nwild 次伯努利突变实验。 但是细菌数量会随着倍增过程迅速增长到上亿，直接模拟突变将耗尽计算资源。而我们真正希望得到的不过是突变体的数量而已，因此只需要在每个倍增步骤中对相应泊松分布进行单次抽样即可。

结果

习题 4.16 提供了有关如何执行这些步骤的详细信息。图 4.8a 显示了实验数据及两个假说的最佳拟合分布。仅从拟合结果或许难以直观看出 ***H1*** 假说有多糟糕。判断其拟合失败的根据之一是实验数据的样本均值 $\bar{m}\approx 30$，而方差≈ 6 000，与任何泊松分布（并因此与假说 ***H1***）不符[17]。

该图还显示 ***H2*** 只用一个自由拟合参数就给整个分布提供了合理的解释，而 ***H1*** 对于包含多于 5 个突变体的培养基的数据无法给出解释。为了说明这一点，图 4.8b 以对数度规显示了图 a 相同的信息。图 b也表明 ***H1***在 $m=20$ 处与实验的偏离远远超过 ***H2*** 在 $m=4$ 处的偏差。

思考题4I

> 图 4.6 的概率显示有两个凸起，而图 4.8a 没有。解释这种表观上的差异。

与连续的确定性方法相反

在我们的分析中遗传的离散特征至关重要。相反，如果我们将突变总数视为连续的，则总数将遵循类似于方程(1.2)（第 11 页）的微分方程，但右侧的两项均为正（可以生成突变体，且一旦生成就会繁殖）。因此，即使在第一代是一个远小于 1 的数字，“突变总数”也会开始确定性地指数增长（增长因子为超大数 2^g），就会导致对大量非随机突变总数的错误预测。

[17]见习题 4.18。

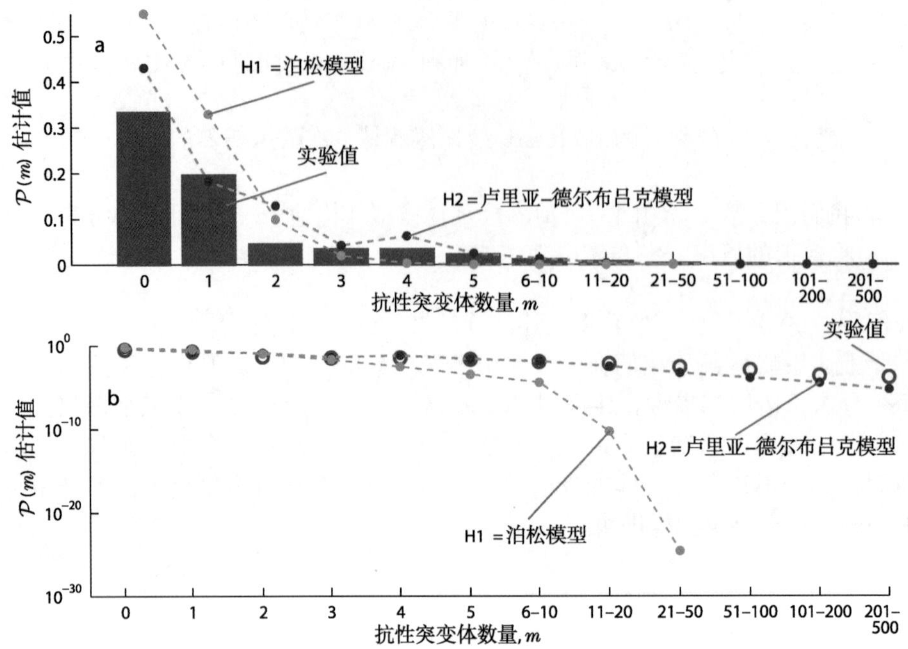

图 4.8（**实验数据与拟合**） **两个模型与细菌抗性实验数据的比较**。图 a：柱数据来自图 4.6 的同一个实验。灰点表示“拉马克假说” ***H1*** 的拟合数据。 红点表示“达尔文假说” ***H2*** 的拟合数据。图 b：与图 a 相同，只是以半对数形式突显 ***H1*** 无力解释数据中的离群值。而卢里亚和德尔布吕克能解释高突变值 m（如横轴所示，较大 m 处的值是由若干相邻点对应的统计数值相加而得）。两图中，当一个区域包含 K 个不同 m 值时，其统计数已经除以 K，因此柱的高度近似于各 m 值的概率，即柱高表示各 m 值的概率 $\mathcal{P}(m)$ 的估值。

4.4.5 展望

卢里亚和德尔布吕克的实验和分析充分说明了细菌对噬菌体的抗性来自其自发突变，而不是生存挑战本身。类似的机制也是其他进化现象的基础，包括在序言中讨论的 HIV 患者体内的病毒突变[18]。

这项工作也为极低的突变概率提供了一个定量测量的框架。显然 α_g 必然是 10^{-8} 的量级，因为数以亿计的细菌只包含少数抗性突变体。检查所有的样本并计数抗性突变体，这事我们想想都觉得头疼，但作者通过巧妙的实验很好地完成了这一任务。因为 m 的弥散度很大，因此每次计数似乎并没有给出有价值的信息。然而，卢里亚和德尔布吕克意识到巨大的方差才是其主要成果的标志。他们极富远见地提出了概率预测，并与许多试验进行比较，最终求得结果的分布。拟合该分布就可以很好地测量 α_g 值。

卢里亚和德尔布吕克曾写道：“(迄今为止）细菌变异的定量研究因为结果缺乏明显的可重复性而停滞不前。正如我们所表明的，可重复性的判断依

[18]参见习题 3.7。

赖于所提问题的本质，并且也是分析问题的基本要素。”

上述分析不需要太多智慧，只需要勤快的双手。不是每个问题都有这样一个满意的数值解，正如不是每个问题都有一个优美的解析解。但是，容易解析的问题和容易数值解的问题属两个不同的领域，因此，只有具备这两种技能的科学家才可能解决更广泛的问题。

T2 第 4.4.5′ 节（第 96 页）在细菌遗传学最新发现的启发下以及实验进一步证实卢里亚和德尔布吕克的解释的前提下，讨论了满足本章提出的达尔文假说的几个条件。

总结

许多物理系统都会展现出一定的随机行为。如果我们认为这些行为结果的概率分布完全是未知的，那么我们几乎不可能按经验确定这个分布。但是，在很多情况下，我们的确可以颇有依据地提出某些分布，这样可以大大缩小我们的预测范围。从这种“内幕消息”（即所提的模型）出发，我们有时候能预言系统的大多数行为，而仅仅只有一个或少数几个参数是待定的。这样做不仅能减轻我们数学处理的工作量，而且能使得我们的预测更具针对性，即，我们能通过模型提出一个具体的假说，同时表明没有任何合理参数值能使其成功预测实验观测结果，从而证伪该模型。

例如，我们可以合理地假设悬浮于培养液中的细菌是独自响应噬菌体或抗生素攻击的，从这个假设出发，卢里亚和德尔布吕克对两个假说做了证伪的预测，并否定了其中的一个。我们已经看到按照一组简单规则（即物理模型）进行计算机模拟就可以对数据做详细的预测。

Katz 和 Miledi 运用与上述不同但密切相关的分析策略，合理地猜测细菌中隐含着某些相互独立功能单元（离子通道）。他们创建了一个单参数的概率模型来描述这些功能单元，通过数据拟合，得到的参数拟合值与离子通道的相应预期值一致。他们的成果开启了后人对离子通道的更直接、也更为艰苦的研究历程。

第7章将系统介绍如何检验模型并同时得到模型对实验数据的最佳拟合参数值。但是，首先我们必须将概率概念扩展到连续变量（第5章）。

关键公式

- 二项式分布：$\mathcal{P}_{\rm binom}(\ell;\xi,M)=\frac{M!}{\ell!(M-\ell)!}\xi^{\ell}(1-\xi)^{M-\ell}$。随机变量 ℓ 从样本空间 $\{0,1,\cdots,M\}$ 抽取。参数 ξ,M 和 $\mathcal{P}$ 自身都是无量纲的。期望 $\langle\ell\rangle=M\xi$ 和方差 $\mathrm{var}\,\ell=M\xi(1-\xi)$。

- 模拟：为了在计算机上模拟给定的离散概率分布 $\mathcal{P}$，针对每个允许的 ℓ 值，将单位区间分割成宽度为 $\mathcal{P}(\ell)$ 的区块。然后在该区间上选择均匀分布的随机数，并将每个随机数分配到相应的区块。由此产生的区块分配权重就实现了对该分布的抽样。

- 泊松分布：$\mathcal{P}_{\rm pois}(\ell;\mu) = {\rm e}^{-\mu}\mu^{\ell}/(\ell!)$。随机变量 ℓ 是从样本空间 $\{0,1,\cdots\}$ 抽取，参数 μ 和 $\mathcal{P}$ 自身都无量纲，期望和方差为 $\langle\ell\rangle = {\rm var}\,\ell = \mu$。

- 卷积：$(f\star g)(m) = \sum_{\ell} f(\ell)g(m-\ell)$，则 $\mathcal{P}_{\rm pois}(\bullet;\mu_1)\star\mathcal{P}_{\rm pois}(\bullet;\mu_2) = \mathcal{P}_{\rm pois}(\bullet;\mu_{\rm tot})$，其中 $\mu_{\rm tot} = \mu_1+\mu_2$。

延伸阅读

准科普

噬菌体的发现：Zimmer, 2021.
关于德尔布吕克和卢里亚：Luria, 1984; Segrè, 2011.
长尾分布：Strogatz, 2012.

中级阅读

离子通道：Luckey, 2014.
卢里亚–德尔布吕克：Benedek & Villars, 2000, §3.5; Phillips et al., 2012, chapt.21.

高级阅读

Luria & Delbrück, 1943.
离子通道电导估算：Bialek, 2012, §2.3.
通过二项式分布校正荧光强度：Rosenfeld et al., 2005. 在线补充材料。
在单细胞水平上观察到的基因突变的泊松分布：Robert et al., 2018.

拓展

T2 **4.2.4 拓展**

4.2.4′ 非对称细胞分裂

最近的研究工作表明，某些蛋白在细胞分裂时是不对称分离的（Kuwada et al., 2015；Vedel et al., 2016），即使在细菌中也是如此。可能的原因是子细胞尽管看起来相同且体积也几乎完全一样，但其内涵有别（母细胞本身可能是极化的）。这种不对称分离的适应性优势可能是通过将有缺陷的蛋白分离到一个子细胞从而获得另一个适应性更高的子细胞，或者创建具有不同行为的子细胞用于对冲风险。

此外，与第3章中所做的简化假设相反，即使是减数分裂中的基因分离也不总是完全随机的（Akera et al., 2019）。

T2 **4.4.2 拓展**

4.4.2′ 非溶源态

卢里亚–德尔布吕克实验模型假定抗性细胞除了单突变应对噬菌体感染外，其他与野生型细胞一样。在得出结论之前，卢里亚和德尔布吕克不得不排除将在第12章讨论的另一种可能性，即假定抗性细胞已经转化为“溶源”态。他们写道：“抗性细胞能成功繁殖……在纯抗性细胞的培养基中没有找到病毒的踪迹。抗性菌株因而被认为是非溶源性的。”

T2 **4.4.3 拓展**

4.4.3′ 更多关于卢里亚–德尔布吕克实验

正文的讨论取决于假设最初培养时细菌中不含抗性个体。事实上，任何菌落可以包含抗性个体，只是含量很低而已，因为抗性突变也减缓细菌的生长。卢里亚和德尔布吕克估计每 10^5 个细菌中获得抗性还不足一个。他们的结论是基于几十次培养的数据，每次培养的细菌数也不过几十，因此在初始时刻几乎不可能在任何培养样本中找到哪怕一个抗性个体。

第 4.4.4 小节的分析中忽略了获得抗性突变所需的繁殖代价。为体现这个代价，可以人为降低初始抗性个体的数量，但这个量如此之小，以至于并不会影响我们的结果。如果我们希望得出更精确的分析，可以直接在模拟中设置两种繁殖速率。

T2 4.4.5 拓展

4.4.5′a 卢里亚–德尔布吕克计算的解析方法

正文指出基于速率方程的方法不适于本问题，同时也强调了计算机模拟方法在依据模型（例如卢–德模型）做出概率性预测方面的威力。该模型及更符合实际的新版解析方法已经被发展出来了（Lea & Coulson，1949；Rosche & Foster，2000）。

4.4.5′b 其他遗传机制

正文简要介绍了遗传学研究的一个重要转折点。不过，没有任何实验可以一劳永逸地解决所有问题，我们对遗传的理解仍然在不断更新。因此，在正文中我们并没有直接宣称“获得性遗传的概念是错误的”，而是给出了将这个概念应用于特定系统并提出可定量检验的预言的方案，分析结果显示这个概念的确是错误的。

除了正文中提及的随机突变之外，人们又陆续发现了其他类型的遗传变异机制。例如

- 病毒可将其遗传物质整合到细菌并潜伏很多代（“溶源”；参见第12章）。
- 病毒可以添加一个“质粒”，这个小的 DNA 环在宿主细菌不发生突变的情况可赋予其新的能力，这种新的能力被复制并传递给后代。
- 细菌之间也可以相互交换遗传物质，这个过程不一定需要病毒的协助（“横向基因转移”；见 Thomas & Nielsen，2005）。第15章将研究这类遗传的一个特殊机制。
- 就像综合达尔文模型假定的那样，遗传突变本身可能是不均匀的：基因组上不同位点的突变速率不同，这种突变调控方式本身可能就是生物体对外界压力的一种适应性应答。

不过，上述机制的发现无损于达尔文的远见卓识。达尔文的理论框架是非常普适的，不依赖于孟德尔遗传这种具体机制；事实上，达尔文当时也并不知晓孟德尔的工作。上述机制反映了细胞凭借其基因构成而拥有的竞争力，这些基因也通过自然选择产生进化。

4.4.5′c 表观遗传机制

更广泛的非基因变化的遗传性已经被发现，其中一些与对抗药性或抗病毒性有关。一般而言，不改变基因序列的表型可遗传变化称为**表观遗传**。

1. 即使基因组没有发生变化，营养物质的有效供给也可以“切换”细菌进入新的状态，且该状态可持续到其后代。细菌也可以自发切换状态，例如，创建一个能够抵抗抗生素攻击的缓慢生长的“耐药性”亚群[19]。
2. 细胞可以共价修饰其 DNA 或协助包装 DNA 的组蛋白，而不改变其序列。这种机制在真核生物（包括人类）中也有记载。它们在正常发育（例如，哺乳动物 X 染色体失活）和癌症中发挥关键作用。
3. 成簇规律间隔短回文重复序列（CRISPR）也能导致抵抗病毒攻击的近似“拉马克”机制（Barrangou et al., 2007；Koonin & Wolf，2009）。
4. 细胞对药物或病毒的抗性也可以通过 RNA 干扰基因沉默而遗传（Calo et al., 2014; Rechavi, Minevich, and Hobert 2011; 参见第 11.3.3′ 节，334 页）。

人们对“表观遗传”一词的理解不同，例如，有些作者只是将其限制在组蛋白修饰（上述第2点），还有一些作者却将其扩大到生物体内所有的非遗传性变化。

4.4.5′d 卢里亚–德尔布吕克假说的直接确认

正文中我们强调了如何基于概率预测来检验假说。在卢里亚及德尔布吕克的工作发表八年后，研究者想到了一个更直接的验证方法。J. Lederberg 和 E. Lederberg 将细菌培养基涂抹到一个平板上。在对细菌施用抗生素之前，他们先让细菌在这个板上生长较长的时间，然后用一块吸收性纤维布按压到平板上，再用布复制（按压）到第二个培养基平板。在这个过程中，纤维布会沾上第一个平板上的部分细菌，再将其按同样的相对位置转移到第二个平板上。当两个平板都遭受病毒攻击时，实验发现抗性菌落出现在两个平板的相同位置上，这表明这些抗性细菌个体在遭到攻击之前就已经存在了（Lederberg & Lederberg，1952）。

[19]第 12 章将讨论切换，第 15 章将讨论耐药性。

习题

4.1 异议

正文认为泊松分布的随机变量的方差等于其期望。Smith 问道："这怎么可能？方差是个二次量。这句话是不是违反了量纲分析？" Jones 会怎么回答？

4.2 均匀分布的问题

这是习题 3.2 的详细版本。Jones 要求计算机生成 3000 个均匀分布的随机二进制小数，小数长度为 6 位[见公式(3.1)，第 35 页]，作结果的直方图（图 4.9）。但结果看起来不是很均匀。难道 Jones（或计算机）出错啦？我们来看看。

a. 定性地看，为什么所有柱不等高并不令人惊讶呢？定量地看，第一柱代表二进制小数对应于 000000 的结果，其概率是 1/64。计算机做了 3000 次抽样，统计了出现该结果的次数，命名为 N_{000000}。

b. 计算 N_{000000} 的期望、方差和标准偏差。

c. 第一柱的高度为 $N_{000000}/3000$。计算该值的标准偏差。其他柱也有相同的标准差，你的计算结果能否解释图示的不均匀现象？

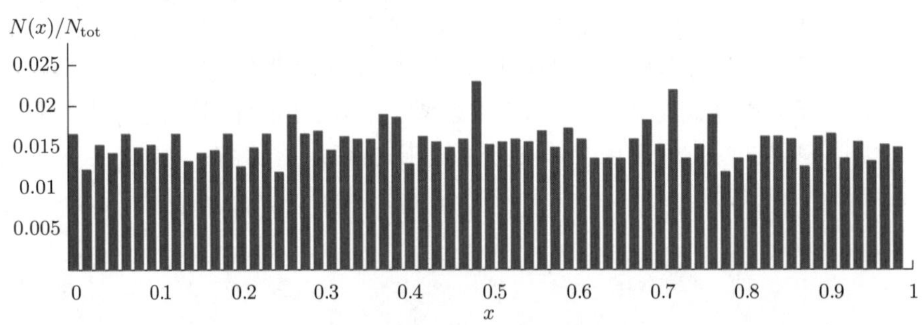

图 4.9（**模拟数据**） 见习题 4.2。

4.3 基因频率

考虑基因有两种可能的变体（等位基因），分别称为 A 和 a。

鱼爸爸的每个体细胞内有这个基因的两个副本；假设每个细胞拥有等位基因 A 和 a 的各一个副本。鱼爸爸产了无数个精子，每个精子只有该基因的一个副本。鱼妈妈的基因型也是 Aa。她也产无数个卵子，每个卵子也只有一个基因副本。

从这两个样本池中随机抽选四个精子和四个卵子，配对生成的四个受精卵能够正常生长。

a. 四个受精卵中 A 副本的总数是多少？由此计算子代的“等位基因A的频率”，即，四个受精卵中副本 A 的总数除以 A 及 a 的总数。

b. 等位基因 A 在子代中的频率正好等于其在亲代（两个个体）中的频率的概率是多少？等位基因 A 在子代中的频率为零的概率是多少？

4.4 分配误差

将正在分裂的细菌假想成一个含有均匀分布分子的盒子，后者突然分裂成体积相同的两部分。假设分裂之前盒子内有 10 个分子，分裂后每份恰巧得到 5 个吗？如果不能，则其中一部分获得 $\leqslant 3$ 个细菌的概率是多少？

4.5 有关随机行走

在开始本习题之前完成习题 3.3。重新模拟随机行走，首先考虑一维 x 随机行走，步长 $L = 1\,\mu\text{m}$。每秒行走一步，且左右概率相等。令 $\Delta_{20}x$ 为第 20 s 相对于原点的位置，由于每次模拟轨迹都不同，因此它是一个随机变量。

a. 计算 $\langle(\Delta_{20}x)^2\rangle$ 。

b. 令 $\Delta_{40}x$ 是 40 s 时离原点的位置，计算 $\langle(\Delta_{40}x)^2\rangle$。并评论之。

c. 再考虑二维随机行走：类似于习题 3.3，棋子在平面上移动，每次移动的 x 和 y 分量都是彼此独立和随机的，且每次 x 移动 $\pm 1\,\mu\text{m}$，而 y 有相同的行走分布。定义 $r_\text{f}^2 = (\Delta_{20}x)^2 + (\Delta_{20}y)^2$，求此时的 $\langle(r_\text{f})^2\rangle$。

d. 回到问题a 的一维行走，假定有 51% 时间往正方向走， 49% 时间往负方向走。此时 $\Delta_{20}x$ 的期望与方差各是多少？

e. 用计算机模拟来估算问题a—c中的量。结果是否与你的解析结果一致？还需要做什么才能让它们一致？

f. 对照模拟检查问题d 的结果。

4.6 模拟泊松分布

a. 写出类似于 **思考题**4B 描述的函数 `poissonSetup(mu)`，给出一组适合于模拟期望值为 `mu` 的泊松分布的分区边界。原则上这种分布有无穷多的区块，但实际上你可以做个截断，使用 10 或 10* `mu` 区块（四舍五入），取较大的。（你也可以发明更聪明的方式做有限截断）。

b. 写出“主”程序调用 `poissonSetup(2)`，然后从分布中生成 10 000 个数，求样本均值，并作分布的直方图，再用样本均值替换公式(3.20)中的期望值来估算方差。

c. 取 `mu=20` 重复 b，并讨论问题 c、b中数值峰的对称性的差异。如果样本库足够大，确认样本均值和方差与直接从泊松分布计算的一致。

4.7 模拟几何分布

a. 用几何分布代替泊松分布重做习题 4.6，尝试 $\xi = 1/2$ 和 1/20 的情况。

b. [T2] 习题 4.6 实际上对分布进行了截断，即从无限个可能结果中只抽取了有限个。请编写一个程序，使抽样不受上述约束。[提示：正文建议你从一个均匀分布抽取随机变量 x，并将其分配到不等距的区域中，证明这与你将 $\ln(1-x)$ 分配到等距的区域是等价的。计算机具有“四舍五入”和“截断”功能，因此，无须说明所有区域的边界即可完成此工作。]

4.8 风险分析

1941 年，美国某地区 75 岁老人的死亡率是 0.089 人/年。这个年龄近万人注射疫苗时，会有一个人在 12 小时内死亡。后者是疫苗造成的吗？计算在无疫苗情况下 12 小时内发生死亡的概率。

4.9 培养基与菌落

a. 将 2×10^8 个病毒颗粒加入含有 10^8 个细胞的培养液中。假设每病毒随机“选择”一个细胞并成功感染，但某些机制可以阻止受感染的细胞裂解。一个细胞可以被多个病毒感染，但假定先前的感染不会改变后来感染的概率。细胞保持未感染的概率是多少？如果你希望超过 99% 的细胞被感染，则需要多少病毒颗粒？

b. 假设将你取的细菌培养液稀释 100 万倍。然后将 0.10 mL 充分混合的稀释液洒在营养平板上培育，第二天发现了 110 个完全分离的菌落。原始培养液中活细菌的浓度（菌落形成单位，或 CFU）是多少？将答案表述成 CFU/ mL，同时给出估计值的标准偏差。

4.10 泊松分布极限

正文用解析方法论证了泊松分布是二项式分布在某种极限情况下的“良好”近似。本题将数值上探讨该论证的有效性。

a. 计算 $M = 100$、$\xi = 0.03$ 的所有 ℓ 的二项式分布的自然对数。作图比较相应的泊松分布。再作两分布的实际值（非对数值）的比较图，ℓ 取值在 $M\xi$ 附近。

b. 令 $\xi = 0.5$，重复问题 a。

c. 令 $\xi = 0.97$，重复问题 a。

d. 根据第 4.3.2 节（第 80 页）的推导更精确地讨论你的结果。[提示：计算机数学包可能无法直接计算阶乘 100!。但计算 $\ln(1)+\cdots+\ln(100)$ 不会有任何困难。你可以从 $\ell = 1$ 开始计算（此时 $\mathcal{P}_{\rm binom}$ 和 $\mathcal{P}_{\rm pois}$ 都很简单），之后的每个 $\mathcal{P}(\ell)$ 都可以从前面的值依次得到。这种方法特别有效。]

4.11 癌症集群

从 Dataset 5 获得数据，变量 `incidents` 包含的一系列成对的坐标 (x, y)，我们想象其为某些疾病患者的家庭地址。

a. 将上述数据绘制在二维坐标图中。

数据显示了一些集群。假设有人要求你调查某个特定集群的成因。在你考虑核反应堆或手机基站等因素之前，你首先应该检验如下“零假设”：也许这些只是从均匀分布中随机抽取的点集。没有办法证明这些点集的单个案例“是随机的”。但是我们可以尝试从零假设出发进行定量预测，然后检查数据是否大致服从零假设[20]。

b. 用竖线将上图分为 N 等份（你可以使用计算机或干脆手动划分），N 可以取在 10 到 20 之间。同时，用横线将图分为 M 等份，于是整个图被划分为 NM 个网格。（网格数量少于 100 会出什么问题？网格数量多于 400 又有什么问题？）

c. 计数每个网格有多少点。统计有 $0, 1, \cdots$ 个点的各有多少网格。由此可以求出网格包含 ℓ 个点的频率 $F(\ell)$，因此一个网格有 ℓ 点的概率估值为 $\mathcal{P}_{\rm est}(\ell) = F(\ell)/NM$，平均每格包含的点数是总点数除以 NM。

d. 如果我们有一幅巨大的地图，其中包含了大量网格以及满足均匀分布的大量的独立点，平均每个网格包含 μ 个点。则我们观察到的每个网格中点数的实际值将满足一个已知的概率分布。是哪个分布？画出这个分布（变量 ℓ 取值在一定范围内），并与c中得到的概率估值做重叠图比较。比较结果是否支持前述零假设？

e. 为了更直观的进行比较，在该坐标区域内生成均匀分布的模拟数据点，再重复上述步骤。

[20] 下一步将是获取新数据并查看相同的假设（无须进一步调整）是否也能成功，但这并不总是可行的。

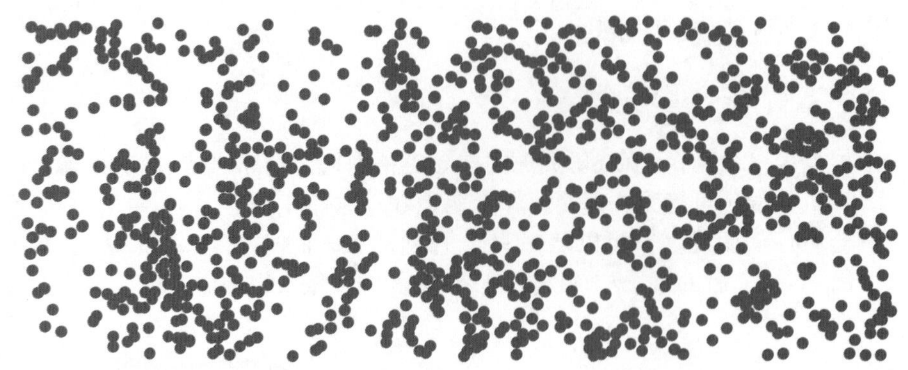

图 4.10（**实验数据**） **一个城市的事件发生地点**。见习题 4.11。

4.12 需求涨落

在送货卡车的大型车队中，平均任何一天因故障而不能出工的有两辆车。一些备用卡车随时可以支援。求下述两种情况的概率值。

a. 任一天都不需要任何备用车支援。

b. 任一天都需要多于一辆备用车支援。

4.13 低概率

a. 假设我们有一枚有偏的“硬币”，抛出正面是小概率事件，即是 $\xi = 0.08$ 的伯努利试验。试想 $N = 1\,000$ 组试验，每组 100 次抛币。写一个计算机程序模拟这样的实验，并对每组试验计算正面出现的总次数。然后绘制各种结果频率的直方图。

b. 取 $N = 30\,000$，重复上述步骤。出现频率最高的抛币结果是多少？

c. 在问题a中作出的图上叠加另一个函数图 $1\,000\mathcal{P}_{\mathrm{pois}}(\ell;8)$，比较这两个图的异同。

4.14 离子通道的离散性

第 4.3.4 节介绍了 Katz 和 Miledi 间接推断单离子通道电导的方法，很久以后人们才发明了直接测量的设备。在本题中，你将借鉴他们的思路做一些简化假设使数学处理变得容易些。

具体来说，假设每个通道的打开会使膜轻微去极化，并使膜电位增加 a，在维持固定时间 τ 后通道再发生关闭。假设共有 M 个通道，且 M 非常大。每个通道遭遇乙酰胆碱时都会以一定的概率 ξ 打开，所有通道的开关彼此独立。还假设当 ℓ 个通道同时打开时，效果是线性的（增加的膜电位是 ℓa）。

a. a，τ，M 或 ξ 中，没有一个是直接从图 4.5 这样的数据中测量的。然而，有两个量是可测量的：膜电位的均值和方差。解释为什么泊松分布适用于这个问题，并将这两个观测量表达成上述模型参数的函数。

b. 图中的顶部轨迹显示的是静息态事件，其中所有的通道都是关闭的，但由于某些与本题假设无关的原因，仍可观察到一定程度的电噪声。你可以从底部轨迹的均值和方差中直接扣除顶部轨迹的均值和方差，这么做为什么是合理的?

c. a 的数值是单个通道打开效应的衡量指标，它可以转换为单个通道的电导值。在 Katz 和 Miledi 的实验测量中，可测量施加乙酰胆碱前后膜电位均值及方差的变化量。如何由此推断 a 的值?

d. 在典型的实验条件下，Katz 和 Miledi 发现应用乙酰胆碱后平均膜电位上升了 8.5 mV 而方差增加了 $(29.2\ \mu\text{V})^2$。则 a 是多少?

4.15　离子通道（续）

Katz 和 Miledi 将物理模型（独立开闭的离子通道）应用于两种情况（有或没有神经递质），得到了一个重要的结果（单个离子通道的打开效应）。尽管如此，我们仍然需要进一步证明该模型的有效性，例如验证某个标志性的定量预测。后来的实验做到了这一点（图 4.11）。实验者使用电子反馈电路来提供维持固定膜电位的电流（“电压钳”）。然后，他们测量了有或没有神经递质时电流穿膜的时间过程，并报告了其期望和方差的变化[21]。除了能用于验证某个预测之外，该实验还提供了比 Katz–Miledi 测量更好的方法来推断单通道电导。

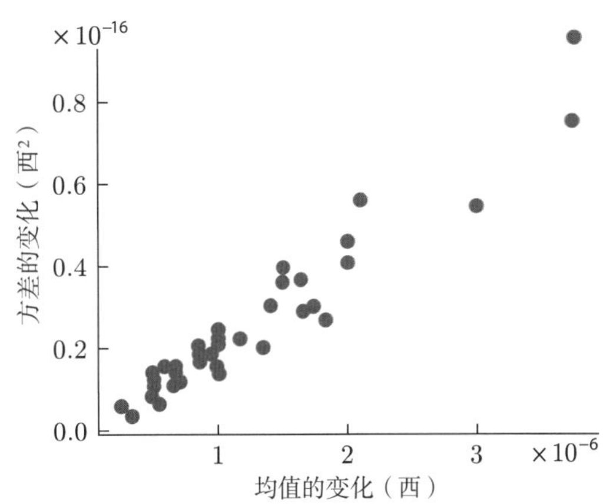

图 4.11（**实验数据**）　**电导涨落的变化随电导均值变化的函数关系**，电导均值因施加神经递质而增大。两个坐标轴显示的都是神经递质施加前后该物理量的变化值。数据是在 +60 mV 至 −140 mV 之间的各种膜电位下获取的。“西”是电导的单位。（数据来自 Anderson & Stevens，1973。）

[21] T2 与之相反，Katz 和 Miledi 使用膜电位的变化代表电流的变化，并假设电压和电流之间大致呈线性关系。

图 4.11 给出了肌肉细胞对不同浓度神经递质的电响应信息。测得的跨膜电流除以指定的跨膜电位就是等效电导。

a. 图中电导数据显示的关系意味着什么？

b. 根据第 4.3.4 节中讨论的物理模型，在图示最高电导情况下，打开的离子通道数的平均值是多少？泊松分布近似在此是否合理？

4.16　卢里亚–德尔布吕克实验

在做本题之前请先完成习题 4.6，确保你的程序能正常运行。

想象 C 个培养基（单独的烧瓶），每个瓶初始含有 n_0 个细菌。假设所有培养基中的细胞同时分裂，每次分裂时，子代细胞突变成具有噬菌体抗性的概率是 $\alpha_{\rm g}$ 。假设初始种群没有抗性突变体（“纯野生型”），并且所有抗性细胞的后代依然是抗性的（“无返祖”）。此外，假定突变型和野生型细菌以相同的速率大量繁殖（没有“适应性反应”），且两个子代中最多只有一个发生突变（通常是一个也没有），也没有细胞凋亡。

a. 写计算机程序模拟这种情况，并求 g 次倍增后培养液中抗性突变细胞的数量。泊松分布能给出每次倍增后新增突变体数量的较好的近似值，所以可以使用习题 4.6 的程序。由于突变的随机性，每次模拟培养将产生不同的抗性突变细胞数 m。

b. 对于初始细胞数 $n_0 = 200$ 及 $C = 500$ 的培养基，设 $\alpha_{\rm g} = 2 \times 10^{-9}$，求 $g = 21$ 次倍增后抗性突变细胞数达到 m 所需的培养次数，是随机数 m 的函数。画出估计的概率分布 $\mathcal{P}(m; g, \alpha_{\rm g})$，求样本均值。用样本均值代替公式(3.20)中的期望值后估算其方差。比较 m 的方差估算值和样本均值。

c. 设 $M = 3$（即 3 组，每组 500 个培养基，给出 3 组样本均值和方差的估算值）重复上述模拟。我们能以多高的精度从这类实验中求出分布的真实期望值和方差？

d. 本章声称分布中的长尾起源于早期发生的罕见抗性突变，并因此产生了很多抗性后代（图 4.7，第 89 页）。对于每次模拟培养过程，令 i_* 表示出现首次突变的步骤（倍增编号）序号（如果该次模拟未发生任何突变，则记为 $g+1$）。画出 m – i_* 图，并加以讨论。

[提示：(i)本项目中你需要编写数十行程序代码。在编写程序前，你可以先给出算法流程图。列出你将用到的所有变量并按照你的习惯进行命名（一定不要出现两个无关变量重名的情况）。

(ii)从较小的数开始，如 $C = 100$， $M = 1$，这样可以在调试期间快速运行程序。当程序运行顺畅后，再替换成需求的值。

(iii)与之前的例题相比，这里的关键特征是每一代的突变数是随机，但不独立于前几代。剩余野生型（突变的候选者）的数量本身就是一个随机变量。一种方法是在程序中使用三个嵌套循环：最外层循环为每个模拟实验重复代码（从 1 到 M）；中间循环包括正在模拟的特定实验中的那个培养基（从 1 到 C）；最内层循环则是在特定培养基中完成特定实验所需的 g 次倍增[22]。

(iv)记住在每个倍增步骤中，突变的候选者是那些尚未突变的细胞。所以程序运行过程中一定要保持该数值的记录。]

4.17 几何分布的卷积

假设酶促反应需要两个顺序结合的子步骤。为简单起见，我们假设每个都是不可逆的（如 ATP 水解），但等待时间很长。例如，第一个子步可能是 ATP 结合，而 ATP 短缺；第二个可能是构象变化，而它也有一个很大的能垒需要克服。这种情况很常见，例如在 ATP 浓度可控的体外条件下。

酶的周转由 A/B 的交替步骤组成。假设在子步骤 A 上的等待时间（从刚进入 A 开始算起）服从几何分布，其中的整数参数 m_{A} 默认单位为微秒。对子步骤 B 也做同样假设。此外，这些等待时间在统计上是独立的。为简单起见，假设两个几何分布具有相同的 ξ 值。

我们现在问，在连续的周转之间，总等待时间 $m_{\mathrm{tot}} = m_{\mathrm{A}} + m_{\mathrm{B}}$ 的分布是什么?

a. 将习题 4.7 简单扩展一下，利用有效值 $\xi = 0.05$ 的模拟来估计这个分布。用计算机抽样足够多的 k 值，绘制其概率分布。这个分布看起来还是几何分布吗?

b. 通过两个几何分布的卷积来求 $\mathcal{P}(m_{\mathrm{tot}})$ 的解析公式。将结果图表化，并叠加到题a 图中。看看模拟是否与解析一致?

4.18 卢里亚–德尔布吕克数据

a. 从 Dataset 6 中获取数据，其中包含两个卢里亚–德尔布吕克实验的抗性细菌的计数。针对实验 #23，求样本的抗性突变体数量的均值和方差，并讨论所得数值的意义。[提示：原数据中使用了非均匀分区来统计数据点，你需要对此进行修正。例如，在 5 个培养基中发现了 6—10 个抗性突变体，你可以认为这 5 个培养基的突变数在这 5 个数值上均匀分布（此处，每个培养基中的突变数可分别取为6、7、8、9和10）。]

b. 针对实验 #22，重复上述讨论。

[22]可能存在更有效的算法。

4.19 $\mathcal{T}_2$ 偏态分布

假设 ℓ 由泊松分布抽取。求期望 $\langle(\ell-\langle\ell\rangle)^3\rangle$，它依赖于 μ。将结果与对称分布的情况做比较，并给出统计解释。

4.20 $\mathcal{T}_2$ 泊松近似的有效性

习题 4.10 指出：要使泊松近似有效，仅仅 M 值大是不够的；我们还必须要求 ξ “足够小”。本题中你将通过解析计算完善上述说法。

a. 写出比值 $\mathcal{P}_{\rm binom}(\ell;\xi,M)/\mathcal{P}_{\rm pois}(\ell;M\xi)$ 的精确表达式。

利用斯特林公式，即，对于大 M 值存在如下展开式

$$\ln(M!) \xrightarrow[M\to\infty]{} \left(M+\frac{1}{2}\right)\ln M - M + \frac{1}{2}\ln(2\pi) + \cdots . \qquad (4.13)$$

点代表可忽略不计的修正项。

b. 无须严格证明公式(4.13)，但可以进行数值验证。令 M 从 1 取到 30，对公式(4.13)左右两边都算出数值，并画在同一个坐标系中。此外，还可以画出左右两侧的差值。

c. 求问题a 中比值对数在 $M\gg 1$ 和 $M-\ell\gg 1$ 的极限形式。

d. 有时我们主要对峰值附近的分布区域感兴趣。因此，仅考虑形式为 $M\xi+\Delta$ 的 ℓ 值，其中Δ不大于标准偏差($\pm\sqrt{M\xi}$)。M 及 ξ 需要满足什么关系，才能使问题a 中比值的对数远小于 1。

e. 根据问题c 的极限形式讨论习题 4.10 的数值结果。

第5章 连续分布

随机数的生成很重要，绝不能凭“运气”。

——罗伯特·科维尤（Robert R. Coveyou）

5.1 导读：长尾分布

某些可观测量是离散的。上一章我们结合离散概率分布，讨论了很多与概率相关的概念，并展示了它们在物理、化学及生物学中的用途。这些离散量当然是可测量的，但大部分可测量的量（比如长度或时间）本质上是连续的，图 3.2b 展示了如何通过人为分区的方法将连续变量（如等待时间）做离散化处理，但大自然不会指定这样的离散化分区。另一方面，随机变量可能确实是离散的，但其邻近值的分布如图 3.1b 所示几乎相似，将它们做连续化处理反而可以消除无关紧要的复杂性。

本章将离散的观点延伸到连续的情况。与离散情况类似，我们仅介绍一些在生命系统的物理建模中经常会出现的标准分布。

本章焦点问题

生物学问题：神经活动、蛋白相互作用网络，以及抗体多样性之间的共性都有哪些？

物理学思想：很多生物现象都会展现出长尾的幂律分布。

5.2 概率密度函数

5.2.1 连续随机变量概率分布的定义

与第3章类似，考虑一个可复制的随机系统，其样本可以用一个连续的量 x（即**连续随机变量**[1]）描述，其中 x 可以有量纲。为了描述其分布，我们需要暂时将 x 的允许值范围分成宽度为 Δx 的区块，每个区块都用其中心处的 x 值作为特征标记。与离散的情况类似，我们做多次测量并求 N 次测量中落

[1]有些学者认为连续随机变量具有“可度规特征”，以示区别于离散情况的“可数特征”。

入以 x_0 为中心从 $x_0-\frac{1}{2}\Delta x$ 到 $x_0+\frac{1}{2}\Delta x$ 范围内的次数 ΔN，对应于该结果出现的频率。

我们现在仿照离散的情况，象征性地定义“x_0 的概率” $\stackrel{?}{=} \lim_{N_{\text{tot}}\to\infty} \Delta N/N_{\text{tot}}$。这样定义的问题是在 Δx 极小的情况下其值趋于零（这是一个正确却不增加任何信息的答案）。毕竟，不管班级的人数有多大，班里的学生的身高介于 199.999 999 和 200.000 001 cm 的比例近乎为零。可是如果我们坚持使用有限宽度的分区，则会引发相关的问题：比如你和我可能会各自选择分区宽度，如果你的区块宽度是我的一半，那么你的每个区块包含的观测值大约是我的一半，我们就会产生无谓的分歧。

所以我们希望发展出针对连续随机系统的描述，这些描述不依赖于任何诸如区块宽度之类的人为选择。为此，我们引入一个因子 $1/(\Delta x)$ 来修正上述有关概率分布的定义。除以区块宽度就会出现我们想要的效果，如果将每个区块一分为二，则因子变成 $1/(\Delta x/2)=2/(\Delta x)$。分子和分母中的 1/2 因子就会抵消，而商不会有净变化。因此，至少在原理上能够不断减少 Δx 直到获得 x 的连续函数，称为**概率密度函数**(PDF)：

$$\boxed{\wp_{\text{x}}(x_0)=\lim_{\Delta x\to 0}\left(\lim_{N_{\text{tot}}\to\infty}\frac{\Delta N}{N_{\text{tot}}\Delta x}\right).\quad \text{概率密度函数}} \tag{5.1}$$

如同离散分布的情况，如果简写不至于引起误会，我们可以去掉下标“x”。

即便只有有限次数的观测，公式(5.1)也给出了从数据中估计概率密度函数(PDF)的方法：

> 给定连续随机变量 x 的大量观测样本，选择一系列宽度较窄的区块，每个区块又要足够宽以容纳较多观测样本，求落入中心为 x_i 的区块中的频率 ΔN_i。然后估算 x_i 处的概率密度函数 $\wp_{\text{x,est}}(x_i)=\Delta N_i/(N_{\text{tot}}\Delta x)$。 (5.2)

例如，我们求关于成人身高的概率密度函数，如果 Δx 被设置成 1 cm 或者更少，且 N_{tot} 足够大使得求解范围的每个区块都有大量的样本时，我们求得的结果将是一个相当连续的分布。注意到公式(5.1)隐含着[2]：

> x 的概率密度函数的量纲是其自身量纲的倒数。 (5.3)

我们也可以用事件的语言去表述连续的概率密度函数[3]。令 $\mathsf{E}_{x_0,\Delta x}$ 是 x 值处于 x_0 附近宽度为 Δx 范围内的事件，则公式(5.1)告诉我们：

$$\wp(x_0)=\lim_{\Delta x\to 0}\left(\mathcal{P}(\mathsf{E}_{x_0,\Delta x})/(\Delta x)\right). \tag{5.4}$$

[2]就像质量密度单位（千克/米^3）与质量单位（千克）不同，这里的“概率密度”与第 3.3.1 中的“概率质量”的不同用词在于强调这些量的单位不同。许多学者简单地使用“概率分布”表示离散或连续的情况。

[3]参考第 3.3.1 节（第 40 页）。

如前所述，$\wp_{\rm x}(x_0)$ 不是测量到某个特定 x 值的概率，因为这一概率总是为零。不过一旦我们知道 $\wp(x)$，则测量值处在某个有限范围内的概率为 $\int_{x_1}^{x_2} \mathrm{d}x \wp(x)$。因此，归一化条件[等式(3.4)，第 41 页]变成了：

$$\boxed{\int \mathrm{d}x \wp(x) = 1, \quad \textbf{归一化条件}，\text{连续情况}} \tag{5.5}$$

积分范围遍历所有 x 的允许值。即，$\wp(x)$ 曲线下方覆盖的面积总是为 1。如同离散的情况，概率密度函数总是非负的。不过也有不同之处，概率密度函数不必处处都小于 1，它可以是又高又窄的尖脉冲，只要满足等式5.5)即可。

T2 第 5.2.1′ 节（第 128 页）讨论了数学文献中存在的关于概率密度函数的另一种定义。

5.2.2 三个关键分布：均匀分布、高斯分布和柯西分布

均匀连续分布

该分布在整个 $x_{\rm min}$ 到 $x_{\rm max}$ 范围内均为常数（图 5.1）。

$$\wp_{\rm unif}(x) = \begin{cases} 1/(x_{\rm max} - x_{\rm min}) & x_{\rm min} \leqslant x \leqslant x_{\rm max}; \\ 0 & \text{其他情况下} \end{cases} \tag{5.6}$$

该公式类似于离散的情况[4]，需要注意的是只要变量 x 有量纲，则 $\wp_{\rm unif}(x)$ 也会有量纲。

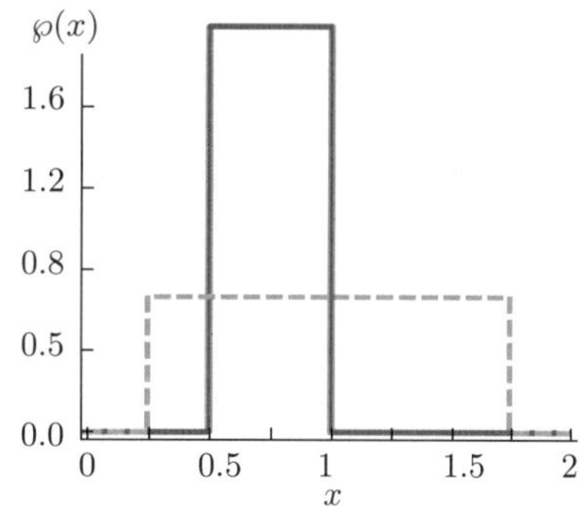

图 5.1（**数学函数**） **均匀连续分布两例。** 实线表明概率密度函数不必处处小于 1。

例题：为什么图 3.1b（第 36 页）中的误差棒比图a 中的低得多?

解答：我们将区间 [0, 1] 上的均匀连续分布视为由具有无穷多位数字的二进制小数生成的。对每个这样的数，如果只保留小数点后两位，则可以将所有数归为 4 类，即图a 所示的 4 个等宽度分区。图b 改为使用 32 个窄得多的分区，因此落入任何特定区域的概率约为图a 中概率的 $4/32 = 1/8$。

[4]参考第 3.2.1 节（第 35 页）。

高斯分布

著名的"钟形曲线"实际上是由公式

$$f(x;\mu_{\mathrm{x}},\sigma)=A\mathrm{e}^{-(x-\mu_{\mathrm{x}})^2/(2\sigma^2)}, \tag{5.7}$$

定义的函数族，其中 x 的范围从 $-\infty$ 到 $+\infty$。这里 A 和 σ 是正的常数；μ_{x}也是常数。

图 5.2 显示了该函数的一个例子。钟形曲线是一个中心在 μ_{x}（或者说峰值点）、宽度由参数 σ 控制的隆起函数，σ 的增加会使隆起变宽。

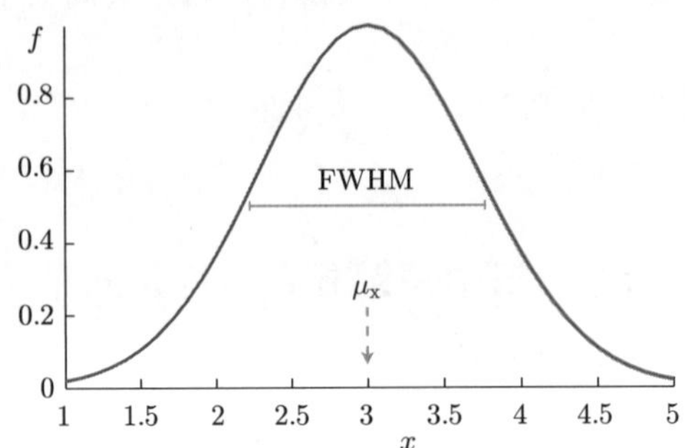

图 5.2（**数学函数**） **公式(5.7)定义的函数**，其中 $A=1,\mu_{\mathrm{x}}=3$，而 $\sigma=1/\sqrt{2}$。虽然这个函数在显示的范围外会变得非常小，但对于任何 x 它都是非零的。缩写 FWHM 是指曲线的半高宽，其值为 $2\sqrt{\ln 2}$。高斯分布 $\wp_{\mathrm{gauss}}(x,3,1/\sqrt{2})$ 等于该函数乘以 $1/\sqrt{\pi}$ [参见公式(5.8)]。

作为概率密度函数的候选者之一，公式(5.7)中函数 f 处处非负是不够的，还需要满足归一化条件[等式(5.5)]。因此，常数 A 并非是自由参数，而是由其他参数决定

$$1/A=\int_{-\infty}^{\infty}\mathrm{d}x\,\mathrm{e}^{-(x-\mu_{\mathrm{x}})^2/(2\sigma^2)}.$$

即便没有计算机，你仍然可以估算这个积分。做变量替换 $y=(x-\mu_{\mathrm{x}})/\left(\sigma\sqrt{2}\right)$，则

$$1/A=\sigma\sqrt{2}\int_{-\infty}^{\infty}\mathrm{d}y\,\mathrm{e}^{-y^2}.$$

剩下的积分部分是一个普适常数，通过解析计算或查数值表就能得到。实际上，它等于 $\sqrt{\pi}$。将其代入公式(5.7)就得到该高斯分布，是由概率密度函数[5]

$$\wp_{\mathrm{gauss}}(x;\mu_{\mathrm{x}},\sigma)=\frac{1}{\sigma\sqrt{2\pi}}\mathrm{e}^{-(x-\mu_{\mathrm{x}})^2/(2\sigma^2)}. \quad \textbf{高斯分布} \tag{5.8}$$

定义的分布族。指数项前面出现的 $1/\sigma$ 有个简单的解释，随着 σ 值的降低指数函数将变得又窄又尖。为了维持曲线覆盖下的面积不变，我们只能使曲线增高，因子 $1/\sigma$ 就起到这个作用。同时该因子也给 $\wp(x)$ 提供了所需的量纲（x 量纲的倒数）。

此处引入高斯分布的目的不过是为了展示非平庸连续分布的一个特例和相关的数学练习。稍后我们将看到它如何出现在一大类现实情况中，那时我们才会能理解它的普遍性。下面我们首先来看一个形状相似的分布，该分布具有某些惊人的特征。

[5] $\mu_{\mathrm{x}}=0,\sigma=1$ 的特殊情况则称为**正态分布**。

柯西分布

考虑如下形式的概率密度函数族[6]：

$$\wp_{\text{cauchy}}(x;\mu_{\text{x}},\eta) = \frac{A}{1+\left(\frac{x-\mu_{\text{x}}}{\eta}\right)^2}. \quad \textbf{柯西分布} \tag{5.9}$$

如前所述，这里的 μ_{x} 特指 x 的最概然值（即，特指分布的中心），常数 η 有点像高斯分布中的 σ，它决定隆起部分有多宽。

思考题5A

a. 使用推导公式(5.8)的类似方法，求公式(5.9)中的常数 A。画出该概率密度函数，并与相同 FWHM 的高斯分布（图 5.2）做比较。

b. 从图上看来柯西分布与高斯分布没有太大区别。为了更清楚地显示它们的巨大差异，将它们一起画在半对数坐标轴上（$\wp$ 取对数，x 则线性），再做比较。习题 5.17 会进一步比较这两个PDF。

第 5.4 节将讨论一些真实情形，其中会自然地出现柯西分布及其他相关分布。

5.2.3 连续随机变量的联合分布

正如离散分布情况，我们常常对联合分布感兴趣，因为随机系统其结果往往是两个或者多个值的组合（参见第 3.4.5 节）。推广概率密度函数的定义[公式(5.1)]，我们定义 ΔN 为测量到的数量，其中 x 处于中心为 x_0 宽度为 Δx 的范围内、 y 处于中心为 y_0 宽度为 Δy 范围内，等等，依此类推。为了得到一个好的极限，我们必须将 ΔN 除以积 $(\Delta x)(\Delta y)\cdots$。模仿公式(5.4)：

$$\wp(x_0,y_0) = \lim_{\Delta x,\Delta y\to 0}\left(\mathcal{P}(\mathsf{E}_{x_0,\Delta x} \textbf{ and } \mathsf{E}_{y_0,\Delta y})/(\Delta x\Delta y)\right). \tag{5.10}$$

思考题5B

写出连续情况下联合分布的量纲和归一化条件[**要点**(5.3)和等式(5.5)]。

我们也可以将条件概率推广到连续变量情况[参见等式(3.10)，第 44 页]：

$$\wp(x \mid y) = \frac{\wp(x,y)}{\wp(y)}. \tag{5.11}$$

[6]某些学者也称其为洛伦兹或布雷特–维格纳（Breit–Wigner）分布。

则

条件概率密度函数 $\wp(x \mid y)$ 的量纲是 x 量纲的倒数，而与 y 的量纲无关。

例题：写出 $\wp(x \mid y)$ 的贝叶斯公式，并验证量纲是否正确。

解答：首先利用类似式(5.11)的公式，只需颠倒 x 和 y 。比较这两个表达式并模仿节 3.4.7（第 52 页）得到：

$$\wp(y \mid x) = \frac{\wp(x \mid y)\wp(y)}{\wp(x)}. \tag{5.12}$$

右边分母上 $\wp(x)$ 的量纲会抵消分子上 $\wp(x \mid y)$ 的量纲。右侧剩下的因子 $\wp(y)$ 给出了与左边一致的量纲。

当一个变量是离散的而另一个是连续的时，也可以类似地导出计算公式。下一章将证明贝叶斯公式的连续形式是非常有用的，是理解定位显微镜的基础。

5.2.4 三个关键分布的期望和方差

连续分布的统计量同离散的一样。比如，期望定义为[7]

$$\langle f \rangle = \int \mathrm{d}x f(x)\wp(x).$$

注意 $\langle f \rangle$ 与 f 量纲相同，因为 $\mathrm{d}x$ 的单位与 $\wp(x)$ 的抵消[8]。 f 方差的定义与公式(3.20)（第 55 页）一样，因此与 f^2 的量纲相同。

思考题5C

a. 在 $a < x < b$ 范围内求均匀连续分布的 $\langle x \rangle$。再求高斯分布 $\wp_{\mathrm{gauss}}(x; \mu_{\mathrm{x}}, \sigma)$ 的平均值 $\langle x \rangle$。

b. 求均匀连续分布的方差 $\mathrm{var}\, x$。

思考题5D

高斯分布有个特性，其期望值等于最概然值。思考一下：在哪些类型的分布函数中这两者不相等？

计算高斯分布的方差需要一点策略。首先让我们猜测一个它的一般式。如果只对 PDF 做平移（对每个样本加一个常数）是不会改变其弥散度的[9]。

[7] 比较离散分布的公式(3.19)（第 54 页）。

[8] 相同的理由解释了为什么归一化积分[等式(5.5)]能等于纯数 1。

[9] 参考思考题3N（第 56 页）。

改变公式(5.8)中的 μ_{x} 只是在平移高斯分布，则可以断定 μ_{x} 不会进入方差的表达式中，也就是说方差只与另一个参数 σ 相关。量纲分析也显示方差肯定是一个常数乘 σ^2。

为了更明确，我们必须计算 x^2 的期望。采用先前的一个策略[10]，定义函数 $I(b)$

$$I(b)=\int_{-\infty}^{\infty}\mathrm{d}x\mathrm{e}^{-bx^2}.$$

第 5.2.2 节讨论的归一化问题中已经出现了这个积分，结果是 $I(b)=\sqrt{\pi/b}$。现在用两种方法求导数 $\mathrm{d}I/\mathrm{d}b$。一方面它是

$$\mathrm{d}I/\mathrm{d}b=-(1/2)\sqrt{\pi/b^3} \tag{5.13}$$

另一方面，它又是

$$\mathrm{d}I/\mathrm{d}b=\int_{-\infty}^{\infty}\mathrm{d}x\frac{\mathrm{d}}{\mathrm{d}b}\mathrm{e}^{-bx^2}=-\int_{-\infty}^{\infty}\mathrm{d}x\,x^2\mathrm{e}^{-bx^2} \tag{5.14}$$

最后的积分就是计算 $\langle x^2\rangle$ 所需的。令等式(5.13) 和 (5.14) 的右侧相等，并令 $b=1/(2\sigma^2)$ ，由此可得

$$\int_{-\infty}^{\infty}\mathrm{d}x\,x^2\mathrm{e}^{-x^2/(2\sigma^2)}=\frac{1}{2}\pi^{1/2}(2\sigma^2)^{3/2}.$$

有了这个初步结果，我们终于能计算中心在零点的高斯分布的方差：

$$\operatorname{var}x=\langle x^2\rangle=\int\mathrm{d}x\wp(x;0,\sigma)x^2=\left[(2\pi\sigma^2)^{-1/2}\right]\left[\frac{1}{2}\pi^{1/2}(2\sigma^2)^{3/2}\right]=\sigma^2. \tag{5.15}$$

尽管等式(5.15)是在假设高斯分布中心 $\mu_{\mathrm{x}}=0$ 的前提下取得的，但我们早先已经论证了方差不依赖于分布的中心位置，因此可以得出更加广义的结论：

$$\boxed{\operatorname{var}x=\sigma^2\quad\text{如果 } x \text{ 服从 } \wp_{\mathrm{gauss}}(x;\mu_{\mathrm{x}},\sigma)} \tag{5.16}$$

例题：计算柯西分布的方差。

解答：考虑一个中心在 0 的柯西分布，且 $\eta=1$。此时定义方差的积分是

$$\int_{-\infty}^{\infty}\mathrm{d}x\frac{x^2}{\pi}\frac{1}{1+x^2}.$$

这个积分是发散的，因为当 $|x|$ 很大时被积项趋于一个常数。

---

[10]参考习题 3.9 和第 82 页的例题。

除了这个奇怪的结果外，柯西分布是归一化的[11]，因而依然是一个合理的概率密度函数。上述发散问题其实与分布无关，而是因为我们选择了方差这个统计量来描述分布的弥散度。因为方差对离群值非常敏感[12]，而柯西分布比高斯分布有更多的离群值。

我们可以使用其他诸如半高宽（FWHM[13]）之类的量代替方差来刻画柯西分布的弥散度。

T2 第5.2.4′ 节（第 129 页）引入了对长尾分布有用的另一种弥散度测量：四分位距（又称四分差，IQR）。

5.2.5 卷积和混合分布

卷积

回顾第 4.3.5 节（第 84 页）中的卷积概念：如果 n 和 ℓ 是两个独立的随机变量，求 $n+\ell$ 具有特定值 X 的概率，我们将满足条件的每个事件的概率求和。也就是说，对于每个可能的值 $n=n_0$，利用公式(4.10)（第 85 页）可以求得 n 等于 n_0 且 ℓ 等于 $X-n_0$ 的概率。对于具有相同量纲的连续量 A 和 B，我们只需将对 n_0 求和替换为对 A_0 求积分。

对任意两个函数（不一定是 PDF）的卷积的更一般诠释稍后有用。第一个函数可能与时间有关（例如，河流中的水深 $h(t)$）。假设我们对该深度的变化特别感兴趣，可以定义一个新变量 $g(\tau)=h(\tau+\frac{1}{2}\Delta\tau)-h(\tau-\frac{1}{2}\Delta\tau)$ 来突显其变化。如果 h 是常数（无论其数值大小），则 $g(\tau)$ 为零。我们可以认为 g 是通过沿 h “滑动”某个特殊**滤波函数**而得到的，其中该滤波函数只提取 $t\pm\Delta\tau/2$ 处的值并形成加权和。更一般地，我们通过推广前面公式来定义 h 和滤波函数 f 的**卷积**：

$$(h\star f)(\tau)=\int \mathrm{d}t\ h(t)f(\tau-t). \tag{5.17}$$

上例对应于滤波函数 $f(x)$ 在 $x=\mp\Delta\tau/2$ 处具有权重 ±1 的尖头信号的情况。此时的卷积大约是 h 的导数乘以 $\Delta\tau$，但公式(5.17) 显示了更一般的过滤函数。

思考题5E

a. 假设上述尖头信号的权重都是 $+1$。那么该卷积又表示什么含义？

b. 更一般地说，为了保证 $h\star f$ 的量纲与 h 的量纲一致，则 f 的量纲是什么？

[11]参见**思考题5A**。

[12]第 4.4.2 节（第 87 页）将离群值定义为“远离中心值外的数据点”，如果我们知道分布下降缓慢，则这些值是意料之中的。

[13]参见**思考题5A**（第 111 页）。

混合分布

假设你测量了大量动物的体重，发现 PDF 是**双峰的**（如图 5.3 中的两个隆起），看起来不太像高斯分布。你可能会立即提出一个简单的解释：该种群可能由两个主要特征（例如性别）不同的亚群组成，而每个亚群的体重是呈高斯分布的。假设 ξ 是亚群 *1* 的占比，则 $1-\xi$ 是亚群 *2* 的占比。

图 5.3（**数学函数**） **双峰分布**。

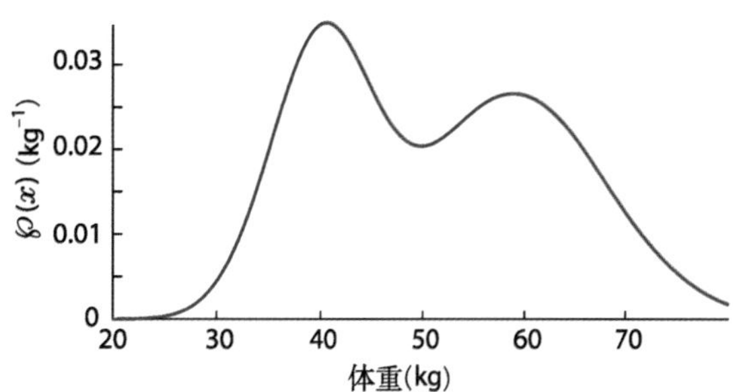

从混合种群中随机抽取一个个体相当于从两个种群中选择一个（伯努利试验），再从对应的高斯分布中抽取一个体重数值。由此得到

$$\wp(s,x)=\begin{cases}\xi\wp_{\text{gauss}}(x;\mu_1,\sigma_1) & \text{如果}\quad s=1;\\(1-\xi)\wp_{\text{gauss}}(x;\mu_2,\sigma_2) & \text{如果}\quad s=2.\end{cases}\tag{5.18}$$

边缘分布（仅体重）是基础分布的加权和：

$$\wp_{\mathrm{x}}(x)=\xi\wp_{\text{gauss}}(x;\mu_1,\sigma_1)+(1-\xi)\wp_{\text{gauss}}(x;\mu_2,\sigma_2).\tag{5.19}$$

以这种方法产生的分布称为**混合分布**（表示“混合模型”）。图 5.3 中的想象分布就是由两种高斯分布产生的。

思考题5F

a. 证明公式(5.18)–(5.19) 都定义了正确归一化 PDF。在这些公式中，μ_i 和 σ_i（$i=1,2$）是四个常数，ξ 是另一个常数，x 是连续的随机变量，s 则是离散随机变量。

b. 公式(5.18) 中的随机变量 s 和 x 在统计上是独立的吗？

5.2.6 概率密度函数的变换

概率密度函数的定义凸显了连续和离散两种情况的重要区别。假设你记录了某动物（例如某种鲸）的各种发声，其音强和音高随时间在变。你希望刻画这类声音是如何随着种类和季节等而变化的。可定义 x 为动物发出声音的音强（单位为瓦特，缩写 W），在积累大量 x 观测后估算概率密度函数 $\wp_x$。但是，你同事可能更倾向于将观测结果转换成 $y = 10\log_{10}(x/(1\text{W}))$ 的形式（即，将声强的单位取为“分贝”）[14]，并由此估计 y 的概率密度函数 $\wp_y$。

要对两个结果进行比较，需要将基于变量 x 的结论变换到基于变量 y 的结论。这种变换方法是非常一般的，为理解这一点，不妨假设 x 是服从概率密度分布 $\wp_x(x)$ 的连续随机变量。我们对该分布做大量抽样（即，“x 的测量值”），则介于 $x_0 - \frac{1}{2}\Delta x$ 和 $x_0 + \frac{1}{2}\Delta x$ 的分数将是 $\wp_x(x_0)\Delta x$ [15]。现在定义新的随机变量 $y = G(x)$，因此 y 是与 x 等价的随机变量。假设 G 是严格递增或者递减函数，即 **单调**函数[16]。在上述声学的例子中，$G(x) = 10\log_{10}(x/(1\text{W}))$ 是严格的递增函数（图 5.4），因此其导数 $\mathrm{d}G/\mathrm{d}x$ 处处为正。

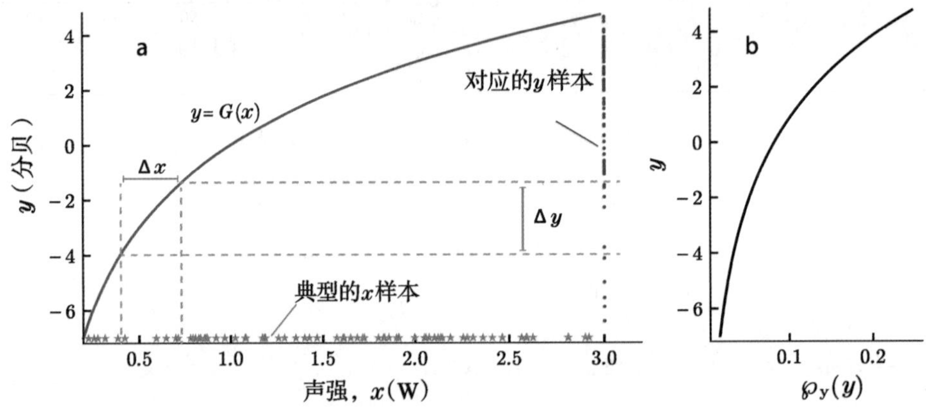

图 5.4（**数学函数**） **概率密度函数的变换**。 图 a：横轴上的星号显示了从均匀分布 $\wp_x(x)$ 抽取的一些样本。这些样本点通过变换函数 $G(x) = 10\log_{10}(x/(1\text{W}))$ 映射到纵轴上并显示为右侧的红色实心点。这些类似云团的点集直观展示了变换后的分布 $\wp_y(y)$。图中显示了横轴上的一个特定间隔 Δx 以及相应的纵轴上的间隔 Δy。这两个间隔虽然宽度不等，但都包含了 5 个样本点。 图 b：由公式(5.20)决定的变换后概率密度函数（横轴）反映了图 a中的实心点的非均匀密度。

为了求某点 y_0 处的 $\wp_y$，我们现在要问：对于小间隔 Δy，y 落在 y_0 邻近 $\pm\frac{1}{2}\Delta y$ 范围内的频率是多少？图 5.4显示，如果我们选择 y 的间隔为 x 间隔的某种映射，不管在哪种描述中，落在该间隔中的点在所有点中的占比都相等。我们知道 $y_0 = G(x_0)$。再者，因为 Δx 很小，泰勒定理告诉我们 $\Delta y \approx$

---

[14]尽管这个例子听起来很奇特，但对数变换在流式细胞术中经常使用，有时候会给出误导性的结论（习题 5.6）。

[15]参考公式(5.1)（第 108 页）。

[16] T2 因此 x 和 y 在定义的范围内通过 G 一一对应。习题 5.22 将讨论 G 非单调时的广义形式。

$(\Delta x)(\mathrm{d}G/\mathrm{d}x|_{x_0})$，因此

$$[\wp_{\mathrm{y}}(G(x_0))]\left[(\Delta x)\frac{\mathrm{d}G}{\mathrm{d}x}\bigg|_{x_0}\right]=\wp_{\mathrm{x}}(x_0)(\Delta x).$$

两边同除以 $(\Delta x)(\mathrm{d}G/\mathrm{d}x|_{x_0})$ 得到想要的 $\wp_{\mathrm{y}}$ 公式：

$$\wp_{\mathrm{y}}(y_0)=\wp_{\mathrm{x}}(x_0)\bigg/\frac{\mathrm{d}G}{\mathrm{d}x}\bigg|_{x_0}\quad \text{对于单调递增函数 } G. \tag{5.20}$$

右边是关于 y_0 的函数，因为我们在 $x_0=G^{-1}(y_0)$ 点计算，其中 G^{-1} 是 G 的反函数。

思考题5G

a. 从量纲的角度看，表达式(5.20)是正确的吗？假设 x 的量纲是 $\mathbb{L}$ 而 $G(x)=x^3$ 。这个特例有助于你记住公式(5.20)。

b. 为什么研究离散概率分布时不需要考虑变换的问题？

例题：根据上述逻辑讨论 G 为单调递减函数的情况，必要时可以做更改。

解答：这种情况下，与 Δx 对应的 y 轴上的间隔是 $-\Delta x(\mathrm{d}G/\mathrm{d}x)$ ，这是一个正数。因此，我们可以用绝对值的形式来统一表述 G 单增或单减的情况，如下：

$$\boxed{\wp_{\mathrm{y}}(y_0)=\wp_{\mathrm{x}}(x_0)\bigg/\left|\frac{\mathrm{d}G}{\mathrm{d}x}\bigg|_{x_0}\right|.\quad \text{概率密度函数的变换，其中 } x_0=G^{-1}(y_0)} \tag{5.21}$$

上述变换公式会影响我们在 7.2.3 节讨论的模型选择。

5.2.7 特定分布的计算机模拟

上节讨论了用不同变量描述随机过程结果时变换方法的用处。现在我们讨论另一个实际应用，如何利用算法对一个特定分布进行抽样。第 10 章将使用这些方法来模拟细胞的生化反应网络。

考虑一个重要的特例：若变量 y 服从区间 $[0,1]$ 上的均匀分布，则 $\wp_{\mathrm{y}}(y)=1$ 并且 $\wp_{\mathrm{x}}(x_0)=|\mathrm{d}G/\mathrm{d}x|_{x_0}|$ 。这个结论有助于我们模拟具有任意指定的概率密度分布的随机系统。

为模拟满足概率密度分布 $\wp_x$ 的随机系统，可先尝试写出变换函数 $G(x)$，其导数等于 $\pm\wp_x$，并且将 x 的整个取值范围映射到区间 $[0,1]$ 上。然后再将 G 的反函数作用到满足均匀分布的变量 y 上，由此得到的 x 值将服从指定分布 $\wp_x$。 (5.22)

例题：将在后继章节中有重要应用的一个概率密度函数是 $\wp(x) = e^{-x}$，其中 x 介于 0 到无穷大。应用**要点**(5.18)模拟该分布的随机变量抽样。

解答：为了产生 x 的值，我们需要满足 $|dG/dx| = e^{-x}$ 的函数 G。因此

$$G(x) = \text{const} \pm e^{-x}.$$

将这类函数作用到区间 $[0,\infty)$，可以看出这个函数是有效的。其反函数是 $x = -\ln y$。

尝试将 $-\ln$ 作用到计算机的均匀随机数发生器上，并对结果作直方图。

思考题5H

回顾第 4.2.5 节（第 78 页）关于使用算法对指定离散分布（例如泊松分布）进行抽样的讨论，这与上述内容有何联系？

思考题5I

将**要点**(5.22) 应用到柯西分布的公式(5.9)（第 111 页），其 $\mu_x = 0$ 且 $\eta = 1$。编写程序从分布中抽取一些样本，然后作直方图并确认它们满足指定分布。

5.3 高斯分布

5.3.1 高斯分布起源于二项式分布的极限情形

二项式分布尽管非常有用的，但是它有两个未知的参数，即抽样次数 M 和抛出正面的概率 ξ。第 4.3 节在描述极限情况下的二项式分布时故意“忘记”了这两个变量各自的值，仅“记住”了它们的乘积 $\mu = M\xi$。该极限情况是 M 变大时 μ 始终固定。该极限形式称为泊松分布。

然而，当 μ 也很大时二项分布展示出了更为一般的特征[17]。图 5.5a 展示了二项式分布的三个例子。当 M 和 $M\xi$ 都很大的时候，曲线变得既光滑又对称，并且看起来逐渐逼近高斯分布。而 ℓ 不能为负的事实也变得无关紧要，因为在 $\ell \approx 0$ 处的概率已经小到可以忽略不计。

[17]见习题 4.6。

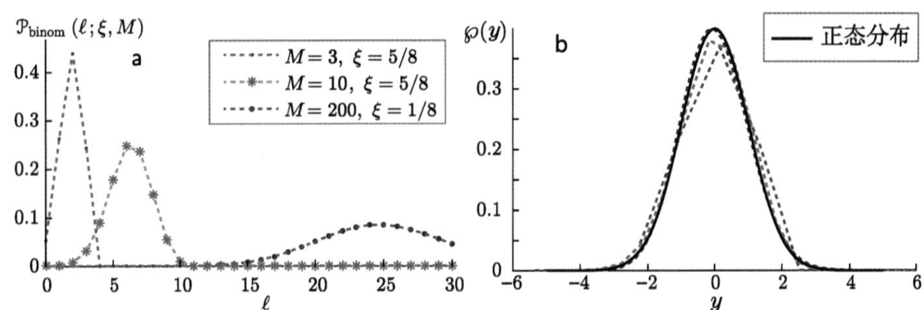

图 5.5（数学函数） **高斯分布**。图 a：二项式分布的三个例子。图 b：与图 a 三个离散分布对应的修正后曲线（参见正文描述）。每条曲线都用因子 $1/\Delta y$ 进行了重新标度，以确保曲线下方的面积等于 1，而不是所有点的值相加等于 1。为了便于比较，实线显示了 $\mu_y=0$ 和 $\sigma=1$ 的高斯分布 $\wp_{\text{gauss}}$。图形显示了 $M=3$ 或 10 给出的大致的高斯形分布，可见大 M 和 $M\xi$ 值的分布非常接近高斯分布，参见习题 5.23。

图 5.5a 的各种二项式分布有不同的期望和方差。但是这些表面的差异可以通过改变变量的选择来消除，首先令：

$$\mu_\ell = M\xi \quad \text{和} \quad s=\sqrt{M\xi(1-\xi)}.$$

然后定义新的随机变量 $y=(\ell-\mu_\ell)/s$。则 y 总是有相同的期望 $\langle y\rangle=0$，而方差也总是 $\operatorname{var} y=1$，与我们选择的 M 和 ξ 值无关。

我们现在针对不同 M 和 ξ 值比较 y 分布的其他特征，不过首先要处理的问题是 y 的允许值范围（样本空间）依赖于参数。例如，相邻离散值之间的间隔是 $\Delta y=1/s$。但是，我们可以不直接比较，而是将离散分布 $\mathcal{P}(y;M,\xi)$ 除以 Δy，如果再取大 M 极限，就获得了一个概率密度函数族，每个连续随机变量 y 都是在 $-\infty<y<\infty$ 范围内。因此比较不同 ξ 值的概率密度函数是有意义的，而且值得注意的是[18]

对于 ξ 的任意固定值，y 的分布接近通用形式。也就是说，只要 M 足够大，它就“忘记” M 和 ξ 的值。这个概率密度函数的通用极限形式是高斯分布。

图 5.5b 阐明了上述结论。例如，即使是 $\xi=1/8$ 这样高度不对称的伯努利试验，在 M 足够大的情况下也会呈现出对称的高斯形状。

5.3.2 中心极限定理解释高斯分布的普遍性

前面小节证明了高斯分布为什么频繁出现，因为很多有趣的量确实可以被认为是许多独立伯努利试验的总和，例如，从充分混合溶液提取的样本中含有的特定类型的分子数。事实上，上一节提到的现象只是一个例子，下面是另一个例子。

---

[18] T2 习题 5.23 将证明这个断言更精准的表示。

令 $\wp_1(x)$ 表示 $-1/2 < x < 1/2$ 范围内的连续均匀分布，其概率密度函数看起来一点都不像高斯分布，即便两者都具有相同期望和方差。然而，图 5.6a 表明从 $\wp_1$ 抽取两个独立随机变量的和看起来多少有点像高斯分布，其实不是高斯分布，因为在有限范围（$-1 < x < +1$）之外它等于零。然而四个这样的变量之和看起来就非常像高斯分布了（图 5.6b）[19]。

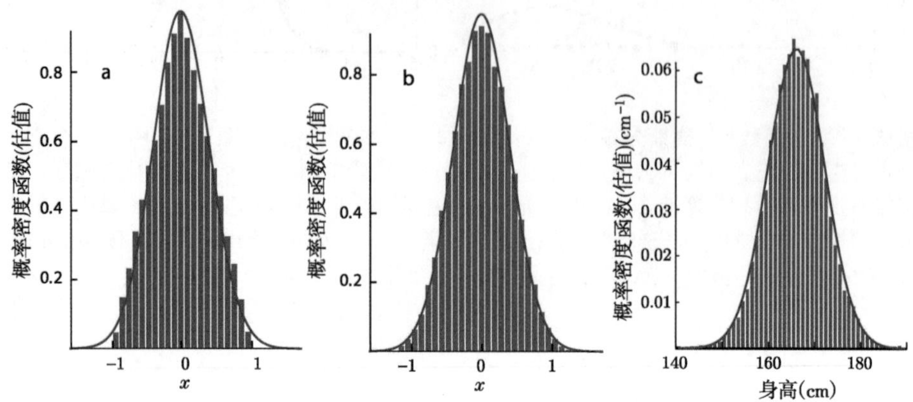

图 5.6（**计算机模拟；直方图；经验数据与拟合**） **中心极限定理**。直方图 a：50 000 个随机变量的样本的 PDF 估算值，该随机变量被定义成两个独立随机变量的和，每个都均匀分布在区间 $[-1/2, +1/2]$。为了比较，曲线显示了具有相同期望和方差的高斯分布。直方图 b：与图 a相同，只是随机变量被定义成四个独立随机变量的和，用因子 $1/\sqrt{2}$ 重新标度后给出了与图 a 相同的方差，曲线也与图 a 的相同。图 c：出生在西班牙南部的 21 岁男性身高的大样本分布。曲线是最佳拟合的高斯分布。（数据来自 María-Dolores & Martínez-Carrión，2011。）

这个观察阐明了概率论的一个重要结果，**中心极限定理**。它适用于 M 个独立随机变量（连续或离散）都服从同一分布的情况。定理的大致意思是，对于足够大的 M，量 $x_1 + \cdots + x_M$ 总是呈高斯分布。我们已经讨论过 x 是伯努利或均匀分布的例子，实际上与原始变量自身的分布无关，只要它的期望和方差有限，定理总是成立的。

5.3.3 高斯分布的局限性

事实上，我们在自然界经常观察到的量都反映了多个独立随机影响因子的叠加效应。例如，人的身高是一个复杂的表型性状，并依赖于数百个不同的基因，其中我们需要处理的每个基因至少部分地相互独立。可以合理假设这些基因对整个身高至少部分地发挥了叠加效应[20]，且那些对身高贡献最大

[19]参见习题 5.7，顺便说一句，这个练习也说明了解析与模拟方法之间的优劣。随机变量之和的分布是它们各自分布的卷积（第 4.3.5 节和 5.2.5 节）。但是，即便对某个简单分布，得到其自身的 10 次卷积的解析表达式也是非常繁琐的。相较之下，模拟方法可以非常便捷地从该分布每次抽 10 个样本点并相加，重复多次抽样，最后做出统计直方图。

[20]也就是说，我们忽略了非叠加性基因相互作用的可能性或**上位性**。

的基因大致同等重要。在这样的情况下，可以期望得到一个高斯分布，事实上，人类的许多表型性状（例如身高）都遵循这种分布（图 5.6c）[21]。

在我们的实验中，有时会独立多次测量同一个量，然后取平均值。中心极限定理告诉我们为什么在这些情况下通常看到高斯分布的结果。然而，我们也需要明了高斯分布的局限性：

- 某些随机量并不是多个独立同分布随机变量的总和。例如，图 3.2b 显示的尖头信号等待时间就远离高斯分布，其分布是非常不对称的，最大值在极低的一端。
- 即使某个量似乎是这样的一个总和，且其分布在峰值附近看起来也相当接近高斯分布，然而对于任何有限的 N，其尾部区域可能存在显著的差异（见图 5.6a），在某些应用中这样的小概率事件可能显得尤为重要。还有各类实验数据，如在一个时间窗口内尖头信号的*数量*服从泊松分布。若其中的 μ 值很小，则这种分布也会极大偏离高斯分布。
- 可观测的量可以是来自许多源贡献的总和，它们可能是相互关联的。例如，大脑中的自发神经活动涉及许多其他神经细胞（**神经元**）的电活动，每个神经元与大量其他神经元相连。当几个神经元发放时，它们可能倾向于触发其他神经元，如同“雪崩”活动一般。如果我们累加大脑某个区域所有的电活动，我们就会看到一个信号峰，反映了每个事件中神经元发放的总数。这些事件幅度的分布也是远离高斯分布的（图 5.7）。
- 我们已经看到某些分布的方差*无穷大*[22]。在这种情况下，即使所求的量是独立贡献的总和，中心极限定理也不适用[23]。

5.3.4 扩散定律

第 3.2.1 节（第 35 页）介绍了显微镜中能看到的粒子的布朗运动。习题 3.3 和 4.5 定量探索了一些数据，并介绍了一种称为“随机行走”的物理模型[**要点**(3.30)，第 65 页]。尽管模型高度简化，但它还是展现了数据的某些特征：

- 经历大量 N 次碰撞后，净位移遵循高斯分布。

模拟也证明了实验数据蕴含的另一个特征（习题 4.5）：

- 分布的方差随统计时间线性增加。

[21] 身高还取决于营养和其他环境因素。我们在这里考虑的是一个大致均匀的人群，并假定任何剩余的环境变化也可大致模型化为可叠加的独立随机因子。

[22] 参见第 5.2.4 节。

[23] 习题 5.21 将探讨这类现象。

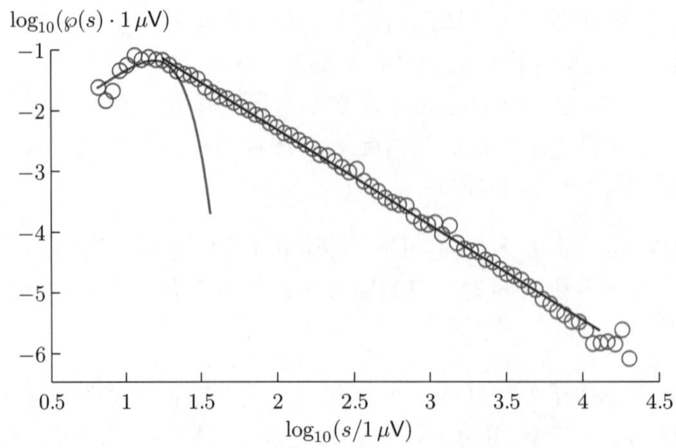

图 5.7（**实验数据与拟合**） **神经活动的幂律分布**。大鼠脑组织切片在记录神经元自发活动的细胞外电极阵列中培养。从记录到的细胞外电势信号中可发现大量细胞爆发式发放的事件。记录每次爆发性事件中测量到的神经元活性 s（即，事件的“强度”），并列表用于估计概率密度函数。双对数坐标图显示该分布具有幂律形式（红线），指数是 -1.6。为了进行比较，灰线显示了使用高斯分布得到的尝试拟合。类似结果在活体动物的完整大脑中也被观测到。（数据来自 Gireesh & Plenz，2008。）

根据本章前面的结果，这两个特征都不足为奇：许多独立的随机步骤的总和遵循高斯分布，其方差只是各方差的总和。

当我们将一滴墨水释放到静止的水中后[24]，我们无法看到每个墨水分子的命运。尽管如此，我们还是可以通过查看液体的*颜色*来了解墨水分子*浓度*如何随时间变化。浓度可以告诉我们在不同位置找到墨水分子的*概率密度*。该分布的弥散称为**扩散**，它遵循刚才提到的布朗运动的两个规则。在这种情况下，这些规则通常被称为**扩散定律**。由于墨汁分子受到周围分子碰撞的作用，由此可得出以下结论：

扩散反映了分子个体的布朗运动。

扩散定律中的比例常数称为**扩散常数**（D）：

$$\boxed{\operatorname{var}\Delta_T x = 2DT.\quad \textbf{扩散定律，一维}} \tag{5.23}$$

然而，D 不是自然界的普适常数，它取决于所研究对象的大小、周围流体的性质以及引起热运动的温度。室温下水中的葡萄糖等小分子的典型的扩散常数值为 $D \approx 0.67\ \mu\text{m}^2/\text{ms}$。至于球状蛋白之类的较大物体的 D 会小得多。从现在开始，我们将交替使用“扩散”和“布朗运动”这两个词。

如果粒子可以在一维以上的空间自由移动，并且我们可以跟踪它的所有坐标，则每个坐标都单独遵循公式(5.23)。将位移的独立分量累加有：

[24]由于对流的存在，实验上要消除水的流动并不简单。但我们可以在环地轨道上观察到纯扩散，因为那里实际上没有重力引起的对流；或者在地球上通过密度梯度来抑制对流。

$$\boxed{\langle(\Delta_T x)^2 + (\Delta_T y)^2\rangle = 4DT. \quad \textbf{扩散定律，二维}} \tag{5.24}$$

类似地，三维扩散的位移平方：

$$\boxed{\langle(\Delta_T \boldsymbol{x})^2\rangle = 6DT. \quad \textbf{扩散定律，三维}} \tag{5.25}$$

思考题5J

> **要点**(3.30)（第 65 页）提出的物理模型似乎过于简化：悬浮粒子所遭受的微小冲击力肯定有多种强度，因此必然导致多种距离的位移。为什么我们仍然可以期望随机行走是一个很好的扩散运动模型？

5.4 长尾分布

5.4.1 许多复杂系统产生长尾分布

上节已经指出，不是每个隆起形分布都是高斯型的。例如，高斯分布远离中心的部分将以常数乘上 $\exp(-x^2/(2\sigma^2))$ 的函数形式下降，而柯西分布远离中心的部分[25]表面看起来非常相似，却是以常数乘 $x^{-\alpha}$ 的函数形式下降，其中 $\alpha = 2$。更一般地，许多随机系统在极限条件下都展现出这类**幂律分布**（幂指数为 α）。幂律分布是前面提到的长尾现象的又一个例子，因为随着 x 的增大，x 的任何幂次都比高斯函数下降得更慢[26]。

5.4.2 双对数图可以揭示数据的幂律关系

以下讨论与第 1.2.2 节（第 9 页）相似。假设我们希望验证 y 与 x 之间存在 $y = Bx^p$ 之类的关系（**幂律关系**）[27]。例如，x 可能是生物体的体重，而 y 可能是它们的寿命。

更精确地说，考虑关系

$$y/y_* = B(x/x_*)^p,$$

此处指数 p 和前置因子 B 都是无量纲常数，而标度 y_* 和 x_* 分别与 y 和 x 具有相同量纲。因为 $\log_{10}(y/y_*) = \log_{10} B + p\log_{10}(x/x_*)$ 是 $\log_{10} x$ 的线性函数；因此，双对数图看起来是一条很简单的斜率为 p 的直线[28]。

[25] 见公式(5.9)（第 111 页）。

[26] 见第 4.4.2 节（第 87 页）。在习题 5.17 中，你将会探讨各种分布中长尾的权重。

[27] 同一个公式有两种截然不同的解释。在第 1.2.2 节中，我们固定 x 但让 p 变化，这是指数关系。现在我们保持 p 固定，而让 x 变化，则是幂律关系。

[28] 参见习题 5.18。

图 5.7 显示了此类**双对数图**的示例。与半对数图一样，两个轴上的刻度线都标示真实值，但间距不均匀。图 5.8 则显示了更多示例。

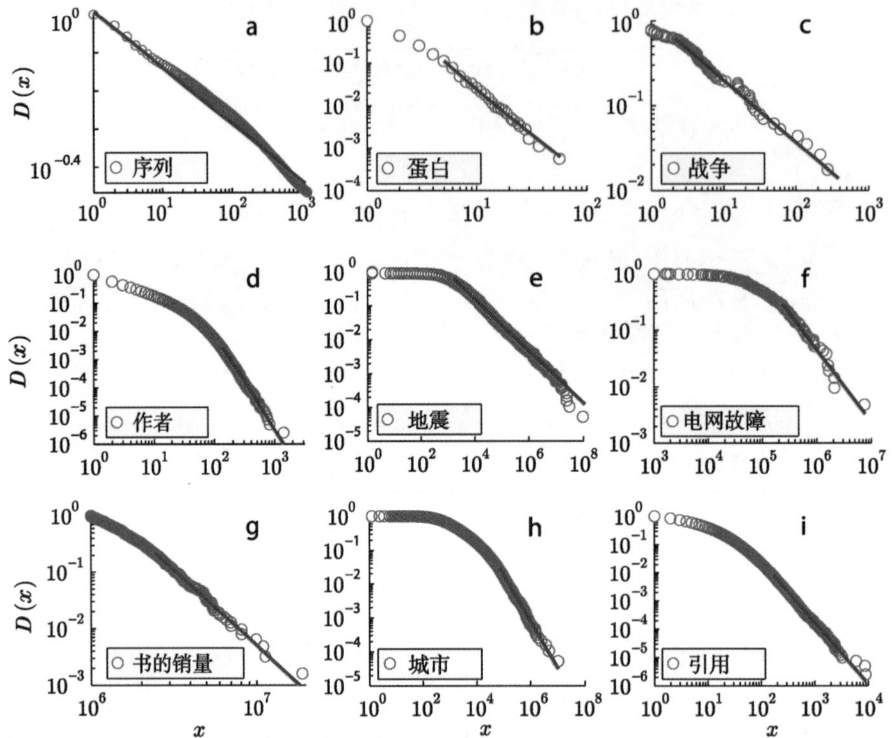

图 5.8（**经验数据与拟合**） **更多的幂律分布**。图中显示了不同数据集对应的互补累积分布函数 $\mathcal{D}(x)$，即公式(5.26)（或对应的离散形式），以及幂律分布给出的拟合结果。图 a：某生物免疫系统产生不同抗体序列的概率，按序号 x 进行排序。斑马鱼的整个抗体序列库都被测序，每个抗体分子的“D 区域”的序列被制成列表。结果显示，在非常大的范围内，概率遵循近似形式 $\wp(x) \propto x^{-\alpha}$，其中 $\alpha \approx 1.15$。图 b：酵母 *S. cerevisiae* 的蛋白相互作用网络中参与相互作用的蛋白的平均数($\alpha = 3$)。图 c： 1816 年到 1980 年战争的相对强度，即交战国每 10 000 人的战斗死亡人数（$\alpha = 1.7$）。图 d：在数学领域发表学术论文的作者数量（$\alpha = 4.3$）。图 e：加州 1910 年和 1992 年间发生的地震强度（$\alpha = 1.6$）。图 f：美国电网故障的幅度（受影响的用户数）（$\alpha = 2.3$）。图 g：美国畅销书的销量（$\alpha = 3.7$）。图 h：美国的城市人口（$\alpha = 2.4$）。图 i：已发表的学术论文被引用的次数（$\alpha = 3.2$）。（数据来自 Clauset et al.，2009；图 a 来自 Weinstein et al.，2009 和 Mora et al.，2010。）

在概率密度函数的特定情况下，我们可以等效地考察一个称为**互补累积分布**的统计量[29]。它是 x 值大于某个指定值的抽样概率：

$$\mathcal{D}(x) = \int_x^{\infty} \mathrm{d}x' \wp(x') \tag{5.26}$$

$\mathcal{D}(x)$ 始终是递减函数。对于幂律分布的情况，$\mathcal{D}(x)$ 的双对数图也是一条直

[29] “互补”一词是为了将 $\mathcal{D}$ 与另一个从 $-\infty$ 到 x 的积分加以区别。

线[30]。图 5.8 显示，近似幂律形式的概率密度函数出现在各种自然现象，甚至人类社会现象中。

T2 第 5.4′a 节（第129页）给出了更多术语。b 节给出了幂律分布的另一个例子。c 节引入了莱维飞行。第 6.4.1′ 节（第 161 页）将概述幂律分布一种物理起源。

总结

如同前几章，本章仍然聚焦于几个典型的概率分布。不过，本章所选取的分布能够描述一大类生物学现象。

“我怎么知道我选定的分布是适合数据集的?”本书第二部分主题之一就是：我们为产生观察到的现象的可能机制提出一个或多个物理模型，每个模型都预测一个概率分布族（可能带有未知参数）。我们用这些模型预测来拟合实验结果。如果只有一个能成功拟合（或者，其中一个比其他表现更好），则我们的建模就是成功的。

第7章将给出更清晰的模型选择策略，将前几章中发展的观点应用于统计推断（即从带有一定随机性的数据中提取结论）。

在涉及对许多随机变量的效应求和的案例中，我们已经看到高斯分布主宰了对生物和非生物系统的建模。我们可能只关注某随机事件发生所需的等待时间，第9章将证明这类分布通常是指数型函数。其他诸如幂律之类的分布则出现在具有更复杂相互作用的大型系统中，这些分布通常会产生许多离群事件，呈现长尾分布的特征。

关键公式

- 连续随机变量的概率密度函数（PDF）：
$$\wp_{\mathrm{x}}(x_0)=\lim_{\Delta x\to 0}\left(\lim_{N_{\mathrm{tot}}\to\infty}\frac{\Delta N}{N_{\mathrm{tot}}\Delta x}\right)=\lim_{\Delta x\to 0}\left(\mathcal{P}(\mathsf{E}_{x_0,\Delta x})/(\Delta x)\right).$$
[5.1 + 5.4]
注意，$\wp_{\mathrm{x}}$ 的量纲是 x 量纲的倒数，在不导致混淆的情况下，下标“x”可以省略。联合分布、边缘分布以及条件分布的定义与离散情况类似。

- 概率密度估值：给定一些 x 的观察值，选择一组足够宽的区块使每个区块容纳足够数量的观测值。求观测值落在以 x_i 为中心的区块的频率 ΔN_i，则 x_i 处的概率密度估算为 $\Delta N_i/(N_{\mathrm{tot}}\Delta x)$。

[30]在习题 5.18 中，要对比高斯分布情况下的对应行为。

- 连续分布的归一化和矩：$\int \mathrm{d}x \wp(x) = 1$。$x$ 函数的期望和方差的定义与离散分布情况相似，例如，$\langle f \rangle = \int \mathrm{d}x \wp(x) f(x)$。

- 连续分布的贝叶斯公式：

$$\wp(y \mid x) = \wp(x \mid y)\wp(y)/\wp(x). \tag{5.12}$$

- 高斯分布：$\wp_{\text{gauss}}(x; \mu_{\text{x}}, \sigma) = (\sigma\sqrt{2\pi})^{-1} \exp(-(x-\mu_{\text{x}})^2/(2\sigma^2))$。随机变量 x、参数 μ_{x} 和 σ 可以是任意单位，但它们之间必须满足 $\langle x \rangle = \mu_{\text{x}}$ 和 $\text{var}\ x = \sigma^2$。

- 柯西分布：

$$\wp_{\text{cauchy}}(x; \mu_{\text{x}}, \eta) = \frac{A}{1 + \left(\frac{x-\mu_{\text{x}}}{\eta}\right)^2}.$$

  $|x|$ 变大时，$\wp_{\text{cauchy}} \to A\eta^2 x^{-2}$近似为幂律分布。常数 A 与 η 有特殊的关系；参见**思考题5A**（第 111 页）。随机变量 x、参数 μ_{x} 和 η 可以是任意单位，但三者必须完全匹配。

- 卷积：用积分代替对离散值求和获得的分布[公式(5.17)，第 114 页]。

- 混合模型：对多个分布加权求和获得的分布[公式(5.19)，第 115 页]。

- 概率密度函数的变换：设 x 是概率密度函数为 $\wp_{\text{x}}$ 的连续随机变量。将严格递增函数 $G(x)$ 作用到样本 x 获得新的随机变量 y，则 $\wp_{\text{y}}(y_0) = \wp_{\text{x}}(x_0)/G'(x_0)$，其中 $y_0 = G(x_0)$ 和 $G' = \mathrm{d}G/\mathrm{d}x$。（即便 x 和 y 具有不同量纲，上述公式也是有效的。这一点可能有助于你记住这个公式。）如果 $G(x)$ 是严格递减函数，则只需将公式中的 G' 替换为 $|\mathrm{d}G/\mathrm{d}x|$ 即可。

- 扩散：由于流体的热运动，悬浮在流体中的小颗粒将随机游动。粒子经过多步游动后的位移的均方偏差与统计时间成正比：

$$\text{var}\ \Delta_{\text{T}} x = 2DT. \tag{5.23}$$

延伸阅读

准科普

Hand, 2008.

中级阅读

Denny & Gaines, 2000; Otto & Day, 2007, §P3; Tijms, 2018.

混合分布：Holmes & Huber, 2019.

T2 莱维飞行：Amir, 2021, §7.2.

高级阅读

不同场合中的幂律分布：White et al., 2008; Clauset et al., 2009.

神经活动中的幂律分布：Beggs & Plenz, 2003.

某动物的完整抗体谱：Weinstein et al., 2009.

流式细胞术数据展示中需注意的微妙之处：Erez et al., 2018.

拓展

T2 5.2.1 拓展

5.2.1′ 在数学文献中使用的符号

针对的问题越复杂，我们使用的数学符号就越要精细明了，以免引起符号表达的混淆乃至严重错误。不过，对于简单情况，精细的符号体系可能反而带来不必要的麻烦。因此，符号体系的选择有赖于我们对系统的描述精度。本书采用了在物理学文献中惯用的符号体系，足以处理书中的各种情况。其他书籍可能会采用更正规的符号体系。读者不妨花一点时间了解一下这些符号之间的联系。

例如，我们对随机变量及其可能的取值之间的区别有点含糊不清。第 3.3.2 节定义了随机变量是样本空间的一个函数。每次“测量”都为样本空间添加一个点，函数作用在该点上就产生一个数值。为了使这种区别更加清晰，一些学者将随机变量写成大写字母，而其可能值用小写字母标记。

假设我们有一个离散的样本空间，随机变量 X 和数值 x。则事件 $\mathsf{E}_{X=x}$ 表示的是“X 取特定值 x”，而 $\mathcal{P}_{\mathrm{X}}(x)=\mathcal{P}(\mathsf{E}_{X=x})$ 是 x 的函数，即概率质量函数。

在连续的情况下，不存在 X 严格等于任何特定值的结果。但我们可以定义累积事件 $\mathsf{E}_{X\leqslant x}$，并从概率密度函数[比较公式(5.4)，第 108 页]的定义出发可得到下式

$$\wp_{\mathrm{X}}(x)=\frac{\mathrm{d}}{\mathrm{d}x}\mathcal{P}(\mathsf{E}_{X\leqslant x}). \tag{5.27}$$

这个定义明确指出 $\wp_{\mathrm{X}}(x)$ 是 x 的函数，且量纲是 x 量纲的倒数。(利用微积分基本定理对上式两边进行积分，结果表明累积分布是概率密度函数的积分)。这个逻辑可推广到联合分布[比较公式(5.10)，第 111 页]，如下

$$\wp_{\mathrm{X,Y}}(x,y)=\frac{\partial^2}{\partial x\partial y}\mathcal{P}(\mathsf{E}_{X\leqslant x}\ \textbf{and}\ \mathsf{E}_{Y\leqslant y}).$$

上面这些定义式已经隐含假设“概率测度” $\mathcal{P}$ 是给定的，它为每个事件 $\mathsf{E}_{X\leqslant x}$ 分配了一个数值。但它没有告诉我们如何对感兴趣的事件计算相应的测度。例如，对于某个可重复的随机系统，单个数值变量 x 足以完整描述测量结果，那么，既可以按照公式(5.1)来定义这个概率测度，也可以按我们的经验对 x 的不同取值提出可量化的置信度 (参见第 7.2.2 小节)。

思考题5K

从定义式(5.27)开始，重新推导公式(5.20)。

T_2 5.2.4 拓展

5.2.4′ 四分位距

正文指出分布的方差严重受离群值影响，对于某些长尾分布（包括柯西分布），方差甚至都没有定义，只是给出了另一个测量弥散度的量，例如半高宽(FWHM)。

分布弥散度的另一个广泛使用的统计量是**四分位距（IQR）**。它的定义类似中位数[31]：我们从样本数据的最小值开始逐一往上计数。我们不是数到一半才停下，而是数到 1/4 就停下；1/4 是IQR的下界。然后我们继续数到 3/4 的数据点，该值是IQR的上界。这上下界的范围称为四分位距，包含了一半的数据点。

弥散度更原始的概念就是指**数据集的范围**，即测量的最高值与最低值之间的差。而当测量数据量变得很大时，即使高斯分布也会产生一个趋向无限大的数值范围。

T_2 5.4 拓展

5.4′ a 术语

幂律分布在很多情况下也被称为 Zipf、Zeta 或 Pareto 分布，这几个术语也用于其他某些情况，例如 $\wp$ 在 x大于某个“截断”值时确实等于 $Ax^{-\alpha}$（其余 x 值时恒等于零）。相比之下，柯西分布却处处非零，但在小 $|x|$ 处严重偏离幂律行为；尽管如此，我们仍然视其在大 x 的渐近形式为幂律分布的一个例子。

5.4′ b 股票价格波动

股票市场是无数参与个体之间快速相互作用的系统，这种相互作用又是基于个体对其余个体行为的不完全认知，这样的系统可以显示出有趣的行为。

对这样复杂的系统建模似乎没有什么意义，但是我们可以把它简化为如下图像。每个参与者都观察外部事件（政治、自然灾害等）对市场的影响，并据此优化他的选择，同时观察其他参与者的反应。可预测的事件对市场的影响不大，因为投资者在波动发生之前已经预测到并将其分解到市场价格里面。触发市场整体大变化的是突发事件。因此，我们可以怀疑股票市场指数的变化是随机的，因为其中“缺乏明显的关联性结构” [要点(3.2)，第 38 页]。

[31]见习题 5.1。

更精确地说，让我们探讨假设

$$\text{\textbf{\textit{H0}}：对于间隔为 } \Delta t \text{ 的一系列时刻，股指在任意时刻的相对变化率（相对于上一时刻）都是统计独立的，且服从同一个未知但确定的概率分布。} \tag{5.28}$$

这不是一本关于金融的书，这一假设还不够精准到使你富有[32]。然而，本章发展的数学工具允许我们审视金融世界中被长期低估的一个重要方面。为此，我们现在讨论具体问题：在假设***H0***前提下，哪个分布最能反映可获得的数据？

首先注意假设的措辞。假设在一周内股票平均指数从 x 变化到 x'，并在那周开始时你花 100 美元买入了某支紧跟平均指数的基金。如果你什么都不做，则在那周末，你的投资应该变为 $100 \times (x'/x)$。或者说你的份额的对数值移动了 $y = \ln x' - \ln x$，图 5.9a 的柱显示了历史 y 值的分布。

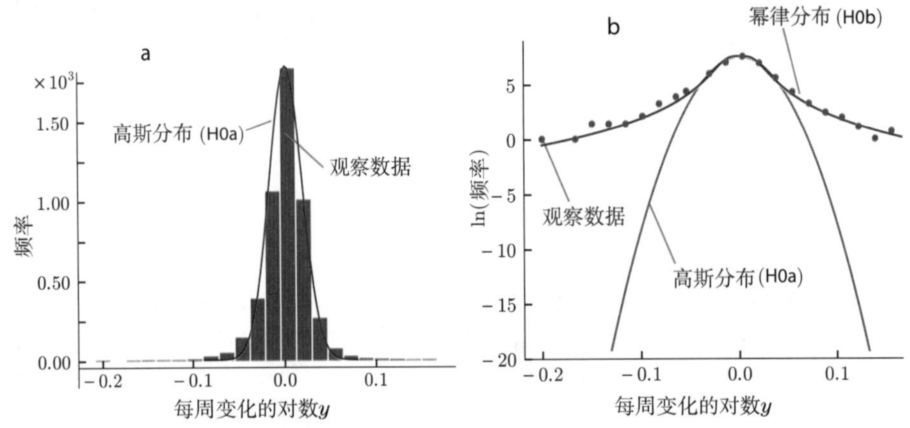

图 5.9（**实验数据与拟合**）　**长尾分布的又一个例子**。图 a 柱：量 $y = \ln(x(t+\Delta t)/x(t))$ 的直方图，其中 x 是 1921—2020 年间调整后的道琼斯工业平均指数，$\Delta t = 1$ 周。图 a 曲线：高斯分布，其中心和方差都调整到与直方图峰值主要部分匹配。图 b 点和灰色曲线：图 a 中相同信息以半对数方式显示，在图 a 几乎消失的极端事件在此清晰可见。图 b 红色曲线：指数为 3.5 的柯西式分布。（数据来自 Dataset 7。）

可以很自然地假设 y 服从高斯分布，记为假说 ***H0a***。股票平均指数毕竟是巨量单个股票价格的加权总和，其中单个股票价格又由时间 Δt 内巨量的交易决定。所以“中心极限定理意味着其行为是高斯分布”。图5.9a确实也显示了漂亮的拟合，但图5.9b披露了严重的差异，所以其他假说也是值得研究的。例如，高斯分布预测 $y = -0.2$ 的概率微乎其微，但图5.9b表明确实发生了这样的事件，而这的确会产生重大影响：在这种规模的事件中，投资者在一周内就损失了 $1 - \mathrm{e}^{-0.2} = 18\%$ 的投资。

[32] 例如，真实数据与时间有显著的相关性。我们将时间间隔取为较大值 $\Delta t = 1$ 周，可以将这种相关性的影响降至最低。

此外，投资者的行为之间根本不是独立的。事实上，市场的大变动在某些方面像雪崩或地震（图 5.8e）：随着许多投资者同时改变对市场的信心，逐渐累积的应力会突然释放。第 5.4 节指出这种集体动力系统可以有幂律分布。实际上，图 5.9b 显示了形式 $\wp(y) = A/\left[1+((y-\mu_{\mathrm{y}})/\eta)^4\right]$ （假设 ***H0b***）的分布，它比高斯分布更好地抓住了数据的极端行为。

为了决定哪些假设客观上更成功，你需要计算习题 7.11 中对应的似然。同时，你将获得每个假设族涉及的参数的客观最佳拟合值。

5.4′ c 莱维飞行

前面我们研究了步长固定但方向随机的无规行走。如果我们将多个步骤合并为一个批次，则中心极限定理可以确保每批次的概率分布近似为高斯分布。我们可以从这一分布出发着手研究问题。

但是，如果每步步长服从柯西分布或其他长尾分布，事情就会大不相同。中心极限定理不适用于这种情况。这类无规行走统称为**莱维飞行**。正如长尾分布在物理系统中非常常见，莱维分布在现实场景中（例如动物的捕食模式）也处处可见。

习题

5.1 中位数死亡率

随机变量 x 的**中位数**可以定义为概率 $\mathcal{P}(x < x_{1/2}) = \mathcal{P}(x > x_{1/2})$ 的值 $x_{1/2}$，也就是说，抽取的 x 大于中位数的概率与小于中位数的概率是相等的。

博物学家 Stephen Jay Gould 在他的书*Full House*中描述了自己被诊断患了某种癌症，在当时这种癌症的中位数生存期是 8 个月，就是说，被确诊为这种癌症的人群有一半会在这个时间内死去。数年过后， Gould 意识到自己还活得挺好。我们能否推断诊断是错的？画出一个可能的概率分布阐明你的答案。

5.2 连续的随机行走

本习题是习题 3.3 的一点延伸，回顾习题陈述及图 3.3a、b。

a. 对一维情况下 500 步随机行走模拟 1 000 次，估算其结束值 $\Delta_{500}x$ 的 PDF。严格来说，可能的结果数是有限的，但这个数很大，因此你可以将 $\Delta_{500}x$ 当成连续量来处理。

b. 如果做无限次模拟，那么上述 PDF 可用什么函数来近似描述？[提示：对 a 中求到的经验 PDF 做半对数图。无论你提出什么函数，先把它叠加在半对数图上，看看它能否解释数据。]

c. 对于二维系统中随机行走，估计量 $(\Delta_{500}x)^2 + (\Delta_{500}y)^2$ 的 PDF。

5.3 类柯西分布

考虑函数族

$$A\left(1+\left|\frac{x-\mu_{\mathrm{x}}}{\eta}\right|^{\alpha}\right)^{-1}.$$

其中 μ_{x}，A，η 和 α 是某些常数；A，η，α 又是正数。一旦这些参数被选定，我们就得到了 x 的一个函数。这些函数中是否有在 x 从 $-\infty$ 到 ∞ 范围内可恰当定义的概率密度函数？如果有，是哪些？

5.4 分解

假设我们知道一个大种群是子种群 0 和 1 的混合体，其中子种群 0 的占比是已知的 ξ（剩下个体都属于子种群 1)。设 $\ell = 0$ 或 1，则就某个观测量（可能带有单位）来说，子种群 ℓ 中的个体服从已知的 PDF（概率密度函数）$F_\ell(x)$。

如果我们不能直接设定 ℓ，但可以测量 x，则我们至少可以求条件概率 $\mathcal{P}(\ell \mid x)$。

a. 根据 ξ 和两个给定的 PDF，写出 $\mathcal{P}(0 \mid x)$ 和 $\mathcal{P}(1 \mid x)$ 的一般式。

b. 检查一下你的答案中单位是否无误。看看在 F_0 与 F_1 相同的特殊情况下你的答案是否说得通。

c. 假设 $\xi = 0.5$，$F_0(x)$ 是 $\mu_0 = -1$，$\sigma_0 = 1$ 的高斯分布，而 $F_1(x)$ 则是 $\mu_1 = +1, \sigma_1 = 1$ 的高斯分布。作三条曲线图分别对应于 $F_0(x)$，$F_0(x)$ 及边缘分布 $\wp(x)$，后者是从充分混合的种群中抽样获得的。

d. 针对问题 c 的情况，作图显示a中公式（表达为 x 的函数）。

e,f. 假设 $\xi = 0.5$；$\mu_0 = -0.1, \sigma_0 = 1$ 和 $\mu_1 = +0.1, \sigma_1 = 1$。重复问题c、d。

g,h. 假设 $\xi = 0.9$；$\mu_0 = -1, \sigma_0 = 1$ 和 $\mu_1 = +1, \sigma_1 = 1$。重复问题c、d。

i. 为什么问题 d、f、h 中曲线是合理的？

5.5 函数变换的基础知识

假设连续随机变量 x 的范围 $x > 0$，并且其概率密度函数在 x 的每个允许值处严格递减。

a. 我们现在定义一个新的随机变量为 $y = \ln x$（$x = \mathrm{e}^y$）。$\mathrm{d}x/\mathrm{d}y$ 是 y 的增函数吗？还是减函数？或者两者都不是？

b. 函数变换后的变量 y 的 PDF 也会严格递减吗？为什么？

5.6 流式细胞术数据

首先完成习题 5.5，再从 Dataset 8 获得数据。

A. Erez 和合著者首先激活了许多个体免疫系统细胞（小鼠 T 淋巴细胞），然后用药物处理它们，最后将它们暴露于通常会刺激它们的其他细胞（抗原呈递细胞）。我们将响应机制的参与者（响应分子）做了荧光标记（pp-ERK），从而能单独测量每个细胞的荧光强度（**流式细胞术**）。数据集中的每一行给出了荧光强度 x（任意单位），该强度与每个细胞中的响应分子的数量成正比。

a. 作 x 的直方图。重新标度以获得 PDF 的估计值。它有多少个最大值？它们分别位于何处？在图形上指出中位数的位置（参考习题 5.1）。

b. 作 $\log_{10}(x)$ 的直方图。重新标度以获得 PDF 的估计值。它有多少个最大值？它们分别位于何处？这种方式是否存在无法表示的数据点？在图形上指出中位数的位置。

c. 如果图形定性上出现差异，可能的原因是什么？你认为有两种不同的细胞亚群吗？

5.7 变量转换的模拟

第 5.2.7 节阐述了如何从计算机产生均匀分布的随机数，并将它们转换成满足指定分布的序列。

a. 作为该流程的例子，产生 $x \in [0,1]$ 的 10 000 个均匀分布的实数，求倒数 $1/x$ ，并作直方图。（有关直方图的取值范围和分块数量需要你作出决策。）

b. 如果每块中的数量（频率）以双对数坐标显示，则该分布的特征会被揭示得更加清晰，请绘出此图。

c. 从图中能得到关于概率分布的什么结论？从数学上如何理解你的结论？

d. 图中大 x 值区域（右下方）有何特征？是否看起来没有规律？如果将你的样本数 10 000 换成 50 000 ，结果又会怎样？

5.8 变量转换

a. 假设 x 在 $[0,1]$ 的范围内是均匀分布，令 $y = x^2$。利用第 5.2.6 节结论预测 y 的 PDF。

b. 在你求解 a 的过程中，可能已经发现 $\wp_y$ 实际上在某一点会出现无穷大。这是允许的吗？

c. 用计算机编程 x 做 10 000 次抽样，再对每个 x 平方，估计 y 的 PDF，并重新标度其直方图[公式(5.1)，第 108 页]来，确认 (a) 的结果是否正确。

5.9 柯西分布的方差

先完成**思考题5I**（第 118 页），然后再考虑柯西分布[公式(5.9)]，其中 $\mu_{\mathrm{x}} = 0$ 及 $\eta = 1$。对该分布做 4 次独立抽样，计算 x^2 的样本均值。如果将样本数增至 $8, 16, \cdots, 1024, \cdots$ 。重复上述计算，并结合第 113 页上的例题进行讨论。

5.10 从二项分布到高斯分布（数值模拟）

编写计算程序，产生如图 5.5b 所示的数据图。具体地说，绘制二项分布的曲线，使得该曲线经过恰当的重新标度后能与高斯分布重叠（在某种合理的极限下）。

5.11 中心极限

a. 编写程序产生如图 5.6a、b 所示的图像，即用数学包中的均匀随机数发生器去模拟两个分布，对结果作直方图，然后再叠加上极限情况下你期望的连续概率密度函数。

b. 将随机变量取为 10 次均匀分布抽样之和，将你得到的直方图以及对应的高斯分布都作成半对数图，检验一下两者是否在尾部区域吻合度更高。[提示：要看清这一点，你至少需要 50 000 个样本。]

c. 上述讨论可延伸到更奇异的原始分布，例如，变量 x 只能依概率 1/3，2/9，1/9，1/3 分别取离散值 1，2，3，4 。这是个双峰分布，比你在问题a、b中得到的分布更加偏离高斯分布。对这个离散分布重复问题a、b的讨论。

d. 从期望为 1 的指数分布抽取大量数值。先按 5 个一组进行分类，每组求和，作出这些结果的 PDF。然后，按 50 个一组分类，重复上述计算。对你所得结果进行评论。

5.12 多变量分布的变换

考虑两个随机变量的联合概率密度函数

$$\wp_{\mathrm{x,y}}(x,y)=\wp_{\mathrm{guass,x}}(x;0,\sigma)\wp_{\mathrm{guass,y}}(y;0,\sigma).$$

因此 x 和 y 是独立的高斯分布的变量。

a. 令 $r=\sqrt{x^2+y^2}$ 及 $\theta=\tan^{-1}(y/x)$（即变换到极坐标），求 r 和 θ 的联合 PDF。

b. 令 $\mu=r^2$，求 μ 和 θ 的联合 PDF。

c. 问题b的结果与习题 5.2c 的模拟结果有什么联系？

d. [T2] 将a的结果推广到更一般的情况，其中 (x,y) 服从任意的联合概率密度函数，而 (μ,ν) 是 (x,y) 的任意变换。

5.13 数据合并

a. 如果 x 是已知 PDF 的连续随机变量，我们可以通过计算 x 样本对的均值来构造 $y=(x_1+x_2)/2$。根据 $\wp_{\mathrm{x}}$，推导 y 的 PDF 的表达式。

b. 假设已知群体中的个体体重 x 具有**双峰**的 PDF（两个隆起；参见图 5.3，第 115 页）。Jones 测量了大量的 x。为了节省数据收集的时间，他们将个体分为 10 人一组，求出每组 x 的样本均值，仅将每组的样本均值记录在实验室的记录本中。作这些值的直方图时，发现它们的分布与已知的 x 分布不同。他们获得了什么分布？定性解释为什么。

5.14 双对数图

先完成习题 1.2，再继续本习题。

a. 在 $2 \leqslant x \leqslant 7$ 的范围内对函数 $f_1(x) = \exp(x)$ 和 $f_2(x) = x^{3.5}$ 作图。两个函数可能定性类似。

b. 再对两个函数作双对数图，讨论两者的异同。

5.15 确诊病例的双对数图研究

双对数作图还有另一个应用。假设我们有几个要比较的时间序列。每个时间序列 $f(t)$ 给出了特定地区中特定疾病的累积病例数。对于每一区域的疫情，我们问 (i) 是否存在某个时段（可能不是整个时间序列）的疫情呈指数增长？(ii) 如果有，在那个时段它的倍增时间是多少？第1章提议可用半对数图回答上述问题，我们在此探讨另一种方法。

如果我们简单地图示每个 $f(t)$，则很难明确回答这些问题，因为我们不可能将指数递增与其他非线性递增区分开来。此外，每个区域都有不同的总人口，并且每个区域开始感染的时间也都不同。

考虑函数族 $f(t) = A\mathrm{e}^{\beta(t-t_0)}$ 作为疫情暴发初始阶段的模型。参数 A 与总人口有关，t_0 是指数期的开始时间，$1/\beta$ 是 e 倍时间。我们希望以这样一种方式绘制这些函数：想办法消除不重要参数 A、t_0 的效应，只通过调整 β 的取值来比较不同曲线。然后我们可以将相同的方法应用于实际数据。

a. 求这类函数簇的 $\log_{10}(\mathrm{d}f/\mathrm{d}t)$ 与 $\log_{10} f$ 之间的关系。

b. f 是时间的严格递增函数。因此，与其绘制某个量与时间的关系图，不如绘制其与 f 的当前值之间的关系图。解释 $\mathrm{d}f/\mathrm{d}t$ 与 f 之间的双对数图如何有助于我们在消除 A 和 t_0 影响后回答上述问题 (i—ii)。

c. 从 Dataset 9 获取数据。选择宾夕法尼亚州，汇总该州的所有确诊病例数据，并形成一个时间序列，它可能遵循也可能不遵循我们正在研究的

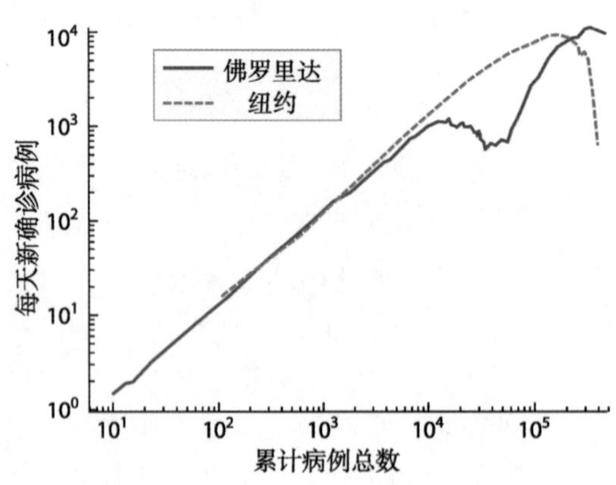

图 5.10（**公共卫生数据**） **流行病的发展**。2020 年 1 月至 8 月两大州每天新确诊病例与累计病例总数的双对数图（习题 5.15）。（数据来自 npr.org。）

模型。对每个 t 的 $(f(t+7\,\mathrm{d})-f(t))/(7\,\mathrm{d})$ 求导后作图，讨论上述问题 (i—ii)。

d. 用其他州（或其他几个州）的数据计算后进行比较研究（图 5.10）。

e. 与每州累积确诊病例对时间的半对数作图方法相比，本题概述的方法有何优势？

5.16 幂律分布

假设某个随机系统在范围 $1<x<\infty$ 内给出了连续数值量 x，其概率密度函数为 $\wp(x)=Ax^{-\alpha}$（图 5.11）。这里 A 和 α 都是正常数。

a. 一旦 α 被指定，则 A 就确定了，求它们的关系。

b. 求 x 的期望和方差，并给出评论。

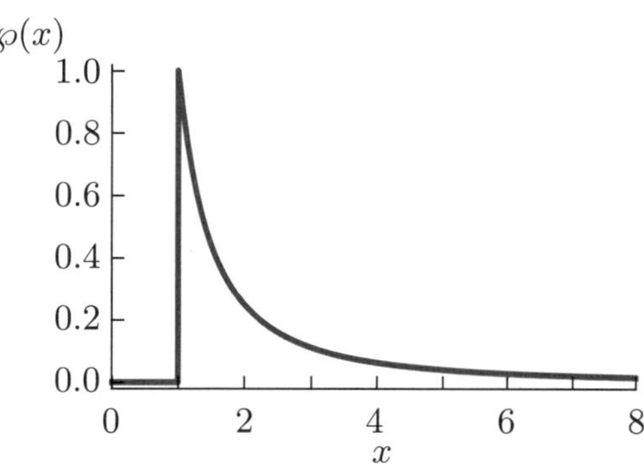

图 5.11（**数学函数**） **习题 5.16 中所描述的分布族中的一个**，其中 $\alpha=2$。

5.17 尾部概率

本题将通过幂律分布与高斯分布的比较，讨论极端值（“尾部”）出现的概率。从高斯分布抽样得到的“典型”值通常距离期望值约一个标准差，而幂律分布的抽样值则可能产生更大的偏离。本题要更精确地讨论这一点，为此请先完成习题 5.3。

a. 对柯西分布作图，其中 $\mu_{\mathrm{x}}=0$ 和 $\eta=1$。其方差是无穷的，然而我们仍然可以用半高宽（FWHM，图 5.2，第 110 页）来量化其中心峰的宽度，求 x 值使得 $\wp$ 等于 $\frac{1}{2}\wp(0)$，$2x$ 就是半高宽。

b. 计算高斯分布的 FWHM，用标准差 σ 表示。σ 多少时与问题 a 中柯西分布的 FWHM 相同？以该 σ 值和期望等于 0 作高斯分布图叠加到问题 a 中，给出评论。

c. 计算柯西分布的 $\mathcal{P}(|x|>\mathrm{FWHM}/2)$。

d. 对于问题 b 中求得的高斯分布，重复问题 c。你需要进行数值计算，要么对高斯分布做积分，要么计算“误差函数”。

e. 对更极端的情况（例如 $|x| > \frac{3}{2}$FWHM），重复问题c、d的讨论。

f. [T2] 将 FWHM 替换成四分位距重复问题 a—e(参见第 5.2.4′ 节)。

5.18 高斯分布与幂律分布

为了更好地理解图 5.8 的形状，考虑下述三个概率密度函数：

a. $\wp_1(x)$：$x > 0$ 时，该函数类似于中心为 0、$\sigma = 1$ 的高斯分布；但 $x < 0$ 时，值为零。

b. $\wp_2(x)$：$x > 0$ 时，该函数类似于中心为 0、$\eta = 1$ 的柯西分布；但 $x < 0$ 时，值为零。

c. $\wp_3(x)$：$x > 0.2$ 时，该函数等于 $(0.2)x^{-2}$，其他情况则为零。

针对上述每个分布，求其互补累积分布，并将它们画在同一个双对数坐标图中，再与图 5.8 比较。

5.19 [T2] 无限混合分布

想象一下传染性疾病。假设在一大群人中，每个被感染的个体 i 都会传染给其他 N 个人，但有些人更具传染性。假设每个个体都可归属于某个亚群（用连续变量 μ 来区分）。个体 i 的传染数 N 是具有期望 μ_i 的泊松分布。μ_i 值未知，也不能被直接测量。

我们假设 μ 服从期望为 β^{-1} 的指数分布，则边缘分布 $\mathcal{P}(N)$ 原则上将是无限个分布的混合。你能否写出它的简单表达式（β 的函数）。

5.20 [T2] 高斯分布的卷积

第 4.3.5 节（第 84 页）描述了泊松分布一个不寻常属性：任何两个泊松分布的卷积依然是泊松分布。在本习题中，你会看到某些连续分布也具有这样的性质（参见第 5.2.5节）。

考虑拥有两个独立随机变量 x 和 y 的系统，每个都从高斯分布中抽取，期望分别是 $\mu_{\rm x}$ 和 $\mu_{\rm y}$，而方差都是 σ^2。则新变量 $z = x + y$ 的期望是 $\mu_{\rm x} + \mu_{\rm y}$，方差是 $2\sigma^2$。

a. 计算这两个分布的卷积，并证明得出的 $\wp_{\rm z}$ 就是具有上述特征的高斯分布。[注意：该结果隐含在更难理解的中心极限定理中，后者指出一个分布与自身卷积时会变得“更加高斯”。]

b. 尝试 $\sigma_x \neq \sigma_y$ 的情况。

5.21 柯西分布的卷积

a. 考虑 $\eta=1$ 和 $\mu=0$ 的柯西分布，求与其自身的卷积[33]。

b. 该分布与其自身卷积 p 次的定性形式是什么？根据中心极限定理进行讨论。

5.22 一般情况下的变换函数

第 5.2.6 节（第 115 页）讨论了通过单调（严格递增或递减）函数（G）实现的 PDF 变换。如果 G 是非单调的（例如 $y=x^2$），则如何变换？

5.23 二项式分布到高斯分布（解析计算）

本题将深入讨论第 5.3.1 节的要点，即，高斯分布是二项式分布的特定极限形式[34]。你需要斯特林公式[公式(4.13)，第 106 页]。

a. 紧接正文，令 $\mu_\ell=M\xi$ 及 $s=\sqrt{M\xi(1-\xi)}$，同时定义 $y=(\ell-\mu_\ell)/s$，则 $\langle y\rangle=0$，$\mathrm{var}\,y=1$，及相邻 y 值的差异 $\Delta y=1/s$。再考虑函数

$$F(y;M,\xi)=(1/\Delta y)\mathcal{P}_{\mathrm{binom}}(\ell;\xi,M),\quad 其中\quad \ell=sy+\mu_\ell.$$

证明：当 $M\to\infty$ 时，维持 y 和 ξ 不变，则 F 就是概率密度函数。[提示：此时 s 和 ℓ 同样趋于无穷。]

b. 利用斯特林公式计算极限时的 PDF。讨论答案与 ξ 的依赖关系。

5.24 狂野之旅

从 Dataset 7 获取数据。该数据集将量 x 的众多观测值表达成一个阵列。令 $u_n=x_{n+1}/x_n$ 为连续观测值之比，它是涨落的；我们想要了解它的概率密度函数。在本习题中，忽略 u 的不同观测值之间相互关联的可能性（“随机行走”假设）。

a. 令 $y=\ln u$；利用原始数据计算该量，并排成数列，画出 y 分布的直方图。

b. 求与问题 a 中相似的高斯分布。针对某些数值的 μ_{y} 和 σ，考虑形式函数

$$N_{\mathrm{tot}}\frac{\Delta y}{\sigma\sqrt{2\pi}}\mathrm{e}^{-(y-\mu_{\mathrm{y}})^2/(2\sigma^2)},$$

其中 Δy 对应于直方图中的柱宽。解释为何我们需要在上式中引入因子 $N_{\mathrm{tot}}\Delta y$。将该函数叠加到直方图中，利用不同的 μ_{y} 和 σ 值重复作图直到两者看起来吻合。

---

[33]参见第 5.2.5 节。

[34]此处研究的极限与第 4.3.2 节的不同，因为此处当 $M\to\infty$ 时我们固定的是 ξ 而非 $M\xi$。

c. 可以用另一种方法来显示上述结果。对问题 a 中柱高度求对数，并将其与问题 b 中函数的半对数图（采用相同的 σ 和 μ_{y} 值）做比较。你所能得到的最佳拟合真的合理吗？（习题 7.11 将会对此进行定量讨论，此处只需做定性结论。）

d. 现在尝试一个不同的分布族，与公式(5.9)（第 111 页）类似，但分母的指数大于 2。利用此分布族中的函数重复步骤 a—c。这个函数族能否比前述函数更好地描述数据？

第6章 能量面上的随机行走

你或许注意到，当耀眼的阳光透入黑暗的厅堂时，
在光线照亮的地方，大量原子式的微粒在其中涌动，
像是一场永恒的战斗。
时而相遇，时而分离，永无停歇。

——卢克莱修（Lucretius）（公元前 60 年）

6.1 导读：首通时间

分子细胞生物学是建立在一些分子成对结合而另一些分子相互忽视这一事实基础上的。结合会受到力（与一年级物理课学到的力相同）的影响，并且这种效应（**力学化学**）可以使细胞感知自身的环境。你在一年级物理课学到的力学通常让人感觉与生命不太“相关”。但是通过本章的学习，你将看到力学与细胞生物学、分子生物学之间的联系远比你想象的紧密得多，只要你承认纳米世界是受热运动支配的。

细胞除了将力转换为内部信号之外还相互施力。本章将开始探索这些内容（**力学生物学**），我们将看到它与免疫反应之间的惊人联系。

本章焦点问题

生物学问题：当拉开两个结合在一起的物体时，什么情况下才可能越拉越紧？

物理学思想：键断裂是个首通时间问题，该时长由最低的活化能垒控制，而适度加载外力反而可以抬高该能垒。

6.2 粒子

6.2.1 分子扩散的随机行走模型

我们现在研究两个分子之间的特定相互作用。生物学中的分子可以是与细胞表面的受体特异性结合的信号分子，此类分子可称为受体的“激动剂”（或“拮抗剂”），或更一般地称为**配体**。然而，在关注这种问题之前，让我们先从一个目标分子的运动开始，它悬浮在没有分子可以结合的环境中。

第 5.3.4 节（第 121 页）探讨了一个观点：微米级悬浮粒子的自由布朗运动和小分子的扩散可以建模为随机行走[1]。具体地说，我们选择的时间步长 Δt 短于观察间隔，并假设目标粒子每 Δt 受到来自其周围环境热运动的一次小撞击。再假设每次撞击都使粒子在随机选择的方向上位移 L ，并且连续步骤之间是统计独立的。本章只考虑一维随机行走来简化问题。即“随机选择的方向”只有向右或向左[2]：$\Delta x = \pm L$。

时间间隔 Δt 可以理解成相邻两次分子碰撞之间的间隔，但此处我们不作这种理解，而是将其取为长得多的时间间隔，对应于较大的、适当的步长 L，等价于将大量碰撞的效应累积起来。正如习题 3.3 和 4.5 揭示的那样，只要统计时间 $T = N\Delta t$ 对应于许多连续步骤，则随机行走模型就可以准确预测观察到的最终粒子位置的分布。

特别是，随机行走模型正确地指出该分布是高斯分布，方差随时间线性增加：

$$\text{var}\ \Delta_T x = N\ \text{var}\ \Delta x = NL^2.$$

与扩散定律比较：

$$\text{var}\ \Delta_T x = 2DT, \qquad [5.23]$$

表明我们可以通过取 $L = \sqrt{2D\Delta t}$ 来重现观测值 D。

一些小分子在水中扩散的值约为 $D = \frac{1}{2}\times 10^{-9}\ \mathrm{m^2s^{-1}}$，如果取 $\Delta t = 1\ \mathrm{ms}$，则 $L = 1\ \mathrm{\mu m}$。

6.2.2 有偏随机行走模型

现在我们假设布朗粒子受到一个恒力作用。例如，如果粒子的比重与周围流体的比重不同，它就会感受到引力与浮力的净拉力[3]。我们预期粒子沿着外力方向的迁移将叠加到随机的布朗运动中。对于大分子之类的微小粒子，**漂移速度**可以由实验测量，且与外力 f 成简单的正比关系，比例常数称为粒子的**迁移率**。我们可以等效地将迁移率的倒数定义为**黏滞阻尼系数** ζ：

$$\langle v_{\text{drift}} \rangle = f/\zeta. \qquad (6.1)$$

因此，ζ 的单位是 $\mathrm{kg\ s^{-1}}$，与 D 一样，只要粒子类型给定，所施外力大小已知，则实验通过测定粒子统计时间的净位移也就测得了 ζ 值。

我们可以把漂移项纳入扩散模型中，在保留分子碰撞引起的方差的同时为 Δx 构造非零期望。方法之一是，保持时间间隔 Δt 和步长 $\pm L$ 不变，只是向左或向右的概率取为不相等，则许多步后净位移的期望：

$$\langle x(T) \rangle = \frac{T}{\Delta t}\langle \pm L \rangle = \frac{T}{\Delta t}(L\mathcal{P}_+ + (-L)\mathcal{P}_-) = (\mathcal{P}_+ - \mathcal{P}_-)\frac{TL}{\Delta t},$$

[1] **要点**(3.30)（第 65 页）介绍了该模型。

[2] [T2] 对于复合物，“右”和“左”可能是指在反应坐标上沿最低能量路径解离的不同方向。

[3] 更多生物物理事例包括目标在人造力场中的离心运动（**沉降**）或外加电场中的运动（**电泳**）。

因此，$\langle v_{\rm drift}\rangle = (\mathcal{P}_+ - \mathcal{P}_-)L/\Delta t$。

重力、静电力这类力可以写成势能函数 U 的负梯度。因此，我们可以写出下面的简洁表达式。

思考题6A

a. 根据上述各种考虑，证明只要选择如下概率表达式，我们就可以为有偏布朗运动建立恰当的模型

$$\mathcal{P}_+ = \frac{1}{2}\left(1 - \frac{\Delta U}{2\zeta D}\right). \tag{6.2}$$

其中 ΔU 是相距 L 的两点之间的势能差，约等于 $L(\mathrm{d}U/\mathrm{d}x)$。

b. 求 ζD 的单位，并确认公式(6.2)是无量纲的（离散随机量的概率必然无量纲）。

c. 证明：在小量 $\Delta U/(\zeta D)$ 最低阶的水平上，修正公式(6.2)所描述的有偏运动的 $\Delta_T x$ 的方差与无偏时是相同的。

为了理解有偏布朗运动，习题 6.1 要求你模拟这类有偏运动。图 6.1 显示了一个典型的运动。在所示的短时间内，随机行走占主导地位，但在较长的统计时间内，缓慢的有偏漂移胜过剧烈的随机碰撞[4]。

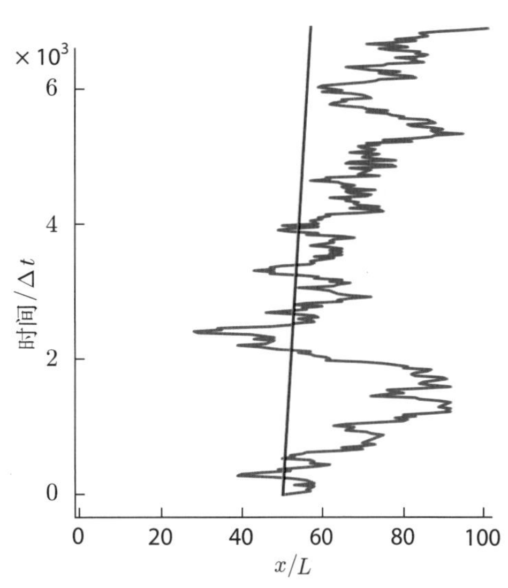

图 6.1（**计算机模拟**） **恒力作用下典型的随机行走轨迹**。时间以 Δt 的倍数沿纵轴增长。位置也以 L 的倍数给出。施力大小为 $0.002\zeta D/L$，指向右侧（x 递增方向）。由此产生的漂移运动包含许多暂时的向左偏移，但整体是右偏的。大量这类轨迹的平均位移（红线）由公式(6.1) 给定的恒定速度来确定。

[4] 观看模拟数据的动画可能更有启发性；请参阅 Media 6 中的 `DRIFTescapeTraj.mp4` 或自己制作动画（习题 6.1）。

总而言之，我们已经找到了一维有偏布朗运动的物理模型：

测量目标粒子的 D和ζ；选择一个小的时间间隔 Δt，并令 $L=\sqrt{2D\Delta t}$；根据公式(6.2)，每个 Δt 步进 $\pm L$。	能量面上布朗运动的物理建模。

T2 第6.2.2′ 节（第 160 页）讨论了什么情况下公式(6.1)有效。

6.3 势阱中的随机行走

6.3.1 力场可用位置依赖的步进概率来建模

我们现在讨论分子结合。在生命活动中，共价键可看成是寿命几乎无限长的化学键，只有特殊的分子机器（酶）才能够将它们打断。然而，大多数分子的识别依赖于较弱而又短暂的相互作用，例如，带电基团之间的静电相互作用、疏水相互作用和氢键。这些相互作用通常是短程的；因此，即便待结合的两个分子的确是匹配的，但直到它们偶然碰到一起之前，它们仍“不知道”双方匹配的事实。这表明，我们可以将分子结合过程描述为在一个势能曲面上的随机行走，这个行走会一直困在曲面上的“解离态”中，直到两个分子靠拢并达到适当的相对取向从而发生结合[5]。这个势能曲面又称为**能量曲面**，其最大值和最小值可分别称为“峰”和“谷”。

也就是说，施加在步行者身上的力取决于其当前位置。我们可以像模拟漂移那样很容易地模拟这种情况，只需将 要点(6.2) 稍作推广，允许概率 $\mathcal{P}_+$ 依赖于该步骤的起点位置。习题 6.2 将提供一些在计算机上有效处理这种情况的建议。我们的步行者可能偶尔会误入一个强力区域（图 6.2 中的大 $|x|$ 区域），随后会被推回“家”，从概念上讲，这并不奇怪。

图 6.2a 显示了二次函数势阱中的随机行走的典型轨迹[6]

$$U(x)=0.0025\zeta D\left(\frac{x}{L}-50\right)^2. \tag{6.3}$$

这种特殊的势阱在一年级物理课中被称为“简谐势”。但图中看不到周期性振荡（只有噪声）。然而，这个运动隐含这一个简单模式，可以通过概率分析揭示出来。

6.3.2 玻尔兹曼分布

我们与其关注单个瞬时轨迹，不如全局综合考虑。不管步行者在哪里起

[5] T2 在后文讨论的更复杂的情况中，我们将用自由能代替势能。

[6] 简谐势中的布朗运动有时称为奥恩斯坦–乌伦贝克过程。

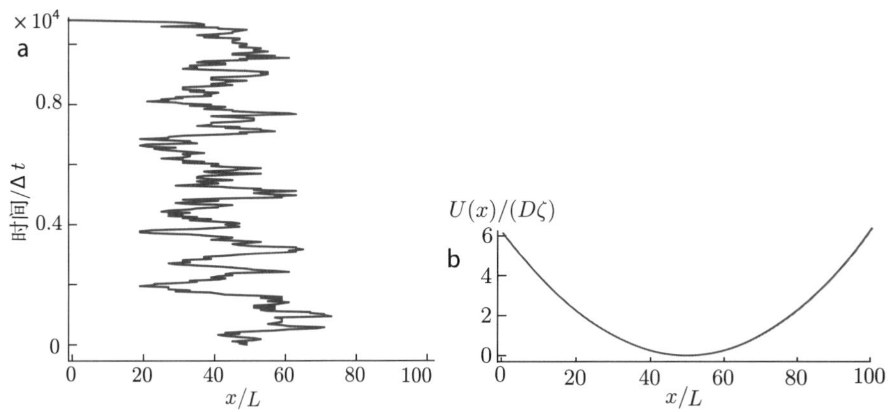

图 6.2（**计算机模拟**） **简谐势场中的随机行走**。图 a：尽管它不断地被回复力场推向中心，但步行者确实偶尔会远离 $x = 50L$。Media 6 将此轨迹显示成了动画。图 b：引起图 a中行走的势阱。步行者最常访问的区域就是低势能区。相应的实验数据参见图 6.15（第 166 页）。

步，最终都会聚集到最概然位置（在本例中即位置 $x = 50L$），并且完全忘记了自己的初始位置。与物理相关的问题是：它在多次试验（或长时间旅行）中的位置分布是什么？

图 6.3a 用大量步行者的数据回答了上述问题。它们会聚集在势阱中心附近这一点毫不奇怪。奇怪的是其分布是我们熟悉的高斯分布（图6.3b 证实了这一点）。

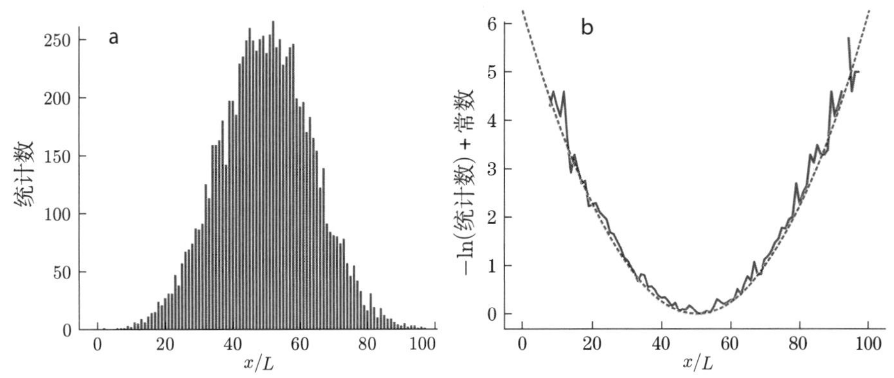

图 6.3（**计算机模拟**） 进入平衡态后，**简谐势阱中 10 000 个随机行走者的位置分布**。在这个模拟中，任何抵达 $x = 0$ 或 $100L$ 的步行者都会被送回内部（“反射边界”）。图 a：所有步行者都在势阱最低处起步，但它们的分布迅速接近图示的稳态形式。图 b：平衡分布的半对数作图，取其对数的负值（实线）并与 $U/(\zeta D)$（虚线）相比较。两者重合，反映了普适规律[公式(6.4)、(6.5)]。

上述结果阐明了一个更普适的主题：步行者进入了一个称为**热平衡**的态。

统计物理学指出：在热平衡态，各状态的相对占比服从

$$\wp(x) \propto \mathrm{e}^{-U(x)/k_{\mathrm{B}}T}. \quad \textbf{玻尔兹曼分布} \tag{6.4}$$

在这个公式中，T 是绝对温度，k_{B} 表示某个自然常数（称为**玻尔兹曼常数**，其值等于 $1.38 \times 10^{-23}\ \mathrm{J\,K^{-1}}$）。将表达式(6.3)代入公式(6.4)就生成图 6.3b 所示的高斯分布。

爱因斯坦对上述问题做出了一个重要贡献。物理模型涉及两个参数，即粒子的摩擦系数 ζ 和它的扩散常数 D，每个都以复杂的方式与粒子的大小和形状、周围介质的温度相关的黏度等有关。每个参数都通过公式(6.2)进入我们的模拟计算。模拟的结果之一是粒子位置的平衡态分布为 $\wp_{\mathrm{eq}}(x) = \mathrm{const} \times \mathrm{e}^{-U(x)/(\zeta D)}$（图 6.3b）。将该结果与玻尔兹曼分布进行比较得：

$$\zeta D = k_{\mathrm{B}}T. \quad \textbf{爱因斯坦关系（涨落耗散关系）} \tag{6.5}$$

公式(6.5)实际上是普适的；适用于任何维度的任何势阱。涨落耗散关系强调的是非平衡过程的两个复杂参数（摩擦和扩散）必须始终服从平衡态物理学规定的简单关系。

T2 习题 6.7 将探讨势阱中布朗运动的一个更微妙的统计特征：时间自关联函数。

6.4 逃逸

6.4.1 首通时间为单分子水平上的速率概念提供了定量诠释

第 6.3 节论述的势阱中的布朗运动可用来对分子复合物状态进行建模，其中位置变量 x 代表结合复合物的形变。现在我们考虑解离（去结合）问题。在日常生活中，像门吸或电脑键盘这样的系统对很小的力没有响应，但如果我们推拉"足够用力"，门就会迅速可靠地反应。纳米尺度的行为则与此不同。如果两个结合的粒子被拉开，它们在"脱离"之前可能会驻留很长时间。如果我们多次重复实验，它们为解离而等待（驻留）的时间就会变成一个随机变量。因此不要问"需要多大的力才能拉开？"而应该问：

*解离的时间**分布**是什么？它与外力的关系是什么？*

物理的结合力通常是短程的，表现为随形变而增大的回复力，但当形变超出一定范围后则会"衰减"。我们可以用带"悬崖"的势能曲面对这种行为进行建模，即步行者在某个 x 阈值后会突然越过悬崖掉下来[7]。

[7]在习题 6.6 中你会看到更真实的势能曲面。

图 6.4a 显示了几个示例。每个势阱都是二次函数的小形变，由参数 s 的不同值控制着“悬崖高度”。每个势阱函数还有一个“反射边界”，表示不可能出现 $x \leqslant 0$ 的形变。如果步行者一旦抵达 $x = 100L$ 处，“悬崖”会让它永久逃逸到一个势能非常低的区域。这样的随机行走者最终总是会脱离势阱的束缚，因此尽管它的最终（平衡）分布显得平淡无奇，但要达到那个最终状态可是需要相当长的时间。图中 5 个示例中的每一个都有不同的“悬崖”高度 $U_{\max}$，称为逃逸的**活化能垒**。步行者为了逃逸必须从持续的热涨落中获得足够的能量来克服这个能垒。

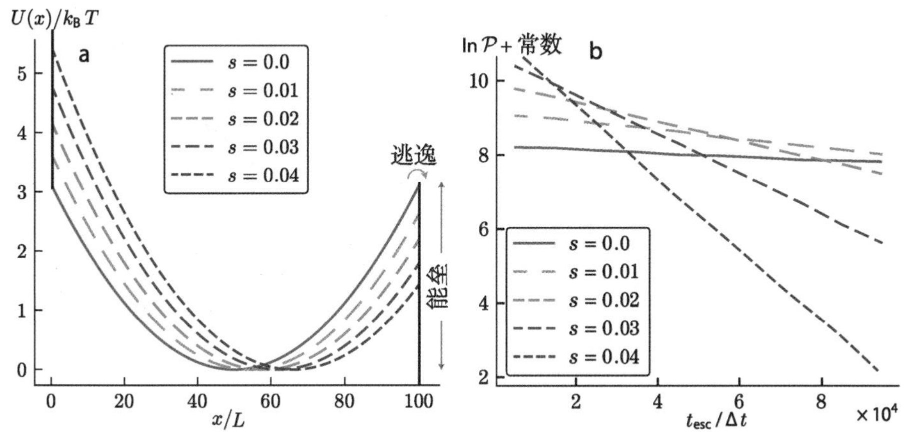

图 6.4（**数学函数；计算机模拟**） **逃逸的首通时间**。图 a：五个不同的简谐势函数。每个在 $x = 0$ 处都有一个“反射边界”（*左侧垂直黑线*）；在 $x = 100L$（*右侧垂直黑线*）处都有一个允许“逃逸”的“悬崖”。两端之间的函数由公式(6.7)定义，其中参数 s 可取不同值。图 b：首通时间分布的半对数图。80 000 个步行者都从每个 s 值势阱的中心附近起步。我们先等待足够的时间让分布达到准平衡。然后开始计时逃逸时间，每条色线显示了对应势阱的逃逸时间。不同的斜率揭示了右倾力越大则平均逃逸时间越短。

我们想知道的是**首通时间**（即步行者不可逆地从悬崖处跌落的时刻 $t_{\rm esc}$）的概率分布。如果等待时间长于局部平衡时间，则粒子在最初阶段将在势阱中徘徊，形成**准平衡**态 （类似于没有出口的势阱中的真平衡态）。图 6.4b 显示了这种情况的结果。毫不奇怪，具有较低活化能垒的步行者普遍逃逸得更快（其 PDF 中小 $t_{\rm esc}$ 区域更显著）。我们发现结果比预期的更简单：

- 离散步行模拟中得到的逃逸时间服从几何分布。[a]
- 平均首通时间是一个常数乘上活化能垒的指数函数。 (6.6)

[a]第 3.4.4 节介绍了离散分布簇。

为了在我们的示例系统中验证上述第一个结论，联立公式(3.13)（第 47 页）给出

$$\ln \mathcal{P}_{\rm geom}(j) = {\rm const} + j \ln(1-\xi),$$

其中 $j = t_{\rm esc}/\Delta t$ 是首次“成功”（逃逸或解离）的尝试次数，而 ξ 是描述几何分布的一个参数。这个表达式对 j 是线性的，与图 6.4b 展示的行为相同。

为了验证第二个结论，首先要注意 $\ln(1-\xi) \approx -\xi$（因为 ξ 很小）[8]。我们可以通过半对数图 6.4b 的直线斜率来求得 ξ。习题 3.9 给出了 j 的期望值是 ξ^{-1}。图 6.5 绘制了这个量，并表明[如要点(6.6) 所述]其对数值确实随活化能垒线性变化[9]。

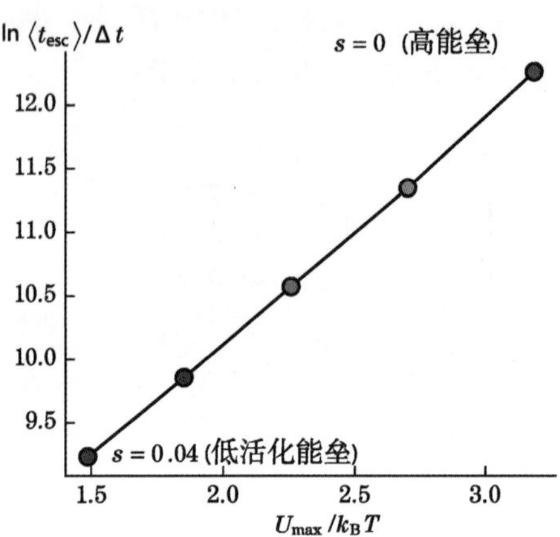

图 6.5（**计算机模拟**） **平均首通时间与能垒的关系**。这个半对数图说明了一般规则：对于简单的单势垒逃逸问题，平均首通时间只是常数× $\exp(U_{\max}/k_{\rm B}T)$。数值来自图 6.4b 中的直线斜率[或者通过第 6.4′a 节（第 160 页）中的程序]。

第 9 章将 $\langle j \rangle$ 解释为平均逃逸速率。而在我们目前的问题中，该速率正比于$\exp(-U_{\max}/k_{\rm B}T)$，这是化学动力学中著名的经验法则，通常称为**阿伦尼乌斯法则**（Arrhenius rule）。总之，在单势垒逃逸问题中，首通时间遵循简单的概率分布。

T2 第 6.4.1′ 节（第 161 页）概述了导致幂律分布的更复杂的情况。

6.4.2 简单情况中拉力会加速解离

类似于对漂移的研究，典型运动轨迹的动画会给我们很多启发[10]。很明显

- 步行者没有“试图出去”，甚至不“知道”有出口。
- 步行者没有“爬向出口”，只是四处乱撞，最终发现出口也是偶然事件。同时，它经常“浪费”大量时间在“错误”方向徘徊。

另一类动画也很有用，它显示了从势阱最低处出发的大量步行者的空间分布随时间的演化过程[11]。我们看到

[8]参见第 17 页。

[9] T2 我们的结果不依赖于步行者在势阱中的初始位置，因为我们让它在开始“计时”之前至少徘徊了一段时间以达到准平衡，因而删除了其初始位置的任何记忆。

[10]参阅 Media 6 中的 `escapeTraj.mp4` 或亲自制作（习题 6.5）。Media 3 还展示了两个真实的介观尺度的例子：一个是微米大小的珠子在势阱中在 DNA 链束缚下运动；另一个珠子则在两个聚焦光斑产生的双势阱中移动。

[11]参阅 Media 6 中的 `escapeHisto01-side.mp4` 或亲自制作（习题 6.5）。

- 在初始平衡期之后，将达到一种与初始分布无关的概率分布。
- 概率从悬崖处“泄漏”的速度是缓慢的，因为步行者极难到达紧邻悬崖内侧的区域。

上述第一点也解释了**要点**(6.6)：逃逸的概率取决于即将逃逸的步行者的比例，在准平衡情况下，该比例近似服从玻尔兹曼分布。

为了了解外部拉力的作用，需要更详细地查看我们的示例。图 6.4a 所示的各种固定值 s 的能量曲线是函数

$$U(x;s)=\zeta D\left(0.0025\left(\frac{x}{L}-50\right)^2-2s\frac{x}{L}\right)+\text{const} \tag{6.7}$$

的图形。与第 6.3.2 节中的例题相比，我们在势能中添加了 x 的线性项[12]。因为线性项对应于恒外力，我们可以将其中一条曲线作为结合的初始能量曲线，各种线性项的添加代表不同的外力。图 6.4a 说明了

- s 正值表示外力将势垒往逃逸的方向拉，也就加速了解离。

这种符合预期的行为称为**滑移键**。下面我们做一点定量研究，对图 6.4b 中尚未解释的其他力的情况做出预测。

例题：公式(6.7)中的活化势垒如何依赖于外力？

解答：我们首先查看图 6.4a，引入缩写 $\bar{x}=x/L$，$\bar{x}_0=50$，$\alpha=0.005$，及 $\bar{U}=U/(\zeta D)$。则（移除常数项）

$$\bar{U}(\bar{x},s)=\frac{1}{2}\alpha(\bar{x}-\bar{x}_0)^2-2s\bar{x}.$$

有 s 的项来自施加的外力，则 $f_{\text{ext}}=-\mathrm{d}(-\zeta D2sx/L)/\mathrm{d}x=\zeta D2s/L$。稍后，我们将用到这个关系。

对任何 s，$\bar{U}$ 的最小值处在 $\bar{x}_{\min}=\bar{x}_0+2s/\alpha$。因此，

$$\bar{U}_{\min}(s)=\bar{U}(\bar{x}_{\min}(s),s)=\frac{1}{2}\alpha(2s/\alpha)^2-2s(\bar{x}_0+2s/\alpha)=-2s^2/\alpha-2s\bar{x}_0.$$

活化能垒是 $U(\bar{x}_*,s)-U_{\min}(s)$，或

$$\zeta D\left(\frac{1}{2}\alpha(\bar{x}_*-\bar{x}_0)^2-2s\bar{x}_*+2s^2/\alpha+2s\bar{x}_0\right)$$
$$=A-f_{\text{ext}}(x_*-x_0)+(2\alpha\zeta D)^{-1}L^2f_{\text{ext}}^2, \tag{6.8}$$

其中 A 是与外力无关的项。

---

[12]此外，还为每个能量函数添加了一个常数使其最小值为零。给势能添加一个常数不会改变相应的力。

在施力较小时，公式(6.8)右边的第二项占支配地位，结果也有一个简单的解释：如果 $f_{\mathrm{ext}} > 0$（向右的力），则从平衡位置到“悬崖”所需的能量被外力所做的功减少了；如果 $f_{\mathrm{ext}} < 0$，则活化势垒增加，因为步行者被更牢固地束缚在势阱中。无论哪种方式，当我们所做的近似恰当的话，我们就会得到简单的结果

$$\boxed{\mathrm{rate} \propto \mathrm{e}^{f_{\mathrm{ext}} x_*}, \quad \textbf{Bell - Zhurkov（贝尔–朱尔科夫）关系}} \tag{6.9}$$

该结果以 G. Bell 的一篇颇具影响的论文而得名（该文章引用了更早的 S. Zhurkov 的研究工作）。

T2 第 6.4′ 节（第 160 页）说明了如何从图 6.4 中的数据导出图 6.5，并提出了对逃逸更一般的处理方法。

6.5 逆锁键

6.5.1 分子对有多种解离路径

最后，我们回到本章看似矛盾的焦点问题。当我们试图将一个键分开时，它会变得“更牢固”吗？第 6.4 节解释了如何使这些问题表述得更加精确。我们想问：“与没有负载时相比，键的平均寿命在负载作用下是否会增加？”如果是这样，我们就说系统表现出了**逆锁键**行为，这与滑移键正好相反。

图 6.6 说明了逆锁键是如何力学地产生的。想想许多植物（如牛蒡）用一个钩子系统将种子（“毛刺”）搭在路过的动物皮毛上。图6.6c描绘了向右拉动的力反而阻止逃逸路径（图6.6b），从而形成了逆锁键。然而，足够高的外力还是可以克服能垒（尽管使逃逸变难），使系统恢复到滑移键。我们现在问这种情况是否与纳米尺度有关。

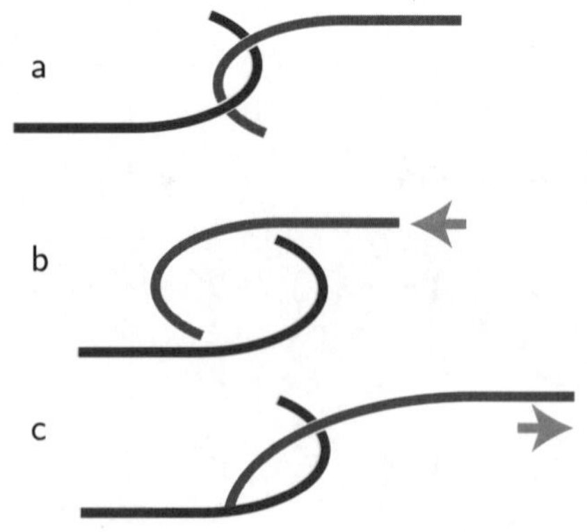

图 6.6（**力学类比**） **逆锁键**。图 a：两个可形变的钩子相连，弱弹簧维持它们微张力（未显示）。图 b：热涨落可以使它们抵抗弱吸引力而分开到足够大的距离，从而发生脱离。图 c：外部拉力阻挡了脱离路径。使钩子保持啮合，除非外力大到将其中一个或两个拉直（另一种脱落方式）。以上只是对生物分子逆锁键的一个类比描述，你不能将字面意义完全当真。不过，这类行为也不是没有可能。

图 6.7a 显示了 5 种能量曲线，每一种都提供了两条（一条向左，另一条向右）解离路径。我们可以像以前那样轻松地模拟该系统，一旦步行者穿过 $x = 0$ 或 $x = 100L$ 就终止步行。图 6.7b 再次表明，对于每个施加的外力，逃逸时间的概率分布都是几何分布。我们还看到对称性：与紫色曲线相比，外力向左拉动加速粒子向左逃逸（蓝色曲线），而向右同等强度地拉动会加速粒子同等程度地向右逃逸（图 6.7b中橄榄色曲线与蓝色虚线是重叠的）。

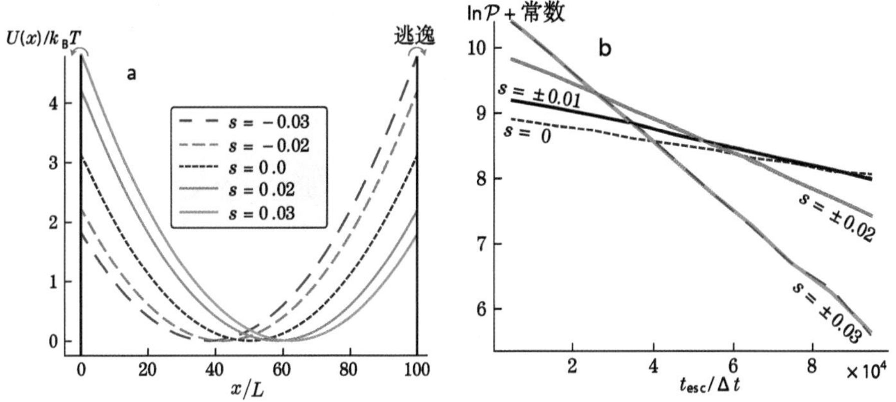

图 6.7（**数学函数；计算机模拟**） **多条逃逸路线**。80 000 名步行者可以左右逃逸。图 a：势能函数。s 的负值对应于步行者容易向左逃逸；正值则容易向右逃逸。图 b：首通时间分布的半对数图。

假设向左、向右两条逃逸路径本质上是不同的。例如，当键不受力时，存在易逃逸、难逃逸两个出口（如图中橙色曲线）。此时向右拉会减慢粒子向左逃逸的速度（类似图中紫色曲线的效果），同时还加快了粒子向右逃逸的速度，但只有最快的逃逸路径才是关键，而恰恰这条路径正在变慢，这就是逆锁键现象。

这一点值得不断重复：对于紫色曲线，由于两条逃逸路径（向左和向右）具有相同的活化能垒，因此各向的逃逸速度相同。但是两者都比橙色曲线的左向逃逸具有更高的活化能垒，因此如果我们通过对键施力将系统从橙色变为紫色，则整体解离时间会增加。

当然，如果外力足够大，则最终向右逃逸将成为主导（最快）模式（灰色曲线），如果继续加力（橄榄色曲线）将使逃逸更快。也就是说，在足够大的外力作用下，逆锁键将恢复为更直观的（“滑移键”）行为。如果中等程度用力，

平均首通时间在逆锁键的主导范围内会随着施力的增加而增加。

图 6.8 证实了上述力学类比的定性预测。每个色点对应于图 6.7 中的曲线之一。图 6.8 左半曲线显示，只要能量曲线右侧能垒起主导作用，逃逸时间和活化能垒之间的关系就成立，这种情况就产生了熟悉的滑移键机制。然而，如果不是这种情况，尽管施加的力增加（图的右侧），键的寿命仍会增加，这

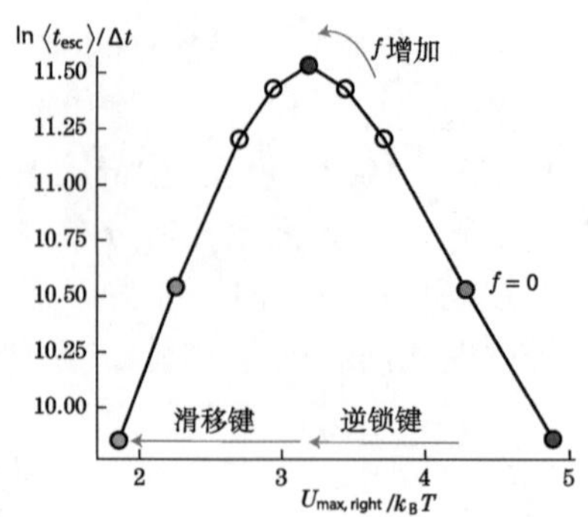

图 6.8（**计算机模拟**）**键的平均寿命由最低能垒控制**。见正文。颜色与图 6.7 中的对应。我们想象一个系统，其中橙色点对应于零外力。施加一个指向右侧的外力会降低活化能垒 $U_{\mathrm{max,right}}$ 因而有利于粒子向右逃逸，因此图形左倾。小的外力会增加键的寿命（逆锁键，紫色点），而在较大的外力下，键的寿命会减少（滑移键，灰色和橄榄点）。

是逆锁键行为的标志。

简而言之，我们的简单模型将总速率分解成两项之和，每一项都遵循自己的阿伦尼乌斯关系。当然还存在更复杂的逆锁键机制。

6.5.2 单分子实验测量整个解离时间分布

真正的分子识别比图 6.6 所示的更复杂。我们的主要任务只是回答“像逆锁键这样的事情怎么可能发生？”

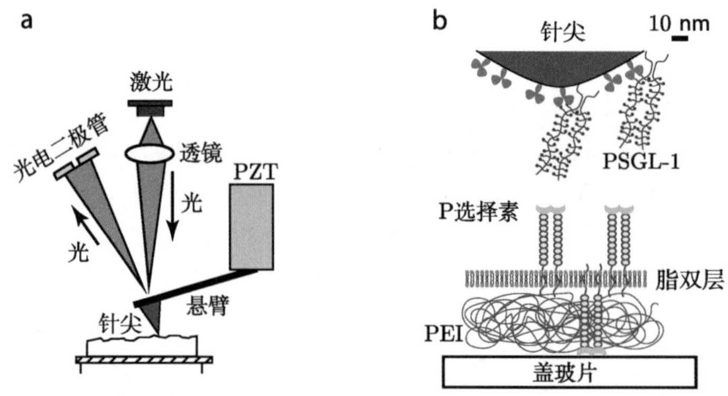

图 6.9（**示意图**）**在单分子水平上研究逆锁键的实验**。图 a：原子力显微镜（AFM）将原子尺寸的尖锐探针连接到柔性悬臂（标记为悬臂）。压电换能器（PZT）使针尖向下接触表面。从悬臂反射的光显示了针尖的运动，研究人员可以从运动信息中推断针尖和脂双层之间的距离以及相互作用力。图 b：特写。盖玻片表面先涂上凝胶层（PEI），然后是嵌入了目标黏附分子（P–选择素）的人工脂双层。AFM 针尖修饰一种称为 PSGL-1 的黏附分子，这种连接模仿了白细胞和血管壁之间的连接。（参考 Marshall et al.，2003。）

图 6.9 描述了逆锁键形成的早期实验。为了减少复杂性，实验人员进行了一项体外试验：一个细胞被载有人工膜的载玻片替换，膜中嵌入了配体。另一个细胞被一个微型力学致动器（原子力显微镜）的针尖取代，受体分子通过抗体附着在针尖上。致动器使双方表面接触，在施加精确控制的拉力的同时监测它们的间距。图 6.10a 显示了与我们的模型（图 6.7b）相似的键寿命

分布，包括逆锁键的特征——在外力作用下的平均键寿命峰值。

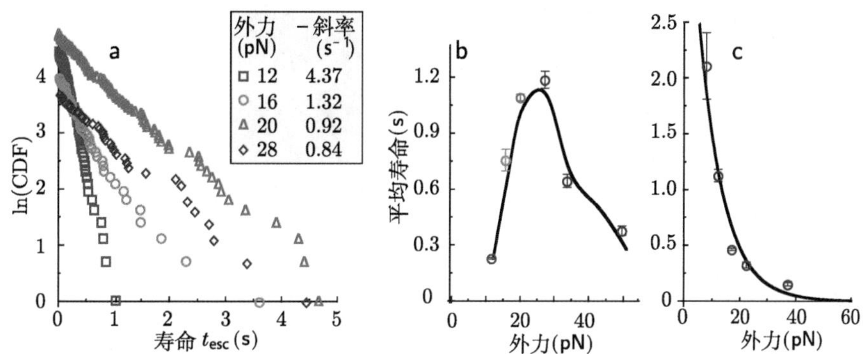

图 6.10（**实验数据**） **图 6.9 实验获得的键寿命**。图 a：寿命为 t_{esc} 或更长的解离事件数与 t_{esc} 关系的半对数图。在逆锁键研究中使用了各种恒定外力。该图可与模拟结果（图 6.4b 和 6.7b）做比较。图 b：平均寿命 $\langle t_{esc}\rangle$ 估计值（图a 中斜率的负倒数）。可参考图 6.8 的模拟结果。图c 与图b 相似，不同的是在这个实验中，PSGL-1 被一种抗体取代；观察到了普通的滑移键行为。（数据来自 Marshall et al.，2003。）

6.5.3 逆锁键在生物分子中的实现

图 6.6 中想象的机制以及由此启发得到的一维能量曲线，并不是分子逆锁键的真实描述，而只是一个抽象类比。不过，比这个想象机制稍微复杂一点的模型就能解释很多真实系统。例如，施加的力可以使分子形变，从而暴露出“神秘”的结合位点（通常是隐藏的）。然后该位点与配体分子上的第二个结构域结合，增强了分子的抓握力。或者，外力可以将蛋白质中的两个结构域分开，这种解离可以变构地传递到另一个较远的结合位点，从而改变其对配体的亲和力[13]。

6.6 生物学效应

6.6.1 免疫细胞激活涉及逆锁键

逆锁键对细胞有什么用呢？你身体中的每个细胞都切碎旧的或受损的蛋白质，再将片段（肽）输运到其表面，并在称为**主要组织相容性复合物**（MHC；见图 6.11）的“广告牌”上不断地展示其内含物。此外，称为**抗原呈递细胞**的特异性细胞吞噬和消化游离病毒和细菌，并在类似的广告牌上展现其内含的蛋白片段。

我们的免疫系统包括不断在体内移动的迁移细胞，迁移细胞与体内其他细胞相遇时通过检查后者 MHC 上展示的肽来诊断它们的健康状况。癌变、

[13]第11章将讨论变构。另请参阅本章的高级阅读。

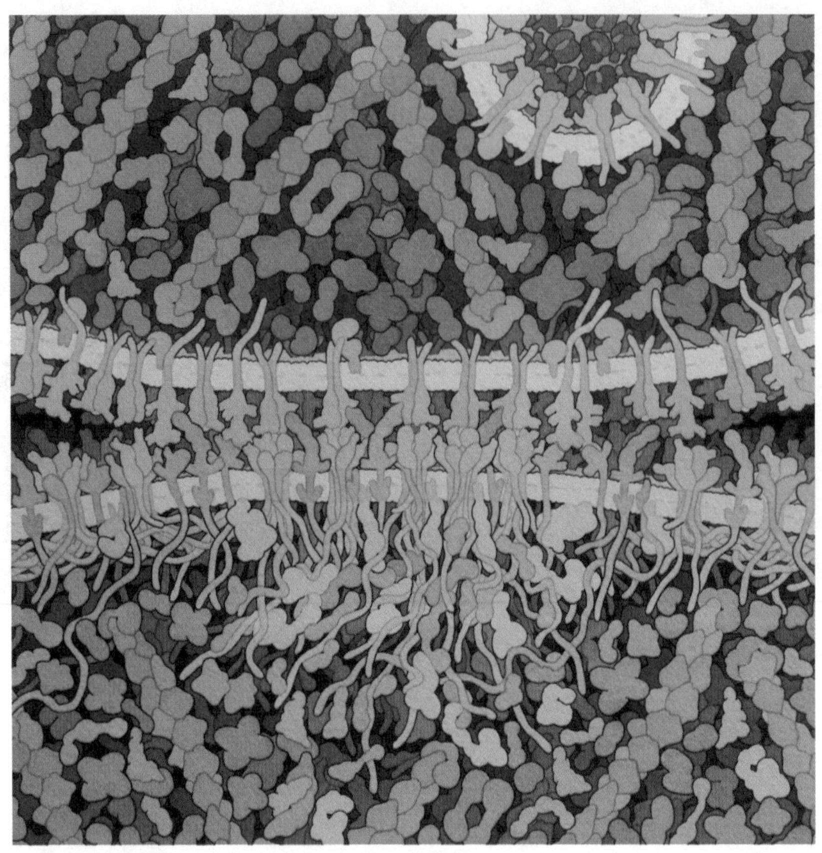

图 6.11 **(基于结构数据的艺术重构图)** **T 细胞激活**。免疫系统细胞之间通信的关键时刻。抗原呈递细胞(顶部)显示带有 MHC(红点正上方)的蛋白质片段(肽,中心红点),通过 T 细胞受体(红点正下方)触发 T 细胞(底部)的激活。信号复合物开始在 T 细胞中形成。(其他 MHC 可能呈递不同的、不匹配的肽,未显示。)(David S. Goodsell 绘制。)

被病毒感染或其他无法治愈的问题细胞将呈现不寻常的肽。诸如 **T 细胞**(T 淋巴细胞)之类的免疫细胞可以识别这些问题细胞,并在后者增殖(在癌症的情况下)或产生新的病毒颗粒(在病毒感染的情况下)之前触发一系列事件将其杀死。每个 T 细胞只寻找有限的特定肽,好在体内有很多 T 细胞各有不同的潜在目标。

T 细胞必须具有敏锐的判断力。每个细胞都在展示数以万计的正常("自身")肽。因此,即使是微小的假阳性识别率也会导致免疫系统不分青红皂白地攻击我们自己的正常细胞。事实上,自身免疫性疾病确实涉及此类错误,但这类情况很罕见:T 细胞具有非常高的选择性[14]。此外,它们还必须具有非常高的敏感性,因为患病细胞仅显示少数异常("非自身")肽。事实上,只有少数 展示在细胞表面的外来肽才能触发 T 细胞的反应。免疫识别怎么会如

[14]第 3.4.6 节(第 49 页)定义了选择性和敏感性。

此准确?

近期的研究给出了部分解答。每个 T 细胞都长满了受体分子，当另一个细胞的 MHC 展示某种外来肽，受体分子就会识别这种特定的外来肽。在细胞与细胞接触时，这些受体会发现并结合其伴侣（如果存在），然后，T 细胞监测处于结合态的时间，并且只有当该时间超过阈值（通常为几秒）时才会被激活。对于更特殊的情况，T 细胞会主动（例如在表面上爬行）尝试将受体-肽复合物拉开。如果受体找到匹配的肽，则由此产生的力会导致逆锁键，从而延长键合寿命，最终获得更大的机会达到 T 细胞激活的阈值时间。

上述部分过程得到了几个研究小组的证实。一些实验是在体外进行的，使用从 T 细胞中提取的受体和可激活该类 T 细胞的肽–MHC 复合物（图 6.12）。此外，人们可能想知道所发现的特定分子的相互作用是否对活细胞很重要。为此，他们还进行了体内实验（涉及活的 T 细胞）。实验表明，持续的

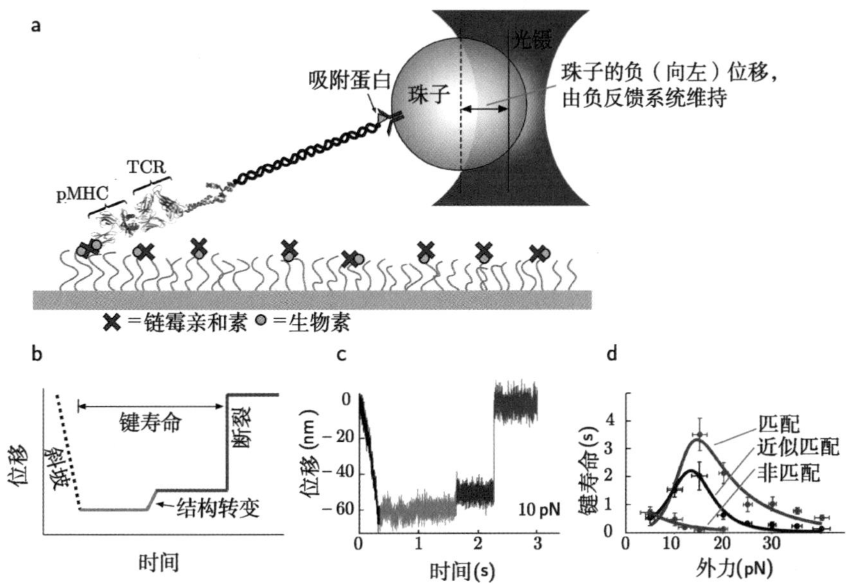

图 6.12（**原理图；实验数据**） 研究 T 细胞受体（TCR）与其识别的肽–主要组织相容性复合体（pMHC）之间结合的**体外逆锁键试验**。图 a：光阱（或“光镊”）仪器对微米级珠子（未按比例显示）施力，然后通过双链 DNA 将力传递到 T 细胞受体。反馈系统通过调整光阱的位置来维持恒定的拉力，使得珠子稍微偏离势阱中心（红色）就会受到一个向心的已知拉力。所产生的力又由 DNA 链传递到结合对。图 b：初始“斜坡”阶段（黑色虚线）将 DNA 链加载到选定的力值。某些分子在完全分离之前经历了结构转变。图 c：施加 10 pN 力负载的珠子位置的典型时间序列，显示了驻留、过渡、再驻留并最终键断裂（破裂）的过程。图 d：野生型受体与各种 pMHC 结合的受力与键寿命的关系图。所选择的受体对某种匹配肽具有特异性（顶部曲线）。中间曲线显示了受体与近似匹配肽（与匹配肽仅相差一个氨基酸）的结合。下面的曲线显示了受体与非匹配肽的结合。尽管匹配肽和近似匹配肽的结合寿命在最低施力下相似，但在最佳施力下它们相差近两倍。（来自 Das et al.，2015。）

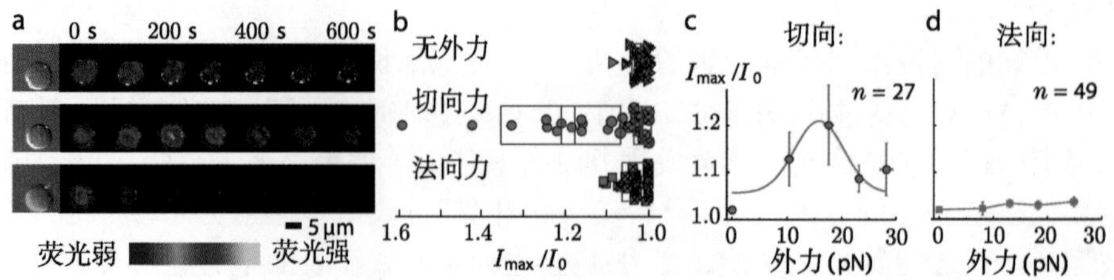

图 6.13（**显微镜图像；实验数据**） **pMHC 复合物触发 T 细胞**。实验构建了一个类似于图 6.12 所示的光镊装置，但不含 DNA 系链。探针小珠表面连接着某种 pMHC 的很多拷贝，小珠能与 T 细胞直接接触，从而向其呈递抗体。此处的数据显示，小珠与 T 细胞的接触产生了大约 29 个结合对。实验中选定的是能与 T 细胞受体形成最佳匹配的肽。图 a：在每一行彩色图像中，使用钙敏感的荧光染料来可视化 T 细胞对抗原呈递随时间的响应。探针珠子在最左侧图像的 1 点钟位置显示为一个点。每行对应于图b 中描述的力的情况；中间的那组数据显示了细胞的持续激活。图 b：试验的峰值钙信号 I_{max}，从上到下依次是：没有施加外力的试验、力与细胞膜相切的试验、力垂直于细胞膜的试验。单个细胞的响应根据其整个荧光时间过程被分类为触发（激活）或未触发：未触发的细胞用叉号表示（集中显示于蓝框中），触发的细胞用无叉符号表示（集中显示于红框中）。无外力的结合几乎不导致细胞触发（顶部数据）。图c：切向施力的多次试验的平均响应。显示了逆锁键行为。图 d：在任意法向力作用下细胞都不会发生明显的触发。（参考 Feng et al.，2017。）

拉力确实可以增强激活（图 6.13）。有趣的是，他们发现力的方向很重要：垂直于细胞膜施加的力触发的细胞很少，即使有，这些细胞的响应也很小。相比之下，同等大小的切向力却触发了大部分细胞，它们的响应也很强烈（图 6.13 b—d）。值得注意的是，当一个 T 细胞爬过另一个细胞时会产生切向力。实验还证实，只需要结合少数分子对就能触发 T 细胞活化。实际上，

> 即使存在匹配的肽–MHC 复合体，如果没有施加适当的外力，T 细胞的响应也很微弱。但是如果有了这样的力（即使是由非生命装置施加的），即使**只拥有两个**受体分子，同一个 T 细胞也能可靠地激活。

对数以万计的相似但不匹配的肽–MHC 复合体，这个 T 细胞基本上不会做出任何应答。

6.6.2 白细胞滚动也依赖于逆锁键

激活的 T 细胞不仅可以摧毁激活它的细胞，一旦检测到问题细胞，激活还会将 T 细胞的分裂切换到高速状态，产生大量具有相同受体的 T 细胞，准备追捕更多的问题细胞。当然，首要问题是 T 细胞必须发现它们的目标。

实际上，T 细胞只是几类**白细胞**的一种，许多在血管中循环，时刻嗅探由免疫系统的另一部分设置的炎症化学标志物（**细胞因子**）。当白细胞遇到升高的细胞因子水平时，它会附着在血管内壁（**内皮**）上，在挤入构成血管的细胞之间的同时开始爬过周围受感染的组织[15]。它是如何做到这一点的呢？

[15]不幸的是，转移性癌细胞也在血液中循环，并且同样可以退到远离原始肿瘤的地方建立新群落。

更详细地说，白细胞通过瞬时键黏附在内皮上，在血流的作用下使其沿血管滚动，从而实现扫描血管表面以寻找细胞因子的功能。当它找到目标时，它会结合得更紧密并启动退出血管的进程，但在最初的滚动过程中，白细胞是如何知道它黏附的不是其他血细胞呢？它怎么知道自己黏附在较大的血管中而不是在毛细血管中？

逆锁键的形成现在被认为是回答上述问题的关键之一。例如，一类称为糖蛋白的分子与在内皮细胞上突出的伴侣分子**选择素**有很强的结合，在约 20 pN 的拉力下达到最强结合（图 6.9、图 6.10）。一个在血管中间自由游动的白细胞可能会遇到其他血细胞并短暂黏附，但它们被同一流体带动，两个细胞之间相互作用力几乎为零，也就几乎没有附着力。但是当白细胞附着在静止的内皮细胞上时，它的逆锁键就被拉伸，键寿命也更长，从而产生滚动现象。此外，血流速度越快，白细胞在血管壁上形成的逆锁键的寿命越长，这种补偿机制确保白细胞在较大的血流速度范围内都能保持最佳滚动速度。而毛细血管中血流速度最低，白细胞几乎无法形成逆锁键。

6.6.3 细胞黏附复合物的形成

尽管所有生命都由细胞组成，但多细胞生物（如你）远不止是大量细胞的堆积。某些细胞必须永久粘在适当的邻近组织上（但不能粘在其他组织上）；例如，有些细胞必须永久黏附在骨骼、细胞外基质（ECM）或其他周围结构上。还有其他细胞（如前面提到的白细胞）通过临时粘连和受力来爬过表面。细胞黏附缺陷可能会阻止神经管闭合或心脏发育而损坏发育中的胚胎。

细胞黏附涉及精细的大分子复合物的形成。然而，每个实例都涉及将内部结构（肌动蛋白细丝网络）和跨膜蛋白（通常是用于细胞–细胞黏附的钙粘蛋白或用于细胞–ECM 黏附的整合素）相连接，这是细胞内、外沟通的物理基础。在每种情况下，**黏着斑蛋白**在黏附中都起着关键作用。黏着斑蛋白的缺失本身就足以导致前面提到的组织完整性的致命缺陷。

此外，移动细胞需要黏着斑蛋白来维持爬行方向。D. Huang 和同事想知道其扮演的角色是什么。他们知道

- 分子马达沿着肌动蛋白细丝行走，并在细胞爬行时帮助推出细胞前缘。
- 每个肌动蛋白细丝都有一个确定的极性（细丝的两端是不同的），马达沿着一个确定的方向行走。
- 细丝在接近爬行细胞前缘的一端不断有肌动蛋白单体加入，每加入一个单体就会将细胞往前推动一次。

但是仅仅存在肌动蛋白细丝不足以让细胞定向爬行。这些细丝本身必须具有确定取向，才能使大量同方向运动的马达产生净力。什么因素能够使新形成的肌动蛋白丝“产生”取向有序的排列？

Huang 和同事发现，肌动蛋白和黏着斑蛋白之间的相互作用不仅是一种逆锁键，而且是方向特异性的，有点像图 6.13 所示，但在相隔 180 度的方向之间存在不对称性。在某个方向施力可以提高键的寿命大约十倍；但在另一个方向施力可以增强接近一百倍。Huang 和同事得出结论，正确定向的肌动蛋白细丝会被困在黏附复合物中，而定向不正确的肌动蛋白细丝会被一般的流体扫回细胞体内，从而形成一个正确极化的黏附复合物。

后来的研究表明细胞黏附复合物的其他组分（例如 α–联蛋白）也有类似的效应，α–联蛋白是与黏着斑蛋白密切相关的分子，后者是细胞–细胞接触的一部分。两种蛋白都具有与肌动蛋白弱结合及强结合的两种构象。施加外力会打破这一平衡，更有利于形成强结合。X.-P. Xu 及合作者再次观察到逆锁键的方向性，并通过分子与极性肌动蛋白丝的定向结合对其进行了解释：在某个方向上施加的力比在另一个方向上施加的力更有利于强结合构象。

总结

我们的物理模型[**要点**(6.2)，第 143 页]形式比较简单，但其内涵非常丰富：关于自由布朗运动、恒力下的漂移、束缚势场中的平衡、平衡态玻尔兹曼分布的基本事实，从准平衡态逃逸的阿伦尼乌斯法则，以及令人惊讶的逆锁键合现象。关键的突破是将键断裂理解成首通时间问题。尽管进化的生命系统比我们的模型更复杂，但图 6.10a、b 中的数据确实与我们的模拟结果非常相似（图 6.7b 和图 6.8）。

关键公式

- 扩散：一维随机行走，在每个时间间隔 Δt 步行 $\Delta = \pm L$ 距离，对应的扩散系数为
$$D = L^2/(2\Delta t). \qquad [6.1]$$
- 漂移：在纳米级粒子上施力会叠加漂移速度
$$\langle v_{\text{drift}} \rangle = f/\zeta. \qquad [6.2]$$
到它正常的布朗运动上。黏滞系数 ζ 有时等价地表示为迁移率倒数。
- 能量曲面：粒子在势能曲面 $U(x)$ 上的运动可以通过随机行走来建模，该随机行走向右走且与位置相关的概率：
$$\mathcal{P}_+ = \frac{1}{2}\left(1 - \frac{\Delta U}{2\zeta D}\right). \qquad [6.3]$$

- 玻尔兹曼分布：在热平衡态，各种能量态的相对占比服从

$$\mathcal{P}(x) \propto \mathrm{e}^{-U(x)/k_{\mathrm{B}}T}. \qquad [6.4]$$

- 爱因斯坦关系：

$$\zeta D = k_{\mathrm{B}}T. \qquad [6.5]$$

- 阿伦尼乌斯规则：离散时间模拟中的逃逸时间分布是几何分布，平均首通时间与 (活化能垒)$/k_{\mathrm{B}}T$ 的指数成正比，其中 T 是绝对温度，k_{B} 是玻尔兹曼常数。

延伸阅读

准科普

Mlodinow, 2008; Ellenberg, 2021.

中级阅读

Berg, 1993; Gillespie & Seitaridou, 2013.
从能垒逃逸：Zocchi, 2018; Amir, 2021.
免疫系统：Sompayrac, 2019.

高级阅读

逆锁键：Hertig & Vogel, 2012. 相关实验发现：Thomas et al., 2002; Marshall et al., 2003. 在 T 细胞中：Liu et al., 2014; Das et al., 2015; Hu & Butte, 2016; Feng et al., 2017; James, 2017. 在分子马达系统中：Nord et al., 2017.在动粒微管吸附中: Sarangapani & Asbury, 2014. 首通时间的研究：Vrusch & Storm, 2018.
白细胞滚动和选择素：Evans et al., 2004; Huse, 2017; Chakrabarti et al., 2017.
细胞黏附复合物和联蛋白：Huang et al., 2017; Xu et al., 2020; Adhikari et al., 2018.

拓展

T2 6.2.2 拓展

6.2.2′ 低雷诺数运动

公式(6.1)（第 142 页）可能看上去很合理，但经过一番思考后会令人困惑：根据大学一年级的物理学，是*加速度*（不是速度）与力成正比！一年级物理主要讨论外太空的行星、空中的炮弹等，而本章讨论是介观尺度的问题。想象一个浸入黏稠液体的小物体，比如蜂蜜中的罂粟籽。这样的物体不会“滑行”；当我们停止拉扯时，它会立即停止运动，事实上是它的速度与施加的力成正比，而不需要考虑惯性。即使是在日常生活中似乎不太黏稠的水中，受到微小作用力的小物体也会展现类似行为。当然，单分子上的结合力也很小。有关此“低雷诺数体系”的更多详细信息，请参见 Nelson, 2020; Purcell, 1977。

T2 6.4 拓展

6.4′ a 模拟数据的平均首通时间

我们的模拟结果表明平衡后逃逸时间分布是几何分布，但为了求到图 6.5 所示的平均首通时间，我们需要估计描述每个模拟生成的几何分布的参数 ξ。

实际操作中我们无法模拟无穷长时间，因此在许多情况中步行者还没有来得及逃逸，模拟就被迫终止了。这类模拟结果只能作废，因此图 6.4b（第 147 页）实际上只显示了*截断*到前 K 步的分布。如果我们只是计算这些逃逸时间的平均值，我们将看到一个有偏的样本，因此低估了平均首通时间。

为了做得更好，我们可以沿着图 6.4b 中的曲线放置一把尺子再估计它们的斜率。或者我们可以求助于本书第7章中的先进拟合方法。但是还有一个更简单的选择。对那些*的确*以逃逸事件结束的模拟轨迹，我们对所需的时间步数（即首通时间）j 取对数，然后计算所有报告的 j 值的平均 $\langle j\rangle_K$（$j<K$）。最后我们可以求得 ξ, K 和 $\langle j\rangle_K$ 之间的关系，并用它来求解 ξ（K 给定，$\langle j\rangle_K$ 测得）。

为了求所需的关系，我们遵循一些熟悉的步骤：

$$\langle j\rangle_K=\frac{\sum_{j=1}^{K} j\xi(1-\xi)^{j-1}}{\sum_{j=1}^{K}\xi(1-\xi)^{j-1}}=\frac{-\xi\frac{\mathrm{d}}{\mathrm{d}\xi}\left[(1-\xi)(1+\cdots+(1-\xi)^{K-1})\right]}{\xi(1+\cdots+(1-\xi)^{K-1})}.$$

思考题6B 简化上述表达式以获得所需的函数关系。[提示：确保您的结果在极限情况下（固定 K，令 $\xi \to 0$；或固定 ξ，令 $K \to \infty$）是合理的。]

最后，几何分布[16]的期望是 ξ^{-1}。这是正文中描述的量。

6.4′ b Kramers方法

正文中采用的模拟方法简单、直接且具体，但它可能会让我们怀疑其结果有多普适。H. Kramers 在 1940 年开发了一种更普适的解析方法来处理热逃逸问题（Gillespie & Seitaridou，2013；Zocchi，2018；Amir，2021）。他为粒子的位置分布写出了一个主方程[17]，并确认如果单个能垒主导的单步反应坐标可以被用来描述解离过程，那么平均首通时间相当普适地服从阿伦尼乌斯法则[**要点**(6.6)，第 147 页]。 Kramers 还给出了指数前因子的近似表达式。

T2 **6.4.1 拓展**

6.4.1′ 幂律分布的物理起源

想象一个粒子被拉着穿过介质。粒子依次遇到阻碍其前进的障碍（能垒），直到足够大的热涨落助其克服当前的障碍。第 6.4.1 节指出，等待该热涨落出现所需的时间 $t_{\rm w}$ 将呈指数分布，平均等待时间与能垒“高低”（即 $y = U_{\rm max}/k_{\rm B}T$）有关，这称为阿伦尼乌斯法则：

$$\langle t_{\rm w} \rangle = (\beta_0 {\rm e}^{-y})^{-1}. \tag{6.10}$$

这里 β_0 是某个特征时间的倒数。

更真实的情况是：每个能垒都有不同的大小，形成某个随机分布（$\wp_{\rm y}$）。如果这种分布很宽，那么我们就说粒子正在穿越一个**粗糙的能量曲面**，这种处理是对许多物理和生物现象（例如穿越复杂胞质的胞内输运，或更普遍的摩擦运动）的合理简化。那么等待时间的分布是怎样的？

上述情况可以概括为等待时间遵循连续的混合分布，其中

$$\wp(t_{\rm w} \mid y) = \beta_0 {\rm e}^{-y} \exp(-\beta_0 {\rm e}^{-y} t_{\rm w}).$$

假设能垒 y 本身是指数分布的，期望是 $1/Q$：

$$\wp_{\rm y}(y) = Q{\rm e}^{-Qy}, \quad 0 < y < \infty.$$

[16]参见习题 3.9。

[17]第 10.3.4′ 节（第 289 页）。

Q 还表征了曲面的“粗糙度”（y 的方差）。

对 y 作积分可求得 t_w 的边缘分布：

$$\wp(t_\mathrm{w}) = \int_0^\infty \mathrm{d}y\, Q\mathrm{e}^{-Qy}\beta_0\mathrm{e}^{-y}\exp(-\beta_0\mathrm{e}^{-y}t_\mathrm{w}).$$

将变量从 y 更改为 $z = \beta_0 t_\mathrm{w}\mathrm{e}^{-y}$：

$$\begin{aligned} &= \int_{\beta_0 t_\mathrm{w}}^0 (\beta_0 t_\mathrm{w})^{-1} z\, \mathrm{d}(-\ln z)\, Q\beta_0 \left(\frac{z}{\beta_0 t_\mathrm{w}}\right)^Q \mathrm{e}^{-z} \\ &= \frac{Q}{t_\mathrm{w}}(\beta_0 t_\mathrm{w})^{-Q}\int_0^{\beta_0 t_\mathrm{w}} \mathrm{d}z z^Q \mathrm{e}^{-z}. \end{aligned}$$

当 t_w 值较大时，积分变为常数，因此 $\wp_{t_\mathrm{w}}(t_\mathrm{w}) \to \mathrm{const} \times (t_\mathrm{w})^{-Q-1}$，是幂律分布。

总而言之，尽管大能垒很少见，但只要出现就足以将等待时间分布的尾部拉长，即从指数形式过渡到幂律形式。

在本书的后面部分，我们将讨论细菌的转录因子结合到 DNA 的简单模型。在真核生物中，这个过程可能要复杂得多，部分原因是 DNA 被组装成了染色质，当然还存在其他因素。有趣的是，D. Garcia 及合作者根据经验发现结合时间通常呈幂律分布，这可能是由于势阱的连续分布所致（Garcia et al., 2021）。

T2 6.6.1 拓展

6.6.1′ 关于 T 细胞活化

在保持其他所有条件不变的情况下，实验控制了配体与 T 细胞的结合持续时间。这些实验证实了正文的陈述，即该持续时间是触发受体并进而激活 T 细胞的关键因素（Youse et al.,2019；Tischer & Weiner，2019）。而事实上，一系列快速、短时且空间近邻的结合事件也可以触发 T 细胞受体 (Lin et al., 2019)。

习题

6.1 有偏扩散运动

编写一个计算机程序生成如图 6.1 所示的模拟数据。

a. 将图中描述的常数力代入公式(6.2)以定义伯努利试验分布。然后生成始于中心点（$x = 50L$）的 x 值的序列（持续 7000 步）。

b. 尝试制作 100 个这样的序列并显示前几个。针对每个步骤求该步骤位移的平均值；由此得到一条平均轨迹。将其作图，求出平均漂移。

c. [T2] 制作一个动画，在同一条线上用不同颜色点的移动来展示五条具有代表性的轨迹。

6.2 势阱中的运动

编写一个计算机程序生成如图 6.2a 所示的数据。

a. 使用公式(6.3)中的势函数，但禁止粒子离开 $0 \leqslant x \leqslant 100L$ 范围，即：若 $x = 0$，则设 $\mathcal{P}_- = 0$；如果 $x = 99L$，则设 $\mathcal{P}_+ = 0$。在物理上，我们可以想象这些位置是“反射边界”（$U = \infty$ ）。与习题 6.1 一样，每个步行者从中间位置起步。

b. [T2] 制作代表轨迹的动画。

6.3 势阱中的平衡分布

编写计算机程序生成如图 6.3a、b 所示的数据。模拟 10000 条轨迹（每条 50000 步，都从中心位置开始）。与上个习题一样，使用公式(6.3)中的势能函数并设两端均为反射边界。模拟十亿步可能会压垮计算机！现在介绍一个省时的技巧。

该问题的要点不在于单个轨迹。我们需要的只是每个空间位置的粒子数。因此，程序只需要保留包含这些粒子数的数组。此外，该问题具有马尔科夫性质，即每个步行者的下一步仅取决于其当前位置，而与其历史无关。因此，可以按以下方式进行：

- 对于每个时间步，首先创建一个新数组来保存下一个时间步的粒子数。
- 接下来，依次考虑每个位置（$k = x/L = 0, \cdots, 99$）。如果在位置 k 的粒子数不为零，则粒子向右步进的概率为 $\mathcal{P}_+(k)$，而向左步进的概率为 $1 - \mathcal{P}_+(k)$。该处的粒子可随机分为向左、向右两类，但第 4.2.2 节（第

75 页）认为它遵循二项式分布。因此，从适当的二项式分布的独立抽样将确定目前在 k 位置[18]的所有步行者的命运。

- 使用前面的结果分别更新 $k-1$ 和 $k+1$ 处的新粒子数（遍历所有 k 值）。
- 将更新的粒子数统计到主程序的数组中，再重复所需的时间步数。

a. 执行上述步骤并显示最终分布。

b. 如果所有步行者都在 $x = 50L$ 起步，则图形会有令人不舒服的锯齿状特征。为什么会发生这种情况？尝试一半步行者在 $50L$ 处起步，而另一半在 $49L$ 处起步。为什么会有所改善？

c. T2 根据现有的有限样本制作概率分布的时间演化的动画。它需要多长时间达到近平衡状态？它围绕近平衡分布的波动幅度有多大？

6.4 外力依赖

正文讨论了单个不可逆逃逸的系统，但类似的考虑也适用于双稳态系统（可以在两个长寿命构象之间跃迁的系统）。在这种情况下，构象之间的跃迁存在一个能垒。在两次跃迁的间隙，系统会处于准平衡态，并“忘记”之前的跃迁历史。

R. Tapia-Rojo 和合著者研究了踝蛋白（这种蛋白在细胞黏附中起关键作用）的折叠和去折叠。他们应用了各种固定的拉伸力，很自然地发现拉伸有利于去折叠的构象。仿照第 149 页的例题，观察图 6.14，你能从中得出哪些定量结论？

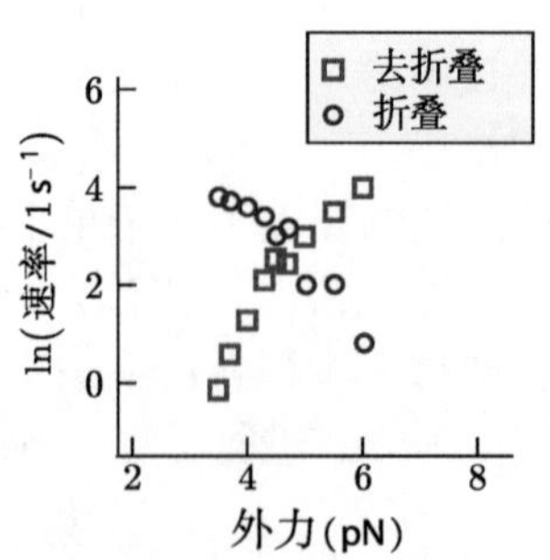

图 6.14（**实验数据**） **外力依赖的跃迁**。在各种外力下，踝蛋白（黏附蛋白）结构域的折叠（圈）与去折叠（方形）的平均速率。（来自 Tapia-Rojo 等人的数据，2020 年。）

[18] 在 $k=0$ 处有一个特殊规则：由于反射边界，所有步行者都必须向右走；而在 $k=99$ 处需要一个类似规则。

6.5 $\boxed{T_2}$ **逃逸概率**

回到习题 6.3，移除一侧的反射边界以生成如图 6.4b 所示的图形。即，不再禁止 $x/L = 99$ 处的步行者向右迈步，而是用 $\mathcal{P}_+$ 表述步行者永久“逃逸”。

a. 为公式(6.7)（第 149 页）中的参数 s 指定一个你感兴趣的值。模拟足够长的时间以获得一个好的逃逸样本，记录每个逃逸者最后一步的时间，并求这些时间的分布。

b. 制作概率分布时间演化的动画，其中含有一个表示逃逸者的额外分区。你能得出什么结论？

6.6 $\boxed{T_2}$ **异构化过程可用双势阱建模**

许多大分子具有多个构象，每个构象都是其（自由）能量函数的局部极小。本习题对此类情况进行建模，并观察这类“亚稳态”之间由热诱导的自发跃迁（即**异构化**）。

a. 作势能函数图

$$\frac{U}{k_{\rm B}T} = 12\left[\frac{1}{4}\left(\frac{x-x_*}{40L}\right)^4 - \frac{1}{2}\left(\frac{x-x_*}{40L}\right)^2\right],$$

其中 $0 \leqslant x \leqslant 100L$ 和 $x_* = 50L$。使用该能量曲线来建立一个随机行走模型，推广习题 6.1 中的随机行走如下所示：

— 利用公式(6.2)中的步进概率，其中 $\Delta U = (L)({\rm d}U/{\rm d}x)$。再利用爱因斯坦关系[公式(6.5)]来简化表达式。

— 利用习题 6.2 所示反射边界，即，在 $x = 0$ 时，将 $\mathcal{P}_+$ 的一般表达式替换为 1；在 $x = 100L$ 时，将其替换为 0。

— 建立一个检查表以提高效率：创建一个包含所有 101 个 $\mathcal{P}_+$ 值的数组，包括刚刚描述的两个异常值（0 和 1）。在每个模拟的每一步，都可以查找适合当前位置的伯努利试验参数。

b. 从左侧能量最小值 $x = 10L$ 处开始生成多条轨迹。让每条轨迹运行 7 000 个时间步长。某些轨迹会穿越 x_*，选择其中几条，作位置与时间的关系图。

c. $\boxed{T_2}$ 再选取其中一条轨迹制作演示动画。在动画的每帧中，步行者表示为一个点，其横坐标代表 x/L，纵坐标代表 $U/k_{\rm B}T$。另外，将a中的势函数曲线叠加在每帧图上，以便更好地观察步行者“过山车”式的行为。

d. 找出每次模拟中步行者最终时刻的位置，作该位置的概率分布图，并给出你的结论。

6.7 T2 势阱中的布朗运动动力学

a. 首先完成习题 6.2。然后用获得的轨迹计算**自关联函数**，定义为[19]。

$$\mathcal{A}(s) \equiv T^{-1} \int_0^T \mathrm{d}t\; x(t)x(t-s). \tag{6.11}$$

其中 T 是非常长的时间（相比于观察的持续时间）；积分等于求时间平均值。我们要对感兴趣的 s 范围（包括零点）内的若干离散取值计算上述物理量。

光阱中的微米粒子会感受到与位移大致呈线性关系的回复力（朝向光阱中心）。图 6.15a 是数据集的一小段，显示了粒子位置与观察时间之间的函数关系，图 6.15b 显示了相应的自关联函数，可与问题a 的结果做定量比较。

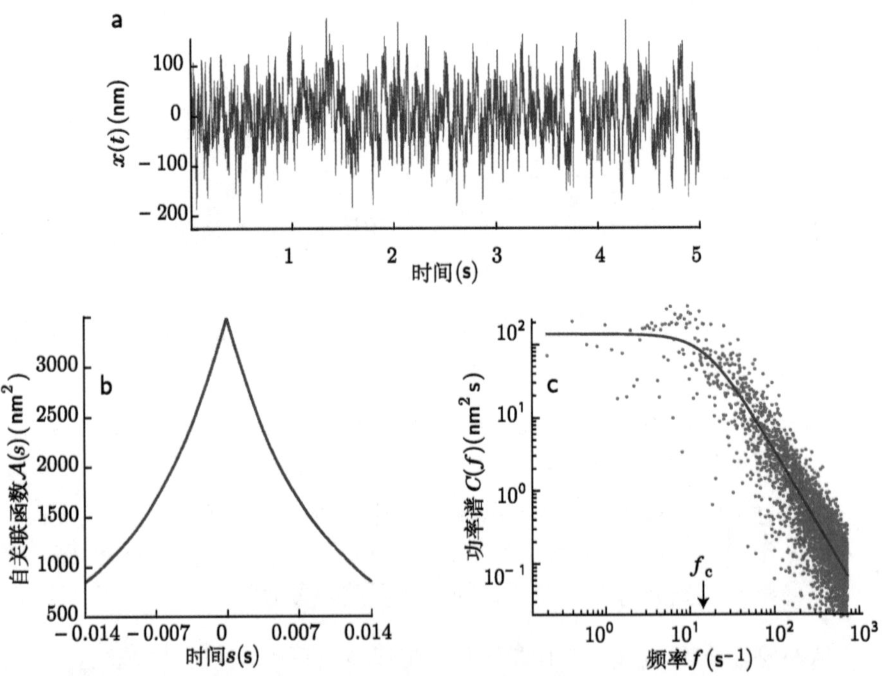

图 6.15（实验数据） **硅珠子在光阱中的布朗运动**。珠子是一个半径为 0.58 μm 的球体。图 a：时间序列。图 b：从图a 中的数据计算的自关联函数。图 c：图a 的功率频谱的双对数图。在“拐角频率” $f_c \approx 16\ \mathrm{s}^{-1}$ 处，频谱从一个平台变为一条下降的直线。平台在 $\mathcal{C}(0) \approx 110\ \mathrm{nm}^2\,\mathrm{s}$ 处。（数据由 J. van Mameren 与 C. Schmidt 友情提供。）

[19]第 3.5.4 节（第 58 页）介绍了自关联。

b. 实际上，计算 $\mathcal{A}(s)$ 的“单边功率谱”更为常见，定义傅里叶变换

$$\mathcal{C}(f) \equiv 2\int_{-\infty}^{\infty} \mathrm{d}s\ \mathcal{A}(s)\mathrm{e}^{2\pi \mathrm{i} f s}.$$

其中 $f = \omega/(2\pi)$ 是以每秒周期数为单位的频率，$\mathrm{i} = \sqrt{-1}$。求问题a 中模拟结果的 $\mathcal{C}(f)$ 并作图。[注意：图中的“拐角频率” f_c 定义为 $\mathcal{C}(f)$ 为其最大值一半时的频率。]

c. 选做题：从 Dataset 10 获取数据(其中包含图 6.15a 摘录的数据)。制作类似于图 6.15b、c 中的图形。

6.8 $\boxed{T_2}$ 漂移/扩散

a. 编写程序生成 100 条随机行走轨迹（出发点均为原点），每条轨迹都持续 250 步。每步的位置变化均为 ±1，但选择 $+$ 的概率是52%。统计所有轨迹的终末位置的概率，显示为直方图。

b. 制作动画，显示位置 x（任何时刻，而不仅是终末时刻）的统计直方图随时间演化的过程。回想带漂移的布朗运动，你能从动画中得到什么结论?

c. 改变模拟程序中的一个或几个参数，你会发现系统将呈现一些有趣的行为。记下这些参数，并仿照上题制作另一个动画。

d. 也许你注意到了动画中的左/右摇摆。其起源是什么？要解决这个非物理缺陷，可尝试第三种随机行走：每一步的位置改变量都是 ±1 以及 0，其概率分别是

$$\mathcal{P}(+1) = 0.44,\quad \mathcal{P}(-1) = 0.40,\quad \mathcal{P}(0) = 0.16.$$

为什么这有助于改善动画质量?

第7章 模型选择和参数估计

科学的首要原则是不能自欺，
因为我们是最容易被自己蒙蔽的。
然后才是确保传统意义上的诚实。

——理查德·费曼

7.1 导读：似然

看似全同的实验往往给出不完全相同的数据。例如，测量仪器的精度有限，测量系统也受到随机热运动的影响[1]；因此，每次试验一般来说不是真正全同的，因为某些内部状态不是我们所能观察或控制的。

前面章节已经给出了某些例子，其中物理模型不仅预测了多个试验获得的测量平均值，甚至给出了它的全概率分布。如此详尽的预测为模型提供了更严格的验证[2]。但是“证实”一个模型到底需要什么？我们可能只是看看预测曲线对实验数据的符合度，但我们对卢里亚–德尔布吕克实验（图 4.8）的分析表明只是看看是不够的。在图 4.8a 中，很难明显看出两个竞争模型中哪个更合适。图 4.8b 倒是似乎证伪了一个模型，但两图之间的唯一区别是画图的方式！难道我们找不到一个更加客观的方法去评价一个模型？

此外，图 4.8 中两个模型都是属于单参数模型族。那么我们如何求得参数的“正确”值呢？到目前为止，我们只是通过调整参数直到模型的预测“看起来像”实验数据，或者发现不存在合适的参数值，这些又都是主观判断。再比如参数的某个值对数据的某个区域做了较好的预测，而参数的另一个值则在另一个区域有最好的预测，那么整体来说哪个参数值更好呢？本章将在贝叶斯公式的基础上使用*似然*的概念来回答这些问题。

---

[1]图 3.2 显示了基于量子物理的另一类随机性。

[2]参见第 1.2.6 节（第 14 页）。

本章焦点问题

生物学问题：尺寸小于 200 nm 的任何物体在光学显微镜下都会显得模糊。那么，我们如何才能看清单个分子马达的步进？

物理学思想：如果能收集足够多的光子，我们就可以高精度测量单个光斑的位置。

7.2 最大似然

7.2.1 模型好坏的评判

到目前为止，我们都是按照如下方式讨论随机性的，即我们认为我们知道一个系统的基本机制，并由此做出预测。例如，我们知道一副扑克包含 52 张不同的牌，并且认为完美的洗牌模式就是使牌杂乱无章、其中不存在任何明显的关联性；当我们从洗过的扑克牌中取牌时，我们就可以询问某些特定的结果（诸如“满堂红”）出现的概率。在科学研究中，我们偶尔会有充分理由相信我们能先验地知道这些概率，例如减数分裂中某个基因的拷贝会被随机“分配”到生殖细胞。

然而在实际研究中，我们经常面临相反的问题：我们已经测量出了一个结果（或许多结果），但我们不知道产生该结果的基本机制。从数据反向推理机制就是所谓的**统计学**或**统计推断**。为了理出一些头绪，让我们想象两个虚拟的科学家在讨论这个问题。他们的辩论是近二百年来已经在现实世界发生过的各种争论的一个缩影。时至今日，双方的观点在自然科学及社会科学的各个领域都有坚定的追随者，因此我们需要理解双方的论点。

Smith： 我有一个（或数个）候选的物理模型来描述一个现象。每个模型都只依赖一个未知的参数 α。我获得了一些实验数据，现在我想在模型之间进行选择，或者在同一个模型族中选择不同的参数值。所以我需要求 $\wp(\mathsf{model}_\alpha \mid \mathsf{data})$，再寻找使这个量最大化的模型或参数值[3]。

Jones： 说“模型的概率”没有意义，因为它不对应任何可复制的实验。细菌的特定菌株在特定条件下的突变概率 α 是一个固定的数字。尽管在理论上存在大量拥有不同 α 值的宇宙，可是我们只有一个宇宙[4]。

有意义的是 $\wp(\mathsf{data} \mid \mathsf{model}_\alpha)$，它回答了这样一个问题：“如果我们暂时假设我们知道真实模型，那么我们测量到的数据的确能被观察到的可能性有多大？”如果可能性低到不能接受，则我们应该拒绝这个模型。如果我们可以接受一个合理模型而拒绝所有其他的，那么该模型最有可能是正确的。

[3] 在本节，我们使用 $\wp$ 既表示离散分布又表示概率密度函数，视研究的问题需要而定。

[4] 或者至少我们生活在一个宇宙。

类似地，虽然我们不能精确地锁定 α，然而我们可以拒绝某个范围外的所有 α 值，则该范围是我们对 α 值最好的表述。

Smith： 当你说“除一个模型外拒绝所有其他模型”时，你没有指定“所有”模型的范围。当然，一旦获得了数据，你就可以随意捏造一个模型来精确预言这些数据，而且回回都能成功，尽管这些模型没有任何实际基础。你可能会说这些捏造的模型是“不合理”的，但你又如何能准确判断这一点呢？

很抱歉，但我确实想得到 $\wp(\mathsf{model}_\alpha \mid \mathsf{data})$，这不同于你提出的那个量。如果概率理论不能回答这样的实际问题的话，那么我就需要扩充理论。

T2 Smith 指出的危险（捏造模型）就是所谓的过拟合；参见第 1.2.6 节和第 7.2.1′ 节（第 189 页）。

7.2.2 不确定情况下的决策

Smith 认为前面几章提出的概率理论需要扩充。我们已经了解了有关这个世界的许多假说，尽管某些假说可能不对应任何可复制的随机系统的结果，我们仍希望赋予它们不同程度的概率。

在一场公平比赛中，我们事先就知道样本空间以及各可能结果出现的概率，然后可以使用第3章中列出的规则去求解更复杂事件的概率。即使我们怀疑这场比赛是不公平的，我们还是可能通过观察某个长时间玩家来经验性地估计基本概率，用到方法就是早先的定义：

$$\mathcal{P}(\mathsf{E}) = \lim_{N_{\rm tot}\to\infty} N_{\mathsf{E}}/N_{\rm tot}, \qquad [3.3]$$

或者它的连续形式[5]。

然而很多时候这个做法不太行得通。想象一下在街上散步，当你接近路口时看到一辆车也正接近十字路口。为了决定下步怎么走，你需要知道当前的车速并预测从现在开始到你进入路口的整个时间段内的车速。而且只知道上述这些最可能发生的情况是不够的，因为你还需要知道车辆突然加速的可能性有多高。总之，你需要知道汽车当前和未来车速的概率分布，并且必须在很短时间内通过关联度有限的一点信息来获得这些分布。除非你过去曾在同样的情况下无数次遭遇过这同一个司机，否则你无法得到各种可能结果的概率。因此，公式(3.3)在这种时候基本上是无用的。这种情况甚至都不能用“随机”这个词来描述，毕竟它意味着需要进行大量的可重复测量，而此时只不过是“不确定”而已。

[5]参考公式(5.1)（第 108 页）。

受猫威胁的老鼠面临类似的挑战，我们在日常生活中做出无数决策的时候也如是。我们并不预先知道各种假设的概率，甚至不知道所有可能结果的样本空间。然而，我们每个人都在不停地对各种命题的置信度做出估计。如果我们确信这是假的，便赋予接近 0 的值；如果我们确信这是真的，便赋予接近于 1 的值，其他情况便赋予 0 — 1 之间的值。一旦获得新的信息，我们就更新这些置信度。这种“无意识推理”能否被系统化，甚至是数学化？此外，我们有时甚至会积极寻找那些能够最好地检验命题的新数据，也就是说，一旦我们获得了这类新数据，将有可能对我们的置信度做出最大改变。我们可以将这一过程系统化吗？

科学研究往往会遇到同样的情况：我们坚信有关世界的某些命题，但对其他命题持怀疑态度。我们进行了一些实验，获得了有限量的新数据，然后问：“该证据如何改变我对可疑命题的置信度？”

7.2.3 贝叶斯公式给出新数据更新置信度的自洽方案

根据上述思路，我们可以尝试扩展概率这一概念，首先我们要问这个广义概念应该具备哪些性质？将命题记为 E，则对于可重复随机过程，我们可以用通常的表达式[公式(3.3)]来定义 $\mathcal{P}(\mathsf{E})$。此时，概率取值也自动服从减法、加法及乘法规则[等式(3.7)、(3.8) 和 (3.11)]，但这三条规则跟是否重复试验没有直接关系。于是，我们可将概率系统定义为可对命题赋值且满足以上三个法则的任意方案，而不管这些赋值是否具有频率那样的直观含义。贝叶斯公式就是这样的一个方案（它是乘法规则的结果）[6]。

在这个框架下，我们可以回答 Smith 的原始问题。将每个可能模型都视为一个命题。我们希望在给定的数据下量化对每个命题的置信度。如果我们开始用 $\wp(\mathsf{model}_\alpha)$ 做初步估计，再获取某些相关的实验数据，我们就能利用贝叶斯公式更新初始的概率估值，在这种情况下

$$\wp(\mathsf{model}_\alpha \mid \mathsf{data}) = \frac{\wp(\mathsf{data} \mid \mathsf{model}_\alpha)\wp(\mathsf{model}_\alpha)}{\wp(\mathsf{data})}. \tag{7.1}$$

这个公式的方便之处在于我们往往很容易获取已知模型的有关信息（即计算 $\wp(\mathsf{data} \mid \mathsf{model}_\alpha)$），如同我们已经在第3—5章所做的那样。

与第3章一样，我们称更新后的概率估值为**后验**概率、右边第一个因子为**似然**、分子部分的第二个因子为**先验**概率[7]。

Smith 继续说： 刚刚提出的广义的概率概念至少数学上是自洽的。比如，假设我得到一些数据 data，我就修改我的概率估值；然后你又告知一些额外的数据 data′，我再修改。这个最新的概率估值应该与数据获取的顺序

[6]参见等式(3.17)（第 52 页）。

[7]参见 3.4.7 节，这些传统术语可能会引起误解，以为时间是我们描述中的一个必需变量。事实恰恰相反，“先验”和“后验”仅仅指我们的主观认知状态，即，是否已经从某些数据中获得了信息。

无关，即，你先告诉我 data′，然后我再获得 data，由此修正得到的概率估值应该与上述完全相等[8]。

Jones： 可是科学应该是客观的！你的公式依赖于你对模型为真的概率的初始估计，这是不能接受的。我为什么要在乎你的主观估计呢？

Smith： 好了，不管他们承认与否，每个人都有先验估计。事实上，你使用 $\wp(\mathsf{data} \mid \mathsf{model}_\alpha)$ 代替等式(7.1)等于心照不宣地假定了特定的先验分布，**即均匀的先验分布**，或 $\wp(\mathsf{model}_\alpha) =$ 常数。这听起来不错而且公正，但实际上不行：如果我们用不同的参数（例如，$\beta = 1/\alpha$）重新表达模型，则 α 的概率密度函数必须变换[9]。根据新参数 β，分布将不再均匀。

同时，如果参数α有量纲，则等式(7.1)需要因子$\wp(\mathsf{model}_\alpha)/\wp(\mathsf{data})$提供所需的量纲（$\alpha$量纲的倒数），而后者却被你省略了。

Jones： 我其实使用的是累积量，即，从候选模型获得观测数据或比之更极端数据的总概率。如果这个无量纲的量太小的话，我就拒绝模型。

Smith： 但“更极端”是什么意思？这听起来好像更隐性的假设掺和进来了。为什么要讨论没有观察到的数值呢？观察到的数据才是我们唯一应该讨论的。

7.2.4 计算似然的实用方法

显然，统计推断是一件微妙的事情，最好的办法可能是视情况而定。但通常我们可以采取务实的立场，承认 Smith 和 Jones 的观点。首先，我们有很多关于世界的一般知识，例如物理常数的值（水的黏度、ATP 分子的自由能等），与系统有关的具体知识（含有的分子种类、分子间的相互作用等）。根据这方面的知识，我们可以把多个物理模型摆在一起，并给每个物理模型赋予一些先验的置信度。这个步骤实现了 Jones 的期望，将讨论局限于“合理的”模型。同时也消除了 Smith 所担忧的捏造模型之嫌。一般来说，模型还包含了一些未知参数，而我们很可能具有一定的先验知识来事先指定参数的取值范围。

其次，像某个模型已经得以“确证”这样绝对的陈述是必须避免的。我们可以将野心缩小一点，只比较各个模型（第一步提出的模型）的后验概率。因为它们共享着公共因子 $1/\wp(\mathsf{data})$ [见等式(7.1)]，所以当我们决定哪个模型最有可能时就不需要评估该因子，我们需要比较的是所有模型的**后验概率之比**，即

$$\frac{\wp(\mathsf{model} \mid \mathsf{data})}{\wp(\mathsf{model}' \mid \mathsf{data})} = \frac{\wp(\mathsf{data} \mid \mathsf{model})}{\wp(\mathsf{data} \mid \mathsf{model}')} \times \frac{\wp(\mathsf{model})}{\wp(\mathsf{model}')} \tag{7.2}$$

[8]在习题 7.9 中你会确认 Smith 的观点。

[9]参考第 5.2.6 节（第 115 页）。

在这个无量纲表述中，令 Smith 担忧的数据量纲被抵消了。“后验概率之比是似然比和先验比的乘积。”

如果我们对上述先验值有很好的估计，现在就可以计算公式(7.2)并对模型做比较。即使没有精确的先验值，我们仍然可以继续，因为[10]:

> 如果似然函数 $\wp$(data | model) 强烈支持某个模型，或者在某个模型的某组参数值附近展现出尖峰，则当我们比较后验概率时对先验值的选择就变得不那么重要了。 (7.3)

换句话说，

- 如果你的数据是如此令人信服，并且你的模型如此牢固地根植于独立已知的事实，以至于任何读者无论其先验估计如何都被迫得出你的结论，那么你的模型就是可以接受的。

- 否则，你可能需要更多或更好的数据，因为只有这样才会导致更为尖锐的似然函数。

- 如果更多更好的数据仍然没有给出一个令人信服的拟合，则可能是时候扩充当下考虑的模型种类了。即，可能存在另一个你分配了较低先验概率的模型，但其似然值却远远优于目前为止所考虑的所有模型。尽管你最初怀疑它，但该模型可能有最大的后验概率[公式(7.2)]。

上述最后一步至关重要，因为它提醒我们如何避免误判。

有时我们发现好几个模型都似乎符合得一样好，或一个宽泛的参数值范围似乎都能很好拟合我们的数据。此时，无论是根据上述推理还是根据常识，我们都需要做一个额外的试验，其似然函数能辨别这些模型。因为两个试验是独立的，其复合结果可以通过简单地将它们各自的似然比相乘并对乘积进行优化来得到。

虽然 Smith 原则上正确，但在模型之间选择时常常需要计算似然比。该程序可以恰当地命名为**最大似然估计**，或“**MLE**方法”。如果能找到合适的显式先验函数，我们就称其为“**贝叶斯推断**”。大多数科学家对于先验概率的应用都持变通的态度。不过，当你运用先验函数时，一定要确保对方法及其背后的假设了解得足够清楚，或者干脆从你正在阅读的文章中来提取先验信息。

T2 第 7.2.4′ 节（第 189 页）讨论了模型选择和参数估计中数据分区的作用，并引入了“赔率”的概念。

---

[10]习题 7.2 的实例将证实这一主张。

7.3 参数估计

本节将给出似然最大化的一个例子。后继各节将讨论更多的生物物理应用，我们也将看到似然方法是如何成为其他技术的基础的（这些技术通常散见于各种文献中）。将这些方法统一起来将有助于我们认识它们之间的联系，以将其拓展至新的应用。

下面我们来考察一个在日常研究中常会碰到的情况。假设实验动物的某个品种容易罹患某种癌症，例如 17% 的个体都可能患病。现在有一个包含 25 个个体的测试组，我们对其注射一种疑似致癌物，发现其中 6 例患病。患病率 6/25 大于 0.17 。但这个差异算显著吗？

实验动物通常是极其复杂的系统。由于我们几乎不可能了解每个细胞的行为，我们最好假设每个动物个体都相当于一次独立的伯努利试验，并且环境的任何效应都可以用单个参数 ξ 来概括。我们假设实验组与对照组都是从同一个概率分布（同样的参数 ξ）抽样的，下面我们将对此假设进行评估。

7.3.1 直觉

更一般地，模型通常有一个或多个参数，其值可以从数据提取。类似于第 7.2.4 节，我们不会试图去"确认"或"否定"任何参数值，相反，我们将计算 α 的概率分布 $\wp(\mathsf{model}_\alpha \mid \mathsf{data})$，并问何种 α 值范围包含了绝大部分后验概率。为了了解实践中如何操作，让我们研究一个相当于致癌实例的情况，因为我们对该情况已经有些直觉了。

假设我们抛币 M 次获得 ℓ 次<u>正面</u>和 $(M-\ell)$ 次<u>反面</u>，我们想知道这些信息能否告诉我们该硬币是否无偏。也就是说，我们已经有这个随机系统的模型（是一个伯努利试验），但该模型有一个未知的参数 (无偏性参数 ξ)，而我们想知道 ξ 是否等于 1/2 。现在考虑三种情况：

a. 我们观察到 $M=10$ 时， $\ell=6$ 次<u>正面</u>。

b. 我们观察到 $M=100$ 时， $\ell=60$ 次<u>正面</u>。

c. 我们观察到 $M=1000$ 时， $\ell=600$ 次<u>正面</u>。

直觉上，我们对情况 **a** 还不能断定该币是否无偏，因为无偏硬币也常常给出这样的结果。但对于第二和第三种情况我们就怀疑该硬币的无偏性了，因为有充分的证据断定我们观察到了 $\xi \neq 1/2$ 的伯努利试验。我们想要利用第 7.2.4 节的观点来证明这种直觉。

7.3.2 模型参数的最大可能值可以由有限数据集得出

上一节为抛币提出了物理上合理的模型族：model_ξ 是每次抛币<u>正面</u>概率为 ξ 的独立伯努利试验。如果我们没有其他关于 ξ 的先验知识，则可采用其

允许范围 $\xi \in [0,1]$ 的均匀分布作为先验分布。

在我们做实验（即进行 M 次抛投）之前，ξ 和抛出正面的实际次数 ℓ 是未知的。实验结束后，我们获得了 ℓ 的一些数据，由于 ℓ 与 ξ 之间不完全独立，我们可以从 ℓ 的数据中获取关于 ξ 的信息。要实现这一目标，我们计算后验分布并使其对于 ξ 最大化，从数据中获取对参数的最佳估值。

公式(7.1)给出了后验分布 $\wp(\mathsf{model}_\xi \mid \ell)$ 是先验概率 $\wp(\mathsf{model}_\xi)$ 乘似然 $\mathcal{P}(\ell \mid \mathsf{model}_\xi)$ 再除以 $\mathcal{P}(\ell)$。我们想知道最大化后验概率的 ξ 值，或至少是合理可能的 ξ 值范围。注意，当我们进行最大化计算时，观察数据是固定不变的（这些数据一旦被记录下来就完全确定了，完全不依赖于我们要检验的关于 ξ 的任何假说）。所以 $\mathcal{P}(\ell)$ 对我们的目标来说是一个常数，对最大化不产生影响。

我们假设一个均匀先验分布，则 $\wp(\mathsf{model}_\xi)$ 也与 ξ 无关，因而对最大化也不产生影响。将这些不影响最大化的常量合并成一个符号 A，公式(7.1)（第 171 页）就变成：

$$\wp(\mathsf{model}_\xi \mid \ell) = A\mathcal{P}(\ell \mid \mathsf{model}_\xi). \tag{7.4}$$

根据 model $_\xi$，ℓ 的分布是二项式分布：

$$\mathcal{P}(\ell \mid \mathsf{model}_\xi) = \mathcal{P}_{\mathrm{binom}}(\ell; \xi, M) = \frac{M!}{\ell!(M-\ell)!}\xi^\ell(1-\xi)^{M-\ell}.$$

第 7.2.3 节定义的似然与该公式一样。该式有点乱，但阶乘不是我们该关心的，因为它们也与 ξ 无关，因此我们可以把它们与 A 合并成另一个常数 A'：

$$\wp(\mathsf{model}_\xi \mid \ell) = A' \times \xi^\ell(1-\xi)^{M-\ell}. \tag{7.5}$$

我们希望在 ℓ 固定的情况下求 $\wp(\mathsf{model}_\xi \mid \ell)$ 最大化的最佳 ξ 值，等价地，我们可以最大化其对数：

$$0 = \frac{\mathrm{d}}{\mathrm{d}\xi}\ln\wp(\mathsf{model}_\xi \mid \ell) = \frac{\mathrm{d}}{\mathrm{d}\xi}(\ell\ln\xi + (M-\ell)\ln(1-\xi)) = \frac{\ell}{\xi} - \frac{M-\ell}{1-\xi}.$$

求解该方程表明[11]在 $\xi_* = \ell/M$ 处似然最大化。我们的结论是，在所有上述三种情形中，我们对无偏性参数 ξ 的最佳估值是 $\xi_* = 6/10 = 60/100 = 600/1\,000 = 60\%$。

对这样一个显而易见的结论却要耗费大量的工作！然而，我们的计算容易被推广到先验知识更丰富的情况，例如，如果我们信任的人告诉我们硬币是无偏的，此时我们可以使用最大值出现在 $\xi = 1/2$ 附近的先验函数，则对参数 ξ 的最佳估值就同时考虑了先验概率及实验数据。

我们还没有回答最初的问题，即“硬币是无偏的吗？”利用这里刚建立的框架，我们能在下一节直接回答。

[11] 当数据的确是来自同一个伯努利试验概率分布的抽样时，有些学者会将这一结论表述为样本平均（此处为 ℓ/M ）是参数 ξ 的一个好的“估计”。

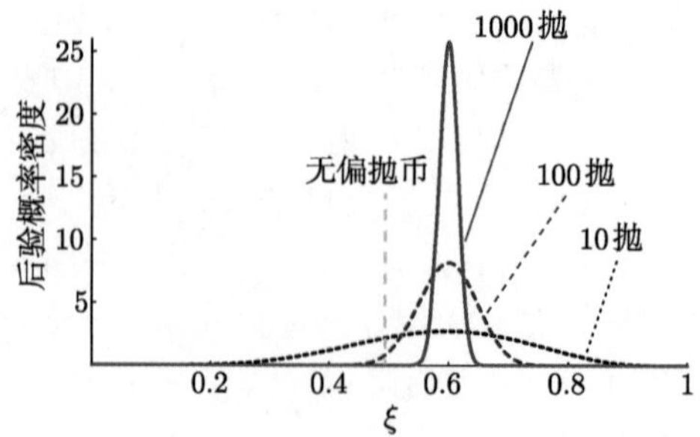

图 7.1（数学函数） **伯努利随机变量的似然分析。** 曲线展示了硬币无偏性参数 ξ 的后验概率分布；参见公式(7.5)。黑色点线是 $M=10$ 抛，其中 $\ell=6$ 是正面；红色虚线是 100 抛，其中 60 次是正面；蓝色实线是 1000 抛，其中 600 次是正面。

T2 第 7.3.2′ 节（第 190 页）更详细地介绍了理想分布函数的用途，并给出了参数 ξ 的一个改进的估计量。

7.3.3 置信区间给出与当前数据一致的参数范围

如何确保我们求得的是真实的 ξ 值？也就是说，ξ 的取值非常可能落在哪个范围内？按 7.2.4 小节，这个问题可表述为“后验函数在这个最大值附近的峰有多尖锐？”

后验分布 $\wp(\mathrm{model}_\xi \mid \ell)$ 是 ξ 的概率密度函数。所以，我们可以通过求解 $\int_0^1 \mathrm{d}\xi\wp(\mathrm{model}_\xi \mid \ell)=1$ 得到公式(7.5)的前因子 A'。对于小的 M，手算积分也不难，大 M 可以用借助计算机[12]。图 7.1展示了三种情况的结果，我们解释如下：如果抛投 10 次得到 6 次正面，则硬币可能是无偏的（尽管 ξ 的真值是 1/2）。更确切地说，黑色曲线下的大部分区域位于 $0.4<\xi<0.8$ 范围内。然而，如果抛 100 次得到 60 次正面（红色曲线），则大部分的概率处在 $0.55<\xi<0.65$ 范围内，且不包含值 1/2，所以此时的抛币不太可能是无偏的（ξ 真值是 1/2）。如果抛 1 000 次得到 600 次正面，则无偏硬币的假设基本被排除了。

“排除”在定量上意味着什么？为了获得具体的印象，图 7.2a 显示了一个弯折硬币被抛 800 次的结果。在该图中，对 $M=10$ 抛获得的各种 ℓ/M 值给出的经验频率被显示为灰色柱。直方图看起来确实有点偏，但是该硬币必然是有偏的这一点还不明显。我们也许被统计涨落所欺骗。绿色柱显示我们重新以每批 $M=100$ 抛的较少批次分析数据所得各种结果频率。这是一个较窄的分布，似乎更清晰表明分布不是以 $\xi=1/2$ 为中心，但有限的几个试验让我们很难信任每个区块的数据，因此我们需要比这更好的方法。

为了计算 ξ 的最概然值，我们使用出现正面的总数，$M=800$ 抛得正面 $\ell=347$ 次，获得 $\xi_*=347/800\approx 0.43$。图上的星状点显示了对应于 ξ 和 $M=10$ 的二项式分布的预测频率。它们的确有相似之处，然而我们可以在何种程度上说数据与无偏硬币分布是*矛盾*的呢？

我们可以通过计算 ξ 的整个后验分布来回答上述问题，而不是仅仅求其

[12] T2 或许你已经注意到了它是贝塔函数（可参见习题7.13）。

峰值 ξ_*，还要求确定 ξ_* 附近的 ξ 取值范围，该范围能够囊括绝大部分（例如 90%）的曲线面积。图 7.2b 显示了该计算结果。对于间隔宽度为 2Δ 的每个值，图形显示其后验分布 $\wp(\text{model}_\xi \mid \ell = 347, M = 800)$ 曲线下 $\xi_* - \Delta$ 和 $\xi_* + \Delta$ 之间的面积。随着 Δ 变大，这个面积接近 1 （因为 $\wp$ 是归一化）。由图可知，90% 的面积位于 $\xi_* \pm 0.027$ 之间（即介于 0.407 及 0.461 之间）的区域。这个范围也叫参数 ξ 推断值的 90% **置信区间**。此时它不包括 $\xi = 1/2$，所以这些数据不可能由无偏硬币产生的。

为了比较，习题 7.5 讨论了用一个普通的美分硬币产生的数据。

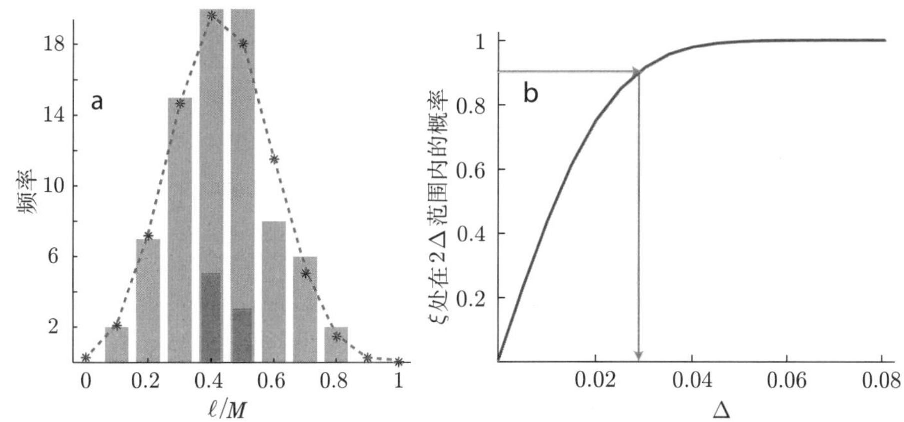

图 7.2（**实验数据与拟合；数学函数**） **置信区间的确定**。图 a 灰色柱：观察到的 ℓ/M 各种值的频率，总共 80 轮抛币试验，每轮中弯折硬币被抛 10 次。ℓ 值的频率峰值小于 5 表明 ξ 可能小于 1/2。图 a 红色符号：ξ 等于最概然值的二项式分布乘以 80 给出的频率预测值。图 a 绿色柱：相同的 800 次抛币结果，但这次按照 8 轮、每轮 100 次抛币来重新统计。得到的估计分布比每轮 10 次的分布窄很多。这个分布再次显示硬币是有偏的。不过，这种统计方式中的样本还是太少了。图 b：后验分布在 $\xi_* = 0.43$ 附近范围内的积分，即 ξ 处在这个范围内的概率。箭头显示，根据图a 中给出的数据，ξ 真值落在估算值 ξ_* 附近 0.027 以内的概率等于 90%。从 $0.43 - 0.027$ 到 $0.43 + 0.027$ 的范围内不包含无偏硬币假设的 $\xi = 1/2$，所以假设以 90% 的置信水平被排除。

T2 第 7.3.3′ 节（第 191 页）讨论期望已知的高斯分布变量的置信区间。也讨论了同经典统计相关的思想和具有非对称置信区间参数的情况。

7.3.4 小结

前述内容是相当抽象的，我们先暂时总结一下。为了给具有一定随机性的实验数据建模，我们：

1. 选择一个或多个模型，并赋予它们先验概率。在没有正当理由的情况下，我们最好认为每个模型都是等概率的。

2. 计算不同模型之间的似然比，如果可能的话，还可以乘上它们的先验比。

如果需要评估的模型包含一个或多个参数，我们增加如下过程：

3. 为每个模型族，求参数的后验概率分布。

4. 求参数的最概然值。

5. 选择一个判定值，例如 90%，在参数最概然值附近找出一个区域，使得该区域上的总后验概率等于判定值。

6. 如果有多个模型可供考虑，可以先将各个模型的后验概率函数对所涉参数 ξ 做边缘化处理[13]，再比较由此得出的各量之间的大小。

7.4 卢里亚–德尔布吕克实验的似然分析

本章导读指出了我们对卢里亚–德尔布吕克实验理解上的盲点：在图 4.8a 中，被比较的两个模型在解释实验数据方面表现出近乎同样的成功。但是当我们在对数坐标中重画数据时，结果清楚表明其中一个模型是站不住脚的（图 4.8b）。数据的呈现方式居然会影响其含义，这一点很难让人接受。

似然分析为我们提供了更客观的准则。在习题 7.10 中，你将使用上节的推理来分析卢里亚–德尔布吕克实验数据；对于两个细菌抗药性模型，你将估算它们的似然比[14]。尽管你的计算结果可以通过某种数据图更直观地展示出来，但结果本身的意义绝不依赖于该数据图：即便我们最初认为“拉马克”模型的可能性比“达尔文”模型高 1 000 倍，但这个先验比优势会被巨大的似然比所压制，从而使最终结果倾向于后一模型。

7.5 定位显微镜

7.5.1 显微术

科学的许多突破都是基于看见以前看不见的东西，但怎么定义“看见”还是很棘手。下一节将探讨一些革命性进展，其关键在于人们意识到统计推断是实现最佳成像所必需的[15]。我们首先介绍一些背景知识。

光学显微镜是在 16 世纪左右发展起来的。但在实用方面长期以来受到对比技术的限制（没有适当的染色剂的辅助，我们几乎看不到细胞内的各类细胞器）。另一个不太明显的问题是我们的观察总是被细胞内的无关物体所干扰。最近出现的新型显微技术可以解决这两个问题。它使用荧光分子（“荧光

[13]参见第 3.4.5 节。

[14]习题 7.12 将介绍更多细节。

[15]第8章将探讨电子显微镜的类似命题。

团”[16]），吸收一种颜色的光，然后重新发射另一种颜色的光。可以对荧光团进行改造，使其与特定蛋白或其他感兴趣的分子特异性结合。**荧光显微镜**用能激发荧光团的特定波长的光照射样品（甚至可能是单个活细胞），再用滤光片将荧光团发射的光过滤出来，最后仅显示我们希望观察的样品部分。能成功滤波的原因是我们所收集的特定波长的光只可能来自荧光基团，而照射样品的光是不包含这个波长的。

简而言之，荧光显微镜解决了只凸显目标物而同时隐藏它物的难题。

7.5.2 纳米精度的荧光成像

光学显微镜还存在另一个局限性，即大部分感兴趣的分子的尺寸远小于可见光波长。更确切地说，像单个大分子这类亚可见光波长目标呈现的是一团模糊，因为直径为数百纳米的目标是无法分辨的。两个这样的物体如果彼此太近，成像就会出现融合，换句话说，光学显微镜的**分辨率**极限为数百纳米。许多巧妙的方法都是围绕突破**衍射极限**而成像，但每个都有各自的缺点。例如，电子显微镜会损害观察样品，以至于我们看不到主动履行正常细胞任务的分子机器。X射线结晶需要将目标分子从组织中分离出来，再纯化和结晶。扫描探针和近场光学显微镜通常需要探针与研究目标有物理接触或接近；这种限制大大降低了在原位观察细胞器的可能性。在没有辐射损伤且探针离目标较远（数千纳米）的研究环境中，我们如何对细胞组分进行空间高分辨成像?

对于某些问题，我们事实上并不需要一幅完整的图像，有了这一认知，上述僵局就很容易突破了，例如，分子马达是将“食物”（ATP 分子）转化成力学步进的装置。为了了解特定马达的步进机制，给单个马达标记荧光团足以让我们观察到马达步行穿越显微镜视场导致的光点的运动[17]。对于该问题，我们确实不需要解析两个邻近的点，只需要单个光源（结合到马达的荧光团），并希望有足够精度确定马达的位置，进而探测到单个步进运动。

具体到细节上，摄像机需要包含一个由大量光探测单元构成的二维网格，网格上的每个**像素**对应于样品中的特定位置。当我们照亮样品时，摄像机中的每个像素就开始记录离散的尖头信号[18]。我们的问题是，即使光源在空间中固定，且其尺寸远小于每个像素的大小，仍然会有多个像素接收到尖头信号，则图像就模糊了（图 7.3a）。增加放大倍数也不会有帮助——虽然每个像素对应于更小的物理区域，但尖头信号会扩散到更多的像素上，与之前的空间分辨率相同。

请注意，尽管像素发放是随机的，但它们有确定的概率分布，被称为显微镜的**点扩展函数**（图 7.3b）。如果我们特意将样品移动已知的微小距离，则

[16]更准确地说，荧光团也可以是分子的一部分，即作为官能团。

[17]参考 Media 8 中分子马达工作的显微照片。在从这类实验中得出任何结论之前，必须要确认所修饰的荧光基团没有损坏或改变马达蛋白的生物功能。

[18]参考第 3.2.1 节（第 35 页）。

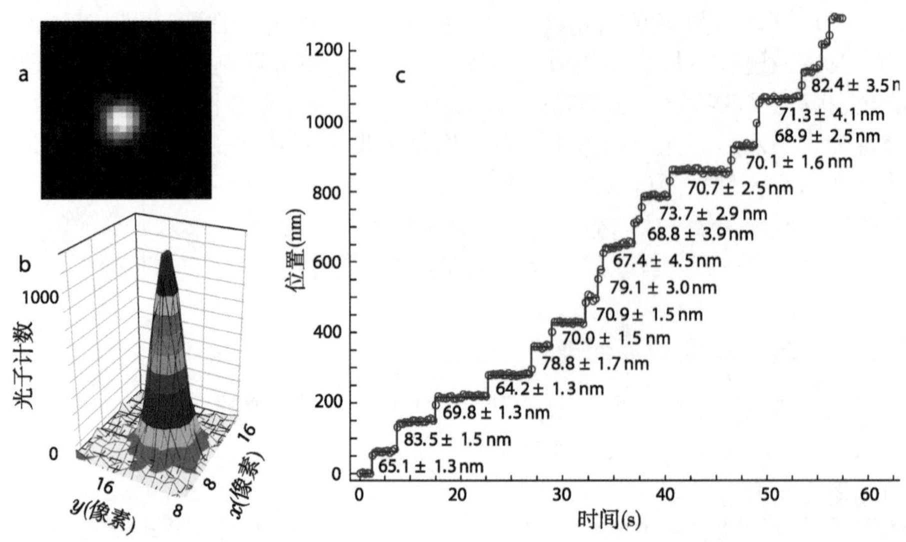

图 7.3（**实验数据**） **FIONA图像**。图 a：来自视频的一帧显微图像，视频显示一个结合在肌球马达 V上的荧光染料分子的运动。每个像素代表 86 nm，所以离散的 74 nm 步进很难从视频中分辨出来（见 Media 7）。图 b：单帧视频的另一种表示。这里每个像素收集到的尖头信号次数被表示成高度。该分布的中心位置能被精确确定，其精度远高于分布自身的展宽。图 c：用正文所述的流程处理视频的每一帧，得到的典型轨迹揭示了步长约为 74 nm 的一系列步进。横坐标是时间，纵坐标是马达位置在平均运动线上的投影。因此图中的纵向跳跃代表了马达的步进，水平台阶则代表了相邻两步之间的暂停。（蒙 Ahmet Yildiz 惠赠，参见 Media 7 与 Yildiz et al., 2003。）

引起的图像变化只是一个对应的平移，所以我们只需要测量点扩展函数一次便可；此后，我们可以将荧光团的真实位置 $(\mu_{\mathrm{x}}, \mu_{\mathrm{y}})$ 作为一对参数来刻画一系列假说，每个假说都对应一个已知的似然函数，即平移后的点扩展函数。最大化这个似然函数就能回答我们的问题：光源究竟位于何处？

为简单起见，我们先只讨论一维情况，坐标为 x。图 7.3b 显示点扩展函数近似为高斯分布，测量方差是 σ^2，但是中心 μ_{x} 未知。我们需要求出精度比 σ 高得多的 μ_{x}。假设荧光团在每次移动或停止发光之前产生 M 个尖头信号，则被尖头信号激发的摄像机像素位置对应于一系列表观坐标 $x_1, \cdots, x_M$。对数似然函数如下[19]（见第 7.2.3 节）：

$$\wp(x_1, \cdots, x_M \mid \mu_{\mathrm{x}}) \;=\; \wp_{\mathrm{gauss}}(x_1; \mu_{\mathrm{x}}, \sigma) \times \cdots \times \wp_{\mathrm{gauss}}(x_M; \mu_{\mathrm{x}}, \sigma),$$

定位显微镜物理建模（简化版）

[19]正如 Smith 在 171 页指出的，似然函数的量纲是 $\mathbb{L}^M$，因此严格来说我们不能直接取对数。然而，当我们计算似然函数比，或者等效地计算对数似然函数的差时，公式中违规的 $\ln\sigma$ 项都被抵消掉了。

或者

$$\ln \wp(x_1, ..., x_M \mid \mu_{\rm x}) = \sum_{i=1}^{M} \left[-\frac{1}{2} \ln(2\pi\sigma^2) - (x_i - \mu_{\rm x})^2/(2\sigma^2) \right]. \tag{7.6}$$

在维持 σ 和所有数据 $\{x_1, \cdots, x_M\}$ 不变的情况下，我们希望在 $\mu_{\rm x}$ 上对函数实现最大化。

思考题7A 证明 $\mu_{\rm x}$ 的最佳估值就是表观位置的样本均值 $\mu_{\rm x*} = \bar{x} = (1/M)\sum x_i$。

这个结果也许并不令人惊讶，但现在我们也可以问："该估算究竟有多好？" 等式(3.24)（第 58 页）已经给出了一个答案：样本均值方差是 σ^2/M（或标准偏差 $\sigma/\sqrt{M}$）。因此，如果我们收集到几千个尖头信号就可以得到荧光团真实位置的估值，这个估值的精度明显好于点扩展函数的展宽。事实上，许多荧光团在经历大约一百万尖头信号发射后会出现**光漂白**（即，荧光团损坏）。这些尖头信号的相当大部分是可以被收集到的，从而能将标准偏差降低到1 nm，使得荧光成像拥有纳米的精度，故被命名为FIONA（Fluorescence Imaging at One Nanometer Accuracy）。Yildiz 和其合作者在每帧视频收集大约 10 000 个尖头信号，使定位精度比点扩展函数的展宽小至1/100。

通过似然的观点重新认识问题，我们可以得到更详细的预测。重新排列公式(7.6)给出对数似然：

$$\begin{aligned} \text{const} - \frac{1}{2\sigma^2}\sum_i [(x_i)^2 - 2x_i\mu_{\rm x} + (\mu_{\rm x})^2] &= \text{const}' - \frac{M}{2\sigma^2}(\mu_{\rm x})^2 + \frac{1}{2\sigma^2}2M\bar{x}\mu_{\rm x} \\ &= \text{const}'' - \frac{M}{2\sigma^2}(\mu_{\rm x} - \bar{x})^2. \end{aligned} \tag{7.7}$$

第二个表达式中的常数包含了 x_i^2 的累加值。该项不依赖于 $\mu_{\rm x}$，对于优化目标函数来说它是"常数"。将公式(7.7)中的第三个表达式还原为指数形式，表明整个后验 PDF 是一个高斯分布，其方差等于 σ^2/M，同我们先前的结果吻合。

Yildiz 和其合作者将该方法应用到分子马达肌球蛋白 V 的连续位置探测上，获得了图 7.3c 的轨迹。每个这样的"阶梯"图显示了单分子马达的进程。图显示了马达的运动采取了一系列的快速步进，步长总是接近 74 nm。每步之间马达会出现不同等待时间的暂停。第9章将更详细研究这些等待时间。

本节展示了公式(7.6)中的物理模型如何提供一种高精度推断分子位置的方法。

T2 第 7.5.2′ 节（第 194 页）概述了更完整的分析方法，例如，如何考虑背景噪声和像素化的影响。

7.5.3 完整成像：PALM/FPALM/STORM

FIONA 方法对小光源的精确定位很有效，如一个结合在目标蛋白上的荧光团。因此，第 7.5.2 节表明，如果我们的兴趣在于一帧接一帧地跟踪这类目标的位置变化，则 FIONA 是个强大的工具。但是该方法的前提是，在每一帧中到达显微镜的光是来自单个点光源。

但是，我们通常希望得到的图像是多个目标的位置表示。例如，我们不妨看看细胞中各种结构单元以及它们的空间关系。如果这些目标相隔遥远，则可以对每个目标分别使用 FIONA 方法：我们用适当的荧光团（在此称为“标签”）标记感兴趣的目标，然后用若干点扩展函数的叠加对光场分布进行建模，每个函数的中心位置都未知。不幸的是，如果我们观测的目标间隔比点扩展函数的宽度更小的话，这个方法的准确性会迅速下降。但一个改进的技术可以克服这个限制。

在 1990 年代中期，E. Betzig 提出了一种卓有成效的方法：设法使得每个荧光团与其相邻的有所不同，以便每类荧光可以形成一个稀疏阵列（即一组独立可辨的点光源）。先分别定位每一类荧光团，再组合各类结果，最后构建一个完整的图像。Betzig 最初以为荧光团之间的区别可能在于它们的发射光谱，但不久之后，**光活化**现象[20]的发现为他的观点提供了更现实的实施方案。R. Dickson 和合作者发现绿色荧光蛋白具有长时间不发光的“暗”构象。出乎意料的是，他们还发现只要将单个分子暴露在波长为 405 nm 的光照下，就可以将单个分子从这种暗态切换到完全荧光状态。每个分子要么完全“打开”，要么完全“关闭”，而选择哪个分子“打开”是随机的。每个光活化分子响应并发射 488 nm 荧光，直到永久光漂白。至关重要的是，尚未“打开”光开关的剩余分子本身不受光漂白的影响，因此，下一次活化光将打开另一批分子，以此类推许多循环。在这些发现之后，G. Patterson 和 J. Lippincott-Schwartz 设计了一种改良的 GFP，具有类似的行为，但性能大大提高。

上述发现最终催生了超高分辨成像方法。将光活化蛋白与目标结构靶向融合后，

1. 活化光每次只“打开”少数几个相距较远的荧光团，因此它们的点扩展函数清晰可辨。
2. 通过最大似然方法（第 7.5.2 节）可求出每个“打开”的标签的位置。
3. 将上述标签的定位标记为点，由此构成一幅图像。
4. 关闭被打开的标签。
5. 激活另一组标签。
6. 重复上述过程，最终可建立一幅拥有足够多细节的图像。

[20] T2 其他相关方法依赖于称为光开关和光转换的类似现象。

图 7.4 给出了这些步骤的示意图。

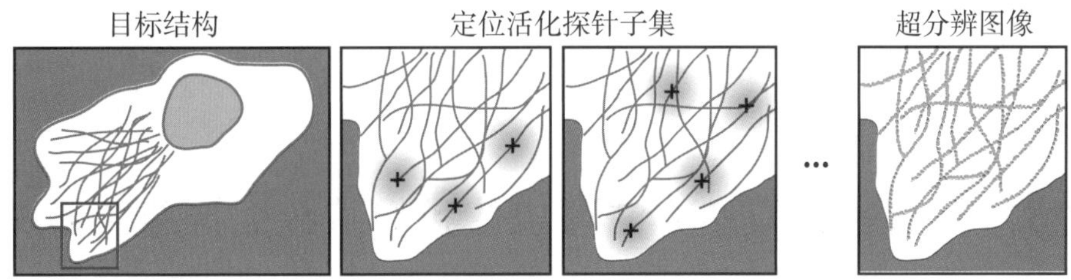

图 7.4（素描） **定位显微的原理**。感兴趣的结构被标记了荧光标签，但任何时候大多数标签是“关闭”的（暗）。少数标签被随机地“打开”，FIONA 这类分析能精确定位每个标记，产生的散射斑点的位置被保存（十字）。这些标签再被“关闭”（或者允许光漂白），重复以上步骤。最后，由每轮操作中发现的斑点重构出完整的图像。（蒙 Mark Bates 惠赠，参见 Bates et al., 2008 and Media 9。）

此方法最早的变种是光活化定位显微镜（PALM）、随机光学重建显微镜（STORM，图 7.5）及荧光光活化定位显微镜（FPALM）。所有的方法是相似的，因此我们统称为**定位显微镜**[21]。后来的工作在许多方面扩展了这个想法，

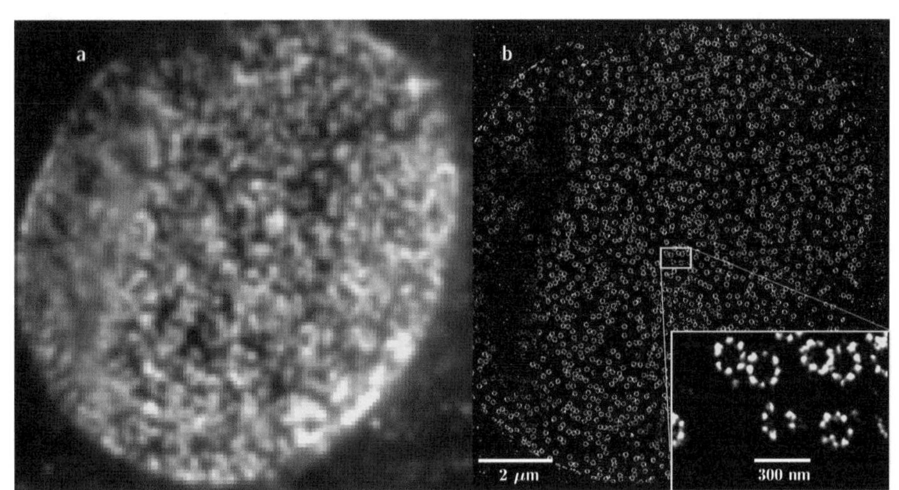

图 7.5（显微照片） **STORM 成像**。图像显示的是非洲爪蟾青蛙肾细胞的细胞核，该核对细胞质有许多开口。这些“核孔复合体”拥有复杂的结构；为了使他们可视化，研究者通过免疫染色方法将荧光基团标记到一个特异的核孔蛋白（GP210）上。图 a：常规荧光显微镜只能解析 200 nm 以上的空间结构特征，因此单个核孔复合体是看不见的。这些粗糙的像素阵列对应于真实的相机像素阵列。进一步放大图像也不会改善质量，还不可避免地因衍射而模糊。图 b：诸如 STORM 之类的超分辨率光学显微技术允许相同样品和相同波长的荧光并使用相同的相机进行成像，但具有更高的空间分辨率。例如，在放大的插图中，核孔复合物的 8 重对称环形结构可以清楚地看到。（承蒙 Mark Bates 惠赠。）

[21]反过来，定位显微属于更大领域的“超高分辨率显微技术”。

例如，三维成像、移动物体的快速成像、活细胞成像、不同分子种类的独立标记。

T2 第 7.5.3′ 节（第 194 页）描述光活化的机制并提到其他的超分辨方法。

7.6 拓展最大似然方法可以使我们从数据推断函数关系

通常情况下，我们感兴趣的是变量 x 和 y 之间的关系，其中 x 是可控实验变量（“设备上的旋钮”，或**自变量**）；而 y 是我们测量的量（“调节旋钮”的“响应”，或**因变量**）。复杂实验甚至可以具有多个自变量和因变量。

解决该问题的一个直接方法是进行一系列独立试验，设置各种不同的 x，测量对应的 y 值，再计算它们的关联系数[22]。但是，这种方法只限于变量之间存在简单的线性关系的情况。即使我们希望研究一个线性模型，关联系数本身也回答不了诸如斜率值的置信区间这样的问题。

一个替代的办法是把 x 固定在 x_1 值，反复测量 y，求得样本均值 $\bar{y}(x_1)$，然后把 x 固定到另一个 x_2 值，再次测量 y 值的分布，最后绘制 $(x_1, \bar{y}(x_1))$ 和 $(x_2, \bar{y}(x_2))$ 之间的直线（图 7.6a）。我们可以通过直线两个端点的不确定度来估算直线斜率和截距的不确定度。

上述过程比计算关联系数拥有更丰富的信息，然而我们还可以做得更好。例如，仅仅在 2 个 x 值下测量不能帮助我们评估 x 和 y 之间是否存在线性关系。相反，我们应该将测量扩展到整个感兴趣的 x 值范围。假设当我们这样做时，观测到数据有线性趋势并均匀分布在直线周围（图 7.6b）。我们希望有一些客观的程序来估算直线的斜率和截距以及它们的置信区间，也希望对不同候选模型的数据拟合进行比较。

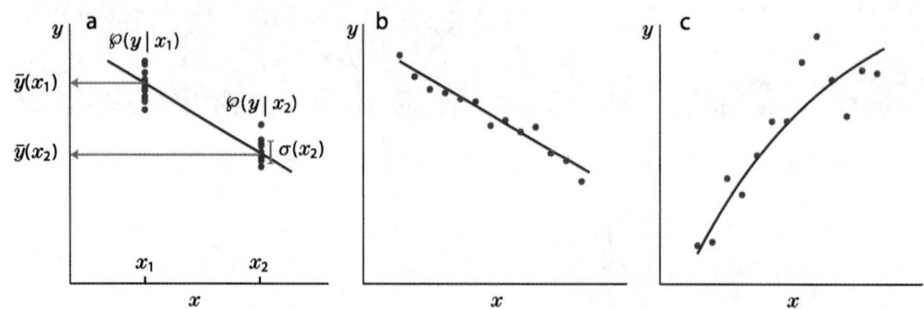

图 7.6（**模拟数据与拟合**） **数据拟合中的一些基本概念。** 图 a：针对自变量 x 的两个值，因变量 y 的多次测量。图 b：每个 x 值的一对一的 y 值测量。图 c：与图b 一样，然而期望 $\bar{y}(x)$ 的轨迹可能是非线性函数(曲线)，且数据的弥散度可能依赖于 x 值。

[22]参考 3.5.2′ 节（第 64 页）。

假设我们有数个典型的 x 值，且在每个 x 值上累计了一些数据，对每个固定的 x 其相应的测量值 y 服从高斯分布，其期望是 $\bar{y}(x)$ 。进一步假设每个分布的方差是如图 7.6b 所示的不依赖于 x 的常数 σ^2。如果我们有理由相信 $\bar{y}(x)$ 同x的关系是线性函数 $\bar{y}(x) = Ax + B$ ，则我们想知道 A 和 B 的最佳值。将这个假设模型记为 $\mathsf{model}_{A,B}$，则有：

$$\wp(y \mid \mathsf{model}_{A,B}; x) = \wp_{\text{gauss}}(y; Ax + B, \sigma).$$ **线性关系的通用物理模型**.

在公式左边，y 是一个随机变量，我们也把参数 A，B 当作随机变量，因为它们的值是不确定的。但是 x 的值是已知的。在右侧，$\wp_{\text{gauss}}$ 是由公式(5.8)（第 110 页）定义的理想化分布族之一。

M 次独立测量的似然函数是

$$\begin{aligned}&\wp(y_1, \cdots, y_M \mid \mathsf{model}_{A,B}; x_1, \cdots, x_M)\\&\qquad = \wp_{\text{gauss}}(y_1; Ax_1 + B, \sigma) \times \cdots \times \wp_{\text{gauss}}(y_M; Ax_M + B, \sigma),\end{aligned}$$

或

$$\begin{aligned}&\ln \wp(y_1, \cdots, y_M \mid \mathsf{model}_{A,B}; x_1, \cdots, x_M)\\&\qquad = \sum_{i=1}^{M} \left[-\frac{1}{2} \ln(2\pi\sigma^2) - (y_i - Ax_i - B)^2/(2\sigma^2) \right].\end{aligned}$$

为了找到最佳拟合，我们固定 x_i 和 y_i 并调节 A 和 B 实现该量的最大化。可以忽略方括号中的第一项，因为它不依赖于 A 或 B。在第二项中，我们也可以提出公因子 1/2。最后，舍弃负号并寻找剩余表达式的极小值:

在上述假设下，最佳拟合就是求**卡方统计量** $\sum_{i=1}^{M}(y_i - Ax_i - B)^2/\sigma^2$ 的最小值。 (7.8)

因为我们假设每个 x 对应的 y 都有相同的方差，因此在最小化的时候我们甚至可以丢掉分母项。

要点(7.8)提出了一个称为**最小二乘法拟合**的普适的程序。即使我们的物理模型预测出非线性关系 $\langle y(x) \rangle = F(x)$ （例如，图 7.6c 所示的指数关系），我们仍然可以使用上述**要点**(7.8)，只需将 $Ax + B$ 置换成函数 $F(x)$ 即可。

要点(7.8)是很容易实现的；事实上，许多软件包都内置该功能。但我们必须记住，这样一条龙式的解决方案有许多限制性假设，在使用结果之前这些假设必须接受检验:

- 我们假设，对于固定的 x ，变量 y 服从高斯分布，而许多实验量并不满足这种分布。
- 我们假设var $y(x) = \sigma^2$ 与 x 无关，然而事实往往并非如此（参见图 7.6c）[23]。

[23]我们发明一个华丽的词“异方差性”来描述这种情况。

例如，如果 y 是辐射探测器测量固定时间间隔内的尖头信号之类的计数变量，第9章会表明它是泊松分布而不是高斯分布，所以我们不能用最小二乘法求最佳拟合。

但现在我们理解了产生**要点**(7.8)的逻辑，因此可以将其推广到其他情况，基本思想始终是寻求最佳模型的参数估值来描述实验获得的数据(x, y)集合[24]。正如我们已经熟悉的，最大似然方法还可以给出参数估值的置信区间。

思考题7B 假设每个 $y(x_i)$ 确实是高斯分布，但测得的方差 $\sigma^2(x_i)$ 是非均匀的。如何修正**要点**(7.8)才能处理这种情况？

我们终于得到了曲线拟合好坏的客观判据。本书早期使用的“看起来不错”的方法是有缺陷的，表观的高拟合度依赖于对数或线性等特殊的作图方式，而似然最大化避免了这一缺陷。

T2 第 7.6′ 节（第 194 页）讨论了如何处理连续测量之间相互不独立的情况。

总结

回顾本章的导读。本章介绍了从数据出发挑选模型的定量方法，尽管并非绝对“确定”任何一个模型。数据分析并不是魔术，我们从噪声数据的小样本中得出的结论是有限的。进一步，我们想知道这个极限到底在哪里。

第 7.3.4 小节总结了这个方法。当模型包含一个或多个连续参数时，我们还可以划定这些参数值的置信区间， 其中后验分布（或许可近似表达为似然函数）非常有用，它提供了一个更为客观的判据，而不是通过调节参数值使拟合“看起来不错”。

上述方法需要计算似然函数（即后验分布，如果先验分布已知的话），这并不依赖于数据的任何表达方式。某些数据点可能会比其他点更重要。例如，在卢里亚–德尔布吕克实验中，离群值极不可能在我们考虑的任一个模型中出现[25]。最大化似然会自动考虑这种影响：离群值确实会对“拉马克”模型产生巨大的似然性惩罚。该方法还会对数据中不太可靠的部分（即那些具有更大 $\sigma(x)$ 的数据）自动降低统计权重。

如果数据非常充分，则一般而言似然比的重要性将远超先验比[26]（无论我们对其做出何种估计）。如果数据很稀少或很难获取，则先验分布将变得非常重要，需要谨慎选取。

---

[24]参考习题 7.9 和 9.17。

[25]参见习题 7.10。

[26]这是**要点**(7.3)的内容。

关键公式

- 后验概率之比：后验概率之比是描述两个模型在解释同一个数据集方面的相对成功率。它等于似然比乘以先验值之比[公式(7.2)，第 172 页]。
- 数据拟合：测量系统对某些自变量 x 的变化的反应。响应量 y （因变量）具有依赖于 x 的概率分布 $\wp(y \mid x)$，该分布的期望是某个未知函数 $F(x)$。为了求这类函数族中哪个能最好地拟合数据，我们需要对各种可能的 F 函数最大化其相应的似然函数（包括先验分布，如果能猜一个）。

  有时候可合理地假设，对于每个 x，相应的 y 分布是关于 $F(x)$ 的高斯分布，方差为某个已知函数 $\sigma^2(x)$。则似然最大化的结果与在一系列试验函数 F 上（保持实验数据 (x_i, y_i) 固定）最小化“卡方统计量”

  $$\sum_{\text{obervations } i} \frac{(y_i - F(x_i))^2}{\sigma^2(x_i)}$$

  的结果是一样的。如果所有的 σ 相等，则该方法还原成最小二乘法拟合。

延伸阅读

准科普

Pinker, 2021; Silver, 2012.
定位显微镜：Lippincott-Schwartz, 2015.

中级阅读

第 7.2 节借鉴了许多一线科学家对相关内容的介绍，其中包括 Jaynes & Bretthorst, 2003; Sivia & Skilling, 2006; Berendsen, 2011; Klipp et al., 2016, chapt. 4; Bailer-Jones, 2017.
定位显微镜：Bechhoefer, 2015; Mertz, 2019.

高级阅读

概率：Linden et al., 2014.
纳米精度荧光成像（FIONA）：Simonson & Selvin, 2011. 该方法的早期工作包括：Bobroff, 1986; Gelles et al., 1988; Lacoste et al., 2000; Cheezum et al., 2001; Thompson et al., 2002; Ober et al., 2004. 在分子马达步进方面的应用：Yildiz et al., 2003.

定位显微镜的早期工作：Betzig, 1995; Dickson et al., 1997; Patterson & Lippincott-Schwartz, 2002; Lippincott-Schwartz & Patterson, 2003; Lidke et al., 2005.

早期示范：Betzig et al., 2006; Hess et al., 2006; Rust et al., 2006. 同年发表的第四篇文章使用不同的方法来获得定位所需的稀疏随机的标签：Sharonov & Hochstrasser, 2006.

没有外源荧光染料的定位显微镜：Dong et al., 2016. 三维 STORM 应用于神经元：Xu et al., 2013.

包括其他超分辨方法的综述：Sahl et al., 2017; Sigal et al., 2018.

定位技术应用于 AFM 数据：Heath et al., 2021.

应用定位显微术作为推断：Mortensen et al., 2010.

数据的幂律拟合：Hoogenboom et al., 2006; White et al., 2008; Clauset et al., 2009.

最小二乘法用于拟合算法是灵活和高效的，也适合于泊松分布数据，参见 Laurence & Chromy, 2010.

拓展

T2 7.2.1 拓展

7.2.1′ 交互证实

当我们试图从数据推断模型时，Smith 提到了潜在的缺陷（第7.2节）：我们可以为获得的数据精心打造一个模型；这样的模型尽管对已有数据拟合得非常好，但仍不能反映真实。我们在本章只考虑具有合理的物理基础（基于物理、化学、遗传学等的一般知识）、有限的变量集合（如分子类型）及有限个参数（如速率常数）的模型。这些约束可以作为模型能否被接受的先决条件。但它不会完全消除令人担心的过拟合，因此，实践中往往需要用到更先进的方法。

例如，**交互证实**方法会分离出部分数据用于探索性分析、基于该数据子集选择模型、然后将模型应用到剩余的数据上（假设这部分数据与所选择的数据子集独立无关）。如果选择的模型在剩余数据上同样的成功，则模型可能不是过拟合的。更多细节见 Press 和其合作者（2007）。

T2 7.2.3 拓展

7.2.3′ 客观先验

Smith 在没有先验知识的情况下估算连续参数时提到了一个困难：选择均匀先验分布看似是无偏的，但可能会产生误导，因为在变量变化时它会转换为非均匀的分布。另一个不同的选择是“杰弗里（Jeffreys）先验分布”，它在变量变换时保持不变。Ghosh，2011； Jaynes & Bretthorst，2003, p.498.

T2 7.2.4 拓展

7.2.4′a 对数据分区降低了其信息量

实验数据经常“被分区”，即，连续量在测量范围内被分成有限个区间。每个测量值都被划入某个区间，再收集每个区间的样本数量。分区对于生成数据的图形化表示是有用的。不过，确定区块的合适尺寸似乎是一门神秘的艺术。如果区块太窄，则每个包含的样本太少，统计时会出现很大的泊松噪声； 例如，参见图 4.9。如果区块太宽，则会失去精度，甚至可能错过数据库应有的特征。事实上，即使是“最好”的分区方案也难免会破坏数据收集到的某些信息。

值得注意的是，进行似然检验时，分区通常是不必要的。每个独立的测量值在考虑的模型族下都有一个发生的概率，而似然只是这些值的乘积。例如，在公式(7.6)（第 181 页）中，我们使用了实际的测量数据 x_1，$\cdots$，x_N，而不是分区后的群体量。

当然有可能发生这样的情况，我们面对的是别人已经分好区的数据，而原始数据已经被丢弃。在这种情况下，我们最好的做法就是通过已有的数据计算近似的似然。例如，如果我们知道以 x_0 为中心的区间包含了 N_{x_0} 个数据，我们可以假装 N_{x_0} 个测量值都严格等于 x_0 再来计算似然，其他值也如法炮制。如果区间较宽，则可以做一个稍微好一点的设想，即 N_{x_0} 个测量值，每个都有不同的 x 值，且均匀地分布在整个区间。

在习题 7.10 中，你需要把这种方法用在卢里亚和德尔布吕克的已经分区的数据上。

7.2.4′b 赔率

公式(7.2)用先验概率之比表示了后验概率之比。概率之比也被称为**赔率**。赔率通常表达的是正反命题之间的关系。例如，“疾病治愈后复发的赔率是 3 : 2 ”的说法是指：

$$\mathcal{P}(\text{复发}\mid\text{治愈})/\mathcal{P}(\text{没有复发}\mid\text{治愈}) = 3/2.$$

为了求治愈后对应的复发概率，解 $\mathcal{P}/(1-\mathcal{P}) = 3/2$，得 $\mathcal{P} = 3/5$。

T2 7.3.2 拓展

7.3.2′a 理想分布函数的角色

第 7.2 节的讨论可能会引发有关 $\mathcal{P}_{\rm pois}(\ell;\mu)$ 之类的特殊分布的地位问题。一方面，我们引入了具体明确的数学函数，例如此处关于 ℓ、μ 的函数。但另一方面，第 7.2 节介绍了一个相当随意又很主观的符号 $\mathcal{P}$（“Smith 的概率方法”）。如何才能让这两不同观点并存？我们应该如何看待出现在理想化分布中分号后面的参数？答案隐含在第 7.3 节，但我们可以做更一般的讨论。

在第 7.2 节的方法中，事件被理解为逻辑命题。仍以泊松分布为例，我们感兴趣的命题

$$\mathsf{E} = (\text{系统可以很好地被泊松分布描述})$$

和

$$\mathsf{E}_\mu = (\text{系统可以很好地被特定}\mu\text{值的泊松分布描述}).$$

命题 E_μ 的含义恰恰是随机变量 ℓ 的概率分布，给定 E_μ 的显式表达式为 $\mathrm{e}^{-\mu}\mu^\ell/(\ell!)$。

假设我们测量单个 ℓ 值，在给定测量数据和假设 E 的前提下，我们希望得到各参数值出现概率的后验估计。广义贝叶斯公式[等式(3.29)，第 64 页]可以将其表达成：

$$\wp(\mathsf{E}_\mu \mid \ell \textbf{ and } \mathsf{E}) = \mathcal{P}(\ell \mid \mathsf{E}_\mu)\wp(\mathsf{E}_\mu \mid \mathsf{E})/\mathcal{P}(\ell \mid \mathsf{E}). \tag{7.9}$$

右边第一个因子是公式 $\mathrm{e}^{-\mu}\mu^\ell/(\ell!)$，下一个因子是 μ 值的先验概率，分母不依赖于 μ 值。

因此，理想分布的角色是其明确出现在公式(7.9)中，后者告诉我们如何敲定数据最支持的参数值及其置信区间。正文隐含地使用了这种解释。

7.3.2′b 改进的估计量

如果我们倾向于用其期望而不是最大的可能值去估算 ξ，在抛币例子中，我们可以通过对概率密度函数 [公式(7.5) ，第 175 页] 进行积分来计算这个量：

$$\langle\xi\rangle = \frac{(\ell+1)!}{\ell!}\frac{(M+1)!}{(M+2)!} = (\ell+1)/(M+2). \tag{7.10}$$

虽然这种表达同 $\xi_* = \ell/M$ 不太一样，但样本量足够大时两者是符合的。这样处理的优势是参数的后验期望是使得误差平方最小化的估计量。

T2 7.3.3 拓展

7.3.3′a 高斯分布数据的期望的置信区间

实践中会出现另一种情况，假设大对照组的动物成熟后平均长到20cm。包含 30 只动物的小实验组的各方面条件都与对照组相似，但额外喂食了膳食补充剂。实验组测得的成熟尺寸为 L_1，$\cdots$，L_{30}。请问从这组样本分布抽样获得的期望是否同对照组的有显著不同?

即使干预措施（额外喂食）没有影响，从原始分布抽取 30 只动物的任何样本的尺寸均值也不大可能正好等于期望。我们想知道实验组期望 μ_{ex}（未知）的置信值的范围，尤其是该范围是否包括对照组的值。反过来就要求我们求后验分布 $\wp(\mu_{\mathrm{ex}} \mid L_1,\cdots,L_{30})$。为此，我们使用贝叶斯公式并对 σ 积分求边缘分布：

$$\wp(\mu_{\mathrm{ex}} \mid L_1,\cdots,L_{30}) = \int_0^\infty \mathrm{d}\sigma A\wp_{\mathrm{gauss}}(L_1 \mid \mu_{\mathrm{ex}},\sigma)\cdots\wp_{\mathrm{gauss}}(L_{30} \mid \mu_{\mathrm{ex}},\sigma)\wp(\mu_{\mathrm{ex}},\sigma). \tag{7.11}$$

为了求出公式(7.11)，我们利用某些一般性知识（即身高通常具有高斯分布的特征；见图 5.4c）和高斯分布完全由期望（μ_{ex}）和方差（σ）确定的数学结论。如果我们没有关于这些参数值的先验知识，则可以将先验分布设置成常数。我们既没有给定 σ 值，也不要求确定它，所以我们可以将其边缘化而单

独求关于 $\mu_{\rm ex}$ 的分布。像往常一样，A 是一个常数，可以在完成计算后通过归一化确定。

公式(7.11)的积分看起来很复杂，令 $B=\sum_{i=1}^{30}(L_i-\mu_{\rm ex})^2$，然后有：

$$\wp(\mu_{\rm ex}\mid L_1,\cdots,L_{30})=A'\int_0^\infty {\rm d}\sigma\,(\sigma)^{-30}{\rm e}^{-B/(2\sigma^2)}$$

其中 A' 是另一个常数。将积分变量改为 $s=\sigma/\sqrt{B}$ 表明该表达式等于另一个常数乘以 $B^{(1-30)/2}$，或

$$\wp(\mu_{\rm ex}\mid L_1,\cdots,L_{30})=A''\left(\sum_{i=1}^{30}(L_i-\mu_{\rm ex})^2\right)^{-29/2}. \tag{7.12}$$

这种分布具有幂律衰减形式。

我们用一个非常弱（“没有任何信息”）的先验分布得到公式(7.12)。另一个几乎等价的无信息选择是第 7.2.3′ 节（第 189 页）提到的“杰弗里先验” $\wp(\mu_{\rm ex},\sigma)=1/\sigma$ ，产生的结果类似于 **Student’s** t **分布**[27]（Sivia & Skilling, 2006）。但在任何具体情况下，我们总是可以通过使用相关实验结果之类的先验信息做出更好的选择。例如，在上述问题中，虽然 L 的期望值因干预措施而产生些许偏移，但方差并非完全未知的，可以合理地假设其近似等于对照组的值。因此，没有必要再对 σ 做积分求边缘分布了，且后验变成了简单的高斯分布，没有公式(7.12)呈现的长尾。

一旦确定了先验分布，就可以再继续求 $\mu_{\rm ex}$ 的置信区间，看看它是否包含了对照组的值。

7.3.3′b 古典统计中的置信区间

正文指出，在给定一族模型后，后验概率密度函数能很好地展现数据中隐藏的信息。我们还可以更简明地刻画这些信息，即，只需了解后验分布的最概然值以及相应的置信区间（其对应的总概率需要预先指定）。

与单纯的模型归类和数据测量相比，一些统计学家认为评估后验概率需要更多的信息：评估也依赖于先验的选择，而这种选择还没有普适的规范。天真地一律使用均匀先验分布可能给我们带来麻烦，例如，当参数用不同方式表达时，其分布就可能不再是均匀的了（第 7.2.3 节中 Smith 的观点）[28]。

另一种常被使用的是古典“置信区间”方法，它不需要用到任何先验分布。这个方法的一种做法是对感兴趣的参数构造一个“估算表达式”（称为估计量），从而能从实验数据中直接估算该参数。例如，对定位显微镜，我们相

[27]当然不是所谓的“学生” t 分布，“Student”只是 W. S. Gosset 的笔名。均匀和杰弗里先验都存在不可归一化的缺陷。

[28]在抛币/致癌物事例中，我们采用 0 到 1 范围内的均匀先验分布肯定是合理的，然而我们可能拥有有关供币人的信息，或者类似于可疑致癌物的其他化学品的先验经历，这些都可能修正先验分布。

信实验数据是从某个方差已知但中心值 μ 未知的高斯分布抽样而来的，那么一个合理的估计量就是观测值的样本均值。大致流程如下[29]：

1. 对参数 μ 指定一个可能的值（假想的“真值”），然后通过似然函数生成一系列“潜在可能的”数据，对每组数据用前述估计量来估算 μ，从而得出 μ 估值的一个概率分布。每个可能的 μ“真值”都对应这样一个分布，我们可以从中找出总概率等于 95% 的最小区间。

2. 将估计量用于实际观测数据，得到参数的一个实际估值。与步骤（1）中找到的一系列最小区间相比较。如果实际估值落在其中的某些区间内（表明获得观测数据的概率的确很大），那么其对应的 μ“真值”就构成了 μ 实际估值的置信区间。

上述方法是对 Jones 的观点（第 7.2.3 节）的更精确表述。正如 Smith 指出的，这需要明确的标准来判断哪些潜在观测数据是高概率的，并且也要求我们选择合理的估计量。但这个方法本身并没有告诉我们应该如何做到这些。当可获得的数据很有限时，估计量的选择会变得非常重要。

此外，设想我们只获得了两个测量数据 x_1 和 x_2，并且我们认为它们服从的是中心未知的柯西分布而非高斯分布。对这种情况，一个明显的估计量仍然是样本均值 $(x_1 + x_2)/2$。但是，基于这个估计量的置信区间方法可能会行不通。诚然，x_1 越接近于 x_2，我们就越有信心使用上述估计量，由此确定的置信区间也的确能反映这个直觉。但是，相应的分析将变得异常繁琐。习题 7.8 的后验分布能自动地给出合理的置信区间。

当参数超过一个时，置信区间方法也很难运用，而我们往往又只对其中的某个参数感兴趣。这种情况下，后验分布方法就能够简捷地处理“多余参数”：只需要将函数 $\mathcal{P}(\alpha_1, \alpha_2, \cdots \mid \mathsf{data})$ 边缘化即可，即，将不感兴趣的参数积掉即可 [如公式(7.11)（第 191 页）]。

7.3.3′c 非对称多变量置信区间

模型参数的后验分布可能不是关于其最大值对称的，在这种情况下，我们可以定义一个更有意义的置信区间，即，找出参数值的某个最窄范围，使其总概率权重等于指定值。

置信区间概念的另一个推广涉及多参数情况，即一个矢量 $\boldsymbol{\alpha}$。在这种情况下，可定义一个包绕着某个值 $\boldsymbol{\alpha}_*$ 的椭球，使其总概率等于指定值（见 Press et al.，2007，chapt. 15）。

[29]参考 Roe, 2020.

7.5.2 拓展

7.5.2′ 关于 FIONA

正文考虑了尖头信号到达像素位置的随机性，但在 FIONA 和定位显微镜中还有其他误差源。例如，摄像机无法记录尖头信号到达的精确位置（能量在该处被吸收）。它将空间分割成一系列像素，只记录能在敏感区接收到信号的那个像素单元。

假设确切位置是 x 而像素是边长为 a 的正方形，则我们可以将 x 分解成 j 倍的边长（ j 是整数）加上处于 $[-a/2, +a/2]$ 的零头部分 Δ。如果 a 大于点扩展函数 σ 的大小，则 Δ 在整个范围内近似均匀分布，并与 j 无关，尖头信号的表观位置 ja 的方差等于 $\mathrm{var}(x)+\mathrm{var}(\Delta)=\sigma^2+a^2/12$。因此 N 个尖头信号的推断位置，$x_{\mathrm{est}}=\bar{j}a$，方差是 $(\sigma^2+a^2/12)/N$。此式考虑到了像素化导致的不确定性，推广了第 7.5.2 节的结论。

更仔细准确的推导还包括其他噪声源，如杂散光的均匀背景，参见 Mortensen 和合作者（2010）及 Nelson（2017）的文献。当考虑这些现实细节时，**思考题**7A 给出的简单公式不是一个很好的估计量，不过似然最大化的普适方法（用更好的概率模型）还是可以继续使用的。

7.5.3 拓展

7.5.3′ 关于超分辨

Dronpa 是光活化分子的一个例子。它能发生*顺式–反式*光异构化，使它能在“开”和“关”两态之间切换。但其他荧光基团在两个态上都能发荧光，只是峰值波长有所不同，因而可以选择性地观察。

其他涉及荧光团切换的超分辨方法也不断涌现，包括受激发射损耗 (STED)，以及如结构光照明之类的纯光学方法（Hell，2007）。

7.6 拓展

7.6′ 数据点关联时怎么处理

在本书中，我们主要研究重复测量并假设每次测量是独立的。对于这种情况，适当的似然函数只是简单函数的乘积。但许多生物物理测量都涉及部分关联量。例如，在时间序列中，连续的测量可以反映某种类型的系统“记忆”，该情况之一便是随机行走的连续位置。

该情况之二则是大脑的电测量，当我们记录来自细胞外电极的电势时，感兴趣的信号（最近邻神经元的活动）叠加了远处神经的电活动杂音、记录装置的电噪声等等。即使感兴趣的信号在每次神经发放时能完全重复，这些噪声仍然是我们识别信号的障碍。通常情况下，我们在一系列 M 个相继时刻（间隔可能为 0.1 ms）记录电位值，并从中找出那些“符合”信号特征的候选者。为评估符合程度，我们需要考虑噪声的影响。

一种处理方法是从实际观测值序列依次减去各个理想波形，然后估算这些来自同一个噪声分布的残差信号的似然。如果每个时间片段都是统计独立的，则计算会变得简单，我们将得到 M 个独立因子之积，每个因子都是对应时刻的残差信号（噪声）的概率密度函数。但噪声通常是时间关联的，假设其统计独立必然会曲解其真实的高维分布。我们需要建立统计模型来描述这个噪声，然后才能着手解决统计推断问题。

为了寻找这样的**噪声模型**，如往常一样，我们会提出一个模型族，并通过检验 N 个纯噪声样本（没有来自感兴趣神经元的信号）并最大化其似然来选择最好的一个。每个样本由 M 个连续测量值组成。我们可以考虑一个模型族包括独立高斯分布。如果$\{x_1, \cdots, x_M\}$ 是测量到的残差信号，则独立噪声假设等于似然函数

$$\wp_{\text{noise}}(x_1, \cdots, x_M; \sigma) \stackrel{?}{=} A \exp\left[-\frac{1}{2}(x_1^2 + \cdots + x_M^2)/\sigma^2\right], \quad \text{非关联高斯分布}$$

其中 $A = (2\pi\sigma^2)^{-N/2}$。注意指数包含变量 x_i 的二次函数，我们可以用更一般的非对角函数来代替。也就是说，

$$\wp_{\text{noise}}(x_1, \cdots, x_M; \mathsf{S}) = A \exp\left[-\frac{1}{2}\boldsymbol{x}^{\text{t}}\mathsf{S}\boldsymbol{x}\right]. \qquad \text{关联高斯分布} \qquad (7.13)$$

在这个公式中，矩阵 S 起到传统高斯函数中 σ^{-2} 的作用。它的单位是 x^2 单位的倒数，所以我们可以猜测：一组噪声测量值所支持的最佳选择将是**协方差矩阵**的逆矩阵：

$$\mathsf{S}_* = \left[\overline{\boldsymbol{x}\boldsymbol{x}^{\text{t}}}\right]^{-1}. \qquad (7.14)$$

右边的 $\boldsymbol{x}$ 是一个列向量，它的转置 $\boldsymbol{x}^{\text{t}}$ 是一个行向量。根据矩阵数学的规则，$\boldsymbol{x}\boldsymbol{x}^{\text{t}}$ 是一个方阵。等式(7.14)中出现的上横线也表示每个矩阵元的样本均值，是一个包含方差和协方差的紧凑表达式[30]。习题 7.14 将证明这一点。

思考题7C

> 如果 S 是对角矩阵，公式(7.13)有什么特殊性质？将你的答案与结果公式(7.14)联系起来。

S_* 是 $M \times M$ 的矩阵，它给出了噪声的最佳表述方式，即广义高斯分布。你可以用它来构造所需的似然函数。更多细节和应用参考 Pouzat, Mazor, and Laurent (2002)。

[30]比较第 3.5.4 节定义的协方差。对于 S 是常数乘以单位矩阵的特殊情况，习题 7.4 得到了类似的公式。

近期人们开发了多电极阵列的神经信号记录方法，能同时“监听”相邻的多个位置。记录显示，邻近电极上测量到的信号之间存在着空间关联。在对信号进一步甄别之前，人们提出了与上述方法类似的方法先对这些信号进行“空间去关联”。

习题

7.1 很多发表的结果是错的

生物医学研究中广泛存在的无视阴性结果的问题正逐渐引起学界的关注。因为担心稿件被拒，人们甚至从未考虑过发表这类阴性结果。为了明白为什么这是个问题，不妨来设想如下场景：我们要对 100 个假说进行检验，而其中只有 10 个假说的确为真。通常只有少数假设被公开报道，因为它们获得观测数据支持的"置信度为 95%"。这个数也可用于估算该项研究的假阳性率。换句话说，即使某项假设不成立，由于数据中难以避免的随机性，也很可能让人误认为在大量重复实验中至少有 5% 的实验显示其为真。因为 0.05 是一个很小的数字，任何符合这一标准的正面报道似乎都是值得认真对待。

进一步假设该实验具有中低程度的假阴性率 20%，即，在 10 个为真的假设中，最多有 2 个会被误判为假（报告为阴性）。于是，这项研究将报告 8 个为真的假设，其余因 2 个假阴性而漏掉了。

a. 在剩余的 90 个非真的假设中，大致有多少个会被误判为真？将这个数加到 8 个为真阳性结果上。

b. 在报道的所有阳性结果中有多少比例是非真的？

c. 假想存在另一项研究，使用了同样的假阳性水平的"金标准"，但假阴性率高达 60%（这并非不现实）。重复问题a、b的计算。

7.2 先验分布的影响

假设我们认为可测量 x 是从高斯分布中抽取，其方差已知为 σ_{x}^2，而期望 μ_{x} 未知。我们对 μ_{x} 值有某些先验信息，例如它的最概然值是零，但方差是 S^2；更准确地说，我们假设先验分布是拥有这些期望和方差的高斯函数。我们对 x 做单次实验测量，得到值 0.5。现在，我们希望得到关于 μ_{x} 分布的新的（后验）估计。

为使问题具体化，假设 σ_{x} 和 S 都等于0.1。令 $A(\mu_{\mathrm{x}})=\exp(-(\mu_{\mathrm{x}})^2/(2S^2))$ 和 $B_1(\mu_{\mathrm{x}})=\exp(-(x-\mu_{\mathrm{x}})^2/(2\sigma_{\mathrm{x}}^2))$。因此，$A$ 乘上一个不依赖于 μ_{x} 的常数就是先验分布；似然函数 $\wp(x \mid \mu_{\mathrm{x}})$ 则是常数乘 B。

a. 证明乘积 AB_1 仍然是 μ_{x} 的高斯函数，并求出其中各参数的值。将该函数归一化，记为函数 $C_1(\mu_{\mathrm{x}})$。

b. 设 $S=0.1$ 但 $\sigma_{\mathrm{x}}=0.6$，重复上述步骤，记为归一化函数 $C_2(\mu_{\mathrm{x}})$。

c. 从你的结果出发，定性讨论先验分布以及似然函数对后验分布的影响（见 7.2.4 节）。你的结论适用于更大范围吗？

d. 用黑实线对 $A(\mu_x)$ 作图，彩色实线为两个 $B_{1,2}(\mu_x)$ 函数作图，虚线为对应的 $C_{1,2}(\mu_x)$ 作图。将这些曲线放在同一个图中，你将更直观地看到问题c的结论。

7.3 马踢事件

1875 年到 1895 年间普鲁士骑兵被自己的马踢死的数字，在历史上有大量记录。最简单的假设是每个骑兵都有固定的概率在每单位时间内被踢死。

有个数据库提供了 14 个不同部队在 20 年中每年的伤亡数，每个部队的骑兵数都一样多，也就是说，这个数据库包含 280 个数据。下表显示了从这些数据整理得到的“事故频次”，其总和为 280。

伤亡人数	事故频次
0	144
1	91
2	32
3	11
4	2
5或更多	0

a. 写出一年内任何部队发生 ℓ 次此类伤亡的普适的概率表达式。

b. 你在问题a 中写出的公式只包含一个未知参数。根据数据并通过最大化似然求这个参数的最佳估值，假设我们没有该参数任何先验知识（但知道其允许范围）。[提示：同样的处理可参照正文。第 7.3.1 节用最大似然方法估算期望，并认为观测数据服从二项分布；第 7.5.2 节则讨论了数据服从高斯分布的情况。]

c. 使用你对参数的最佳估值，将你的理论分布与表中数据一并绘出。

d. 第 7.3.3 节（第 176 页）提供了估计参数值的置信区间的技术。其要点是在给定数据的情况下，检查参数的概率分布，并求出关于其最大值对称的某个范围，该范围包含大部分概率（例如 90%）。画出参数取值的后验概率分布，由此估计几乎包含所有概率的范围。

7.4 布朗运动的扩散系数

习题 4.5 介绍了一个扩散模型，其中随机行走的最终位置是许多二维步行的位移和，每步长都是 $\Delta\boldsymbol{x} = (\pm d, \pm d)$。第 5.3.1 节认为，对于大量的步行，$x$ 位移的概率密度函数会接近高斯分布，而 y 位移也类似，因为 x 和 y 是独立的，$\boldsymbol{x}=(x,y)$ 的联合分布也接近一个**二维高斯分布**：

$$\wp(\boldsymbol{x})=\frac{1}{2\pi\sigma^2}\mathrm{e}^{-(x^2+y^2)/(2\sigma^2)}$$

参数 σ 取决于颗粒的大小、周围流体的性质以及统计时间。在习题 3.3 中，你探讨了实验数据是否真的有这种一般形式。

a. 根据上述概率密度函数，写出关于参数 σ 的似然函数（假设已经给定一组二维矢量 $\boldsymbol{x}$）。

b. 从 Dataset 4 取数据，其中包含图 3.3c 中的 Jean Perrin 的数据点。求 σ 的最佳估值。

c. 公式(5.23)定义量 $\sigma^2/(2T)$ 为粒子的扩散常数，其中 T 是统计时间。在 Perrin 的实验中，如果 $T=30$ s，计算这个量。

7.5 置信区间

a. 抛币 600 次得到 301 次正面。利用这个信息并采用正文介绍的方法计算无偏参数 ξ 的 90% 的置信区间，可假设 ξ 的先验分布为均匀分布。[提示：你的数学计算软件可能无法对似然函数进行积分。为此，你可以先用解析方法求出峰的位置 ξ_*，再考虑函数 $f(\xi)=(\xi/\xi_*)^\ell[(1-\xi)/(1-\xi_*)]^{M-\ell}$（即，似然函数除以其峰值。尽管它不是归一的，但它绝不会超过 1）。]

b. 设想 25 只动物被喂食疑似致癌物，其中 6 只被发现罹患某种癌症，计算患癌概率 ξ 的 90% 的置信区间。另外一个大得多的对照组，其患癌概率 ξ_{control} 为 17%。这两者之间有显著差别吗？同上，你可以假设 ξ 的先验分布为均匀分布。

c. 假设对照组和测试组的大小都是有限的（例如，每组都包含 25 个个体）。用什么样的流程可以评估两者是否显著不同？

7.6 计数涨落

假设你通过显微镜观察含有某些荧光分子的样本。这些荧光分子都是可见的，它们独立地出入于你的视场。它们数量很少以至于任意瞬间你都能数出有多少出现在你的视场中。15 次测量获得的计数 $\ell=19$，19，19，19，26，22，17，23，14，25，28，27，23，18 和 26。你需要求出期望 ℓ 的最佳估值，即，对大量观测值的样本平均。

a. 首先，你期望上面的数字是从泊松分布抽取的。看看上面的数字是否大致服从任何泊松分布都必须有的简单属性，依此检查你的期望是否合理。

b. 使用计算机程序来绘制 μ 的似然函数，假设上述数字确实来自期望为 μ 的泊松分布，最概然值 μ_* 是多少？[提示：似然函数可能会取非常大的数值，而计算机通常难以处理这类值。如果发生这种情况，尝试习题 7.5 的方法：解析计算对数似然的最大值，从对数似然函数中减去这个常数值，得到一个最大值恰好等于零的新函数（其位置就在最大似然处）。函数取指数并作图。]

c. 从图中估算 μ 估值的 90% 置信区间。即求范围 $(\mu_* - \Delta, \mu_* + \Delta)$，使似然函数下方 90% 的面积落在该范围内。

7.7 高斯分布的置信区间

假设 M 个观测值 x_i 都是从方差已知但期望未知的高斯分布抽取的。从公式(7.7)（第 181 页）开始，求其期望的 95% 的置信区间。

7.8 样本均值作为估计量

使用计算机从期望为 0 且方差为 1 的高斯分布中抽取 600 个随机数[31]。在问题a、b 中，考虑这一样本集合的各种子集。

a. 求数据集中前 N 个数的样本均值（$N = 1, \cdots 600$）。作出这 600 个结果与 600 的关系图，你能得出什么结论？

想象一下，问题a 中抽取的样本是遵循高斯分布的已知量的实验观察，分布的方差为 1，但真实期望 x_{t} 未知的。暂时忘记你知道分布的中心位置这一事实，而是尝试从数据推断其中心。要做到这一点，

b. 通过使用带有均匀先验的贝叶斯公式[公式(7.1)，第 171 页]来评估后验分布 $\wp(x_{\mathrm{t}} \mid x_1, \cdots, x_N)$。对于 $N = 1$，10，100 和 600 作出 $\wp$ 与 x_{t} 的关系图，你能得到什么结论？多次运行你的程序，描述一下各次计算结果的异同。

[提示：最好是计算后验概率的对数，以避免中间值太大或太小导致计算机无法处理。如果你还选择后验概率对数作图，那就不必担心分布的归一化。]

现在使用计算机从 $\mu_{\mathrm{x}} = 0$ 和 $\eta = 1$ 的柯西分布中抽取 600 个随机数[32]，例如，使用**思考题5I**（第 118 页）中找到的方法。在问题c、d中，考虑这一样本集合的各种子集。

c. 再次求数据集前 N 个（$N = 1$，$\cdots$，600）成员的样本均值，并将结果对 N 作图。与问题a 相比，有何出人意料之处？如果将 600 更改为 10 000 是否有帮助？

[31]你可以使用计算软件包中的自带函数，而不必自行编写计算程序。这个自带函数有时候被软件包标识为“正态分布”。

[32]公式(5.9)（第 111 页）介绍了这一系列概率密度函数。

d. 事实上，求样本均值并不是从样本中确定长尾分布（例如问题c 中的那个）中心的有效方法。为此，你可以改用问题b 中的方法来处理上述数据。

e. 第 3.5.3 节（第 57 页）声称已经证明：随着样本库变大，样本均值可以为我们提供越来越好的期望估计。为什么这个论点不适用于柯西分布？

7.9 T2 贝叶斯公式的自洽性

第 7.2.3 节宣称 Smith 修改概率的方案是自洽的，请证明这一点，注意中间估计(考虑数据后的后验)是[33]:

$$\mathcal{P}(\mathsf{model} \mid \mathsf{data}) = \mathcal{P}(\mathsf{data} \mid \mathsf{model})\mathcal{P}(\mathsf{model})/\mathcal{P}(\mathsf{data}).$$

如果还能获得更多信息，我们还可以写出一个类似的更精细的后验分布。将上式中的data替换为data′，并且考虑关于已知数据的所有条件信息，可以写出下式：

$$\frac{\mathcal{P}(\mathsf{data}' \mid \mathsf{model}\ \mathbf{and}\ \mathsf{data})\mathcal{P}(\mathsf{model} \mid \mathsf{data})}{P(\mathsf{data}' \mid \mathsf{data})}.$$

重排上述表达式，证明其对于 data 及 data′ 是对称的，我们以什么顺序解释多条新信息并不重要。

7.10 T2 卢里亚–德尔布吕克数据

图 4.8 显示了来自卢里亚–德尔布吕克实验的总共 87 次试验的实验数据。该图显示了

- 在“拉马克”假设下对预期分布的一个精确估计（灰点），其中参数取恰当值导致给出“看似不错”的数据拟合。
- 在“达尔文”假设下，通过计算模拟，对预期分布的一个近似估计。

根据图示信息估算这两个模型似然比的对数。假设你最初认可拉马克假说的可能性比达尔文的高出五倍。实验结束后，你会得出怎样的结论？

7.11 T2 拟合非高斯数据

本习题使用习题 5.24（第 139 页）使用过的相同序列 $\{y_n\}$ 研究与其 d 小题相同的可能分布族。你可能不满足于仅给出“看似不错”的拟合的参数值。

我们要探索柯西式分布族：$\wp_{\mathrm{CL}}(y;\mu_{\mathrm{y}},\eta) = A/[1+((y-\mu_{\mathrm{y}})/\eta)^{\alpha}]$。为了保持代码简单，本习题固定 $\alpha = 4$，然后调整 μ_{y} 和 η 直到求得最佳拟合。(归一化因子 A 不自由；对于你尝试的每组参数需要单独计算。)

[33]这里使用 $\mathcal{P}$ 作为连续或离散情况的通用符号。

a. 选择初始猜测$\mu_y = 0$和$\eta = 0.02$。如果我们知道分布是由$\wp_{CL}$描述的且这些参数值是正确的，则测量到的时间序列的概率是乘积 $\wp_{CL}(y_1;\mu_y,\eta) \times \wp_{CL}(y_2;\mu_y,\eta)\cdots$。给出此式的估计值。为了更容易处理，你可以计算其对数，记为 L 。

b. 现在只假设分布的一般形式是柯西分布；我们不知道 μ_y 和 η 的值。让计算机计算多个 η（从 0.015 到 0.035）和多个 μ_y 值的 L。也就是说，你的程序在 μ_y 和 η 的值选取上有两个嵌套循环；在内部将是每个数据点的第三个循环，它会累积所求的总和。作 L 对 μ_y 和 η 的函数图，并寻求其最大值的位置。

c. 假设按周计的对数变化量服从高斯分布，重复问题b的计算。将你得到的最佳柯西分布拟合结果与最佳高斯分布拟合结果进行比较，看看能得出什么结论。

7.12 T2 用最大似然方法得出卢里亚–德尔布吕克分布

首先完成习题 4.16，创建一个模拟程序。对于突变概率 α_g 的任何值，程序都会产生培养基的一个总数目（每个培养基含有不同数量的突变体）。假设最初每个培养基包含 n_0 个细菌，所有细菌都没有耐药性，并且每个培养基都经历了 21 次繁殖。选择一个 n_0 值，使实验结束时的细菌总数为 2.4×10^8，正如卢里亚和德尔布吕克为他们的实验 #32 所估计的那样。

从 Dataset 6 获取数据，并考虑变量 `expcounts23` 所包含的数据。指导模拟程序对模拟结果进行分区，与卢里亚和德尔布吕克对其实验数据进行分区的方法相同（参见图 4.8 中的横轴，但它显示了不同实验的结果）。然后根据实验数据，使用你对特定 α_g 值的估计概率来计算似然得分。尝试几个 α_g 值并选择最好的一个。为对应的估计概率分布与来自实验数据的概率分布作图。再对所选择的 α_g 值估算一个置信区间。

[提示：假设最初模拟 $N = 500$ 个培养基。每个培养基都会产生许多突变体，将这些突变体分类到给定的区域，统计每个区域的数量。然后，将这些数量（频率）除以 N 来估计每个结果的概率。检查每个结果是否至少发生了 1 次，最好是 10 次以上（否则，其相对标准偏差将很大，相应的概率估计将不可靠。在区域空载的极端情况下，将似然函数设置为 0，这样处理或许是不对的！）。如果一个或多个区域的统计结果很小，甚至为零，则需要增加模拟培养基的数量。]

7.13 T2 置信区间，半解析

本习题将学习如何通过作图 7.2b（第 177 页）（即通过评估ξ 未知的 M 次抛币问题模型空间的后验分布）来构建置信区间。与习题 7.5 从头开始计算所需的积分相比，本习题将使用大多数计算机软件提供的标准数学函数。

首先使用符号数学系统（例如免费服务器 wolframalpha.com）来计算不定积分：

```
Integrate[f^n(1-f)^(M-n)]
```

你会发现答案是“不完整的 B 函数”。

a. 在 0 和 1 的极限情况下计算此函数：

```
beta(1,1+n,1+M-n)-beta(0,1+n,1+M-n)
```

或者求 Integrate[f^n(1-f)^(M-n),{x,0,1}]。可以求归一化积分。取 $M = 800$ 和 $n = 327$ 正面（如正文所述）。

b. 对其他区间求归一化的后验概率积分值并作图，由此可得到置信区间。

7.14 T₂ 关联高斯模型

首先阅读第 7.6′ 节（第 194 页）并完成习题 7.4。

图 3.3c 显示了两个变量（在固定时间间隔内因布朗运动产生的位移坐标 x 和 y）作为云表示的联合分布。分布是轴对称的（无偏）：如果我们旋转显微镜，可以期望相同的分布。在习题 7.4 建立了如何对此类数据进行二维高斯拟合的方法。本习题将继续研究二维情况。

然而，其他随机变量对可能是相关的。如图 3.7e 所示，PDF 也有一个隆起，但该 PDF 不具有圆对称性[34]。广义的高斯分布族通常被用于对此类数据进行建模。与习题 7.4 对独立高斯分布乘积不同，第 7.6′ 节（第 194 页）提出了公式(7.13)（第 195 页），其中 S 是对称的 2×2 矩阵。这种“广义高斯分布”包含了 **S** 作为对角阵：

$$\sigma^{-2}\begin{bmatrix} 1 & 0 \\ 0 & 1 \end{bmatrix}$$

的特殊情况。本习题的目标是看看如何找到最好的分布来表示一些给定的数据点，即，建立等式(7.14)（第 195 页）。

a. 一个简单情况是 **S** 是对角的但矩阵元不相等。这种情况下，x_1和x_2仍是独立的高斯变量，公式(7.13)的归一化常数为 $(2\pi\sigma_1^2)^{-1/2}(2\pi\sigma_2^2)^{-1/2}$或 $\sqrt{S_{11}S_{22}}/(2\pi)$。这个公式应该如何拓展至任意 **S** 的情况？

b. 将 **S** 写为

$$\begin{bmatrix} A & B \\ B & C \end{bmatrix}$$

[34]在各向异性介质中，即使是布朗运动也可以有这样的分布。

形式，并考虑变分

$$\delta\mathbf{S} = \begin{bmatrix} \delta A & \delta B \\ \delta B & \delta C \end{bmatrix}$$

写出对应的 det $\mathbf{S}$ 变分表达式（保留至一阶）。

c. 使用链式法则求变分 $\delta(\ln(\det \mathbf{S}))$。

d. 假设我们取 N 个数据点，每个数据点都是 x_1x_2 对。写一个似然函数，即在给定 $\mathbf{S}$ 情况下这些数据出现的概率。它将是 A，B 和 C 的函数。

e. 在保持数据固定的情况下，对 A，B 和 C 上实行对数似然最大化。证明对 A_*，B_* 和 C_* 最大化的结果公式与等式(7.14)（第 195 页）一致。

f. 选做题：在两维以上空间中如何证明上述结论？

第8章　冷冻电镜单粒子重构

对混乱及不和谐的本能兴趣似乎也是
激发好奇心以及提升适应力的部分原因……
对看似不和谐的事物感到兴奋是有意义的，
就如同费力从雾中辨识出物体时的那种感觉，
无论是真实的还是隐喻意义上的雾。

——迈克尔·埃奇沃思·麦金太尔（Michael Edgeworth McIntyre）

本章内容超出了本书主线，因此可以跳过。尽管分析比较复杂，但收益巨大——后验概率最大化的应用促成了成像领域的革命性进步[1]。

此外，不同于其他章节，本章会明确使用一种计算编程语言（Python），其中的每个操作在其他编程语言中都有对应的类似物。

8.1　导读：对齐校准

许多生物大分子具有确定的结构，而结构在很大程度上决定了功能。因此，为了理解功能，我们需要“看到”分子的结构。问题是我们如何才能“看到”尺度小于光波长的结构呢？定位显微镜只能将分辨率提升到纳米量级。X射线晶体学尽管可以走得更远，但也有其自身的局限性。本章将探讨新一代显微技术：低温（超冷）电子显微镜（**cryo-EM**）。

正如我们即将看到的，很不幸，在单分子尺度上，电子显微镜提供的数据非常嘈杂。

> 本章焦点问题
> **生物学问题：** 如何将某病毒蛋白的多幅模糊图像整合为一幅清晰图像？
> **物理学思想：** 首先必须对齐所有图像，而对于对齐效果，我们最多只能得到一个概率分布。

[1]参见诺贝尔委员会，2017。

8.2 强大的新工具

8.2.1 冠状病毒刺突蛋白是关键的治疗靶点

2019 年出现了一种新型冠状病毒（SARS-CoV-2），并迅速酿成大流行病。医学界对这一挑战的反应异常迅速，部分原因是没有一种病毒是全新的，但主要得益于现代冷冻电镜的出现，后者加快了疫苗、治疗性抗体和其他抗病毒方案的发明速度。

与许多别的病毒相似，SARS-CoV-2 病毒的一大特征是在其“衣壳”上拥有许多向外凸起的刺突（Spike）蛋白（简称为“S”蛋白）。这个蛋白是病毒与宿主细胞“融合”的关键，一旦其功能丧失就会严重削弱病毒的感染力。被感染个体在抵抗病毒时就部分地采用了这个策略：身体会产生大量抗体，这是一类中等尺寸的分子，能结合到部分外源蛋白上并阻碍其发挥功能。抗病毒治疗的目的就是为了强化这一机制，例如，给予患病个体适当的抗体，或者在其暴露于病毒之前激发其免疫力（即**接种疫苗**）。在发现首批病例后不到一年的时间内，一种针对 SARS-CoV-2 病毒的疫苗就在美国获批紧急使用。

这一突破并不是凭空出现的，让我们回顾一些早期的工作。为人接种病毒疫苗的方法是注射该病毒呈递的蛋白质的相关片段（**抗原**）。身体一旦识别出外来蛋白，会马上重组血细胞群（淋巴细胞）以产生适当的抗体。尽管抗体的产量最终会下降，但另一个细胞群“记住”了这次挑战，并且能够在以后发生实际感染时迅速采取行动，产生与记忆的抗原相匹配的抗体。另一个相似但间接的策略是引导个体自身的细胞产生抗原[2]。

蛋白质是柔性的，蛋白分子游离时的构象可能与吸附到完整病毒颗粒时的构象完全不同。事实上，已知的其他冠状病毒具有下列特征：它们的 S 蛋白在游离时是不稳定的，经常从正常的“融合前”构象转变为另一种构象，当被注射到人体时，许多只能刺激无用抗体产生。因此需要一种方法来修饰 S 蛋白，以稳定其与融合前构象足够相似的构型，进而正确刺激抗体的产生。了解 S 蛋白的结构对于找到适当的修饰并证明其有效至关重要。图 8.1 显示了 2017 年的关键结果，该结果早在 SARS-CoV-2 出现之前就获得了。仅修饰蛋白链中的两个氨基酸就稳定了融合前的构象。对于 MERS 病毒， J. Pallesen 及合作者继续证明，与 S 的天然构象相比，这样的修饰“大大增加了构象的均一性并能诱导潜在的抗体响应”。

这些研究人员颇具先见之明地指出，他们的设计“提出了一种通用方法来[克服]亚单位疫苗开发的第一个障碍”。事实上，当 SARS-CoV-2 后来出现时，研究人员已经做好了准备。在美国最早获批紧急使用的两款疫苗都使用了上述修饰。从现有病毒，尤其是通过其他手段得以控制的那些病毒，我们尽可能地学习相关知识和借鉴经验，这有时候被称为“大流行防范中的原型病原体策略”。

[2] Pfizer-BioNTech 和 Moderna 生产的 mRNA 疫苗都属于这一类。

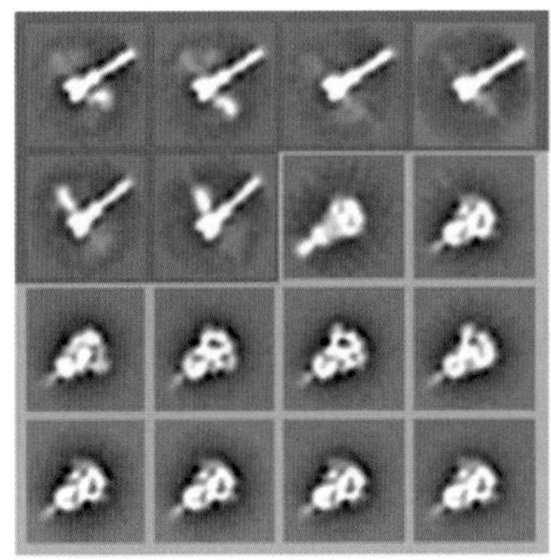
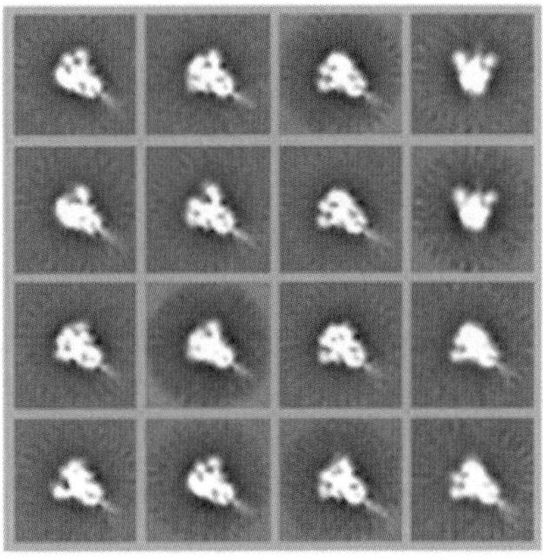

图 8.1（**实验数据**） **刺突蛋白构象**。从严重急性呼吸综合征冠状病毒（SARS-CoV-1）的多个 S 蛋白中提取的图像。*左*：天然 S 蛋白的形态。可以看到两个完全不同的构象（红色和蓝色边界区域）。每个方形子图像对应于一个大约 30 nm×30 nm 的区域。*右*：旨在稳定融合前构象的突变体的相应图像。作者发现与相关的中东呼吸综合征（MERS）病毒相似的结果。（摘自 Pallesen et al.，2017。）

8.2.2 许多感兴趣的大分子不能结晶

除了开发疫苗，对 S 进行成像、了解其结构以及绘制潜在结合位点图对于分析哪些抗体或抑制剂有望用于进一步的临床试验也至关重要。但是 S 蛋白很大，也有多种构象，它可以被许多糖基（“糖蛋白”）修饰。过去解蛋白质结构图像需要一种称为 X 射线晶体学的技术。对于如此复杂的蛋白，即便能做到，确定其结构通常也需要数年时间。但在 SARS-CoV-2 基因组公布后的几周内，两个研究小组利用冷冻电镜就解析了其结构的主要特征!

例如，X 射线晶体学要求我们制备宏观晶体样品，不幸的是，许多蛋白无法结晶。再者，即使我们成功地制备了一种特定蛋白的晶体，其结晶状态也与其天然状态（水溶液中的状态）相去甚远。例如，将其排列成晶体可能会将每个分子锁定为单一构象，从而低估了其构象多样性。此外，通过表达足够多的蛋白来制备合适的晶体可能是不方便的。最后，目标蛋白可能难以纯化，样品中难免存在杂质；它可能具有构象上的亚稳态，再次导致异质样品；它有时可能会结合底物，有时则不会，种种原因，不一而足。

总之，X 射线晶体学需要*晶体*，即，形成大量全同分子的规则排列。我们能够对单个大分子进行成像吗？可见光的波长对于这个目标物来说太大了，但电子的波长是合适的[3]。不使用晶体的成像技术通常被称为“单颗粒成像”。

然而，我们现在面临着一系列新的挑战：

- 电子会被空气阻挡，因此电子显微镜必须在真空中运行。但是大分子是

[3]电子聚焦的像差使得最高分辨率为 0.1 nm 左右（Frank, 2006），与单个原子的大小相当。

需要水合的，而所有的水合水在真空中会马上挥发，因而破坏了我们想要的水合结构。不过，研究人员马上意识到，在超低温下，冰可以与真空共存足够长的时间以获取图像，但是冰结晶会破坏大分子的结构。该领域的一项革命性进展是发现超快冷冻可以产生玻璃态（非晶质）冰，从而规避了这个问题。

- 单个大分子几乎不会散射电子束，因此图像对比度非常差（图 8.2a）。也就是说，大多数电子直接穿过样品，不受目标分子的影响。每个检测器像素中的电子计数背景受泊松涨落的影响，该涨落比样本本身产生的调制幅度大[4]，除非使用重度曝光以获得足够大的信噪比。但是重度曝光会损坏样品。超低温下产生的损伤较小，但这只解决了部分问题。因此，这种改进仍然不足以使该方法有实用性。

- 如果对 10 000 个或更多副本（而不是对单个大分子）进行成像，电子曝光就可以分布在这许多副本上。如果有某种方法可以合并这 10 000 张图像来降低噪声，则可以解决样品损坏的问题，因为分摊到每个副本上的剂量就会很少。10 000 份听起来很多，其实比 X 射线晶体学所需的样本小得多。因此，如果获得足够的样本量很困难，则该方法更有吸引力。

- 这数千个粒子中的每一个都是一个取向随机的三维目标，我们看到的只是一个二维投影。此外，样本异质性问题依然存在。

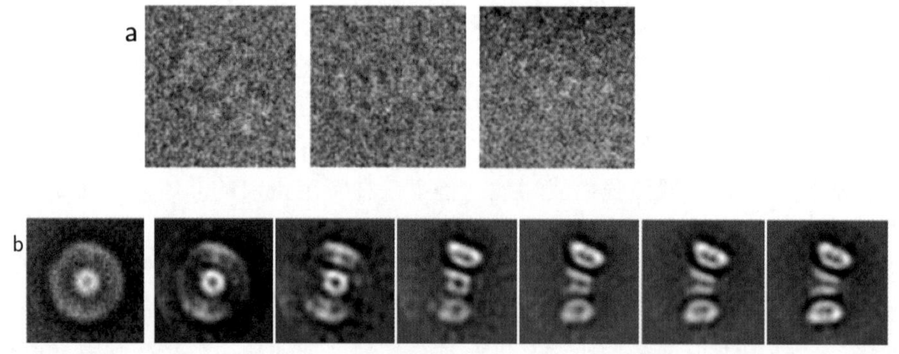

图 8.2（**电子显微照片；重构**） **噪声与信号**。图 a：大分子复合物（T 抗原与 SV40 复制起点的复合物）的三张具有代表性的原始图像。总共获得了 7 590 张这样的图像，仅凭肉眼无法识别任何信息。图b *左*：猜想结构，用作迭代优化的初始种子。图b 接下来从左至右的各小图分别是经过 1，2，5，10，20 和 50 次迭代所产生的重构图。重构算法类似于本章介绍的后验最大化算法。（摘自 Scheres et al.，2005。）

[4] T2 自由电子从源发射是个随机过程。此外，电子与物质相互作用的量子力学特征会使得它在像素集上的落点更加不确定。因此，每个像素中的电子计数只能为我们提供平均到达速率的估计值。

解决上述所有挑战需要在数个方面取得进展。本章将只关注其中一个：F. Sigworth 从大量高分辨率又高噪声的数据样本中应用贝叶斯推理提取信息的方法。图 8.2 显示了此类方法的早期示例。图 8.3 展示了现有技术的快速改进，有效分辨率从 2 nm 下降到 0.6 nm（后续工作则更好）。

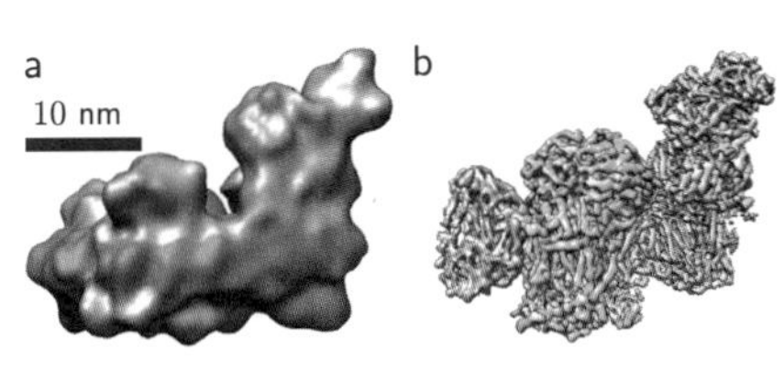

图 8.3（**电子显微照片的重构**） **冷冻电镜分辨率的快速提升**。图 a：2011 年测定的线粒体超复合物 $I_1III_2IV_1$ 中的电子传输链组分。图 b：2016 年测定的相同复合物。亚复合物 I、III 和 IV 分别以蓝色、绿色和粉红色显示。（图a 摘自 Althoff et al.，2011。图b 经 Springer Nature 授权许可：Letts et al., The architecture of respiratory supercomplexes. *Nature* vol. 537 ©2016。）

T2 第 8.2.2′ 节（第 229 页）概述了导致低温电镜革命的其他一些进展。

8.3 从强噪声数据中提取信号

现在是研究上述突破背后的数学和物理学的时候了。如第 8.2.2 节所述，我们希望通过对噪声图像的大量采样实例进行组合从而来消除噪声。但问题是每个实例都是以不同位置（未知）为中心，按不同方式（未知）进行三维转动，再投影到平面上而获得的。所以我们不能只是对其取平均。相反，我们将应用第7章中开发的一般推断原理。

为阐明核心问题而不纠结于过多复杂性，让我们从问题的 一维版本开始。图 8.4a、b 显示了一个人工“图像”，即强度与一维坐标的关系。此处对强度

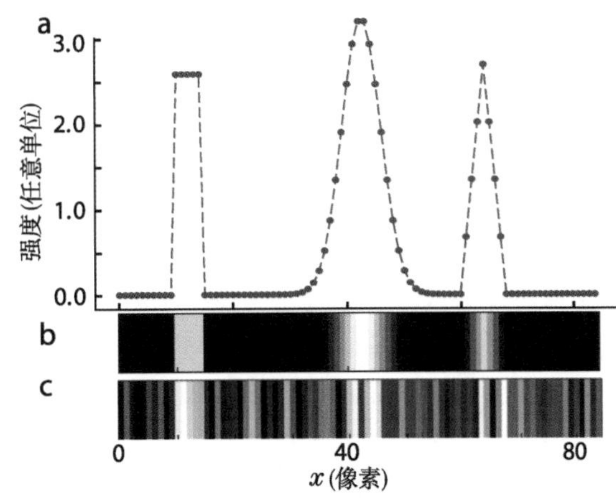

图 8.4（**模拟数据**） **一维“图像”的示例**。图 a：85 个离散的“像素”每个都被指定了一个“强度”值。图中显示了三个“物体”，左方“物体”具有较硬的边界，右方的两个物体则有更软的边界。图 b：用灰度来表示图a 中的强度值。图 c：被可加性噪声损坏的图像。

值进行了统一标度，以使得整个“像素”集的强度方差等于 1。

图 8.4c 显示了一个模拟数据集，是在图b上叠加了一个可加和的、非关联的、服从高斯分布的噪声。这些属性都大致适用于真实的电子显微镜数据。在下面的图像中，每行的前三个子图是具有不同**信噪比**（SNR）值的含噪声的单幅图像的典型实例，SNR 定义为

(真实图像所有像素强度的方差) / (指定像素在所有实例中的强度的方差)。

因此，如果噪声很大（大分母），或者如果图像对比度一开始就很差（分子小），则 SNR 可能很差。正如下面最右边的子图所示，对 1 500 个实例求平均，在三种情况下都会以相似的方式降低图像噪声[5]：

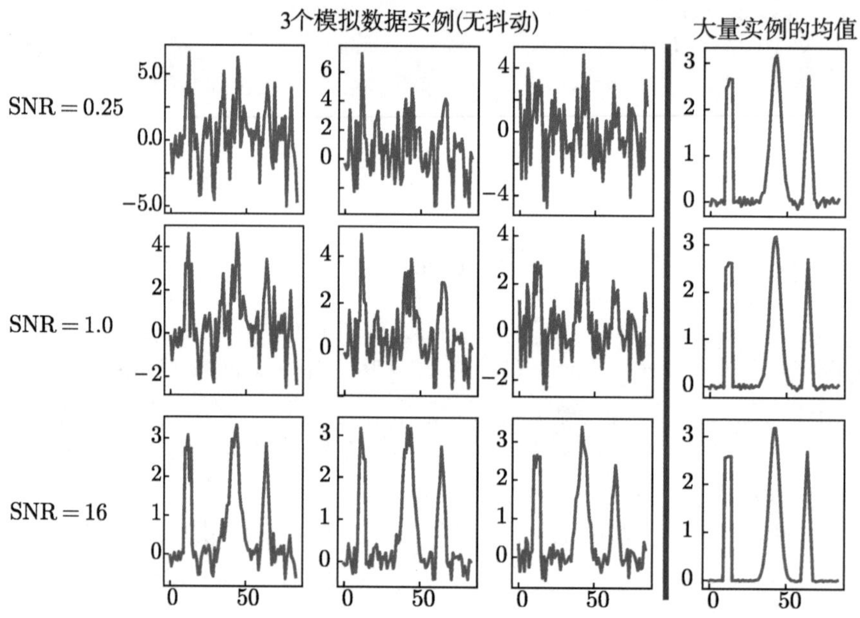

尽管第一行的 SNR 最低（最差），但所有三种情况在平均后看起来都非常接近图 8.4a。

但对于真实实验数据，每张图像对应的空间位置是未知的。我们可能会看到某些微弱斑点，可能指示了目标物（即我们“感兴趣的区域”）的位置，但其精确定位还远不清晰（图 8.2a）。你可能希望在电镜图像中识别出的感兴趣区域会大致居中，但实际上会存在一定程度的“偏移”。下图显示了与上图相同的模拟数据，但额外添加了向左或向右的随机偏移。偏移量服从高斯分布，均值为 0，标准偏差为 6 个像素（图像总宽度为 85 像素）：

[5]此处和以下图像中显示的模拟数据可在 Dataset 11 中获得。

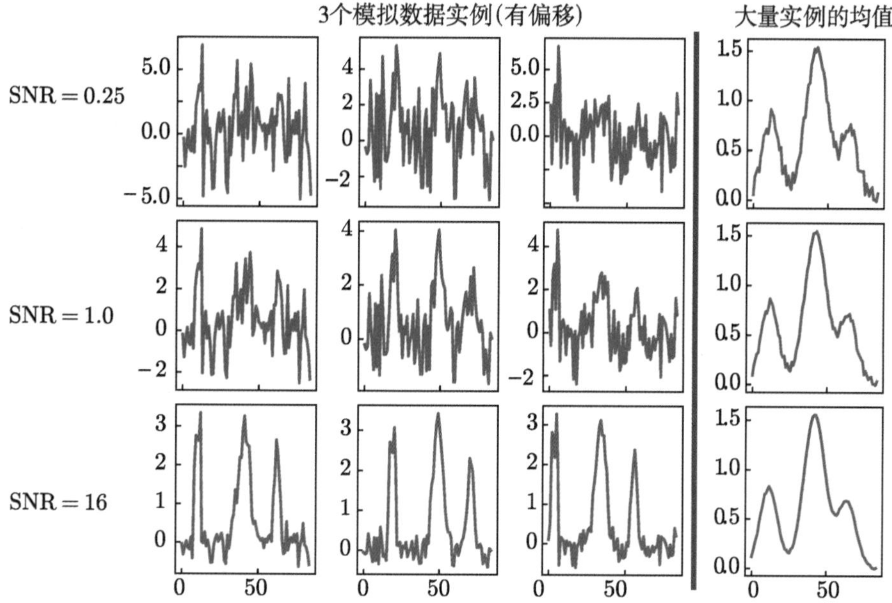

将图中最右侧一列的子图与图 8.4a 做比较，不难看出，在这种情况下，即使对 1 500 个实例样本求平均，对于信号提取也无济于事!

这就是所谓的“对齐问题”：你不可能通过对噪声数据求平均来增强信号，除非你知道数据如何恰当对齐。

8.4 互关联

8.4.1 互关联中的峰值标识了两个信号的最佳匹配

我们或许可以尝试通过以下方法来解决对齐问题：用平均信号作为假想的对齐模板，移动每个样本获得与模板的最佳匹配，最后对所有样本进行平均。为了理解“最佳匹配”的含义以及如何找到它，我们现在介绍互关联的概念。

想象你通过两个不同的录音设备录制了一场音乐表演。因此，现在有两个相似但不同步的信号[6]。在再现立体声之前，你必须对齐它们。

由于这两个音频信号相似，因此一种简单办法是将两个信号沿时间轴相对滑动，直至找到它们之间的最大匹配（尽管不是完全匹配）。例如，我们可以尝试找到一个恒定的时移，能使总平方失配 $\int \mathrm{d}t(f_1(t)-f_2(t-\tau))^2$ 最小化。展开这个表达式并取负号，得到如下待优化函数

$$G(\tau)=\int \mathrm{d}t(-f_1^2(t)-f_2^2(t-\tau)+2f_1(t)f_2(t-\tau)) \tag{8.1}$$

[6]也许你忘记了有时用于此目的的传统掌声。

使其在参数 τ 上取最大化，前提是 f_1 及 f_2 的函数形式不变。由于第一项与 τ 无关，最大化时可以忽视它；第二项也可以通过更改积分变量 $t' = t - \tau$ 而变得与 τ 无关；只有第三项才是我们感兴趣的。将其视为 τ 的函数，我们称其为 f_1 和 f_2 的**互关联**函数[7]（不含乘积因子2）。计算机数学软件包提供了非常快速的算法来评估互关联。

8.4.2 数值实现

实际上，数字录音是由离散时刻测得的空气压强波动的数据组成。同样，数码照片由“像素”组成，这些像素对应于相机探测器上离散空间点处测得的光强度。这两种情况都需要互关联函数的离散版本。

此外，公式(8.1)引入的偏移 τ 可以是正数也可以是负数（其范围以零为中心），这不利于将互关联表达为计算机内存中的一系列数字。为此，下文中我们将创建了一个仅采用非负值的偏移指标。

考虑两个信号，每个信号的持续时间均为 T。如果偏移超过 $\pm T$ 是没有意义的，因为在该范围之外没有重叠。因此，偏移量 $\tau' = \tau + T$ 总可以被认为是非负的。我们可以通过变量替换将互关联的 τ 的函数重新表达为 τ' 的函数。我们现在将连续变量 T，τ' 和 t 分别替换为整数 M，k 和 ℓ。

Python 中的互关联

假设 x 和 y 是长度为 M 的数组，且各条目的指标从零开始，那么函数 `numpy.correlate(x,y,mode="full")` 定义为[8]

$$\mathrm{coor}_{x,y}[k] = \sum_{\ell=0}^{M-1} x[\ell] y^*[\ell - k + M - 1], \quad k = 0, \cdots, 2(M-1). \tag{8.2}$$

我们通常习惯将离散指标写为下标。但是，对于某些公式，将指标直接写在行内也并不算费事，例如此处的方括号所示（对连续变量的依赖关系仍然用圆括号来标记）。

对于上述求和中不存在的项，给相应的 y 赋值为 0 即可，因此，这些项可以在求和中省略[9]。k 是前面引入的连续偏移 τ' 的离散版本。需要注意的是它的范围几乎是 x 和 y 长度的两倍。

[7]这一术语让人联想起公式(3.26)（第 58 页）所定义的关联系数。这两个量都描述了两件事情之间的相似性，但它们是完全不同的概念。关联系数是一个无量纲数，它是某个数学表达式（涉及两个标量随机变量）对大量实例的统计期望值。互关联则是一个（关于 τ 的）*函数*，其中每个信号 f_i 都只有单个实例，信号本身是时间序列，并且归一化约定也不同。 T2 互关联是协方差概念的推广（第 3.5.4 节，第 58 页和方程(6.11)，第 166 页）。

[8]星号表示复共轭。我们可以忽略这个细节，因为我们只会使用实时序列。

[9]其他一些相关的 Python 函数需要关键字 `mode="constant"` 来明确这种约定，使用前请查阅说明文档。

如果 x 和 y 相同，则互关联在 $k_* = M-1$ 处最大。假设 y 等于 x 左移 m 个条目，即

$$y[n] = x[n+m], \quad n = 0, \cdots, (M-1).$$

此时公式(8.2)右侧在 $\ell = (\ell - k + M - 1) + m$，即 $k_* = m + (M-1)$ 处最大。在此处的问题中，m 是未知的，我们希望通过最大化函数 $\mathrm{corr}_{x,y}[k]$ 来猜测一个最佳 m 值（$m = k_* - (M-1)$）。然后将 x 左移 m 个条目，就能使得 x 与 y 对齐。

尽管我们将公式(8.2)的定义限制在有限的偏移范围内，但即便如此，那些比较靠边的 k 值也提供不了多少信息，因为相对偏移过大的信号之间几乎不重叠。出于这个原因，许多人更喜欢使用仅包含中间 M 个条目的偏移。我们用 $\mathrm{corr}'_{x,y}$ 表示相应的截断互关联函数。如果你添加选项 `mode="same"`，则函数 `numpy.correlate` 将会采用这个截断函数。此处之所以命名为 `same`，是因为输出结果是与输入数据长度相等的一个数组。

如果 M 是一个奇数，那么 `numpy.correlate(x,y,mode="same")` 的输出是

$$\mathrm{coor}'_{x,y}[\mu] = \sum_{\ell=0}^{M-1} x[\ell] y^* \left[\ell - \mu + \frac{M-1}{2}\right], \quad \mu = 0, \cdots, (M-1). \tag{8.3}$$

函数 corr 和 corr′ 偏移和变量范围不同。比较公式(8.2)和(8.3)表明：如果 $\mu = k - (M-1)/2$ 处于允许范围内[10]，则 $\mathrm{corr}[k] = \mathrm{corr}'[\mu]$。因此，$\mathrm{corr}'_{x,x}$ 与 x 的条目数相同，且在中位点 $\mu = (M-1)/2$ 处最大。

思考题8A

a. 考虑向量 $x = y = [1,2,3,4,5]$ 并动手计算公式(8.3)，由此验证上述最后一个论断。计算互关联函数，并讨论你的结果。

b. 保持 a 中 x 不变，但让 $y = [2,3,4,5,0]$。验证前文关于互关联函数峰值的论断。

8.5 通过互关联实现一维对齐的方法

上一节提出了一种解决对齐问题的方法：

- 对信号做一个粗略的猜测（称为“模板”），例如，求样本均值；
- 最大化每个样本与公共模板的互关联函数，获得最佳对齐。最后，对这些对齐的样本求均值。

[10] 对于 M 的偶数值，我们有不太对称的关系 $\mu = k - (M-2)/2$。

图 8.5 显示了这个程序的结果。对于较高 SNR，最终结果看起来很不错。但是对于较低的 SNR，互关联峰值附近的隆起会导致峰值准确位置不确定，因此在取平均值时会变得模糊。即使有更多的实验数据也不一定有帮助，因为拟合参数（未知偏移）的数量也会随着样本数量的增加而增加。

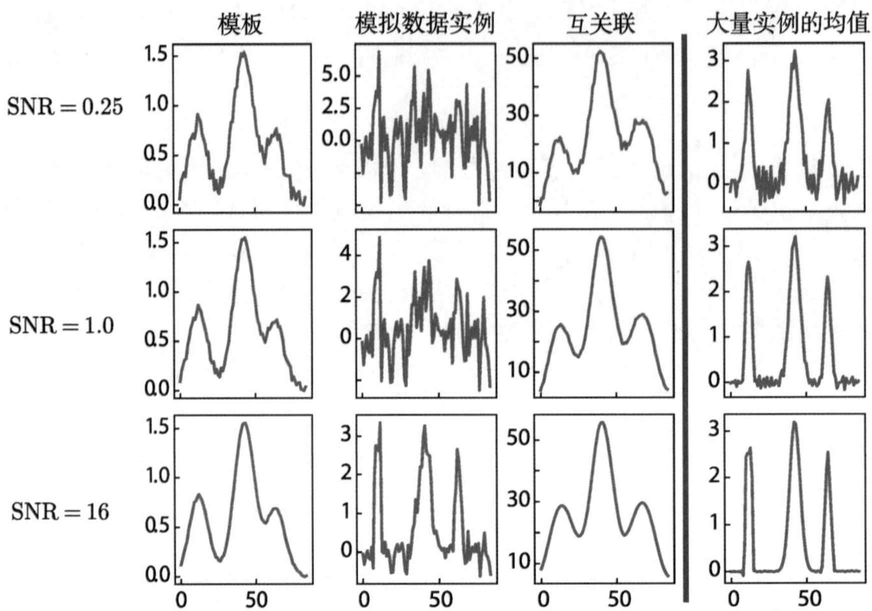

图 8.5（**模拟数据**）　**简单对齐方法的失效**。*从左到右*：初始猜测（模板）；模拟数据的典型实例；前两幅图像的互关联函数；最右侧，1 500 个样本的新均值，每个样本都通过最大化互关联的方法与模板形成了最佳对齐。本例中，模板是样本的简单平均（见正文中上一幅图的最右侧子图）。将最后一列中重建的“图像”与真实图像（图 8.4）进行比较。

我们可以尝试一种迭代方法，使用新的平均值作为修正的起始猜测并重复迭代。但正如我们很快就会看到的，初始猜测中存在的伪影可能会在整个过程中持续存在。下面将介绍一种更普适的方法，将其应用到前文各图中的相同模拟数据上，并将对二维图像做相同的处理。

8.6　改进方法：最大化后验概率

我们只是取得了部分成功，还面临着下列问题：

- 为什么互关联方法对齐效果还不错（如上文所展示的）?
- 为什么这个方法无法达到更好的效果？有其他方法会表现更好吗?

下面的章节会引入很多符号，所以这里先总结一下，供参考：

i	图像的标号，共有 N 幅尺寸为 M 的图
α	图像中像素的标号
$X_{i\alpha}$ 或 $\vec{X}_i$	实验图像
A_α 或 $\vec{A}$	未知的真实图像
$\mathcal{S}$	偏移算符
q_i	图像 i 的未知真实偏移，期望记为 ξ_{q}，方差记为 σ_{q}
$\Xi_{i\alpha}$ 或 $\vec{\Xi}_i$	实验图像 i 的噪声，强度为 σ
$\gamma_i(q)$	图像 i 偏移量为 q 的潜在概率

8.6.1 为提取图像而边缘化潜在的偏移变量

F. Sigworth 意识到图像对齐实质上是个概率分布的问题，不是单个“最佳”对齐就能完全刻画的。事实上，我们真正关心的也并不是对齐本身。我们想要的只是与给定数据最吻合的可能图像。前面章节为我们提供了将这些洞见转化为强大的分析方法所需的工具，即，最大化后验概率估计。

假设我们有 N 幅图像，各自标记为 i。$\vec{X}_i$ 表示一个数组，其元素是 $X_{i\alpha}$，下标 $\alpha=0$，$\cdots$，$(M-1)$ 表示特定像素。为简洁起见，这里不用上箭头标记[11]。我们提出如下物理模型，其中这些值由随机偏移的真实图像 $\vec{A}$ 联合外加噪声给出[12]：

$$\boxed{\vec{X}_i=\mathcal{S}(-q_i)\vec{A}+\sigma\vec{\Xi}_i.\quad \text{电镜成像的一维物理模型}} \tag{8.4}$$

在上式中，

- 假设检测器噪声在图像之间及每幅图像内的像素之间都是无关联的。因此，我们可以将像素 α 内的 Ξ_α 视为独立的高斯变量，每个变量的方差为 1。我们假设背景已经被减去，因此允许 X_α 为负值，并且每个像素中噪声的期望为 $\sigma\langle\Xi_{i\alpha}\rangle=0$。显然，噪声的 PDF 为[13]

$$\wp(\{\vec{\Xi}\})=(2\pi)^{-M/2}\exp\left(-\frac{1}{2}\sum_{\alpha=0}^{M-1}\Xi_\alpha^2\right). \tag{8.5}$$

- 公式(8.4)中的**偏移算符** $\mathcal{S}(-q_i)$ 表示将 $\vec{A}$ 左移 q_i。对于不同图像，q_i 是独立无关的。（$q<0$ 表示右移 $|q|$。）也就是说，

$$\left(\mathcal{S}(-q)\vec{A}\right)_\alpha=A_{\alpha+q}. \tag{8.6}$$

[11] 这个约定类似于普通的向量符号，但 $\vec{X}$ 并不“指向”普通空间。稍后我们将引入空间向量，并用粗体而不是箭头来区分它们。

[12] [T2] 更先进的处理使用了“对比传递函数”；见第 8.8′ a 节（第 230 页）。

[13] 高斯分布由公式(5.8)（第 110 页）给定。

偏移会丢弃落在窗口外的像素，并且需要用零“填充”另一侧的空缺。等效地，我们可以将真实图像 $\vec{A}$ 在两个方向上都延伸到无穷远，但在 M 个像素的窗口之外都是零。为了完善物理模型 (8.4)，我们增加如下几条性质

- 每个图像 $\vec{X}$ 的偏移 q 本身服从具有期望 ξ_q 和方差 $(\sigma_\mathrm{q})^2$ 的高斯分布。（更准确地说，这种偏移遵循离散高斯分布。）

公式(8.5)中的指数和形式上像 M 维空间的向量长度平方。我们将使用与三维空间情况下相同的记号来表示，即：$\|\vec{\Xi}\|^2$。

总之，我们的模型涉及一组未知参数：真实图像 $\{A_0, \cdots, A_{M-1}\}$ 和真实偏移 $\{q_1, \cdots, q_N\}$。请注意

- 实验中的每个图像都对应着同一个 M 像素的真实图像 $\vec{A}$。
- 图像 i 中的每个像素都有相同的真实偏移 q_i，但每个图像的偏移是不同的。

此外，还有描述噪声的参数（σ）和偏移参数（σ_q，ξ_q）。为了尽可能简化此处的计算，假设这些额外的参数值已知。例如，我们可以在显微镜中制作没有样本的图像，检查产生的纯噪声，以求得 σ。或者，在我们熟悉的模拟数据上测试我们的算法，进而创建参数值[14]。具体而言，我们将假设 $\xi_\mathrm{q} = 0$ 和 $\sigma_\mathrm{q} = 6$ 像素。

在未知参数中，我们感兴趣的是 $\vec{A}$ 而不是 $\{q_i\}$。我们想知道什么图像最大化了边缘后验分布 $\wp(\vec{A} \mid \mathsf{data})$[15]。也就是说，固定数据 $\{\vec{X}_i\}$（所有实验图像的集合），在整个 $\vec{A}$ 上优化

$$\wp(\vec{A} \mid \mathsf{data}) = \sum_{q_1, \cdots, q_N} \wp(\vec{A}, \{q_i\} \mid \mathsf{data}). \tag{8.7}$$

其求和号是 $\sum_{q_1} \cdots \sum_{q_N}$ 的简写。

应用贝叶斯公式得[16]：

$$= \sum_{q_1, \cdots, q_N} \wp(\mathsf{data} \mid \vec{A}, \{q_i\}) \frac{\wp(\vec{A}, \{q_i\})}{\wp(\mathsf{data})}. \tag{8.8}$$

分母中的因子是常数，因此不会影响对 $\vec{A}$ 求最大值。噪声对实验图像的贡献在统计上都是相互独立的，因此第一个 PDF 可以因式分解[17]。我们没有关于 $\vec{A}$ 的先验信息，所以其分布可设为均匀分布[18]。但我们假设 $\{q_i\}$ 服从高斯分

[14] 当然，我们也知道使用什么图像来创建模拟数据。但我们不会“告诉”算法，因为我们正在测试它是否可以恢复图像。

[15] 第 3.4.5 节（第 48 页）介绍了边缘化。

[16] 参见公式(7.1)（第 171 页）。

[17] 第 3.4.2 节（第 45 页）介绍了这个想法。

[18] T2 更高级的处理确实包含先验；参见第 8.8′ 节（第 230 页）。

布，联合公式(8.5)给出[19]：

$$= \mathcal{C} \sum_{q_1,\cdots,q_N} \wp(\vec{X}_1 \mid \vec{A}, q_1) \cdots \wp(\vec{X}_N \mid \vec{A}, q_N) \mathrm{e}^{-q_1^2/(2\sigma_\mathrm{q}^2)} \cdots \mathrm{e}^{-q_N^2/(2\sigma_\mathrm{q}^2)}. \tag{8.9}$$

上式中关于 N 个偏移量的多重积分可以简化为 N 个单重积分的乘积。此外，根据模型(8.4)，我们可以求得感兴趣的 PDF。即，一旦真实图像及其偏移都确定，则其与观察数据 $\vec{X}$ 之间的差异就给出了公式(8.5)所示的概率分布。

最大化公式(8.9)与最大化其对数是等价的。对数化之后，公式中出现的常数项不影响对 $\vec{A}$ 求极值，因此可略去。结合前文所列的几条性质，我们最终得到如下待优化函数

$$L(\vec{A}) = \sum_{i=1}^{N} \ln \sum_{\mathrm{q}} \gamma_i(q, \vec{A}), \tag{8.10}$$

其中

$$\gamma_i(q, \vec{A}) = \exp(-\sum_{\alpha} (A_{\alpha+q} - X_{i\alpha})^2/(2\sigma^2)) \exp(-q^2/(2\sigma_\mathrm{q}^2)), \tag{8.11}$$

函数 $\gamma_i(q, \vec{A})$ 有时称为图像 i 偏移 q 的**潜在概率**。我们将其缩写为 $\gamma_i(q)$；不明确显示其对 $\vec{A}$ 的依赖性。

符号“argmax”指的是函数达到最大值时的变量取值，因此我们对真实图像的最佳估计是[20]

$$\vec{A}_* = \underset{\vec{A}}{\operatorname{argmax}}\, L. \tag{8.12}$$

与往常一样，实验图像 $\{\vec{X}_i\}$ 在最大化程序中将保持固定。关键点是：

方程(8.12)的优化不需要先找到各图像的最佳偏移 q_i。相反地，我们需要对 q_i 进行边缘化处理。

我们希望最大化对数后验[21]：

$$\frac{\partial L}{\partial A_\alpha} = 0 = -\sum_i \left(\sum_{q'} \gamma_i(q') \right)^{-1} \sum_{\mathrm{q}} \gamma_i(q) \frac{A_\alpha - X_{i,(\alpha-q)}}{\sigma^2} \tag{8.13}$$

α 为允许的任意值。为了求方程(8.13)中的 $\vec{A}$，我们可以使用如下迭代方法：从对真实图像的猜测 $\vec{A}^{\mathrm{prev}}$（“预估”）开始。将这个预估值代入 γ_i。然后求解

[19]我们可以将此步骤视为扩展乘法规则的一个实例[等式(3.27)，第 63 页]。

[20]原则上，σ，ξ_q 和 σ_q 也是我们希望与图像一起推断的未知数。但如前所述，我们通过假设其值已知进行了简化。我们只寻求推断图像 $\vec{A}$。更完整的讨论将用类似的公式来改进公式(8.14)，以完善对这些参数的估算。

[21] T2 在这个表达式中，我们对偏移算子做了逆操作，并将其应用于 $\vec{X}$ 而不是 $\vec{A}$。如果我们要包括显微镜的（不可逆的）对比传递函数，则这一步就会失败；见第 8.8′ a 节（第 230 页）。

上式最后一个因子式中的 $\vec{A}$，并将其作为下一轮计算的预估值：

$$0=\sum_i \frac{\sum_q \gamma_i^{\mathrm{prev}}(q) A_\alpha^{\mathrm{next}}}{\sum_{q'} \gamma_i^{\mathrm{prev}}(q')}-\sum_i \frac{\sum_q \gamma_i^{\mathrm{prev}}(q) X_{i,(\alpha-q)}}{\sum_{q'} \gamma_i^{\mathrm{prev}}(q')}.$$

第一项是 $A_\alpha^{\mathrm{next}} \sum_i 1 = N A_\alpha^{\mathrm{next}}$，因此得出

$$A_\alpha^{\mathrm{next}}=N^{-1} \sum_i \frac{\sum_q \gamma_i^{\mathrm{prev}}(q) X_{i,(\alpha-q)}}{\sum_{q'} \gamma_i^{\mathrm{prev}}(q')}. \tag{8.14}$$

其中 N 是实验数据中的图像总数。使用公式(8.14)改进了我们对 $\vec{A}$ 的估计，将这个新的估值代入公式(8.11)以更新每个 γ_i，然后重复迭代。如果这个过程收敛，最终 $\vec{A}^{\mathrm{next}} \approx \vec{A}^{\mathrm{prev}}$，这就给出了方程(8.13)的解。

公式(8.14)将改进的估计 $\vec{A}^{\mathrm{next}}$ 表示为图像偏移数据的加权平均值的平均值（对所有实验图像 i），加权因子由潜在概率 γ_i 给出。以下小节将指出 γ_i 因子可以通过估算互关联来求得。

T2 第 8.6′ a 节（第 230 页）讨论了针对其他未知参数的改进算法。第 8.6′ b 节（第 230 页）更多地介绍了上面的迭代算法。

8.6.2 互关联与加权函数

本节和下一节将把公式(8.14)改写成适合计算编程的形式[公式(8.20)]，为了查看 γ_i 因子及其互关联函数，首先展开公式(8.11)的表达式：

$$\|\mathcal{S}(-q)\vec{A}-\vec{X}_i\|^2=\sum_{\alpha=0}^{M-1}(X_{i\alpha})^2+\sum_{\alpha=0}^{M-1}(A_{\alpha+q})^2-2\sum_{\alpha=0}^{M-1} A_{\alpha+q} X_{i\alpha}. \tag{8.15}$$

如前所述，左侧的符号是指各项的平方和。

公式(8.15)右侧的第一项与 q 无关。最后一项的求和也受到限制（因为 $\vec{X}_i$ 和 $\vec{A}$ 在窗口外都为零）。该项等于互关联 $-2\mathrm{corr}'_{\vec{A},\vec{X}_i}(q+\frac{M-1}{2})$[公式(8.3)]。

偏移 q 可正可负。对于计算编程使用非负指标更方便，因此我们将 q 替换为如下的偏移变量

$$\mu=q+\frac{M-1}{2}, \quad 0 \leqslant \mu \leqslant (M-1).$$

公式(8.15)的第二项变为

$$B(\mu)=\left\|\mathcal{S}\left(-\mu+\frac{M-1}{2}\right) \vec{A}\right\|^2. \tag{8.16}$$

我们可以修正 γ_i 的形式来定义一个简化版本的潜在概率：令 $\bar{\gamma}_i$ 等于公式(8.11)除以 $\exp(K_i-\|\bar{X}_i\|^2/(2\sigma^2))$，其中 K_i 与 $\vec{X}_i$ 有关，而与 μ 无关。具

体来说，

$$\bar{\gamma}_i(\mu) = \exp\left(-(2\sigma^2)^{-1}B(\mu)+\sigma^{-2}\mathrm{corr}'_{\vec{A},\vec{X}_i}(\mu)-K_i\right) \times \exp\left(-(2\sigma_{\mathrm{q}}^2)^{-1}\left(\mu-\frac{M-1}{2}\right)^2\right). \tag{8.17}$$

为了防止指数变得太大，我们将 K_i 设为同一括号中前两项所能取到的最大值。任何这样的常数乘积因子（即使与 i 相关）都将从公式(8.14)等公式中抵消。但现在[22]我们可以确定公式(8.17)中的第一个指数因子永远不会超过 $\mathrm{e}^0=1$。

定义归一化因子[23]

$$U_i^{\mathrm{prev}} = \left(\sum_{\mu'}\bar{\gamma}_i^{\mathrm{prev}}[\mu']\right)^{-1}.$$

则公式(8.14)变成

$$A_\alpha^{\mathrm{next}} = N^{-1}\sum_i U_i^{\mathrm{prev}}\sum_{\mu=0}^{M-1}\bar{\gamma}_i^{\mathrm{prev}}[\mu]X_{i,(\alpha-\mu+\frac{M-1}{2})}. \tag{8.18}$$

下一节将进一步讨论公式(8.18)的实现，首先让我们回到本节开头的问题（第 214 页）：

- *为什么互关联方法对齐效果还不错（如前文所展示的）？为什么无法达到更好的效果？* 原因在于 8.5 节中的方法只是完整的最大后验方法的一个近似处理：它不是对所有可能的偏移做加权平均 [公式(8.18)]，而只是简单地假设了存在单个最佳偏移值。

- *有什么替代方案可以胜过它？* 公式(8.18)就给出了这样的方案。

8.6.3 卷积的数值实现

为了更好地理解公式(8.18)并有效地实现它，首先注意卷积[24]。卷积定义式(5.17)和用于互关联的计算式[公式(8.1)] 之间的关键区别在于卷积中积分变量在第二个因子中带有减号。因此，尽管它们的解释不同，但互关联和卷积在数学上是类似的。计算机数学系统也提供快速卷积算法。

[22]习题 7.5 和 7.6 已经使用了这个技巧来避免数值溢出。当我们需要对数后验用于其他目的时，将恢复 K_i 和 $||\vec{X}_i||^2$ 的表述 [公式(8.21)]。

[23]一些学者将 U_i 和 $\bar{\gamma}_i$ 的计算称为“期望步骤”，是“期望最大化算法”的一部分。从公式(8.18) 开始的计算称为“最大化步骤”。

[24]第 4.3.5 节（第 84 页）和第 5.2.5 节（第 114 页）介绍了卷积。

Python中的卷积

我们必须再次将公式(5.17)用于表示离散样本（例如，数字图像的像素）的函数。同样，我们需要在公式(5.17)中设置 τ 偏移以获得非负指标。因此，对于长度为 M 的两个向量 r 和 s，`numpy.convolve(r,s,mode="same")` 返回的输出是

$$r \star s[\nu] = \sum_k r[k] s\left[\nu + \frac{M-1}{2} - k\right] \quad \nu = 0, \cdots, (M-1). \tag{8.19}$$

再次对“所有” k 求和，涉及 r 和 s 均非零的所有值[25]。

8.6.4 迭代法重构图像

我们可以重新表达公式(8.18)，其中每一项都可视为带有过滤函数的离散卷积 [公式(8.19)]

$$A_\alpha^{\text{next}} = N^{-1} \sum_i U_i^{\text{prev}} (\bar{\gamma}_i^{\text{prev}} \star X_i)_\alpha \quad \alpha = 0, \cdots, (M-1). \tag{8.20}$$

每个过滤函数也含有互关联 [见公式(8.17)]。

后验对数 [公式(8.10)] 则是一个常数加上[26]

$$L = \sum_i (K_i - \ln U_i) - \sum_i \frac{1}{2\sigma^2} ||\vec{X}_i||^2. \tag{8.21}$$

8.6.5 一维图像重构小结

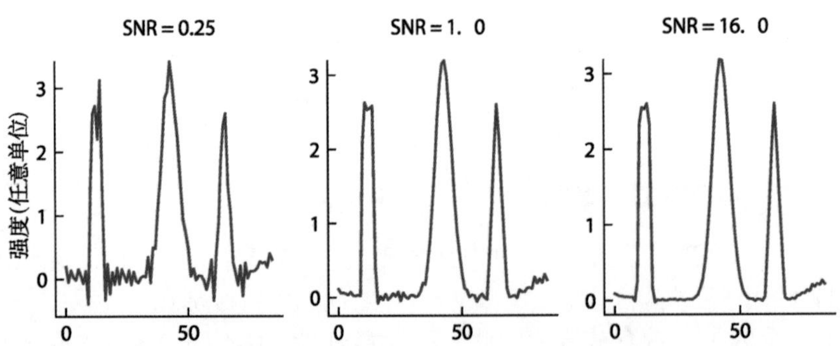

图 8.6（**模拟数据拟合**） **最大后验获得的一维图像重建**，应用以前相同的 1 500 个模拟数据实例。可与下列图进行比较：真实的“图像”（图 8.4a，第 209 页）和重建图（图 8.5 中的最后一列，第 214 页）。

[25]其他一些相关的 Python 函数需要关键字参数 `mode="constant"` 来指定用零填充；请参阅说明文档。

[26]量 K_i 在公式(8.17)后才有明确定义。

前几节概述了一种迭代算法，以改进对图像的初始猜测。每一步都将当前估计输入公式(8.20)以获得下一个估计。换句话说，

图像的下一个改进版本是每个图像与过滤函数卷积的平均值。

与第 8.4.1 节不同，这次我们没有尝试选择任何一个“最佳”偏移。

对于三个 SNR 级别中的每一个，仅将公式(8.20)迭代五次后重构就稳定了。图 8.6 显示，在低 SNR 下，结果确实比简单对齐方法的结果要好一些（图 8.5）。

8.7 通过互关联处理二维问题

二维图像的对齐问题更难，因为除了平移之外，我们还必须处理随机旋转[27]。符号也会变得复杂，但仍可套用一维问题中的相同流程（第 8.5—8.6 节）。使用最大后验方法的回报将比一维更显著。

图 8.7（**像素阵列**） **二维图像的示例**。包含 85×85 个离散像素，每个像素都有一个强度值。

图 8.7 显示了一个示例图像。与一维情况类似，我们现在在 x 和 y 的模拟数据样本中添加噪声（SD=6 像素）。以下是 1500 个样本在各种噪声水平下的平均值[28]：

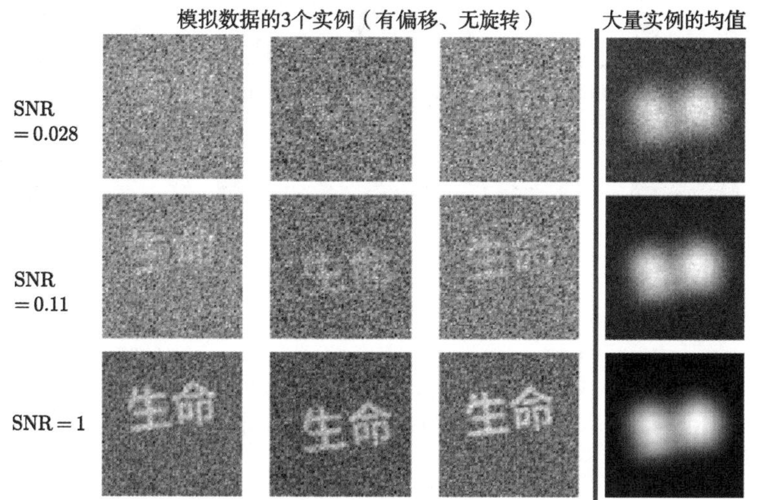

但是，如前所述，肯定存在随机旋转。添加旋转并尝试相同的平均值得：

[27]在三维中更难，我们必须处理随机三维旋转、二维投影及抖动。

[28]此处显示的模拟数据集来自 Dataset 11。

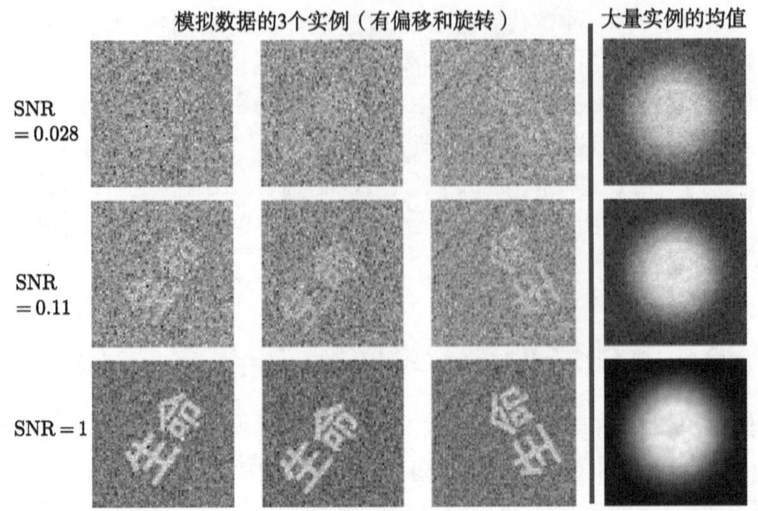

即使在高 SNR 下，求平均也几乎抹掉了一切信息。事实上，因为生成它的过程中使用了旋转角的均匀分布，所以平均值一定是旋转不变的。将图像与该平均值对齐注定会失败，因此我们不会尝试这样做。

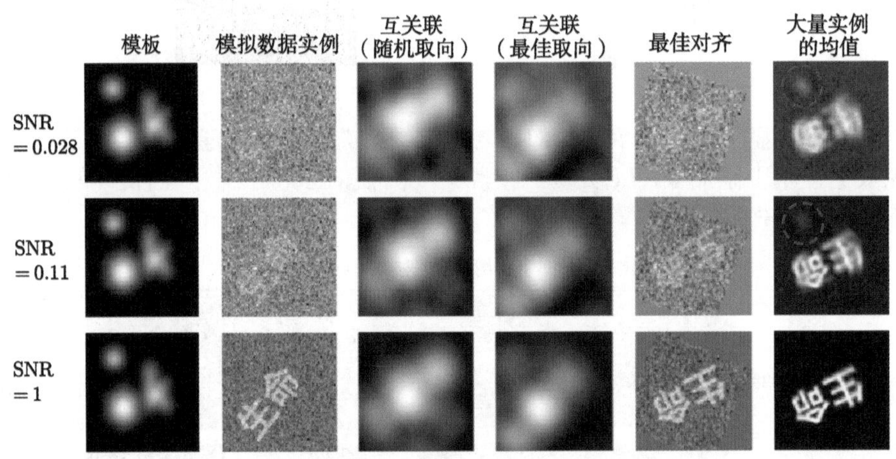

图 8.8（**模拟数据及拟合**） **通过对齐重构图像**。第二列显示了模拟数据的一个实例，第三列是模板（第一列）与该实例的二维互关联函数。较浅的灰色阴影对应于较大的值。总共生成了 1 500 个噪声实例，与模板对齐后取平均值。*右上角*的图面显示了低信噪比的模拟图像。将最后一列与原始图像（图 8.7）进行比较。此图面左上角的圆形污迹非常明显：但在模拟数据中此特征根本不存在；相反，这是从初始模板（*最左侧图面*）间接继承的。尽管模板本身并未包含在平均中，但算法移动并旋转每个噪声图像与模板匹配，因此这个操作就从噪声中凸显了这个伪影。

通常我们对显微对象的结构有一些预先的认识，但它还不够精确（这也是我们进行实验的原因）。我们希望将新旧合并以获得改进的图像。因此，我们现在尝试将每个噪声图像与固定模板对齐，然后对偏移的图像进行平均。（第 8.8 节将用最大后验计算代替这种方法。）例如，模板包含一些符号和错误字母表中的字母（图 8.8 的最左侧图面）。

与第 8.5 节一样，图 8.8 中的每一行都以我们希望改进的模板图像开头。第二列给出了模拟数据的一个实例。第三列给出了该图像与模板的互关联。计算机程序为模板的各种旋转版本计算了这种互关联，并在所有互关联函数中选出了峰值最大的那个。第四列显示了这一最佳旋转模板与数据实例的互关联；它确实比第三列中的峰值更尖锐。依据此模板，平移该模拟图像以获得最佳对齐，然后对图像做旋转（与之前模板–图像对齐的旋转相反）。

上述流程产生了一个对齐的图像。图 8.8 的最右边一列显示了所有分别对齐的图像的像素平均值。正如图注所指出的，在低信噪比下重构图保留了模板中的污迹。

关于对齐

假设 $t(x,y)$ 是模板图像，并且 t_* 是旋转版本。则

$$t_*(x',y') = t(x,y),\quad \text{其中 } x = x'\cos\alpha_* + y'\sin\alpha_*,\ y = -x'\sin\alpha_* + y'\cos\alpha_*. \tag{8.22}$$

选择一个能与数据图像 d 达到最佳匹配的旋转方式，使得

$$t_*(x',y') \approx d(x',y').$$

则反向旋转的数据图像就是可用于求平均的“对齐图像”：

$$d(x,y) = d(x',y'),\quad \text{其中 } x' = x\cos\alpha_* - y\sin\alpha_*,\ y' = x\sin\alpha_* + y\cos\alpha_*.$$

在我们的应用程序中，d 还应该首先平移（偏移）一个量，该量优化了其与旋转模板的互关联。这个过程产生了图 8.8 最右边两列中的图像。

在计算机科学中，数组 `S[I,J]` 通常被认为是由 `I` 行（在矩阵或电子表格中“由上往下”）和 `J` 列（在矩阵或电子表格中“由左向右”）来索引的。但是在数学中，两个变量的函数通常被认为是 $s(x,y)$，其中 x =向右平移，而y =向上平移。我们可以使用任何一种约定，但一旦选择就必须保持统一。

8.8 通过最大后验改进二维方法

8.8.1 为提取二维图像而边缘化潜在平移和旋转变量

正如我们在图 8.8 中看到的，通过图像的互关联进行对齐只是部分成功。我们可以仿照第 8.6 小节的一维情况，尝试使用最大后验方法。

再次假设我们有 N 个图像，标号记为 i。用 $\overleftrightarrow{X_i}$ 来表示一个包含 $X_{i\alpha\beta}$ 的数组，其中 $\alpha,\beta = 0,\cdots,(M-1)$ 寻址图像 i 的特定像素。在我们的物理模

型中，这些值由随机平移和旋转的真实图像给出，但附加高斯噪声[29]：

$$\boxed{\overleftrightarrow{X}_i = \mathcal{S}(-\boldsymbol{q}_i)(\mathcal{R}(\varphi_i)\overleftrightarrow{A}) + \sigma\overleftrightarrow{\Xi}_i. \quad \text{电镜成像的二维物理模型}} \tag{8.23}$$

上式表示 $\overleftrightarrow{A}$ 首先绕原点旋转角度 φ_i 再平移二维向量 $\boldsymbol{q}_i$。公式(8.23)中的旋转算子定义在公式(8.22) 中。

在公式(8.23)中，

- 再次假设检测器噪声 $\sigma\overleftrightarrow{\Xi}_i$ 在实验图像以及每个图像内的像素之间是无关联的，并且是高斯分布的，方差[30]已知为 σ^2。我们假设背景已被减去，因此 X 的负值是允许的。每个像素中的噪声的期望是 $\sigma\langle\Xi_{i\alpha}\rangle = 0$。
- 平移向量 $\boldsymbol{q}$ 由两个独立无关的随机变量（分量）构成，不同图像的 $\boldsymbol{q}$ 也是独立无关的。此外，每个变量都是离散高斯分布，均值（$\boldsymbol{\xi}_\mathrm{q}$）和方差（$(\sigma_\mathrm{q})^2$）均为已知。
- 角度 φ 是均匀分布的（并且不同图像的 φ 是独立无关的）。

与一维情况一样，真实图像 $\overleftrightarrow{A}$ 在 $M\times M$ 个像素的窗口外为零。

公式(8.23)使用前面提到的“电子表格”约定：$\mathcal{S}(0,-1)$ 表示将 $\overleftrightarrow{A}$ 左移一步，而 $\mathcal{S}(-1,0)$ 表示将 $\overleftrightarrow{A}$ 上移一步。更一般地，我们将公式(8.6)改写如下：

$$(\mathcal{S}(-\boldsymbol{q})\overleftrightarrow{A})_{\boldsymbol{\alpha}} = A_{\boldsymbol{\alpha}+\boldsymbol{q}}. \tag{8.24}$$

在该公式中，粗体字母是整数对的简写。

总之，我们的数据模型涉及一组未知参数 $A_{\boldsymbol{\alpha}}$，$\{\boldsymbol{q}_i\}$ 和 $\{\varphi_i\}$。为简单起见，再次假设参数 σ, σ_q 和 $\boldsymbol{\xi}_\mathrm{q}$ 是已知的。我们特别假设 $\boldsymbol{\xi}_\mathrm{q}=\boldsymbol{0}$。我们希望在给定观察数据 $\{\overleftrightarrow{X}_i\}$ 的情况下找到最概然的图像。也就是说，我们必须优化一个类似于公式(8.7)（第 216 页）的量：

$$\wp(\overleftrightarrow{A}\mid \mathsf{data}) = \sum_{\boldsymbol{q}_1\cdots\boldsymbol{q}_N}\int \mathrm{d}^N\varphi\,\wp(\overleftrightarrow{A},\{\boldsymbol{q}_i,\varphi_i\}\mid\mathsf{data}). \tag{8.25}$$

求和是对平移 $\{\boldsymbol{q}_i\}$ 的所有 $2N$ 个分量。

我们利用贝叶斯公式重新表达被积函数：

$$= \sum_{\boldsymbol{q}_1\cdots\boldsymbol{q}_N}\int \mathrm{d}^N\varphi\,\wp(\mathsf{data}\mid\overleftrightarrow{A},\{\boldsymbol{q}_i,\varphi_i\})\frac{\wp(\overleftrightarrow{A},\{\boldsymbol{q}_i,\varphi_i\})}{\wp(\mathsf{data})}. \tag{8.26}$$

分母中的因子是常数，因此不会影响求 $\overleftrightarrow{A}$ 的最大值。图像之间在统计上都是相互独立的，因此第一个 PDF 可以因式分解。我们没有关于 $\overleftrightarrow{A}$ 的先验信

[29] T2 第 8.8′ a 节（第 230 页）讨论了更现实的模型。

[30] 与一维情况一样，我们不会尝试推断 σ 的值来简化。

息，所以默认它是均匀分布的[31]。总而言之，我们有

$$
\begin{aligned}
&= \mathcal{C}\sum_{\boldsymbol{q}_1\cdots\boldsymbol{q}_N}\int \mathrm{d}^N\varphi\,\wp(\overleftrightarrow{X}_1 \mid \overleftrightarrow{A},\boldsymbol{q}_1,\varphi_1)\cdots\wp(\overleftrightarrow{X}_N \mid \overleftrightarrow{A},\boldsymbol{q}_N,\varphi_N) \\
&\quad \cdot \mathrm{e}^{-||\boldsymbol{q}_1||^2/(2\sigma_{\mathrm{q}})^2}\cdots\mathrm{e}^{-||\boldsymbol{q}_N||^2/(2\sigma_{\mathrm{q}})^2}. \qquad (8.27)
\end{aligned}
$$

（每个旋转角度的先验分布都设为均匀分布。）

上式中针对 N 个平移和旋转的所有求和及积分都可以通过重排而得到简化。同样，物理模型公式(8.23)给出了公式(8.27)中要用到的 PDF：给定真实图像及其平移和旋转，观察到的数据 $\overleftrightarrow{X}$ 和平移后的真实图像之间的差异是高斯分布的。

最大化公式(8.27)与最大化其对数是等价的。此外，可以删除任何加性常数，因为这些常数不影响 $\overleftrightarrow{A}$ 的优化。总之，待优化函数可表示为

$$
L(\overleftrightarrow{A}) = \sum_i \ln \sum_{\boldsymbol{q}} \int \mathrm{d}\varphi\,\gamma_i(\boldsymbol{q},\varphi,\overleftrightarrow{A}), \qquad (8.28)
$$

这是公式(8.10)（第 217 页）的推广。图像 i 被平移 $\boldsymbol{q}$ 和旋转 φ 的潜在概率为

$$
\gamma_i(\boldsymbol{q},\varphi,\overleftrightarrow{A}) = \exp\left(-\sum_{\alpha,\beta}((\mathcal{R}(\varphi)\overleftrightarrow{A})_{\boldsymbol{\alpha}+\boldsymbol{q}} - X_{i\boldsymbol{\alpha}})^2/(2\sigma^2)\right)\exp(-||\boldsymbol{q}||^2/(2\sigma_{\mathrm{q}}^2)). \qquad (8.29)
$$

同样，粗体 $\boldsymbol{\alpha}$ 是 (α,β) 的简写。将上述符号缩写为 $\gamma_i(\boldsymbol{q},\varphi)$，不明确显示其与 $\overleftrightarrow{A}$ 的依赖关系。

我们再次最大化对数后验：

$$
\begin{aligned}
\frac{\partial L}{\partial A_{\alpha\beta}} &= -\sum_i\left(\sum_{\boldsymbol{q}'}\int \mathrm{d}\varphi'\,\gamma_i(\boldsymbol{q}',\varphi')\right)^{-1} \\
&\quad \cdot\sum_{\boldsymbol{q}}\int \mathrm{d}\varphi\,\gamma_i(\boldsymbol{q},\varphi)\sigma^{-2}\left(\overleftrightarrow{A} - \mathcal{R}(-\varphi)(\mathcal{S}(\boldsymbol{q})\overleftrightarrow{X}_i)\right)_{\alpha\beta} \\
&= 0,\ \text{对所有}\ \alpha,\ \beta. \qquad (8.30)
\end{aligned}
$$

上式表示 $\overleftrightarrow{X}_i$ 应首先平移，然后旋转。

为了求解方程(8.30)，我们再次进行迭代：从对真实图像 $\overleftrightarrow{A}$ 的猜测（预估）开始。在 γ_i 中，维持参数（包括 $\overleftrightarrow{A}$）的当前估计值不变。然后求解最后一个因子中的 $\overleftrightarrow{A}$ 并将其作为图像的下一个估计：

$$
A^{\text{next}}_{\alpha\beta} = N^{-1}\sum_i \frac{\sum_{\boldsymbol{q}}\int \mathrm{d}\varphi\,\gamma_i^{\text{prev}}(\boldsymbol{q},\varphi)(\mathcal{R}(-\varphi)(\mathcal{S}(\boldsymbol{q})X_i))_{\alpha\beta}}{\sum_{\boldsymbol{q}'}\int \mathrm{d}\varphi'\,\gamma_i^{\text{prev}}(\boldsymbol{q}',\varphi')}. \qquad (8.31)
$$

---

[31] T2 同样，更先进的处理确实包含了先验；参见第 8.8′ c 节（第 233 页）。

Sigworth 重新组织了公式(8.31)，对 φ 积分可以移到左侧（表示最后才执行）。旋转算子是线性的，并且只作用于 $\alpha\beta$，所以它们也可以推迟到 i 累加之后：

$$\overleftrightarrow{A}^{\text{next}} = N^{-1} \int \mathrm{d}\varphi \, \mathcal{R}(-\varphi) \left(\sum_i \frac{\sum_{\boldsymbol{q}} \gamma_i^{\text{prev}}(\boldsymbol{q}, \varphi) \mathcal{S}(\boldsymbol{q}) \overleftrightarrow{X}_i}{\sum_{\boldsymbol{q}'} \int \mathrm{d}\varphi' \, \gamma_i^{\text{prev}}(\boldsymbol{q}', \varphi')} \right). \tag{8.32}$$

这么做的好处是对每个 φ 值只需要做一次旋转操作的计算。

8.8.2 二维图像重构小结

我们将迭代算法从一维推广到了二维。为了展示其实际效果，图像的初始猜测选择与图 8.8 的相同（最左边的列）。对于每个 SNR 值，使用与以前相同的 1 500 个模拟实验图像进行了九次迭代。如图 8.9 所示，最大后验算法甚至能从极其嘈杂的数据中提取图像，而不会像我们之前使用更简单的对齐方法那样产生伪影。

图 8.9（**模拟数据的拟合**） **通过最大后验获得的二维图像重构**，从图 8.8 相同的初始模板开始。与图 8.8 的最后一列相比，我们看到在低 SNR 下，第 8.8 节中的最大后验方法比简单对齐更成功，两者使用相同的输入数据和起始猜测。特别是，最终结果中已经没有起始猜测的任意痕迹了。与图 8.8 相比，即使在低 SNR 下也不再显示初始猜测中的伪影。

T2 第 8.8′ 节（第 230 页）提供了详细信息并描述了该结果的各种扩展。

总结

本章中我们介绍了如何用概率论方法处理多个图像对齐的问题。为简化描述，我们假设图像只需通过刚体运动（平移及转动）就能实现对齐。对于更复杂的问题，例如显微镜失真，可以用类似方法加以讨论。

为计算后验函数，我们需要对数据建立一个足够好的统计模型。如果我们只是对该模型生成的模拟数据测试我们的方法，那么当处理真实数据时效果往往会差很多。在真实的实验中，需要对结果的可靠性做复杂的统计检验。

我们的二维练习仍然不足以解决真正的问题，即，重建三维结构。但二维问题的结果仍然是有用的。例如，电镜样品中的大分子通常只有少数可能的取向（相对于冰面），相当于展示了三维结构的若干侧“视图”。因此，二维分析可以作为完整三维分析的预处理步骤。

关键公式

- 互关联函数（连续形式）：

$$\int \mathrm{d}t\, f_1(t) f_2(t-\tau).$$

- 互关联函数（离散形式）：完整形式

$$\mathrm{corr}_{x,y}[k] = \sum_{\ell=0}^{M-1} x[\ell] y^*[\ell - k + M - 1], \quad k = 0, \cdots, 2(M-1). \qquad [8.2]$$

  截断形式

$$\mathrm{corr}'_{x,y}[\mu] = \sum_{\ell=0}^{M-1} x[\ell] y^* \left[\ell - \mu + \frac{M-1}{2}\right], \quad \mu = 0, \cdots, (M-1). \qquad [8.3]$$

- 连续卷积：

$$(h \star f)(\tau) = \int \mathrm{d}t\, h(t) f(\tau - t). \qquad [5.17]$$

- 离散卷积：

$$r \star s[\nu] = \sum_k r[k] s \left[\nu + \frac{M-1}{2} - k\right], \quad \nu = 0, \cdots, (M-1). \qquad [8.19]$$

延伸阅读

准科普

Nobel Committee, 2017; Ramakrishnan, 2018.

中级阅读

视频：cryo-EM 入门(`cryo-em-course.caltech.edu/videos`).

CryoEM101(`cryoem101.org`).

NCCAT SPA short course 2020 (www.youtube.com/watch?v=W5-0tbosvw8).
Sigworth, 2016.
关联与卷积：Press et al., 2007.
期望最大化算法：Do & Batzoglou, 2008; Sigworth et al., 2010; Holmes & Huber, 2019.
[T2] 傅里叶变换、卷积和互关联：Berendsen, 2007; Hobbie & Roth, 2015, ch. 12.

高级阅读

本章主要沿用了 Sigworth（1998）的开创性分析.
综述：Cheng et al., 2015; Fernandez-Leiro & Scheres, 2016.
应用于核酶结构：Su et al., 2021.
刺突蛋白的早期成像：在人类HKU1病毒中, Kirchdoerfer et al., 2016. 在小鼠冠状病毒 (MHV) 中, Walls et al., 2016.
MERS 刺突蛋白融合前构象的稳定：Pallesen et al., 2017. SARS-CoV-2 的类似工作：Wrapp et al., 2020; Walls et al., 2020.
欧洲蛋白质数据库的电子显微镜数据库（EMDB）：www.ebi.ac.uk/pdbe/emdb; 电子显微镜公共图像档案：www.ebi.ac.uk/pdbe/emdb/empiar .
期望最大化算法：Scheres et al., 2005; Sigworth et al., 2010.
时间分辨冷冻电镜：Kaledhonkar et al., 2019. 同时测定多种构象状态：Dong et al., 2019.
冷冻电子断层扫描：Chang et al., 2016; Oikonomou & Jensen, 2017.

拓展

T2 8.2.2 拓展

8.2.2′ 冷冻电镜革命的其他方面

正文中未提及的冷冻电镜革命的其他方面包括

- 发明了一种空间分辨率更高的新型探测器。旧探测器先由荧光屏对电子成像，再由普通（可见光）相机对荧光屏成像。新的电子探测器省略了中间步骤而“直接”成像，因此消除了中间步骤带来的模糊。它们也比旧技术更灵敏，提高了低信号转化成图像的敏感度，从而减少对样品的损坏。现代仪器还能计算每个像素中检测到的电子的确切个数，因此不会被单个检测事件的信号幅度的随机变化所迷惑。
- 新探测器拥有高得多的时间分辨率。为什么对冷冻样品这么重要？因为除了电子束损伤之外，电子束还会导致显著的样品形变。快速相机可以拍摄样品中每个单独蛋白质的视频，并且可以使用互关联来对齐每帧视频。完成此操作后，研究人员发现电镜的固有分辨率看起来比以前的要好得多。具体来说，每帧曝光时间缩短至0.25 s，总耗时5—10 s，揭示了旧仪器较慢曝光引起的图像模糊达 2.5 nm。纠正该移动是朝今天的分辨率（0.2 nm）迈出的关键一步。
- 当前的工作对图像的需求超过 10 000 多张。例如，对 G 蛋白偶联受体结构的研究需要 17 000 张图像，每张图像包含 2.5×10^6 个像素（尽管其中只有 5% 可用）（Zhang et al., 2017）。
- “彗差校正”和其他进步极大地拓宽了视野，因此也提高了该技术的应用场景。
- 计算技术也取得了巨大进步。
- 超快样品制备 (100 ms) 阻止了因蛋白迁移到空气–水界面而产生的伪影，在那里它们会受到非自然力的影响（Noble et al., 2018）。
- 全细胞电子冷冻断层扫描是这些想法的另一个最新扩展。请参阅参考资料。

$\mathcal{T}_2$ 8.6 拓展

8.6′ a 其他参数估计

正文仅试图改进对图像 $\vec{A}$ 的估计，但类似的过程适用于其他未知参数。例如，我们可以改进对噪声强度参数的估计（Sigworth，2016）：

$$\begin{aligned} 0 &= \frac{\partial}{\partial \sigma}(L - NM\ln\sigma) = -\frac{NM}{\sigma} \\ &+ \sum_i \left(\sum_{q'} \gamma_i(q')\right)^{-1} \sum_{\mathrm{q}} \gamma_i(q) \left(\frac{2}{\sigma}\sum_\alpha (A_\alpha - X_{i,(\alpha-q)})^2/(2\sigma^2)\right) \end{aligned} \tag{8.33}$$

$$(\sigma^{\text{next}})^2 = (NM)^{-1}\sum_i \frac{\sum_{\mathrm{q}} \gamma_i^{\text{prev}}(q)\left|\left|\vec{A}^{\text{prev}} - \mathcal{S}(q)\vec{X}_i\right|\right|^2}{\sum_{q'}\gamma_i^{\text{prev}}(q')}.$$

8.6′ b 期望最大化算法

公式(8.14)（第 218 页）是期望最大化算法的一个示例。可以证明，这类算法在每个改进步骤上都会增加后验概率 L；然而，收敛缓慢和陷入局部最大等问题仍然是任何优化所面临的问题，因此需要应用各种更复杂的方法。在本章展示的每个示例中，随着每次迭代的增加，后验确实得到了改进。

$\mathcal{T}_2$ 8.8 拓展

8.8′ a 对比传递函数

正文使用了电镜数据的简化统计模型：根据公式(8.4)（第 215 页）和公式(8.23)（第 224 页），每个相机像素中观察到的计数是真实图像加噪声的偏移和旋转版本。真实的显微镜还会失真（像差），且其有限的分辨率也会模糊观察到的图像。然而，对于通常非常薄的样本，我们可以采用“弱相位物体近似”，即，观察到的图像与真实图像之间仍然是线性关系：

$$\overleftrightarrow{X}_i = \mathcal{C}\mathcal{S}(-\boldsymbol{q}_i)(\mathcal{R}(\varphi_i)\overleftrightarrow{A}) + \sigma\overleftrightarrow{\Xi}_i. \tag{8.34}$$

增加的线性算子 $\mathcal{C}$ 称为显微镜的**对比传递函数**（针对选定的实验条件）。它可以根据经验确定，例如，通过对已知样本物体进行成像来确定。

与偏移和旋转算子不同，对比传递函数是不可逆的。例如，它蕴含了因模糊而无法挽回的信息损失，这就使得方程(8.30)（第 225 页）之后的步骤无法继续下去，因为其中有一步必须取逆。S. Scheres 通过在图像 $\overleftrightarrow{A}$ 的空间上引入先验分布来解决这个问题，这是一种**正规化**程序，其前提是承认我们无法提取低于显微镜分辨率的细节 (Scheres, 2012a)。

8.8′ b 二维后验最大化的细节

本节与一维（第 8.6.2 节）的相应处理非常相似。

γ_i 因子涉及互关联函数。为看清这一点，将公式(8.29)中的项展开：

$$\begin{aligned}\left|\left|\mathcal{S}(-\boldsymbol{q})(\mathcal{R}(\varphi)\overleftrightarrow{A})-\overleftrightarrow{X_i}\right|\right|^2 &= \left|\left|\overleftrightarrow{X_i}\right|\right|^2+\left|\left|\mathcal{S}(-\boldsymbol{q})(\mathcal{R}(\varphi)\overleftrightarrow{A})\right|\right|^2\\ &\quad -2\sum_{\alpha\beta}(\mathcal{R}(\varphi)(\overleftrightarrow{A}))_{\boldsymbol{\alpha}+\boldsymbol{q}}X_{i\alpha\beta}.\end{aligned} \tag{8.35}$$

范数平方记号 $||\cdots||^2$ 指的是图像中两个维度方向上的平方和，共 M^2 项。

公式(8.35)右侧的第一项与 $\boldsymbol{q}$ 和 φ 无关。因为 $\overleftrightarrow{X_i}$ 和 $\mathcal{R}(\varphi)\overleftrightarrow{A}$ 在窗外都为零，所以最后一项的和受到限制。该项等于

$$-2\mathrm{corr}'_{\mathcal{R}(\varphi)\overleftrightarrow{A},\overleftrightarrow{X_i}}\left[q_0+\frac{M-1}{2},q_1+\frac{M-1}{2}\right],$$

是公式(8.3)（第 213 页）的二维版本。这是一个有用的写法，因为计算机数学包提供了 corr′ 的快速实现。

指标 q_a 是在 $-\frac{M-1}{2}\leqslant q_a\leqslant\frac{M-1}{2}$（ $a=0$ 或 1）范围内的整数。对于计算机实现，非负指标系统更方便，因此我们将 $\boldsymbol{q}$ 重写为整数偏移指标：

$$\mu_a=q_a+\frac{M-1}{2},\quad 0\leqslant\mu_a\leqslant(M-1),\quad a=1,2. \tag{8.36}$$

公式(8.35)的第二项现在变为

$$\begin{aligned}B(\boldsymbol{\mu},\varphi) &= \left|\left|\mathcal{S}\left(-\mu_0+\frac{M-1}{2},-\mu_1+\frac{M-1}{2}\right)(\mathcal{R}(\varphi)\overleftrightarrow{A})\right|\right|^2\\ &= \sum_{\alpha,\beta=0}^{M-1}\left((\mathcal{R}(\varphi)\overleftrightarrow{A})_{(\alpha+\mu_0-\frac{M-1}{2}),(\beta+\mu_1+\frac{M-1}{2})}\right)^2.\end{aligned} \tag{8.37}$$

γ_i 中的一些因子将再次抵消，因此定义简化形式

$$\begin{aligned}&\bar{\gamma}_i(\boldsymbol{\mu},\varphi)=\exp\left[-(2\sigma^2)^{-1}B(\boldsymbol{\mu},\varphi)+\sigma^{-2}\mathrm{corr}'_{\mathcal{R}(\varphi)\overleftrightarrow{A},\overleftrightarrow{X_i}}(\boldsymbol{\mu})-K_i\right]\\ &\cdot\exp\left[-(2\sigma_{\mathrm{q}}^2)^{-1}\left[\left(\mu_0-\frac{M-1}{2}-\xi_{\mathrm{q}_0}\right)^2+\left(\mu_1-\frac{M-1}{2}-\xi_{\mathrm{q}_1}\right)^2\right]\right].\end{aligned} \tag{8.38}$$

同样，为了防止第一个指数项变得太大，我们选择 K_i 为方括号内前两项之和的最大值。任何这样的乘法常数都将从诸如公式(8.31)和公式(8.40)中抵消，即使它确实与 i 相关。

离散化 φ，再定义归一化因子

$$U_i^{\mathrm{prev}}=\left(\sum_{\boldsymbol{\mu}',\varphi'}\bar{\gamma}_i^{\mathrm{prev}}[\boldsymbol{\mu}',\varphi']\right)^{-1}. \tag{8.39}$$

则公式(8.32)（第 226 页）变为

$$\overleftrightarrow{A}^{\text{next}} = N^{-1}\sum_{\varphi}\mathcal{R}(-\varphi)\left(\sum_{i}U_i^{\text{prev}}\sum_{\boldsymbol{\mu}}\bar{\gamma}_i^{\text{prev}}[\boldsymbol{\mu},\varphi]\mathcal{S}\left(\boldsymbol{\mu}-\frac{M-1}{2}\right)\overleftrightarrow{X}_i\right). \quad (8.40)$$

与一维情况一样，我们可以将公式(8.40)解释为偏移和旋转图像数据的加权平均值在 i 上的平均值，加权因子等于 $U_i\bar{\gamma}_i$。更简洁地说，对于每个 i，我们都有一个二维卷积，其过滤函数由互关联确定：

$$\boxed{= N^{-1}\sum_{\varphi}\mathcal{R}(-\varphi)\left(\sum_{i}U_i^{\text{prev}}(\overleftrightarrow{\gamma}_{i,\varphi}^{\text{prev}}\star\overleftrightarrow{X}_i)\right). \quad \text{公式(8.20)的二维版}} \quad (8.41)$$

这很有用，因为计算机数学包具有快速的二维卷积函数。在公式(8.41)中，$\overleftrightarrow{\gamma}_{i,\varphi}$ 表示数组，其 μ_0，μ_1 条目为 $\bar{\gamma}_i(\boldsymbol{\mu},\varphi)$。

对数后验如下

$$L = \sum_{i}(K_i - \ln U_i) - \sum_{i}\frac{1}{2\sigma^2}||\overleftrightarrow{X}_i||^2 + \text{const.}$$

我们可以在优化我们的最佳猜测 $\overleftrightarrow{A}$ 时观察 L 的变化趋势。

Sigworth 算法总结

对于每个改进的循环，从之前的预估 $\overleftrightarrow{A}^{\text{prev}}$ 开始

1. 为待估计图像建立一组旋转副本。
2. 对旋转及偏移估计量建立一个范数表。
3. 对 $\boldsymbol{q}$ 和 φ 建立一组 PDF。
4. 对数据样本（标号为 i）进行循环：
   (a) 循环 φ
      (i) 创建 $\text{corr}'_{\mathcal{R}(\varphi)\overleftrightarrow{A}^{\text{prev}},\overleftrightarrow{X}_i}$ 的表。
      (ii) 将该表取幂并乘以公式(8.38)（第 231 页）中的其他因子以获得 $\overleftrightarrow{\gamma}_{i\varphi}$。
   (b) 对 φ 和 $\boldsymbol{\mu}$ 求和，得到归一化因子 $1/U_i^{\text{prev}}$ [公式(8.39)，第 231 页]。
   (c) 循环 φ
      (i) 分别为每个 φ [公式(8.41)] 计算 $U_i^{\text{prev}}(\overleftrightarrow{\gamma}_{i\varphi}^{\text{prev}}\star\overleftrightarrow{X}_i)$，
      (ii) 再累加对数后验值。
5. 将每个图像反向旋转角度 φ，然后对公式(8.41)中的 φ 进行求和再除以 N [公式(8.41)]。
6. 使用此步骤的输出作为新的预估，继续进行下一个改进步骤。

8.8′ c 傅里叶方法

计算机数学包通常在内部使用傅立叶变换以实现互关联和卷积。明确地调用它们有几个优点（Scheres et al., 2007, Grigorie, 2007）。

傅里叶方法根据空间频率重新表达图像。这个框架允许我们承认图像中的噪声不是独立于像素的；相反，它依赖于我们可以测量并因此建模的空间频率。至关重要的是，噪声在傅立叶空间中的各个分区之间几乎是独立的。

此外，第 8.8′ a 节中提到的对比传递函数和图像先验的表达式在空间频域比在实空间中更简单。

最后，傅里叶方法让我们将推理问题扩展到三个空间维度。我们数据集中的每幅图像都是分子到单个平面的投影；也就是说，每个像素强度描述了样品中沿垂直于电势场方向的积分。按照傅里叶频域的方式可表述成，每幅图像都对应空间频域中的单个切片。组装所有这些切片为我们提供了对电势的完整三维傅里叶变换的估计。

从历史上看，FREALIGN 算法考虑了对比传递函数并通过互关联实现对齐，在傅里叶空间操作的原因包括刚才提到的那些（Grigorie，2007）。后来，RELION 算法实现了一种最大后验方法，类似于第 8.8′ a 节中概述的方法，但在傅里叶空间实现三维重构（Scheres，2012b）。这些系统后来与其他（包括 cryoSPARC 和 cisTEM）系统实现了联合。

8.8′ d 异质样品

我们很容易将上述处理扩展到多种构象（如图 8.1，第 207 页）和其他类型的异质（非均匀）体。简单来说就是将一个离散“分类”标签 m 添加到连续变量 $\boldsymbol{q}$ 和 φ 中。则 $\bar{\gamma}_i(\boldsymbol{q},\varphi,m)$ 是图像 i 具有偏移 $\boldsymbol{q}$ 和定向 φ 且属于 m 类的估计概率。我们现在边缘化 $\boldsymbol{q}_i$，φ_i 和 m_i，再对几幅真实图像 $\{\overleftrightarrow{X}_m\}$ 进行优化。不断迭代最大后验可改进估计，同时也给出了每幅图像归属于哪个类别的概率。

今天，即使是具有复杂工作循环的分子机器（例如核糖体）也可以在其循环的各种不同状态下被捕获，并且可以在解析过程中区分出不同的状态（构象），即一个实验就为所有这些态提供了结构[32]。以前，人们必须让每个分子机器只处于一种状态，然后对各种纯状态进行重复实验。今天，几十种不同的构象混居于一个样品，并可以自动分类和单独成像。

除了构象的离散分类，统计分析甚至可以提取连续变化的族。然后，人们可以绘制出蛋白质或复合物在这类低维构象空间中变化的轨迹（Dashti et al., 2020；Moscovich et al.,2020）。

[32]图 8.1（第 207 页）显示了一个示例。

习题

8.1 一维相关对齐

获取 Dataset 11 数据。文件 `1dImages` 包含模拟数据；图 8.5（第 214 页）的第二列显示了三个噪声水平的一组模拟数据样本。

对于最低水平噪声，可对所有模拟样本做平均从而得到各像素的均值（即图 8.5 第一列底部图），不妨称其为“模板”。现在可求出每个样本与此模板之间的互关联函数，作图展示其中几个（例如图 8.5 第三列底部图）。

对于每个样本，求出互关联函数的最大值，并依据此值平移该样本，得到样本与模板之间的最佳对齐。平移会给一些像素留“空”（设置为零）。只需丢弃超出 0 到 84 范围的像素。

最后，对所有经过平移的样本进行平均，创建类似于图 8.5 右下角的图。对于另外两个噪声水平的模拟数据，重复上述步骤。

8.2 一维情况中的最大后验

将第 8.6 节（第 214 页）中概述的方法应用于 Dataset 11 中的模拟图像。从三个噪声水平的数据集中任选一个。然后，

a. 像习题 8.1 一样构建一个模板，并将其用作初始图像估计 $\vec{A}^{\mathrm{prev}}$。

b. 编写一个多次迭代循环，每次由公式(8.18)（第 219 页）从 $\vec{A}^{\mathrm{prev}}$ 求得 $\vec{A}^{\mathrm{next}}$。作图展示迭代过程中前几个 $\vec{A}$ 的近似值。

c. 对每次迭代后的后验概率取对数，作图展示其如何随迭代过程而变化。

[提示：更详细地说，可以按如下方式处理每个改进步骤：

- 利用 $\vec{A}^{\mathrm{prev}}$ 求偏移估计值的范数列表，即 $B[\mu]$ [公式(8.16)]。
- 求公式(8.17)中的互关联函数。
- 求公式(8.17)后提及的项 K_i。[在公式(8.17)中减去 K_i，避免了求指数时会发生的数值溢出。]
- 对每个 i 和 μ 计算 $\bar{\gamma}_i[\mu]$。
- 计算公式(8.18)。]

8.3 [T2] 二维情况中通过关联实现对齐

获取 Dataset 11 数据。文件 `2dImages` 包含模拟数据；图 8.8（第 222

页）的第二列显示了三个噪声水平的一组模拟数据样本。

正如正文所讨论的，我们不再使用每个像素的简单样本均值作为我们的初始估计。而是假设用文件 `test2Dblur` 中的图像作为初始模板 $\overleftrightarrow{A}^{\rm prev}$（图中第一列）。

创建模板图像的多个旋转版本。求每个旋转模板与每个样本的互关联函数，并展示几个例子（图中第三列）。求在每种情况下互关联函数的最大值。

对于每个模拟图像 $\overleftrightarrow{X}_i$，确定哪个旋转模板与 $\overleftrightarrow{X}_i$ 具有最大的互关联函数峰值，并选择该旋转版本。将 $\overleftrightarrow{X}_i$ 平移并获得与该旋转模板的最佳对齐。平移会给一些像素留“空”（设置为零）。只需丢弃超出 0 到 84 范围的像素。

然后，将平移后的图像旋转，与你初始旋转该模板的方向相反、大小相同（如图 8.8 中第五列）。对每个模拟图像重复上述过程，并最终计算每个像素的平均值。最后，显示平均图像。

8.4 T2 二维情况中的最大后验

首先完成习题 8.1—8.3。现在实现第 8.8 节和第 8.8′ b 节（第 231 页）中概述的算法。

a. 使用习题 8.3 中相同的初始模板。

b. 编写一个多次迭代循环，每次由公式(8.40)（第 232 页）从 $\overleftrightarrow{A}^{\rm prev}$ 求得 $\overleftrightarrow{A}^{\rm next}$。作图展示迭代过程中前几个 $\overleftrightarrow{A}$ 的近似值。

c. 对每次迭代后的后验概率取对数，作图展示其如何随迭代过程而变化。

第9章　泊松过程及其模拟

出乎意料的有序性，而不是简单的秩序，才具有价值。
机器可以抓住原始事实，但抓不住事实的灵魂。

——亨利·庞加莱（1908年）

9.1　导读：平均速率

活细胞中的许多关键功能由不同单分子器件所承担。这些“分子机器”通常完成一系列离散步骤，例如合成或降解其他分子。由于分子机器是如此之小，因此工作时必须承受（甚至借助）来自热运动的显著随机性。如果我们要了解它们如何工作，则必须用概率的方式描述其行为。但是，即便明白这一点，我们仍面临着巨大的挑战。想象一个远小于光波长的汽车发动机：我们怎样才能掀开“引擎盖”，了解这种发动机的工作机制？

本章焦点问题
生物学问题：如何探测分子马达工作周期中的未知步骤？
物理学思想：单个分子马达的驻留时间分布可以揭示步进物理模型。最简单的驻留时间分布可用单个参数（速率）来刻画。

9.2　单分子机器动力学

某些分子马达有两只“脚”，沿着分子“轨道”“行走”。“轨道”是由大量蛋白质分子（如**肌动蛋白**或**微管蛋白**）组装成的线性结构。此处的“脚”[1]是指马达分子上的亚基，其上具有结合位点，能识别轨道上呈周期分布的特定位点。当能量分子 ATP 出现时，脚上的另一个结合位点可以绑定一个 ATP 分子。劈开 ATP 的一个磷酸基团可以获得一定量的化学能，这些能量可以使马达脚从“轨道”上挣脱并往期望的方向运动，进而寻找下一个结合位点，马达便以这种方式前进了一步，典型的步长是几个纳米，但某些马达的步幅则大得多。

[1]由于历史的原因，“脚”常常被称为“头”！

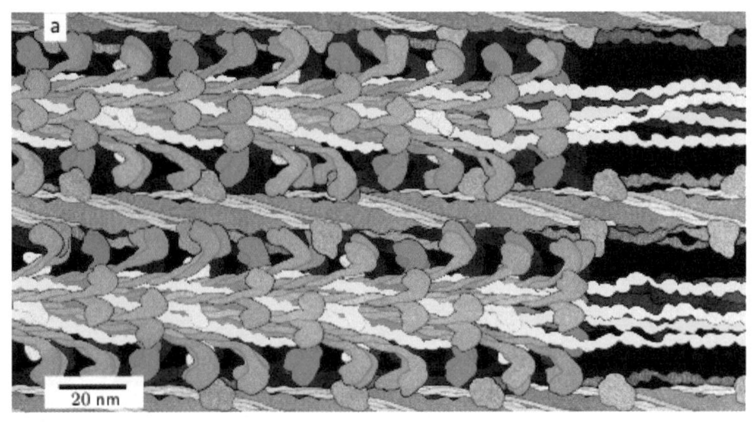

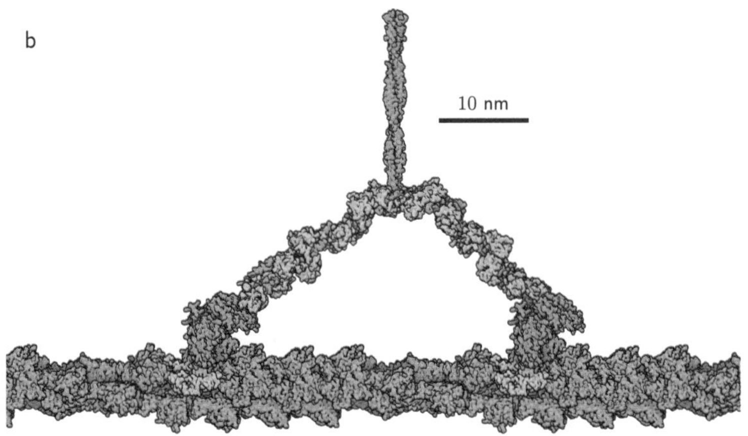

图 9.1（**基于结构数据的艺术加工图**） **分子马达**。图 a：骨骼肌细胞含有成束（粗肌丝）的马达蛋白肌球蛋白 II（橙色）。它们与肌动蛋白（蓝色）构成的长细丝相邻排列。当被激活时，粗肌丝中的肌球马达消耗 ATP 并沿肌动蛋白细丝跃进，拖动橙色粗肌丝相对于蓝色轨道做向右运动，因此导致肌肉细胞收缩。（黄色所示的细蛇形分子是肌联蛋白，它是维持肌动蛋白和肌球蛋白纤丝整齐排列的结构蛋白。）图 b：肌球蛋白 V 分子具有两条“腿”，将它们的“脚”连接到共同的“髋”，导致它得以跨越肌动蛋白细丝（蓝色）上两个间距 36 nm 的结合位点（浅蓝色）。（图a、b 蒙 David S. Goodsell 惠赠。）

图 9.1a 显示了大量分子马达的排列模式，它们在骨骼肌中集体发力并输出一个可观的总力。事实上，我们最大的肌肉聚集了 10^{19} 个肌球马达。其他马达则单独运作，例如负责细胞不同部位之间的小型货物输运，为了实现有效输运。这类马达必须能够沿轨道连续步行而不掉下来；即它必须是高度**持续的**。肌球蛋白 V 就是这类马达，它具有两个相同结构的脚（图 9.1b）。很容易猜测肌球蛋白 V 的持续性是通过一只脚跨步时另一只脚始终结合在微管上实现的（行走时最多能连续 50 步），就像我们走路时总有一只脚始终接触

地面[2]。

第7章介绍了肌球蛋白 V 并描述了 Yildiz 及其合作者如何通过光学成像对单个步进实现了可视化。如图 7.3c 所示，马达位置作为时间函数看起来像一个阶梯。图像显示了几乎等高阶梯的快速上升，阶梯高度对应于 74 nm。但是在图中对应于步进之间驻留（暂停）时间的阶梯宽度是相当不均匀的。每个被研究的分子都显示出这种变化。

或许我们想研究与某种遗传缺陷相关的分子马达或其变体（后者可能是为检验与某分子元件功能有关的假说而人为创造的）。为了刻画马达被改造后如何变化，我们可能希望测量分子马达的速度。但“速度”到底指什么？毕竟，马达的运动包含了一系列长短不一的暂停以及紧随其后的突然步进。不过，图 7.3c 轨迹显示出的总体趋势看起来很像一条斜率确定的直线。我们需要的是更精确地描述这个直观图像。

为了更深入讨论，从马达的角度设想如下场景。每个步进需要马达结合一个 ATP 分子。 ATP 分子是可获得的，但它们的数量相对于水分子等其他分子来说微乎其微。因此马达的 ATP 结合域尽管被非常高速的分子碰撞轰击着，但几乎所有的碰撞都是“无效”的；也就是说，这些碰撞不会导致马达的一个步进。即使 ATP 确实到达结合域，也可能结合失败而走失。

上一小节的讨论提出了一个简单的物理模型：我们假设每间隔 Δt 发生一次碰撞，每次碰撞都使马达以微小的概率 ξ 产生一次步进，而且每一次碰撞之间是相互独立的。对于无效碰撞，马达的内部状态在碰撞前后是不变的。我们也假设有效碰撞后，马达的内部状态复位时对马达的前一步没有记忆。但是从外面看，它在轨道上的位置发生了变化。我们称这个位置为系统的**状态变量**，因为它给出了预测未来步进的所有信息。总之，

马达在单位时间内发生突然的且步长固定的步进的概率是恒定的，并且各步之间独立无关。	步进马达的物理建模

T2 第 9.2′ 节（第 258 页）给出了有关分子马达的更多细节。

9.3 重温几何分布

在做出物理模型的预测之前，我们需要更深入的了解问题的本质。我们可以利用许多全同的肌球蛋白 V 分子，在具有同样均匀的 ATP 浓度、温度等的溶液中复制我们的实验。每次试验的输出不是一个单一的数，而是一个完整的步进的时间序列（阶梯图）。每个步骤马达前进大约相同的距离；因此，为了描述特定的试验，我们只需要测量步进发生的时刻 $\{t_1, t_2, \cdots, t_N\}$。也就是说，每次试验都是某个概率分布的一次抽样，该分布的样本空间是由时间值递增的序列组成的。拥有这种样本空间的随机系统称为**随机过程**。两个音

[2]借用运动场的比喻，许多作者称这种机制为“步行”。

频文件（Media 5 和 Media 4）说明了随机和非随机过程之间的区别。后者是真实的实验数据。（作为比较，Media 4 的第三个文件包给出了来自某个泊松过程的采样，该过程具有相同平均速率。）

全样本空间的概率密度函数是多个变量 t_α 的函数。一般来说，需要相当多的数据才能估计这样的多维分布。但是，上一节中提出的肌球蛋白 V 的物理模型给出了一种特殊的随机过程，大大简化了叙述：由于马达被假设成没有记忆，因此碰撞时间间隔 Δt 以及有效步进概率 ξ 就可以完全刻画该过程。本章其余部分将探讨拥有这种马尔可夫特性的随机过程[3]。

我们考虑分子步进的物理模型，在此将每次碰撞理想化成与其他碰撞是独立的，并且还假设它们是简单的伯努利试验。我们（暂时）把时间想象成是可以用整数 i （表示对应的“时隙”）描述的离散变量，因此整个试验过程可用“有步进/无步进”的字符串来描述[4]。

令 E_* 表示在时隙 i 发生步进的事件，则为了表征离散时间步进过程，我们可以求给定 E_* 的条件下，下一个步进发生在特定时隙 $i+j$ 的概率，其中 j 为正整数，将其记为“事件 E_j”。我们求条件概率 $\mathcal{P}(\mathsf{E}_j \mid \mathsf{E}_*)$。

更明确地说，$\mathcal{P}(\mathsf{E}_*)$ 是在时隙 i 发生步进的概率，不论其他时隙发生了什么。因此，许多基本的结果都对 $\mathcal{P}(\mathsf{E}_*)$ 有贡献。为了求条件概率 $\mathcal{P}(\mathsf{E}_j \mid \mathsf{E}_*)$，我们必须计算 $\mathcal{P}(\mathsf{E}_j \text{ and } \mathsf{E}_*)/\mathcal{P}(\mathsf{E}_*)$[5]。

- 这个分数的分母恰好是 ξ，即便这一点看似明了，但还是值得我们仔细推敲，以便阐明并拓展我们的推理逻辑，如下。

  在连续时段 T 内，有 $N=T/\Delta t$ 个时隙。随机过程的每个结果是 N 次伯努利试验的字符串（在时隙 1，$\cdots$，N 处，有步进/无步进）。E_* 是在时隙 i 发生步进的所有可能结果的子集（图 9.2）。其概率 $\mathcal{P}(\mathsf{E}_*)$ 是 E_* 中每个基本结果的概率的总和。

  因为每个时隙是相互独立的，我们可以利用等式(3.14)（第 49 页）重排的策略将 $\mathcal{P}(\mathsf{E}_*)$ 表达为若干因子的乘积形式。对于每个先于 i 的时隙，我们不需要关心发生了什么，所以我们可以对两个可能结果求和，给出 $(\xi+(1-\xi))=1$。时隙 i 给出的因子 ξ 是发生步进的概率，紧跟 i 后的每个时隙继续贡献因子 1。于是可知所求分母就是

$$\mathcal{P}(\mathsf{E}_*)=\xi. \tag{9.1}$$

- 分子也类似，$\mathcal{P}(\mathsf{E}_j \text{ and } \mathsf{E}_*)$ 包含先于 i 的每个时隙的因子 1 和代表第 i 时隙发生步进的因子 ξ。它也包含了 $j-1$ 个因子 $(1-\xi)$，表示从时隙 $i+1$ 到 $i+j-1$ 的整个过程没有发生步进，而另一个 ξ 表示步进出现

[3] 参见第 3.2.1 节（第 35 页）。

[4] 该情况在第 3.4.4 节（第 46 页）已有介绍。

[5] 参见公式(3.10)（第 44 页）。

在时隙 $i+j$，然后是之后各时隙贡献的因子 1：

$$\mathcal{P}(\mathsf{E}_j \textbf{ and } \mathsf{E}_*) = \xi(1-\xi)^{j-1}\xi. \tag{9.2}$$

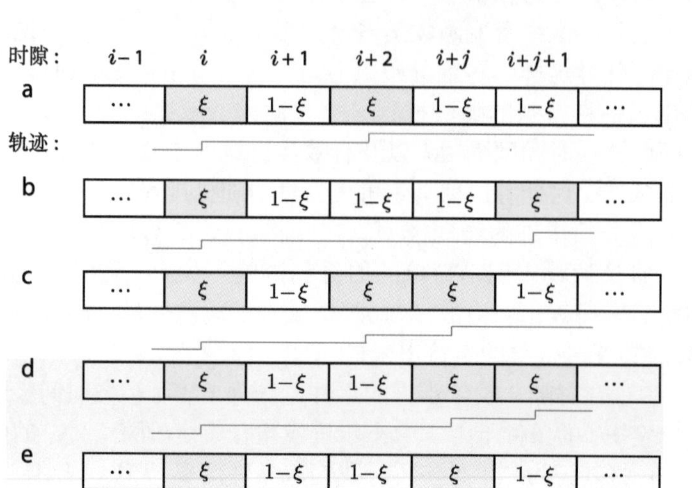

图 9.2 **几何分布的图形描述**。时间序列实例及其对 $\mathcal{P}(\mathsf{E}_*)$ 的贡献，后者是在时隙 i 发生步进的概率[公式(9.1)]。彩色框代表一个事件（“尖头信号”）发生的时隙。绿色阶梯 表示分子马达步进。也就是说，它们是状态变量（马达位置）相对于时间的曲线图，类似于图 7.3c 的真实数据（第 180 页）。图d、e：对于 $\mathcal{P}(\mathsf{E}_j \textbf{ and } \mathsf{E}_*)$ 有贡献的实例，即在时隙 $i+j$ 发生下一个尖头信号的概率，此处 $j=3$ [公式(9.2)]。图d、e只是在 $i+j+1$ 时隙上有差异，这是“不需要关心”的位置之一。因此，它们的和是 $\cdots\xi(1-\xi)(1-\xi)\xi(\xi+1-\xi)\cdots$。

条件概率是这两个量的商。需要注意的是它不依赖于 i，因为任何事件在时序上的平移不影响下一次步进所需等待的时间。$\mathcal{P}(\mathsf{E}_j \mid \mathsf{E}_*)$ 恰好是几何分布[公式(3.13)]：

$$\mathcal{P}(\mathsf{E}_j \mid \mathsf{E}_*) = \xi(1-\xi)^{j-1} = \mathcal{P}_{\rm geom}(j;\xi), \quad j=1,2,\cdots. \tag*{[3.13]}$$

类似二项式、泊松和高斯分布，该分布也起源于伯努利试验。

9.4 泊松过程可以被定义为重复伯努利试验的连续时间极限

几何分布本身就是有用的，因为很多过程是由“成功”或“失败”的离散尝试组成的，例如，动物需要为赢得统治地位或捕获猎物而发起决斗，在获得最终胜利之前必须经历多次失败。

但把时间离散化往往是不恰当的。例如，就马达步进而言，发生在时间尺度 Δt 上的分子碰撞事件没人感兴趣。确实，图 7.3c 轨迹表示的马达分子通常每隔几秒钟才步进一次。这个时间尺度比分子碰撞时间 Δt 要大许多，因为绝大多数的碰撞是无效的。这一观察表明，如果我们考虑 $\Delta t \to 0$ 的极限，我们可能获得简化的表达。如果这样的极限是有道理的，则我们的公式将减少一个参数（Δt 将消失）[6]。我们现在证明取极限确实有意义，由此会衍生出一个单参数的、名为泊松过程的连续时间随机过程[7]。泊松过程发生在许多情况中，所以从现在开始，我们将用更通用的词"尖头信号"取代"步进"一词，尖头信号可以指分子马达的步进或其他突发事件。

时段 T 内包含的时隙总数为 $T/(\Delta t)$，当 Δt 变得很小时该值接近无穷大。如果我们要保持 ξ 固定，则预计在时段 T 内的尖头信号总次数 $\xi T/\Delta t$ 也将变得无限大。为了获得一个合理的极限，我们必须设想一系列模型，其中 ξ 也要取很小：

__泊松过程__是一个随机过程，其中

- *在任意小的时隙 Δt 发生尖头信号的概率为 $\xi = \beta\Delta t$，与任何其他时隙发生什么无关，以及* (9.3)
- *取连续时间极限 $\Delta t \to 0$ 时保持 β 固定。*

常数 β 称为泊松过程的**平均速率**（或简称"速率"）[8]；其量纲是 $1/\mathbb{T}$ 。ξ 和 Δt 各自的数值在极限情况下是无关紧要的，我们只在乎其组合 β。

思考题9A

假设你检查一个随机过程，取 $\Delta t = 1\ \mu s$，你发现当 $\beta = 5\ s^{-1}$ 时要点9.3的条件是满足的。但你朋友取 $\Delta t = 2\ \mu s$，他还会认为这个过程是泊松的吗？他会认同你得到的 β 值吗？

将第4章讨论的泊松分布与泊松过程区分开来是很重要的，每次从泊松分布抽取的样本是单个整数；而每次从泊松过程抽取的样本是一系列实数 $\{t_\alpha\}$。然而，两者之间是有联系的。有时候我们并不需要随机过程中到达时间的所有细节；我们只需要更容易处理的简化描述[9]。随机过程两个经常使用的简化描述是它的驻留时间分布（第 9.4.1 节）及其计数分布（第 9.4.2 节）。对于泊松过程，我们会发现第二个简化描述服从泊松分布。

9.4.1 驻留时间满足指数分布

我们可以对离散时间结果（第 9.3 节和图 9.3）取极限求驻留时间 t_w 分布。

[6]这种简化让人想起第 4.3 节的二项式开始给出泊松分布的极限。

[7]在某些情况下，遵循泊松过程的信号也被称为"散粒噪声"。

[8]习题 9.10 探讨了为什么这个称呼对 β 来说是合理的。

[9]例如，通常我们的实验数据集没有大到足以推断一个随机过程的完整描述，但它足以表征一个或多个简化描述。

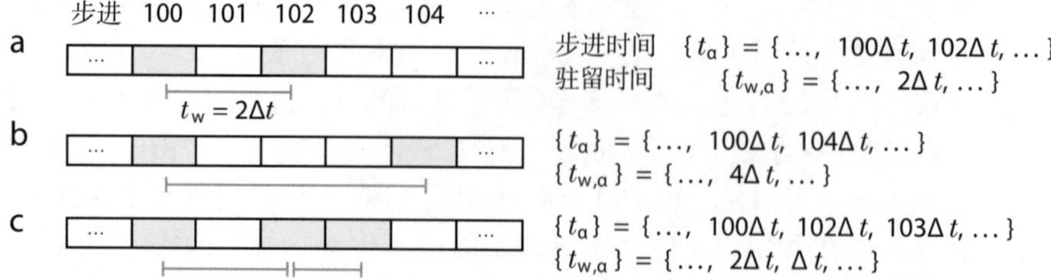

图 9.3 **驻留时间**。与图 9.2 相同的三个时间序列，这次我们设想起始时隙编号为 100，并标明尖头信号发生的绝对时刻 t_α 和对应的驻留时间 $t_{\mathrm{w},\alpha}$。

驻留时间的概率密度函数是离散分布除以 Δt [10]。

$$\wp(t_\mathrm{w}) = \lim_{\Delta t\to 0}\frac{1}{\Delta t}\mathcal{P}_\mathrm{geom}(j;\xi). \tag{9.4}$$

公式中 $t_\mathrm{w} = (\Delta t)j$，$\xi = (\Delta t)\beta$，当 $\Delta t \to 0$ 时，t_w 和 β 保持不变。为了简化公式(9.4)，注意到由于 Δt 接近于零，所以 $1/\xi \gg 1$。稍做整理我们就能得到如下结果：

$$\wp(t_\mathrm{w}) = \lim_{\Delta t\to 0}\frac{1}{\Delta t}\xi(1-\xi)^{(t_\mathrm{w}/\Delta t)-1} = \lim_{\Delta t\to 0}\frac{\xi}{\Delta t}\left((1-\xi)^{(1/\xi)}\right)^{(t_\mathrm{w}\xi/\Delta t)}(1-\xi)^{-1}.$$

依次取每个因子：

- $\xi/\Delta t = \beta$。
- 中间因子包括 $(1-\xi)^{(1/\xi)}$。复利公式[11]表明该表达式趋于 e^{-1}，不过其指数应该修正为 $t_\mathrm{w}\beta$。
- 对于微小的 ξ，最后一项因子趋于 1。

有了这些简化，我们求得步进之间驻留时间的连续概率密度函数族：

> 泊松过程中的驻留时间服从**指数分布** $\wp_\mathrm{exp}(t_\mathrm{w};\beta) = \beta\mathrm{e}^{-\beta t_\mathrm{w}}$。 (9.5)

图 9.4 显示了该概率密度函数族的实例，而图 9.5 用非常小的数据集证明了**要点**(9.5)。

例题：

a. 证明**要点**(9.5)中的分布是归一化的（必然如此，因为几何分布拥有该特性）。

b. 推导该分布的期望和方差，表示为参数 β 的函数形式，并用量纲分析讨论你的结果。

---

[10]参见表达式(5.1)（第 108 页）。

[11]等式(4.5)（第 81 页）。

解答：

a. 计算 $\int_0^\infty \mathrm{d}t_\mathrm{w} \beta \mathrm{e}^{-\beta t_\mathrm{w}}$，其值确为 1。与 β 无关。

b. t_w 的期望是 $\int_0^\infty \mathrm{d}t_\mathrm{w}\ t_\mathrm{w}\beta \mathrm{e}^{-\beta t_\mathrm{w}}$，分步积分后得 $\langle t_\mathrm{w}\rangle = 1/\beta$。类似的推导[12]得出 $\langle t_\mathrm{w}^2\rangle = 2\beta^{-2}$，所以 $\mathrm{var}\ t_\mathrm{w} = \langle t_\mathrm{w}^2\rangle - (\langle t_\mathrm{w}\rangle)^2 = \beta^{-2}$。这些结果的量纲是合理的，因为 $[\beta] \sim \mathbb{T}^{-1}$。

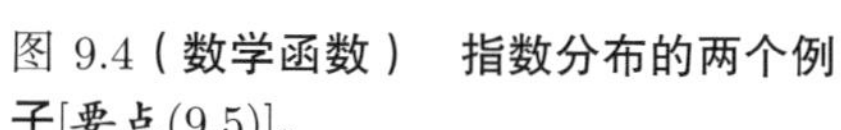
图 9.4（**数学函数**） **指数分布的两个例子**[要点(9.5)]。

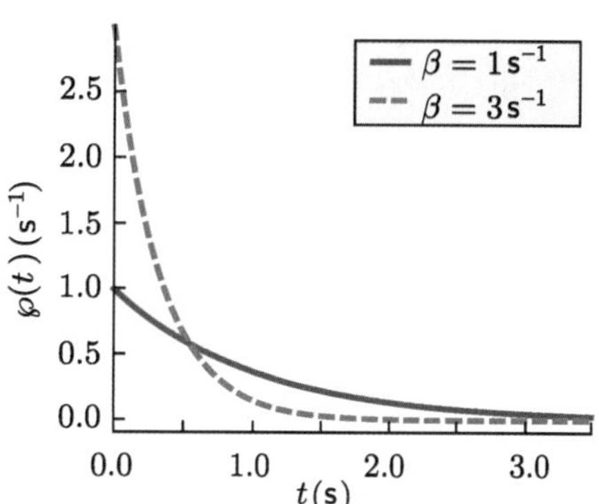

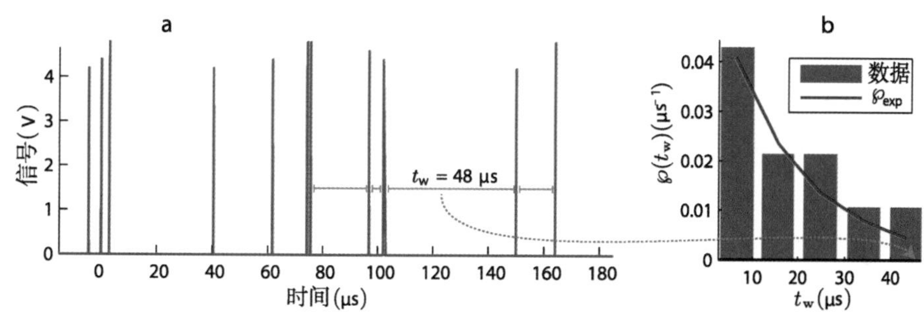

图 9.5（**实验数据与拟合**） **泊松过程的驻留时间分布**。图 a：11 个尖头信号的时间序列。水平红色线段指示了连续尖头信号之间 10 个驻留时间中的 4 个。点箭头将其中的一个与 $\wp(t_\mathrm{w})$ 图中水平轴上对应的点联系了起来。图 b：在该图中，柱表示从 图a 中的 10 个驻留时间推断出的 t_w 的概率密度函数的估计。曲线显示了指数分布，其期望等于实验 t_w 的样本均值[要点(9.5)]。[数据蒙 John F. Beausang 惠赠（Dataset 12）。]

图 9.5 展示了一个经常遇到的情况：我们的物理模型预测系统会按照泊松过程产生事件（“尖头信号”），但无法预测平均速率。我们做实验并观测从 0 到 T 时段之内的尖头信号时间 t_1，$\cdots$，t_N。我们希望对速率 β 做最佳估计，以用于其他目的，例如，对相差一个点突变的马达分子的两种变体进行比较。在习题 9.7 中，你将应用最大似然方法做出这样的估计。

[12] 参见第 56 页例题。

9.4.2 计数服从泊松分布

随机过程可以产生复杂的多维随机变量；例如，来自泊松过程的每个抽样生成整个时间序列 $\{t_1, t_2, \cdots\}$。第 9.4.1 节导出了这种分布的简化形式，即驻留时间的普通（单变量）概率密度函数，它非常有用，因为它足够简单并且可以被应用到有限的数据集，以获得表征整个过程的单参数 β 的最佳拟合值。

此外，“在一个固定的有限时间段 T_1 内我们会观测到多少尖头信号？”通过回答这个问题，我们将得到完整分布的另一个有用的简化形式。为了解决该问题，我们再次从离散时间过程开始，把时段 T_1 处理成 $M_1 = T_1/\Delta t$ 个连续的时隙。尖头信号总数 ℓ 等于每次成功概率为 $\xi = \beta\Delta t$ 的 M_1 次伯努利试验的总和。在连续时间极限（$\Delta t \to 0$）的情况下，ℓ 值的分布接近于泊松分布[13]，所以

平均速率为 β 的泊松过程，任何时段 T_1 内产生 ℓ 次尖头信号的概率是 $\mathcal{P}_{\text{pois}}(\ell; \beta T_1)$。 (9.6)

Δt 没有出现在**要点**(9.6)中，因为它在表达式 $\mu = M_1\xi = \beta T_1$ 中消失了。图 9.6 用一些实验数据展示了该结果。

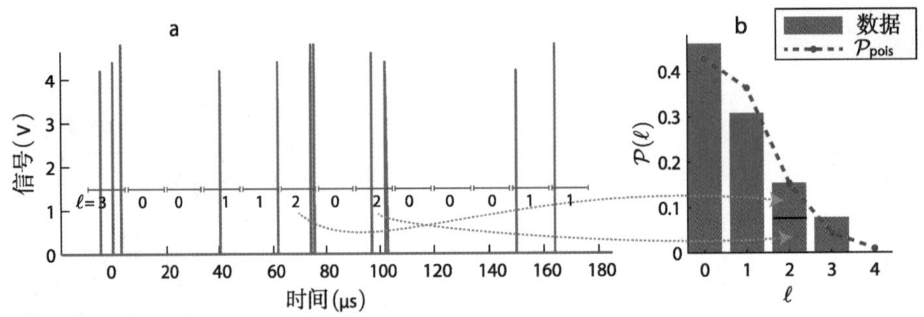

图 9.6（**实验数据与拟合**） **固定时段内泊松过程的计数分布[要点(9.6)]**。图 a：与图 9.5a 一样的 11 个尖头信号。时间段被分割成相等的区块，每个区块长度为 $T_1 = 13$ s（红色）；每个区块内的尖头信号数 ℓ 指示在对应的区块底部。图 b：在该图中，柱指示了从图a 中数据估算的 ℓ 的概率分布值。点箭头将 $\ell = 2$ 的情况与其对结果表示的柱的贡献联系起来。红色点显示了泊松分布，其期望等于测量 ℓ 的样本均值。[数据蒙 John F. Beausang 惠赠（Dataset 12）。]

每次试验获得的量 ℓ/T_1 是不同的，但**要点**(9.6)表述了其期望（许多测量的平均值）是 $\langle \ell/T_1 \rangle = \beta$；因此，称 β 为泊松过程的平均速率的确是合理的。

我们也可以使用**要点**(9.6)从实验数据估算泊松过程的平均速率。如果尖头信号的数据集已经由实验测得，即，一系列时间分区（持续时间均为 T_1）

[13]参见第 4.3.2 节（80 页）。

的每个分区内的信号计数是已知的，那么，我们可以使用最大似然方法来确定参数 $T_1\beta$ 的最佳值，由此得到 β 的估值[14]。

思考题9B 另外，我们可以考察单个试验，但观察较长时间 T。证明在此极限情况下 ℓ/T 的期望是 β，且其相对标准偏差很小。

在分子马达的具体情况中，你刚证明的事实解释了图 7.3c 所示的阶梯台阶，尽管驻留时间是随机的，但长时间的轨迹显示出一定的斜率。

图 9.7a 形象地展示了上文导出的泊松过程的两种简化描述。

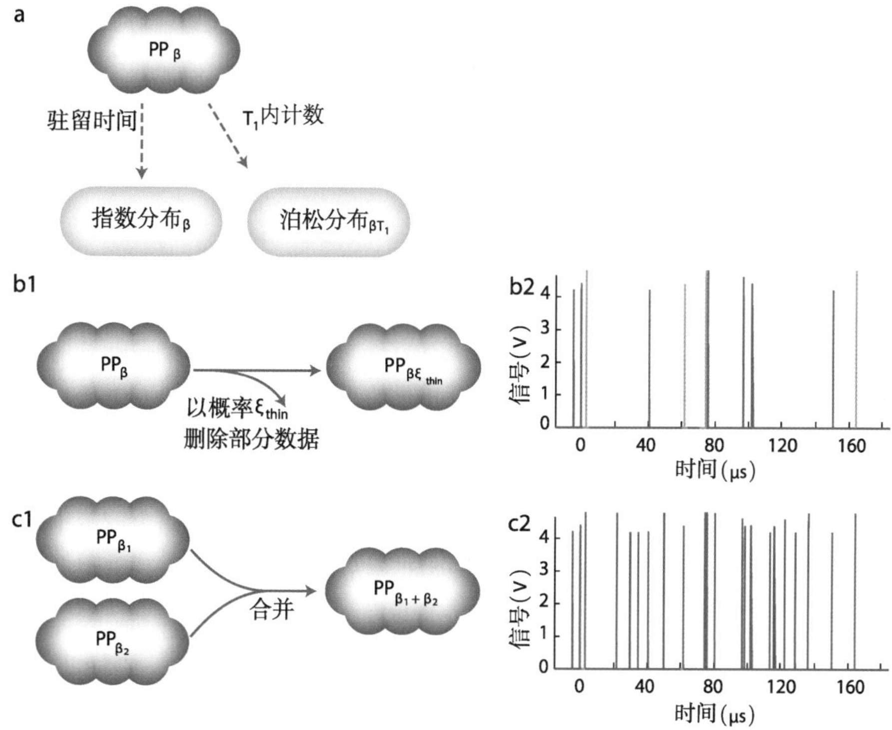

图 9.7（**图和实验数据**） **涉及泊松过程（PP）的某些操作**。图 a：泊松过程（顶部泡状图）产生两种简化描述：其驻留时间服从指数分布，而在任何固定间隔内的尖头信号计数服从泊松分布（图 9.5、图 9.6）。图b1、c1：泊松过程的稀释和合并特性的图示描述。图b2：通过随机地拒绝一些尖头信号（灰色点线），以概率 $\xi_{\rm thin}=1/2$ 来稀释前面两图中的数据，剩余的尖头信号再次形成一个泊松过程，只是平均速率降低了一半。图c2：与图b2相同的数据，但与具有相同平均速率（红色虚线）的第二个泊松过程合并。全部尖头信号再次形成一个泊松过程，其平均速率是两个原始平均速率的和。

[14]参见习题 7.3。

9.5 泊松过程的有用特性

有关泊松过程的两个事实对我们是有用的。

9.5.1 泊松过程被稀释后还是泊松过程

假设我们有一个平均速率为 β 的泊松过程。我们现在创建另一个随机过程：对于从第一个过程中抽取的每个时间序列，再基于概率为 $\xi_{\rm thin}$ 的独立的伯努利试验来接受或拒绝每个尖头信号，最后输出的只是接受的尖头信号时间。**稀释特性**指出新过程也是泊松的，只是平均速率从 β 降低到了 $\xi_{\rm thin}\beta$。

为了证明该结果，将时间分割成时隙 Δt，时隙足够小以保证每个时隙几乎不可能存在两个或两个以上的尖头信号。第一个过程中任何时隙产生一个尖头信号的概率是 $\beta\Delta t$。按照乘法规则[15]，在稀释的过程中，每个时隙仍可认为经历了一次伯努利试验，只是产生尖头信号的概率降到了 $\xi' = (\beta\Delta t)\xi_{\rm thin}$。因此，新过程满足**要点**(9.3)中的条件。所以新过程也是平均速率为 $\beta' = \xi_{\rm thin}\beta$ 泊松过程，参见图 9.7 b1、b2。

9.5.2 两个泊松过程合并后还是泊松过程

假设我们有两个独立的泊松过程，各产生不同类型的尖头信号。例如，Jones 可能会随机地以平均速率 β_1 往墙上扔蓝色球，而 Smith 则随机地以平均速率 β_2 往同一堵墙扔红色球。我们可以定义一个“合并过程”报告任一种球的到达时间。**合并特性**指出：合并后的过程本身就是泊松的，平均速率为 $\beta_{\rm tot} = \beta_1 + \beta_2$。为了证明这一点，将时间再次分割成时隙 Δt 并想象一个观察员只是偶尔听到球击中目标。因为 Δt 很小，在同一时隙听到两个球击中的概率可忽略。因此，按照加法规则[16]：在任何短时间间隔 Δt，听到击中的概率是 $(\beta_1\Delta t) + (\beta_2\Delta t)$，或 $\beta_{\rm tot}\Delta t$。该表达式是一个常数乘以 Δt，因此新过程也是具有平均速率为 $\beta_{\rm tot}$ 的泊松过程。图 9.7 c1、c2 说明了这种结构。

例题： 考虑三个独立的泊松过程，其平均速率分别为 β_1，β_2 和 β_3。

a. 求出尖头信号（任意类型）之后直到下一个信号（任意类型）出现的驻留时间分布。

b. 任选一个尖头信号，它属于类型 1 的概率有多大？

解答：

a. 可以使用合并特性和驻留时间分布[**要点**(9.5)，第 242 页]求解。或者，将时间分割成持续时隙 Δt。求 $t_{\rm w}$ 期间（即，$M = t_{\rm w}/\Delta t$ 个连续时隙）

[15]公式(3.12)（第 45 页）。

[16]公式(3.7)（第 43 页）。

没有尖头信号的概率。令 $\beta_{\rm tot}=\beta_1+\beta_2+\beta_3$，对于非常小的 Δt，三个尖头信号结果变得相互排斥，因此由减法、加法、乘法规则得出：

$$\begin{aligned}\mathcal{P}(t_{\rm w}\text{期间无尖头信号})=(1-\beta_{\rm tot}\Delta t)^M &= (1-(\beta_{\rm tot}t_{\rm w}/M))^M\\ &= \exp(-\beta_{\rm tot}t_{\rm w})\end{aligned}$$

期间没有尖头信号，而紧跟着的 Δt 出现任何类型的尖头信号的概率是

$$\begin{aligned}\mathcal{P}(t_{\rm w}\text{期间无尖头信号}) &\times (\mathcal{P}(\text{尖头信号 }1)+\cdots+\mathcal{P}(\text{尖头信号 }3))\\ &= \exp(-\beta_{\rm tot}t_{\rm w})(\beta_{\rm tot}\Delta t)\end{aligned}$$

因此，除以 Δt 就是任何类型尖头信号驻留时间的概率密度函数 $\beta_{\rm tot}\times\exp(-\beta_{\rm tot}t_{\rm w})$，与合并特性预言的一致。

b. 我们要求的

$$\begin{aligned}\mathcal{P}(\Delta t\text{ 内尖头信号 }1\mid\Delta t\text{ 内任何类型尖头信号}) &= (\beta_1\Delta t)/(\beta_{\rm tot}\Delta t)\\ &= \beta_1/\beta_{\rm tot}.\end{aligned}$$

思考题9C

合并特性与计数分布[**要点**(9.6)]和第 85 页的例题有何联系？

9.5.3 稀释和合并特性的意义

上面证明的两个特性使得泊松过程非常有用，因为它们确保了这类过程与完全规则的尖头信号序列有某些相似的特征：

1. 假设一队列教授通过每秒转一圈的旋转门。而你通过其左侧的另一个门将达到的教授转移走，每三个转移一次。则转移的人流也是有规律的，即每隔三秒有一位教授通过左侧门。稀释特性表明，特定种类的随机到达事件（泊松过程）再叠加上随机清除事件（伯努利试验），其行为将类似于上述结果。

2. 设想有两队（例如分属文学和化学）教授要通过同一个门。第一队的通过速率是每秒一人，第二队的通过速率是每两秒一人。那么在门后统计到的平均通过速率将是 $(1{\rm s})^{-1}+(2{\rm s})^{-1}$。根据合并特性，泊松过程也具有类似的性质。

但是，泊松过程在其他某些方面比完全规则的过程更为简单：

1′. 稀释过程与原始过程具有相同的特征：它仍然是泊松过程。相反，如果我们从规则间隔的时间序列中每三个信号删除一个，则剩余的尖头信号将不再规则间隔。

2′. 合并过程与两个原始过程具有相同的特征。相反，合并两个规则间隔的时间序列通常会导致不等间隔的尖头信号。

下面是典型的生物学应用：

- 第 9.2 节想象肌球蛋白 V 的步进是两个连续事件的结果：首先 ATP 分子必须遇到马达的 ATP 结合位点，但随后还必须结合并启动步进。将第一事件模型化为泊松过程是合理的，因为马达周围的大部分分子不是 ATP，因而不能产生步进。将第二个事件模型化为伯努利试验也是合理的，因为即使 ATP 确实遭遇马达，它还必须克服活化能垒才能结合；因此，遭遇事件中的相当部分是无效的。稀释特性使我们期望完整的步进过程本身是泊松的，但平均速率比 ATP 碰撞速率低。我们将在下一节看到这种期望是合理的。

- 假设细胞内存在两个或两个以上全同的酶分子，每个都持续地与其他分子碰撞，其中少数是酶催化的反应底物，则每个酶分子生成产物分子的过程是泊松过程，恰如分子马达的例子。合并特性使我们期望组合生产也将是一个泊松过程。

- 光子（构成光的粒子）到达我们眼睛的过程是泊松过程，但其中很多光子被随机“丢弃”了（被散射或被无效吸收）。不过，根据稀释特性，光感受器对光子的有效吸收仍然是泊松过程。这一事实使得我们能用简单模型来描述视觉感受过程。

9.6 更多例子

9.6.1 低浓度时的酶转化遵循泊松过程

分子马达是**力学化学**耦合的一类酶，它们能水解 ATP 并对外发力。但大多数酶都只负责纯化学过程，例如将底物转化为产物。上一节认为

产物分子的持续产生过程可视为泊松过程， 其平均速率取决于底物浓度、 酶的数量以及底物–酶亲和力。	酶转化的物理建模

第10章将证明这一点，并由此展开延伸讨论。

T2 第 9.6.1′ 节（第 258 页）对本章介绍的某些具体过程给出了更详细、更一般的说明。

9.6.2 神经递质释放

第 4.3.4 节（第 83 页）概述了**神经元**和**肌细胞**膜中离子通道的开闭机制的关键进展。然而，我们仍不清楚这些通道如何“知道”它们该何时打开（启动或延长兴奋事件）或关闭。最终人们发现了一大类通道蛋白，它们能根据跨膜电势变化而做出开或关的决策，因而称为“电压门控通道”。在本节，我们将讨论另一类通道，它们能对相邻的“突触前”细胞的化学信号产生响应，从而打开，因此称为“配体门控通道”。

图 9.8 显示了神经突触中一些分子要素。传入的化学信号来自突触前细胞的“输出”区域（**轴突末端**）所释放的一类小分子，称为**神经递质**。这些分子穿过一个狭窄的间隙（称为**神经突触**或**神经肌肉接头**）扩散到接收端（“突触后”）细胞的输入区域，在那里它们充当配体门控通道的结合物（配体）。

- 如果突触后细胞是另一个神经细胞，则它的输入区域称为**树突**。这样的细胞可以整合许多输入，并根据这些信息启动它们自己的电脉冲。

- 如果突触后细胞是肌肉细胞，则神经肌肉接头处的神经递质释放可以触发力学收缩，同时将电脉冲传递给邻近的肌细胞。

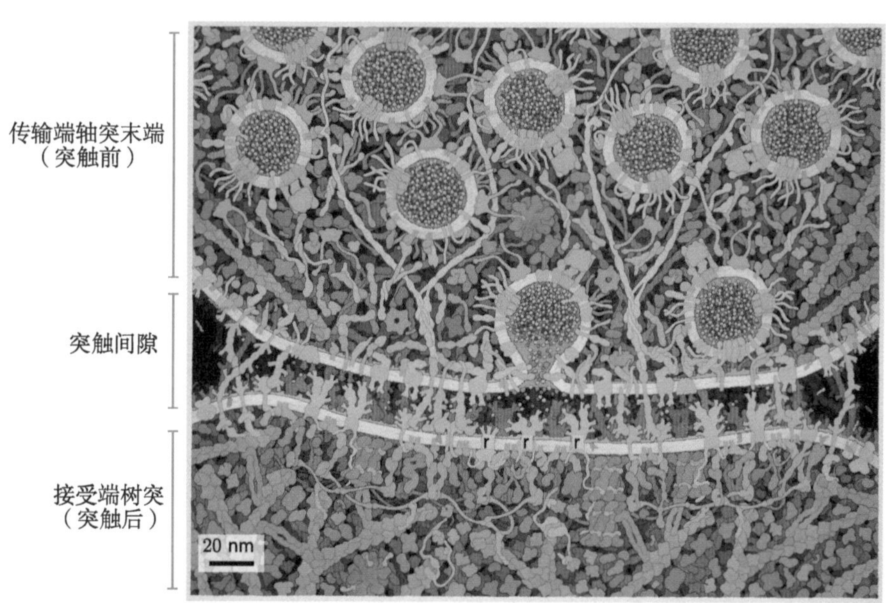

图 9.8（**根据结构和电子显微镜数据绘制**） **神经突触的横截面**。轴突的末端（其突触前末端）显示在顶部，内部有几个充满神经递质分子（*黄点*）的突触小泡。一个囊泡在与轴突外膜融合的过程中被捕获，将其内容物输送到突触间隙。接收端（突触后）树突显示在底部。穿过间隙扩散的神经递质分子与嵌入树突膜中的受体蛋白（r）结合。通常这些受体是配体门控离子通道。其他以蓝色、绿色和紫色显示的蛋白参与维持有效、可重复信号传导所需的空间组织。（David S. Goodsell 的艺术创作。）

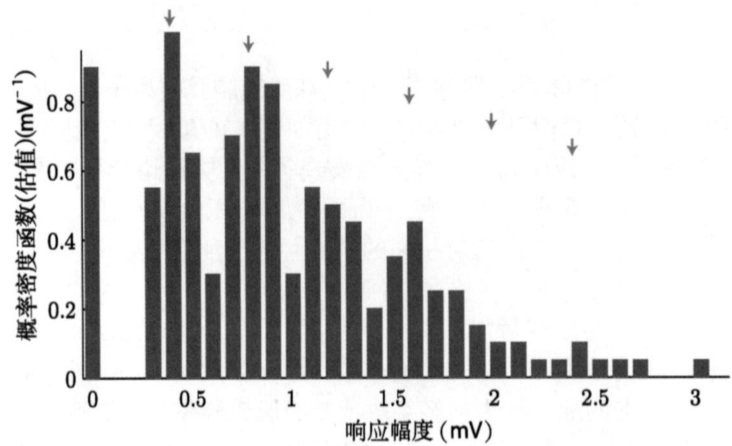

图 9.9（实验数据） **神经肌肉接头处离散囊泡释放的证据。**该实验是监测肌肉细胞在刺激神经元传递单个神经冲动后的响应。横轴是指跨肌肉细胞膜的电势峰值变化。图中的各“凸起”出现在基本值的整数倍处（箭头），说明了释放的离散特征。每个凸起部分都有一定的延展，部分原因是每个囊泡包含的神经递质分子数是不同的（服从一定的概率分布）。0 mV 处的孤立值表示细胞偶尔会出现完全不响应的情况。参见习题 9.18。（数据来自 Boyd & Martin，1956。见 Dataset 13。）

当监测跨肌肉细胞膜的电位成为可能时[17]，研究人员惊讶地发现它被“量子化”了：对运动神经元重复的相同刺激导致肌肉细胞反应具有较宽的峰值幅度，而这些幅度的 PDF 由一系列离散的突起组成（图 9.9）。仔细检查表明，这些突起是基本响应强度的整数倍。即使在没有任何刺激的情况下，偶尔也会出现自发的尖头信号，其强度分布类似于第一个突起时的强度分布。上述观察导致了这样的假设：

- 神经递质分子被包装在突触前神经轴突末端的袋子（**囊泡**）中，每个囊泡包含大致相似数量的递质分子。囊泡要么完全释放递质分子，要么根本不释放。
- 因此，响应刺激而释放的递质分子数量大约是一个囊泡含量的整数倍。当然，偶尔也会在没有刺激的情况下“意外”释放出一个囊泡的递质分子，导致我们观察到自发事件。
- 突触后细胞（或另一个神经元的树突）的电响应与释放的递质分子总量大致呈线性关系。

因此，图 9.9 中的实验使用突触后细胞作为其装置的一部分，以了解突触前细胞的某些行为。

[17]Katz 和 Miledi 的工作（第 4.3.4 节，第 83 页）研究了一个更微妙的特征，即，在固定浓度的神经递质中，肌肉细胞上单个离子通道开关的离散特征。

当我们确认每个囊泡的内含物不完全相同时，我们会做出更细致的、可检验的预言[18]：

图 9.9 的概率密度函数是一个混合分布。 在一个孤立值（无响应的试验）之后， · 第一个峰分布（图中最左方箭头所指）反映了单个囊泡释放的响应分布。 · 随后诸峰是单囊泡响应分布与其自身之间进行 $\ell = 2, 3, \cdots$ 次卷积的结果。 · 每个峰的响应幅度不依赖于刺激强度，但峰的相对权重构成的离散分布 $\mathcal{P}(\ell)$ 确实依赖于刺激强度。	神经递质释放的物理建模

为了估计 $\mathcal{P}(\ell)$，可以将图 9.9 中的直方图分解成一系列子峰分布的叠加，并计算每个峰下的面积。在习题 9.18 中，你将讨论在给定刺激强度的条件下该分布是否为泊松分布。更一般地，

如果突触前神经元保持恒定的膜电位，则神经递质囊泡的释放是个泊松过程。

9.7 多级过程与卷积

9.7.1 肌球蛋白 V 的步进时间显示出双头特性

图 7.3c 显示了单分子马达肌球蛋白 V 的一条含多个步进的运动轨迹。该马达是高度持续的：它的两个“脚”很少同时脱离轨道，允许其获得许多连续的步进。该图显示了马达每步突然前进大约 74 nm。有趣的是，大约只有四分之一肌球蛋白 V 的单分子研究具有这种特性。其他研究则有短步与长步交替出现的现象；但长短步长之和约为 74 nm。这个看似神秘的现象意味着存在两种不同类型的肌球蛋白 V 分子吗？或者暗示双脚交替的步行模型是错误的？

Yildiz 和同事提出了一个简单的假说来解释上述数据：

所有肌球蛋白 V 分子实际上以相同方式沿肌动蛋白轨道步进。
数据的区别仅仅是由于指示马达步进的荧光标记物结合在肌球蛋白 V 分子上的不同位置而造成的。 (9.7)

为了理解该**要点**的含义，想象你以 1 m 的步长行走在黑暗的房间里。如果一盏灯挂在你的髋部，观察者只看到灯光以 1 m 的跳跃方式前进。然而，如果一盏灯挂在你的左膝盖，则右脚每次迈步时，左膝移动小于 1 m；可是，左脚每次迈步时，它需要脱离地面并向前摆动，则灯光移动将超过 1 m。因此，任何两个连续步骤之后，无论灯挂在那里，灯光移动的距离总是 2 m。这个比喻可以解释从某些肌球蛋白 V 观察到的步长幅度交替的现象，难道不是吗？

[18]第 5.2.5 节（第 114 页）介绍了混合模型。第 4.3.5 节（第 84 页）介绍了卷积。

现在假设灯挂在你的左脚踝。此时，短步长太短，几乎观察不到。而当你的左脚脱离地面而前进时，观察者看到的是 2 m 幅度的跳跃。Yildiz 和同事使用的荧光标记允许将荧光团结合在马达数个位点中的任何一个，所以他们推断标记分子的某个亚群发生了“踝结合”。虽然这个逻辑似乎是合理的，但还需要更多的定量预测来检验。

为了验证这样的预测，首先回顾一下分子马达步进遵循的泊松过程，其平均速率 β 取决于 ATP 浓度[19]。因此，步进之间的驻留时间的概率密度函数应该是指数分布[20]。事实上，像许多其他化学反应动力学一样，具有交替步长的肌球蛋白 V 马达亚群确实遵守这个预测（图 9.10a）。但对于其他亚群（即步长为 74 nm 的马达），该预测则完全失败（图 9.10b）。

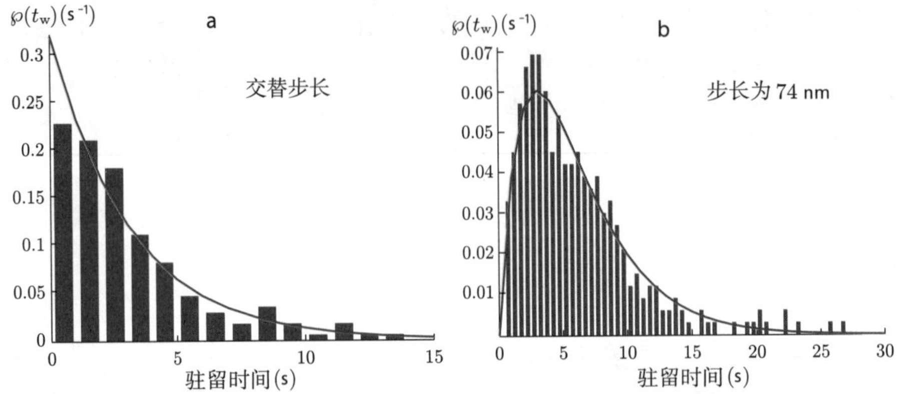

图 9.10（**实验数据与拟合**） **分子马达步进**。图 a：直方图显示了肌球蛋白 V 中具有交替步长的分子亚群的驻留时间概率密度分布，图上叠加的红色曲线是用于数据拟合的指数分布[公式(9.5)]。图 b：直方图显示了单一步长分子亚群的驻留时间概率分布，叠加的红色曲线由公式(9.9)给出。此曲线的形状是具有两类交替子步的随机过程的一个独有特征。曲线并非对直方图的拟合，而是理论预测，其中两类子步的驻留时间都服从指数分布，平均速率由图a 给出。（数据来自 Yildiz et al.，2003。）

要理解究竟怎么回事，回顾 Yildiz 和同事有关 74 nm 步长马达亚群性质的假设，就是说第一、第三、第五步……步进是不可见。因此，看起来第 α 步进之间的驻留时间 $t'_{\mathrm{w},\alpha}$ 实际上是连续两个驻留时间的和：

$$t'_{\mathrm{w},\alpha} = t_{\mathrm{w},2\alpha} + t_{\mathrm{w},2\alpha-1}$$

即使真正的驻留时间是指数分布的，我们依然发现表观驻留时间 t'_{w} 具有不同的分布，即如下的卷积[21]

$$\wp_{t'_{\mathrm{w}}}(t'_{\mathrm{w}}) = \int_0^{t'_{\mathrm{w}}} \mathrm{d}x \, \wp_{\exp}(x;\beta) \times \wp_{\exp}(t'_{\mathrm{w}} - x;\beta), \tag{9.8}$$

[19]参见第 9.2 节。

[20]参见**要点**(9.5)（第 242 页）。

[21]参见第 4.3.5 节（第 84 页）和第 5.2.5 节（第 114 页）。

其中 x 是率先出现的不可见子步的驻留时间。

例题：

a. 解释公式(9.8)中的积分区间。

b. 求积分。

c. 将你的结果与直方图 9.10a、b 做定性比较。

d. 讨论 c 的结论如何支持**要点**(9.7)。

解答：

a. x 是不可见子步的驻留时间，它既不能小于零，也不能超过特定的第一和第二子步的总驻留时间 t'_{w}。

b.

$$\beta^2 \int_0^{t'_{\mathrm{w}}} \mathrm{d}x \exp(-\beta x - \beta(t'_{\mathrm{w}} - x)) = \beta^2 \mathrm{e}^{-\beta t'_{\mathrm{w}}} \int_0^{t'_{\mathrm{w}}} \mathrm{d}x = \beta^2 t'_{\mathrm{w}} \mathrm{e}^{-\beta t'_{\mathrm{w}}}. \quad (9.9)$$

c. PDF 只是在 $t'_{\mathrm{w}} \to 0$ 和 $t'_{\mathrm{w}} \to \infty$ 时趋于 0。而在这两个极值之间函数有一个突起。图 9.10b 的实验数据具有相同的定性行为，而图 a 则相反。

d. 实际上，图 9.10a 显示了交替步进（每一步都可见）具有简单的指数分布；只有图 b 中的 74 nm 步进显示出峰值分布[公式(9.9)]。我们的假设预测了这种行为。

拟合图 9.10a 直方图给出了平均速率 β 的值，因此对图 9.10b 直方图进行了明确的预测（没有更多的自由参数）。该预测得到了证实[22]。Yildiz 及其合作者断言，马达分子所展现的步长类型（双峰还是单峰分布）与它服从的动力学类型（单指数分布还是其他分布）是密切相关的。这为肌球蛋白 V 的步进模型提供了一个强有力的证据[23]。

9.7.2 相对标准偏差能揭示动力学中的子步

上一节讨论了来源于拥有两个交替子步的过程的概率密度函数 $\wp(t_{\mathrm{w}}) = \beta^2 t_{\mathrm{w}} \mathrm{e}^{-\beta t_{\mathrm{w}}}$，每类子步都紧接着另一类，且各自发生的概率都是固定不变的。

---

[22]参见习题 9.12。

[23]后来的实验提供了更直接的证据来支持这一结论。参见 Media 10。

思考题9D

a. 求该分布中 t_w 的期望和方差。[提示：如果你还记得该分布从何而来，你就能快速导出答案。]

b. 求相对标准偏差 $\sqrt{\mathrm{var}\, t_w}/\langle t_w\rangle$，将你的结果与指数分布[要点(9.5)，第 242 页]的对应量做比较。

c. 根据 b 的答案，提出一个可行的方案从实验上来区分单步和双步过程。

T2 第 9.7.2′ 节（第 259 页）概述了一种确定分子马达步进的相对标准偏差 RSD 的方法。

9.8 计算机模拟

9.8.1 简单泊松过程

对于简单过程，我们已经看到驻留时间的分布是指数的[24]。如果我们要求计算机模拟一个泊松过程，则上述结果是有用的，因为有了它我们可以避免模拟绝大多数无事件发生的时隙，我们只需生成一系列指数分布的时间间隔 $t_{w,1},\cdots$，然后定义第 α 次尖头信号出现的时刻是 $t_\alpha = t_{w,1} + \cdots + t_{w,\alpha}$，即为累计驻留时间。

计算机的基本随机数函数是均匀的而非指数的分布。但是，采用第 118 页的例题，我们可以将其输出变换成我们所需要的，变换函数是 $G(t_w) = e^{-\beta t_w}$，其逆给出 $t_w = -\beta^{-1}\ln y$。

思考题9E

a. 上述最后一个公式中物理量的单位合理吗？

b. 对不同的 β 值计算上述公式，对结果作直方图。

9.8.2 多类事件的泊松过程

第10章讨论化学反应时，我们需要将这些想法略微扩展成**复合泊松过程**。假设我们希望模拟包括两种类型尖头信号的过程，每类都独立到达，且平均速率分别是 β_a 和 β_b 的泊松过程。我们可以分别模拟每个时间序列再合并处理，并将尖头信号到达时间按升序排列成单一序列（每个信号都保留其类型

[24]参见要点(9.5)（第 242 页）。

a 或 b）。

可是还有一个办法，它不但运行速度更快，而且展示了第10章将要用到的非常重要的一般化处理思路。我们希望生成单个列表 $\{(t_\alpha, s_\alpha)\}$，其中 t_α 是事件发生的时刻（连续），而 s_α 是对应的事件类型（离散）。

例题：

a. 相邻 t_α 的差值反映了尖头信号（无论是哪一种类型）的驻留时间。求出这些差值服从的概率分布。

b. 我们感兴趣的是某一步骤到底发生了何种事件。求每个 s_α 的离散分布。

解答：

a. 由合并特性可知，所求分布是指数的，且 $\beta_{\rm tot} = (\beta_a + \beta_b)$ [25]。

b. 这是伯努利试验，事件 a 发生的概率是 $\xi = \beta_a/(\beta_a + \beta_b)$。

我们已经知道如何让计算机从每个所需的分布中抽样。这给出了模拟复合泊松过程的问题的解决方案：

思考题9F 利用刚求得的结果，编写一个短程序来模拟复合泊松过程。你的程序应该生成列表 $\{(t_\alpha, s_\alpha)\}$ 并将其表示为图像。

总结

泊松过程的特征只有一个数字：平均速率。这为应用带来很多方便，但其核心概念仍不易把握。例如，即便平均速度很低，最概然驻留时间永远等于零。因此，对很多过程（例如，安全通过马路，冰河时代开启）来说，研究相应随机过程（单位时间内具有固定发生概率）的涨落才是获得准确直觉的关键。

本章总结了我们在生物学随机性方面的研究。我们从一个时间点产生一个离散值的随机系统过渡到连续单值随机系统， 现在又扩展到产生时间序列的随机过程。我们每个阶段都在寻求生物学应用，包括随机系统的表征和竞争假说的评估。我们还看到类似于卢里亚–德尔布吕克实验的例子，其中重要

[25] 参见第 9.5.2 节（第 246 页）。

的是能够模拟各种假设，从而做出精确的、可证伪的预测。第10章将把这些想法应用到活细胞的过程中。

关键公式

- 指数分布：在维持 β 和 t_{w} 不变而 $\Delta t \to 0$ 的极限情况下，概率为 $\xi = \beta\Delta t$ 的几何分布接近连续形式 $\wp_{\exp}(t_{\mathrm{w}};\beta) = \beta\exp(-\beta t_{\mathrm{w}})$。驻留时间的期望是 $1/\beta$；方差是 $1/\beta^2$。参数 β 的量纲是 $\mathbb{T}^{-1}$，$\wp_{\exp}$ 也具有相同量纲。
- 泊松过程：该随机过程可看作一个随机系统，从中抽样将得到一个递增的数字序列（“尖头信号时间”）。平均速率 β 的泊松过程是具有如下属性的一种特殊情况：(i)从 t 到 $t+\Delta t$ 的无穷小时隙包含一次尖头信号的概率为 $\beta\delta t$，(ii)不同（非重叠）时隙中发生事件的次数是相互无关的。

  泊松过程中连续尖头信号之间的驻留时间满足指数分布，期望是 β^{-1}。

  对于平均速率为 β 的泊松过程，在任何有限时段 T_1 内获得 ℓ 次尖头信号的概率服从泊松分布，期望是 $\mu = \beta T_1$。
- 稀释特性：当我们在泊松过程（平均速率为 β ）中随机消除一些尖头信号时，即对每个信号进行一次伯努利试验，则剩余的尖头信号形成另一个泊松过程，平均速率是 $\beta' = \xi_{\mathrm{thin}}\beta$。
- 合并特性：当我们将平均速率分别为 β_1 和 β_2 泊松过程的尖头信号合并后，所产生的时间序列是另一个泊松过程，平均速率是 $\beta_{\mathrm{tot}} = \beta_1 + \beta_2$。
- 交替步长过程：平均速率均为 β 的两个指数分布的卷积不再是指数分布，其概率密度函数是 $t_{\mathrm{w}}\beta^2\mathrm{e}^{-\beta t_{\mathrm{w}}}$ 。

延伸阅读

准科普

分子力学：Hoffmann，2012.

中级阅读

Del Vecchio & Murray, 2015; Bahar et al., 2017, Wilkinson, 2019.

分子马达：Dill & Bromberg, 2011, chapt. 29; Nelson, 2020, chapt. 10; Phillips et al., 2012, chapt. 16.

视觉接收过程中的稀释及合并特性：Nelson, 2017.

高级阅读

科普：Jacobs，2010.
马达步进：Yildiz et al., 2003.
其他酶马达动力学：Hinterdorfer & van Oijen, 2009, chapts.6–7.

拓展

T2 9.2 拓展

9.2′ 关于马达步进

为了获得简单模型，第 9.2 节做了理想化处理。目前很多研究都在寻找更现实的模型，这些模型复杂到足以解释数据，又简单到易于处理，而物理上又足够合理，远远超过了单纯的数据总结。

例如，马达步进后，环境中少了一个 ATP（同时增加了一个 ADP 和磷酸盐，两者都是 ATP 水解的产物）。我们的讨论隐含地假设 ATP 数量足够多，且溶液也充分混合，以至于实验过程的 ATP 的消耗可以忽略不计。在一些实验中，可以通过不断地将新鲜 ATP 的溶液注入反映腔来确保上述假设，在细胞中，体内平衡机制会调节 ATP 生产以满足需求[26]。

换句话说，假定马达及其环境对先前的步进都没有任何记忆。第10章将讨论这一假设可能不成立的其他情况。

我们也忽略了反向步进（后撤）的可能性。马达原则上可以从溶液中结合 ADP 和磷酸盐，在后撤时合成 ATP。在活细胞内， ATP 的浓度足够高的，而 ADP 和磷酸盐浓度足够低，因此后撤现象是罕见的。

T2 9.6.1 拓展

9.6.1′a 酶转化的更详细模型

正文指出酶转化遵循泊松过程。图 3.2b 也表明“光子”抵达也遵循这样的随机过程。尽管这些陈述定性上富有启发性，但都需要进一步阐述。值得注意的是，酶确实显示出长期“记忆”效应：

- 正文中讨论的肌球蛋白 V 的步进模型隐含地假设了马达本身没有“秒表”来根据最近的历史而影响其结合概率。然而，一次结合事件之后（马达已经跨出一步）紧接着的是一段短暂的“死时间”，此时马达迈出下一步的概率为零。图 9.10 中的时间分区尺寸过大而掩盖了这一现象。此外，在体外实验中，底物浓度普遍比较低，因此步进之间的驻留时间比死时间较长。

- 酶可以经历很多子态，这些子态可以维持很多个工作周期，并且具有不同的平均速率。酶分子将反复历经这些子态，导致表观平均速率出现长

[26]参见第11章。

时漂移。需要比正文中更复杂的马尔科夫模型来解释这种行为（English et al., 2006）。

9.6.1′b 光子抵达的更详细模型

实际上，只有激光精确服从泊松过程，而太阳光这类的“非相干”光则具有复杂得多的光子统计，呈现出一定程度的自关联特性。

T2 9.7.2 拓展

9.7.2′ 随机性参数

正文指出驻留时间的相对标准偏差可以用来判断某个动力学模型中是否存在子步。这个量的平方有时被称为**随机性参数**（Schnitzer & Block, 1995）。在无法可靠区分各个步进的情况下，随机性参数很难被定量。但是总体进度有时可以通过许多步进和许多实例来描述。例如，持续性分子马达在其轨道上在时间 t 内步进（步长 d）了距离 $x(t)$。Schnitzer 和 Block 发现，在这种情况下，

$$\text{随机性} = \lim_{t\to\infty} \frac{\operatorname{var}(x(t))}{d\langle x(t)\rangle}.$$

习题

9.1 总有一半低于平均值?

你可能听说过某小镇的孩子们的水平都高于平均值，也见过有人因揭穿这一神话而洋洋得意。这的确是不可能的。但是……你可能还会听到他们说“当然，有一半总是低于平均水平”。我们现在探讨后一个说法。

a. 假设从连续均匀分布中抽取一系列数值。大于期望值的样本的占比是多大?

b. 假设“尖头信号”序列的等待时间是从指数分布中抽取的。大于期望值的样本的占多少?

9.2 心室纤颤

有心脏疾病的患者有时会遭遇“心室纤颤”，导致心脏骤停。下表显示了某个临床试验中电击除颤后患者未能恢复正常心率的比例数据：

电击次数	依然纤颤的比例
1	0.37
2	0.15
3	0.07
4	0.02

假设没有电击就没有自发恢复，再假设每次电击后的恢复概率与先前电击无关。写出一个能大致定量描述这些数据的公式。如果公式包含一个或多个参数，估算它们的值。作图比较你的公式预测和上述数据。为了设定参数值的置信区间你还需要哪些额外信息?

9.3 $\mathcal{P}_{\mathrm{geom}}$ 连续极限

正文认为指数分布（连续）可以看作是几何分布（离散）的某个极限。所以指数分布的各种特性也应该是几何分布对应特性的极限情况。

a. 对习题 3.9a 的结果取连续时间极限，并与第 242 页的例题进行适当的比较。

b. 假设驻留时间的集合呈指数分布，其平均速率为 β。无论我们等待的事件是否发生，每次试验都会在固定时间 T 后停止。也就是说，我们记录的驻留时间遵循截断的指数分布。因此，不管 β 有多小，但记录的驻留时间的期望值不能超过 T。求该期望值 $\langle t_{\mathrm{w}}\rangle_T$ 与参数 β 和 T 之间的关系。[提示：确保结果对于 $T \to \infty$（固定 β）以及 $\beta \to 0$（固定 T）的极限情况下是合理的。]

c. [T2] 将上述结果与离散结果（**思考题**6B，见第 161 页）做比较。

9.4 辐射诱发突变

假设我们在细胞不分裂的条件下维持一些单细胞生物体。我们周期性地对这些细胞施加固定剂量的辐射，这样有时会诱导特定基因的突变。假设无论此前辐射总剂量多大，该固定剂量辐射后个体发生突变的概率 $\xi = 10^{-3}$ 。令 j 是某个细胞发生首次突变时遭受过的辐射总剂量（记为单位剂量的倍数）。

a. 写出随机变量 j 的概率分布。

b. 期望 $\langle j \rangle$ 是多少?

c. 求 j 的方差。

9.5 试错过程的计算机模拟

第 9.3 节求得了在一系列伯努利试验中为获得“成功”而需要尝试的次数的公式。在本习题中你可以用计算机模拟来验证该结果。当研究更复杂的随机过程而没有解析解时，模拟是有所帮助的。

计算机在查找字符串模式方面非常快速。你可以连续添加字符“1”或“0”到一个不断增长的字符串，最终形成由 N 个随机数字组成的长字符串，记为 `flipstr`。然后你可以让计算机搜索 `flipstr` 中子串“1”，并输出其在长字符串中的位置列表。这个列表中相邻条目的差值与连续为“0”的子串的长度有关。然后你就可以列出测得的各种驻留时间的频率，并作直方图。

在进行这个模拟之前，你应该尝试猜测你的图形会是什么样子。 Smith推理：如果正面是很罕见的结果，则一旦出现一个反面，我们很可能会连着得到一连串反面，所以短串的“0”会比中长串的“0”出现的可能性低。但我们总会遇到一个正面，所以非常长的“0”字串也比中长“0”字串少见。因此，其分布应该有一个突起。该推理是否正确?

写一个如上所述的简单模拟程序，$N = 1\,000$ 次“尝试”而 $\xi = 0.08$。对各种长度字符串的出现频率作线性和半对数图。概率分布看起来熟悉吗？取 $N = 50\,000$ 重复上述步骤。

9.6 指数分布的变换

假设概率密度函数是已知的指数形式 $\wp_{\rm t}(t) = \beta \exp(-\beta t)$。令 $y = \ln(t/(1\,{\rm s}))$，求对应的函数 $\wp_{\rm y}(y)$。不同于指数分布，变换后的分布有一个突起，突起位置 y_* 会揭示一些有关速率参数 β 的信息，求这种关系。

9.7 泊松过程的似然分析

假设你从诸如分子马达步进之类的随机过程测得了大量的驻留时间。你相信这些驻留时间是服从指数分布 $\wp(t) = Ae^{-\beta t}$ 的，其中 A 和 β 是常数。但你不知道这些常数的值。此外，实验结束前你的时间只够测量六个步进或五个驻留时间 $t_1, \cdots, t_5$[27]。

a. A 和 β 不是独立的量：用 β 写出 A 的表达式，并写出它们的量纲。

b. 根据测量数据 $t_1, \cdots, t_5$ 写出 β 值的似然函数。

c. 求参数 β 的最大似然估计值，给出公式的一个简短推导。

9.8 死亡表

已知人类寿命 t_* 的概率密度函数 $\mathcal{P}_{\text{human}}(t_*)\mathrm{d}t_*$。我们可以根据这些信息构建累积分布，即活到 T 岁或更长的概率：

$$\mathcal{P}_T(T) = \int_T^\infty \mathrm{d}t_*\, \mathcal{P}_{\text{human}}(t_*).$$

对任意 T 值，可以定义一个相应的**死亡表**，表示活到 T 岁但在 $t_* = T + \Delta T$ 时刻（ΔT 可变）去世的条件概率，记为 $\wp_\Delta(\Delta T \mid T)$。对于人类，这个量取决于年龄 T。[28]

a. 像 μ 子或任何放射性原子核这样的不稳定粒子具有完全不同且令人惊讶的行为。它们在t时刻发生衰变的概率密度函数为指数分布 $\wp_{\text{muon}}(t_*) = \beta e^{-\beta t_*}$。（对于 μ 子，$\beta = (2.2\ \mu\text{s})^{-1}$。）求“$\mu$ 子死亡率表”并评论它对 T 的依赖性。

b. 充分混合的溶液体系中的酶分子等待底物分子到来并结合，等待时间近似服从指数分布。你在上小题中得出的结论如何拓展到这种情况？

9.9 指数概率密度函数（PDF）

第6章展示了随机行走中逃逸寿命的离散分布，结果证明是几何分布（图 6.4 和 6.7）。实际的驻留时间是连续的，但第 9.4.1 节表明连续时间极限的几何分布是指数分布，实际上，在许多情况下，去结合的驻留时间的实验数据服从指数分布。

a. 图 6.10a 显示的是累积分布[29]（不是 PDF），因此我们需要多一道工序来建立与模拟的联系。求一般指数函数 $\wp(t) = \beta \exp(-\beta t)$ 的累积分布，将其与图中的数据进行定性比较，并给出从此类图中求 β 值的方法。

---

[27] 马达也许会在第六个驻留时间中间从轨道脱离。

[28] 函数 $\wp_\Delta(0 \mid T)$ 有时被称为年龄 T 的“危险率”，这个指标更多地用在其他情况中，例如罹患某种疾病。如果诸如体育锻炼之类的干预措施将危险率降低了 α 倍，则 α 被称为“危险比”。

[29] 习题 3.9（第 69 页）介绍了累积分布。

b. 已结合其底物的酶分子在执行其催化步骤之前的驻留时间也服从指数PDF。实验者经常报告 $f(\tau) = \mathcal{P}(t_w < \tau)$。这里 t_w 是一个随机变量，但是 τ 是一个特定的值。图 9.11 显示了该函数在两种情况下的结果。酶复合物 CRISPR-Cas9 都等待处理给定的 DNA，驻留时间被制成了表格。一项试验使用的 DNA 与酶复合物的靶序列相匹配；另一项试验使用的 DNA 则存在一些不匹配的碱基对。我们可以从显示的两条曲线得出什么结论？

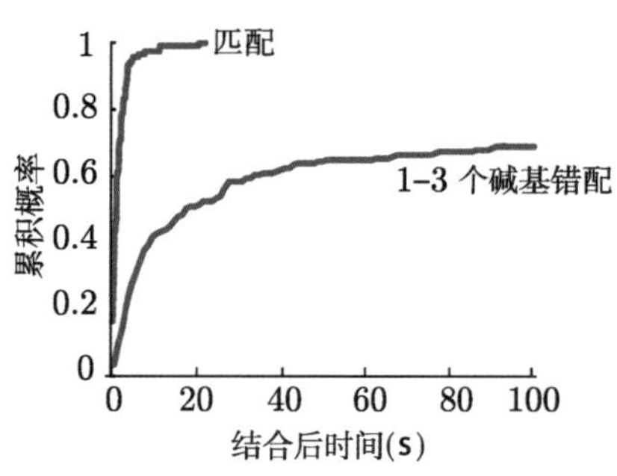

图 9.11 参见习题 9.9。（数据来自 Dagdas et al.，2017。）

9.10 合并特征的模拟

许多酶会按照泊松过程持续工作多个周期。例如，分子马达可能会在不规则的时间间隔内经历规则的空间步进，即所有步进都沿轨道具有相同的步长和方向。我们可以做马达的“轨迹”图，横轴是时间，而纵轴是马达步进的距离。如果该轨迹近似于一条直线，则其斜率可称为马达的平均速度。

a. 编写一个计算机程序来模拟平均速率为 $1\ \mathrm{s}^{-1}$ 的泊松过程，让它运行 100 步，并绘制一个典型的轨迹。将完成最后一步所经过时间除以步数，并确认平均速率与预期相符。

b. 修改 a 中的程序以模拟第二个泊松过程，这次的平均速率取为 $0.5\ \mathrm{s}^{-1}$。从这个过程和 a 过程提取时间序列。确保新过程持续时间至少与 a 中的一样长。丢弃所有时间晚于 a 中最后一步的步骤，使得两个模拟过程具有相同的持续时间。合并上述两个步进时刻的序列，并将各值按时间顺序排列，仿照 a 估算这种情况中的平均速度。另外，提取这个合并过程中相邻两步之间的驻留时间，对其作直方图，看能得出什么结论。

c. 将模拟步数从 100 改成 1 000。你的结果是不是变得更清晰了？

9.11 阐明稀释特性

a. 从 Dataset 3 获取数据，数据给出了昏暗光线中光敏探测器探到的尖头信号到达时间。求尖头信号之间的驻留时间，并作直方图。

b. 将独立的伯努利试验应用到 a 中的每个事件，接受该事件的概率为 60%。再次对驻留时间作直方图，并评论。

9.12 肌球蛋白 V 中隐藏的步进

请先完成习题 9.7。图 9.10 显示了两类荧光标记的肌球蛋白 V 步进的驻留时间直方图。根据其是否以两个交替步长或只是单一步长步进，实验者对观测到的每个马达分子进行了分类。对于每类马达，他们记录的是长短不一的驻留时间。例如，观测到马达的 39 个步进的 t_w 处于 0 和 1 s 之间。

a. 从 Dataset 14 获取数据，再产生图 9.10 所示的两个直方图。

b. 第 9.7.1 节（第 251 页）为这类马达提出了一个物理模型，其中驻留时间是满足指数分布的。使用习题 9.7 的方法，从数据推断交替步长的马达的 β 值。[提示：该模型假设所有步进都是独立的，因此观察到各种驻留时间的顺序并不重要。重要的只是观察到的每个 t_w 时间的次数，该数据已经被分区；Dataset 14 包含一个列表，其中第一条目 $(0.5, 39)$ 是指分区中心在 0.5 s，共测得 39 个步进。取近似，所有 39 个步进的 t_w 正好等于 0.5 s（第一区的中间），依此类推。]

c. 在数据的直方图上叠加对应的概率密度函数。做适当的比较，重新标度概率密度函数使其能够与测得的频率吻合。

d. 第 9.7.1 节提到另一类马达，它们有一半的步进是观测不到的。重复 b、c 小题并做必要的更改。

e. 比较你在 b、d 小题获得的 β 值，如果它们相似（或不相似），你怎么解释呢？

f. 现在考虑一个不同的假设，也就是说，每个观察到的事件是 m 个连续事件中的最后一个，每个事件在单位时间内都有固定的发生概率。（问题d 考虑了特殊情况 $m = 2$。）如果不进行数学计算，对于 $m = 10$ 的情况，请定性讨论相应驻留时间分布 $\wp(t_w)$ 的特征。

9.13 非对称的步行循环

假设某些酶反应包括两个步骤，两者遵从严格的交替顺序，如 $A_1B_1A_2B_2A_3\cdots$，并且各自的驻留时间是相互独立的。例如，己糖激酶在从 ATP 切割磷酸盐和将其转移到葡萄糖之间交替。或者，我们可以研究一个步行马达，但与正文不同，我们不再假设每只脚有等同的速率常数。

连续的停顿在统计学上是独立的。在 A 步骤与下一个 B 步骤之间的停顿时间服从指数分布 $\wp_{AB}(t) = \beta e^{-\beta t_w}$，其中 β 是量纲为 $\mathbb{T}^{-1}$ 的常数。B 步骤和下一个 A 步骤之间的停顿也有类似的分布，但平均速率为 β'。求两个相邻

的 A 步骤之间的驻留时间的概率密度函数。[提示：检查特殊情况 $\beta=\beta'$ 是否如你所料。]

9.14 阶梯图

回顾第 118 页的例题。

a. 编写程序，从平均速率为 0.3 s^{-1} 的指数分布中抽样 30 次。结果记录为 `w(1)`， ··· ，`w(30)`。创建一个累积和列表，其元素依次为 `0`，`w(1)`，`w(1)`，`w(1)+w(2)`，`w(1)+w(2)`， ··· 。创建另一个列表 `x`，其元素依次为`0`，`0`，`step`，`step`，`2*step`，`2*step`， ···，其中 `step=37`，用 `x` 对 `w` 作图[30]。`w` 可视为相邻两步（步长为 `step`）之间的驻留时间。与图 7.3c 比较。

b. 实际上，你的图形不是肌球蛋白 V 的步进的逼真模拟。根据 Yildiz 和同事在一类荧光标记的分子马达中观察到的交替步长情况修改你的程序。

c. 修改 b 的程序仅显示偶数步进的位置和时间（并模拟两倍的步数)。图形是否更接近数据？为什么？

9.15 稀释特征的模拟

取思考题9E 中计算机模拟的驻留时间列表，并按如下方法删除一些尖头信号。遍历累积时间列表，对于每个条目 $t_{\mathrm{w},i}$ 进行概率为 ξ_* 的伯努利试验。如果结果是<u>正面</u>，则移动到下一个列表条目，否则删除该条目 $t_{\mathrm{w},i}$ 。运行此修正后的模拟程序，对所得结果作直方图，由此检验稀释特性是否成立（第 9.5.1 节)。

9.16 卷积模拟

a. 使用第 9.8.1 节的方法从指数分布抽样，分布的期望是 1 s。

b. 模拟随机变量 $z=x+y$，其中 x 和 y 是满足 a 小题中分布的独立随机变量。从该分布产生大量 z 的样本，并作直方图。

c. 将 b 中结果与第 253 页例题求得的分布做比较。

d. 模拟一个随机变量，它是 *50* 个服从指数分布的独立变量的总和。根据习题 5.11 （第 135 页）评论你的结果。

---

[30]计算机数学软件包可能有一个名为 `stairs` 的函数，可简化此类图形的创建。

9.17 T2 计数数据拟合

放射性标记在许多生物测定中很重要。放射性物质是能够产生泊松分布尖头信号的又一类典型物理系统。

假设我们有固定强度的放射源，以及能够记录单个放射粒子的探测器。探测器记录尖头信号的平均速率取决于其到放射源的距离 L。我们通过将探测器保持在一系列固定距离 $L_1,\cdots$，L_N 来测量速率。在每个距离上，我们在固定时间 $\Delta T = 15$ s 计数探测器上的尖头信号并记录结果。

我们对这些数据建立的物理模型是平方反比定律：我们期望在每个固定距离 L 处观察到的探测器尖头信号数是泊松分布的抽样，其期望是 A/L^2，其中 A 是某个常数[31]。我们希望测试该模型。我们也想知道比例常数 A，以便用它来推导出任何 L 值的速率（不只是我们测量的值）。换句话说，我们希望用**插值公式**来总结数据。

a. 一种方法是绘制尖头信号数 y 对变量 $x=(L)^{-2}$ 的图，然后穿过$(0,0)$点放一把尺子，使其能够大致吻合数据点的趋势。从 Dataset 15 获取数据，并按照此方法由直线斜率估算 A。

b. 更好的办法是对数据做客观拟合。要点(7.8)（第 185 页）并不适用于这种情况，为什么呢？

c. 但导致要点(7.8)的逻辑是适用的，只是需要简单的修正。对 A 函数作对数似然图，并选择最佳值。a 中答案可作为 A 值的初始猜测，并在其附近尝试各种值。将根据最大似然得到的最佳拟合直线添加到 a 要求绘制的图中。

d. 通过对一系列 A 值求和来估计似然函数的积分。考虑一系列增加的范围以获得该估计值的 95% 的置信区间，类似于图 7.2（第 177 页）中所做的。

评论：你仍然会问："最佳的拟合可是好的？似然足够大就可以称为好？"解决该问题的一种方法是选择最佳拟合模型，通过从每个 x_i 的适当的泊松分布抽样来产生大量的模拟数据集，计算每个模型的似然函数，并查看这样获得的典型值是否比得上通过使用真实数据求得的最佳拟合似然函数。

9.18 T2 "量子化"的神经递质释放

本习题的目标是做出预测并与实验数据（图 9.9）进行比较来测试第 9.6.2 节中的物理模型。首先从 Dataset 13 获得数据，其中包含由神经元刺激肌肉细胞测得的不同峰值膜电压变化（ΔV）的频率（数据已分区）。在单独的测量中，作者还研究了自发事件（无刺激），发现峰值电压的样本均值为 $\mu_{\mathrm{V},1} = 0.40$ mV，方差是 $\sigma^2 = 0.00825$ mV^2。

[31] 此常数反映了源的强度、每个测量的持续时间及探测器的尺寸和效率。

正文所讨论的物理模型指出，每个响应包含了整数 ℓ 个囊泡的释放。但测得的量（峰值膜电位变化）是连续的。为了将这两个随机变量关联起来，模型假设每个释放的囊泡对膜电位变化的贡献与自发事件的分布相同。（也就是说，假设每个自发事件都恰好只涉及一个囊泡的释放。）因此，对于给定的非零 ℓ，我们将响应建模为 ℓ 个独立的、同分布的连续随机变量的累加。假设这些变量中的每一个都遵循高斯分布，期望和方差由自发事件求得的值给出。

a. 求释放 2 个（或 3 个,……）囊泡事件的响应强度的分布。除了每个囊泡的神经递质分子数量之外，忽略任何影响因素。[提示：先完成习题 5.20（第 138 页）。]

b. 模型假设囊泡释放是一个泊松过程。求 a 中分布的总和，加权因子为 ℓ 的泊松分布，并解释为什么结果是正确归一化的混合概率密度函数[32]。（对于 $\ell = 0$ 的情况，可选用在零附近非常窄的概率密度函数。）

c. 你需要 ℓ 的期望（但没有被告知）。证明刚求得的 PDF 中的期望值 $\langle \Delta V \rangle$ 等于 $\mu_{\mathrm{V},1}\mu_\ell$。因此，通过计算数据集中所有响应的样本平均值再除以单个囊泡的平均响应来获得 μ_ℓ。

d. 作问题 b、c 求得的 PDF 图。

e. 上面预测的 PDF 中不包含自由拟合参数。将其曲线叠加在根据实验数据估计的 PDF 图上，并评论。

f. 实验者也发现 198 个试验中有 18 个完全没有响应。利用先前结果计算 $\mathcal{P}_{\mathrm{pois}}(0; \mu_\ell)$，并讨论。

[32]参见第 5.2.5 节（第 114 页）。

第10章　细胞过程的随机性

应当记住，正如《独立宣言》只是承诺给予追求幸福的权力
而不是给予幸福本身，
科学模型的迭代构建过程也只是对完美模型的一个追求过程……
幸好有用的模型不必是完美的。

——伯克斯（George Box）

10.1　导读：库存

前面章节强调了随机性贯穿生物学和物理学的方方面面，从亚细胞单元（诸如马达蛋白）到种群（诸如细菌菌落）。这种随机性最终起源于分子热运动之类的物理过程。我们发现有可能在物理模型的帮助下精确和可重复地表征随机性。

本章将重点介绍细胞生理学的一个特殊领域。活细胞是由分子组成的，所以这些分子实施了其所有活动。理解这些活动在何种程度上以什么样的方式体现随机性是很重要的。

> 本章焦点问题
> **生物学问题：**一组随机过程会以何种方式、在何种情况下产生基本上可预测的整体动力学行为？
> **物理学思想：**当每种参与单元的副本数量（库存）较大时，确定性的集体行为可能会涌现。

10.2　随机行走

10.2.1　研究现状

方向随机的周期性步进

第3章给出的随机性的基本例子之一是布朗运动[1]。早先章节讨论了这种运动的一种理想化形式**随机行走**：我们设想一个物体周期性地左右跨步，步

[1]参见第 35 页第 **5** 点和 **5a**、**5b**，以及习题 3.3、4.5 和 5.2。

长恒定为 L。唯一的状态变量是物体的当前位置。这个简单的随机过程再现了有关布朗运动的主要观察事实，即许多步骤后位移的均方差正比于经历时间的平方根[2]。第6章则增加了力场的概率计算。然而，我们可能担心模型无法体现真实扩散过程的混沌性。创建更实际的随机行走图像也将告诉我们如何对化学反应动力学建模。

不规则时间间隔的定向步进

我们在第9章研究了另一种随机过程：持续分子马达诸如肌球蛋白 V 的步行。我们允许步进之间驻留时间存在随机性，而不是时钟滴答声般的规律驻留时间。但步进位移本身是可预测的——实验数据表明步进总是在相同的方向且步长大致相同[3]。

两个势阱之间跃迁

一个分子可能有两个稳定的构象，并且由于周围环境的热冲击，它们可能会在两态之间以不规则的时间间隔跃迁[4]。Media 3 显微视频展示了这种情况的一个介观尺度上的类似例子：一个微米大小的珠子可能位于两个势阱中的任一个中（双势阱系统由聚焦的激光产生）。珠子主要围绕势阱中心做布朗运动，但偶尔也会在某个随机时刻从一个势阱跳到另一个。我们可以对上一段中的单向步进模拟稍做修改，就能用于此处的两态跃迁情形。

思考题10A　为模拟此处的情形，请重新表述**思考题**9F（第 255 页）的答案。

Media 3 就包含了这样一个模拟（显示为动画），它的确展示出了真实显微照片的一些特征。

10.2.2 驻留时间和步进方向都随机的布朗运动模型

改进布朗运动模型的一种方法是将前述两个想法（步进的驻留时间及方向均随机）组合起来。为简化表述，我们像往常一样先讨论一维情况。一个合理的模型是说单位时间内小悬浮颗粒存在固定的概率 β 被踢向左侧或右侧。第9章讨论了一种方法模拟这样一个过程[5]：我们首先考虑平均速率 2β 的合并后的泊松过程，并从此抽样得到驻留时间的序列。然后，针对每个驻留时间，我们再用伯努利试验来确定该次行走是向右还是向左。最后，我们累加所有行走以求出完整模拟轨迹。

[2]参见习题 4.5 和 5.2。

[3]第 9.7.1 节描述了一个实验，其中似乎出现了交替步长，但真实步长其实是均一的。

[4]习题 6.6 要求你模拟这样一个系统的详细运动。

[5]参见第 9.8.2 节（第 254 页）。

图 10.1 显示了模拟的两个实例。模拟步数足够多，轨迹可以在远离起始点的任意位置结束。即使几个不同的步行者起始于同一位置 x_{ini}（起始位置的方差是零），长时间后，他们位置的方差 $\mathrm{var}(x(t))$ 会随 t 的增加而无限制地增长。且随着时间趋于无穷，位置的分布也不受限制。类似的方法也适用于有漂移的随机行走（第 6.2.2 节，第 142 页）。

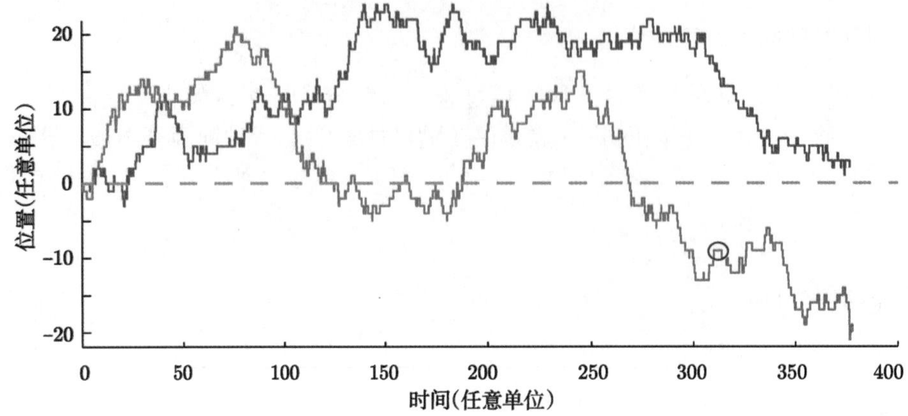

图 10.1（**计算机模拟**） **随机步进时间与随机行走**。曲线显示了模拟的两条轨迹。每条都取 400 步，驻留时间服从指数分布，平均速率为每单位时间步进一次。步长就是单位长度，方向由等概率的伯努利试验 ($\xi = 1/2$) 结果指定向上或向下。宽平台表示长时间驻留（圆圈）。参见习题 10.3。

10.3 分子群体动力学类似马尔科夫过程

到目前为止所讨论的随机行走都有一个共同特征：若要知道时刻 t 的位置的概率分布，我们只需要知道在 t 之前的任何一个时刻 t' 的实际位置。早于 t' 的任何时刻 t'' 的实际位置，就不再能提供与 $\wp_{\mathrm{x}}(x(t))$ 相关的额外信息。如果一个随机过程在任何时候都拥有有限数量的“状态”，并且在 t' 时刻的状态完全决定了任意后续时刻 t 的状态分布 PDF，则该过程被称为“马尔科夫的”[6]。

第 10.2节中讨论的实例（具有不规则方向或驻留时间，或两者兼有的步进）都具有马尔科夫属性。尽管充分混合系统的化学反应也是马尔科夫的，但有额外的复杂性[7]——它们的驻留时间自然也服从指数分布，但平均速率依赖于反应分子的浓度。下一节将推广第 6.3 节（第 144 页）中的方法来模拟此类过程。讨论将引用一些变量，如下表所示。

Δt	时间步长，可以趋于零
ℓ_i	时刻 $t_i = (\Delta t)i$ 的分子数（随机变量）
ℓ_{ini}	分子数的初始值（常数）

[6]请参见第 3.2.1 节第 35 页的 **5a**。更准确地说，我们正在讨论“连续时间马尔科夫跃迁过程”。

[7]参见第 40 页点 **5c**。

（续表）

β_{s}	mRNA 合成的平均速率（常数）
$\beta_{\emptyset,i}$	mRNA 清除的平均速率（随机变量）
$k_{\emptyset}$	清除速率常数
ℓ_*	分子数的稳态终值

10.3.1　生–灭过程描述细胞中化学物质群体数量的涨落

为了使这些想法具体化，试想一个简单**生–灭过程**（图 10.2a）。该系统只涉及两个化学反应，由图 10.2b 中的箭头和代表状态变量的方框表示。状态变量就是分子 X 的数量 ℓ。

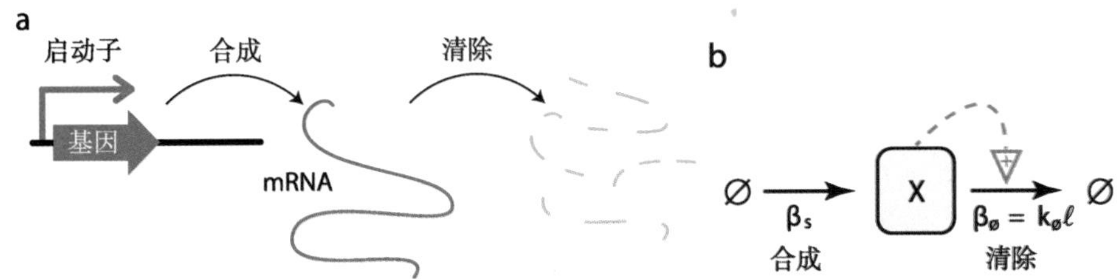

图 10.2（**示意图；网络图**）　**生–灭过程实例**。图 a：基因（宽箭头）指导 mRNA 的合成，后者最终在细胞内被酶机器降解（清除）。图 b：示意图的抽象表示。方框表示系统的状态变量，即某类分子 X 的存量（份数），输入和输出的实线箭头代表增加或减少存量的过程（生化反应）。合成 X 所需的底物分子被假定维持在固定浓度，因而其在过程中的变化不需考虑；它们笼统地由符号 $\varnothing$ 表示。我们也假定清除 X 所产生的产物分子不影响反应速率；它们也笼统由 $\varnothing$ 表示。催化两个反应的酶以及指导合成的基因在图中都没有明确显示。虚线箭头是影响线，标明了清除速率依赖于当前 X 的数量水平。但是，这种特殊的依赖性通常是默认成立的，今后将不再强调。

“合成”反应可理解为每单位时间以固定概率 β_{s} 产生新的 X 分子，这种反应称为**零阶**反应，表明反应的平均速率与存在的其他分子数量无关（它正比于这些分子数量的零次幂）。严格地说，没有哪个反应能不依赖于任何分子群体。但是，某些细胞过程在某些情况下确实是零阶的，因为该细胞维持所需成分（前体分子和处理它们的酶）大致恒定，且这些分子在整个细胞的空间分布不随时间变化[8]。

另一方面，“清除”反应是指每单位时间以固定概率 $\beta_{\emptyset}$ 来消除一个 X 分子，例如，将其转化成其他分子。然而，与 β_{s} 不同，$\beta_{\emptyset}$ 取决于 ℓ，即[9]

$$\beta_{\emptyset} = k_{\emptyset}\ell. \tag{10.1}$$

[8] T2 我们还假设产物分子数量太少以至于不会抑制产物的生产。分子马达的体外实验则是另一种情况，在此零阶假设是合理的，因为在反应腔中底物分子（ATP）不断获得补充，而产物分子（ADP）不断被移除。因此，第9章隐含地假设整个实验的过程中浓度没有发生明显的变化。

[9] 由于细胞体积的变化，细胞内的反应速率也可以随时发生变化；参见第 11.4.5 节。在此我们假定细胞体积是恒定的。

我们可以根据合并特性来理解该公式：ℓ 个分子中的每一个都能独立地在单位时间内以一定概率被清除，使得分子数量减少一所需的驻留时间是指数分布的，因此总平均速率与 ℓ 成正比。

这种反应称为**一阶**反应，因为公式(10.1)假定其速率正比于 ℓ 的一次幂；X 的供给耗尽时（$\ell = 0$）反应将停止。比例常数 $k_\emptyset$ 称为**清除速率常数**。

生–灭过程为细胞生物学的中心法则提供了简化版本：细胞中的分子机器作用在基因上，合成信使 RNA（mRNA），这个过程称为**转录**（图 10.2a 中左方第一个箭头）。如果基因的拷贝数和 RNA 聚合酶机器的数量都是固定的，那么假设这个反应等效为零阶似乎是合理的。

图 10.2b 以一种更抽象的方式表达了我们的模型（称为网络图）。方框代表细胞中存在的 RNA 分子的数量，而右侧的箭头表示其最终的分解。这种图当然略去了很多细节，例如细胞还可以复制他们的基因、调节其转录和分裂等等。我们会逐步将这些特征添加到物理模型中。例如，所示的两个箭头表示该反应被假定为不可逆的，对许多细胞过程来说，这样假设是近似合理的。但存在其他不满足该假设的过程，此时我们会在图中添加单独的箭头表示反应的逆过程。但现在，我们只考虑图 10.2 所示的两个过程和一个存量。我们想回答有关系统的整体演化及其在不同试验中差异性的问题。

我们可以把生–灭过程理解为*另一种随机行走*。系统不在普通空间而在其*状态空间*徘徊，在这里讨论的例子中，状态空间就是由非负整数 ℓ 组成的集合。不同于第 10.2.2节，唯一的新特征是反应速率之一不是常数 [见公式(10.1)]。实际上，在任何时刻平均速率的值本身是一个随机变量，因为它取决于 ℓ。尽管这样增加了复杂性，然而，生–灭过程仍具有马尔科夫特性。为了证明这一点，我们需要了解 $\ell(t)$ 的概率密度函数如何依赖于系统的先前历史。

我们首先把时间切成持续很短的时隙 Δt，因此第 i 个时隙起始时刻 $t = (\Delta t)i$，并将总数写成 ℓ_i 而不是 $\ell(t)$。在任何时隙 i 期间，最有可能的结果是无新事件发生，所以 ℓ 没有变化：$\ell_{i+1} = \ell_i$；下一个最有可能的结果是合成或清除；对于足够小的 Δt，变化量大于等于 2 的概率可以忽略不计。所以我们只需要考虑 ℓ 变化 ± 1，或根本没有变化。简而言之：

> *生–灭过程可视为两个不同过程（对应两个反应步骤）的复合泊松过程。在每次反应之后，清除反应的平均速率也被改变了。* (10.2)

用数学语言表达上述推理，可得**生–灭过程的物理建模**

$$\mathcal{P}(\ell_{i+1} \mid \ell_1, \cdots, \ell_i) = \begin{cases} (\Delta t)\beta_{\mathrm{s}} & \text{如果 } \ell_{i+1} = \ell_i + 1; \quad \text{(合成)} \\ (\Delta t)k_\emptyset \ell_i & \text{如果 } \ell_{i+1} = \ell_i - 1; \quad \text{(清除)} \\ 1 - (\Delta t)(\beta_{\mathrm{s}} + k_\emptyset \ell_i) & \text{如果 } \ell_{i+1} = \ell_i; \quad \text{(无反应)} \\ 0 & \text{其他} \end{cases} \tag{10.3}$$

右侧取决于 ℓ_i，但不取决于 $\ell_1, \cdots, \ell_{i-1}$，因此等式(10.3)定义了一个马尔科夫过程。

给定零时刻的起始状态 ℓ_*，生–灭过程的上述特征决定了后继时刻任何物理量的概率分布。

10.3.2 在连续确定性近似下生–灭过程会趋于稳定数量

等式(10.3)看起来复杂。在我们尝试分析这样一个模型所产生的行为之前，我们应该先从近似处理中得到一些直觉。

某些化学反应涉及的分子数量庞大。此时 ℓ 是一个非常大的整数，一个单位的变化相对来说是可以忽略的。在这种情况下，可以合理地将 ℓ 视为连续变量。此外，我们已经在几个例子中看到对于离散随机变量来说，大数字的确意味着很小的相对涨落。所以，我们也可以假定 ℓ 确定性地变化。应用这些简化重新表述等式(10.3)可得到**连续确定性近似**，其中 ℓ 随时间的变化服从如下方程[10]

$$\frac{\mathrm{d}\ell}{\mathrm{d}t} = \beta_{\mathrm{s}} - k_{\emptyset}\ell. \tag{10.4}$$

例题：在上述极限下，为何方程(10.4)能从等式(10.3)中涌现出来？

解答：首先计算 ℓ_{i+1} 的期望。广义的乘法规则：

$$\mathcal{P}(\ell_{i+1}, \ell_i) = \mathcal{P}(\ell_{i+1} \mid \ell_i)\mathcal{P}(\ell_i).$$

等式(10.3)表明，对于每个 ℓ_i 值，只有三个允许的 ℓ_{i+1} 值，因此

$$\begin{aligned}\langle \ell_{i+1} \rangle &= \sum_{\ell_i, \ell_{i+1}} \mathcal{P}(\ell_{i+1}, \ell_i)\ell_{i+1} \\ &= \sum_{\ell_i} \mathcal{P}(\ell_i)[(\ell_i+1)(\Delta t)\beta_{\mathrm{s}} + (\ell_i-1)(\Delta t)k_{\emptyset}\ell_i + \ell_i(1-\Delta t(\beta_{\mathrm{s}} + k_{\emptyset}\ell_i))].\end{aligned}$$

两边减 $\langle \ell_i \rangle$ 再除以 Δt 得

$$\frac{\langle \ell_{i+1} \rangle - \langle \ell_i \rangle}{\Delta t} = \beta_{\mathrm{s}} - k_{\emptyset}\langle \ell_i \rangle.$$

假设初始分布的相对标准偏差较小。因为 ℓ 大，且其分布弥散度在时间步长内增加不到 1 个单位[等式(10.3)]，因此新分布也将是个尖脉冲。因而我们可以移除期望符号，得到方程(10.4)。

---

[10]我们在前面病毒动力学（第1章）的内容里非正式地介绍过方程(10.4)。

为求解方程(10.4)，首先注意到当总数 ℓ 等于 $\ell_* = \beta_s/k_\emptyset$ 时它有一个稳态，如果我们将变量 ℓ 替换成 $x = \ell - \ell_*$ 则方程可能看起来更简单，实际上方程变成了 $dx/dt = -k_\emptyset x$，其解是 $x(t) = Be^{-k_\emptyset t}$，$B$ 为任意常数。选择 B 确保 $\ell_{ini} = 0$（最初没有 X 分子）则产生特解

$$\ell(t) = (\beta_s/k_\emptyset)(1 - e^{-k_\emptyset t}). \tag{10.5}$$

因此，X 分子数最初随时间线性上升，但随着清除反应的加快，分子数量随后呈水平状态（**饱和**），直到达成稳态 $\ell(t\to\infty) = \ell_*$。图 10.3a 的黑色曲线显示了这个解。

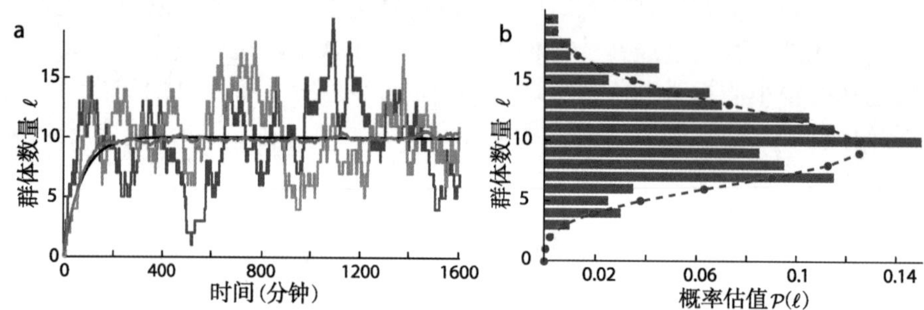

图 10.3（**计算机模拟**） **生–灭过程行为**。图 a：橙色和蓝色轨迹显示了两个模拟时间序列[参见**思考题**10B、10C(a)]。绿色轨迹显示了在每个时刻对 200 个模拟实例求得的群体数量 ℓ 的样本均值（参见习题 10.5）。黑色曲线显示了连续确定性近似[公式(10.5)]的对应解。图 b：系统达到稳定态后，大量模拟实例给出关于 ℓ 的概率分布（柱）。为了便于比较，红点显示 $\mu = \beta_s/k_\emptyset$ 的泊松分布（参见**思考题**10D）。

T2 第 10.3.4′ 节（第 289 页）给出了本节例题更仔细的论证版本。

10.3.3 Gillespie算法的随机模拟

为了超越连续确定性近似，回顾卢里亚–德尔布吕克实验（第 4.4 节，第 86 页）的经验之一：有时模拟一个随机系统比导出解析结果容易。我们可以通过多次模拟并对感兴趣的量作直方图来估算出我们希望预测的任何概率。

根据**要点**(10.2)，模拟生–灭过程就等价于模拟一个复合泊松过程，只需将之前的模拟方法稍加改造即可[11]。如第 9.8.1 节所述，这种方法主要优势是不需要模拟每个“无效”的分子碰撞事件，因此，我们可以从一个实际的有效事件直接跳到下一个有效事件。

假设 ℓ 在零时刻有一个已知值。则，

1. 从平均速率为 $\beta_{tot} = \beta_s + k_\emptyset \ell$ 的指数分布中抽样驻留时间 $t_{w,1}$。

[11]第 255 页的例题介绍了这种模拟。

2. 以概率 ξ 从伯努利试验分布中抽样决定当前发生哪个反应，其中[12]

$$\xi = \frac{(\Delta t)\beta_s}{(\Delta t)\beta_s + (\Delta t)k_\emptyset \ell} = \frac{\beta_s}{\beta_s + k_\emptyset \ell}. \tag{10.6}$$

ℓ 变大的概率是 ξ，ℓ 变小的概率是 $1-\xi$。量 ξ 和 $1-\xi$ 可以理解为两个反应的“相对倾向”。

3. 根据伯努利试验结果，对 ℓ 加 1 或减 1。

4. 重复上述步骤。

步骤 **1—4** 是 J. Doob 提出并由 D. Gillespie 详细研究的算法的简化版本，现在称为**随机模拟算法**或 **Gillespie 直接算法**。它们相当于在每个时间步模拟一个稍微不同的复合泊松过程，因为整体速率和 ξ 都取决于 ℓ，而后者本身就依赖于模拟系统的历史，但是这种依赖性是相当有限的：一旦知道了某时刻的状态就确定了下一步骤（并因此所有的后续步骤）的概率。也就是说，Gillespie 算法是模拟一般马尔科夫过程的方法，包括生–灭过程和其他化学反应网络。

上述算法产生一组驻留时间 $\{t_{w,\alpha}\}$，我们可以通过“累积和”的方式将它们转换为绝对时间：$t_\alpha = t_{w,1} + \cdots + t_{w,\alpha}$。它也产生了一组增量 $\{\Delta\ell_\alpha\}$，每个都等于 ±1，我们可以用同样的方法转换为绝对数：$\ell_\alpha = \ell_{ini} + \Delta\ell_1 + \cdots + \Delta\ell_\alpha$。图 10.3a 显示了一个典型的结果，并将其与连续确定性近似行为进行了比较。

思考题10B

编写程序实现上述算法：写一个函数接受两个输入参数 `lini` 和 `T`，并产生两个输出向量 `ts` 和 `ls`。参数 `lini` 是 X 分子数的初始值，`T` 是以分钟计的总模拟时间。`ts` 是 t_α 的数组，而 `ls` 是紧接在每个跃迁时刻 `ts` 后相应的 ℓ_α 列表。假设 $\beta_s = 0.15\ \text{min}^{-1}$ 和 $k_\emptyset = 0.014\ \text{min}^{-1}$。

思考题10C

a. 写一个“主”程序调用**思考题**10B中的函数，并设定 `lini= 0` 和 `T= 1600`，根据所得结果画出 `ls` 与 `ts` 之间的关系图。运行数次后对结果作图并进行讨论。

b. 取更大的合成速率 $\beta_s = 1.5\ \text{min}^{-1}$，清除常数仍取为 $k_\emptyset = 0.014\ \text{min}^{-1}$，重复 a，并与 a 的结果比较。

思考题10C的答案将包括类似于图 10.3a 的结果，该图显示分子数 ℓ 仍

[12]该公式来自第 255 页的例题。或者，我们可以从等式(10.3)求条件概率 $\mathcal{P}(\ell\text{增大} \mid \ell\text{变化})$。

然会如预期地那样趋于饱和，但与对应的连续确定性近似解相比将有很大差异[13]。

随机模拟算法可以扩展到处理多余一种分子和/或多于两个反应的情况。对任何时刻，我们都可以将所有涉及的反应通路的速率相加，并从适当的指数分布中抽样驻留时间（第 274 页的步骤 **1**）。然后我们求类似于等式(10.6)的相对倾向的列表。根据定义，这些数总和为 1 ，因此它们定义了离散概率分布。我们通过从这个分布中抽样来选择发生的反应 [14]；然后我们查找所有相应的库存变化，更新状态，再重复。

上述模拟方法适用于很多系统。

10.3.4　稳态的生–灭过程也存在涨落

图 10.3 显示生–灭过程的“稳定”（后期）状态可能相当活跃。无论我们等待多长时间，总存在 ℓ 值的有限弥散度。事实上[15]，

生–灭过程的稳态群体数量服从泊松分布，期望是 $\beta_s/k_\emptyset$。　　(10.7)

思考题10D

> 继续**思考题**10B、10C：公式(10.5)表明生–灭过程将在 $T=300$ min 时进入稳态。统计 150 个试验最终值 ℓ_T 的分布，并作直方图。为了确认**要点**(10.7)，你还需要做什么？

尽管存在涨落，生–灭过程比原始的随机行走展现了更多的自律，随机行走从未达到任何稳态（x 值的弥散度无限增长，见习题 10.3）。为了理解这种区别，记住生–灭过程中在 $\ell=0$ 点存在“反射墙”；如果系统接近这一点，它会被合成与清除之间的不平衡所“排斥”。同样地，尽管 ℓ 没有上限，但是如果系统飘荡到大 ℓ 值，它也会被相反的不平衡“拉回”，有点类似于光镊中的布朗运动（第 6 章）。

要点(10.7)中蕴含的一个关键点对后面的讨论很重要：因为泊松分布相对标准偏差[16] 是 $\mu^{-1/2}$，当稳态分子数很大时，则其会接近连续确定性近似的计算值。事实上，你可能已经注意到了比**思考题**10C 的解更强的结果：

连续确定性近似在分子数量较大时就变得精确。　　(10.8)

[T2] 第 10.3.4′ 节（第 289 页）提供了**要点**(10.7)的解析推导，并提及了**要点**(10.8)的适用范围。

---

[13]在习题 10.5 你会发现这两种方法之间的联系。

[14]参见第 4.2.5 节的方法(第 78 页)。

[15] [T2] 第 10.3.4 节（第 276 页）将证明这一点。

[16]参见公式(4.7)（第 83 页）。

10.4 基因表达

细胞通过代谢食物，合成蛋白质、脂质和其他生物分子来创造自己。基本合成机制示于图 10.4：首先，DNA 由 **RNA 聚合酶**转录成信使 RNA 分子（mRNA）。其次，由**核糖体**（另一种酶复合物）将得到的**转录物翻译**成氨基酸链。最后，氨基酸链再将自己折叠成功能蛋白（**基因产物**）。整个过程称为**基因表达**。如果我们创建含有两个首尾相接的编码蛋白的基因序列，聚合酶将产生含有两个基因的单条 mRNA；然后翻译将产生单根氨基酸链，后者再折叠成一个**融合蛋白**，融合蛋白具有两个结构域，分别对应着两条蛋白序列，两者共价连接为一体[17]。

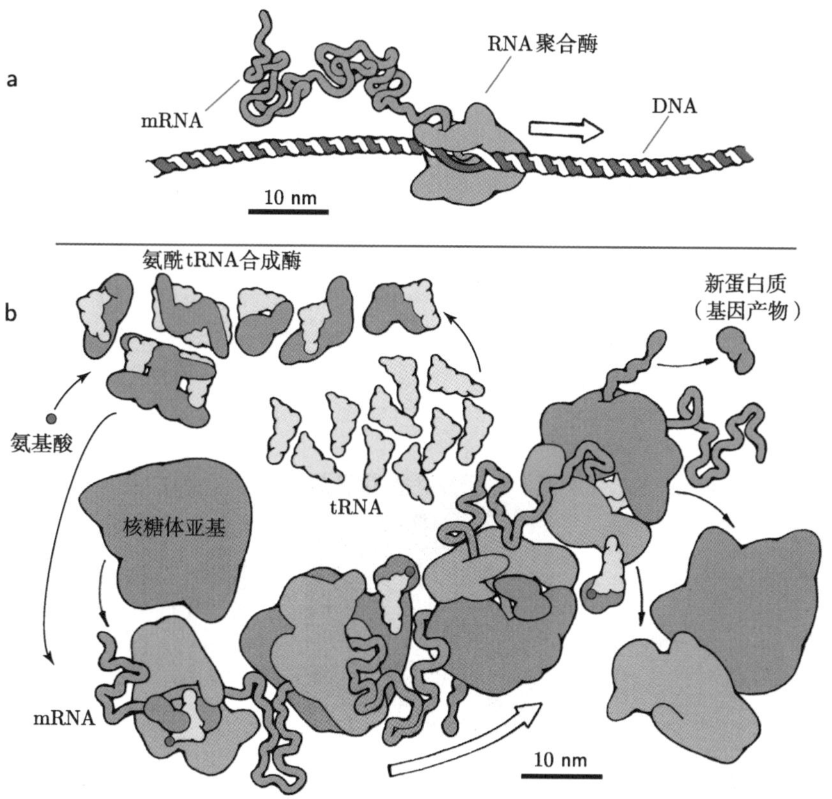

图 10.4（**基于结构数据的艺术重构图**） **转录和翻译**。图 a：持续型分子机器 RNA 聚合酶将 DNA 转录成 mRNA。聚合酶沿着 DNA 滑行时读取其信息，移动中合成 mRNA。图 b：超过 50 个分子机器的联合作用下，mRNA 上的信息被翻译成构成新蛋白质的氨基酸序列。具体来说，氨酰 tRNA 合成酶将不同氨基酸（绿点）加载到转运 RNA 上，后者为核糖体合成蛋白提供原料。核糖体队列读取 mRNA 上的信息，指导氨基酸组合成新的蛋白序列。（蒙 David S. Goodsell 惠赠。）

[17]融合蛋白有时被称为“嵌合蛋白”。

酶本身是蛋白质（或蛋白质与 RNA 或其他辅因子的复合物）。而其他复杂分子诸如脂质则是由酶合成的。因此，基因表达处于所有细胞过程的核心。

T2 第 10.4′ 节（第 292 页）提到有关基因表达的一些更精细的观点。

10.4.1 活细胞中的 mRNA 数量可以精确监测

基因表达的每个步骤都是生化反应，因此易受随机性影响。例如，第 10.3 节建议可以合理地将任何特定基因的 mRNA 的存量变化过程模型化为如图 10.2 所示的生–灭过程。I. Golding 和同事利用 R. Singer 开创的方法在大肠杆菌中检验了该假设。为此，他们需要一种方法来实时计数活细胞中 mRNA 分子的实际数量。

为了使 mRNA 分子可见，实验者利用人工设计的基因创建了一支细胞系。基因照常编码产物（红色荧光蛋白），但也有一段长的非编码部分，其中包含某蛋白结合序列的 96 份拷贝。当该基因转录成 mRNA 时，每个 mRNA 分子的结合序列都折叠成蛋白 MS2 的结合位点（图 10.5a）。实验者在基因组的其他地方插入另一段基因以编码一个融合蛋白，该蛋白的一个功能域是绿色荧光蛋白（GFP），另一个域编码 MS2。因此，在每个转录物产生后不久，就可以结合数十个 GFP 分子而开始发光（图 10.5b）。对研究的每个细胞，实验者计算在显微镜下看到的所有绿色斑点的总荧光强度。这个观测量的直方

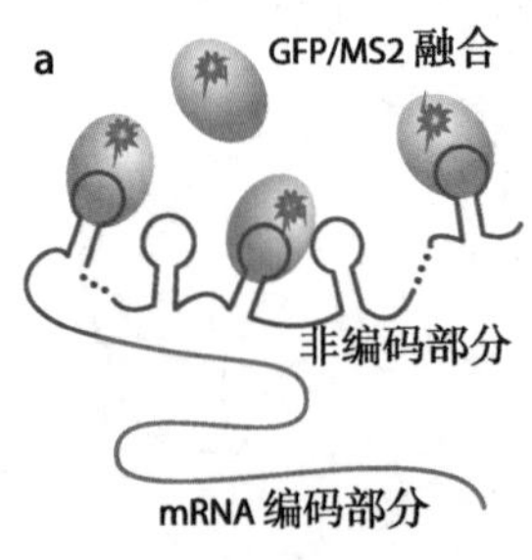

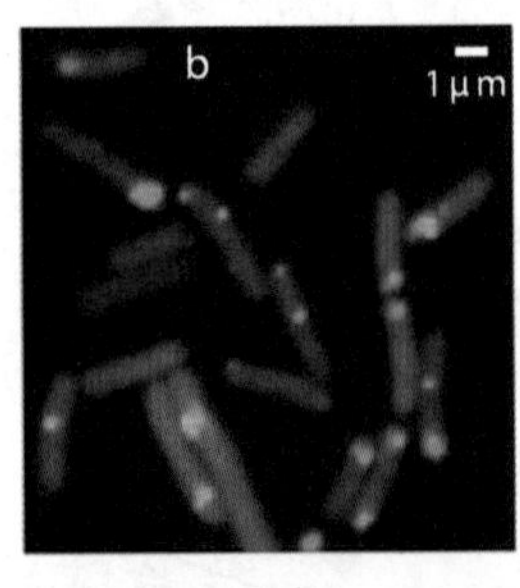

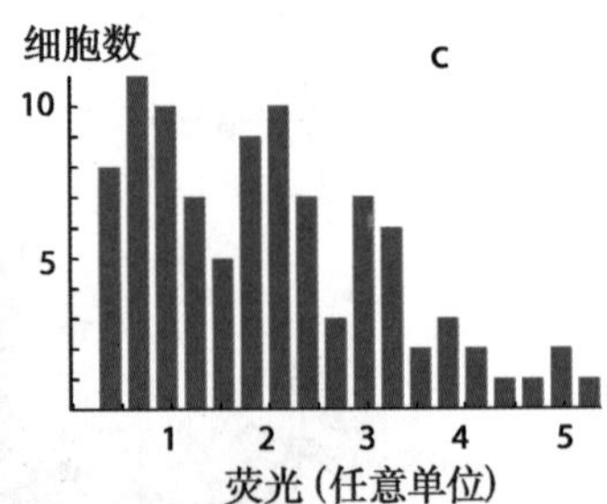

图 10.5（**素描；荧光显微镜照片；实验数据**） **单个细胞内 mRNA 水平的量化表征**。图 a：卡通图显示了 mRNA 分子。mRNA 折叠形成多个结合位点，能结合包含绿色荧光蛋白（GFP）结构域的融合蛋白。图 b：若干个活细菌通过荧光染色实现了可视化。每个亮绿色斑点显示了标记 GFP 的一个或多个 mRNA 分子的位置。红色指示了由 mRNA 编码部分的翻译产生的红色荧光蛋白（RFP）。图 c：对于每个细胞，测量来自于绿色斑点的光子的总到达速率（减去整个细胞的背景散射光），所得直方图显示了明确分离的峰，对应于拥有 $1, 2, \cdots$ 个 mRNA 分子的细胞（对应于零拷贝的峰值被省略）。横轴上标记的荧光强度都用同一个数值进行了重新标度，使得第一个峰正好位于 1 处，结果发现所有峰都位于整数倍位置。这种校准能让实验者推断任何细胞内的 mRNA 分子的绝对数量。（摘自 Golding et al., 2005。）

图显示了一系列均匀间隔的峰（图 10.5c），每个峰都表示测到的强度是最低值的整数倍，符合我们的预期。因此，通过测量细胞的荧光强度并确定其相应的峰值足以计数细胞中的 mRNA 拷贝数。

例题：图 10.5c 看起来很像图 9.9。这是巧合吗？

解答：在这两种情况下，我们的物理模型都假设连续变量的分布来自未能直接观察的潜在离散随机变量，因而导致一个混合分布[18]。在图 10.5c 中，每个 mRNA 分子的荧光强度有一些弥散度，部分原因是每个 mRNA 都结合了不同数量的荧光 GFP 蛋白。然而，这种变化不会掩盖直方图中的峰值。类似地，在图 9.9 中，每次囊泡释放导致的电响应也有一定程度的弥散度，因为每个囊泡包含的神经递质分子数量也是可变的。在这两种情况下，最右边的峰都比第一个峰宽，因为它们反映了第一个峰与其自身发生 2，3，⋯次卷积的结果。

实验者想测试这样一个假说：mRNA 总量动力学服从一个简单的生–灭过程。为此，他们注意到这样的过程只需要指定两个参数，但可以获得两个以上的预测。他们提出一些理论预测，设计实验并通过数据拟合来确定参数值（β_s 和 $k_\emptyset$），再检查其他预测。

在其中一个实验中，研究者突然开启（即诱导） mRNA 的生产过程[19]。对生–灭过程，许多独立试验的平均 mRNA 分子数 ℓ 遵循公式(10.5)给定的饱和时间过程[20]。模型的这个预测产生了一个看似不错的数据拟合。例如，图 10.6a 的红色轨迹显示了生–灭模型在 $\beta_\mathrm{s} \approx 0.15\ \mathsf{min}^{-1}$ 和 $k_\emptyset \approx 0.014\ \mathsf{min}^{-1}$ 值时的预测。如果作者就此打住，可能会得出错误的结论，即生–灭模型很好地描述了该系统。

10.4.2 转录以阵发方式生产 mRNA

基于许多细胞的平均值，看起来简单的生–灭模型足以描述大肠杆菌中的基因表达。但是计数单个细胞中的单分子的能力给了 Golding 和同事应用比图 10.6a 所示的更严格的测试的机会。首先，我们知道稳态 mRNA 计数在生–灭模型中是泊松分布的[21]，因此 $\mathrm{var}\ \ell_\infty = \langle \ell_\infty \rangle$。图 10.6b 显示了这两个量的比值（样本方差/样本均值）在大范围的条件下是近似恒定的。然而，与生–灭模型的预测相反，这个比值（称为 **Fano 因子**）不等于 1；在这个实验中它大约为 5。生–灭模型还预测 mRNA 零拷贝的细胞比例应该一开始就随时间以指数 $\mathrm{e}^{-\beta_\mathrm{s} t}$ 下降（见习题 10.8）。图 10.6c 表明该预测也与实验不符。

[18]第 5.2.5 节（第 114 页）介绍了该概念。

[19]第11章更详细地讨论了基因开关行为。

[20]参见图 10.3a 中的绿色轨迹和习题 10.5。

[21]参见要点(10.7)（第 276 页）。

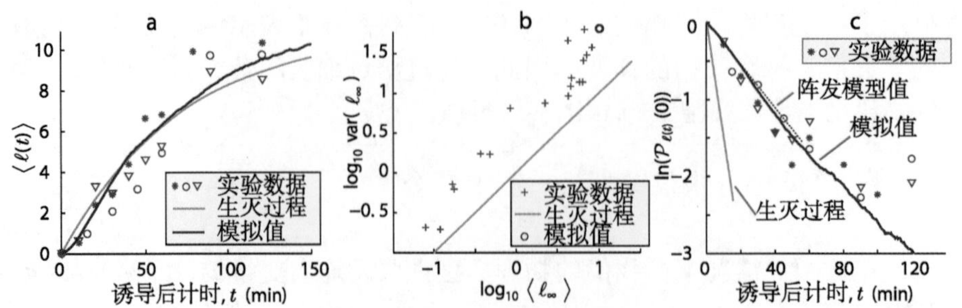

图 10.6（**实验数据与拟合**） **阵发式转录的间接证据**。图a 符号：细胞中 mRNA 转录物的数量 $\ell(t)$，数据来自三个独立的实验，每个实验取 50 个或更多个细胞做统计，最后取平均值。所有的细胞在同一时间被诱导并开启基因表达，从而导致定性地类似于图 10.3a 所示的行为。图a 灰色曲线显示了用生–灭（BD）过程[公式(10.5)，第 274 页] 对数据的拟合，由此确定表观合成速率 $\beta_s \approx 0.15\ \mathrm{min}^{-1}$ 和清除速率常数 $k_\emptyset \approx 0.014\ \mathrm{min}^{-1}$。图a 红色轨迹显示了正文（也可以参见第 10.4.2′ b 节，第 293 页）中给出的对应的阵发模型的计算机模拟结果。图 b：稳态时 mRNA 总量的方差与样本均值的关系。图b 十字：进行了许多实验，每个基因在不同程度上“打开”。该双对数图表明它们大致落在斜率为 1 的一条直线上，显示了 Fano 因子 $(\mathrm{var}\ \ell)/\langle \ell \rangle$ 大致是常数。简单的生–灭过程预测该常数等于 1（灰线），但数据却给出了该值 ≈ 5。图b 红色圆圈显示了图a、c条件的阵发模型的计算机模拟结果，与实验数据一致，但与生–灭模型不一致。图 c：mRNA 零拷贝的细胞占比与统计时间的半对数图。符号显示的数据来自与 图a 相同的实验。图c 灰线：生–灭过程预测的 $\mathcal{P}_{\ell(t)}(0)$ 一开始就随时间以 $\exp(-\beta_s t)$ 下降（见习题 10.8）。图c 虚线：实验数据产生的初始斜率却是 $-0.028\ \mathrm{min}^{-1}$。图c 红色轨迹： 阵发模型的计算机模拟。（数据摘自 Golding et al.，2005；见 Dataset 12。模拟蒙 Lok-Hang So 惠赠。）

最简单的生–灭模型的失败导致实验者提出并检验如下的修正假设：**转录（阵发）的物理建模**

> 细菌中的基因转录是一个**阵发过程**，其中的基因以平均速率 β_{start} 和 β_{stop} 在激活和失活态之间自发跃迁。只有当基因处于激活态时才能被转录，从而导致 mRNA 的生产是阵发的，相继的阵发事件之间是静息期。 (10.9)

更明确地，β_{start} 是每单位时间内基因从“关”状态切换到“开”状态的概率。它定义了平均驻留时间 $\langle t_{\mathrm{w,start}} \rangle = (\beta_{\mathrm{start}})^{-1}$。$\beta_{\mathrm{stop}}$ 和 $t_{\mathrm{w,stop}}$ 含义类似。

阵发模型背后的直觉大致如下：

1. 每个基因激活期将产生数量不等的转录物，平均数为 $m = \langle \Delta\ell \rangle$。我们可以粗略地理解为每次阵发式转录都产生正好$m$个转录物。则相对于普通的生–灭过程，$\ell$ 的方差会以因子 m^2 增加，而期望的增加因子只是 m。因此，Fano 因子在阵发模型中是大于 1 的，这一点得到了实验数据的支持（图 10.6b）。

2. 在阵发模型中，细胞在基因首次跃迁到“开”状态之后几乎马上离开状态 $\ell = 0$。因此，每单位时间退出 $\ell = 0$ 状态的概率由 β_{start} 给出。

但 $\langle \ell(t) \rangle$ 的初始增长速率由 $\beta_{\rm start} m$ 给定，这是一个较大的数。所以图 10.6a、c 所示的初始斜率不必相等，而实际上它们确实不等。

受上述间接结果的鼓励，实验者通过观察单个细胞中 mRNA 数量的时间进程直接检验阵发假说。图 10.7 显示了 ℓ 的几个典型的时间进程。在这几个实例中，细胞显示了交替出现的无 mRNA 合成的静息期以及速率大致恒定的 mRNA 合成期[22]。这些时间区段的长短是可变的，作者因此将“开”与“关”状态之间往复跃迁的驻留时间列表，并对其单独作直方图。在阵发模型中，当基因处于“开”态时，每单位时间关掉的概率为常数 $\beta_{\rm stop}$。因此，模型预测驻留时间 $t_{\rm w,stop}$ 是指数分布的[23]，期望是 $(\beta_{\rm stop})^{-1}$，该预测确实被观察到了（图 10.8a）。每单位时间再切换到“开”状态的概率是 $\beta_{\rm start}$，通过拟合 $t_{\rm w,start}$ 的分布会有类似的发现。

阵发模型被总结在网络图中，见图 10.8b。

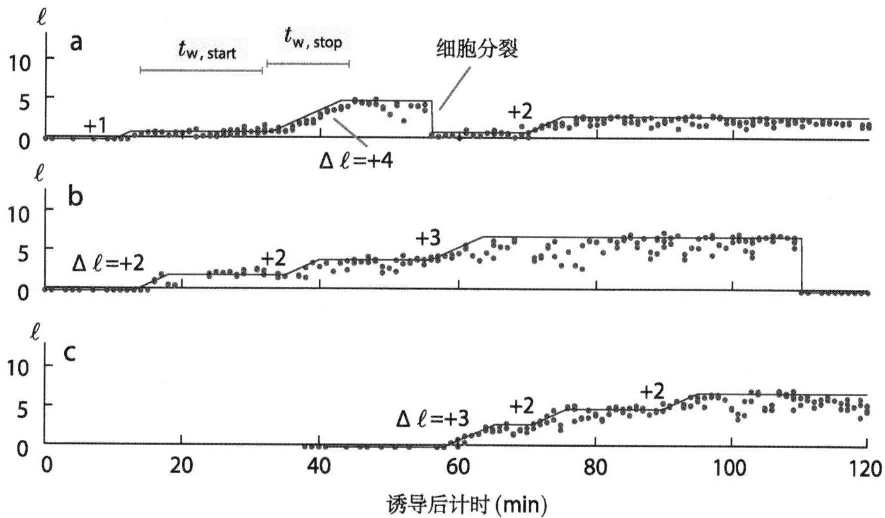

图 10.7（**实验数据**） **细菌基因阵发式转录的直接证据**。该图显示了在三个典型的细胞中标记的 mRNA 转录物总数水平 ℓ 的时间过程。图a 点：单个细胞 ℓ 的估值。当细胞分裂时该数值偶尔会下降，因为此后仅显示两个子代细胞的 mRNA 计数中的一个。在本例中，细胞分裂只将五个转录物中的一个分配到了做持续观测的子细胞中（其余四个进入了另一个子细胞）。数据显示了 ℓ 的稳态期（水平段）以及随后的生产期（倾斜段，速率大致恒定）。红线显示了上述行为的理想情况。图中还显示了从“关”态跃迁到“开”态的典型驻留时间（$t_{\rm w,start}$）以及相反过程的驻留时间（$t_{\rm w,stop}$），并且标注了在一次阵发式转录过程中 mRNA 数量的增量 $\Delta\ell$。图b、c：另外两个细胞的观测数据。（数据摘自 Golding et al.，2005。）

[22] T2 每次细胞分裂时，任何一个细胞中的 mRNA 数量也会突然下降，因为分子被配分到两个新的子代细胞中，而其中只有一个子代细胞被进一步跟踪测量。 T2 第 10.4.2′ a 节（第 293 页）讨论了细胞分裂的作用。

[23] 参见**要点**(9.5)（第 242 页）。

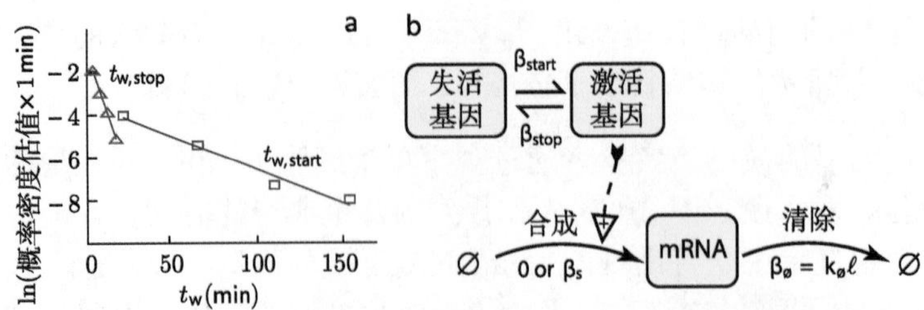

图 10.8（**实验数据；网络图**） **转录阵发模型**。图 a：转录阵发的持续时间（切换到关状态的驻留时间）$t_{\mathrm{w,stop}}$ 和切换到开状态的驻留时间 $t_{\mathrm{w,start}}$ 的概率密度估值的半对数曲线图。拟合数据得 $\langle t_{\mathrm{w,stop}}\rangle \approx 6$ min 和 $\langle t_{\mathrm{w,start}}\rangle \approx 37$ min。图 b：阵发假说提出了一种修正的生–灭过程，即基因每单位时间内以固定的概率在激活和失活两态之间自发跃迁（对比第 271 页上图 10.2b）。顶部的方框代表了两态中基因的数量（在此是 1 或 0）。方框之间的实箭头表示两态之间的转化过程。虚箭头表示某种分子（此处是被激活的基因）影响某个过程（此处是 mRNA 的合成）的速率。（图a 数据来自 Golding et al.，2005。）

定量检验

实验数据对阵发模型的参数是过约束的，所以它可以做可证伪预测。

首先，用指数分布拟合图 10.8a 中的红色数据得 $\beta_{\mathrm{start}} \approx 1/(37\mathrm{min})$。上述第 **2** 点指出 $\ln(\mathcal{P}_{\ell(t)}(0))$ 最初以 $-\beta_{\mathrm{start}}t$ 下降，而图 10.6c 数据确实显示了该行为，且 β_{start} 值也与直接从图 10.8a 中求得的相同。

其次，图 10.6b 给出的阵发规模 $m \approx 5$。上述第 **1** 点指出，如果每单位时间内阵发式转录发生的概率是 β_{start}，则我们可以通过将公式(10.5)（第 274 页）乘以 m：

$$\langle \ell(t)\rangle = \frac{m\beta_{\mathrm{start}}}{k_\emptyset}\left(1-\mathrm{e}^{-k_\emptyset t}\right)$$

来获得期望的转录物数量。函数中唯一剩余的自由拟合参数是 $k_\emptyset$。选定该参数的值就能预测 10.6a 中的整条曲线。该图表明函数拟合数据给定的值确实是 $k_\emptyset = 0.014\ \mathrm{min}^{-1}$ [24]。因此，与简单的生–灭过程不同，转录阵发假说可以大致解释所有的实验数据。

T2 本节力图表明，将图 10.6a—c 和 10.8a 中的所有观察数据调和到单个模型是可能的。可是，更仔细的分析需要计算机模拟做可检验的预测。第 10.4.2′ b 节（第 293 页）描述了这样的随机模拟。

10.4.3 展望

为深入了解基因表达，Golding 等人采取了如下的系统策略：

- 他们不研究整个复杂过程，而是只关注 mRNA 转录这个步骤。

[24]事实上，第 10.4.2′ a 节（第 293 页）将指出 $k_\emptyset$ 值应该由细胞的倍增时间确定，这个时间将对模型参数构成进一步的过约束。

- 他们建立了一种实验技术可以在活细胞中实时确定 mRNA 的绝对数量。
- 他们研究了一个最简单的物理模型（生–灭过程），模型中考虑到了已知参与转录的分子以及细胞中分子的一般性质。
- 他们通过检验重要的统计量，建立了实验与模型之间的联系，这些统计量包括平均拷贝数的时间过程、稳态方差及拷贝数等于零的概率。他们从模型出发来预测各种数据。
- 将这些预测与实验数据进行比较足以排除上述最简单模型，因而他们又提出了一个次简单模型，引入一个新的状态变量（基因开或关），这类离散状态变量在分子生物学中处处可见。
- 尽管新的模型肯定不是一个完整的描述，但它的确能给出可证伪预测（图 10.7），并且它也顺利通过了与实验数据的对比。

许多其他研究组随后在大量物种中都发现了转录阵发现象，例如单细胞真核生物甚至哺乳动物。然而，即使在单个生物体内，也不是每个基因都显示转录阵发的行为。即，*转录阵发是基因表达的受控特征*，至少在真核生物内是这样的。

构成转录阵发的几种机制已经被提出。在细菌中，一种可能是它来自转录因子与控制基因的结合和去结合[25]。本章已经显示了针对性实验和建模如何成功地表征特定基因的转录，其详细程度是之前的方法无法达到的。更近期的实验也开始记录阵发式转录的更细微的方面，例如，不同基因阵发式转录之间的相关性。

T2 第 10.4.3′ 节（第 295 页）描述了一个发现转录阵发机制的实验，以及另一个更全面地表征转录的实验。

10.4.4 远景：蛋白生产中的随机性

转录只是细胞基本活动之一。荧光标记的通用方法也被用于表征蛋白质翻译中固有的随机性和细胞内蛋白质数量的整体水平。蛋白质的数量随 mRNA 数量而上下波动，其随机性可能会增大（例如被翻译过程中的泊松噪声放大），也可能被抑制（涨落被单基因的多个转录拷贝平均掉了）。

10.5 细胞内的力学

10.5.1 动粒与微管形成逆锁键

在细胞分裂过程中，每条染色体的两个副本必须分别被拉到分裂细胞的

[25]第 11.3.4 节（第 311 页）将介绍转录因子。

两端。为此目的，细胞组装了一个精巧的机器，组分之一的长聚合物称为微管，微管从位于细胞两端的两个极点生长延伸，寻找合适的未分离的染色体（染色单体），与之结合并拉向极点。更准确地说，每个微管都试图附着在动粒上，而动粒是一种附着在每个染色单体上的蛋白复合物。

动粒与微管的初始附着是随机发生的，因此一些姐妹染色单体上的动粒对可能碰巧形成正确附着，但其他的可能碰巧形成错误附着：

- 正确附着：如果一对姐妹染色单体上的动粒对都结合了各自的微管，并且这些微管终止于不同的极点，那么动粒保持结合并让微管将染色体拉向两个极点。

- 错误附着：如果结合的微管都终止于同一个极点，则至少一个动粒必须丢弃它的微管并试图抓住另一个微管。

因此，一对姐妹染色单体上的动粒需要"知道"它们的配置是否正确，以某种方式感知与相距很远的极点的连接。这是可能的，因为在正确的配置中，动粒对会感受到相反方向的拉力；在错配情况下，微管收缩只会将两个染色单体拉向它们的共同极点，而不会遇到太大的阻力。也就是说，力是可以区分正确与错误结合的信号。我们想检验细胞是否确实为此使用了该信号。

为了对这个过程进行初步建模，我们首先注意到蛋白质是原子的柔性排列，因此蛋白复合物可由大量连续变量来描述。然而，在第6章和其他地方，我们探索了一种近似方法，其中只有少数离散状态（例如"结合"和"解离"）以指数分布的驻留时间进行跃迁。实验发现这些跃迁的平均速率参数与所施外力有关，这就开启了力学生物学研究[26]。

B. Akiyoshi 和同事研究了单个动粒和单个微管之间的结合——"附着（A）"或去结合——"解离（D）"。在附着状态中，动粒及微管中的一个可能处于两个内部状态——Ag （"增长"）或 As（"收缩"）之一。以动力学图表示：

动粒的物理建模

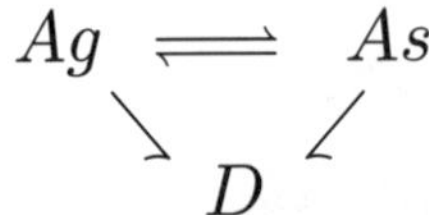

与第6章一样，我们认为解离是不可逆的。实验者测量了图示四种跃迁过程在不同外力下的驻留时间；图 10.12（第 300 页）报告了这些时间的倒数（平均速率 β）。习题 10.7 将使用这些信息来预测附着态的总体寿命，从而检验上面提出的设想。

10.5.2 驱动蛋白步进速率取决于施加的负载和提供的 ATP

图 7.3 显示了肌球蛋白 V（持续的单分子马达）的各个步骤的时间序列，因为它沿着聚合物轨道（细丝）行走。另一个研究比较充分的持续性马达是

[26]参见第 6.4.2 节（第 148 页）。

驱动蛋白。它也沿着聚合物轨道（微管）行走，催化 ATP 水解并将其与运载货物的做功耦合。

像任何酶一样，驱动蛋白在一个工作循环后返回到其原始的内部状态，但它给环境带来了改变。在一个循环之后，

- 环境少了一个 ATP 分子（却多了一个 ADP 和磷酸盐）；
- 驱动蛋白再结合到微管上，相对于上一个结合位点前进了 8.2 nm。

M. Fisher 和 A. Kolomeisky 提出了具有四个离散状态的简化模型，大致对应于如下四个生化状态：

0. 驱动蛋白结合到微管上(K+M)；

1. K+M 再结合 ATP；

2. K+M 结合着 ADP 和 Pi；

3. K+M 结合着 ADP。

上述事件对应于状态之间的跃迁：

驱动马达的物理建模

$$\begin{array}{ccc} 0 & \underset{\beta_1^-}{\overset{\beta_0^+}{\rightleftharpoons}} & 1 \\ \beta_3^+ \big\Vert \beta_0^- & & \beta_2^- \big\Vert \beta_1^+ \\ 3 & \underset{\beta_2^+}{\overset{\beta_3^-}{\rightleftharpoons}} & 2 \end{array}$$

该模型假设每个步骤都是可逆的，但图中跨对角线的“捷径”可忽略不计。每个步骤原则上可能伴随一些沿着轨道的运动，最终结果是一个完整的顺时针循环之后，驱动蛋白在微管上移动了一个步长 d。

为了模拟这种动力学模型，我们需要图示八个反应中每一个的平均速率。步骤 $0 \to 1$ 的速率取决于底物 ATP 的浓度，而步骤 $3 \to 2$ 和 $0 \to 3$ 的速率取决于产物浓度。在体外实验中，ATP 浓度可以设置为特定值，活细胞也可以通过反馈将其维持在特定值。细胞还使能 ADP 和磷酸盐（Pi）的浓度保持在较低水平，以阻止 ATP 水解的逆过程发生。出于这个原因，顺时针速率 β_j^+ 压倒了逆时针速率 β_j^-，马达因而获得净运动。

K. Visscher 及合作者施加了精确的负载力来影响驱动蛋白的步进运动，观察到的步进变化显示在图 10.9 中。

因为每个化学步骤原则上都可能涉及物理运动，所以每个步骤都可能对外部施力敏感。Fisher 和 Kolomeisky 为此做了最简单的假设，即各个步骤的速率与外力 f 之间满足 Bell–Zhurkov（贝尔–朱尔科夫）关系[公式(6.9)，第 150 页]：

$$\beta_j^+ = \beta_{j*}^+ \mathrm{e}^{-f/f_{*j}^+}; \quad \beta_j^- = \beta_{j*}^- \mathrm{e}^{f/f_{*j}^-}.$$

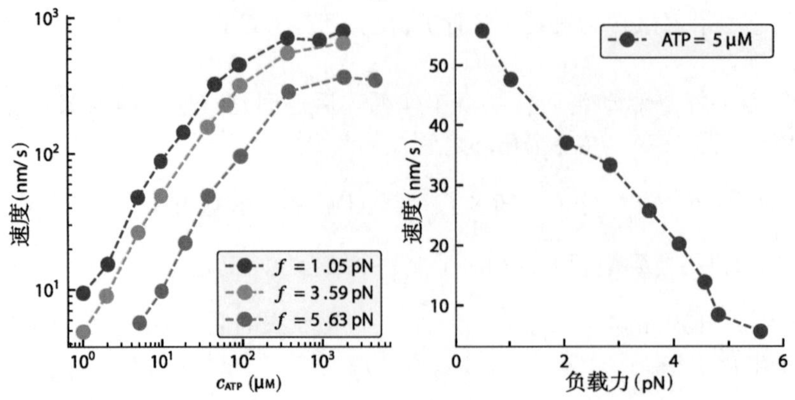

图 10.9 **驱动马达的步进**。图 a：在三个后撤力作用下，平均速度与 ATP 浓度关系的双对数图。图 b：在低 ATP 浓度（c_{ATP}）下，平均速度与外力之间的关系。（数据来自 Visscher et al.，1999。）

其中指前因子 β_* 是无外力时的速率常数。常数 f_* 与物理距离 d_* 之间满足 $f_{*j}^{\pm}=k_{\mathrm{B}}T/d_{*j}^{\pm}$。这些距离描述了马达从其中一个平衡态跃迁到被能垒隔开的相邻态所经历的物理位移。而所有 8 个 d_* 的总和必须等于步长 d；因此需要拟合的只有 7 个 d_*。此外，无外力时的速率常数可由生化实验数据得到。有了这些准备工作，研究者能拟合图 10.9 中的数据以及其他涉及进步时间分布的其他数据[27]。

尽管上述的力学化学模型非常简单，但它解释大量数据的能力使人们得以在此基础上提出细节更多的模型，其中增加了更真实的结构信息、更多合理的化学反应、持续性的丢失等等，读者可参阅延伸阅读。

总结

第 9.3 节将随机过程定义为以时间序列（而非单个数值）为样本的集合。最简单的是泊松过程；为了模拟一个样本，我们只需创建一个指数分布的驻留时间列表并给出它们的累积总和（第 9.8.1 节，第 254 页）。本章对此进行了极大拓展，使我们能够模拟大量不同的生物物理过程。

我们研究了实空间中的随机行走，例如流体中小颗粒的扩散轨迹。然后，我们把来自实空间运动学的分析框架推广到化学反应，将化学反应模型化为态空间的随机行走。我们得到了一些处理这类历史依赖系统的概率分布的经验，还得到了这些概率分布最常用的简化形式。类似于我们推断肌球蛋白 V 步进中存在隐藏步的经验（第 9.7.1 节），我们也能推断隐藏的状态跃迁，导

[27]参见习题 10.14。

致细菌基因表达中阵发式转录的发现。细胞必须在其基本分子过程中克服或对付这种随机性，有时候甚至可以利用后者达成特定目标（第15章）。

然而，我们也发现基因表达的随机性对 mRNA 水平的动力学影响不大，因为 mRNA 的总存量很高[28]。第11—13章我们将继续使用这个连续确定性近似，研究细胞调控网络的行为。第14—15章将介绍随机性导致的重要的新现象。

关键公式

- 生–灭过程：对于生–灭过程，令 $\beta_{\rm s}$ 是合成速率，而 $k_\emptyset$ 是降解速率常数。在连续确定性近似中，分子 X 的总量 ℓ 服从 $\mathrm{d}\ell/\mathrm{d}t=\beta_{\rm s}-\ell k_\emptyset$。该方程起始于 $\ell(0)=0$ 的一个解是：即 $\ell(t)=(\beta_{\rm s}/k_\emptyset)(1-\mathrm{e}^{-k_\emptyset t})$。
- 随机模拟：反应速率分别为 β_1 和 β_2 的双反应 Gillespie 算法的相对倾向是 $\xi=\beta_1/(\beta_1+\beta_2)$ 和 $(1-\xi)$[见等式 (10.6)]。
- T2 主方程：

$$\frac{\mathcal{P}_{\ell_{i+1}}(\ell)-\mathcal{P}_{\ell_i}(\ell)}{\Delta t}=\beta_{\rm s}(\mathcal{P}_{\ell_i}(\ell-1)-\mathcal{P}_{\ell_i}(\ell))+k_\emptyset((\ell+1)\mathcal{P}_{\ell_i}(\ell+1)-\ell\mathcal{P}_{\ell_i}(\ell)). \tag{10.12}$$

延伸阅读

准科普

Hoagland et al., 2001.

中级阅读

Otto & Day, 2007; Klipp et al., 2016, chapt. 7; Wilkinson, 2019.

细菌中的基因表达：Phillips et al., 2012, chapt. 19; Phillips et al., 2019; Chen et al., 2020.

模拟算法：Mugler & Fancher, 2018; Erban & Chapman, 2020.

T2 主方程[又称斯莫卢霍夫斯基（Smoluchowski）方程]：Schiessel, 2013, chapt. 5; Nelson, 2020, chapt. 10.

[28]参见要点(10.8)（第 276 页）。

高级阅读

Gillespie 算法：Gillespie, 2007.

原核生物中的转录阵发：Golding et al., 2005; Paulsson, 2005; Taniguchi et al., 2010; Jones et al., 2014.

高等生物中的转录阵发：Raj & van Oudenaarden, 2009; Suter et al., 2011; Zoller et al., 2018.

蛋白生产的随机性：Dar et al., 2016; Morisaki et al., 2016; Keegstra et al., 2017.

调控基因的整体信息容量：Razo-Mejia et al., 2020.

分子马达动力学模型：Mugnai et al., 2020; Fisher & Kolomeisky, 2001.

拓展

10.3.4 拓展

10.3.4′a 主方程

正文从生–灭过程的模拟中发现

- 多次试验的平均存量遵循微分方程(10.4)（参见图 10.3a，第 274 页）；
- 稳态分布是泊松分布[要点(10.7)，第 276 页和图 10.3b]。

我们可以为该系统建立“主方程”并求解来证明上述结论。许多情况下会出现类似方程，只是被命名为“扩散”“福克–普朗克”或“斯莫卢霍夫斯基”方程等等。

任何随机过程都可定义在一个由状态的所有可能历史组成的大样本空间上。将时间离散化意味着样本空间由序列 $[\ell_1,\cdots,\ell_j,\cdots,]$ 组成，其中 ℓ_j 是时刻 t_j 的数量。像往常一样，我们取 $t_i=(\Delta t)i$，通过取 Δt 极限，系统会恢复到连续时间的版本。

特定历史的概率 $\mathcal{P}(\ell_1,\cdots)$ 是复杂的多变量联合分布。我们感兴趣的是该分布的简化形式，例如，无论时刻 $(\Delta t)i$ 前后会发生什么，$\mathcal{P}_{\ell_i}(\ell)$ 是该时刻存在 ℓ 个 X 分子数的边缘分布。马尔科夫特性意味着：如果我们知道系统在时刻 $i-1$ 处于确定状态，则这个概率被完全确定，所以我们从一开始就采用马尔科夫假设。

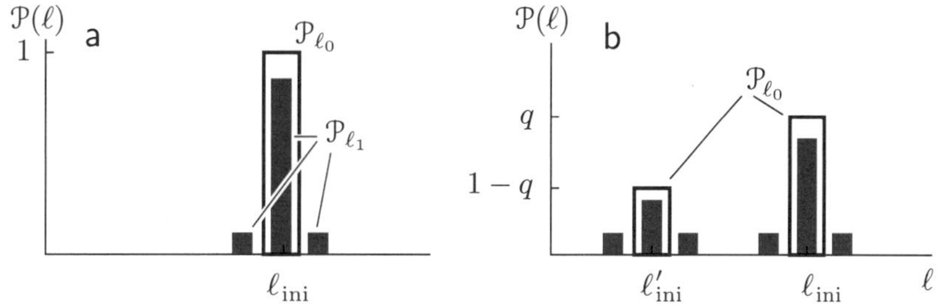

图 10.10（**草图**） **生–灭过程的时间演化**。图 a：假设一大群全同系统都有相同的 ℓ 初始值（黑色）。每个系统在下一个时隙中的演化都给出了具有某个弥散度的分布（红色）。图 b：该图表示有两个初始 ℓ 值的状态分布。该分布演变成六个 ℓ 值具有非零概率的分布。

想象从这样的随机过程做大样本数 $N_{\rm tot}$ 的抽样，总是从时刻 0 开始，并取相同的分子数 $\ell_{\rm ini}$（图 10.10a）。也就是说，我们假设如果 $\ell=\ell_{\rm ini}$，则 $\mathcal{P}_{\ell_0}(\ell)=1$；否则为 0 。我们可以将符号总结如下：

ℓ_i	时刻 $t_i = (\Delta t)i$ 时的分子数（随机变量）
$\ell_{\rm ini}$	初始值（常数）
$N_{\rm tot}$	系统的副本数
$\beta_{\rm s}$	平均合成速率
$k_\emptyset$	清除速率常数

每个 ℓ_i 是不同的随机变量。

在下一个时隙，$N_{\rm tot}$ 个系统的进程之间是独立无关的，所以

- 大约 $(\Delta t)N_{\rm tot}\beta_{\rm s}$ 个系统增加到 $\ell_{\rm ini}+1$ 个分子。
- 大约 $(\Delta t)N_{\rm tot}k_\emptyset\ell_{\rm ini}$ 个系统减少到 $\ell_{\rm ini}-1$ 个分子。
- 剩余 $N_{\rm tot}(1-(\Delta t)(\beta_{\rm s}+k_\emptyset\ell_{\rm ini}))$ 个系统依然保有 $\ell_{\rm ini}$ 个分子。

将上述除以大数 $N_{\rm tot}$：

$$\mathcal{P}_{\ell_1}(\ell) = \begin{cases} (\Delta t)\beta_{\rm s} & \text{如果} \quad \ell = \ell_{\rm ini}+1; \\ (\Delta t)k_\emptyset\ell_{\rm ini} & \text{如果} \quad \ell = \ell_{\rm ini}-1; \\ 1-(\Delta t)(\beta_{\rm s}+k_\emptyset\ell_{\rm ini}) & \text{如果} \quad \ell = \ell_{\rm ini}; \\ 0 & \text{其他}. \end{cases} \tag{10.10}$$

首先，我们把每种情况中的 $\ell_{\rm ini}$ 替换为 ℓ，并将结果与原始分布比较：

$$\frac{\mathcal{P}_{\ell_1}(\ell)-\mathcal{P}_{\ell_0}(\ell)}{\Delta t} = \begin{cases} \beta_{\rm s} & \text{如果} \quad \ell = \ell_{\rm ini}+1; \\ (\ell+1)k_\emptyset & \text{如果} \quad \ell = \ell_{\rm ini}-1; \\ -(\beta_{\rm s}+k_\emptyset\ell) & \text{如果} \quad \ell = \ell_{\rm ini}; \\ 0 & \text{其他}. \end{cases} \tag{10.11}$$

等式(10.11)适用于图 10.10a 所示的特殊情况。

其次，我们可以放弃 $i-1$ 时刻系统处于确定态的临时假设。我们假设 $N_{\rm tot}$ 个系统中占比为 q 的部分系统的初始分子数是 $\ell_{\rm ini}$，而余下系统的初始分子数是 $\ell'_{\rm ini}$（图 10.10b）。因此，对于有两个非零值的初始分布，下一个时间步后将得到在这两个值及其两侧的四个取值处均非零的分布。六个必须考虑情况都可以简洁地归纳如下单一公式（称为**主方程**）：

$$\boxed{\begin{aligned}\frac{\mathcal{P}_{\ell_1}(\ell)-\mathcal{P}_{\ell_0}(\ell)}{\Delta t} &= \beta_{\rm s}[\mathcal{P}_{\ell_0}(\ell-1)-\mathcal{P}_{\ell_0}(\ell)] \\ &\quad +k_\emptyset[(\ell+1)\mathcal{P}_{\ell_0}(\ell+1)-\ell\mathcal{P}_{\ell_0}(\ell)].\end{aligned}} \tag{10.12}$$

主方程实际上是涉及 ℓ 的所有允许值的一系列耦合方程组。值得注意的是，它不再需要像等式(10.11)那样逐项说明特定情况，而是由方程(10.12)右侧的初始分布 $\mathcal{P}_{\ell_0}$ 来体现。注意 $\ell=0$ 时右侧第一项始终等于 0。

例题：推导方程(10.12)。证明它也适用于初始分布 $\mathcal{P}_{\ell_0}(\ell)$ 是任意的情况（不必只是在一个或两个 ℓ 值有峰值）。

解答：为简单起见，先考虑有限组 N_{tot} 个系统，其中，最初大约 $N_{*,\ell} = N_{\text{tot}}\mathcal{P}_{\ell_0}(\ell)$ 个系统 ℓ 个 X 副本。（在 N_{tot} 趋于无穷大极限下会变成“严格相等”。）

对于每一个 ℓ 值，在下一时隙大约 $N_{*,\ell-1}(\Delta t)\beta_{\text{s}}$ 添加到区块 ℓ（并从区块 $(\ell-1)$ 移除）。

对于每一个 ℓ 值，在下一时隙另外约 $N_{*,\ell+1}(\Delta t)k_{\emptyset}(\ell+1)$ 添加到区块 ℓ（并从区块 $(\ell+1)$ 移除）。

对于每一个 ℓ 值，在下一时隙约 $N_{*,\ell}(\Delta t)(\beta_{\text{s}}+k_{\emptyset}\ell)$ 从区块 ℓ 移除（并添加到别的区块）。

总之，具有恰好 ℓ 个副本的系统个数从 0 时刻的 $N_{*,\ell}$ 变化到

$$N_\ell = N_{*,\ell} + \Delta t(\beta_{\text{s}}N_{*,\ell-1} + k_{\emptyset}(\ell+1)N_{*,\ell+1} - (\beta_{\text{s}}+k_{\emptyset}\ell)N_{*,\ell}).$$

除以 $(\Delta t)N_{\text{tot}}$ 就给出了主方程。

方程(10.12)右侧包括每个反应所对应的两项，其中，正项表示由反应导致的流入该状态的通量，负项表示流出通量。

主方程允许我们计算其他实验可观测量，例如不同时期涨落之间的关联性。为了获得其连续时间的版本，我们只需注意方程(10.12)的左边在 $\Delta t \to 0$ 极限时变成了导数。在这种极限下，方程变成了相互耦合的一阶常微分方程组，每个方程对应于一个 ℓ 值。（如果 ℓ 是连续变量，则主方程变成了偏微分方程。）

10.3.4′b 均值的时间演化

我们现在检查量 $\frac{\mathrm{d}}{\mathrm{d}t}\langle\ell\rangle = \frac{\mathrm{d}}{\mathrm{d}t}\sum_{\ell=0}^{\infty}\ell\mathcal{P}(\ell)$ 及其对时间的依赖性。我们首先在求和中删除 $\ell=0$ 的项，由方程(10.12)给出

$$\frac{\mathrm{d}}{\mathrm{d}t}\sum_{\ell=1}^{\infty}\ell\mathcal{P}(\ell) = \sum_{\ell=1}^{\infty}\left[\ell\beta_{\text{s}}\mathcal{P}(\ell-1) - \ell\beta_{\text{s}}\mathcal{P}(\ell) + k_{\emptyset}\ell(\ell+1)\mathcal{P}(\ell+1) - k_{\emptyset}\ell^2\mathcal{P}(\ell)\right]. \tag{10.13}$$

在右边的第一项中将求和变量平移到 $\ell=0$ 处。在第二项中，再自由添加 $\ell=0$ 项（因为它等于 0）。这两项相加得到

$$\beta_{\text{s}}\sum_{\ell=0}^{\infty}[(\ell+1)\mathcal{P}(\ell) - \ell\mathcal{P}(\ell)] = \beta_{\text{s}}.$$

对于方程(10.13)右边的第三项，将求和变量更改为 $\ell''=\ell+1$。联合最后一项得

$$k_\emptyset\sum_{\ell''=1}^{\infty}[(\ell''-1)\ell''\mathcal{P}(\ell'')-(\ell'')^2\mathcal{P}(\ell'')]=-k_\emptyset\langle\ell\rangle.$$

上述结果导出正文的微分方程：

$$\frac{\mathrm{d}}{\mathrm{d}t}\langle\ell\rangle=\beta_\mathrm{s}-k_\emptyset\langle\ell\rangle. \qquad [10.4]$$

10.3.4′c 稳态分布

我们现在通过求主方程的稳态解来检验**要点**(10.7)（第 276 页）。将方程(10.12)的左边设为零，并代入形式为 $\mathcal{P}_\infty(\ell)=\mathrm{e}^{-\mu}\mu^\ell/(\ell!)$ 的试探解。

思考题10E 确认该试探解是有效的，并求参数 μ 的值。

10.3.4′d 警告

正文研究了一个有一定初始分子数量的生–灭过程。我们观察到，对于大量分子数，

- 态分布是围绕某个平均值的尖峰分布，该均值由遵循连续确定性近似的微分方程所确定，并且
- 最终的稳态分布是泊松分布。

更一般的结论是：任何时候，有限分子数量的分布都是二项式的，均值遵循连续确定性近似。但是，对于高于一阶的反应，这种简单的结果不成立。此时，连续确定性近似只能作为一个粗略的指导（Erban & Chapman，2020）。

10.4 拓展

10.4′ 基因表达

1. 在真核生物中，在转录和翻译过程之间还存在多种“编辑”修饰步骤。
2. 折叠还可能需要“分子伴侣”（帮助其他大分子折叠并组装成结构的蛋白质）的辅助，并且可能涉及“辅因子”（不是氨基酸的其他分子）。辅因子的一个例子是视黄醛，它被添至视蛋白中以在我们的眼睛中制造光传感分子（Nelson，2017）。

3. 基因产物可以是一个完整的蛋白质，也可以作为一种组分与多个氨基酸链以及辅因子一起构成更复杂的蛋白分子。

4. 为了产生融合蛋白，只是把两个基因位置相连是不够的：我们还必须消除第一个基因的“终止密码子”，让转录连续推进到第二个基因，并且确保这两个基因共享相同的“阅读框”。

T2 10.4.2 拓展

10.4.2′a 细胞分裂的作用

正文中提到了两个过程（清除和细胞分裂）有可能抵消细胞中信使 RNA 计数的增加，并且默认假定两过程可以通过单个速率常数 $k_\emptyset$ 来统一描述。如果 mRNA 分子能随机与酶分子碰撞并被降解，则该假设是合理的。但事实上，Golding 和同事发现他们的荧光标记的 mRNA 构建体很少降解。在这个实验中的细胞分裂才是主要的浓度下降过程。

当细胞分裂后，实验者证实每个信使 RNA 独立地“选择”它将占用的子细胞，类似于图 4.2。因此，被分配到某个子细胞的 mRNA 数量是满足二项式分布的随机变量。平均而言，这个数字是总 mRNA 数量的一半。实验中的细菌每 50 min 分裂一次。假设我们能突然关闭新 mRNA 分子的合成。经历时间 T 后，平均数将被减半共 $T/(50\ \mathrm{min})$ 次，则下降因子是 $2^{-T/(50\ \mathrm{min})}$。重写该结果为 $\ell(t)=\ell_{\mathrm{ini}}\exp(-k_\emptyset T)$，我们发现 $k_\emptyset=(\ln 2)/(50\ \mathrm{min})\approx 0.014\ \mathrm{min}^{-1}$。

做连续确定性近似，即约 $k_\emptyset\ell\,\mathrm{d}t$ 个分子在时间 $\mathrm{d}t$ 内丢失，所以细胞分裂产生了**稀释**效应，类似于清除。即使产量为非零，我们仍然期望细胞分裂的效应可以通过速率为 $k_\emptyset\ell$ 的连续丢失来近似。正文指出 $\langle\ell(t)\rangle$ 的实验数据像上述预言那样大致服从速率常数为 $k_\emptyset\approx 0.014\ \mathrm{min}^{-1}$ 的方程 [29]。

10.4.2′b 转录阵发实验的随机模拟

正文提出了转录阵发模型（图 10.8b 象征性地表示），然后基于相对非正式的数学简化给出了模型的一些预测。例如，细胞分裂被近似为连续的一阶过程（见上文a小节），而阵发规模的多样性被忽视了。此外，真实情况中的其他复杂因素甚至没有在本章被提及：

- 我们已经隐含地假定在任何时刻细胞中都含有该基因的一份拷贝。但是，任何给定的基因实际上是在细菌分裂周期中期的特定时间才复制。对于我们正在研究的实验，假设大约 0.3 倍分裂时间后，即 $(0.3)\times(50\ \mathrm{min})$ 后，基因拷贝数才加倍。

[29] 你会在习题 10.9 中运用此方法来实现清除效应。有关细胞生长的更多详细信息，请参见第 11.4.5 节。

- 此外，即使刚分裂后也可能存在多于一个拷贝的基因。对于我们正在研究的实验，这个数字大约是 2（So et al.,2011）。假设基因的每个新拷贝最初处于"关"状态，并且分裂后所有拷贝都处于"关"状态。因为基因大部分时间处于"关"状态，所以这些都是合理的近似。

- 细胞分裂并不是每隔 50 min 精确地发生一次，存在一些随机性。

为了比启发式估算做得更好，我们可以将上述复杂要素合并到随机模拟中，然后对任何选定的模型参数值运行多次，并提取对实验观察量的预测（参见 So et al., 2011）。

模拟过程如下，设置状态变量，分别记录处于"开"或"关"态的基因拷贝数、信使 RNA 分子的数量、描述分裂进展的另一个"时钟"变量 n，一旦 n 达到某一预设的阈值 n_0，分裂就发生了。Gillespie 算法决定了下一步可能发生的进程：

1. 一个处于"开"态的基因拷贝可以跃迁到"关"状态。每单位时间发生该跃迁的总概率是 β_{stop} 乘那一刻处于"开"态的拷贝数。

2. 一个处于"关"态的基因拷贝可以跃迁到"开"状态。每单位时间发生该跃迁的总概率是 β_{start} 乘那一刻处于"关"态的拷贝数。

3. 一个"开"态的拷贝可能会产生 mRNA 转录物。每单位时间发生转录的总概率是速率常数 β_{s} 乘那一刻处于"开"态的拷贝数。（请注意，拟合数据所需的 β_{s} 值不等于利用生–灭模型获得的值）。

4. "时钟"变量 n 可以增加一个单位。每单位时间发生增长的概率为 $n_0/(50\ \mathrm{min})$。

对下个事件发生之前的等待时间进行抽样，再根据第 10.3.3 节中的方法从上述四种反应中选取一个作为下一事件，这样就更新了系统的状态。但在重复该循环前，模拟程序需要再核查如下两种需要额外处理的情况：

- 如果时钟变量超过 $0.3n_0$，则在转录过程（基因复制）继续进行之前基因拷贝数将加倍。新的副本被假定处于"关"状态，在细胞分裂之前不会发生进一步倍增。

- 如果时钟变量超出 n_0，则细胞分裂。基因拷贝数被复位到其初始值，且所有基因都切换到"关"状态。为了求传递到特定子细胞的 mRNA 分子数量，可以从二项式分布中抽取随机数获得，其中 $\xi = 1/2$，而 M 等于现存分子的总数[30]。

以上模拟得到的曲线如图 10.6 所示；参见习题 10.13。

[30]参见第 4.2.4 节。

10.4.2′c 阵发过程的解析结果

上一节概述了可用于预测正文所述实验数据的模拟。我们可以从这些数据中获得更详细的信息：我们不再求稳态下的样本均值和方差，而是从数据（Golding et al., 2005; So et al., 2011）估算整个概率分布 $\mathcal{P}_\ell(t \to \infty)$，并将其与模拟中获得的相应分布做比较。

如果我们将细胞分裂理想化地处理为连续清除过程（见上文a小节），则存在计算机模拟的一种替代方案：我们可以从主方程(Iyer-Biswas et al., 2009; Walczak et al., 2012; Stinchcombe et al., 2012)开始用解析方法预测分布。这些详细的预测在细菌（Golding et al., 2005; So et al., 2011）和真核生物（Raj et al., 2006; Zenklusen et al., 2008）实验中得到了证实。

T2 10.4.3 拓展

10.4.3′a 阵发机制

细菌中的大多数基因都受到调控，因此如正文所述，转录因子的结合和去结合是阵发行为的来源之一。

S. Chong 及合作者证明了还存在一种机制可以导致细菌转录阵发。他们指出，转录过程会*扭曲* DNA 链，因为螺旋 DNA 分子必须通过转录它的聚合酶上的固定“槽”。这种扭曲的结果是已经转录的区域变得欠扭曲，而尚未转录的区域则被过扭曲。拓扑异构酶 I（在细胞中含量丰富）通过切断一条 DNA 单链，再让它环绕另一条单链来不断释放欠扭曲，最后重新连接。促旋酶则对过扭曲的 DNA 片段执行类似的服务，但它比较稀少。实验人员假设，当没有促旋酶与 DNA 链结合时，过扭曲会积聚并最终阻止试图在染色体结构域内转录基因的 RNA 聚合酶。而一个促旋酶结合时，伴随的是转录的阵发。这一假设与早期的观察结果相吻合，即大肠杆菌中的许多不同基因尽管在分子水平上受到的调控非常不同，但在其阵发行为中都有共同的细节（So et al., 2011）。

为了验证他们的假设，实验者创建了一种体外试验，可以调整过扭曲的程度（“正超螺旋化”）。正如预期的那样，增加过扭曲的程度会抑制转录。而促旋酶的引入可恢复转录。实验者还测量了促旋酶结合的开关速率，并利用这些数值构建了一个数学模型，该模型再现了在转录阵发试验中实际观察到的副本数分布（Chong et al., 2014）。

10.4.3′b 从单细胞到单基因

正文概述的实验发现了单个细菌细胞中特定 mRNA 转录物的确切拷贝数（整数）是时间的函数。我们的挑战是找到一个再现这些信息的概率模型。但即使是单细胞测量目前也只能对细胞内多个基因拷贝的转录活动综合考虑。

因为基因复制与细胞分裂不同步，因此拷贝的数量随时而变。此外，这些实验只测量了基因转录、细胞分裂时 mRNA 的分配以及 mRNA 降解的综合影响。后来的工作能成功地识别每个独立的转录事件，分别针对细胞中基因的每个拷贝。值得注意的是，我们发现基因拷贝的活动彼此相关，也与细胞的分裂周期相关（Wang et al., 2019）。这些惊喜发现为更详细的建模奠定了基础。

习题

10.1 快速思考

假设有一个 0 到 1 之间的多个数字的升序列表（例如 $c = [0.2, 0.7, 0.8]$），以及该范围内的某个数字 r 对列表进行分类。一种方法是将 r 与 c 的每个条目进行比较，如果 $r > c_i$ 则生成 1，否则生成 0，然后将由此生成的所有值相加。编程完成这个任务，并解释为什么该程序对本章的目的很有用。

10.2 膜电导

从 Dataset 17 获取数据。D. Ogden 和合著者记录了青蛙 *R. temporaria* 神经肌肉突触的膜片钳上的跨膜电流。他们将膜片钳暴露在高浓度的神经递质乙酰胆碱中，导致膜片中的所有离子通道打开。然后他们再洗掉乙酰胆碱，在通道陆续关闭的过程中每隔 $\Delta t = 0.5$ ms 监测一次电流。图 10.11 显示了每个时间窗测量到的通道关闭数。长时间统计的这些整数的总和就是观察时间内膜片中关闭的配体门控离子通道的总数。

此类数据的简单物理模型扩展了第 4.3.4 节（第 83 页）中的模型：

· 每个通道只有“开/闭”两种状态，且独立于其他通道运行。 · 本实验中，每个通道的初态都是开的；从计时开始，每个通道都有固定的概率 β 以不可逆的方式跃迁到闭态。	膜电导的物理建模

我们面临的问题是该参数的最佳选择是什么？如何评价模型是否成功？方案简述如下：

a. 第一个时间窗口显示的结果不可靠，可能是因为洗掉初始乙酰胆碱需要一定的时间，所以初始数据被剔除。对余下数据求和，可得到在图示观测时段内关闭的通道总数 N。由此可算出在每个时刻仍然处于开态的通道数。于是，你手头就有了两个数组，一个数组表示在时刻 t 还开放的通道数，另一个表示在随后的时间间隔 Δt 内关闭的通道数。

b. 分别为原始数据（关闭的通道数）和开放的通道数作图。哪个图看起来噪声更大，为什么？

c. 对照实验数据，对 β 的值进行初步猜测。使用计算机模拟从该 β 值的指数分布中抽样。

d. 现在有了一个通道关闭的模拟时间列表，但是还不能与实验数据直接比较。需要将其转换为每个时间窗内关闭的通道数，这个分类/计数步骤正是我们制作直方图时所做的！你可以使用计算机内置程序，对模拟得到的通道开放态持续时间作直方图。将这个结果与实验数据绘制在同一张图上进行对比。

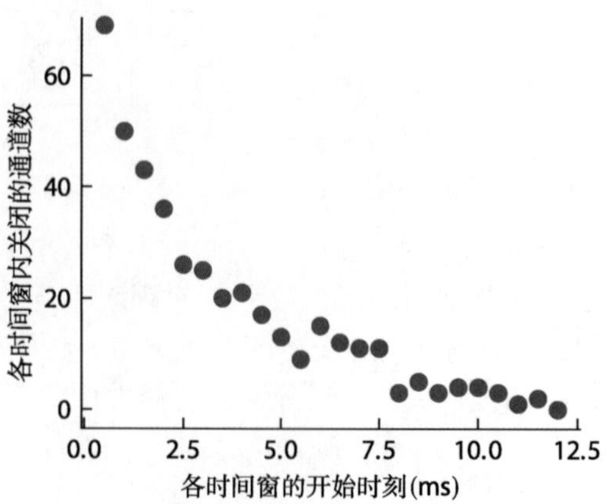

图 10.11 **见习题 10.2**。（数据来自 Colquhoun & Hawkes，1995。）

e. 模拟结果可能与实验数据不一样，但应该具有相似性。现在尝试其他 β 值，直到模拟结果与实验数据大致符合。

f. 最好的模拟仍然不会像数据一样，现在做 10 次模拟并将所有结果一起作图，查看每次预期有多少随机变化。模拟（具有预期变化）是否看起来像数据（具有噪声）?

10.3 随机行走与驻留时间

a. 根据第 10.2.2 节概述的策略模拟一维随机行走。假设步进是平均速率 $\beta = 1\ \mathrm{s}^{-1}$ 的泊松过程，步长始终是 $L = 1\ \mu\mathrm{m}$，但方向是随机的：即 $\Delta x = \pm L$ 是等概率的。作总持续时间 $T = 400$ s 的两个典型轨迹图（x–t）。

b. 做 50 次模拟，无须画出每条轨迹，而只需保存终点位置 x_T。然后计算这些数值的样本均值和方差。将持续时间替换成 200 s和 600 s，再重复 50 次模拟。

c. 使用 b 小题的结果猜测 $\langle x_T\rangle$ 和 $\mathrm{var}(x_T)$ 的完整表达式，它们是 L、β 和 T 的函数。

d. 模拟二维体系。每个步长还是 1 μm，但是方向是根据角度的均匀分布做出选择。作 x–y 图，不必显示时间坐标，用直线段将时间上相继的点连接起来。

e. [T2] 二维行走的动画比 c 小题中创建的图像包含的信息更多，自行完成一个二维动画。

10.4 三态模型

习题 10.2 构建了两态系统的随机模拟，而且从第一个态跃迁到第二态是不可逆的。以下是一个更实际的模型：所有通道初始都处于 A 态，但是 (i) 允许中间态 B 以及终态 C；(ii) 根据串行反应

$$A \rightleftharpoons B \rightleftharpoons C.$$

允许态之间的跃迁是可逆的。一些离子通道似乎确实具有这样的异构化反应图，在每种态的离子电导不同。

在这个模型中，三态之间有四个跃迁。假设：

- 处于态 A 的通道，单位时间跃迁到态 B 的概率为 $1\ \mathrm{s}^{-1}$。
- 处于态 B 的通道，单位时间跃迁到态 C 的概率为 $1\ \mathrm{s}^{-1}$，而单位时间跃迁到态 A 的概率为 $0.2\ \mathrm{s}^{-1}$。
- 处于态 C 的通道，单位时间跃迁到态 B 的概率为 $0.2\ \mathrm{s}^{-1}$。

想象膜片上有 40 个通道，所有通道最初都处于态 A。

a. 可以合理地假设处于 A，B 和 C 态的通道数量会趋于平衡态的值。暂时不考虑这些通道数是离散的事实，各通道处于平衡态的概率是多少？

b. 使用 Gillespie 直接算法模拟处于三态的通道数随时间的变化过程，并显示几个示例。

c. 评论 a 和 b 小题之间的关系。

d. [T2] 选做题：制作一个动画条形图，显示三态通道数的时间演化。

10.5 抽样平均

继续**思考题**10C，写个程序调用你的函数 150 次，始终设定 $\ell_{\mathrm{ini}} = 0$，时间从 0 到 300 min。求每个时间点所有 150 次试验的分子总数的平均值。作所得平均值的时间过程图，评论你的图形与连续确定性近似结果之间的关系。[提示：在每个试验中，对于 t 从 0 到 300 min 的每个值，求时间点 `ts(alpha)` 首次超过 t 的步数 α。则第 $\alpha-1$ 步的 ℓ 值就是时刻 t 待统计的值。本题的难点在于各次模拟得到的是一套不同的、非规则的跃迁时间序列，需要设法改造这些序列，使其能纳入同一套等间距的时间分区中。]

10.6 转录阵发中的数量分布

考虑一个随机过程，其中基因在“开”与“关”状态之间随机切换，每单位时间内开 → 关的切换概率是 β_{stop}，而关 → 开的切换概率是 β_{start}。在“关”状态，基因不产生转录物；而在“开”状态，基因以平均速率 β_{s} 的泊松过程产生转录物。为了简化，假设转录和切换都是突发事件（无“死时间”）。

解析求每个“开”状态中转录物分子数 $\Delta\ell$ 的概率分布函数，考虑下列步骤：

a. 在“开”事件开始之后，接着可能发生两种事件：基因要么切换到“关”而终止“开”事件，要么产生一个转录物。求两种结果各自发生的概率。

b. 我们可以把 a 小题中的事件想象成“脱离‘开’态的尝试”。某些尝试“成功了”（基因切换到关）；另一些“失败了”（一个转录物被制造且基因停留在开状态）。在一个“开”事件中被制造的转录物总数 $\Delta\ell$ 就是首次“成功”之前“失败”的次数。用 a 小题中的答案并根据给定的参数求这个量的分布。

c. 根据给定的参数求 b 小题中分布的期望（阵发式转录数量的平均值）。

d. T2 将结果与习题 5.19 做联系讨论。

10.7 动粒的逆锁键

探索第 10.5.1 节（第 283 页）中概述的动粒–微管结合的三态四反应模型。

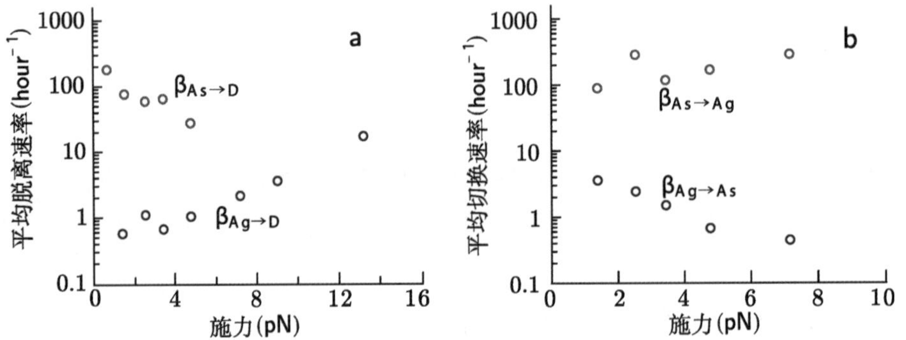

图 10.12（**实验数据**） **体外动粒和微管结合数据的半对数图**。见正文和习题 10.7。（数据来自 Akiyoshi et al.，2010。）

a. 图 10.12 中显示的所有四个数据集似乎大致位于所示半对数图中的直线上[31]。使用图中的数据写出简单的 β–f 的经验表达式。

b. 假设每次试验都从 Ag 态开始。使用 Gillespie 直接算法编写一个模拟程序，求观察到脱离所需的等待时间。每个模拟试验都以不可逆到达解离态为止，然后保存总经历时间。模拟足够多次，估计这个总经历时间的 PDF，并作图。固定的施力分别为 2，4，6，8，10 和 12 pN。

c. 求 b 小题中每个施力值下的平均等待时间，并图示和评论。

d. 讨论：c 小题的结果是否支持第 10.5.1 节中提出的设想？

[31]参见公式(6.9)（第 150 页）。

10.8 模拟零拷贝的概率

先做习题 10.5，现在给你的程序添加几行，针对各种 t 值，统计时间 t 后拷贝数 ℓ 依然是零的试验总数。将该结果转换成 $\mathcal{P}_{\ell(t)}(0)$ 对时间的曲线图，并与图 10.6c 的半对数实验数据图进行比较。

10.9 模拟简化的阵发过程

先做习题 10.5，现在修正你的程序实现转录阵发过程（图 10.8b）。为了保持程序简单，假设

- 细胞质含有单个基因（可在“开”“关”两态之间跃迁），基因起初处于“关”态，且 mRNA 拷贝数为零。

- 该细胞从不生长或者分裂，但存在速率常数为 $k_\emptyset=(\ln 2)/(50\ \mathsf{min})$ 的一阶清除过程[32]。

其他速率取为 $\beta_{\rm start}=1/(37\ \mathsf{min})$，$\beta_{\rm stop}=1/(6\ \mathsf{min})$ 和 $\beta_{\rm s}=5\beta_{\rm stop}$。模拟 300 次，在整个 150 分钟内作 $\langle\ell(t)\rangle$ 和 $\ln(\mathcal{P}_{\ell(t)}(0))$ 随时间变化的曲线。再计算 Fano 因子 $\mathrm{var}(\ell_{\rm final})/\langle\ell_{\rm final}\rangle$，并评论。

10.10 [T2] 主方程计算零拷贝的概率

假设某种分子（例如信使 RNA ）通过泊松过程（平均速率为 $\beta_{\rm s}$ ）被生成，其中没有清除过程，所以该分子的数量永远不会下降。最初是零个拷贝，所以在时刻 0 分子数量为 ℓ 的概率分布即是 $\mathcal{P}_{\ell(0)}(0)=1$；而其他 $\mathcal{P}_{\ell(0)}(\ell)=0$。解主方程求其后的 $\mathcal{P}_{\ell(t)}(0)$ 值。

10.11 [T2] “灭”过程（解析计算）

将主方程[方程(10.12)，第 290 页]专门用于“灭”过程，即 $\beta_{\rm s}=0$。例如，该方程可以模拟放射性衰变：一组相同的、不稳定的原子核，每个原子核都独立于其他原子核，并且每个核在单位时间内都有恒定的概率经历从态 A 到态 B 的单向衰变。我们可以由处于态 A 的原子核的数 ℓ 来描述一个态。

a. 猜测稳态解。尽管它可能很无趣，但你无论如何都要检验一下。

b. 趋向稳态的时间过程就更为复杂了，但不难猜出一个似是而非的试探解：在任何时候，假设 ℓ 的分布是泊松分布，期望为 $N_0\mathrm{e}^{-\beta t}$。对于合理的 β 参数值，证明这个与时间相关的分布的确是主方程的解。

[32] [T2] 第 10.4.2′ a 节（第 293 页）给出了这样假定的一些理由。

10.12 T2 "灭"过程（实验部分）

首先完成习题 10.2（a）部分。然后根据 Dataset 17 完成：

a. 构造一个 β 的似然函数，并优化以求得最佳估值 β_*。

b. 对于每个时间窗，取其开始时打开的实际通道数，然后使用 β_* 预测在该时间窗内关闭的平均通道数。将这些预测值添加到习题 10.2(b) 的对应图中做比较。

c. 现在使用简化的 Gillespie 算法进行模拟：开始时，所有 N 个通道都是打开的。有任一个通道在单位时间内关闭的概率为 $N\beta_*$，因此可以从指数分布中为该事件抽样一个驻留时间。此后，$N-1$ 个打开通道中有任一个在单位时间内关闭的概率为 $(N-1)\beta_*$，因此从新的指数分布中抽样下一个驻留时间，依此类推。将驻留时间转化为计数，添加到习题 10.2(a) 的两个列表中。重复总共 10 次模拟运行，查看数据的弥散度。该模型是否很好地说明了数据？

10.13 T2 模拟转录阵发

从 Dataset 16 获取数据，使用这些实验数据作类似于图 10.6 的图。现在基于习题 10.9 的解和第 10.4.2′ b 节（第 293 页）提及的真实复杂性编写计算机程序，看看通过模型参数的合理选择如何重现数据。特别地，你可以尝试令 $n_0=5$，这个数合理地体现了细胞分裂时间的随机性程度。

10.14 T2 驱动马达步进

探索第 10.5.2 节（第 284 页）中概述的驱动蛋白步进的四态八反应模型。对于 ATP 浓度（c_{ATP}）较低的情况，Fisher 和 Kolomeisky 为模型中出现的参数建议以下值：

$$\beta_{*0}^{+}=(1.8\ \mathrm{\mu M^{-1}s^{-1}})c_{\mathrm{ATP}},\ \beta_{*1}^{+}=580\ \mathrm{s}^{-1},\ \beta_{*2}^{+}=290\ \mathrm{s}^{-1},\ \beta_{*3}^{+}=290\ \mathrm{s}^{-1};$$
$$\beta_{*1}^{-}=40\ \mathrm{s}^{-1},\ \beta_{*2}^{-}=1.6\ \mathrm{s}^{-1},\ \beta_{*3}^{-}=40\ \mathrm{s}^{-1},\ \beta_{*0}^{-}=(0.225\ \mathrm{\mu M^{-1}s^{-1}})c_{\mathrm{ATP}}.$$

上述最后一个值是假想的，因为体外实验没有测量，也没有直接控制 ADP 浓度；它表达了合理的期望，即将 ATP 维持在较高水平也会导致较高的 ADP 水平，因为 ATP 的再生系统滞后于它的需求。作者还为发现的力依赖性 $f_{*j}^{\pm}=k_{\mathrm{B}}T/d_j^{\pm}$ 做了拟合，其中到过渡态的距离为

$$d_0^{+}=0.98\ \mathrm{nm},\ d_1^{+}=0.16\ \mathrm{nm},\ d_2^{+}=0.16\ \mathrm{nm},\ d_3^{+}=0.16\ \mathrm{nm};$$
$$d_1^{-}=1.07\ \mathrm{nm},\ d_2^{-}=1.07\ \mathrm{nm},\ d_3^{-}=1.07\ \mathrm{nm},\ d_0^{-}=3.53\ \mathrm{nm}.$$

使用 Gillespie 直接算法用上述模型模拟马达步进，对每一个力/ATP 组合运行多个步进。对于每个这样的模拟试验，求许多实例的平均速度。类似于图 10.9 中的实验数据[33]，作以下图表：

a. 在外力 $f = 1.05$ 和 3.59 pN 时速度与 ATP 浓度（1 μM $\leqslant c_{\mathrm{ATP}} \leqslant$ 5 μM）的关系。

b. ATP 浓度 $c_{\mathrm{ATP}} = 5$ μM 时速度与外力（1 pN $\leqslant f \leqslant$ 4.5 pN）的关系。

[33]Dataset 18 给出了这些数据。作者还考虑了更高的 ATP 水平，但我们的简化模型预计在这种情况下不可靠。

第 3 篇　反馈控制

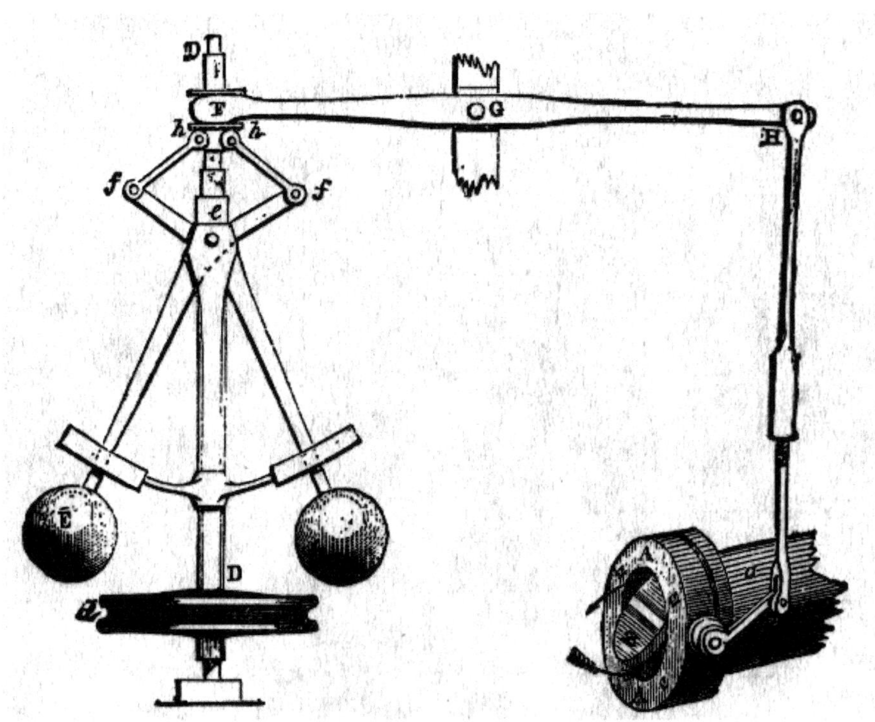

离心调速器，力学反馈机制。（摘自 *Discoveries and inventions of the nineteenth century*, by R Routledge, 1900 出版。）

第11章　负反馈控制

一图胜千言。

——拿破仑·波拿巴（Napoleon Bonaparte）

11.1　导读：不动点

生物体是能够对其不可预测的环境做出适当反应的物理系统。生物体（包括我们）从有关环境中获取信息、处理信息，并依赖于这些信息而采取行动，这些过程中所使用的机制构成了本书的主线之一。生物体要做好这些工作面临巨大的选择压力。具有良好控制回路的生物体比那些较愚笨的生物体能更好地找到食物（甚至可能发现后者就是它的食物）。通过观察环境变化的早期预警信号并采取相应行动，还可以避开自己的天敌。为了将资源投入生殖之类的任务中，其他控制回路允许生物体适时关闭一些多余的功能。

即便是单细胞也能做所有这些事情。例如，Media 11 的视频剪辑展现了白细胞（嗜中性粒细胞）追逐并最终吞噬病原体的过程 [1]。整个过程可以形象地用"追踪"来形容，尽管白细胞并没有大脑（它只是一个单细胞而已）。那么，它如何将细胞外表面接收到的信号与相应的行动（朝着病原体移动并追上病原体）联系起来？类似这样的事情究竟是如何可能发生的？

显然，我们必须从最简单的系统入手来处理这类问题。因此，第11—13章将从更直观和无生命的例子中汲取灵感。尽管将细胞的复杂控制机制（更别说我们自己的多细胞体）与诸如恒温器之类的日常小工具联系起来似乎有点勉强，但两个领域的关键想法却都是反馈控制。

后继每章都将先引入一个细胞控制的例子。为了获得直观认识，我们会用物理世界中的某些典型的控制机制进行类比。我们还将介绍一些数学工具，以便从系统的某些可观测性质出发做出定量预测。我们也将看到一些在细胞内实现反馈控制的分子装置（"湿件"）。

目前人们已经实现了在活细胞中载入定制的控制机构，这一研究领域称为**合成生物学**。21 世纪第一年发表的三篇文献已经成为该领域的标杆，第11—13章将介绍他们的结果及该领域的最新进展。合成生物学除了自身非常

[1]另参见 Media 12。

有用以外，还经常检验和深化我们对进化的自然系统的认识，以后各章都会以这样的例子结尾。

本章焦点问题
生物学问题：怎样才能让不断繁殖的细菌群落维持固定的总量？
物理学思想：负反馈可以将动力系统状态维持在不动点上。

11.2 机械反馈系统及其相图

11.2.1 细胞内的稳态问题

从零部件清单的角度看，细胞似乎是摆满各种分子机器的工厂，由分子机器生产出蛋白质。可是任何工厂都需要管理。细胞是怎么知道每种分子需要被合成多少呢？是什么在控制所有这些机器？根据我们在第10章所了解的情况，这些问题确实比较尖锐：生–灭过程是部分随机的，所以与希望达到的状态之间总存在偏差。

内稳态是生物学上对某种整体维持状态的通称。本节将介绍机械装置中的类似反馈机制；然后用它作为细胞生物过程物理建模的基础，后面章节还会考虑诸如开关和振子之类的不同机制。

11.2.2 负反馈可以将系统带入稳态并维持在设定点

图 11.1a 展示了一个**离心调速器**。詹姆斯·瓦特 1788 年将其引入他的蒸汽机时，该装置就一举成名。调速器可作为其他反馈系统的原型。

在该图中，发动机旋转一个轴（左侧）从而将两个砝码向外抛，砝码向外的位移与发动机的旋转频率 ν 有关。机械联动将这种向外的运动转化为发动机燃料供应阀（右侧）中的变化，从而导致发动机维持在一个特定的 ν 值。因此，

调速器持续监视状态变量（“输出” ν），并将它与期望值（**设定点** ν_*）进行比较，产生一个校正施加到输入端（燃料供给阀的设定）。

工程师将这种机制称为**负反馈**，因为

- 校正信号反映了变量与设定值之间的瞬间差，但符号相反，且
- 校正信号是从发动机输出端“馈送”到输入端。

图 11.1b 抽象地展示了该装置的基本思想。其中一条线表示了发动机转动频率 ν 的各种值。想象一下，我们在线上的每一点作为起始点叠加一个箭头 $\boldsymbol{W}(\nu)$。如果发动机在指示点启动，则箭头的长度和方向表示 ν 在下一个瞬间将如何改变。我们初始时可以把系统置于线上任何位置，然后任其响应。例如，我们可以手动注入一些额外的燃料促使 ν 超越设定值 ν_*，则 ν 会下降

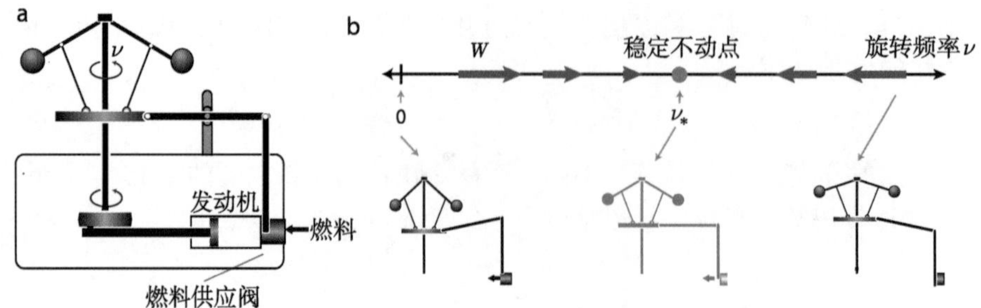

图 11.1（**示意图；相图**） **负反馈**。图 a：离心调速器通过调节燃料供应量来控制发动机的转速，以便保持接近恒定的转速。连接到发动机的轴旋转两个物体（球），随着旋转频率 ν 的增加，物体离轴移动进而作用到一组连杆机构而减少燃料的供应。更真实的绘图显示在 305 页。图b 上图：负反馈控制系统的理想化表示。蓝色箭头表示发动机旋转频率 ν 每单位时间的变化。变化速率取决于 ν 的起始值，因此箭头具有不同的长度和方向；它们构成了向量场 $\boldsymbol{W}(\nu)$。出于实际原因，我们不可能把所有这些箭头都画出来，而只是选择了 ν 轴线上的几个代表点。发动机的设定点是箭头长度为零的 ν_* 值（稳定不动点 $\boldsymbol{W}$，绿色点）。图b 下图：草图表示调速器在相图上三个点的状态。

（图中向左箭头）直到回复设定值。或者，我们也可以突然施加一个沉重的负荷瞬间降低 ν，则 ν 会上升（图中向右箭头）直到回复设定值。

如果在某一时刻发动机的转速恰好等于设定值 ν_*，则误差信号为零，燃料供应阀的设定不改变，并且 ν 保持恒定。也就是说，设定点处的箭头长度为零：$\boldsymbol{W}(\nu_*) = 0$。更一般地，矢量场等于零的任何点称为动力系统的**不动点**。

如果系统起始于其他 ν_0 值，我们可以计算出随后很短时间 Δt 的行为：我们先估算 ν_0 点的箭头 $\boldsymbol{W}$，然后沿着线移动直达 $\nu_{\Delta t} = \nu_0 + \boldsymbol{W}(\nu_0)\Delta t$。通过估算新位点 $\nu_{\Delta t}$ 的箭头，发动机/调速器系统会再次重复上述步骤直到到达另一个新位点 $\nu_{(2\Delta t)}$，如此反复。无论系统起始于何处，这个迭代过程将驱动系统到达 ν_*。

例题： 假设 $\boldsymbol{W}(\nu) = -k(\nu - \nu_*)$，其中 k 和 ν_* 都是常数。对任意起始速度 ν_0，求系统时间过程 $\nu(t)$，联系第1章、第10章的内容进行讨论。

解答： 为求解 $\mathrm{d}\nu/\mathrm{d}t = -k(\nu - \nu_*)$，做变量变换 $x = \nu - \nu_*$，发现 x 是依时间指数下降的。因此设 $\nu(t) = \nu_* + x_0\mathrm{e}^{-kt}$，其中 x_0 为任意常数，其行为与我们研究的病毒动力学很相似。该数学问题其实也曾出现在生–灭过程中 [参见第 11 页方程(1.1) 和第 273 页第 10.3.2 节]。

为了求常数 x_0，计算 $t = 0$ 的解，并设定它等于 ν_0。得 $x_0 = \nu_0 - \nu_*$，或

$$\nu(t) = \nu_* + (\nu_0 - \nu_*)\mathrm{e}^{-kt}.$$

解渐近地接近不动点值 ν_*，无论起始点高于或低于该值。

图 11.1b 称为控制系统的“一维”**相图**，因为它涉及的点在单根直线上[2]。其主要特点是单个**稳定不动点**。上述例题的解阐明了为什么它被称为“稳定”；我们稍后会遇到其他类型的不动点。

本节阐述的思想在我们的生活中处处可见，例如巡航控制机制如何将汽车的速度维持为定值（而与路况无关），以及别的设备里的调速电路。

11.3 细胞内的湿件

我们已经看到一个简单的物理系统可以自我调节其状态变量。现在我们研究生物和机械现象之间是否存在有用的联系，什么样的细胞机制可实现反馈和控制的问题。本节将借鉴有关细胞和分子生物学的背景资料；至于细节，请参阅相关文献[3]。我们自始至终将使用第10章引入的连续确定性近似来简化数学计算。当分子数量很大时，这种近似是很恰当的[4]。

11.3.1 分子存量可视为细胞状态变量

从机械控制中获得的经验是细胞需要类似于转速 ν_* 之类的*状态变量*，细胞可以使用这些状态变量编码外部信息、是/否的记忆，以及从内部时钟上一次“滴答”之后所经历的时间等物理量。这些状态变量所隐含的有限动态信息与细胞基因组中储存的大量静态信息相结合，一起创造了细胞的行为，好比这些熟悉的日常情景：

- 你把有限的、动态的个人经验带到一个充满静态书籍的庞大图书馆中。
- 计算机记录用户的击键、拍摄的照片等，然后在一大堆程序（储存于只读介质中或下载而得）的帮助下处理这些记录到的信息。

在电子设备中电压被用作状态变量。但细胞使用分子*存量*（即，不同分子种类的数量）作为状态变量[5]。因为每个细胞是由一个几乎不渗透大分子的膜包围着，所以这些计数通常保持稳定，除非有关分子通过输入或生产而主动增加，或者通过输出或降解而主动减少。要了解某个存量的动力学，则需要我们对上述几类过程进行建模。

T2 第11.3.1′ b 节（第 334 页）将这种部署与电子电路做对比，并给出渗透率的更多细节。

---

[2] “相”出现在这类词汇中是由于一些历史原因；实际上我们研究的实例并没有涉及相位概念。

[3] 一些例子见第 ix 页。

[4] 参见**要点**(10.8)（第 276 页）。

[5] 第10章引入了存量作为细胞的状态变量的概念。然而，神经元这样的特殊细胞是利用电化学势作为状态变量的（见第 4.3.4 和 9.6.2 节）。电化学信号比单独使用分子存量快得多。

11.3.2 生–灭过程蕴含着简单负反馈

我们已经熟悉了细胞中一种直接的负反馈：图 10.2b 中 X 分子的降解速率取决于 X 的存量。虽然第10章讨论的是 mRNA 的情况，但类似的想法可以应用于到细胞的蛋白存量上，因为蛋白也不断被降解（并因细胞生长而稀释）。

事实上，第 308 页的例题表明，这样的系统以指数函数的形式接近其不动点。虽然这种反馈确实创造一个稳态不动点，我们将看到细胞却进化出了其他更有效的控制策略。

11.3.3 细胞可以通过变构修饰来控制酶活性

分子的生产和降解是影响每种分子存量的流程，这些流程通常是由酶执行的，酶是专门催化其他分子的化学转化而本身没有任何损失的大分子机器。酶通常结合一个特定底物分子（或多于一个）并修饰它，再释放所得到的产物，只要有底物分子存在，催化循环将持续进行。例如，酶可以用共价键连接两个底物分子以构建更复杂的复合物；反之，一些酶也可以切断底物内部的共价键而产生两个较小的产物。产生（或降解）一个酶分子对底物和产物的存量具有倍增效应，因为每种酶在最终失效或被细胞清除之前会处理很多底物。

除了关注分子存量，细胞也将每种分子进一步分成不同亚类。分子可以有不同的异构体（构象状态），每种异构体对细胞具有不同的含义。差异可能是直接的，例如分子的顺式与反式之间只有一个化学键的差异；或者是非常微妙的，例如酶在第一结合位点结合较小的分子（**配体**），使得整个酶分子发生轻微形变（图 11.2），从而改变了第二位点与其配体之间结合的契合度。这类“超距作用”，即大分子不同部分之间的**变构相互作用**，可以调节甚至摧毁其结合第二配体的能力。在本文中，第一配体称为**效应物**。

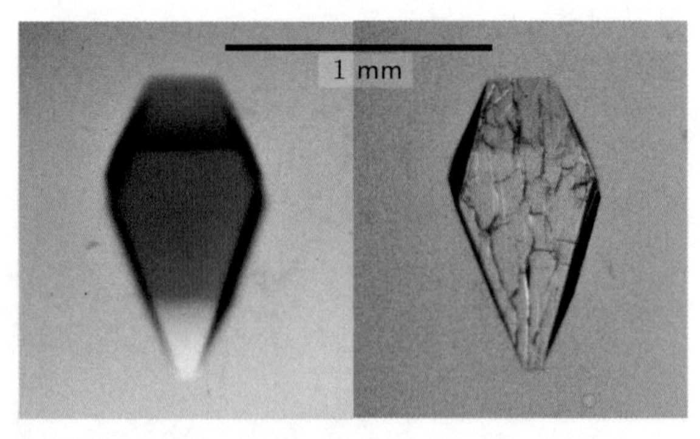

图 11.2（**照片**） **变构效应导致的构象变化**。*左*：*lac* 阻遏分子结合其配体（包含阻遏物结合序列的 DNA 短链）的晶体照。*右*：当该晶体暴露于其效应分子 IPTG 中时，产生的构象变化可导致晶体结构失稳并立即崩解。（蒙 Helen C. Pace 惠赠；参见 Pace et al.，1990。）

因此

$$\text{酶的活性可以由效应物通过变构相互作用来控制。效应物存量的微小变化可以导致细胞内相应酶反应的产物生成量（或底物消耗量）发生改变。} \tag{11.1}$$

图 11.3a 代表了这个**要点**(11.1)。后继章节将围绕这一主题展开：

- 效应分子本身可具有多种构象状态，其中只有一种能刺激其伴侣酶，则效应物的构象转变可控制酶的活性（图 11.3b）。
- 至于跨膜**受体**蛋白，效应物可以完全不进入细胞，而是结合到受体的膜外部分，再通过变构效应触发其膜内部分的酶活性。
- 细胞也可以使用其他类型的修饰来控制酶活性，例如，连接和移除诸如磷酸根这样的化学基团（图 11.3c）[6]。这些修饰也由专门的酶执行，而酶本身也可以被控制，从而导致一个“级联”响应。

下节将讨论图 11.3d、e 所代表的另一种酶调控机制。

T2 图 11.3 只显示了其后将被讨论的几个控制机制。第 11.3.3′ b 节（第 334 页）提及了更多的例子。

11.3.4 转录因子可以控制基因的活性

携带相同基因组的细胞也可展现出不同行为；例如，身体内每种体细胞都携带生成任何其他类型细胞所需要的完整指令，但它们的行为并不完全相同，甚至看起来也不一样。细胞之间不同命运的一个原因是细胞对基因表达可以施加反馈控制。在细菌中这种控制是简单直接的。

第 10.4 节（第 277 页）概述了基因表达的一些标准术语。细菌的**基因**是一段DNA，它作为一个完整的单元被转录，最终被翻译成一个蛋白分子。在单个（或一组）基因上游有一段称为**启动子**的序列，可特异性地结合 RNA 聚合酶。聚合酶最初与启动子结合，随后沿着 DNA 链边步进边合成 RNA 转录物直至遇到“终止”信号，最后从 DNA 链解离并释放转录物。如果启动子与终止命令之间包含多个基因，则所有基因会被 RNA 聚合酶一次转录，然后通过翻译过程按照转录物 mRNA 的指令生成相应的蛋白分子（图 10.4）。

阻遏物是一种特殊类型的“调控”蛋白，可以控制基因的转录。每种类型的阻遏物特异性地结合到称为**操纵基因**的特定 DNA 序列（图 11.4）。如果操纵基因在序列位置上邻近（或甚至内含）启动子，则与它结合的阻遏物可以阻滞启动子的功能，防止启动子控制的基因被转录（图 11.3d）。更一般地，**调控序列**是基因组中的任何序列，可以特异性地结合具有调控功能的蛋

[6]第11章将研究通过磷酸化进行的控制。

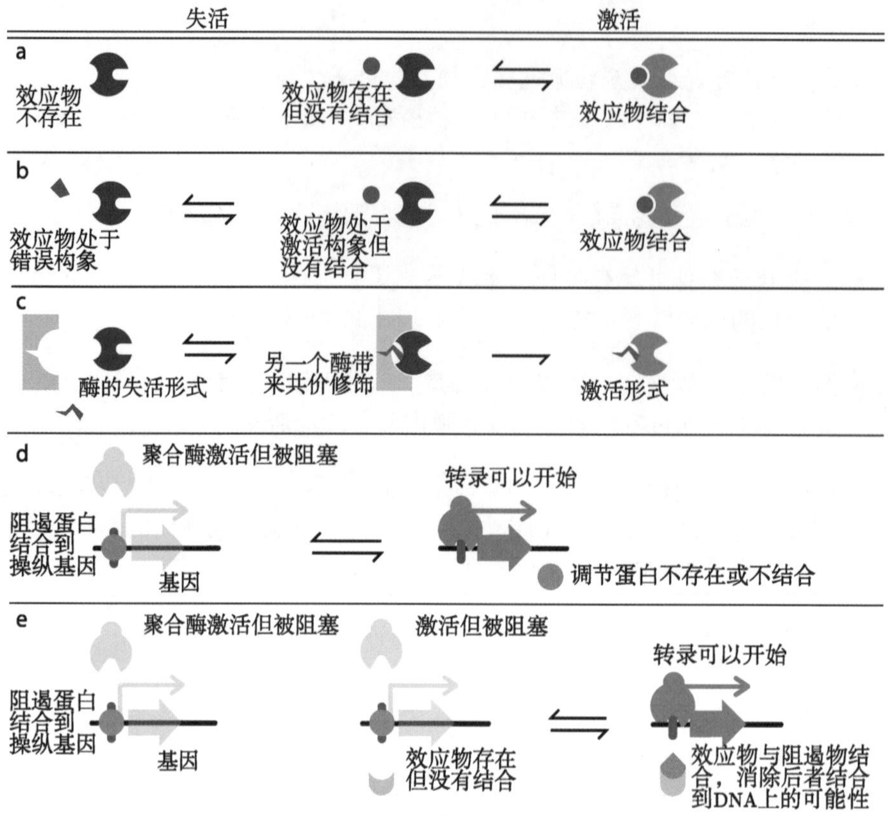

图 11.3（**卡通图**） **几种典型的酶调控机制**。图 a：效应物是一个配体，它与酶结合并通过变构作用激活酶。图 b：某些效应物有两种状态，只有其中一种态能够结合并激活酶。图 c：第二个酶可以通过修饰来永久激活第一个酶（或至少直到另一个酶通过移除该修饰使第一个酶失活）。图 d：阻遏蛋白可结合到启动子上或其附近，从而控制聚合酶行使其功能。图 e：阻遏物本身也可以被效应物控制，后者可以调节阻遏物与细胞 DNA 上的启动子序列的结合强度。

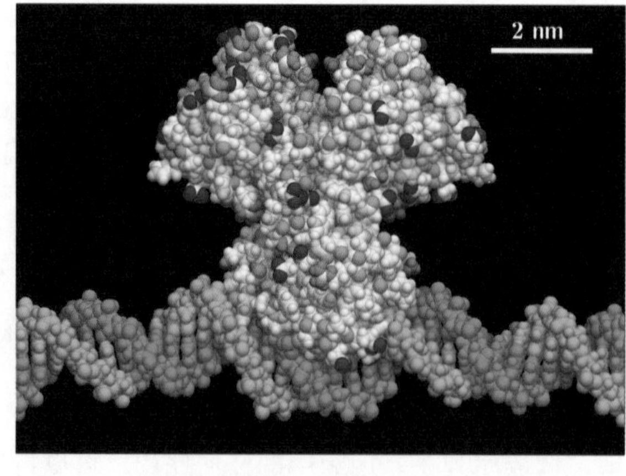

图 11.4（**X 射线衍射得到的复合物结构**） **DNA 结合蛋白**。阻遏蛋白直接结合到 DNA 双螺旋，物理地阻滞了聚合酶产生 mRNA。阻遏物识别约 20 个碱基的特定的 DNA 序列（它的“操纵基因”）。此图像描绘的是名为 FadR 的阻遏物，参与了大肠杆菌中脂肪酸代谢的控制。（蒙 David S. Goodsell 惠赠。）

白。除了阻遏物，调控序列也可以结合可激活 RNA 聚合酶活性的蛋白（**激活物**），将受控的基因转录切换到高速挡。阻遏物和激活物统称为**转录因子**。如果多个基因都处在受控启动子及其对应的终止信号之间，则这些基因可以通过单个操纵基因控制。以这种方式聚集在一起的一组基因形成了一个联合控制单元，称为**操纵子**。

***lac* 阻遏物**是为人熟知的一种转录因子，缩写为 **LacI**。它与调控序列 ***lac* 操纵基因**结合， 因此可以控制该操纵基因下游的基因[7]。

为了控制基因表达，细胞必须要么控制转录因子的存量，要么控制它们对 DNA 的结合。第一个选项是相当缓慢的；它需要时间来合成额外的蛋白或消减现有的蛋白。第二个选项则可以运行得更快，例如，LacI 可以自己结合一个小分子（效应物)，从而发生变构并立即改变蛋白本身与操纵子的亲和力（图 11.3e）。这类操控使得细胞能感知环境（效应物浓度）以及调控代谢机器的生产（即由操纵子控制的基因的表达。或者更精确地讲，执行反馈控制的元件的生产）。

如果效应物结合能使阻遏物失活，则能使转录恢复，因此效应物也被称为**诱导物**。也就是说，如果 *lac* 阻遏物已经结合了诱导分子异乳糖，则它不会再结合到操纵基因上。其他两个类似分子 **TMG** 和 **IPTG** 对 *lac* 阻遏物也具有异乳糖一样的效果[8]。

总之，

细胞能够感知与某个（或某组）基因调控序列发生特异性作用的转录因子的存量和构象状态，从而正向或反向调控该基因（或该组基因）的表达。

T2 第 11.3.4′ b 节（第 335 页）讨论了转录和激活的一些细节。

11.3.5 人工控制模块可以用在更复杂的生物体

上一节概述的思想要点是，一个特定基因对每种转录因子的响应并不是由基因本身确定；它依赖于基因的启动子是否包含或邻近于调节序列。因此，细胞的生命过程可以被编程（通过进化）或甚至被重新编程（通过人工干预）。此外，活体生物至少有一些共同的遗传装置，例如从基因到 mRNA 的转录机器以及从 mRNA 到蛋白质的翻译机器等基本配置。我们能否将从细菌中获得的知识甚至特定控制机制直接应用到单细胞真核生物甚至像我们这样的哺乳动物呢?

图 11.5 给出了一个生动的例证。左侧的小鼠是普通的白化病动物。也就是说，生产黑色素所需的一个基因（称为 *TYR*）发生了突变，导致其产物蛋白不起作用。第二只小鼠是**转基因**品种：所缺的酶（酪氨酸酶）通过转基因

[7] 第12章将详细讨论该系统。

[8] 缩写分别代表 thiomethyl-β-D-galactoside（硫甲基半乳糖苷）和 isopropyl β-D-1- thiogalactopyranoside（异丙基 β–D–1–硫代吡喃半乳糖苷）。

方式被人为地添加到它的基因组中，该“转基因”表达后导致了棕色的头发和皮肤。

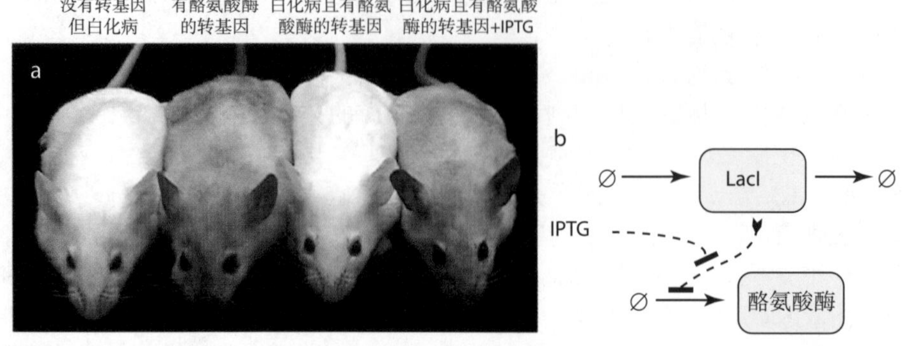

图 11.5（**照片；网络图**） **哺乳动物中基因的控制**。图a *左边两个*：见正文。图a *右边两个*：这些小鼠在基因上是相同的。两者都含有编码酪氨酸酶的转基因（来自不同生物体的人工插入基因），酪氨酸酶是合成棕色毛皮色素所必需的。两者的转基因都由 *lac* 操纵基因控制，而两者的 *lac* 阻遏物也都由转基因编码。但它们明显不同是因为通过将诱导分子 IPTG 添加到其饮用水中使最右边个体的 *TYR* 基因得到表达。图 b：实验中使用的控制策略（参见第 11.5.1 节）。（图a 引自Cronin et al.，2001。）

C. Cronin 及其同事培育了上述转基因小鼠的一种变异体，其中转基因 *TYR* 还受到预先引入的 *lac* 操纵基因所控制。然而，哺乳动物本身不产生 *lac* 阻遏物，因此这些人为修饰并不影响基因表达，小鼠仍然是有色的（未显示）。接着，实验者培育了有白化病背景的第二组转基因小鼠系，没有 *TYR* 转基因，但有 *lac* 阻遏物的转基因。因为细胞中不存在 LacI 阻遏的对象，所以它的存在对这些小鼠没有影响。它们还是白化的（未显示）。

然而，当两个转基因小鼠品系一起繁殖时，一些子代是“双重转基因”，即它们包含两个修饰。尽管它们有功能性 *TYR* 基因，但它被 LacI 阻遏了，所以这些个体依然出现了白化病（图中的第三只小鼠）。但通过饮用水喂食诱导物 IPTG 移除阻遏（打开 *TYR* 基因），就能导致棕色皮毛，就像单个转基因系!

只存在于细菌中的某个调控机制也能在哺乳动物体内发挥功能，这个事实是生命统一性的绝佳证明。不过，为了对基因调控建立起更定量的描述，我们还是要回到细菌。

$\mathcal{T}_2$ 第 11.3.5′ b 节（第 336 页）讨论了真核生物中的天然基因调控系统。

11.4 分子存量动力学

在细胞层次上理解反馈需要我们将前几节的描述和图像用公式表达出来。

11.4.1 转录因子通过多个协同的弱相互作用结合到 DNA 上

第 11.3.4 节将基因调控中的关键步骤刻画成转录因子 R 与细胞 DNA 上调控序列 O 之间的特异性结合。我们希望通过引入“基因调控函数”定量描述这种结合。

“结合”这个词意味着阻遏分子停止了其随机热运动而驻留在调控序列上。我们在第6章研究了这类相互作用，与合成和降解反应不同，结合不是永久性；它们不涉及共价化学键的形成与断裂。相反，R 和 O 双方各自保留其独立分子的身份。当双方以合适的取向彼此接触时，R 和 O 上特定原子之间的许多弱相互作用（如静电吸引）加起来会显著减少它们的势能。但是环境中的热运动依然足以将这种结合拆开。由于分子间的相互作用一般是短程的，一旦 R 脱离 O，它很可能完全走失[9]；然后，该 R 或另一个 R 可能再重新结合 O。在 O 被闲置期间，它控制的任何基因都可以被有效转录。

因为热运动是随机的，所以阻遏物与其调控序列的结合和去结合也是随机的。因此，细胞控制是*概率性的*。第10章讨论了我们在这种系统中发现的一些现象。即使只有两个反应，事情也变得相当复杂。由于细胞中存在许多反应，因此我们不容易了解这些复杂细节之上的整体行为。但是第10章揭示了当分子计数足够高时涌现出了连续确定性近似，即，可忽略分子数量的随机涨落。类似地，我们也希望通过了解基因处于阻遏（或激活）态的时间比例，或者说它的平均激活时间（忽略阻遏物结合的随机性），就足以回答我们的问题。本章以及随后的两章将在这一粗粒化水平上展开讨论；后面的章节将更仔细地研究随机性对控制的影响。

11.4.2 两个速率常数控制结合概率

想象单个 DNA 分子含有调控序列 O，DNA 是在腔室体积为 V 的溶液中。假设腔室只包含一个阻遏分子。如果我们已知阻遏物最初结合在 O，由于存在解离的可能性，阻遏物保持结合（bound）的概率开始等于 100%，随后则减小。即很短的时间 Δt 后[10]，

$$\boxed{\mathcal{P}(\text{bound at } \Delta t \mid \text{bound at } t=0) \approx 1-(\Delta t)\beta_{\text{off}}. \quad \text{解离的物理建模}} \tag{11.2}$$

[9]第 6.4.1 节做了类似假设。

[10]第6章证明了在某类特例中每单位时间存在一个恒定的解离概率。

常数 $\beta_{\rm off}$ 称为**解离速率**，表示每单位时间的概率，因此其量纲是 $\mathbb{T}^{-1}$。该过程用化学符号可写成 $OR \xrightarrow{\beta_{\rm off}} O + R$。

如果阻遏物初始未结合（unbound），则在随机热运动促成两者物理接触之前，它没有机会黏附其调控序列。想象一个包围着调控序列 O 的体积为 v 的"靶"区域（target），在区域外部 R 不会受到 O 的影响，而分子处于该靶区域的概率为 v/V。如果阻遏物发现自己处于靶区域，则存在一定概率黏附调控序列而不再脱落。我们再次假设这个概率最初随着时间是线性变化的，也就是 $\kappa\Delta t$，其中 κ 是常数。将上述两个假设组合起来可知[11]

$$
\begin{aligned}
&\mathcal{P}(\text{bound at } \Delta t \mid \text{unbound at } t=0) \\
&= \mathcal{P}(\text{bound at } \Delta t \mid \text{unbound but in target at } t=0) \\
&\times \mathcal{P}(\text{in the target } \mid \text{unbound}) = (\kappa\Delta t)(v/V).
\end{aligned} \tag{11.3}
$$

我们不知道 κ 和 v 的先验值，但是注意到它们只以乘积形式出现，因此我们可以用单个缩写符号 $k_{\rm on}$（**结合速率常数**）代替。同时，由于我们假设腔室中只有一个阻遏分子，阻遏物的浓度 c 正是 $1/V$。因此，所有因素考虑在一起，得出时间 Δt 内结合的概率是

$$
\mathcal{P}(\text{bound at } \Delta t \mid \text{unbound at } t=0) = (k_{\rm on}c)\Delta t, \tag{11.4}
$$

我们可以在反应中加入另一个箭头，得到完整的反应式：$O+R \underset{\beta_{\rm off}}{\overset{k_{\rm on}c}{\rightleftharpoons}} OR$。如果存在 N 个阻遏分子，则任何一个结合的概率正比于 N/V。

思考题11A 确认量 $\beta_{\rm off}$ 和 $ck_{\rm on}$ 有相同的量纲。

公式(11.4)适用于描述一步结合单个 DNA 分子的情况。对于两种分子均不止一个的情况，则会有所不同。此时，乘以存在的 DNA 数量得出：

结合态浓度的变化速率有一项是常数与各分子浓度的乘积。 (11.5)

要点(11.5)是**质量作用规则**的示例。

11.4.3 阻遏物结合曲线可由平衡常数和协同参数来描述

因为浓度是细胞的状态变量（见第 11.3.1 节），我们会看到它们是如何控制其他变量的。与任何化学反应一样，结合不但由参与者相互间的**亲和力**（黏性）所控制，也与参与者的浓度有关，参见公式(11.4)。

[11] T2 公式(11.3)类似于广义的乘法规则，见等式(3.27)（第 63 页）。

到目前为止的讨论是假定我们知道 $t=0$ 的结合状态，如果不是这样，我们仍然可以得出结论[12]

$$\begin{aligned}
&\mathcal{P}(\text{bound at }\Delta t)\\
=\ &\mathcal{P}(\text{bound at }\Delta t\ \textbf{and}\ \text{unbound at }t=0)\\
&+\mathcal{P}(\text{bound at }\Delta t\ \textbf{and}\ \text{bound at }t=0)\\
=\ &\mathcal{P}(\text{bound at }\Delta t\mid\text{unbound at }t=0)\mathcal{P}(\text{unbound at }t=0)\\
&+\mathcal{P}(\text{bound at }\Delta t\mid\text{bound at }t=0)\mathcal{P}(\text{bound at }t=0).
\end{aligned}\tag{11.6}$$

公式(11.2)—(11.4)能简化表述成

$$=(k_{\text{on}}c)(\Delta t)(1-\mathcal{P}(\text{bound at }t=0))+(1-(\Delta t)\beta_{\text{off}})\mathcal{P}(\text{bound at }t=0),$$

其中我们使用了结合和未结合的概率之和等于 1 的约束。

如果我们等待很长的时间，则结合和未结合的概率将趋于稳态值。在稳态，$\mathcal{P}(\text{bound})$ 变得与时间无关，因此上述公式中涉及 Δt 的所有项都必须消除：

$$0=(k_{\text{on}}c)(1-\mathcal{P}(\text{bound}))-\beta_{\text{off}}\mathcal{P}(\text{bound}),\tag{11.7}$$

求 $\mathcal{P}(\text{bound})$ 得

$$\mathcal{P}(\text{bound})=(k_{\text{on}}c+\beta_{\text{off}})^{-1}k_{\text{on}}c=\left(1+\frac{\beta_{\text{off}}}{k_{\text{on}}c}\right)^{-1}.\tag{11.8}$$

思考题11B 当上述表达式右边的每个量从 0 变化到无穷大时，定性解释 $\mathcal{P}(\text{bound})$ 的极限行为。

下述缩写是有意义的

$$K_{\text{d}}=\beta_{\text{off}}/k_{\text{on}},$$

称为**解离平衡常数**。与 β_{off} 和 k_{on} 不同，K_{d} 的量纲不是时间[13]，而是浓度。它描述了结合的固有强度：公式(11.8)指出，在任何固定值 c 处，K_{d} 的增加会降低结合的概率。为了获得更简洁的公式，我们还定义了无量纲的浓度变量 $\bar{c}=c/K_{\text{d}}$。则未结合的概率变得简单

$$\boxed{\mathcal{P}(\text{unbound})=1-\frac{1}{1+\bar{c}^{-1}}=\frac{1}{1+\bar{c}}.\quad\text{无协同结合曲线}}\tag{11.9}$$

“结合曲线”是指作为浓度函数的 $\mathcal{P}(\text{unbound})$ 的曲线图（图 11.6a 中的实心点）。它是双曲线的一个分支[14]，是 $\bar{c}$ 的严格递减函数。

[12]我们用过加法规则[公式(3.6)，第 43 页]。

[13]参见**思考题11A**。

[14]我们说“结合曲线是一条双曲线”。有些作者用形容词“米氏的”来表示这个特定的代数形式，因为它与来自酶动力学中的米氏公式中出现的函数相同。也有人称之为“朗缪尔函数”。

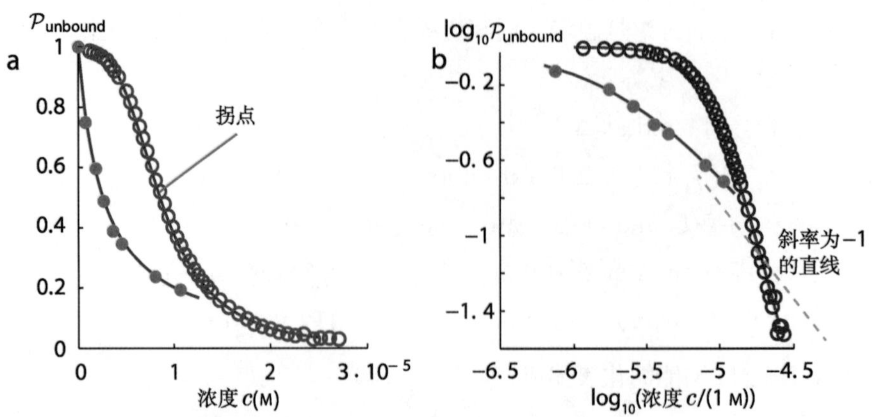

图 11.6（**实验数据与拟合**）　**结合曲线**。图 a：点和圈是配体（氧分子）与两种不同蛋白结合曲线的实验数据。曲线是**思考题**11D 给定的函数形式，n 由数据拟合所得（参见习题 11.2）。其中一条曲线有拐点；另一条则没有。图 b：函数与 图a 相同，但以双对数显示。这种表示中，两条曲线都没有拐点。为了比较，斜率为 −1 的直线以灰色显示。（数据来自 Mills et al.，1976 与 Rossi-Fanelli & Antonini，1958；参见 Dataset 13。）

我们也可以想象一个**协同结合**模型，其中两个阻遏分子要么同时结合，要么都不结合。例如，这样的协同行为可以反映两个调控序列在 DNA 上彼此相邻的情况，并且结合到两个位点上的阻遏物也可以彼此接触，从而彼此增强了对 DNA 的结合。在这种情况下，公式(11.3)必须被修正：其右侧需要一个额外的因子 (v/V) 。经过上述类似的推导，该反应的结合和解离速率有如下形式 $O+2R \underset{\beta_{\text{off}}}{\overset{k_{\text{on}}c^2}{\rightleftharpoons}} ORR$，且

$$\boxed{\mathcal{P}(\text{unbound})=\frac{1}{1+\bar{c}^2}.\quad n=2\ \text{的协同结合曲线}} \tag{11.10}$$

思考题11C　采用公式(11.2)—(11.9)的逻辑推导公式(11.10)。你需要定义适当的平衡常数 K_{d} 和 $\bar{c}=c/K_{\mathrm{d}}$。K_{d} 的定义与无协同情况不完全一样，用 k_{on} 和 β_{off} 将它表达出来。

公式(11.10)和相关的 $\mathcal{P}(\text{bound})$ 表达式通常被称为**希尔函数**，以纪念提出者生理学家 A. V. Hill。如果 n 个阻遏物协同结合，则出现在公式(11.10)中指数 2 需要被替换为 n，n 称为**协同参数**或**希尔系数**。常数 n 和 K_{d} 表征了希尔函数。如果一个阻遏物的结合仅仅是协助第二个的结合，那么 n 不必是整数。在实践中，n 和 K_{d} 通常被作为拟合实验数据的唯象参数，以表征一个机制未知或不完全清楚的结合反应。

希尔函数

让我们花点时间关注一下公式(11.9)—(11.10)这类函数的两个定性特征。首先注意到该结合曲线的**拐点**可有可无，关键取决于 n 的值[15]。

例题：求存在拐点的条件。

解答：拐点出现在函数曲线的曲率变号处，即函数的二阶导数等于零的点。因此，我们必须计算 $(1+\bar{c}^n)^{-1}$ 对浓度的二阶导数。先计算

$$\frac{\mathrm{d}}{\mathrm{d}\bar{c}}(1+\bar{c}^n)^{-1}=-(1+\bar{c}^n)^{-2}(n\bar{c}^{n-1}),$$

其值总是小于或等于零，表明希尔函数严格递减。再求二阶导数

$$-(1+\bar{c}^n)^{-3}[-2n\bar{c}^{n-1}n\bar{c}^{n-1}+(1+\bar{c}^n)n(n-1)\bar{c}^{n-2}].$$

当大括号内的因式等于零时，上式等于零，令 $\bar{c}=\bar{c}_*$，则

$$0=-2n(\bar{c}_*)^{2n-2}+(n-1)(1+(\bar{c}_*)^n)(\bar{c}_*)^{n-2}.$$

求 $\bar{c}_*$，则二阶导数在

$$\bar{c}_*=\left(\frac{n-1}{n+1}\right)^{1/n}.$$

处等于零。但是，很显然，$\bar{c}_*$ 的极端浓度值（$\bar{c}_*=0$）不是拐点，这等价于 $n=1$ 的情况。因此，只有当 $n>1$ 时，曲线上才可能存在拐点。

思考题11D　对各种 n 值，在有意义的 $\bar{c}$ 值范围内，通过计算机作函数 $(1+\bar{c}^n)^{-1}$ 的曲线确认上述结论。

拐点的意义是什么？细胞有时在某个特定浓度下需要打开所有通道，低于此浓度时又要完全关闭。因此，“剂量–响应”关系（此处为结合曲线）在该浓度处应该非常陡峭。非协同结合曲线在 0 处最陡峭，但该点并不一定是极值点。最陡峭的点是斜率最大的点，因此该点处的二阶导数为零。上述分析表明：如果结合是协同的，则拐点可以出现在非零浓度处。

希尔函数的第二个定性特征让人联想到幂律概率分布函数的某些特征（图 5.8）。在低浓度 $c \ll K_\mathrm{d}$ 时，$\mathcal{P}(\mathrm{unbound})$ 接近常数 1，在高浓度 $c \gg K_\mathrm{d}$ 时，$\mathcal{P}(\mathrm{unbound})$ 则变为幂律分布，在双对数坐标里看起来像一条直线。因此，我们可以简单地评估结合曲线的协同性：以双对数方式绘图，并注意图的右侧部分斜率是否是 -1 或更小。

[15] 拐点是曲线（此处是概率分布函数的线性坐标图）的属性。图 11.6b 显示相同的函数在双对数图中没有拐点。

为了更直观理解这一点，图 11.6 展示了两种蛋白分子分别结合小分子（配体）的概率曲线。一组数据显示了无协同结合；另一组数据被协同希尔函数很好拟合，其中 $n=3.1$。其中一个蛋白质是肌红蛋白，只有一个氧分子结合位点；另一个是血红蛋白，有四个氧分子结合位点，且各位点之间存在相互作用。

思考题11E

图 11.6 中哪条曲线代表肌红蛋白？哪条代表血红蛋白？

11.4.4 基因调控函数定量描述基因对转录因子的响应

我们希望将结合曲线的想法应用到基因调控。为此我们做如下简化假设：

- 细胞或至少其内部的某些区域是“充分混合的”。也就是说，转录因子和它们的效应物（如果有的话）是以平均浓度均匀地分布在整个体积中。（考虑到分子的拥挤和空间限制，其实际所占体积远小于细胞总体积，但我们会把这些区域的体积与总体积的比例视为定值。）
- 每个基因产物的总生产速率，我们称之为**基因调控函数**（GRF，或方程中的 f），等于其最大值 Γ （对应于无阻遏物的情况）乘以其调控序列未被阻遏物结合的时间比例，即速率$=\Gamma\mathcal{P}(\text{unbound})$。

这些假设定性正确，但它们只是一个起点。第一点在细菌这样的微观世界中是合理的，因为分子扩散可以迅速有效地混合一切。

上述第二点忽略了调控分子结合、转录和翻译的随机特征（“噪声”）。这个简化有时是合理的，因为结合和去结合是快速的，因此在感兴趣的时间尺度（通常是细胞的分裂时间）内会发生许多次。联合第10章讨论的连续确定性近似，我们可以写出细胞动力学的简单微分方程。更现实的基因调控物理模型可以跟踪蛋白质及其对应的 mRNA 的各自存量，并写出各自的合成和清除动力学，但我们不会尝试这些。

有了上述近似，公式(11.9)—(11.10)给出了基因调控函数 f：

$$f(c)=\frac{\Gamma}{1+(c/K_{\mathrm{d}})^n}.\quad \text{简化的操纵子的基因调控函数（GRF）} \tag{11.11}$$

注意 f 和 Γ 的量纲是 $\mathbb{T}^{-1}$，而 c 和 K_{d} 的量纲是 $\mathbb{L}^{-3}$。如前所述，我们引入无量纲浓度变量 $\bar{c}=c/K_{\mathrm{d}}$。

T2 第 11.4.4′ b 节（第 336 页）讨论了上述基因调控简单图像的一些修正。

11.4.5 稀释和清除可抵消转录物的生成

前面导出的希尔函数可以用来描述阻遏物的结合和去结合，但它们不是故事的全部。如果只存在产物生成过程，则基因产物的浓度会一直增加，我们也不会得到任何稳定状态。

影响蛋白质浓度的因素至少还有两个：清除（降解）和细胞体积变化（稀释）。对于第一个，清除速率的合理猜测是它与浓度成正比，与我们为 HIV 感染建模时的假设一样 [16]。则

$$\frac{\mathrm{d}c}{\mathrm{d}t} = -k_{\emptyset}c, \qquad \text{来自清除的贡献} \tag{11.12}$$

其中常数 $k_{\emptyset}$ 被称为**清除速率常数**。$1/k_{\emptyset}$ 的量纲是 $\mathbb{T}$，因此有时称其为“清除时间常数”。

为了考虑细胞体积的变化，我们简化假设 $V(t)$ 均匀增长，固定的“倍增时间” τ_{d} 后达到两倍。因此有 $V(t) = 2^{t/\tau_{\mathrm{d}}}V_0$。我们引入自然指数倍增时间（**e倍增时间**）[17] $\tau_{\mathrm{e}} = \tau_{\mathrm{d}}/(\ln 2)$ 重新表述这种关系；则

$$V(t) = V_0 \exp(t/\tau_{\mathrm{e}}). \tag{11.13}$$

公式(11.13)两侧取倒数，再同时乘分子数量，得出因稀释引起的浓度变化方程。其导数与方程(11.12)具有相同的形式，所以这两个公式可以组合成单个方程来表示目标蛋白质浓度降低的所有过程，定义**消解参数** $\tau_{\mathrm{tot}} = \left(k_{\emptyset} + \frac{1}{\tau_{\mathrm{e}}}\right)^{-1}$，则有

$$\boxed{\frac{\mathrm{d}c}{\mathrm{d}t} = -\frac{c}{\tau_{\mathrm{tot}}}. \quad \text{稀释和清除}} \tag{11.14}$$

无量纲的 $\bar{c}$ 也遵循方程(11.14)。

思考题11F 假设一桶中有一升溶液，含有 100 个 X 分子。经历时间 $T = 1\,\mathrm{s}$ 后，该分子的 1% 已被某些反应消耗，此时再注入 1 mL 纯水，现在 1001 mL 溶液有 99 个反应分子。求 X 分子的浓度及其变化速率。

上面这些公式描述了细胞中分子产生或消失的调控动力学。下面我们将由此出发预测调控网络的行为。

---

[16] 参见方程(1.1)和(1.2)（第 11 页）及第 10.3.1 节（第 271 页）讨论的生–灭过程。然而，这个近似只适用于某些降解机制，而不适用于高浓度时的饱和情形。

[17] T2 第 10.4.2′ a 节（第 293 页）讨论了离散情况的类似问题。τ_{d} 和 $1/\tau_{\mathrm{e}}$ 之间的关系类似于半衰期和清除率常数之间的关系；参见习题 1.3（第 22 页）。有些作者使用“生成时间”作为 e 倍增时间的代名词，但这种用法会导致混乱，因为有人用“生成时间”指代倍增时间。

11.5 合成生物学

11.5.1 网络图

我们可以通过绘制**网络图**[18] 来粗略地表示细胞控制机制。把细胞想象成一个小的反应容器，我们画一个框来表示各相关种类分子的存量。用下面的图形约定来表示互连：

- 入线（实线）表示某种分子的产生过程，例如表达相应的基因。
- 出线（实线）表示分子消耗的过程。
- 如果一个过程把一种分子转变成了另一种分子，而两者又都是我们关注的，则我们画一条实线连接这两种分子的框。但如果一种分子的前体不是我们关注的，例如，因为存在某些其他机制使得其存量保持恒定，我们可以用符号 $\varnothing$ 代替它；而当特定种类分子的消亡产生的后果不需要关注时，我们也做类似处理。 (11.15)
- 为了描述转录因子数量对另一个基因转录的影响，我们画一条虚线“影响线”将前者与后者的进入端连起来，用钝端终止符号----┫表示阻遏，而开放箭头--▷表示激活。
- 其他种类的影响线可以改变一种分子的损失速率；这些线终止于出线（清除）。
- 为了描述效应物对转录因子的影响，我们从前者绘一条虚线影响线跨接到后者的虚线上。

本节下文中的图 11.7 及图 11.10 说明了这些约定。为了减少混乱，我们没有明确画出一条影响线来表明某种分子的清除速率取决于它的数量。

上述第一点中隐含了一个简化假设：它将转录和翻译过程揉在一起形成单个箭头（我们没有为 mRNA 和其基因产物分别画框）。虽然这导致图形紧凑，但有时我们也有必要分别讨论这些过程。最后一点也是真实情况的简化：它没有分别追踪结合和未结合效应物的转录因子的存量（例如，给每个态画框）。相反，激活的转录因子的数量被简单地假设为依赖于效应物浓度。另外，更复杂的结合反应图可能需要额外的分子种类。尽管有这些限制，这种简单网络图是统一了许多概念的灵活的图形语言。

T2 第 11.5.1′ a 节（第 337 页）描述了隐含在**要点**(11.15)中的另一种近似。

[18]网络图已经在图 10.2b（第 271 页）、10.8b（第 282 页）和 11.5b（第 314 页）中提到过。

网络图的许多变体也存在于文献中；参见第 11.5.1′ b 节（第 337 页）。

11.5.2 负反馈可以稳定分子存量并削弱细胞的随机性

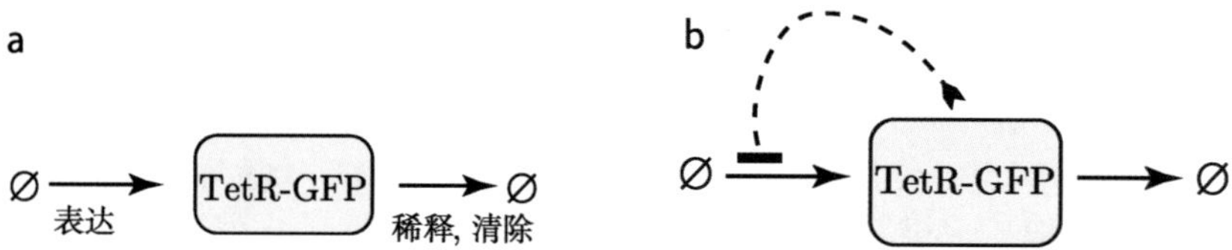

图 11.7（网络图） **基因表达中的反馈**。图 a：无调控基因的生–灭过程。除了蛋白数量对自身清除的影响外，该图与图 10.2b（第 271 页）相同。图 b：由 Becskei 和 Serrano（2000）为大肠杆菌构建的遗传调控回路，基因产物是融合蛋白：其中一个结构域是绿色荧光蛋白，从而在单细胞内的浓度测量变为可能；而另一结构域是阻遏自身表达的调节蛋白。

我们现在可以开始将本章引入的有关负反馈的一般概念应用到比生–灭过程（图 11.7）更复杂的细胞过程。图 11.8 图形化显示了为什么我们期望的稳定不动点出现在没有调控的基因（a）、无协同反馈的基因（b）及有协同反馈的基因（c）中。

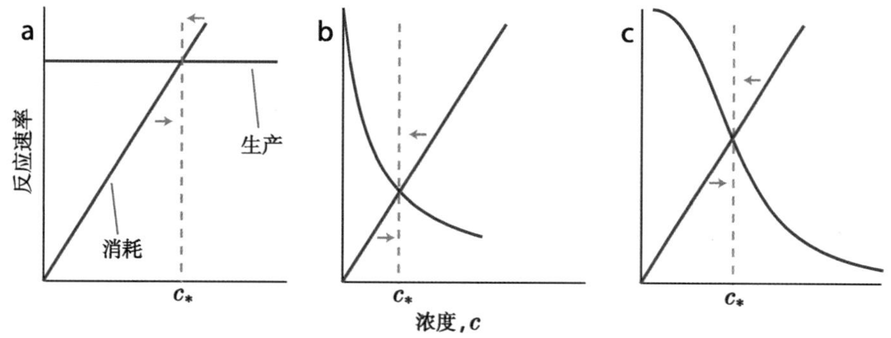

图 11.8 **遗传控制回路出现稳定不动点的图形理解**。图 a：在生–灭过程中，蛋白质的生产速率是常数（红线），而其消耗速率正比于浓度（蓝线）。两线相交于一点的稳态值为 c_*。如果浓度从该值向上波动，消耗量超过了产量，将浓度拉回到 c_* （箭头）；如果向下波动也会类似地回到 c_*。因此，稳态值 c_* 是该系统的稳定不动点。图 b：无协同反馈控制，生产速率取决于浓度（参见图 11.6a，第 318 页），但结果类似：同样存在一个稳定不动点。图 c：即使带有协同调控，我们也有相同的定性行为，只要消耗速率线性地依赖于浓度。

我们可以期望拥有自调控基因的细胞比最简单的生–灭模型能更好地控制存量。

- 在无调控情况下，一旦基因产物的存量由于涨落而超过设定值 c_*，则产物仍然会以通常速率生成，以对抗清除及稀释过程。但在有自调控的情况下，产物的生产速率会下降。

- 如果基因产物的存量由于涨落而低于设定值 c_*，则在有自调控的情况下产物生成速率会升高，使得分子存量加速回到设定值。

系统设定值越容易恢复，表明细胞在维持蛋白水平方面对固有随机涨落的抵抗能力越强。我们即将看到这些预期在数学上是自然的。同时，我们已经看到，细胞的确广泛地使用了负反馈作为构建**网络模体**，例如，大肠杆菌中大部分已知的转录因子就是这样调控自己的。

A. Becskei 和 L. Serrano 通过向大肠杆菌添加合成基因来检验这些想法（见图 11.7b）。该基因表达融合蛋白：蛋白的一个结构域是 ***tet* 阻遏物**（缩写 TetR）[19]；蛋白的另一结构域是绿色荧光蛋白，它能显示该蛋白在单个细胞中的存量。该基因的启动子被一个可结合 TetR 的操纵基因所控制。为了便于比较，实验者也培育了另一些细菌变异体，其中有些带突变基因，会产生类似于 TetR 但不结合到操纵基因的蛋白质；而另一些则是对操纵基因进行突变，使其无法结合天然 TetR 因子。这些生物体完全没有转录反馈，所以它们执行的是生-灭过程。图 11.9 显示，带有自调控的细菌比其他没有自调控的在维持蛋白总量控制方面做得更好。

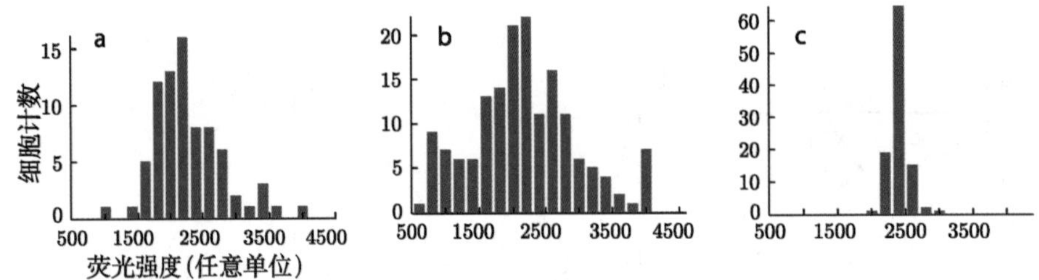

图 11.9（**实验数据**） **大量细胞（带有同一合成调控回路）所展示的蛋白含量的差异。** 图a、b：大肠杆菌的反馈调控以两种不同的方式被阻断（见正文）；细胞内的 GFP 含量是宽分布。图 c：实施反馈调控后（图 11.7b）细胞的 GFP 含量受到非常严格的控制。最大生产速率和稀释速率与图a、b中的相同。（数据来自 Becskei & Serrano，2000。）

11.5.3 有调控与无调控基因的内稳态的定量比较

我们可以通过求解细胞中 *tet* 阻遏蛋白浓度的如下方程来将上述内容定量化：

$$\frac{\mathrm{d}c}{\mathrm{d}t} = \frac{f(c)}{V} - \frac{c}{\tau_{\text{tot}}}. \qquad \text{生产、稀释和清除} \qquad (11.16)$$

该式中的f是基因调控函数[公式(11.11)]，而τ_{tot}是消解参数[方程(11.14)]。如果阻遏是非协同的，我们可以取公式(11.11)中的 $n=1$ 得

[19]如此命名是因为它是在研究细菌对抗生素四环素的耐药性时首次被发现的。

$$\boxed{\frac{\mathrm{d}c}{\mathrm{d}t} = \frac{\Gamma/V}{1+(c/K_\mathrm{d})} - \frac{c}{\tau_\mathrm{tot}}. \quad \text{自调控基因的物理建模}} \tag{11.17}$$

其中 Γ 是最高生产速率，而 K_d 是阻遏物结合到其操纵基因的解离常数。

在初始 $t=0$ 时刻没有阻遏分子的条件下解该方程。我们可以使用计算机做数值解，或使用先进的微积分方法做解析解，但得到一个近似解更有指导意义。假设营养物浓度足够大使得 $c \gg K_\mathrm{d}$（稍后我们将对系统的后期行为证明这一假设）。则我们可以忽略方程(11.17)（GRF）中第一项的分母中的1。做变量替换 $y=c^2$，则动力学方程转换为

$$\frac{\mathrm{d}y}{\mathrm{d}t} = 2\left(\frac{\Gamma K_\mathrm{d}}{V} - \frac{y}{\tau_\mathrm{tot}}\right). \tag{11.18}$$

该方程数学上类似于无调控基因的方程（生–灭过程）[20]。定义稳态值 $y_* = \tau_\mathrm{tot}\Gamma K_\mathrm{d}/V$，方程可重写为

$$\frac{\mathrm{d}(y-y_*)}{\mathrm{d}t} = -\frac{2}{\tau_\mathrm{tot}}(y-y_*), \quad \text{或}$$

$$y - y_* = A\mathrm{e}^{-2t/\tau_\mathrm{tot}},$$

其中 A 为常数。根据强制的初始条件我们选择 $A=-\tau_\mathrm{tot}\Gamma K_\mathrm{d}/V$。现在我们可以做代换 $c=\sqrt{y}$ 得到蛋白质归一化浓度的时间演化函数：

$$\frac{c(t)}{c_*} = \sqrt{1-\mathrm{e}^{-2t/\tau_\mathrm{tot}}}. \quad \text{无协同自调控基因} \tag{11.19}$$

比较公式(11.19)和无调控基因的预测[21]：

$$\frac{c(t)}{c_*} = 1-\mathrm{e}^{-t/\tau_\mathrm{tot}}. \quad \text{无调控基因} \tag{11.20}$$

比较这些表达式的一种方法是考虑后期行为，或等效地在小偏差后返回到设定值的行为。在这种情况下，公式(11.19)变为 $\approx 1-\frac{1}{2}\mathrm{e}^{-2t/\tau_\mathrm{tot}}$；其返回到1的速度比公式(11.20)快得多。对于协同参数 n 较大值的类似分析表明，它们的修正甚至比这更快。

无调控生产

N. Rosenfeld 和合作者利用 Becskei 和 Serrano 所构建的人工系统的修正形式，验证了公式(11.19)、(11.20) 的定量预测。他们的出发点是 *tet* 阻遏物（TetR）对抗生素四环素（其无水形式缩写为 aTc）的存在很敏感。效应物 aTc 与 TetR 结合后能通过变构方式阻止 TetR 结合到后者对应的操纵基

[20]参见方程(10.4)（第 273 页）。

[21]参见第 308 页例题。

因（图 11.3e）。没有 aTc 时，细胞回路（图 11.10a）产生足够的 TetR 使 GFP 产量降到一个较低的水平。可是，当 aTc 突然加入培养基时，阻遏被解除，且系统变得不受控制。在实验条件下，GFP 的降解缓慢，所以实验者预期消解参数 τ_{tot} 应该取决于细胞生长导致的稀释效应。实验观测每个细胞荧光的变化过程，可以验证公式(11.20)预言的函数关系，并得到 τ_{tot} 的值（图 11.11a）。实验者先将荧光信号除以细菌总数来做标准化，再除以每个细菌信号的饱和值实现归一化。

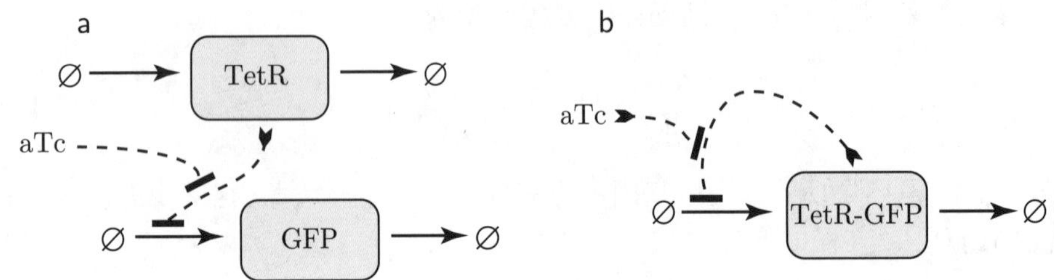

图 11.10（**网络图**） **无反馈与有反馈的外部调节基因回路**。图 a：图 11.7a 的改进形式，允许 GFP 的表达由效应物 aTc 控制开启。*tet* 阻遏物（TetR）总是存在，但其对 GFP 启动子的作用可以通过向培养基中加入 aTc 而关闭。两个负调控的联合效应等价于一个正调控。图 b：图 11.7b 的改进形式，加入 aTc 使负反馈控制失效。这个融合蛋白原本既阻遏自身的生产又能报告自身的浓度。

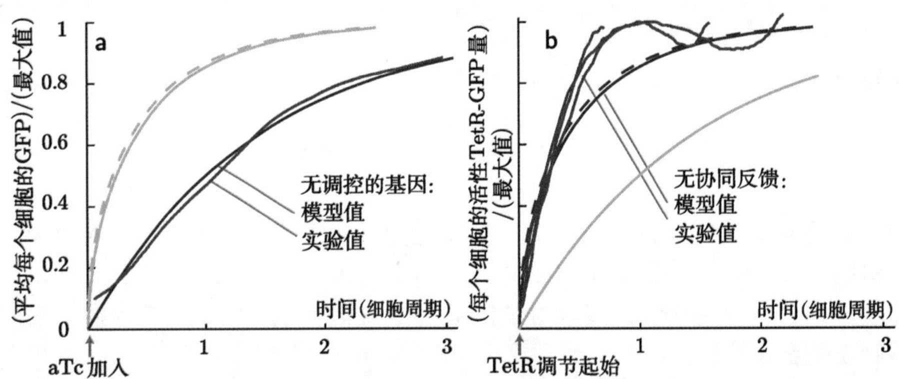

图 11.11（**实验数据及拟合**） **基因自调控动力学的理论和实验**。图a 下方红色曲线：无调控的 GFP 生产的模型预测[公式(11.20)]。图a 蓝色实线：图 11.10a 所示回路的细菌实验测量，对许多个体做平均。[为了比较，上部曲线显示公式(11.19)的结果。] 图b 虚红线：有调控方程的近似解[公式(11.19)]。图b实红线：来自第 11.5.3′ 节（第 337 页）的精确解。图b蓝色曲线：自调控基因系统的三项试验结果。这些数据与模型是一致的，其趋向设定值的起始速度比无调控的情况快得多。（本章的分析不会解释图中显示的“过冲”行为，这将在第13章给出解释。）（数据来自 Rosenfeld et al.，2002；参见 Dataset 14。）

负反馈自调控

为了研究调控的情况，实验者构建了具有如图 11.10b 所示的修正版调控网络。该网络仅涉及一种蛋白，即阻遏蛋白 TetR 与报告基因 GFP 的融合蛋白，我们将其简称为 TetR。为了分析其行为，他们首先指出 TetR 与操纵基因的结合完全无协同。前人的生化研究曾估算出 $\Gamma\tau_{\mathrm{tot}}/V \approx 4\ \mu\mathrm{M}$ 和 $K_{\mathrm{d}} \approx 10\ \mathrm{nM}$。因此，当系统接近设定值时满足 $c/K_{\mathrm{d}} \approx c_*/K_{\mathrm{d}} \approx \sqrt{\tau_{\mathrm{tot}}\Gamma/(VK_{\mathrm{d}})} \approx 20$，证明了我们早先做出的近似，即上述比值 $\gg 1$。

实验者还希望在基因突然打开后监测蛋白质数量的时间进程。如上所述，对于无调控的基因来说这种监测是直接的：起初因为 TetR 的过量存在，报告基因都是“关闭”的；只要向系统注入大量的 aTc 就会将它们“打开”。

而自调控系统就没有这么简单，因为即便没有任何 aTc，受调控的基因也不会彻底“关闭”。为了克服这个障碍，Rosenfeld 和合作者注意到 aTc 与 TetR 的结合是如此强烈以至于每次结合基本上都能形成配对的形式。假设细胞内有 $n(t)$ 个 TetR 分子（随时间增加）和 m 个 aTc 分子（固定数量）:

- 如果 $n(t) < m$，则基本上所有的 TetR 分子与 aTc 结合而不能再结合到 DNA。基因完全无调控，导致 n 上升。因为无论其 TetR 结构域是否激活，融合蛋白的 GFP 结构域都会发荧光，所以 n 上升是可测量的。

- 一旦 $n(t) = m$，则每个 aTc 分子都结合到 TetR 上，从这一刻起系统切换到调控模式，因为每增加一个 TetR 都可以抑制 *tet* 基因。荧光的时间过程图在这一点上显示出明显的扭折，这很容易求得时间 t_*。m 必须等于 $n(t_*)$，因此在以后的任何时候，活性 TetR 的数量是测得的总 $n(t)$ 减去 $n(t_*)$。这个量即是图 11.11b 的纵坐标，而 $t-t_*$ 是该图的横坐标。

实验者在培养基中加入固定数量的 aTc，观察到（失活）TetR 数目快速增长，并将增长模式切换（增长放缓）的时刻取为零时刻，对荧光信号强度相对于零时刻（t_*）值的超出部分进行作图，从而获得如图 11.11b 所示的实验曲线。该数据表明自调控基因比无调控基因在接近饱和值方面快得多，并且初始上升速率与公式(11.19)的预测确实也一致[与无调控的公式(11.20)的预测不符]。

$\boxed{T_2}$ 第 11.5.3′ 节（第 337 页）推导了方程(11.17)的精确解。

11.6 天然的负反馈示例：*trp* 操纵子

自然演化的控制回路比那些人为设计得更复杂，一个例子与色氨酸有关。如果食物供应中比较缺乏色氨酸，则某些细菌有能力合成它。这些细菌希望该分子的存量维持在一个稳定水平，并将其涨落控制在可接受的范围内（同时也满足自身的需求）。

合成色氨酸所需要的酶属于某个操纵子，由结合了阻遏物的操纵基因控制。但不像 *lac* 阻遏系统那样对食物分子做出正响应，当色氨酸足量时其合成通路必须关闭。因此，一旦 *trp* 阻遏物与其效应分子色氨酸结合，阻遏物就能结合到 DNA 上实现其功能（图 11.12）。额外的负反馈也能进一步提升系统的性能。例如，色氨酸也可以直接结合到一种产物酶，从而通过变构阻断其活性。当有足量色氨酸存在时，还有一种称为“衰减”的反馈机制会过早地终止 *trp* 操纵子的转录。

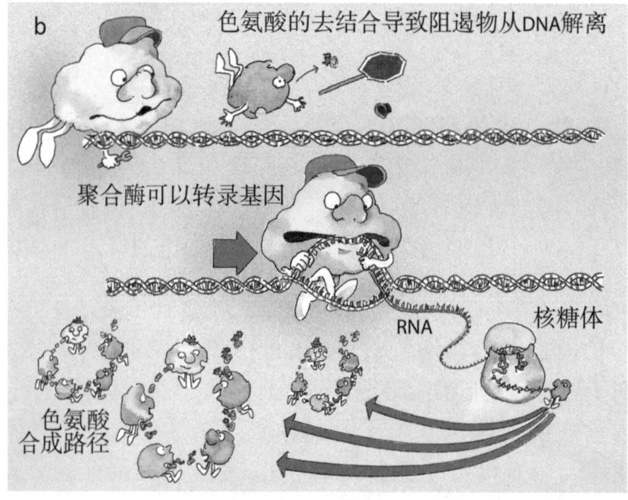

图 11.12（**卡通图**） **色氨酸合成的反馈控制**。编码色氨酸合成酶的基因包含在一个阻遏型的操纵子中。阻遏物 TrpR 又受到效应物（即色氨酸本身）的调控。图 a：与 *lac* 阻遏系统不同，色氨酸（效应物）与其阻遏物的结合允许阻遏物结合其操纵基因并生成负反馈回路。因此，当色氨酸存量足够时，阻遏物就关闭了操纵子。（该卡通未显示出的事实是必须有两个色氨酸分子协同地结合到阻遏物才能关闭该基因。） 图 b：当存量下降时，阻遏物解离，则色氨酸合成酶的基因得到表达。（摘自 Exploring the way life works ©Mahlon Hoagland, Bert Dodson, and Judith Hauck。）

11.7 系统在恢复到稳定不动点过程中发生过冲

想象一下，你处在一个温度较低的房间，于是开启加热器并手动将加热功率设定在“高”档，你可以连续监视温度的变化，并在越接近期望温度时将加热功率调得越小，你就可以像离心调速器维持发动机转速那样，把室内温度提高到设定值并保持固定。但是，如果你正沉湎于阅读一本好书直到感觉太热时才意识到室温过高，于是将加热器功率调低，这又会导致室温降得太多！换句话说，带有延迟的负反馈系统能产生**过冲**（即便温度最终还是会回到设定值）。

二维相图

我们通过带阻尼的钟摆（图 11.13a）来模拟力学过冲行为。引力提供的恢复力驱动钟摆向“设定点”（竖直下垂）运动，但惯性意味着钟摆对力学扰动的即时响应并非亦步亦趋，因此钟摆在停止之前很可能过冲。

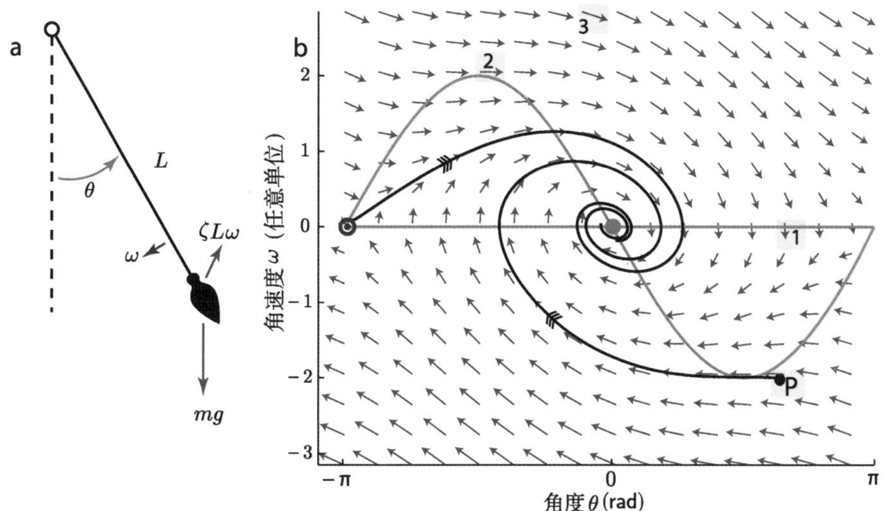

图 11.13（**示意图；二维相图**） **钟摆**。图 a：质量 m 的锤通过杆（自身质量忽略不计）连接到枢轴。图显示了 $\theta > 0$ 的状态；如果锤在该位置从静止状态释放，即其角速度初始值是零，但其角加速度是负的。除了引力，阻尼力作用在角速度 ω 的反方向。图 b：蓝色箭头绘出了作为角位置 θ 和角速度 ω 的函数的矢量场 $\boldsymbol{W}(\theta,\omega)$，橙色直线是 $\mathrm{d}\theta/\mathrm{d}t = 0$ 点的轨迹，橙色曲线则是 $\mathrm{d}\omega/\mathrm{d}t = 0$ 点的对应轨迹，这些线是系统的零变线。图还显示了两个有代表性的轨迹（黑色曲线），其中之一起始于平面任意一点 P；另一个则起始于非稳定不动点（红色靶心）附近。两者都被吸引到稳定不动点（绿色点），但在到达之前都存在过冲。数字标签解释见正文。该图显示的情况是 $(g/L)(m/\zeta)^2 = 4$，其他行为参见习题 11.8。

假设钟摆由长度为 L 的杆和端部质量为 m 的锤组成，且令 g 为引力加速度。引入阻尼的一种方法是设想钟摆浸没在黏滞流体中，则流体对钟摆施加与其运动方向相反的力，力的大小正比于钟摆的速度。第 6.2.2 节（第 142 页）用 ζ 代表该比例常数（阻尼系数），则牛顿定律决定钟摆的角度位置 θ：

$$mL^2\frac{\mathrm{d}^2\theta}{\mathrm{d}t^2}=-mgL\sin\theta-\zeta L^2\frac{\mathrm{d}\theta}{\mathrm{d}t}. \tag{11.21}$$

我们无须解运动方程，只要像机械调速器那样创建一个相图，就可以了解该系统的定性行为。

只知道给定时刻的 θ 值不足以确定其后的行为，因此相图技术看起来似乎是不适用的。我们还需要知道*两个初始条件*，即初始位置和初始速度。我们可以通过引入第二个状态变量 ω 来解决该问题，将运动方程写成两部分：

$$\frac{\mathrm{d}\theta}{\mathrm{d}t}=\omega;\ \frac{\mathrm{d}\omega}{\mathrm{d}t}=-(mg\sin\theta+\zeta L\omega)/(mL). \tag{11.22}$$

每对(θ,ω)值确定了*二维“相位平面”*中的一点。如果我们选择诸如图 11.13b 中 P 这样的点作为起始条件，则方程(11.22)给出矢量

$$\boldsymbol{W}(P)=\left(\left.\frac{\mathrm{d}\theta}{\mathrm{d}t}\right|_P,\left.\frac{\mathrm{d}\omega}{\mathrm{d}t}\right|_P\right)$$

告诉我们下一个时刻这一点将运动到哪里。与早先研究的一维情况（离心调速器）类似，我们用相平面中的一组箭头代表系统的运动方程。

图 11.13b 显示了方程(11.22)的相图。橙色直线显示了 $\mathrm{d}\theta/\mathrm{d}t=0$ 的点的轨迹；因此，蓝色箭头在此直线上是完全垂直于横轴的（θ 暂时没有变化，见图中的 1）。

橙色曲线显示了 $\mathrm{d}\omega/\mathrm{d}t=0$ 的点的轨迹，沿着这条曲线，引力和阻尼力的影响抵消了，所以箭头是水平的（图中的 2）。在 3 所示的状态，钟摆移动得如此之快，以至于阻尼使它变慢的速度超过了引力使它加快的速度，因此箭头向下倾斜，依此类推。

这些橙色线称为**零变线**，它们的交叉点（$\boldsymbol{W}$ 的两个分量都等于零）即是不动点。其中一个不动点显然是 $\theta=\omega=0$ 时钟摆垂直向下的静止点。尽管不是直接的，但所有箭头最终都指向这个稳定不动点。另一个不动点可能是意想不到的：当 $\theta=\pm\pi$ 和 $\omega=0$ 时，钟摆静止在其摆动的*顶部*。尽管原则上它可以无限期地处在这种状态，但在实际中一个小的水平偏移就会使其向下运动并最终收敛到稳定不动点。其中的一条黑色曲线强调了这一点：它描述了运动方程起始于非常接近**非稳定不动点**而仍然到达稳定不动点的解。

图 11.13b 的黑色曲线显示了钟摆的确可以过冲：如果我们从 θ 的正值释放它，它会越过 $\theta=0$ 点摆到负 θ，再回到正 θ，一直荡着秋千直到最终静止。这种行为不可能像离心调速器（图 11.1b）那样画在一维相图上。即使在二维相图中，也只有阻尼足够小才会发生过冲；否则我们称钟摆是**过阻尼的**[22]。

[22]参见习题 11.8。

简而言之，钟摆采用了简单的负反馈形式（引力的恢复力）来创造一个稳定不动点。但如果我们想超越纯定性讨论而回答诸如过冲这类问题，则需要考虑参数值等细节信息。相图的表述介于语言描述和完整动力学方程描述之间，它能使我们不必明确解运动方程就能够回答上述问题。我们在第12章继续将这一洞见应用于生命系统的建模。

T2 第 11.7′ 节（第 338 页）更详细地描述了不动点的分类。

总结

试想一下你正在外面散步，发现地上有个陌生的电子元件（可能是个晶体管）。你可能会把它带到实验室并测试其行为特征，并马上意识到它可以与其他元件联合组成一个诸如恒流源一样的“调速器”电路。你甚至可以从给定元器件的特征入手、利用数学方法模拟该电路的特性，我们已经看到，生成的动力系统的不动点是理解其行为的关键。

但这仍然不够。你还需要造出这样的电路，并确认它的工作原理！也许你的模型忽略了一些重要的东西，比如可能使分析失效的噪声。合成生物学已经承担了活细胞基因回路的研究任务。与此同时，像融合蛋白荧光成像之类的诊断方法的进步为我们观察单个细胞内部状态提供了窗口。了解系统真正的工作原理是什么、哪些组件可用及应用哪些设计原则等，将可能导致医学和生物技术的进步。接下来的两章将扩展这些观点以理解比内稳态更复杂的行为，而反馈控制在每种情况下都是关键。

关键公式

- 结合：假设浓度为 c 的分子 R 的溶液中含有单个分子 O，则反应式 $O+R \underset{\beta_{\text{off}}}{\overset{k_{\text{on}}c}{\rightleftharpoons}} OR$（无协同结合模型）意味着
  - — 如果初始处于非结合状态，则在时间 Δt 内结合的概率是 $k_{\text{on}}c\Delta t$；
  - — 如果初始处于结合态，则在时间 Δt 去结合的概率是 $\beta_{\text{off}}\Delta t$。

  反应系统达到平衡后有 $\mathcal{P}_{\text{unbound}} = (1+\bar{c})^{-1}$，其中 $\bar{c} = c/K_{\text{d}}$，而解离平衡常数 $K_{\text{d}} = \beta_{\text{off}}/k_{\text{on}}$ 表示结合的强度。

  更一般地，第 11.4.3 节也引入了协同模型公式

$$\mathcal{P}_{\text{unbound}} = (1+\bar{c}^n)^{-1}. \qquad [11.10]$$

此处 n 被称为协同参数，或希尔系数，如果 $n > 1$，该函数有一个拐点。

- 简化的操纵子的基因调控函数（GRF）：为了研究基因开关，我们构建了简化的模型，将调控、转录和翻译等独立进程合并在一起考虑。因此，我们假定没有阻遏物的情况下操纵子能以最大速率 Γ 持续调控基因产物（蛋白质）的生产。第 11.4.4 节认为生产速率应该再乘以一个概率因子，即操纵基因没有结合阻遏分子 R 的概率：

$$f(c_R) = \frac{\Gamma}{1 + \bar{c}^n}. \qquad [11.11]$$

- 清除：我们也简化了清除过程，将 mRNA 清除、蛋白清除和细胞生长造成的稀释等独立的过程捏合在一起考虑。因此，我们假设基因产物 X 的浓度以速率 c_X/τ_{tot} 下降，其中“消解参数” τ_{tot} 是量纲为 $\mathbb{T}$ 的常数。令 f 表示基因调控函数，则稳态要求

$$c_X/\tau_{tot} = f(c_X).$$

延伸阅读

准科普

Echols, 2001.

中级阅读

关于细胞和分子生物学：Alberts et al., 2019; Iwasa & Marshall, 2020; Lodish et al., 2021.
关于变构、结合、协同和相图：Bahar et al., 2017; Conradi Smith, 2019.
关于基因调控和协同起源：Phillips, 2020.
关于自调节：Alon, 2019; Myers, 2010; Wilkinson, 2019.
关于反馈和相图：Otto & Day, 2007; Ingalls, 2013; Strogatz, 2015; Bechhoefer, 2021.
关于转录因子的结合：Dill & Bromberg, 2011, chapt. 28; Bialek, 2012, §2.3; Marks et al., 2017; Phillips et al., 2019.
关于*trp*操纵子：Keener & Sneyd, 2009, chapt. 10.
关于代谢和形态发生中的反馈控制：Klipp et al., 2016, chapts. 2–3 and 8.

高级阅读

关于变构和 *lac* 阻遏物：Lewis, 2005.

关于合成调速回路：Becskei & Serrano, 2000; Rosenfeld et al., 2002.
色氨酸调控回路：Keener & Sneyd, 2009; Mackey et al., 2016.
细胞周期效应：Lin & Amir, 2018.

拓展

T2 11.3.1 拓展

11.3.1′a 与电路对比

电路只使用单一通货电子。因此，我们必须绝缘每根导线，以避免电路的状态变量搅在一起造成**串扰**。绝缘只允许电子在规定的路线上进行传播。电路图默认没有导线连接的任意两个点彼此绝缘。

细胞针对同样的问题采用了完全不同的策略。它们使用许多不同种类的分子作为计数器，并且这些计数器之间只存在一定限度的空间隔离。事实上，我们完全忽略了细胞内的空间隔离，尽管这可能很重要（尤其对于真核生物来说）。细胞防止串扰的方式是利用分子识别的**特异性**。也就是说，与某个分子发生有效相互作用的其他所有分子，本质上都是在识别该分子。它们只作用于该分子或受该分子作用。但是，特异性不是完美的，例如，酶或其他控制元件可能会被诸如 TMG 或 IPTG 之类的分子欺骗，后者部分地类似于其正常结合的分子（参见第 11.3.4 节和第 12.4.3 节）。即使是自然存在于细胞内的信使分子也会表现出串扰。

11.3.1′b 渗透性

正文提到的大分子一般不能自发地穿越细胞的外膜，细胞因而拥有特异性的孔和马达来“转运”不可渗透的分子，如果问题涉及到这种机制，我们将会明确标注在网络图中。

某些小分子能更自由地渗透，所以其胞内浓度反映了环境浓度，且与状态变量无关。但大小不是唯一因素，其他诸如离子类小分子则不能自由渗透细胞膜，甚至微小的单原子离子诸如Ca^{2+}也只能在细胞的控制下才能穿膜。

正文指出某些细胞利用跨膜电势作为状态变量，然而，即使电势也与化学存量紧密耦合，即是由膜两侧的离子数量决定的。

T2 11.3.3 拓展

11.3.3′ 其他控制机制

图 11.3 显示了细胞采用的几个控制机制，但也存在许多其他机制，比如：

- 图11.3a、b描述了效应物结合导致的激活过程，但某些酶可能反而是被失活的。

- 有可能同时存在激活和失活两种效应物，但只有一种（而不是两种）可以结合到酶的同一个活性位点，则酶的状态将取决于他们之间的竞争。

- 除了所示的变构（间接）机制外，一些酶被抑制剂（优先于底物而占据活性位点）直接阻断。抑制剂也可以结合自由底物，干扰后者与酶的结合。

- 酶及其底物可以在细胞中被限制（“隔离”）到不同的区室。

- 酶的活性可以通过一般的化学环境（温度、pH值等等）进行调节。

- 图 c 设想了第二、三类酶，第二类酶可以共价连接磷酸盐一类的小基团，而第三类酶则切断这种连接。蛋白质的功能也可以通过“切割”其氨基酸链来实现控制，只有当该部分被切除后蛋白分子才能行使其功能。

- 某些 DNA 序列被转录成小分子 RNA（“sRNA”，小于 250 个碱基对），但其转录物（“sRNA”）没有被翻译成蛋白质（它们是“非编码的”）。sRNA 的一个已知功能是可以通过碱基配对结合到靶 mRNA 以抑制其翻译。sRNA 还可以结合到蛋白质以改变其活性。

- 植物、动物，以及某些病毒甚至编码更短的“微”RNAs（“miRNAs”，约 22 个碱基对）。它们结合到蛋白复合物，其中一个著名的蛋白称为 AGO 蛋白（Argonaute），后者再结合到靶 mRNA，从而防止其被翻译并为清除做标记（“RNA干扰”）。RNA 干扰导致的细胞功能的改变在致病条件（例如饥饿）停止后还能持续很长时间，甚至连续影响几代（Rechavi et al., 2014）。

- 有些mRNA充当自己的调节物：它们包含了折叠的非编码片段（“核糖开关”），从而为效应分子提供了结合位点。当效应分子结合时，mRNA编码的蛋白质产物发生了改变。

- 第 4.4.5′ c 节（第 96 页）提到了 CRISPR-Cas 系统（一种原始免疫系统）。含有“间隔序列”的 RNA 有助于 Cas 蛋白识别和切割外来致病DNA，是一种极端的控制形式。（其他 RNA 引导的 Cas 蛋白也可以类似地切割外来 RNA。）

T2 11.3.4 拓展

11.3.4′a 有关细菌转录

正文认为 RNA 聚合酶与 DNA 结合是转录的第一步。事实上，尽管聚合酶确实是直接结合到 DNA 上，但这种结合又弱又非特异性的；它必须得到辅助分子“ σ 因子”的协助。例如，最常用的 σ^{70} 特异性地与聚合酶和启动子序列同时结合，协助两者结合在一起。σ 因子也协助聚合酶对待转录的 DNA 双链实现初始打开。转录启动后，σ 因子被丢弃，转录进程不再需要它。

11.3.4′b 有关激活物

某些激活物可与聚合酶发生物理接触，从而降低聚合酶与 DNA 的结合能，并因此提高其结合概率。其他激活物则对结合的聚合酶施加变构相互作用，提高了每单位时间打开 DNA 双链并开始转录的概率。

T2 11.3.5 拓展

11.3.5′ 真核生物中的基因调控

真核细胞中的转录需要许多蛋白形成一个复合物，即除了聚合酶外，所有这些蛋白都与细胞的 DNA 结合。不过，在某些情况下，其调控机制倒是与细菌有点像。例如，类固醇之类的激素分子可以从胞外进入胞内，它们作为效应物配体结合到“核激素受体”，后者具有 DNA 结合域，能特异性识别细胞基因组中的特定 DNA 序列。

与细菌中的阻遏机制不同，该受体与 DNA 的结合并不受配体结合的影响。即便受体分子结合了效应物配体，它也不像在细菌中那样直接阻止聚合酶与 DNA 结合。相反地，配体只是控制另一个分子（“辅激活物”）能否与受体分子结合。受体的功能是感知配体并把辅激活物带到基因组上的特定位置。一旦辅激活物与 DNA 结合，就可以控制基因的转录。

T2 11.4.4 拓展

11.4.4′a 更普适的基因调控函数

正文假定转录速率是一个常数 Γ 乘操纵基因位点没有被阻遏物占用的时间比例。对激活物来说，第 12.6.1′ 节（第 378 页）将做类似的假设，即生产速率是一个常数乘激活物存在于其结合位点的时间比例。

思考题11G

> 使用公式(11.8)（第 317 页）的协同形式来替换公式(11.11)（第 320 页）中的解离概率，得到
>
> $$f(c) = \frac{\Gamma}{1 + (K_{\rm d}/c)^n}. \tag{11.23}$$
>
> 讨论 $c \to 0$ 和 $c \to \infty$ 时的行为。

11.4.4′b 细胞周期效应

如果细胞的一个调节基因有 m 份拷贝，我们可以认为 Γ 是其中的最大转录速率乘 m。但在细胞分裂前存在一个时刻，在这一刻尽管细胞尚未分裂但每个基因已被复制[23]。之后，生产速率是之前的两倍，即所谓“细胞周期效应”；这意味着 m 不是恒定的。但我们建模时不会考虑该效应，而是假设细胞体积的增长部分地补偿了该效应，并且在基因调控函数中使用某种平均值来近似描述该效应。

T_2 11.5.1 拓展

11.5.1′a 简化近似

正文描述了基因调控的近似公式，其中转录因子的活性被认为是其效应物浓度的某种函数。类似地，我们会将活性和非活性基因之间的任何其他状态转移捏合成平均转录速率；因此，我们不会研究图 10.8b 所示的细节层次。

11.5.1′b 系统生物学图形符号

许多不同的图形方案被用于描述反应网络。本书使用的是系统生物学图形符号的简化版本（Le Novère et al., 2009）。

T_2 11.5.3 拓展

11.5.3′ 精确解

第 11.5.3 节讨论了非协同调控基因的动力学，并求得了 $c \gg K_{\rm d}$ 极限情况下的一个近似解。但可以肯定的是近似解不完全有效，尤其是 c 开始时等于零的情况。

为了求精确解（但依然是连续确定性近似），首先定义无量纲的时间 $\bar{t} = t/\tau_{\rm tot}$、浓度 $\bar{c} = c/K_{\rm d}$和参数 $S = \Gamma\tau_{\rm tot}/(VK_{\rm d})$。则方程(11.17)（第 325 页）变成

$$\frac{{\rm d}\bar{c}}{{\rm d}\bar{t}} = \frac{S}{1+\bar{c}} - \bar{c}.$$

我们可以用分离变量法解该方程：

$${\rm d}\bar{t} = {\rm d}\bar{c}\left[S(1+\bar{c})^{-1} - \bar{c}\right]^{-1},$$

[23]参见第 10.4.2′ b 节（第 293 页）。

两边从初始值到最终值积分。我们取初始值 $\bar{c}(0)=0$。

我们可以使用分步积分法。不过首先注意稳态条件是 $S=\bar{c}(1+\bar{c})$，它有两个根是 $\bar{c}=x_{\pm}$，其中

$$x_{\pm}=\frac{1}{2}(-1\pm\sqrt{1+4S}).$$

因为 x_- 是负的，因此只有 x_+ 有物理意义（对应于 $\bar{c}_*$），不过 x_- 也是有用的缩写。则方程的积分形式是

$$\int_0^{\bar{t}}\mathrm{d}\bar{t}=-\int_0^{\bar{c}}\mathrm{d}\bar{c}\left[\frac{P}{\bar{c}-x_+}+\frac{Q}{\bar{c}-x_-}\right],$$

其中

$$P=(1+x_+)/(x_+-x_-),\qquad Q=1-P.$$

因此有

$$\bar{t}=-P\ln(1-\bar{c}/x_+)-Q\ln(1-\bar{c}/x_-).$$

现在可以计算 $\bar{c}$ 值范围内的 $\bar{t}$，再置换成 t 和 $c/c_*=\bar{c}/x_+$，最后对结果作图，得出图 11.11b 所示的红色实线。

T2 11.7 拓展

11.7′ 不动点分类

第 11.7 节（第 329 页）的钟摆在其相图上有两个独立的不动点。其中之一位于 $\theta=0$ 和 $\omega=0$，对任何小扰动都是稳定的。这样的点有时也称为“稳定螺线点”。另一个“不稳定”不动点在 $\theta=\pi$ 和 $\omega=0$ 处，至少有一类小扰动会随时间增长。更确切地说是“鞍点”， 表明并不是每个扰动都会打破平衡，比如，我们也可以将摆偏离垂直位置，并精心地给它一个初始角速度，使它正好在 $\theta=\pi$ 静止。

第三类不稳定不动点对任何扰动都是不稳定的称为“不稳定节点”。

习题

11.1 网络图

钟摆的动力学变量（角度和角速度）尽管不能理解为分子存量，但你不妨仿照正文所述画一个网络图，代表一个有阻尼的摆的运动方程（图 11.13a）。然后定性解释哪些图形特征体现了两种负反馈形式。

11.2 协同结合数据

从 Dataset 19 获取数据，"hemoglobin" 文件包含了图 11.6a 所示的数据。

a. 正文指出数据可以由公式(11.9)、(11.10)中的函数形式（或者更一般的形式，$\bar{c}$ 的幂次不必为整数）拟合。尝试猜测这样一个函数，使 K_d 和 n 具有合理的数值。[提示：双对数图有助于猜测 n 值。]

b. 现在使用计算机执行最小二乘法拟合。使用 (a) 中的答案作为初步猜测。在同一张图中同时绘制原始数据、猜测函数以及拟合结果。

11.3 协同自调节

a. 重新推导公式(11.19)（第 325 页），但这次假设阻遏物协同地结合到其操纵基因，即希尔系数 $n>1$，使用的近似与正文的相同（$c \gg K_\mathrm{d}$）。

b. 当 $t \gg \tau_\mathrm{tot}$ 时，你的解会有哪些特征？

11.4 快速启动

a. 利用初始浓度为零的无调控基因问题的解，计算起始增长速率。[提示：从公式(11.20)开始。]

b. 针对有调控基因问题的近似解[公式(11.19)]重复问题a，并评论。

11.5 钟摆相图

a. 编程为钟摆作类似于图 11.13b 的相图，要显示出矢量场[方程(11.22)，第 330 页]和两条零变线。参数值 $g/L = 1\ \mathsf{s}^{-2}$ 和 $\zeta/m = 1/(3\mathsf{s})$。

b. 手动跟踪箭头，讨论系统的过冲行为。

11.6 相图方程的数值解

接上题。编程绘制沿着这个矢量场的几个典型轨迹。顺着矢量场的这类曲线通常被称为矢量场的**流线**。

11.7 T2 精确解

第 11.5.3 节在连续确定性近似的情况下研究了的非协同调控基因的动力学，并证明在 $c \gg K_\mathrm{d}$ 极限情况下近似解公式(11.19)（第 325 页）有效。近似解有一个显著的特征，即 $c(t)/c_*$ 只依赖于 τ_tot，而与 K_d 和 Γ 的值无关。

a. 第 11.5.3′ 节（第 337 页）给出了同一个方程的精确解。画出近似解作为 $\bar{t} = t/\tau_\mathrm{tot}$ 函数的图。将无量纲参数 $S = \Gamma\tau_\mathrm{tot}/(VK_\mathrm{d})$ 各种值的精确解叠加到图上，看看当 S 较大时近似解与精确解之间的符合度如何。

b. 从 Dataset 20 中获取数据，将你的图与实验比较。

11.8 T2 过阻尼和欠阻尼

a. 引入无量纲变量 $\bar{t} = t/T$ 对钟摆方程[方程(11.22)，第 330 页] 无量纲化，其中 T 是由方程中某些参数构造出的时间尺度。对于小角度的摆动，方程可以简化：可以将 $\sin\theta$ 替换成 θ。方程变成了常系数线性 θ 方程，其解是时间的某种指数形式，利用该近似解运动方程。

b. 检查你的解。它是否表现出过冲取决于参数的无量纲组合值。如果过冲，则系统被称为**欠阻尼**；否则为过阻尼。寻找划分这两种情况的标准[24]。

c. 类似于习题 11.5 那样作图，说明过阻尼的情况。

[24]在欠阻尼的情况下，稳定不动点是稳定螺线点（第 11.7′ 节，第 338 页）的一个例子；在过阻尼的情况下，它是另一类不动点（“稳定节点”）的一个例子。

第12章 正反馈、传染病和基因开关

或许我们可以预见有那么一天，
神圣的逻辑会被视为
为某一实用目的而演化出来的生理过程的一种抽象表示。

——霍勒斯·巴洛（Horace Barlow）（1990 年）

12.1 导读：分水岭

生物体适应环境的一种方式是进化变异，例如获得对药物或有毒化学物质的抗性。但进化是缓慢的，需要许多代才能完成。突发的环境变化可以消灭那些无法尽快适应的物种。因此，拥有较快响应机制的细胞比那些缺乏该机制的细胞具有更高的适应度。多细胞生物体的细胞尽管拥有相同的基因组，但也需要发生特化以实现完全不同的形状和功能。更夸张的是，细胞有时需要启动程序化死亡通路，例如，正常胚胎发育到某个阶段就会进入**凋亡**程序，或者当细胞受到严重损伤后，相应的内部或外部信号会启动程序化死亡程序。

上述各种情况说明细胞需要在多种选项之间做出切换。本章将研究几个细菌中的典型例子。与第11章相同，我们会先引入一个机械类比，通过绘制概念图来展示研究这些现象的方法，然后搞清楚如何人工实现这些概念，最后再回到天然的生命系统。

本章焦点问题
生物学问题：如何在没有大脑的情况下做出决策？
物理学思想：细胞元件可以执行逻辑回路并利用双稳态创建的分界线（分水岭）来记忆结果。

12.2 正反馈

12.2.1 增长失控

图 12.1 显示了单个存量，对应于无限生长的细菌。每个细菌都可以分裂。我们可以将这个过程视为一个个体产生了另一个相同类型的个体，而自身不

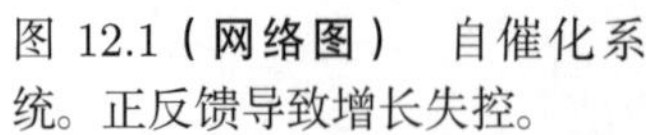

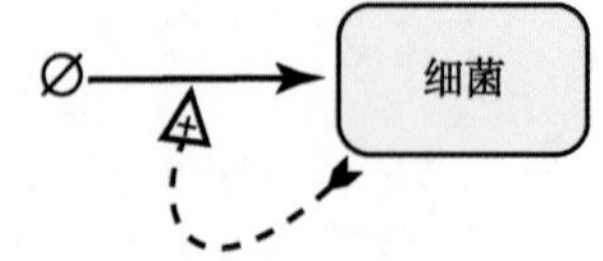

图 12.1（**网络图**） 自催化系统。正反馈导致增长失控。

会被耗尽。这种催化活性形式称为**自催化**，由图中的影响线表示。更准确地说，存量的增长率与当前存量成正比，这是**正反馈**的一个例子。由此产生的结果是数量的指数增长。

12.2.2 限制性营养源：恒化器

要使一个菌落能够维持固定数量的细菌，可使用由 A. Novick 和 L. Szilard 于 1950 年发明的**恒化器**[1]，图 12.2a 展示了该装置的构思。细菌生长需要诸如糖、水，某些情况下还需要氧气等各种营养素，而在合成蛋白时还需要氮源。Novick 和 Szilard 通过向培养基提供固定浓度（数密度 c_{in} ）的单一氮源（氨）来限制氮的供应。尽管其他所需的营养物质很丰富，但它们的浓度无关紧要；限制细胞生长的是供应受限的营养素。

恒化器由体积 V 的生长腔室组成，连续搅拌装置可以维持营养物和细菌在空间上的均匀分布。培养基（营养液）以某速率 Q （每单位时间的体积）连续加入腔室中，为了维持腔室中流体体积恒定，培养液必须以相同的速率 Q 通过溢流管“流出”，流出的液体与流入的培养基组分不同，营养物已被消耗到某个浓度 c，而流出液体中的细菌密度为 ρ。ρ 和 c 两者都具有体积倒数的量纲，且都必须为非负。它们是由系统决定的，而不是由实验者决定的，因此可能会随着时间而改变。

我们可能希望系统落到一个稳态，此时细菌繁殖的速率正是它们被从腔室中清除的速率。但还必须考虑其他预期之外的结果：也许所有的细菌最终被清除，或者细菌繁殖失控、振荡、或别的情况。我们先做一些分析再求 ρ 和 c 的时间演化。

接下来的分析涉及多个量，列表如下：

V	腔室体积（常数）
Q	流入和流出速率（常数）
c	营养物数密度（浓度），$\bar{c}$ 是其无量纲形式
ρ	细菌数密度，$\bar{\rho}$ 是其无量纲形式
k_{g}	细菌生长速率（依赖于 c）；$k_{\mathrm{g,max}}$ 为最大值
ν	培养一个细菌所需的营养物分子数（常数）
K	半最大速率对应的营养物浓度（常数）
t	时间，$\bar{t}$ 是其无量纲形式

[1]第 12.4.3 节将介绍恒化器的应用。

（续表）

$T = V/Q$	时间尺度（常数）
$\gamma = k_{\mathrm{g,max}}T$	无量纲的参数组合（常数）

c 和 ρ 都是未知的时间函数，且都不是实验者直接控制的。为了了解它们的行为，我们首先做定性考虑。如果细菌总数瞬间骤降到设定值以下，则每个个体获得更多的食物而加速繁殖，直至总数恢复到设定值；反之则会反向波动。如果细菌生长远远慢于营养物注入，则细菌总数不会达到定值。此时，细菌被冲走的速度远大于其繁殖速度，因此总数会下降到零。

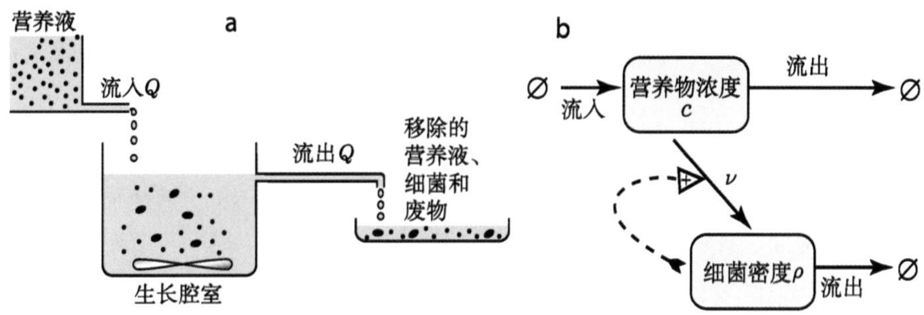

图 12.2（**示意图；网络图**） **恒化器。** 图 a：营养液以固定速率 Q 从储液罐注入生长腔室。细菌在腔室中生长，腔室在搅拌作用下维持其营养成分的均匀分布。另一方面，培养液不断被移除，以维持培养液体积恒定。小圆点表示营养分子；较大的点表示细菌。图 b：两个状态变量是细菌的数密度 ρ 以及限制性营养物分子的数密度 c。线上的标注 ν 提醒我们产生一个新细菌需要 ν 个营养分子。（其他所需营养物分子无须考虑，因为它们都足量供给，不是细菌生长的限制性因素。）

我们现在可以做些分析看看上述预期是否正确，并为稳定不动点建立详细的标准。首先考虑 ρ 如何随时间变化。在任何短时间间隔 $\mathrm{d}t$ 内，体积 $Q\mathrm{d}t$ 带着 $\rho(t)(Q\mathrm{d}t)$ 个细菌离开腔室；同时，腔室中的细菌在生长，且每个细菌以速率 k_{g} 分裂，因而总共产生 $\rho(t)Vk_{\mathrm{g}}\mathrm{d}t$ 个新个体[2]。由于细菌生长速率 k_{g} 取决于限制性营养物的可用度，如果没有其他营养物限制细菌生长，则 k_{g} 只依赖于 c，即没有限制性营养物时细菌生长速率必须等于零。但是当营养充足时它会饱和（c 很大时达到最大值 $k_{\mathrm{g}} \to k_{\mathrm{g,max}}$），满足这些特性的函数的合理猜测是希尔函数[3] $k_{\mathrm{g}}(c) = k_{\mathrm{g,max}}c/(K+c)$，该函数由最大速率 $k_{\mathrm{g,max}}$ 和由另一常数 K 决定，后者表示达到半最大生长速率所需的营养物浓度。速率常数 $k_{\mathrm{g,max}}$ 的量纲是 $\mathbb{T}^{-1}$；K 则与浓度是同一个量纲 $\mathbb{L}^{-3}$。

我们可以将上述内容总结为一个公式，即细菌总数随时间的净变化速率：

[2]这类描述方式忽视了细菌是离散的事实，在腔室中的细菌总数实际上必须始终是整数。但是 ρV 的典型值是如此之大以至于其离散性显得微不足道，这也说明了这里所使用的连续确定性近似是合理的。

[3]该表达式是一个常数乘以公式(11.8)（第 317 页）。另参见公式(11.23)（第 336 页）。

$$\boxed{\frac{\mathrm{d}(\rho V)}{\mathrm{d}t}=\frac{k_{\mathrm{g,max}}c}{K+c}\rho V-Q\rho.\quad \text{恒化器（细胞）的物理建模}} \tag{12.1}$$

我们应该解该方程求 $\rho(t)$，但它涉及营养物浓度 c。所以，我们还需要建立有关 c 的方程并与方程(12.1)联立求解。

为了建立第二个方程，注意到在很短的时间间隔 $\mathrm{d}t$ 内，营养液以浓度 c_{in} 流入腔室的体积为 $Q\mathrm{d}t$。同时，培养基流出相同的体积但浓度是 $c(t)$，还有部分营养物被细菌消耗了。由于细菌将营养物吸纳到自身结构中，并且个体之间彼此类似，所以对于营养物消耗速率可合理地假定它正比于细菌的总数量及生长速率。因此

$$\boxed{\frac{\mathrm{d}(cV)}{\mathrm{d}t}=Qc_{\mathrm{in}}-Qc-\nu\frac{k_{\mathrm{g,max}}c}{K+c}\rho V,\quad \text{恒化器（营养物）的物理建模}} \tag{12.2}$$

其中常数 ν 表示每产生一个细菌需要的营养分子数。

图 12.2b 示意性地表示了恒化器的网络图。该图一目了然地显示了恒化器的反馈特征，比我们之前看到的更复杂：

- 类似于图 12.1，存在正反馈。
- 出流量 Q 对营养物和细菌的负反馈类似于生–灭过程中的负反馈。
- 细菌生长对营养物的消耗构成了另一个负反馈。

在第11章中，简单的负反馈会产生了一个稳定不动点。我们必须更仔细地观察恒化器中是否会发生类似的情况，如果会，那么何时发生？

12.2.3 无量纲化可以降低方程的复杂度

方程(12.1)和(12.2)看似难以求解。好在就像钟摆方程(11.22)所做的那样，上述两方程在 c–ρ 平面也定义了相图，该相图给我们提供了一定程度的定性理解。但是在画此相图之前，我们应该首先将方程组改写成尽可能简单的形式。

预备知识

为了说明该方法，让我们暂时回顾一下生–灭过程：

$$\frac{\mathrm{d}c}{\mathrm{d}t}=A-Bc.$$

该模型表面上有两个参数，但实际上 A 和 B 的精确值对其定性行为并不重要。为了理解这一点，首先要注意 B 的量纲为 $\mathbb{T}^{-1}$，这提醒我们要以 B^{-1} 为单位来测量时间。等效地，将无量纲时间定义为 $\bar{t}=Bt$，方程可重写如下：

$$\frac{\mathrm{d}c}{\mathrm{d}\bar{t}}=\frac{\mathrm{d}t}{\mathrm{d}\bar{t}}\frac{\mathrm{d}c}{\mathrm{d}t}=(A/B)-c.$$

注意到组合 $c_* = A/B$ 具有浓度量纲，则我们测得的浓度为该常数的倍数。等效地，将无量纲浓度定义为 $\bar{c} = c/c_*$，因此方程可重写为：

$$\begin{aligned}\frac{\mathrm{d}(c_*\bar{c})}{\mathrm{d}\bar{t}} &= \frac{A}{B} - c_*\bar{c}\\ \frac{\mathrm{d}\bar{c}}{\mathrm{d}\bar{t}} &= 1 - \bar{c}.\end{aligned}$$

这就是我们需要的简单又清晰的动力学方程。这种“无量纲化程序”避免了对某些参数的明确定义。

恒化器方程

我们对复杂方程(12.1)—(12.2)也采取类似的策略，步骤如下：

1. 首先，用本问题涉及的参数组合出一个自然的时间尺度量。这个量就是流入流量注满腔室所需的时间 $T = V/Q$。其次，我们定义无量纲量 $\bar{t} = t/T$，并将公式中的 t 用 $\bar{t}T$ 代替。

2. 同样，营养物浓度 c 可以表示为无量纲的变量乘半最大速率浓度 K，即 $\bar{c} = c/K$。

3. 一旦变量被改写成无纲量形式，方程中的系数也必须是无量纲的组合。这种组合之一就是 $k_{\mathrm{g,max}}T$，可以缩写成单个符号 γ。

4. 我们也可以将 ρ 表示成 K 的倍数，但如果我们定义 $\rho = \bar{\rho}K/\nu$，则方程形式会更简洁。

思考题12A

执行上述无量纲化流程，看能否得到如下**恒化器方程**：

$$\frac{\mathrm{d}\bar{\rho}}{\mathrm{d}\bar{t}} = \left(\gamma\frac{\bar{c}}{1+\bar{c}} - 1\right)\bar{\rho}; \qquad \frac{\mathrm{d}\bar{c}}{\mathrm{d}\bar{t}} = \bar{c}_{\mathrm{in}} - \bar{c} - \gamma\frac{\bar{c}\bar{\rho}}{1+\bar{c}}. \quad (12.3)$$

其中，$\bar{\rho}(\bar{t})$ 和 $\bar{c}(\bar{t})$ 是状态变量，而 γ 和 $\bar{c}_{\mathrm{in}}$ 是实验者设定的恒定参数值。

原方程的简化形式(12.3)对我们探讨恒化器的可能行为有很大帮助，因为原有的六个参数 $k_{\mathrm{g,max}}$，K，Q，V，c_{in} 和 ν 已经被简化成两个无量纲组合参数 $\bar{c}_{\mathrm{in}}$ 和 γ。

在 $\bar{c}$–$\bar{\rho}$ 平面，恒化器系统的零变线可以通过设其时间导数等于零而求得。由此得到两条曲线

$$\bar{\rho} = (\bar{c}_{\mathrm{in}} - \bar{c})(1+\bar{c})/(\gamma\bar{c}); \quad 以及$$

$$\bar{c} = 1/(\gamma - 1) \ \text{或}\ \bar{\rho} = 0.$$

两条零变线的交叉点就是不动点（图 12.3）：

$$\text{第一不动点}:\bar{c}_1=\frac{1}{\gamma-1},\bar{\rho}_1=\bar{c}_{\text{in}}-\frac{1}{\gamma-1}.\ \text{第二不动点}:\bar{c}_2=\bar{c}_{\text{in}},\bar{\rho}_2=0. \tag{12.4}$$

第二个不动点对应于所有细菌从腔室中消失而腔中营养物浓度几乎等于流入营养物浓度的情况。第一个不动点需要更多讨论，因为 $\bar{c}$ 和 $\bar{\rho}$ 不能为负。

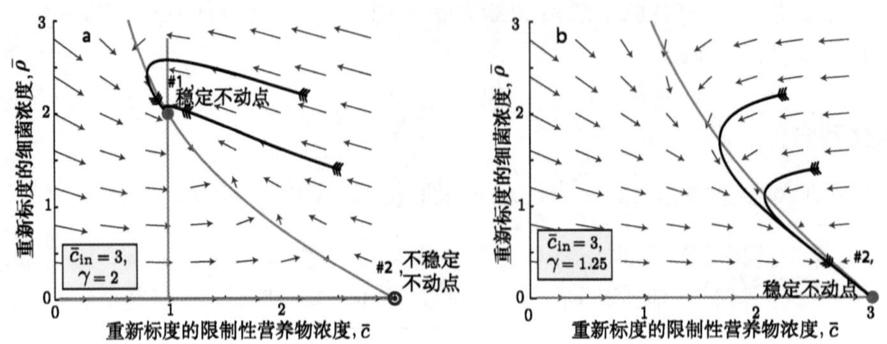

图 12.3（**相图**） **恒化器**，方程(12.3)。图 a：参数值 $\bar{c}_{\text{in}}=3$ 和 $\gamma=2$ 的情况存在稳定和不稳定的不动点各一个。始于任何初始态（$\bar{c}$–$\bar{\rho}$ 平面上的任一点）的轨迹最终都必然趋向稳定不动点（绿点）。图面显示了两个典型的轨迹（黑色曲线）。系统还有一个不稳定的不动点（红靶标）。图 b：参数值 $\bar{c}_{\text{in}}=3$ 和 $\gamma=1.25$ 的情况。此时只有一个不动点，对应于细菌为零的最终状态。

例题：为了使第一个不动点物理上合理，求参数 $\bar{c}_{\text{in}}$和 γ 必须满足的条件。

解答：一个合理的不动点处的 ρ 或 c 都必须为非负。这就要求 $\gamma>(\bar{c}_{\text{in}})^{-1}+1$（自然满足 $\gamma>1$。）

图 12.3a 显示了 $\bar{c}_{\text{in}}=3$ 和 $\gamma=2$ 情况下的一个典型相图，上例中建立的标准也符合这种情况，图面确实显示了两个不动点。任何初始值 $\bar{c}(0)$ 和非零的 $\bar{\rho}(0)$ 的起点最终都将抵达如图所示的稳定不动点。尽管沿途可能出现过冲，但从溢流处取样的细菌数密度如希望的那样将接近常数。

图b 表示 $\bar{c}_{\text{in}}=3$ 和 $\gamma=1.25$ 对应的相图，在这种情况下，任何初始条件的点都被驱动到第二个不动点（对应无细菌的情况），因为小 $\gamma=k_{\text{g,max}}V/Q$ 值意味着腔室培养液完全换新的时间 T 小于细菌分裂所需的最短时间。

我们已经获得了预期的结果：在已知的条件下，恒化器将驱动自身到第一个不动点，即，腔室内细菌数量将稳定在公式(12.4)所给定的值上。

12.2.4 展望

使用相图技术使我们发现钟摆和恒化器尽管物理起源完全不同，但它们的动力学都相似（对比图 11.13b 和 12.3a），例如，在达到稳态之前都展现出过冲行为。因此，相图在抽象水平上实现了力学与生化动力学的统一。

我们也学到了有价值的经验：参数值的细节很重要；网络图建议的机制是否切实可行必须通过计算来确认。不过，此处所说的计算远不到精确求解动力学方程的程度，我们只需要找出不动点并对其进行分类即可。

比较恒定系统在不同参数值下的行为，图 12.3 显示了一个有趣的现象：两个不动点可以相互接近并碰撞，导致其中一个（或两个）被破坏。当控制参数连续变化时，这种跳跃称为**分岔**。

我们对恒化器的分析似乎依赖于生长速率的特定函数形式的选择，即 $k_{\mathrm{g}}(c) = k_{\mathrm{g,max}}c/(K + c)$。事实上，希尔形式的生长函数倒是经常被观察到，但主要的定性结果（在某些条件下存在非零稳定不动点）是**鲁棒的**：如果我们用其他各种饱和函数代替这种选择，则结论依然成立。

12.3 传染病扩散

我们在恒化器中发现的一种可能行为是“灭绝”：所有细菌都可能离开腔室。这不是我们通常想要的，但在疫情期间，类似结果的确是我们希望的。让我们探索此类方程及其图解。

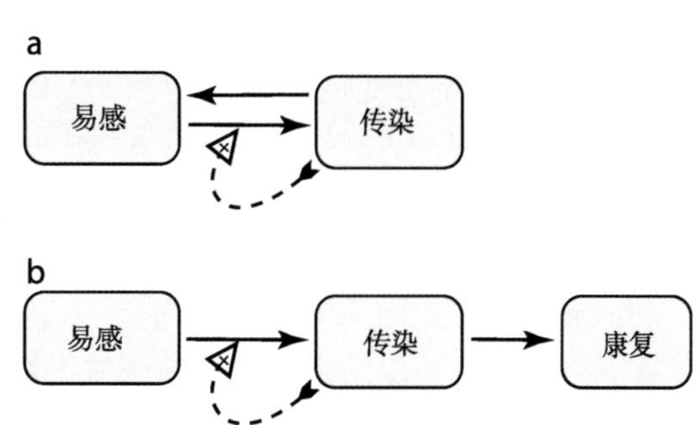

图 12.4（**网络图**） 三种流行病模型。图 a：SI 模型。图 b：SIR 模型。（SIRS 模型只是增加了另一条线，从康复态回绕到易感态。）

12.3.1 无免疫力：SI 模型

想象一种传染病在最初无免疫力的人群中传播。即一个人先生病，后康复。个人生病时可以将疾病传染给他人，康复后不再具有传染性，但可能再次感染相同的疾病。链球菌性喉炎就属于这类传染病。

直观地说，这种疾病在人群中的病程取决于它的传染性以及每个人的康复速度。如果每个病人在感染他人的机会出现之前已经康复，那么疾病当然会消失。让我们看看如何模拟这种情况。

为了得到简单方程，我们将做一些高度简化的假设。首先，将人群分成两个不同的亚群：“易感”（S：未生病）和“传染”（I：生病）。我们再假设期间没有人死亡或出生，因此相应的人数占比分别为 s 和 $(1-s)$。

我们还假设疾病蔓延满足一阶质量作用规则[4]：单位时间内任何个体从 S 过渡到 I 的概率是常数 λ 乘以已经生病人群的占比。这种假设肯定是不真实的，因为它需要人群“充分混合”，而真实人群的状况远比这个复杂，例如有些个体的接触比其他个体多得多，个体之间的物理距离也是不能忽略的因素，某些场合（例如商场）人群密度极高，等等[5]。

真正的疾病有一个典型的康复过程，因此在模型中，我们将假设单位时间内任何个体康复（从 I 到 S 的转变）的概率是一个常数 γ。则平均康复时间为 γ^{-1}。

有了这些假设，结合连续确定性近似，则 S 人群占比 s 随时间的变化遵循

$$\boxed{\frac{\mathrm{d}s}{\mathrm{d}t} = -\lambda(1-s)s + \gamma(1-s). \quad \text{物理建模(SI)}} \tag{12.5}$$

（因为传染占比 i 就是 $1-s$，最后一项无须引入新变量。）我们已经了解到，这样一个动力系统可以通过找到不动点并对其分类来刻画，所以我们求方程(12.5) 等于 0 处的 s_*：

$$\text{例 } A:\ \gamma > \lambda. \qquad \text{则 } s_* = 1.$$
$$\text{例 } B:\ \gamma \leqslant \lambda. \qquad \text{则 } s_* = 1 \text{ 或 } \gamma/\lambda.$$

例 A 只有一个不动点，因为 γ/λ 超过 1，而 s 被限制为 $\leqslant 1$。如果我们从例 B 开始并不断减小 λ，两个不动点会合并为一个，又一个分岔事例[6]。

现在假设 S 人群占比非常接近一个不动点 s_*，即 $s = s_* + \epsilon$。我们现在查看向量场的 ϵ 阶变化来检查差异 ϵ 是增大还是缩小[7]。

$$\left.\frac{\mathrm{d}s}{\mathrm{d}t}\right|_{s_*+\epsilon} = (1-s_*-\epsilon)(-\lambda(s_*+\epsilon)+\gamma) = \epsilon(2\lambda s_* - \gamma - \lambda) + (\epsilon^2 \cdots).$$

- 在例 A 中，唯一的不动点是 $s_* = 1$，上式表明它是稳定的：负偏移将被驱回 S_*（正偏移将超过 $s=1$，因此是不允许的）。这种情况在 $\gamma > \lambda$ 时成立，所以结果是合理的：对于快速康复或者低传播的情况，小规模的初始感染很快会自动消退。

- 在例 B 中，$s_* = 1$ 处的不动点是不稳定的。$s_* = \gamma/\lambda$ 处的新不动点是稳定的。表明这种疾病是地区性的（无论 s 的初始值如何，人群中的疾病规模都会达到一个固定水平）。

T2 本节介绍了一种强大的分析工具（称为“线性稳定性分析”）。第 13.4.1′c 节（第 404 页）会将此方法升级为多维的相图。

[4]**要点**(11.5)（第 316 页）介绍了该规则。

[5]第14章将对基本模型进行一些详细说明。

[6]第 12.2.4 节引入了分岔。

[7]我们在图 11.1b（第 308 页）中第一次遇到一维向量场。

12.3.2 终身免疫：SIR 模型

许多疾病引发的免疫反应不仅使患者恢复健康，而且使患者在某种程度上终身免疫。我们可以引入 R 亚群（即那些已经康复的人）来为这种情况建模[8]。我们用二维相图来分析，例如 s–i 图。(不需要单独指定 R 的占比，因为它等于 $1-s-i$。) 描述系统时间演化的向量场是

$$\frac{\mathrm{d}s}{\mathrm{d}t}=-\lambda is;\quad \frac{\mathrm{d}i}{\mathrm{d}t}=-\lambda is-\gamma i. \tag{12.6}$$

与方程(12.5)不同，这一次康复者不会反馈到第一个方程的 s 中，但会在第二个方程中减少 i。

将 γ 重新表达为 γ 乘以一个无量纲的**基本再生数** R_0，然后再用 γ 重新标度时间，我们获得了完全无量纲化的方程：

$$\boxed{\frac{\mathrm{d}s}{\mathrm{d}\bar{t}}=-R_0 is;\quad \frac{\mathrm{d}i}{\mathrm{d}\bar{t}}=(R_0 s-1)i;\quad i+s\leqslant 1.\quad \text{物理建模(SIR)}} \tag{12.7}$$

最后一个条件只是说康复占比必须是非负的。这些方程在结构上与恒化器方程[方程(12.3)]非常相似。

图 12.5a 显示了 $R_0=3$ 的示例。有一条 $i=0$ 的不动点线。图面上的任何其他点都流向这条线上的对应点。即使我们选择初始值 $s=1-\epsilon$（这个人群过去从未患病），我们看到它的轨迹最终流向较小的 s 值，即，在病原体最终消失之前，几乎每个人都会生病。但是，如果 R_0 小于 1，情况会好得多（例如，因为隔离或社会疏散措施减少了接触，或抗病毒药物的使用减少了病毒人传人的机会）。如图12.5b所示，现在 $s=1$ 流线的终点对应于病原体灭绝而大量人群未受影响的状态。

麻疹是一种具有高度传染性的疾病，通常具有长期免疫力。图 12.6 显示了方程(12.6)的数值解，同时也显示了一些观察数据。具体来说，

- 通过设定 $N_{\mathrm{tot}}(1-s(\infty))$ 等于观察到的总病例数 (2816)，可求出原初易感人数 N_{tot}。
- 利用方程(12.6)的解可求出每周新病例数 $siN_{\mathrm{tot}}\gamma R_0\times(1\ \text{week})$。
- 对于 R_0 的三个值中的每一个，生成的曲线都需要沿横轴平移，以使其峰值与观察到的数据对齐（因为开始的日期未知）。

将模型与图中的数据进行比较，我们看到符合度并不完美。例如，数据显示了我们的确定性模型中未包含的涨落。然而，该模型已经捕捉到了真实系统的一些关键点，有助于我们预测所提议的干预措施的效果。

[8] 如果疾病有时是致命的，那么这个人群也包括那些死去的人；则 R 也代表移除的人。

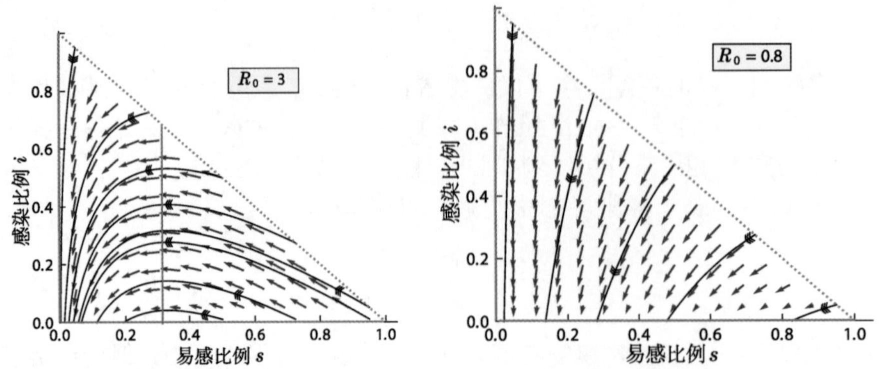

图 12.5 (**相图**) **SIR 模型**。图 a：$R_0=3$。s 的零变线由两条橙色线 $i=0$ 和 $s=0$ 组成。i 的零变线也由两条线 $i=0$ 和 $s=1/R_0$ 组成。因此，整个 s 轴是一条不动点线。图 b：$R_0=0.8$。

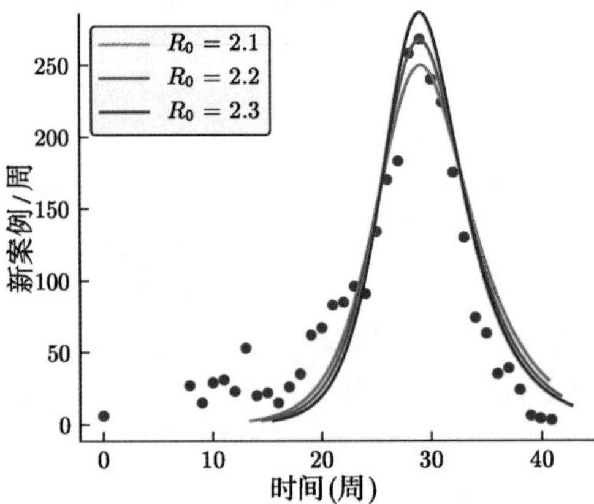

图 12.6 (**公共卫生数据与拟合**) **麻疹爆发**。点：拒绝接种疫苗的亚群中有 2816 例麻疹病例。曲线显示了三个 R_0 值的 SIR 模型的结果，其中 $\gamma^{-1}=20$ 天（大致为已知的康复时间）。(R_0 的有效值低于均质种群的值，因为该亚群被许多接种疫苗的个体稀释了。)(数据来自 van Steenbergen et al., 2000；参见 Dataset 21。拟合见习题 12.8。)

12.3.3 暂时免疫：SIRS 模型

对某些病原体，人类只能形成暂时免疫，而无法避免再次感染。我们可以允许一个额外的过程来建模这种情况，其中个体在单位时间内以恒定速率从 R 态返回 S 态：

$$\frac{\mathrm{d}s}{\mathrm{d}t}=-\lambda is+\mu\gamma(1-s-i);\quad \frac{\mathrm{d}i}{\mathrm{d}t}=-\lambda is-\gamma i. \tag{12.8}$$

其中，新速率常数表示为 γ 乘以参数 μ；类似地，重新标度时间后得

$$\frac{\mathrm{d}s}{\mathrm{d}\bar{t}}=-R_0 is+\mu\gamma(1-s-i);\quad \frac{\mathrm{d}i}{\mathrm{d}\bar{t}}=(R_0 s-1)i;\quad i+s\leqslant 1. \quad \text{物理建模(SIRS)}$$

在图 12.7a 所示的情况下，疾病是地区性的；如果初始 $i\neq 0$，则系统最终处于非零 i_* 的稳态（可能经历一些过冲）。然而，降低传播也可以改善结果（图 12.7b）。

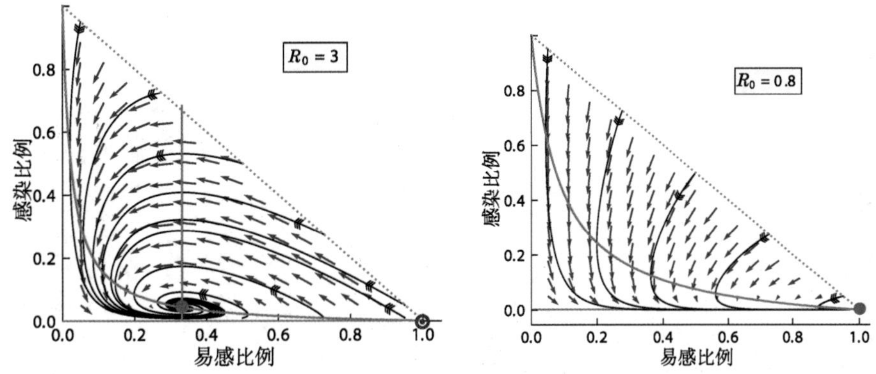

图 12.7（**相图**） **SIRS 模型**。两个图面都显示 $\mu = 0.07$ 的情况。图 a：$R_0 = 3$。一个零变线是橙色双曲线；另一个是两条橙色直线。这两个不动点位于零变线的交点处。其中，稳定的（实心绿色）对应于地方病。图 b：$R_0 = 0.8$。在这种情况下，只有一个不动点，对应于疾病消除。上述情况所示的分岔行为也出现在恒化器例子中（图 12.3，第 346 页）。

思考题12B 求 SIRS 模型的稳态解，表达为 R_0 和 μ 的函数。为图 12.7a、b 所示的两种情况计算 s_* 和 i_*。

本节展示了相图技术如何帮助我们理解一类种群的动力学问题。我们现在从人类尺度回到单细胞尺度的问题。

T2 第 12.3.3′ 节（第 377 页）提到了更多模型。

12.4 细菌行为

12.4.1 细胞可以感知其内部状态并产生类似开关的响应

即使是细菌也会生病：一类称为噬菌体的病毒攻击大肠杆菌这样的细菌[9]。下面首先考察大肠杆菌噬菌体 λ（或者更简单地说 λ **噬菌体**）。像其他病毒那样，噬菌体的遗传物质被注入宿主细胞，并整合到宿主的基因组中。从这一刻起，宿主细菌本质上是一个新的生物体：现在它拥有一个修饰过的基因组，执行的是一套新的程序（图12.8）。

一些受感染的细胞展现典型的病毒行为（称为**裂解程序**）：它们调动资源以产生新的病毒颗粒（病毒粒子），然后病毒**裂解**细胞并释放自己。然而，在其他一些感染的细胞中，被整合的病毒基因组（或**原病毒**）维持失活状态。这些细胞表现得像普通大肠杆菌那样。这种细胞状态称为**溶源态**[10]。我们可

[9] 噬菌体在第4.4节中已经被提过。

[10] 参见 Media 13。

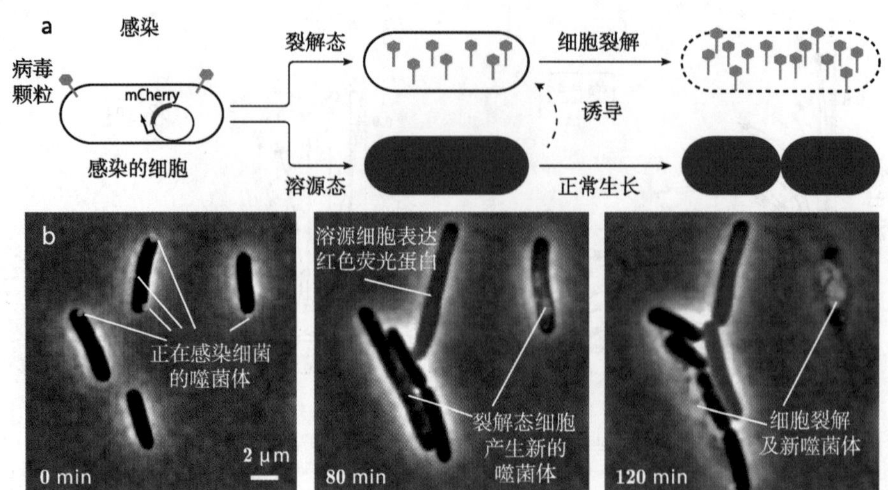

图 12.8（**卡通图；光学显微照片**） **细胞命运决策**。λ 噬菌体感染大肠杆菌后，病毒要么不断繁殖并最终杀死宿主细胞（裂解），要么将 DNA 整合到细菌的染色体中，作为宿主基因组的一部分（溶源性）也被复制。图 a：细胞命运试验的示意图。一个或多个荧光标记的病毒颗粒（绿色）同时感染细胞。如果细胞选择裂解程序，则随着细胞裂解，新的荧光病毒颗粒可以被观察到。如果细胞选择溶源程序，则可用红色荧光蛋白 mCherry 来展示。在溶源态，该蛋白基因的启动子会处于"开"状态，因此可持续产生荧光蛋白。在细胞生长和分裂期间，溶源态始终保持，直到内外因素触发诱导事件为止。图 b：图片来自缩时摄影，显示图a 所示的感染事件。在 $t=0$ 时刻（左），其中两个细胞分别被单个噬菌体（绿点）感染，另一个细胞则被三个噬菌体感染。在 $t = 80$ min（中），单噬菌体感染的两个细胞都进入裂解程序，细胞内产生新噬菌体（绿色）。如红色荧光所示，另一个受感染的细胞已进入溶源状态。在 $t = 120$ min （右），裂解态细胞已经破裂，而溶源细胞则正常分裂。参见 Media 13。（图片蒙 Ido Golding 惠赠，来自 Zeng et al., 2010, 图 1b－c, ©Elsevier。）

以将病毒的"策略"解释成，为了提升自己的存活率而保护受感染细胞亚群，因为完全摧毁宿主菌落的病毒自身也无法生存。

当感染的细菌分裂时，两个子细胞都获得了原病毒，后者可以维持失活达很多代。但是，如果感染细胞感受到 DNA 紫外损伤等危及生命的压力，细胞可迅速退出溶源状态并切换到裂解程序，这个过程称为**诱导**。这种自我毁灭听起来似乎自相矛盾，但被感染的细胞是一个全新的有机体，如果该策略能够导致病毒总量增加，即使会摧毁整个细胞，它也会采用裂解策略。

这个故事的另一个有趣方面是受感染细胞必须小心决策，避免轻易进入裂解程序。简而言之，

> 感染 λ 噬菌体的细菌拥有一个开关，使其能在初始时刻在两个独立程序之间做出选择。如果选择了溶源程序，则受感染的细胞要等到压力出现才不可逆地转向裂解程序。 (12.9)

上述行为称为 **λ 开关**。类似的开关不仅在其他细菌中存在，在真核生物

中也存在。例如，HIV整合其基因组进入细胞后，其原病毒可以一直处于休眠状态直到被触发。

12.4.2 细胞可以感知其外部环境并与内部状态信息进行整合

细菌还有其他不同于 λ 开关的决策元件，决策运作时无需任何噬菌体感染，其中第一个被发现的涉及代谢。细菌可从多种简单糖分子获取能量。只要葡萄糖的供应充裕，则大肠杆菌约半小时内分裂一次，导致群落指数增长。当食物供给耗尽时，则总量趋稳，或者细菌随着饥饿而消减。

莫诺在 1941 年从事有关大肠杆菌和枯草杆菌的博士研究期间注意到了上述故事的一个奇怪转折。莫诺知道细菌既然能在葡萄糖中存活，也能在乳糖之类的其他糖类中存活。他制备了含有两种糖的生长培养基，然后用少量相同的细菌接种。菌落最初指数增长，然后如期望那样趋于平稳或下降。但令莫诺惊讶的是，在一段延迟之后，细菌总数再次自发地指数增长（图 12.9）。莫诺创造了**二次生长**这个词来形容第二阶段的增长。他最终将该现象解释为细胞最初无法代谢乳糖，但在葡萄糖的供给耗尽后，不知何故获得了代谢乳糖的能力。

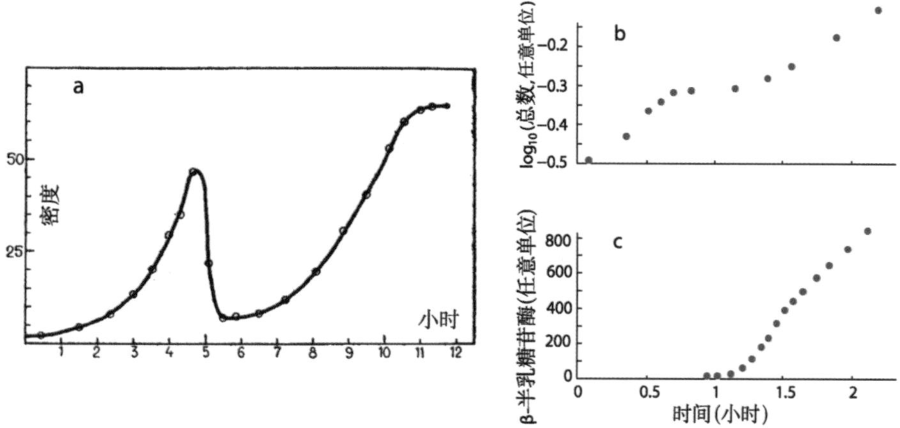

图 12.9（**实验数据**） **二次（2 阶段）总数增长**。图 a：莫诺实验的一些原始数据显示了在含有等量蔗糖和糊精的合成培养基中枯草杆菌培养物的生长。横轴表示初始接种后的时间（单位为小时）。纵轴以任意单位显示培养物的光散射量，其与存在的细菌数量相关。横轴 5 小时点处并没有任何外部干预。图 b：供给葡萄糖和乳糖混合物的大肠杆菌的二次生长。两个指数生长期在半对数图中呈现为大致直线段。图 c：在与图b 相同的实验中测得的每个细胞的 β–半乳糖苷酶的分子数。在整个第一生长阶段，酶数量是相当小的，在此期间细菌忽略了所提供的乳糖。约半小时饥饿后，细胞才开始合成 β–半乳糖苷酶。（图a 来自 Monod, 1942。图b、c 数据来自 Epstein et al.，1966。）

类似行为也发生在其他情况中。例如，某些细菌可以产生分子泵将药物分子从细胞中泵出从而获得对四环素（一种抗生素）的抗性。没有抗生素时，细胞也懒得生产泵；他们只在感受到威胁时才开启泵的生产[11]。

12.4.3 Novick 和 Weiner 在单细胞水平上对诱导的诠释

全有或全无假说

莫诺令人惊讶的发现引发了对二次生长机制的密集探索，最终获得的知识已经延展到细胞生物学的各个方面，其中一个关键的步骤涉及 A. Novick 和 M. Weiner 于 1957 年开展的巧妙实验。当时，人们已经知道，不同食物要求不同的特异性细胞机器（一组酶）将其引入细菌细胞再氧化，最后获取其化学能。

例如，大肠杆菌需要一组酶来代谢乳糖；这些酶包括 **β–半乳糖苷酶**（或“β–gal”），该酶将乳糖分子分裂成更简单的糖，但任何时候要生产所有这些酶都会付出相当大的代价。细菌为了在快速繁殖这样的主要业务方面保持竞争优势，不可能承担某些不必要的开销，因此大肠杆菌通常只启动代谢葡萄糖的通路。然而，大肠杆菌在基因组中保持着潜在技能的全部指令。

当葡萄糖耗尽但存在另一种糖时，细菌也会感测到这种变化，并开始合成代谢这类糖所需的酶促机器。类似于 λ 开关，该过程也被称为**诱导**。完全诱导的细胞通常包含数千个β–半乳糖苷酶分子，相比之下，未诱导状态下的β–半乳糖苷酶分子少于十个。但是，对这种条件组合的响应需要时间，因此总数在恢复指数增长之前会呈现一个平台期。

Novick 和 Weiner 意识到诱导研究由于乳糖的双重角色而复杂化——它既是触发细胞合成 β–半乳糖苷酶的信号（诱导物），也是细胞消耗的食物来源。然而，实验者知道早期的工作发现了一类相关分子与乳糖类似，它们也引发诱导但不能被细胞的酶所代谢。其中两个这样的“安慰型诱导物”分子称为 TMG 和 IPTG[12]。 Novick 和 Weiner 首先在没有任何诱导物的培养基中让大肠杆菌生长，然后突然引入不同浓度的 TMG。接下来，他们定期采样培养物并测量 β–半乳糖苷酶的含量。因为他们在恒化器中培养因而知道细菌的密度[13]，也知道样品中的细菌总数；所以他们可以将结果表达成平均每个细菌的 β–半乳糖苷酶分子数。

诱导物浓度较高时，实验者发现 β–半乳糖苷酶起始表达水平随时间线性上升，然后趋于平稳（图 12.10a）。这个结果有直接的解释：TMG 加入后，所有细胞开启合成 β–半乳糖苷酶的装置并以最大速率生产，最终这种生–灭过程达到稳态，其中生产速率（因细胞的连续生长和分裂而下降）与细胞中蛋白的清除和稀释达到平衡。然而，TMG 浓度较低时，令人惊讶的特征出现了（图 12.10b）：与高浓度 TMG 情况相反，β–半乳糖苷酶初始表达水平不再随时间线性上升。此时，细胞没有立即以最大速率，而是以随时间逐渐增加

[11]第15章将描述另一种策略，即下注对冲。

[12]第 11.3.4 节（第 311 页）。

[13]第 12.2.2 节（第 342 页）。

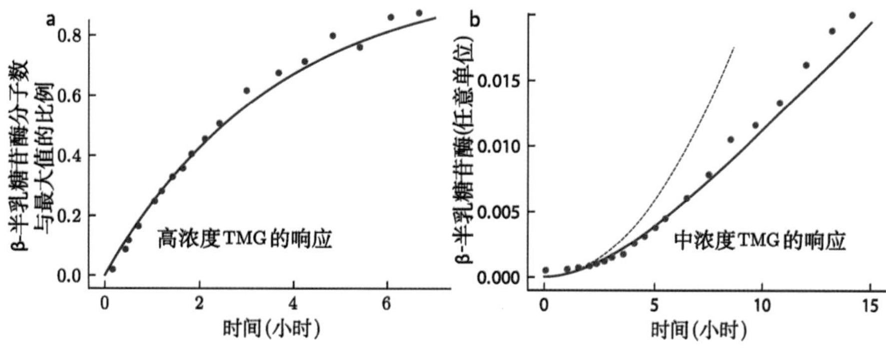

图 12.10（**实验数据与拟合**） **Novick 和 Weiner在大肠杆菌中的诱导数据**。横轴表示向细菌培养物中添加安慰型诱导物 TMG 后的时间。纵轴表示测量的每个细胞的 β–半乳糖苷酶分子数除以其最大测量值。图a 点：500 μM TMG 加入细菌培养物后，恒化器中 β–半乳糖苷酶活性上升。图a 曲线：取 $V/Q = 3.6$ h 的公式(12.12)对数据的拟合曲线。图b：与图a 相同，只是 TMG 浓度是 7 μM。实线是取 $V/Q = 3.6$ h 的方程(12.13)对数据的拟合曲线。为拟合曲线，还需要调节一个未知的整体比例因子（见习题 12.4）。虚线是二次函数完整解的短期行为的近似。（数据来自 Novick & Weiner，1957；参见 Dataset 22。）

的速率，合成 β–半乳糖苷酶。

Novick 和 Weiner 意识到他们对 β–半乳糖苷酶的测量是不确定的，因为测量的样品含有许多细菌：对 β–半乳糖苷酶整个产量的测量无法说明每个个体的产酶速率是否相同。事实上，实验者也怀疑即使在部分被诱导的个体之间也存在着较大的差异，因此他们提出了这个假说的最极端的形式：

Novick/Weiner 模型

H1a 细胞个体要么始终是全“开”（以最大速率生产 β–半乳糖苷酶），要么始终是全“闭”（ β–半乳糖苷酶的生产速率可以忽略）； (12.10)

H1b 当突然出现诱导物时，细胞个体开始随机地从“闭”切换到“开”，单位时间的切换概率依赖于诱导物的浓度。

因此，在“闭”细胞数量显著降低之前，细胞个体诱导事件形成简单的泊松过程。时间 t 后被诱导的细胞的数量为随机变量，其期望与时间成线性关系[14]。

假说***H1a***表明，β–半乳糖苷酶的整体合成速率是全“开”细胞的生产速率乘上切换到“开”状态的细胞数量的占比。***H1b***则进一步预测，“开”状态的细胞数量占比最初是以恒定速率随时间增加的。因此，结合假说***H1a***和***b***，我们可以预测 β–半乳糖苷酶的合成速率（而不是其总量）最初也是随时间线性上升的，与图 12.10b 的结果定性一致。（即使在 TMG 高浓度时，该初始阶段也可能存在，只是该阶段过于短暂而不容易被发现。）

[14]参见要点(9.6)（第 244 页）。

思考题12C 如果“开”状态的细胞占比始终随时间线性增加，为什么 β–半乳糖苷酶的浓度会与 t^2 成正比？

下一节将把 ***H1*** 与另一种“常识”假说 ***H2*** 对立起来，假说 ***H2*** 指出：一群基因相同的细菌，在混合均匀的环境中一起生长，则它们理应表现出相同的行为。

T2 第 12.4.3′b 节（第 295 页）为 Novick 和 Weiner 实验提供了更多细节。

12.4.4 Novick–Weiner 实验的定量预测

我们很快就会看到 Novick 和 Weiner 如何设计一个新的实验来直接区分假说 ***H1*** 和 ***H2***。首先，他们在已知数据中寻找线索。

假说***H2***需要一个额外的假设来拟合数据：每个细菌个体将依图 12.10b 所示的时间依赖性逐渐开启 β–半乳糖苷酶的合成。而这种行为在***H1***假说下是必然出现的，无需额外假设。

Novick 和 Weiner 的实验数据（图 12.10）来自恒化器的培养，其中体积为 V、流量为 Q，在引入安慰型诱导物 TMG 之前让系统达到稳态。他们以这种方式确保细菌的固定密度 ρ_*（图 12.3a），从而也确保固定的细菌总数量 $N_* = \rho_* V$。他们成功地做出了如图 12.10所示的时间进程的定量预测，支持了他们的诱导假说。通过写出恒化器中 β–半乳糖苷酶分子数的方程并求解，我们就能理解这些通过连续确定性近似做出的预测。

令 $z(t)$ 为恒化器中 t 时刻 β–半乳糖苷酶分子的总数，$S(t)$ 是每个细菌个体产生新的酶分子的平均速率。没有 β–半乳糖苷酶分子从外部流入腔室内，但在 $\mathrm{d}t$ 时间内会有占总数比例为 $(Q\mathrm{d}t)/V$ 的分子流出。同时考虑该种分子的产生和流失，得到演化方程：$\mathrm{d}z/\mathrm{d}t = N_* S - (Q/V)z$。对此公式做无量纲化会方便进一步计算[类似于方程(12.3)，第 345 页]。因此，我们再次将时间表示成无量纲变量 $\bar{t}$ 乘因子 V/Q 后，得到如下生–灭过程的演化方程：

$$\boxed{\frac{\mathrm{d}z}{\mathrm{d}\bar{t}} = \frac{V}{Q} N_* S - z. \quad \text{Novick 和 Weiner 假说 } \boldsymbol{H1}} \tag{12.11}$$

但是我们还无法求解该方程，除非我们知道 S 对时间的依赖关系。

按照***H1b***假说，在高诱导物浓度下，每个细菌快速切换到“开”状态，因而一开始就以最大速率产生酶，因此 $S(\bar{t})$ 在计时后就是常数。

思考题12D 应用第 308 页例题的策略证明函数$z(\bar{t}) = (VN_*S/Q)(1 - \mathrm{e}^{-\bar{t}})$是方程12.11的解。因此，

$$z(\bar{t})/z(\infty) = 1 - \mathrm{e}^{-\bar{t}}. \quad \text{高诱导物浓度下} \tag{12.12}$$

该解显示 z 从零开始上升直到其产生速度平衡流失速率。图 12.10a 曲线表明该函数能很好地拟合实验数据。

在较低诱导物浓度时，**要点**(12.10)认为诱导细胞的比例最初随时间线性增加。每个细胞的平均生产速率 S 则是比例值乘一个常数，所以 $S(\bar{t})$ 也应是线性函数：$S(\bar{t})=\alpha\bar{t}$，其中 α 是常数。将该表达式代入方程(12.11)后，我们仍然可以通过重新标度 z 而进一步简化得

$$\frac{\mathrm{d}\bar{z}}{\mathrm{d}\bar{t}}=\bar{t}-\bar{z}.\quad \text{低诱导物浓度下} \tag{12.13}$$

例题：请将方程(12.11)变换为(12.13)。解方程并针对合适的初始条件作图。[提示：检视图 12.10b 并尽可能猜一个试探解。]

解答：以下为无量纲化流程：令 $z=P\bar{z}$，其中 P 是方程中某些常数的未知组合。在方程中用 $P\bar{z}$ 替代 z，则选择 $P=VN_*\alpha/Q$ 就可以将方程(12.11)简化成(12.13)的形式。初始条件是 $\bar{z}(0)=0$，即无 β–半乳糖苷酶。

可以使用数学软件解方程。另外，如果我们能找到方程的任何一个解，则可以通过添加齐次方程 $\mathrm{d}u/\mathrm{d}\bar{t}=-u$ 的任何形式解 $u=A\mathrm{e}^{-\bar{t}}$ 来求原方程的其他解。

为了猜一个特解，请注意图 12.10b 中的数据在长时间内与 t 呈线性关系。线性函数 $\bar{z}=\bar{t}-1$ 确实是微分方程的解，只是不符合初始条件。

最后，我们假定组合 $\bar{z}=\bar{t}-1+A\mathrm{e}^{-\bar{t}}$ 是方程的解，调整待定参数 A 满足初始条件，则有 $\bar{z}=\mathrm{e}^{-\bar{t}}-1+\bar{t}$。

图 12.10b 曲线表明，这种形式的函数能拟合早期的诱导数据。特别是，此函数自动将实际初始行为（$\bar{z}(0)=0$）与渐进行为（在 $\bar{z}$ 轴上截距为负的渐进直线）融为一体。

思考题12E

> 虽然初始阶段 β–半乳糖苷酶生产速率随时间增加，但不可能无限增加。定性讨论为什么不能无限增加？为满足长时间行为，方程(12.13)及其解必须如何修改？

全有或全无假说的直接证据

上一节的分析并不能证明“全有或全无”假说***H1***，但该假说确实符合观察结果。 Novick 和 Weiner 使用了另一个有关诱导的已知事实进行了直接检验。当所有“闭”（未诱导的）细胞被放置在高浓度 TMG 培养液中时，它们都切换到“开”状态。同样，当所有“开”（诱导的）细胞被放置在无（或极低浓度） TMG 培养液中时，它们都切换到“闭”状态。但在诱导物的一个中间浓度范围内，细胞都维持它原来的状态而不随诱导物浓度的变化而发生

切换。这种现象被称为**维持**；诱导物浓度处于该中间范围的生长培养基称为**维持培养基**。

Novick 和 Weiner 引入如下假说来解释维持现象[15]：

H1c 在维持培养基中，细菌个体处于**双稳态**。也就是说，它们可以无限期地维持在诱导态或未诱导态。即使细胞分裂时，两个子代还继承这个状态。 (12.14)

实验者意识到他们可以将单个细胞发育成一个大的种群，利用维持现象使每个细胞都拥有相同的诱导状态。因此，为了确定单个细胞中 β–半乳糖苷酶的微小含量，我们必须让单个细胞在维持培养基中生长，再测定整个培养物，其中所有的细胞理应处于基本相同的状态。 Novick 和 Weiner 以这种方式启发了数十年后单细胞技术的发展。为了得到单细胞样品，他们用维持培养基稀释培养物，使得单次取样不一定含有细菌。更精确地说，来自稀释培养物的每个样品拥有细菌的数量类似于从泊松分布抽样，每个抽样的期望是 0.1 个细菌[16]。当极稀样品随后用于产生新的培养物时，其中 90% 不含有细菌，而剩余的 10% 的样品很可能每个只含一个细菌[17]。

Novick 和 Weiner 用 30% 最大诱导浓度的诱导培养物来制备许多单细胞样品，并在相同维持条件下培养它们。然后测量每份新培养物中的 β–半乳糖苷酶的含量。如 ***H1a,c*** 所预测的，他们发现每个培养物产生 β–半乳糖苷酶的速率要么最大要么很低，就是没有处于中间速率的情况。此外，以最大速率合成 β–半乳糖苷酶的样品数量恰好为总样品数的 30%，解释了原先的混合样品测量值。重复其他水平的部分诱导实验给出了类似的结果。简而言之，假说 ***H2*** 被证伪了，因为单个细菌的实验行为是双峰的，而不是均一的。

今天我们可以直接检验 ***H1***。例如，E. Özbudak 和合作者通过修饰大肠杆菌基因组，使其每次在制造 β–半乳糖苷酶时合成绿色荧光蛋白。观察细胞个体发现每个要么处于“开”，要么处于“闭”，而几乎没有中间态（图 12.11a）。数据也证实在 TMG 维持浓度范围内细胞处于双稳态 （图 12.11b，蓝色区域）[18]。也就是说，当实验者逐渐从零提升诱导物水平时，某些细菌仍然维持未诱导态直至诱导物浓度超过约 30 μM。但是，当他们将TMG从高浓度逐渐降低时，某些细菌仍然维持诱导态直到 TMG 浓度低于 3 μM 左右。也就是说，在维持区域的诱导水平取决于细菌群体的*历史*，这一特征称为**迟滞**。

迟滞行为在物理情景中很常见，例如，当我们试图反转一块钢的磁化时，出现了迟滞现象。事实上，计算机硬盘驱动器上微小磁畴“记住”信息的能力也依赖于迟滞。

---

[15]第 12.4.1 节介绍了另一种这样的非基因层面的遗传态。 [T2] 第 4.4.5′ c 节（第 96 页）介绍了包括此类现象的表观遗传概念。

[16]参见第 4.3.1 节。

[17]参见公式(4.6)（第 81 页）。

[18] [T2] 维持区域的确切上下限取决于实验条件和所用的菌株。例如，7 μM 在图 12.11中是处于维持区域，而在 Novick 和 Weiner 的实验中，相同诱导物浓度足以慢慢诱导细胞（图 12.10b）。

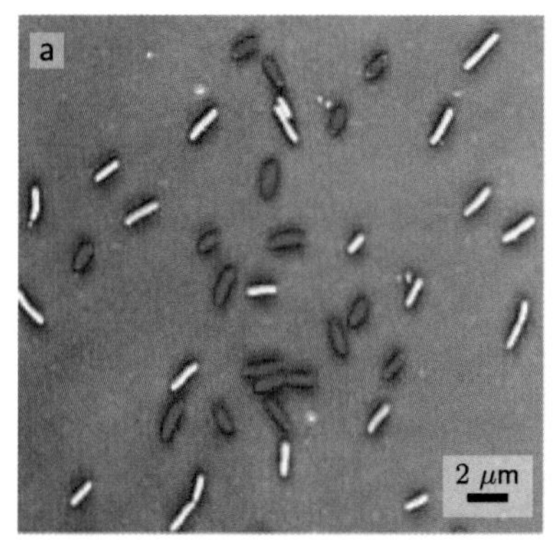

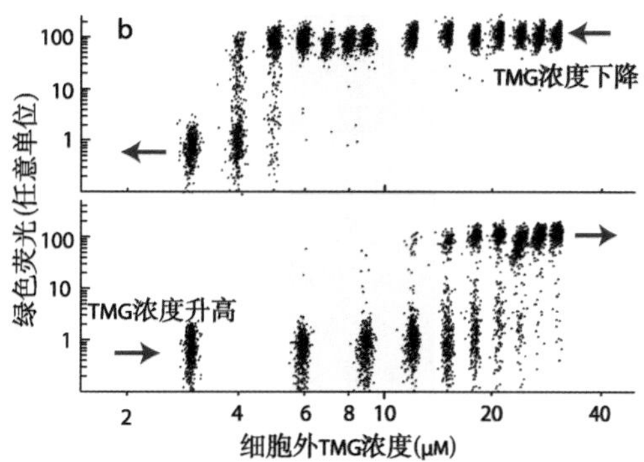

图 12.11（**显微照片；实验数据**） **大肠杆菌表达由 *lac* 阻遏物控制的绿色荧光蛋白基因。** 图 a：将常规状态细胞以及发绿色荧光细胞显示在一张图中。初始时刻这些细胞的 LacI 基因都未经诱导表达，之后细胞都在浓度为 18 μM 的安慰剂诱导物中生长了 20 小时。细胞的表达水平呈现明显的双峰分布，诱导细胞的荧光超过未诱导细胞的一百倍多。图 b：不同条件下细胞的行为。每份培养物起初要么全部诱导（上图）要么完全未诱导（下图），然后在各种不同浓度的 TMG 培养基中生长。每个 TMG 浓度值对应的散点表示每份样品中约 1 000 个细胞的荧光测量值的分布。箭头表示细胞群体的初始和最终状态。TMG 浓度必须增加到 30 μM 以上才能完全开启最初未诱导的细胞，而要完全关闭最初诱导的细胞则 TMG 浓度必须低于 3 μM 以下。 淡蓝色区域表示该实验条件下的迟滞（维持）行为的范围。（经 Springer Nature 授权允许©: Özbudak et al., Multistability in the lactose utilization network of Escherichia coli. *Nature* vol. **427**, 2004. Fig. 2a - b, p. 738。）

T2 第 12.4.4′ 节（第 377 页）讨论了最近发现的其他基因镶嵌。

小结

Novick 和 Weiner 的实验阐明了细胞控制的第二个经典例子 ***lac* 开关**：

大肠杆菌拥有双稳态开关。正常条件下开关是“闭”的，并且细菌个体不合成用于代谢乳糖的酶（包括 β–半乳糖苷酶）。但如果细菌感测周围的诱导物浓度高于阈值，则它可以切换到新的“开”状态，并高速合成 β–半乳糖苷酶。 (12.15)

获得上述结果后，揭示细胞实施 *lac* 开关的详细机制变得非常迫切。物理学家 L. Szilard 提出了**负调控**假说：某些机制阻碍了 β–半乳糖苷酶的合成，但诱导以某种方式使该系统失效。第 12.7.1 节将解释 Szilard 的直觉如何得到了证实。为此，我们仿照第11章的做法，先来讨论一种机械类比。

12.5 正反馈导致双稳态

12.5.1 机械切换器

为了更换汽车轮胎，你需要将汽车向上举起离地几厘米，杠杆可以做到这一点。但是，当你准备从一个简单的杠杆上腾出手来修车时车子又马上落地。而图 12.12a 所示的**切换**器有助于解决上述问题。

在图 12.12a 的左侧，来自重载荷的向下的力会对手柄施加顺时针扭矩。如果我们通过提升手柄克服该扭矩，则手柄会向上移动并提升负载。可是，一旦手柄通过了临界位置，负荷又开始对手柄施加一个*逆时针方向*的扭矩，此时即使我们放手，装置也会将手柄方向锁定向上。现在我们只需将手柄往下推就可以重置该切换器（回到手柄向下的稳定状态）。换言之，如果我们从临界位置开始，则无论我们采取何种动作都会导致手柄沿扭矩方向越推越远，这种反馈使临界位置成为不稳定的不动点。

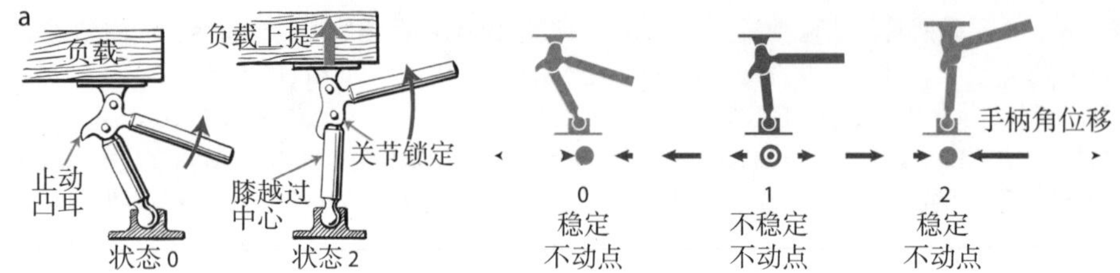

图 12.12（**示意图；相图**） **切换器概念图**。图 a：“膝式千斤顶”的一种机械实现方式。逆时针旋转手柄可以提升负荷，在达到临界角度后再往上提一点，装置就会锁定在某个位置而不再需要外部维持一个扭矩。图 b：对应的相图是一条线，代表手柄的角位移。箭头表示负载在手柄上产生的扭矩。箭头收缩至零长度的*红色靶心*表示不稳定不动点。当角度变得太大时，止动凸耳施加一个顺时针方向的平衡扭矩，右侧 2 的大箭头所示；因此，*绿点* 2 是稳定不动点。类似的机制创建了另一个稳定不动点*绿色* 0。在没有外部扭矩时，系统总会进展到其中之一的稳定不动点并停留在那里。

图 12.12b 用一维相图表达了上述观点。与调速器（图 11.1b）相反，此次系统的最终状态取决于我们放手的初始位置。如果初始位置低于点 1，则系统最终都会进展到点 0，否则会进展到点 2。如果我们在稳定不动点制造一个小的偏移，则相图中的箭头表明系统存在负反馈。但在不稳定不动点 1 附近，箭头却指向远离。因为只有两个稳定不动点，因此切换装置被称为“双稳的”（它表现出双稳态）。

总之，切换系统由于其双稳性而具有*状态存储*功能，与门铃按钮相比，切换器在任何时候都“知道”它最近处于或接近哪个不动点（0 或 2）并保持该状态。用计算机术语来说，这个系统含有一个二进制数**位**的信息量。切换器还有一个决策功能：当受到低于阈值的推动时（例如，由于振动），它会返回到未受干扰的状态。切换器通过维持其双稳态这种方式滤掉了噪声，而双稳性源自图 12.12b 所示的反馈。我们可以将其连接到一个电气开关来读取它的状态，从而形成一个**拨动开关**。

例题：

a. 考虑一个稍微简单的动力系统：假设一个系统的状态变量 x 遵循矢量场

$\boldsymbol{W}(x)=-x^2+1$。（这个系统有时被称为“逻辑斯蒂方程”。）则系统存在哪类不动点？

b. 选择几个有趣的起始位置 x_0，求系统的演化过程 $x(t)$。

解答：

a. 相图揭示有两个 x 值的 $\boldsymbol{W}$ 等于0。察看这两个不动点附近的 $\boldsymbol{W}$，表明 $x=1$ 点是稳定的，因为该点周围的 $\boldsymbol{W}$ 都指向它。同理，我们发现 $x=-1$ 是不稳定的。再没有其他不动点了，所以如果我们起始于小于 $x=-1$ 的任何点，则 $x(t)$ 的解将永远不会稳定下来，而是往 $x\to-\infty$“逃逸”。

b. 方程 $\mathrm{d}x/\mathrm{d}t=-x^2+1$ 的变量是可分离的。也就是说，它可以写成

$$\frac{\mathrm{d}x}{1-x^2}=\mathrm{d}t.$$

两边积分求解得 $x(t)=(1+A\mathrm{e}^{-2t})/(1-A\mathrm{e}^{-2t})$，其中 A 是任意常数。再将 A 与初始值关联，计算 $x(0)=(1+A)/(1-A)=x_0$ 求 A 再代入上述解。

在习题 12.5 中，你会为各种 x_0 值绘制例题中的函数并观察期望行为：当 $x_0>-1$ 时，最终会落到 $x=+1$ 点；当 $x_0<-1$ 时，只有逃逸解。该系统的常见例子就是椅子后腿向后倾倒，如果只是小角度倾斜，则放手后引力会将椅子拉回到其正常位置，即稳定不动点。但是，如果倾斜超过了临界角，则倾斜速度会从零开始上升并进入逃逸解，结局就会很不堪[19]。

尽管上述例子有一个明确的解析解，但大部分动力系统是没有解析解的。正如我们先前研究的那样，即使没有明确的解析解，相图也可以定性展示系统的行为[20]。

12.5.2 电子开关及神经兴奋性

锁存电路

机械切换器不需要任何能量输入就能无限期维持其状态，它还为发明“锁存器”（一种动态双稳态电子线路）提供了灵感，后者促成了人类文明从20 世纪中叶开始的转变。其最简单的电路形式只有两个电流放大器（晶体管），电池试图推动电流流过两个晶体管，但每一个的输出又被馈送到另一个

[19]这个例子解释了为什么不稳定的不动点也被称为“倾倒点”。此处给出的是一个特例，其中恢复扭矩来自引力势能。对于后文研究的一维系统不稳定不动点，我们将继续使用这一形象的名称。

[20]在习题 11.6 中，你需要使用计算机程序求微分方程的数值解。

的输入，结果是 *1* 导通时，其输出就关闭 *2*，反之亦然。也就是说，每个晶体管阻止另一个导通，即，双负反馈回路导致整个系统处于双稳态。因为在乘法中 $(-)(-) = (+)$，净效应是正反馈，使得整个系统具有双稳态。我们可以添加外部导线并使其通电时克服内部反馈，从而可以将锁存器重新设置到新的所需状态。当复位信号移除时，系统的双稳态无限期地维持在设置状态（只要我们继续供电）。

因此，与机械切换器类似，锁存电路扮演了 1 位存储器，让人想起大肠杆菌在维持条件下的双稳态。但锁存器不像机械切换器，它利用极少量的能量就实现了非常快速的状态切换。该电路（以及相关的后继发明）是计算机革命发生的基础。

正反馈会导致神经元兴奋

神经元在我们大脑内将信息带进带出，第 4.3.4 节（第 83 页）提到了其机制的一部分：神经元的“输入端”（或树突）含有离子通道，通过开或闭来响应周围神经递质分子的局部浓度。通道的开和闭可以控制是否允许离子跨膜，进而影响跨膜电势。

然而，神经元不仅仅是接受输入；它还必须将信号传输到遥远位置。大多数神经元具有完成此功能的专门结构，即从胞体伸出一根称为轴突的又长又细的管子。轴突的膜布满了**电压敏感的离子通道**而不是配体门控离子通道。树突上神经递质的爆发会打开一些通道，从而局部降低跨膜电势。这种降低反过来又会影响轴突起始端附近的电压敏感通道，致使它们打开并进一步延伸局部的去极化。也就是说，轴突的静息态就是其动力学方程的一个稳定不动点，超出阈值的干扰会引起一个正反馈，导致通道打开和去极化的连锁反应。这种变化沿轴突传播，并刺激树突的信息发送到遥远的轴突终端。（其他过程稍后“复位”轴突，因而产生了将其恢复到静息态的复极化尾迹波）。

12.5.3 二维相图存在分界线

我们前面讨论的钟摆是只有单个稳定不动点的系统（图 11.13）。图 12.13 显示了该系统的修正版。如果我们在小的起始角度给它一个小的推动，则它会结束于之前垂直向下的静止位置。但是，如果我们提供足够大的初始推力，摆锤可以到达磁铁位置然后吸附住，即双稳态的另一个态。与切换器一样，系统存在两个不同的稳定不动点，但是分离它们的不再是图 12.12b 所示的孤立的不稳定不动点，而是 θ–ω 平面的整个**分界线**，它将平面划分为两个“吸引盆”，分别对应两个可能的最终状态。如果用地理学概念来类比，这条分界线就像分水岭：美国大陆分水岭是一条分界线，因为降落在一侧的雨水最终会落入大西洋，而降落在另一侧的雨水最终会落到很远的太平洋。

请注意，正如地理学类比所表明的那样，分界线上的点本身不必是不动点。我们只能说，分界线是一个低维点集（这里是一条曲线），其属性为

- 如果初始态在分界线上，且没有外界扰动，那么该态一直会维持；
- 外界扰动使它偏离一点，它就会走得很远。

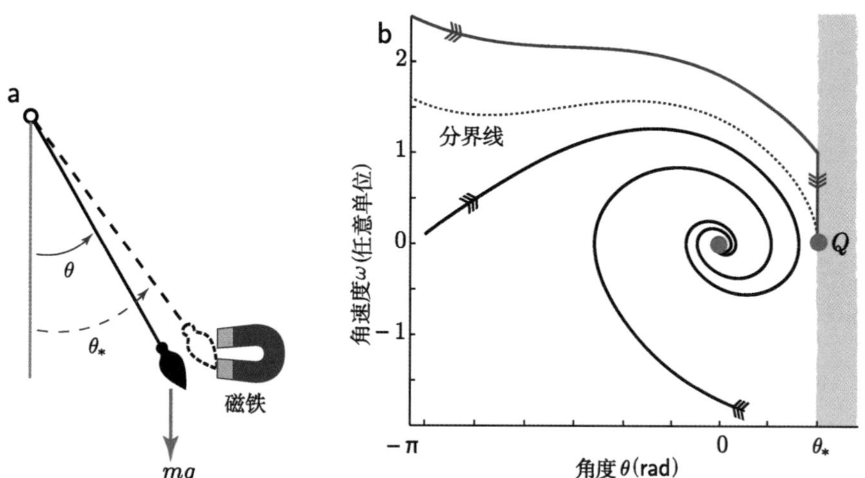

图 12.13（**示意图；相图**） **有分界线的机械系统**。图 a：具有止挡的钟摆。固定的磁铁在钟摆角位移达到临界值 θ_* 时可以将它吸附住，如图 11.13 （第 329 页）所示，阻尼对摆锤运动影响没有显示。图 b：相图有两个稳定的不动点（绿点）。分界线（品红曲线）将邻近的初始状态分开，这两个初始状态分别结束于原点（黑色曲线）和Q点（蓝色曲线）。

12.6 大肠杆菌中的合成开关网络

12.6.1 两个互阻遏基因可以构建开关

机械和电子开关所隐含的思想可以揭示细胞中的双稳态行为，例如 *lac* 和 λ 开关 [21]。

T. Gardner 及其合作者想设计一个能产生双稳态行为的基因回路。其原理是简单的：类似于电子开关，其中一个基因的产物阻遏另一个基因的转录因子。Gardner 等人选择了 *lac* 阻遏物（LacI）及其操纵基因，与另一对在 λ 开关（第 12.4.1 节）中发挥作用的阻遏物及其操纵基因。λ 阻遏蛋白由缩写 cI 表示 [22]。图 12.14b 网络图显示了总体方案。

但是，仅仅绘制网络图是不够的。在尝试实验之前，Gardner 及其合作者问道："这个想法总是奏效吗？还是只有在满足某些条件下才可行？"回答这些问题需要相图分析。这种情况类似于恒化器，我们寻求的定性行为依赖于系统参数之间的特殊关系（图 12.3）。

[21] 参见要点(12.9)（第 352 页）、(12.10)（第 355 页）和(12.14)（第 358 页）。

[22] 名字中的字母"I"是罗马数字，所以它的发音是"see-one"，而不是"see-eye"。

后续讨论将涉及的变量如下表所示。

c_1，c_2	阻遏物浓度；$\bar{c}_i$ 是其无量纲形式
n_1，n_2	阻遏物 1、2 生成过程的协同参数
$K_{d,1}$，$K_{d,2}$	阻遏物 1、2 分别与操纵基因 2、1 结合的解离平衡常数
Γ_1，Γ_2	阻遏物的最大生产速率；$\bar{\Gamma}_i$ 是其无量纲形式
V	细胞体积
τ_1，τ_2	消解参数[参见方程(11.14)，第 321 页]

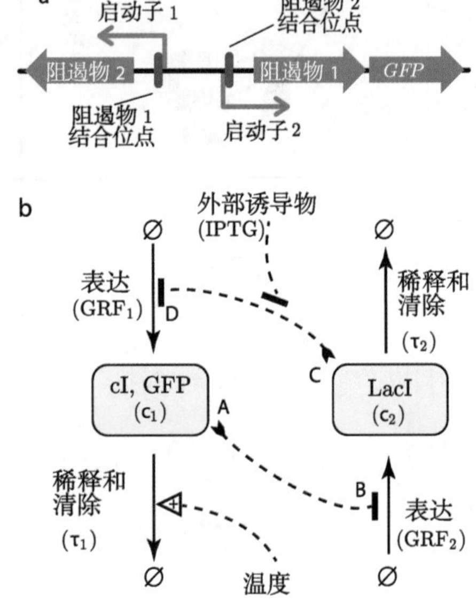

图 12.14（示意图；网络图） **基因开关的两种表示**。图 a：两个基因相互阻遏。图显示了各种元件在细胞中的短DNA 分子（“质粒”）上的相对位置。宽箭头表示基因；钩箭头表示启动子。阻遏物 1 抑制从启动子 1 开始的基因转录，阻遏物 2 抑制从启动子 2 开始的转录。右侧的操纵子除了包括阻遏物 1 的编码基因，还包含一个编码绿色荧光蛋白的“报告基因”。图 b：相同的回路绘制成网络图。ABCD 环路整体呈正反馈（含两个负反馈），表明该网络可能表现出类似于机械或电子开关的不稳定不动点。为接收外部“指令”，转录因子之一（LacI）可以被外部提供的诱导物 IPTG 失活。而另一个（cI）是温度敏感的突变体，其清除速率随温度的升高而增加。（摘自 Gardner et al.，2000。）

第 11.4.4 节介绍了简单操纵子的基因调控函数公式[公式(11.11)，第 320 页]，它包含三个参数：最大生产速率 Γ、解离平衡常数 K_d、协同参数 n。根据网络图 12.14，直接套用公式(11.11)，可得[23]**双基因开关的物理模型**：

$$\begin{aligned}\frac{dc_1}{dt} &= -\frac{c_1}{\tau_1} + \frac{\Gamma_1/V}{1+(c_2/K_{d,2})^{n_1}}\\ \frac{dc_2}{dt} &= -\frac{c_2}{\tau_2} + \frac{\Gamma_2/V}{1+(c_1/K_{d,1})^{n_2}}.\end{aligned} \tag{12.16}$$

为了简化分析，假设两个操纵子的协同参数相等 $n_1 = n_2 = n$。因为我们感兴趣的是该系统可能的开关（双稳态）行为，因此我们首先令方程(12.16)左侧等于零来探讨稳态。该方程因为参数太多而显得繁琐，所以我

[23]网络图上显示的外部控制将在第12.6.2 节中讨论。

们遵循前面使用的无量纲化程序。定义

$$\bar{c}_i = c_i/K_{\mathrm{d},i} \qquad 和 \qquad \bar{\Gamma}_i = \Gamma_i\tau_i/(K_{\mathrm{d},i}V). \tag{12.17}$$

零变线就是那些浓度不随时间变化的点的轨迹，是如下方程所示的曲线

$$\bar{c}_1 = \bar{\Gamma}_1/(1+(\bar{c}_2)^n); \qquad \bar{c}_2 = \bar{\Gamma}_2/(1+(\bar{c}_1)^n).$$

稳态条件就是这两个方程的解，以图形表示：在 $\bar{c}_1$–$\bar{c}_2$ 平面同时绘制上述两条曲线，再找到它们的交点（图 12.15）[24]。

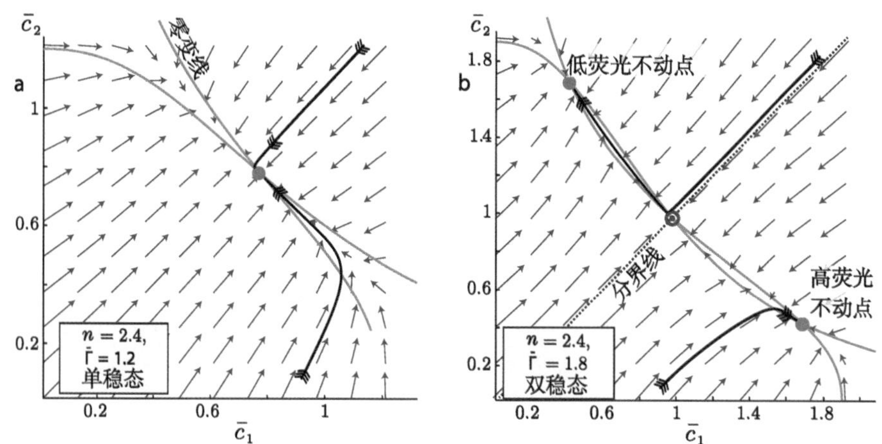

图 12.15（**数学函数**） **理想基因开关的相图**。图 a：双基因开关系统的零变线（橙色曲线）相交于单个稳定不动点 [方程(12.16)，其中 $n=2.4$，且 $\bar{\Gamma}_1=\bar{\Gamma}_2=1.2$]。图中展示了动力学方程的两个解（黑色曲线），最终都演化到稳定不动点（绿色点）。图 b：$\bar{\Gamma}_1=\bar{\Gamma}_2=1.8$，而协同性参数不变，则产生了双稳态（开关）行为。与图a 相同的初始条件现在则演化到完全不同的终点。其中之一（上部黑色曲线）的起始点非常接近分界线（品红点线）；然而，它还是终止于某个稳定不动点。（比较第 363 页图 12.13b 的双稳态行为。）

无协同结合（$n=1$）的情况下不会产生切换行为。但是当 $n>1$ 时，零变线是有拐点的[25]，因而会发生更有趣的现象。图 12.15a、b 显示了两种可能性，分别对应模型中参数的不同选择（即两组 $\bar{\Gamma}_i$ 值）。图 12.15b 显示了三个不动点，其中两个是稳定的，类似于机械切换装置。也就是说，当我们调整系统参数时，解的行为会发生从单稳态到双稳态的质变。当控制参数连续改变时系统行为发生跳变的现象被称为**分岔**[26]。

T2 第 12.6.1′ 节（第 378 页）介绍了人工合成的单基因开关。

[24] 同样的流程在前面的钟摆、恒化器和流行病建模中使用过，参见图 11.13（第 329 页）、图 12.3（第 346 页）、图 12.5（第 350 页）和图 12.7（第 351 页）。

[25] 参见第 11.4.3 节。

[26] 第 12.2.4 节介绍了分岔。

12.6.2 调节分岔可使开关复位

图 12.15 显示了 $\bar{\Gamma}_i$ 值变化时单个稳定不动点如何分裂成三个（两个稳定的和一个不稳定）[27]。图示的情况是 $\bar{\Gamma}_1 = \bar{\Gamma}_2$。可是更相关的情况是参数之一发生变化而其他的值固定不变。

例如，在基因开关中（图 12.14b），临时添加外部诱导物，会中和一部分 LacI 分子，这就降低了对 cI 的阻遏。cI 的产生反过来又阻遏 LacI 的生产，因此将系统切换到具有较高荧光的稳态，如果细胞最初就在该状态，则其状态不变。但是，如果最初是在低荧光状态，则会切换到“高”荧光状态，即使诱导物移除后仍会维持在该态。在数学上，我们可以将这种干预模型化为增加 $K_{d,2}$[也就是减少 $\bar{\Gamma}_2$，见公式(12.17)]。图 12.16a 相图显示，这种情况下，一条零变线没变，而另一条移动了，不稳定不动点和两个稳定不动点中的一个一起移动，合并，直至湮灭。系统不得不移动到另一个本身没有移动太多的稳定不动点。总之，增加诱导物会将系统切换到高 cI 浓度（高荧光）状态。

网络图 12.14b 显示的另一条外部“控制线”涉及升温，也就是提升温度敏感突变体 cI 的清除速率。我们将这种干预模型化为降低清除时间常数 τ_1 的值（也就是减少 $\bar{\Gamma}_1$）。图 12.16b 显示的结果表明系统将切换到低 cI 浓度的状态。

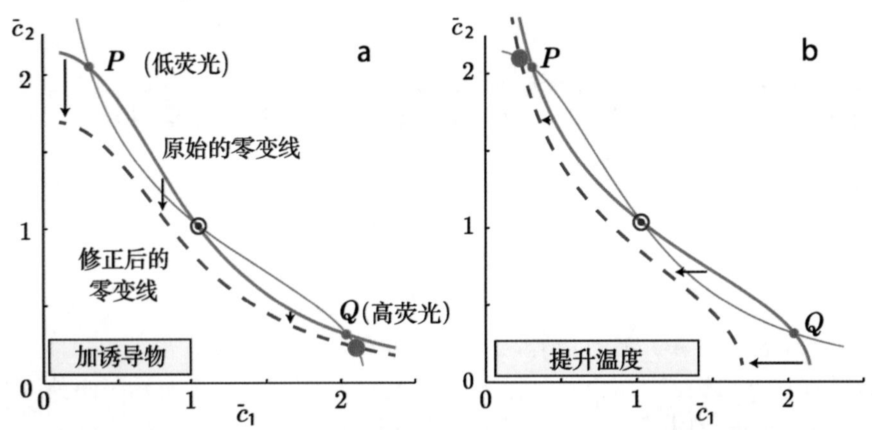

图 12.16（相图） **“拨动”基因开关**。橙色线类似于图 12.15b 中的零变线，表示拥有两个稳态不动点（小绿点）的双稳态开关。为清楚起见，在这些图中省略了矢量场。图 a：当我们添加诱导物时，$\bar{c}_1$ 产量上升，则粗的零变线变化到蓝色虚线。先前在 P 的稳态不动点消失；无论系统的原始状态如何，它们最终都移动到原分岔点 Q 附近的仅存的不动点。诱导物被移除后，系统会恢复双稳态特性，但仍会停留在 Q 态。图 b：当升高温度时，$\bar{c}_1$ 清除速率上升，则粗的零变线变化到蓝色虚线。无论系统的原始状态如何，它们最终都移动到 P 附近的不动点。温度恢复后，系统仍将保留在状态 P。

[27] T2 更确切地说，不稳定不动点是鞍点；参见第 11.7′ 节（第 338 页）。

思考题12F

> a. 解离平衡常数是操纵基因 50%被占据时所需的 LacI 浓度。假设添加诱导剂将该常数增加到其原始值的两倍，而其他一切都保持不变。讨论零变线方程的结果会如何变化，并证明图 12.16a 中显示的定性行为是正确的。
>
> b. 假设升高温度会使 cI 的平均寿命减少到其原始值的一半，而其他一切都保持不变。讨论零变线方程的结果会如何变化，并证明图 12.16b 中显示的定性行为是正确的。

任何一种干预后，我们都可以将系统恢复到正常条件（低诱导物浓度和正常温度），两个失去的不动点也将重现，但系统仍然停留在干预后的状态。图 12.17 显示的基因开关确实展示了这种双稳态行为。图 12.18 则显示了诱导物浓度提高/降低情况下系统的更丰富的行为。图 12.19 证明了系统是双稳态的，当诱导物浓度正好维持在分岔点时，细胞个体荧光的直方图呈现两个分离的峰。

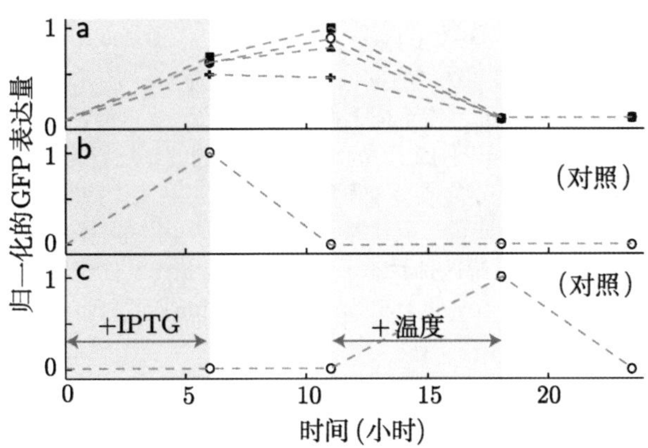

图 12.17（实验数据） **双基因开关的双稳态行为**。在这些图中，符号表示不同种类细胞变体中绿色荧光蛋白表达的测量值。不同的符号是指具有不同核糖体结合位点的变体形式。灰色虚线只是符号的连线。图 a：加外部诱导物（左侧着色区域）之后，开关切换到“开”，即使诱导物浓度恢复正常，开关仍将无限期保持开状态；升高温度（右侧着色区域）开关切换到“关”，即使温度恢复正常，开关仍将无限期保持关状态。两个白色区域代表相同的生长条件，但细菌基于不同的历史具有不同行为：系统显示迟滞（记忆）现象。图 b：仅缺失 *cI* 基因（其他构造同图 12.14）的对照菌株实验。在这个系统中，GFP 的表达像往常一样是可以诱导的，但没有双稳态。图 c：缺失 LacI 的对照实验。GFP 表达量完全取决于 cI，目的是检查阻遏物的温度敏感性。（数据蒙 Timothy Gardner 惠赠；也可参见 Gardner et al.，2000。）

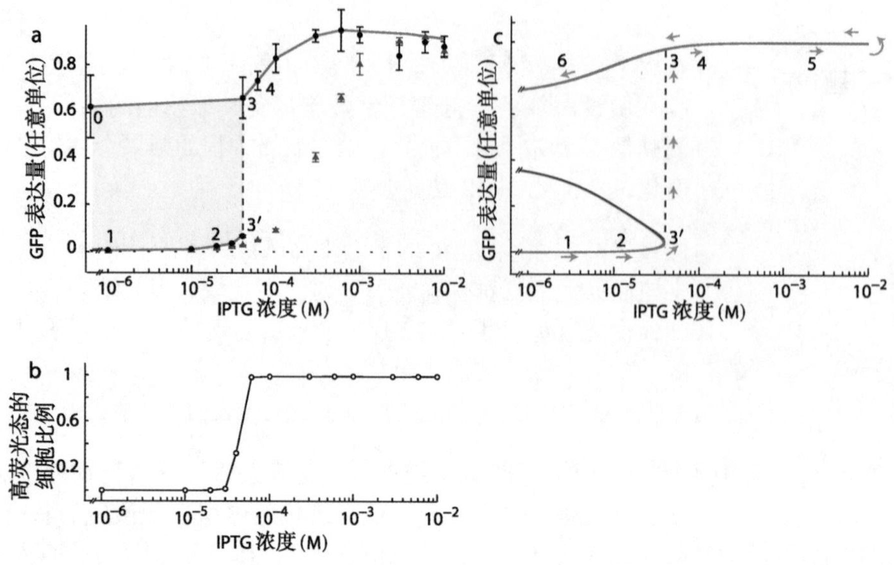

图 12.18（**实验数据；实验数据；分岔图**） **合成双基因开关中的迟滞现象**。图a 圆点 *0*：开关处于“开”态且无诱导物 IPTG 时 cI−GFP 的产量。图a 从左至右的黑点：开关初始处于“关”状态而 IPTG 水平逐渐增加时的 cI−GFP 产量。细胞群在 IPTG 临界值分为全“开”或全“关”两个亚群，它们的表达水平分别被单独标为 *3* 和 *3′*。在更高的诱导物水平上，细胞群中的所有细胞都处于相同的状态。 阴影区是双稳态的区域。所示的迟滞行为类似于天然的 *lac* 开关（图 12.11，第 359 页）。为了便于比较，仅 cI 基因缺失（其他构造同图 12.14）的对照菌株的数据以蓝色三角形显示，表明当诱导物加入时阻遏逐渐丧失[公式(11.11)，第 320 页]，该系统无迟滞现象。图 b：各种诱导物浓度下处于“开”状态的细菌比例。图 c：类似于图 12.14 的物理模型预测的系统行为。当 IPTG 浓度降低时，单个稳定不动点（绿色）分岔成一个不稳定的（红）和两个稳定的（绿）不动点。从左下开始，箭头绘出了一序列步骤，其中最初处于“关”状态被驱动到“开”状态，即使 IPTG 再回到零，系统依然保持这种状态。（Springer Nature 授权许可 ©：Gardner et al., Construction of a genetic toggle switch in Escherichia coli. *Nature* vol. 403, 2000。）

[T2] 第 12.6.2′ b 节（第 383 页）更详细地讨论了时变参数值。

12.6.3 展望

上述人造基因开关的研究使人联想到 *lac* 开关的行为，包括双稳态和迟滞。不过，看起来即便不用数学，仅文字描述似乎就足以解释观察到的行为了。那为何还值得花力气发展模型和计算呢？

回答之一是物理模型有助于我们想象什么行为是可能的，并系统考虑能够实现这些行为的潜在机制。当我们试图了解一个现有的系统时，我们能想到的首个机制未必就是大自然所选择的，因此给这些选项做个列表是有意义的[28]。

[28] [T2] 第 12.6.1′ 节（第 378 页）讨论了基因开关的另一种实施方案。

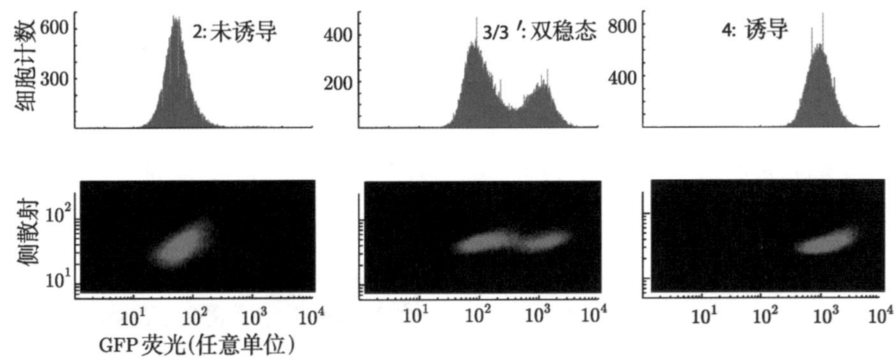

图 12.19（**实验数据**）　**合成双基因开关中的双稳态**。中心图显示，在双稳态区域，即使具有相同基因组的细胞也分成两个不同群体。每个子图的顶部部分是报告基因荧光的直方图，报告基因通过合成绿色荧光蛋白跟踪 cI 的浓度，而底部部分的云状图则显示了 GFP 荧光强度（横轴）及另一个观测量（纵轴。与细胞大小相关）的联合概率密度分布，这种图有助于进一步区分直方图中的各个峰。（Springer Nature 授权允许 ©：Gardner et al., Construction of a genetic toggle switch in Escherichia coli. *Nature* vol. 403, 2000。）

物理模型也提醒我们看似合理的卡通图也不能保证给出我们想要的结果，而这些结果通常只在一定的参数范围内才出现（如果有的话）。当我们设计一个人工系统时，建模可以给我们提供定性的指南，比如何种参数组合可以控制系统的行为，及如何调整这种组合以提高成功的机会。一旦建模取得了成功，我们接着就可以考虑如何提升系统的稳定性，如何使稳态之间的区别更加显著，等等。例如，Gardner 和合作者指出，协同阻遏是获得双稳态所必需的，且较大的协同参数值扩大了双稳态的范围，这些考虑可以指导我们选择哪种阻遏物。他们还指出，阻遏物1、2的合成速率 $\bar{\Gamma}_{1,2}$ 应大致相等，这一事实引导他们对基因的不同的核糖体结合位点进行修饰，从而构建相应的变异体，其中一些变异体确实比其他变异体表现更好（图 12.17a）。

12.7　天然开关

本章用单细胞生物体的神秘行为的两个例子作为开始。然后我们看到了正反馈如何导致了机械系统的双稳态，以及实验者如何使用这些见解在细胞中创建开关回路。虽然合成系统因其简单而具有吸引力，但现在是时候重新审视那些进化出来的天然系统了。

12.7.1　*lac* 开关

第 12.4.2 节（第 353 页）讨论了大肠杆菌如何识别其周围乳糖的存在，并合成进食该糖所需的代谢机器。但是，如果只为了少数几个分子而装备整个响应系统显然是比较浪费的。因此，细胞需要设置诱导物浓度的阈值以忽略小的瞬变，而正反馈设计可以产生这类触发式的响应。

为了实现上述功能，大肠杆菌拥有包含三个基因（ ***lac* 操纵子**，图 12.20 ）的操纵子。其一是 *lacZ* 基因，编码 β–半乳糖苷酶，其任务是开启乳糖的代谢。其二是 *lacY* 基因，编码**通透酶**，它不执行任何化学转化，而是嵌入细胞膜中主动将那些撞上它的乳糖分子拉入胞内。因此，表达通透酶的细胞可以维持诱导物的胞内浓度超过胞外水平[29]。

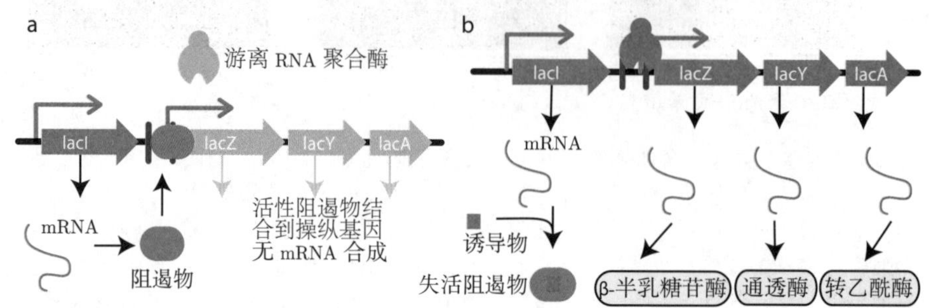

图 12.20（**示意图**） **大肠杆菌中的 *lac* 操纵子**。宽箭头表示基因；钩箭头表示启动子。图 a：没有诱导物时，操纵子的三个基因均被关闭。图 b：诱导物使 *lac* 阻遏物失活，允许基因转录。

另一个单独的基因连续产生 *lac* 阻遏物（LacI）分子。图 12.20a 勾画了没有乳糖的情况下 LacI 如何抑制上述各酶的生产。图 12.20b 描绘了应对外部诱导物的响应，与 Novick 和 Weiner 的实验类似：诱导物阻抑了 LacI 结合到启动子，从而提升了基因转录的概率。

图 12.21b 显示了如何满足类似开关响应的要求。因为类似乘法，$(-)(-)(+) = (+)$，所以显示的循环整体是正反馈的。即使诱导物处于未诱导细胞的外面也很少会进入胞内，因为通透酶的本底表达量很低。然而，如果细菌持续暴露于高浓度的诱导物环境中，进入细胞的诱导物的量最终足以触发生产更多的通透酶，后者因而会拉入更多诱导物，形成正反馈。该回路的双稳性解释了 Novick 和 Weiner 观察到的诱导全有或全无现象。

由于细胞中的随机性，阻遏实际上并不是绝对的：即使没有诱导物，LacI 偶尔也会从操纵基因上解离，导致 β–半乳糖苷酶和通透酶的产生维持本底表达（图 12.22a）。然而，如果胞外诱导物浓度较低，少量通透酶也不足以使胞内诱导物浓度上升很多[30]。即使在维持区域存在另一个潜在的稳定不动点，这种随机噪声还不足于推动细胞状态越过分界线，所以未诱导的细胞还是维持在其原始状态。

当胞外诱导物浓度很高时事情就发生了变化。Novick 和 Weiner 的假说是：在这种情况下，初始未诱导的细胞在单位时间内以固定概率转换到诱导

[29] T2 操纵子的第三个基因称为 *lacA*，编码 β–半乳糖苷转乙酰酶，是细胞处于乳糖饮食模式所需要的。

[30]图 12.16 在合成开关的内容上显示了类似的观点。

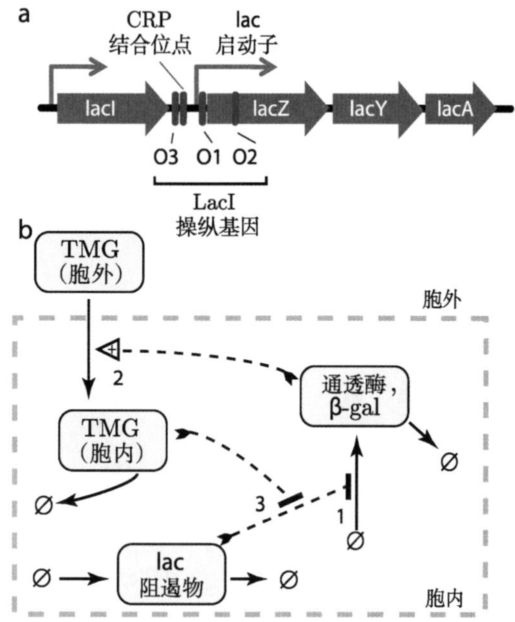

图 12.21 (**示意图；网络图**) ***lac* 系统的正反馈**。图 a：比图 12.20 更详细的原理图。垂直线段是操纵基因（转录因子的结合位点）：三个用于 LacI、一个用于CRP（稍后将会讨论）。图 b：该系统的另一种表示。增加细胞内诱导物分子（此处为TMG）浓度抑制了 *lac* 阻遏物对通透酶生产的负向调控。通透酶基因的表达反过来又允许输入更多的外部 TMG（2，见正文）。反馈环路 123 的总体净效应是正的，因而导致了开关行为。该简化图略去了一些细节，包括 LacI 拥有三个操纵基因，及阻遏物在结合到 DNA 之前必须形成四聚体这一事实所引起的复杂性。

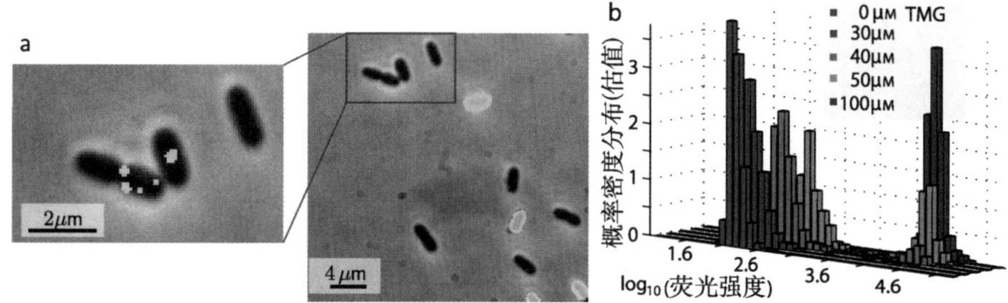

图 12.22 (**显微照片；实验数据**) ***lac* 系统的诱导**。图 a：表达通透酶（LacY）和黄色荧光蛋白的融合体的大肠杆菌菌株。*右侧*：诱导与未诱导细胞之间存在明显区别。*插图*：未诱导的细胞仍然含有几个拷贝的通透酶。图 b：许多细胞的荧光测量证实其数量在中间诱导物浓度（40 ~ 50 μM TMG）时呈双峰分布。[图a 摘自 Choi, P J, Cai, L, Frieda, K, and Xie, X S (2008). A stochastic single-molecule event triggers phenotype switching of a bacterial cell. Science (New York, N.Y.), 322(5900), 442 - 446., AAAS 许可复印。参见 Media 14，图b 数据蒙 Paul Choi 惠赠。]

状态[31]。第 12.4.4 节表明，该假说可以解释诱导物浓度略高于维持区域时的诱导数据，但当时还没有分子机制来支持该假说。Novick 和 Weiner 推测单个通透酶分子的合成可能是触发诱导的事件，但图 12.22a 表明情况并非如此。相反，P. Choi 和合作者发现，通透酶转录显示了两种不同类型的阵发行为：

- 小规模的阵发式转录产生了几个通透酶并维持在本底水平，但不会触发

[31]参见**要点**(12.10)（第 355 页）。

诱导。

- 罕见的大规模阵发式转录则产生数百个通透酶，若胞外诱导浓度足够高，则足以推动细胞的控制网络越过其分界线进入诱导状态（图12.22b）。

T2 第 12.7.1′ 节（第 384 页）讨论了刚才提到的大、小规模阵发式转录之间的区别。

具有逻辑的细胞

大肠杆菌也像我们人类一样偏食；例如，第 12.4.3 节中提到如果葡萄糖可用的话，即使有乳糖存在，它也不会完全激活*lac*操纵子。（如果葡萄糖够用，又何苦再将乳糖分解成葡萄糖呢？）值得注意的是，大肠杆菌有能力实行逻辑且（**and**）运算：

当(乳糖存在) **and** (葡萄糖缺席)时开启操纵子。 (12.18)

在前文介绍的二次生长的例子中我们已经见到过这种控制方案（图 12.9b、c）。

图 12.23 显示大肠杆菌是如何根据要点(12.18)实现逻辑运算。前面讨论过的回路已经被嵌入更大的网络中。当葡萄糖不可用时，细胞就开启环腺苷单磷酸（**cAMP**，一种内部信号分子）的生产。cAMP 反过来又是 cAMP 结合受体蛋白（简写为CRP，一种转录因子）的效应物，CRP 是 *lac* 操纵子所必需的激活物[32]。即使有乳糖存在，葡萄糖也能关闭 β–半乳糖苷酶以及其他乳糖代谢装置的生产。

还存在另一个控制机制（图 12.23 所示）作为上述机制的补充：葡萄糖的存在还抑制了通透酶的作用。这是更广义的**诱导物排斥效应**的一个例子。

12.7.2 λ 开关

第 12.4.1 节描述了感染 λ 噬菌体的细菌如何可以长期维持潜伏状态，然后又突然切换到自毁性裂解程序。图 12.24 中的网络图概述了这个切换机制的高度简化的版本。该图包含了一个熟悉的模式，即存在一个转录因子（称为 Cro）的自调控基因。另一个编码 λ 阻遏物 cI 的自调控基因则稍微复杂一些。在低浓度时，cI 激活自身的生产。然而，还存在第二个操纵基因，它与 cI 的结合弱于第一个操纵基因。当结合到第二个操纵基因上时，cI 扮演阻遏物，只要其浓度变得太大时就降低转录，从而防止过量生产。

这两个自调控基因也相互阻遏对方，从而导致类似合成开关（图12.14b）的双稳态行为。DNA 紫外损伤等外部压力可触发所谓的 **SOS 级联应答**（其

[32] CRP 的结合位点如图 12.21a 所示。 T2 cAMP 水平不受 TMG 摄取的影响，因此使用安慰诱导物的实验可以忽略这部分路径。

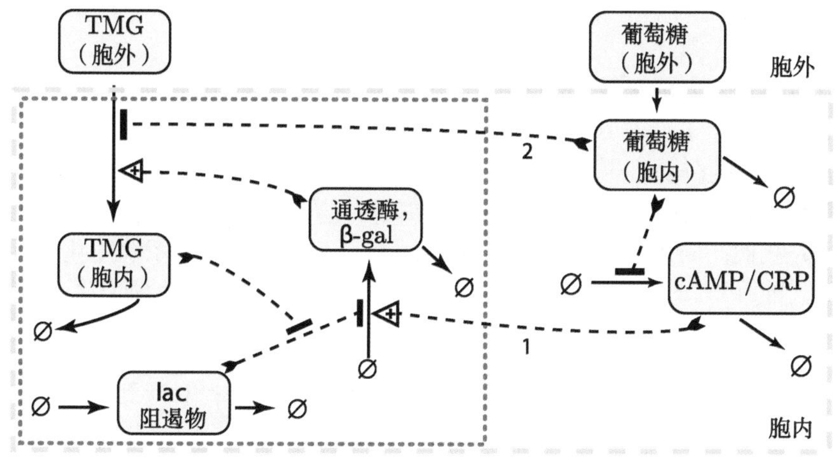

图 12.23（**网络图**） ***lac* 系统的扩展的决策回路**。内框包含了图 12.21b 所示的决策模块。当葡萄糖也存在时，内框之外的额外元件通过抑制 CRP 激活（1）和诱导物排斥（2）等方式，会优先于外部诱导物信号而对内框所示过程起作用。

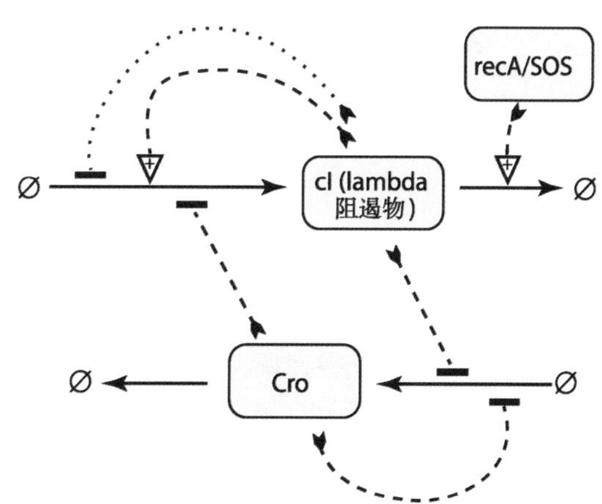

图 12.24（**网络图**） **λ 开关的简化版本**。两个自调控基因在整个正反馈回路中彼此阻抑导致类似于合成开关的双稳态。来自 λ 阻遏物框的两类影响线在正文中讨论过。裂解状态对应于高 Cro 和低阻遏物（cI）浓度的态；溶源态则相反。DNA 损伤通过启动 SOS 应答（*右上*）来切换开关。该图省略了远离 *cI* 和 *Cro* 基因启动子的另一组操纵基因的影响。二聚反应也被省略，cI 或 Cro 分子必须缔合成对，才能结合到各自的操纵基因上（第 12.6.1′ 节）。

中涉及 RecA 蛋白）。虽然大肠杆菌为自身目的（起始 DNA 修复）演化出 SOS 应答，但 λ 噬菌体利用该应答反应作为触发器，迫使系统切换到裂解态：该反应清除了能阻遏 Cro 表达的 cI 二聚体，从而开启裂解程序。

T2 本书的第 4 篇讨论了细胞随机性在控制网络中的作用。第 12.6.1′ a 节（第 378 页）提供了出现在 λ 开关中的操纵基因的更多信息。

总结

物理学家开发的相图最初是用于分析联立微分方程组描述的各种问题。按照不动点的稳定性及其通过分岔而出现（或消失）的行为特征，可以对不动点进行系统的分类，这已经成为所谓的“动力系统”研究的一个重要部分。我们已经看到，即使没有原始方程的详细解，这些想法如何能让我们洞察系统行为。我们同时也开发出另一个功能强大的工具，即，将系统简化成无量纲形式。前一章强调了不动点在相图中的关键作用；本章又增加了一些新的概念[33]：

- 对于不同初始条件，系统可展示出完全不同的行为；对应到相图上，则不同区域之间存在“分界线”（分水岭）。
- 对不同参数值，系统行为会出现“分岔”。

到目前为止，我们的研究严格限制在基因网络，但这些思想可以应用到更广泛的生物控制系统。例如，下一章节将介绍生物振子，执行回路包括多种酶的重复激活和失活，不需要基因的开和关。

关键公式

- 恒化器：令 ρ 和 c 分别是细菌和某些限制性营养分子的数密度，限制性营养分子以流量 Q 和浓度 c_{in} 提供给体积为 V 的恒化器。再令 $k_{\text{g,max}}$ 是细菌最大分裂速率、K 是细菌半最大生长速率对应的营养物浓度、ν 是新增一个细菌所需的营养分子的数量。则 ρ 和 c 服从

$$\frac{\mathrm{d}(\rho V)}{\mathrm{d}t} = \frac{k_{\text{g,max}}c}{K+c}\rho V - Q\rho \qquad [12.1]$$

$$\frac{\mathrm{d}(cV)}{\mathrm{d}t} = Qc_{\text{in}} - Qc - \nu\frac{k_{\text{g,max}}c}{K+c}\rho V. \qquad [12.2]$$

  系统总是存在一个不动点在 $\rho = 0$ 和 $c = c_{\text{in}}$ 处；是否存在第二个不动点则依赖于参数值。

- 传染病：人群中有占比为 s 的易感人群，有占比为 i 的传染人群。传染个体在单位时间内康复的概率是 γ。感染以质量作用定则（速率常数为 λ）的方式传播。如果康复者再次变成易感人群，则

$$\frac{\mathrm{d}s}{\mathrm{d}t} = -\lambda(1-s)s + \gamma(1-s).\ \ \text{SI 模型} \qquad [12.5]$$

[33]第 12.6.2′ 节（第 383 页）更详细地讨论了这些概念之间的区别。

如果康复者永久免疫，则

$$\frac{\mathrm{d}s}{\mathrm{d}t}=-\lambda is;\quad \frac{\mathrm{d}i}{\mathrm{d}t}=\lambda is-\gamma i.\ \text{SIR 模型} \qquad [12.6]$$

如果免疫以单位时间 $\mu\gamma$ 的概率失效，则

$$\frac{\mathrm{d}s}{\mathrm{d}t}=-\lambda is+\mu\gamma(1-s-i);\quad \frac{\mathrm{d}i}{\mathrm{d}t}=\lambda is-\gamma i.\ \text{SIRS 模型} \qquad [12.8]$$

- Novick/Weiner：在体积 V 和流量 Q 的恒化器中制备具有密度 ρ 的稳定细菌群之后，可以通过向喂料口加入诱导分子诱导细菌。令 $S(\bar{t})$ 为细菌个体产生 β–半乳糖苷酶新副本的平均速率，$z(\bar{t})$ 是那些分子的数量，则

$$\frac{\mathrm{d}z}{\mathrm{d}\bar{t}}=\frac{V}{Q}N_*S(\bar{t})-z, \qquad [12.11]$$

  其中 $\bar{t}=tQ/V$ 和 $N_*=\rho_*V$。根据 S 依赖于时间的不同假设，该方程有不同的解。

- 开关：如果蛋白 *1*、*2* 互为对方的基因表达的阻遏物，则可建立两个浓度 c_1、c_2 的时间演化方程 [方程(12.16)，第 364 页]。我们利用相图分析系统何时处于双稳态。 当我们连续地调整控制参数，系统的稳态可以出现不连续地跳越（分岔）。

延伸阅读

准科普

Bray, 2009.

Chakraborty & Shaw, 2021.

传染病模型：Ellenberg, 2021.

早期插入到我们基因组中的休眠病毒基因可能被重新激活，类似于 λ 噬菌体的裂解途径：Zimmer, 2021.

中级阅读

一般知识：Ingalls, 2013.

不动点、相图和动力系统：Otto & Day, 2007; Strogatz, 2015; Conradi Smith, 2019.

传染病建模：Keeling & Rohani, 2008.

lac 操纵子的发现：Müller-Hill, 1996.

lac 开关：Keener & Sneyd, 2009, chapt. 10; Wilkinson, 2019.

λ 开关：Ptashne, 2004; Sneppen & Zocchi, 2005; Myers, 2010.

广义开关：Cherry & Adler, 2000; Murray, 2002, chapt. 6; Tyson et al., 2003; Ellner & Guckenheimer, 2006.
包含化学趋化的另类开关：Berg, 2004; Alon, 2019, chapt. 8.
神经细胞的信息传递：Dayan & Abbott, 2001; Phillips et al., 2012, chapt. 17; Nelson, 2020, chapt. 12.

高级阅读

历史回顾：Monod, 1949; Novick & Weiner, 1957.
传染病：Murray, 2002.
人造开关：Gardner et al., 2000; Tyson & Novák, 2013.
系统生物学标记语言，用于编码计算机模拟软件包的网络规范：`http://sbml.org/`.
lac 开关：Santillán et al., 2007; Keener & Sneyd, 2009; Savageau, 2011; Mackey et al., 2016.
λ 开关：Little & Arkin, 2012; Mackey et al., 2016.
细胞命运开关：Ferrell, 2008.

拓展

T2 12.3.3 拓展

12.3.3′ 其他传染病模型

正文的模型没有考虑传染病存在**潜伏期**的可能性：在许多疾病中，个体在感染后到具有传染性之间存在延迟。在网络图中考虑该因素的一种策略是添加一个“暴露”模块 E。则模型具有结构 $S \to E \to I \to R$（并可能回到 S），称为 **SEIR**（或 **SEIRS**）**模型**。

我们的模型还做了简化假设，即感染和康复具有严格呈指数分布的驻留时间（单位时间固定的概率）。还有更现实的“年龄结构化”模型，可给出更详细的分布。

T2 12.4.3 拓展

12.4.3′ 有关 Novick–Weiner 实验的更多细节

- 说 TMG 和 IPTG 分子模仿乳糖是过于简单化了，更确切地说，它们模仿的是产生于代谢早期的乳糖的修饰形式：异乳糖；异乳糖是 *lac* 阻遏物的实际效应物。（但这些安慰型诱导剂的确也能欺骗通透酶，后者原本是将乳糖导入细胞中的。）

- 为了测量活性 β–半乳糖苷酶的量，Novick 和 Weiner 使用了光学技术。他们将培养物样品暴露于另一种乳糖模拟物（称为 ONPG[34]），该分子遭受 β–半乳糖苷酶攻击时会变色。通过测量特定波长的光吸收可以推断 β–半乳糖苷酶存在的量。此类指示剂通常被称为 β–半乳糖苷酶的“显色底物”。（更现代的替代方案称为 X-Gal。）

T2 12.4.4 拓展

12.4.4′ 镶嵌现象

正文断言个体中的所有体细胞（非生殖细胞）具有相同的基因组（“皮肤细胞和神经细胞拥有相同的基因组”），或者换句话说，一旦受精卵形成，任何个体的遗传变异就已经注定，因此细胞生命中任何进一步的变异只能通过表观遗传方式进行。我们现在知道这一说法并不完全正确。可遗传的突变也

[34] o-nitrophenyl-β-d-galactoside。

可以在体细胞中产生，并且可以传递到它们的子代，导致个体内的基因组变异，这就是“镶嵌现象”。

例如，

- 癌细胞中的严重异常。
- 一个更微妙的例子是“跳跃基因”，又称 LINE-1 反转录转座子，这是一段可转移 DNA 区域，通过其转录物的反转录将自己复制回 DNA，再重新插入基因组。在基因组中随机地插入遗传元件可能破坏甚至上调另一个基因。这种随机插入在胎儿的脑组织中似乎尤为普遍（Coufal et al., 2009）。
- 我们的免疫系统通过在白细胞中发生的基因重组产生一个大的抗体库。这些细胞的一小部分由身体选择并保存，形成我们的免疫“记忆”。
- 更广泛地说，最近的研究已经证明你身上的微生物必须被视为“你”的不可分割的一部分，因为这些微生物的遗传历史是与你的体细胞交织在一起的。

T2 12.6.1 拓展

12.6.1′a 复合操纵子能执行更复杂的逻辑运算

第 12.6.1 节展示了采用两个相互阻遏的基因组成的反馈回路来获得开关行为的方法。F. Isaacs 及其合作者在大肠杆菌中只用一个基因构建了另类的合成基因开关（Isaacs et al.,2003）。他们的方法依赖于第 12.7.2 节（第 372 页）中提到的λ阻遏蛋白（cI）的一个显著特点：

- 阻遏物结合位点 $O^\star$ 结合了 cI，从而物理地阻碍了 RNA 聚合酶的移动，因此阻止了基因转录。
- 另一个操纵基因 O 毗邻启动子；cI 与之结合后，会对附近结合的 RNA 聚合酶施加变构作用，并扮演激活物的角色[35]。

因此，通过 cI 与操纵基因的结合来控制 *cI* 自身的表达，这个过程同时用到了正反馈和负反馈（图 12.25）。

Isaacs 和合作者利用上述两个机制模仿大肠杆菌的天然构造。操纵基因 O 创建正反馈；而 $O^\star$ 则提供自阻遏（图 12.25c）[36]。这两个调控序列略有不同：$O^\star$ 对 cI 的亲和力比 O 弱，因此，随着 cI 浓度的上涨，率先出现的是正

[35] 操纵基因 O 和 $O^\star$ 传统上分别被称为 O_R2 和 O_R3。

[36] Isaacs 和合作者实际使用了三个调控序列，这是天然 λ 噬菌体的情况。我们的分析简化成只存在两个。

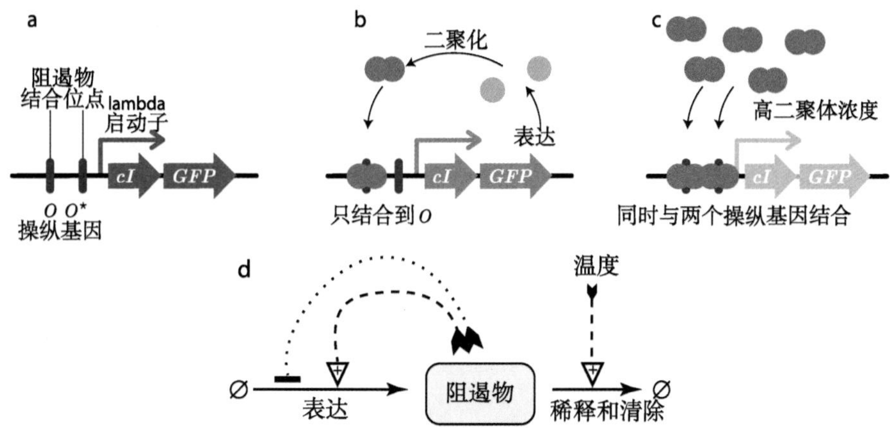

图 12.25（**示意图；示意图；示意图；网络图**） **单基因开关。**图a—c：λ 阻遏蛋白 cI 只是在形成二聚体后才结合到操纵基因（调控序列）。如果结合到操纵基因 O，则会激活自己的生产；但如果结合到操纵基因 $O^\star$，则阻遏自己的生产。（Isaacs等人的实验中还存在第三个操纵基因 $O^\dagger$，但我们的简化分析中没有考虑这一点。）图 d：为接收外部“指令”，实验中使用了 cI 的温度敏感型变异体。提高温度会使蛋白结构失稳，对其自身的清除有贡献[类似于双基因开关的情形，见图 12.14b（第 364 页）]。

反馈，但在浓度较高时，转录又被关闭。定性地看这样的框架似乎的确能产生双稳态，但在我们肯定它确实可行之前还需要一些详细的分析。

在这种情况下，基因调控函数比在第 11.4.4 节中讨论的更复杂。不再是单一的结合反应 $O+R \underset{\beta_{\text{off}}}{\overset{k_{\text{on}}c}{\rightleftharpoons}} OR$，而是存在四个相关的反应。通用符号 R 再次表示阻遏物，则四个反应是

$$2R \overset{K_{\text{d},1}}{\rightleftharpoons} R_2 \quad \text{形成二聚体} \tag{12.19}$$

$$O\text{-}O^\star + R_2 \overset{K_{\text{d},2}}{\rightleftharpoons} OR_2\text{-}O^\star \quad \text{结合到激活操纵基因} \tag{12.20}$$

$$O\text{-}O^\star + R_2 \overset{K_{\text{d},3}}{\rightleftharpoons} O\text{-}O^\star R_2 \quad \text{结合到阻遏操纵基因} \tag{12.21}$$

$$OR_2\text{-}O^\star + R_2 \overset{K_{\text{d},4}}{\rightleftharpoons} OR_2\text{-}O^\star R_2 \quad \text{结合到两个操纵基因} \tag{12.22}$$

在这些示意式中，$O\text{-}O^\star$ 指两个调控序列都空置的状态，$OR_2\text{-}O^\star$ 则表示只有一个占用的状态，其他依此类推。符号 $K_{\text{d},1}$ 表示第一个反应的解离平衡常数 $\beta_{\text{off}}/k_{\text{on}}$，其余类推[37]。

12.6.1′b 单基因开关

令 x 代表阻遏物单体 R 的浓度，而 y 代表阻遏物二聚体 R_2 的浓度，且 $\alpha = \mathcal{P}(O\text{-}O^\star)$ 表示两个调控序列都空置的概率，类似地，其他状态的概率分

[37]参见第 11.4.4 节（第 320 页）。

别为 $\zeta=\mathcal{P}(OR_2\text{-}O^\star)$，$\gamma=\mathcal{P}(O\text{-}O^\star R_2)$ 和 $\delta=\mathcal{P}(OR_2\text{-}O^\star R_2)$。现在我们必须简化六个未知的动力学变量（$x$，$y$，$\alpha$，$\zeta$，$\gamma$及$\delta$）和四个参数 $K_{\mathrm{d},i}$ 以方便进一步计算。

应用第 11.4.4 节（第 320 页）的逻辑，化学反应式(12.19)—(12.22)给出了平衡状态

$$x^2=K_{\mathrm{d},1}y,\qquad y\alpha=K_{\mathrm{d},2}\zeta,\qquad y\alpha=K_{\mathrm{d},3}\gamma,\qquad y\zeta=K_{\mathrm{d},4}\delta,\tag{12.23}$$

我们将假设变化足够缓慢以至于系统保持准平衡，则我们可以继续使用这些表达式。

思考题12G 在上述方程组中应该加入第五个反应，即 $O\text{-}O^\star R_2$ 与第二个阻遏物二聚体结合。请说明与这个反应相应的平衡态公式对方程组来说是多余的，因此对我们的分析来说也是不需要的。

引入量 $p=K_{\mathrm{d},2}/K_{\mathrm{d},3}$，则可将 R_2 与 $O^\star$ 的结合表示成与 O 的结合。同样，令 q 表示已结合到 O 上的 cI 再次与 $O^\star$ 结合的概率，记 $K_{\mathrm{d},4}=K_{\mathrm{d},2}/q$。遵循方程(11.17)，并注意到该调控序列必须处于所列四个占用状态之一，则有 $\alpha+\zeta+\gamma+\delta=1$，根据 α 表达占有比例为

$$1=\alpha+\frac{\alpha x^2}{K_{\mathrm{d},1}K_{\mathrm{d},2}}+\frac{\alpha x^2p}{K_{\mathrm{d},1}K_{\mathrm{d},2}}+\frac{\alpha x^2}{K_{\mathrm{d},1}K_{\mathrm{d},2}}\frac{x^2q}{K_{\mathrm{d},1}K_{\mathrm{d},2}},$$

或

$$\alpha=\left(1+\frac{x^2(1+p)}{K_{\mathrm{d},1}K_{\mathrm{d},2}}+\frac{x^4q}{(K_{\mathrm{d},1}K_{\mathrm{d},2})^2}\right)^{-1}.\tag{12.24}$$

假设反应式(12.19)—(12.22)中的所有快速反应几乎是处于平衡状态，且 cI 的平均生产速率是常数 Γ 乘 O 占用（但 $O^\star$ 空置）的时间比例 ζ，则我们可以写出如下演化方程[38]。

$$\mathrm{d}x/\mathrm{d}t=\Gamma\zeta+\Gamma_{\mathrm{leak}}-x/\tau_{\mathrm{tot}}.\tag{12.25}$$

在该式中，Γ 仍然是最大（即激活）生产速率。当然，即便没有激活也多少存在一些生产，为了近似地考虑这一点，在方程(12.25)中加入恒定的“本底”的生产速率 Γ_{leak}。最后，稀释和清除导致的阻遏物浓度的损失由整体消解参数 τ_{tot} 表示[39]。

方程(12.25)涉及两个未知的时间函数 x 和 ζ。但是方程(12.23)给出了 ζ 与 α 和 x 的关系，而方程(12.24)又给出了 α 与 x 的关系。联立这些方程可

[38] O 比 $O^\star$ 对 cI 具有更高的亲和力。方程(12.24)做了与方程(11.11)（第 320 页）相同的理想化处理：连续确定性近似以及准平衡态近似（假设阻遏物结合/去结合/二聚化过程比其他过程快得多）。

[39] 参见方程(11.14)（第 321 页）。

以获得唯一的未知函数 x 的动力学，我们可以用一维相图 描述其动力学行为。方程组有七个参数：Γ，$\Gamma_{\rm leak}$，$\tau_{\rm tot}$，$K_{\rm d,1}$，$K_{\rm d,2}$，p和 q。生化测量给出 $\Gamma/\Gamma_{\rm leak}\approx 50$，$p\approx 1$和 $q\approx 5$。所以我们可以将这些值（Hasty et al., 2000）代入。正如对恒化器的讨论那样[40]，我们也可以通过无量纲化过程简化方程。令 $\bar{x}=x/\sqrt{K_{\rm d,1}K_{\rm d,2}}$ 和 $\bar{t}=\Gamma_{\rm leak}t/\sqrt{K_{\rm d,1}K_{\rm d,2}}$ 得

$$\frac{\mathrm{d}\bar{x}}{\mathrm{d}\bar{t}}=\frac{50\bar{x}^2}{1+2\bar{x}^2+5\bar{x}^4}+1-M\bar{x}, \tag{12.26}$$

其中 $M=\sqrt{K_{\rm d,1}K_{\rm d,2}}/(\tau_{\rm tot}\Gamma_{\rm leak})$，剩余的参数都进入了该组合。

以往的经验告诉我们，要了解方程(12.26)的定性行为需要从绘制不动点开始。令方程(12.26)等于零获得一个五次方程，解该方程似乎并不容易。但以图表方式画出不依赖于 M 的前两项是简单直接的。如果我们再叠加斜率为 M 的直线，则其与曲线的交叉点就是所需的不动点[41]。我们也可以通过改变直线斜率（绕原点转动）求 M 变化时该系统的行为，如图 12.26a 所示。

对于大 M 值（例如，如果本底生产缓慢），阻遏物浓度很低时该图显示只有一个不动点；而对于小 M 值，高阻遏物浓度时也只有一个不动点；但是对于中间 M 值，则有三个不动点：两个稳定不动点之间夹着一个不稳定不动点，非常类似图 12.12a 所示的机械开关。系统在这个参数值范围内是双稳态的。

上述分析可能比较繁琐，但一个关键结论是我们在研究其他系统时已经熟知的：虽然从文字描述或卡通图来看，该系统理应具有双稳态， 但实际上这个属性取决于参数值的细节：两个分岔点将系统行为划分成了性质迥异的若干类别。

思考题12H

> M 随 $K_{\rm d,1}$ 或 $K_{\rm d,2}$ 的增加而上升，在低 $\bar{x}$ 值时推动系统进入单稳态；但 M 随 $\tau_{\rm tot}$ 和 $\Gamma_{\rm leak}$ 的增加而下降，在高 $\bar{x}$ 值时也推动系统进入单稳态。讨论为什么这些依赖关系是合理的。

到现在为止，我们通过固定系统参数用图形分析的方法罗列了可能的系统行为。但在实验中，可以将某些参数调整成特定的时间函数（图 12.26b）。例如，假设我们从高 M 值开始，则无论 $\bar{x}$ 初始值多少，只存在一种可能的结果：$\bar{x}$ 只能终止于较低值的不动点。当我们逐渐降低 M 值并越过临界值 $M_{\rm crit,high}$ 时，突然出现另一个稳定的不动点，系统经历分岔并提供一个新的可能的最终状态。然而，系统将一直处于这个较低的状态，直到 M 再降低并越过第二临界值 $M_{\rm crit,low}$。此时，中间的不稳定不动点合并较低的稳定不动点后一起消失，即彼此湮灭[42]。系统此后只能向上移动到剩余的高浓度不动点。

[40]参见第 12.2.2 节（第 342 页）。

[41]图 11.8（第 323 页）介绍了方程组的类似图解。

[42]图 12.16 （第 366 页）显示了类似的现象。

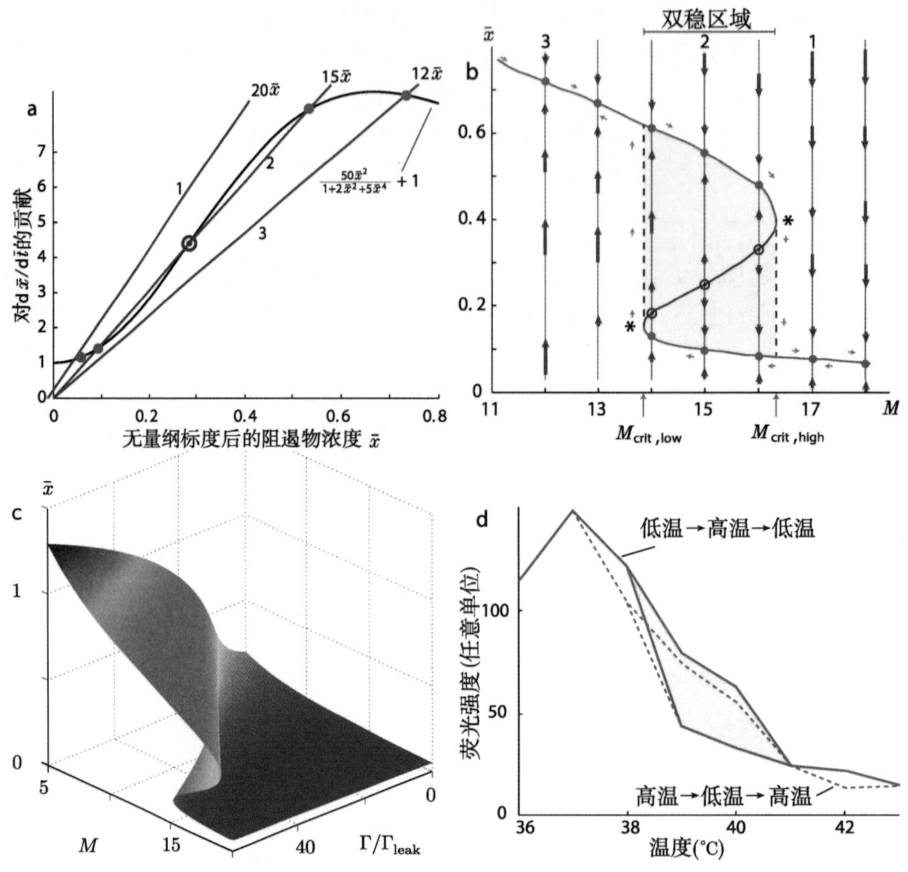

图 12.26（**数学函数；分岔图；扩展的分岔图；实验数据**） **单基因开关的分析**。图a 黑色曲线：方程(12.26)右边前两项。图a 彩色线：方程(12.26)最后一项的负值，对应的 $M=$ 20, 15, 12（从上到下）。标记为 1 的顶部直线的 M 略微高于上临界值 $M_{\mathrm{crit,high}}$；而标记为 3 的底部直线的 M 略微低于下临界值 $M_{\mathrm{crit,low}}$。每条线上的圆点突出显示了不动点（与黑色曲线的交叉点）。图 b：此图中，每条竖线就是 $\bar{x}$ 在不同 M 值的一维相图（类似于第 308 页图 11.1b）。绿点和红靶标分别代表稳定的和不稳定的不动点。所有这些点的轨迹形成了绿色和红色曲线。微型橙色箭头绘出了 M 逐渐变化时系统的行为：当 M 从低初始值缓慢增加时，系统的稳态追随绿色曲线的上部分，直到 $M_{\mathrm{crit,high}}$ 时（星号）突然掉到曲线的下半部分（右侧虚线）。而相反方向驱动时，系统稳态会追随曲线的下部分，直至 M 低于 $M_{\mathrm{crit,low}}$ 时（星号），则跳转到曲线上部分（左侧虚线）。系统展示了迟滞特性。图 c：各种 $\Gamma/\Gamma_{\mathrm{leak}}$ 值对应的图b 图形的堆叠。不动点的轨迹则变成了所示的曲面。大 $\Gamma/\Gamma_{\mathrm{leak}}$ 值时曲面“打褶”表明随着 M 的变化系统呈现双稳态。当 $\Gamma/\Gamma_{\mathrm{leak}}$ 值下降时，曲面呈现“展开”状，任何 M 值都没有双稳态。图 d：当改变环境温度从而调控 M 时，测量显示了迟滞现象，曲线定性地类似于图b。（图d 数据来自 Isaacs et al.，2003。）

总而言之，系统的行为类似于双基因开关，正如我们通过比较图 12.26b 和图 12.18c 所看到的。

如果我们逆向叙述上一小节的故事，随着 M 从低值开始升高，系统最终从高浓度跌落回低浓度状态。不过，这一次的转变发生在 $M_{\rm crit,high}$：系统展现了迟滞特征。Isaacs 和合作者在他们的系统中观察到了这一现象。他们使用的是温度敏感的 cI 蛋白突变体，该突变体在周围环境变热时显得更不稳定。因此，改变环境温度可以控制 $\tau_{\rm tot}$，进而控制参数 M[参见方程(12.26)下面的定义]。图 12.26d 和图 12.27 表明人工基因回路在一定的温度范围内确实发挥了开关的功能，展现了迟滞现象。

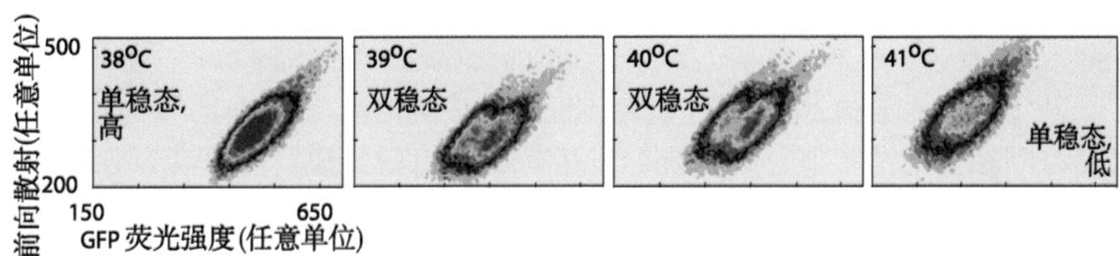

图 12.27（**实验数据**） **单基因开关中的双稳态**。包含 cI 温度敏感变体的培养物在 39 ~ 40 °C 范围内是双稳态的。每个图都是二维直方图，较大的观测频率以较红的颜色表示。横轴表示指示 cI 浓度的报告基因（含绿色荧光蛋白）的荧光。纵轴是另一个与细胞大小有关的变量，有助于分辨直方图中的峰值（也可参见第 369 页图 12.19）。未显示：包含天然的温度不敏感的 cI 蛋白的自动调节系统的培养物从未显示出双稳态。（数据来自 Isaacs et al., 2003, Figure 1c, p. 7715. © 2003, *PNAS*, USA。）

总之，单基因开关使用温度作为其输入指令。当输入指令的值被推向其范围的两端时，双稳态就被摧毁了，这等价于“设定了一个信息位”。当输入指令的值被重置回迟滞区时，该信息位将被细胞一直记着。这个结果使人想起了安慰型诱导物对 *lac* 开关拨上、拨下或置于维持范围的行为（第 12.4.3 节）。

T_2 12.6.2 拓展

12.6.2′ 绝热近似

动力系统有“动力学变量”和“参数”，参数是从系统外强加的。我们不是通过解方程来求这些参数，而是通常假定它们是不随时间变化的常数。而动力学变量是由系统控制的，一旦其初始值给定，它们就会依给定的运动方程及参数值进行演化。

正文中论述了两类关系密切的间断行为，而其对应的方程都是连续的：

- 我们可以在维持参数固定的条件下考虑一个初始条件簇。通常情况下，初始条件的微小变化只会引起最终状态的微小变化。相反，如果初始条件的微小变化造成了结果的剧烈变化，一个可能的原因是我们的初始条件簇跨越了一个不稳定的不动点（一维）或一个分界线（多维，图 12.13b）[43]。也就是说，对于任何固定的参数集，相空间可以被分界线分割成包含不动点的“吸引盆”。

- 我们也可以考虑一个系统簇，每个系统具有稍微不同的参数值（但每组参数值在时间上是不变的）。通常情况下，参数值的微小变化只会引起不动点、极限环的位置变化。相反，如果参数的微小变化造成了这些分布的剧烈变化，我们就说系统出现了分岔（图 12.16a）。也就是说，参数空间本身可以被配分成多个区域。在每区域内都存在定性相似的动力学，这些区域被分岔隔开。

第 12.6.2 和12.6.1′ 节隐含地将该框架推广到略有不同的情况。如果我们强加时间相关的参数值，则系统会发生什么？也就是说，实验者在观察过程中可以“转动旋钮”。这些参数仍然是外部强加的，但是随时间变化的。这是一个数学上全新的问题，但也存在一个极限情况，我们可以做出某些预言：假设我们改变参数的速度与动力学的特征时间相比相当缓慢，这种变化被称为“绝热”。在这种情况下，我们可预期系统会趋向当前参数所决定的不动点。当不动点缓慢、连续地移动时，系统能一直追随该不动点而演化。但是，如果外部施加的参数值越过了分岔，则不动点可能会消失，且相应的时间演化轨迹呈现出断崖式的突变，正如第 12.6.2 节和第 12.6.1′ b 讨论的那样。

当然，有些系统是外部“强制”的，其参数的时变不够缓慢，因此不能使用绝热近似。想象一下，我们以某个固定频率推一个孩子荡秋千。或者，疾病的基本再生数 R_0 可能会受到政府突然变化的政策（口罩规定等）影响。

为了处理这种情况，我们可以增加一个称为 T 的轴来扩展相图。再增加一个诸如 $\mathrm{d}T/\mathrm{d}t = 1$ 的方程（其解就是 $T = t$）。因此，每条轨迹都以速度 1 沿 T 轴移动。在其他方程中，我们可以让参数成为 T 的函数来整合时间的依赖性，并像往常一样可视化轨迹和不动点等。在钟摆例子中，参数空间扩展到三个维度（θ，ω，T），并且轨迹是该空间中的曲线。有趣的是，即使是阻尼中的钟摆这样的简单系统也具有丰富的行为，甚至包括确定性混沌（Baker & Gollub, 1996）。

T2 12.7.1 拓展

12.7.1′ DNA 成环

lac 操纵子还有另一个显著的特征。LacI 分子自组装成四聚体（四个全同 LacI 分子的集合），每个四聚体拥有两个结合 *lac* 操纵基因的位点。另外，大肠杆菌的基因组包含三个结合 LacI 的序列（图 12.21a）。阻遏物四聚体可以

[43]在有两个变量以上的系统中，另一种可能行为是确定性混沌，参见第 13.4.1′ b 节（第 404 页）。

直接结合到阻碍基因转录的操纵基因 $O1$。但也存在另一条替代路径：首先，四聚体的一个结合位点可以结合其他两个操纵基因之一；其次，这种结合将阻遏物束缚在紧邻的附近，增加了它的第二个结合位点粘在 $O1$ 上的可能性。换言之，辅助操纵基因的存在有效地提升了主要操纵基因附近的阻遏物浓度；这些辅助操纵基因“招募”阻遏物，因而修改了结合曲线。

单个 LacI 四聚体同时与细胞 DNA 两个不同位点结合时就形成了 DNA 环[44]。当阻遏物四聚体瞬间从两个操纵基因结合位点之一脱落时，另一个位点可以依然保持它处于附近，因而增加了其快速重新结合的概率，导致了小规模的阵发式转录。这解释了为何存在 LacY 及 β–半乳糖苷酶本底表达的情况。但是，一旦阻遏物从两个操纵基因上同时解离，并在别处与非特异性位点结合，就会使操纵子长时间不受阻遏。另外，阻遏物从 DNA 上解离也增加了其与配体（即诱导物）的亲和力，结合诱导物后反过来又降低了阻遏物重新结合到 DNA 的亲和力。

P. Choi 及其合作者假设完全解离事件是通透酶生产中大规模阵发转录的原因，同时还假设由此产生的长时间、无阻遏状态足以生产足量的通透酶分子，使细胞发生状态切换。为了检验这一假说，他们创造了一种缺失 LacI 两个辅助操纵基因的大肠杆菌新菌株。因此，这个基因改造体无法利用 DNA 成环机制；他们能产生与原始细菌相似的大规模阵发式转录，但小规模的阵发式转录消失了（Choi et al., 2008）。

因此，诱导确实需要由细胞中的罕见单分子事件来触发，这一点已经被 Novick 及 Weiner 的间接测量（图 12.10b）正确揭示，尽管他们没有猜准这个分子事件的本质。

[44]DNA成环在 λ 操纵子（Ptashne，2004）和其他场合也已经被发现。

习题

12.1 病毒动力学

使用**要点**(11.15)（第 322 页）中的图形约定，绘制一个网络图，用于施加抗病毒药物后 HIV 动力学的建模（第 10 页，第 1.2.3 节）。

12.2 恒化器方程的不动点

a. 从方程(12.3)推导出公式(12.4)（第 346 页）。

b. 用计算机为 $\bar{c}_{\rm in} = 3$ 和 $\gamma = 1.35$ 的情况绘制零变线。

c. 讨论图 12.3a 与图 12.3b 之间的差异。

12.3 SIRS 模型

a. 为 $R_0 = 2$，$\mu = 0.07$ 的 SIRS 模型创建相图，包括矢量场和零变线。

b. 在图中勾画几条示例性的流线。

12.4 Novick–Weiner 数据

从 Dataset 22 获取包含图 12.10 的数据。

a. 对文件 `novickA`（高诱导物浓度）中的数据作图。第 12.4.4 节（第 356 页）认为酶数量变化过程应遵循 $z(t)/z_{\rm max} = 1 - {\rm e}^{-t/\tau}$ 的形式，其中 $\tau = V/Q$。然而，该实验的执行者并没有告诉我们 V 和 Q 值。尝试找出一个能解释数据的 τ 值，并在同一个图上显示它的曲线。你无须做完整的最大似然拟合。只需要找一个看起来不错的值便可。[提示：绘制另一个实验数据图，显示量 $\ln(1 - (z(t)/z_{\rm max}))$，这有助于找到一个好的 τ 值。]

b. 对文件 `novickB`（低诱导物浓度）中的数据作图。第 12.4.4 节（第 356 页）认为酶数量变化过程应遵循 $z(t) = z_0\left(-1 + t/\tau + {\rm e}^{-t/\tau}\right)$。用此函数拟合 $t < 15$ h 的数据，并作图。[提示：两个实验中的恒化器是相同的，所以可以使用你在问题 a 中估计出的 τ 值。为了估计新参数 z_0，利用函数在大 t 时变为线性的事实。为 10 h $\leqslant t \leqslant$ 15 h 的数据做直线拟合，并将该直线的斜率与 z_0 和 τ 相关联。在该值附近调节这两个参数以获得对整个函数的良好拟合。]

12.5 小偏离

补充第 359 页例题解答中未给出的细节。作出几个示例性的图，显示不同初始条件下的可能行为。

12.6 双基因开关分析

第 12.6.1 节得出了两个相互阻遏的转录因子的浓度如何随时间变化的模型，总结于方程(12.16)（第 364 页）中。在本习题中，为简单起见，假设 $n_1 = n_2 = 2.2$，且 $\tau_1 = \tau_2 = 10$ min。

a. 用第 12.6.1 节（第 363 页）的方法对这些方程进行无量纲化。为了具体起见，假设 $\bar{\Gamma}_1 = \bar{\Gamma}_2 = 1.2$。

b. 两个微分方程的左侧设为零则给出了两个代数方程。其中之一给出了 $\bar{c}_1$ 作为 $\bar{c}_2$ 的函数。在 $\bar{c}_2 = 0.1\bar{\Gamma}$至$1.1\bar{\Gamma}$ 范围内作图。在同一坐标系中，画出另一个方程的解，即 $\bar{c}_2$ 作为 $\bar{c}_1$ 的函数。你获得的两条曲线将相交于一点，该点就是系统唯一的不动点。

c. 为了检查该不动点是否稳定，用计算机在 $\bar{c}_1$–$\bar{c}_2$ 平面内画出问题 b 数值范围内的矢量场。也就是说，在该平面的每个网格点上计算 a 答案中的两个量，并用通过该点的小箭头表示它们。

d. 联合（叠加）问题b、c 中的图。c 的答案能解释 b 的不动点的稳定性吗？解释箭头沿 b 中每个曲线指向的意义。

e. 用其他 $\bar{\Gamma}$ 值重复 b，直到出现三个交叉点。再重复问题 c、d。

f. 令 $n_1 = n_2 = 1$（没有协同），重复问题a—e。定性讨论这种情况下系统的行为。

12.7 开关相图流线

请先完成习题 11.6。图 12.15a、b 显示了某动力系统的矢量场、零变线以及某些沿该矢量场走向的实际轨线。

a. 用无量纲变量 $\bar{\Gamma}_i$ 和 $\bar{c}_i$重新表达矢量场方程(12.16)。考虑 $n_1 = n_2 = 2.2$ 和 $\bar{\Gamma}_1 = \bar{\Gamma}_2 = 1.2$ 情况。

b. 选择一些你感兴趣的浓度变量初始值，在相图中绘制对应的流线。

12.8 T2 时间过程

相图定性地展示了一个变量相对于另一个变量的变化，但有时我们想要动态系统运动的实际时间过程；为此，必须求解其微分方程组。本题以 SIR 流行病模型为例：

a. 用计算机求解方程(12.7)（第 349 页），使用参数值 $R_0 = 2.5$ 和初始值 $s(0) = 0.99$，$i(0) = 0.01$，并绘制 s 和 i 的时间过程。使用数值 $\gamma = 1/(20\,\mathrm{d})$ 将无量纲时间转换为实际时间（参见图 12.6 的图注）。

b. 在 N_{tot} 总人数中，病例总数为 $N_{\mathrm{case}} = N_{\mathrm{tot}}(1 - s(\infty))$。对于图 12.6 所示的麻疹暴发，我们知道 $N_{\mathrm{case}} = 2\,816$。用问题 a 的结果求 N_{tot}。

c. 通常列表中的不是 s，而是新病例的增长率 $-N_{\mathrm{tot}}(\mathrm{d}s/\mathrm{d}t)$。将 $s(t)$，$i(t)$ 代入方程(12.7)的第一项，再求问题 a 中的结果，并对结果作图。

12.9 T2 单基因开关中的分岔

图 12.26a 显示了单基因切换系统不动点方程的图形解。用计算机作图。求发生分岔的临界值 $M_{\mathrm{crit,high}}$ 和 $M_{\mathrm{crit,low}}$。

第13章　细胞振子

没有 DNA 的生命是可以想象的
（可以设想信息存储的替代策略）。
但是，谁能设想没有反馈的生命呢？
我从未遇见过有生物学家能想象出这种生命。

——杰米·A. 戴维斯（Jamie Davies）

13.1　导读：极限环

前面的章节描述了在单细胞水平上进化已经解决的两类控制问题：内稳态和类开关行为。本章探讨第三种现象，它在整个生命世界中是普遍存在的，从单一的、自由活动的细胞一直到复杂的生物体，这就是振子，一种用于产生周期性事件的控制网络。生物振子的时间周期范围极广，例如人类心跳每秒一次，内分泌系统周期以月、年为单位，某些昆虫的生存以 17 年为周期。在古细菌和蓝细菌之类的远古单细胞生物中也发现了生物振子。某些周期性行为依赖于日光之类的外部线索，但许多是**自主的**，也就是说，即使没有外部线索它们依然能持续运转。

为了理解生物钟，我们将再次研究机械类比，然后再研究细胞中的人工合成系统。最后，我们将考察一个天然例子。我们会再次发现反馈是关键的设计要素。

> 本章焦点问题
> **生物学问题：**青蛙胚胎中的细胞如何知道什么时间该分裂？
> **物理学思想：**互锁的正负反馈环可以通过极限环产生稳定而又精确的振荡。

13.2　许多单细胞也有昼夜时钟

我们自己的身体以一种部分自主的方式跟踪时间：改变时区或工作班次后，我们的睡眠周期仍然会在短时间内保留之前的模式。值得注意的是，尽管我们的大脑很复杂，但**昼夜**（每日）时钟源于视交叉上核的细胞的周期性活动。虽然我们脑中这些细胞是黏连在一起的，但它们可以分离并单独生长；每个还是继续以约 24 小时的周期振荡。事实上，大多数活生物体都含有单细胞昼夜振子。

并非所有细胞都使用基因回路产生振荡行为。例如，人类红细胞尽管没有核，但也显示昼夜节律的振荡！此外，第 13.5.2 节将介绍生长胚胎中的单个细胞如何通过“蛋白回路”展示固有的周期行为。

13.3 合成的细胞振子

13.3.1 延迟负反馈回路能提供振荡行为

第 11.7 节设想了一个控制系统，其中有你、加热器和一本好书：如果你反应太慢或太剧烈而偏离你想要的设定点，那么结果很可能出现过冲。这种情况下的过冲一般是需要避免的。但我们也可以想象一个类似的系统在其他环境中产生阻尼的甚至是持续的振荡，而这些可能是有用的。

我们现在回到细胞的负向自调控，并更仔细地研究它是否可作为实现振荡的潜在机制。当然，在阻遏物基因的转录和随后的阻遏之间存在一些延迟：转录本身必须紧跟着翻译；而新生蛋白必须折叠到它们的最终形式；有些蛋白在准备结合到其操纵基因之前还必须找到两个或更多个伴侣以形成二聚体或四聚体[1]。事实上，由 Rosenfeld 及其合作者创建的合成网络似乎在趋于稳态的过程中确实产生了过冲（图 11.11b）。然而，实验讨论只关注细菌整个培养物的总量。根据我们对基因开关的经验，如果我们想了解系统偏离稳态的行为，我们就需要研究细胞个体，因为每个细胞会与邻居失去同步。

J. Stricker 和合作者在大肠杆菌中进行了这样的实验，他们再次使用荧光蛋白作为阻遏物浓度的报告物，在一个简单的负反馈回路中确实发现了振荡现象（图 13.1）。然而，振荡不是很明显，且振幅也不规则。此外，振子的周期由基本生化过程设定，因此无法通过改变外部参数进行调节。

因此，尽管单环振子很简单，但在需要精确可调的诸如我们的心脏起搏器中，它不是一种理想的设计。我们能想象什么其他设计呢？

13.3.2 连环制约的三阻遏物也可以激发振荡

调整时序的一种方法可以将更多元件安排为一个反馈环，而总体效果依然是负的。M. Elowitz 和 S. Leibler 早期利用 λ、*lac* 和 *tet* 阻遏物完成了合成生物学一大里程碑式工作，他们将每个阻遏物的启动子设置为受控于前一个，从而形成图 13.2a 所示的环。形成的**阻遏振子**设计似乎的确被大自然所使用，例如，某些植物就会产生24小时时钟。

[1]在真核生物中，信使 RNA 从细胞核转移至细胞质也产生延迟。

图 13.1（**网络图；实验数据**） **单基因振子回路**。图 a：该图与调速器拥有相同的结构（图 11.10b，第 326 页），但具体执行则涉及不同的元件、可能还有不同的时间延迟。图 b：数据来自某个典型的大肠杆菌细胞个体。另一个由 LacI 控制的基因（未显示）产生了荧光蛋白，使得基因表达的时间过程得以可视化。振荡有些不规则，动态范围也很小（峰值仅为最小值的 1.3 倍左右）。尽管如此，振荡现象是清晰可见的。（数据来自 Stricker et al.，2008；也可参见 Media 15。）

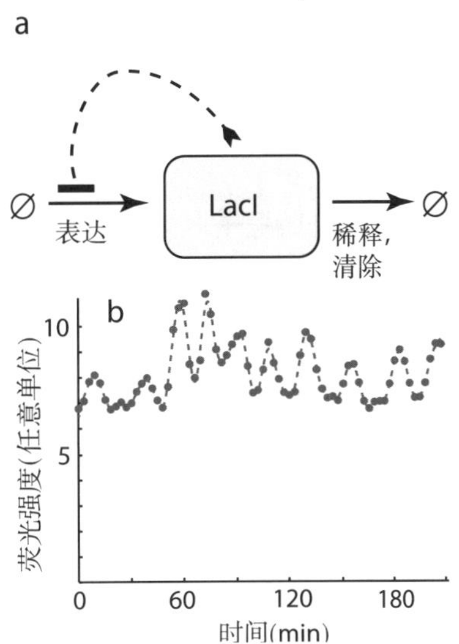

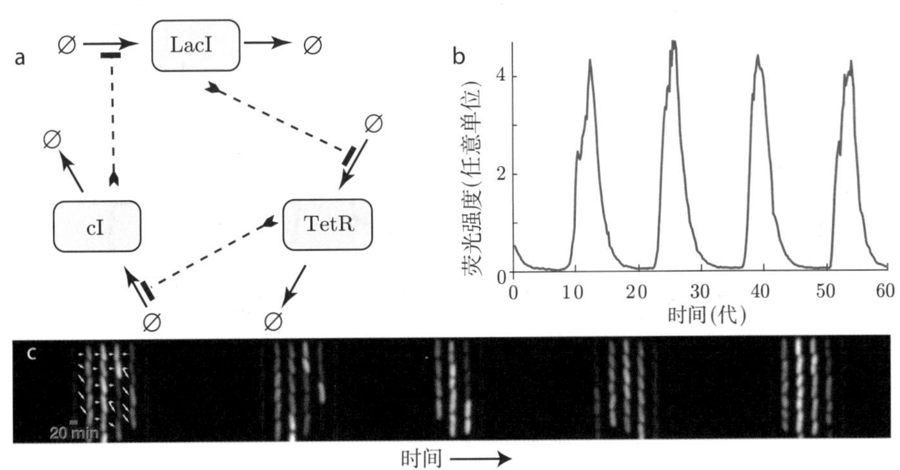

图 13.2（**网络图；实验数据**） **阻遏振子（三基因振荡回路）**。图 a：概念图。其中一个基因产物（TetR）被荧光标记，因而产生了其他子图的数据。图 b：在改进的 Elowitz 和 Leibler 实验中单个振荡细胞的报告基因荧光信号的时间过程。尽管细胞在此期间分裂了很多次，但其 TetR 的表达是严格周期性的，表明振荡频率的控制是严格的。图 c：原始图像（图b 中数据由此提取）。每个垂直条纹都是以 35 min 间隔拍摄的荧光图像。一个大肠杆菌的“母细胞”被固定在移液管中（项）。随着它的生长和分裂，后代子细胞在图像中被向下推（箭头）并最终被移除；因此，在每一帧中，最老的子细胞出现在图像的底部。时间序列b 仅来源于母细胞，但这些图像显示子代也基本上保持同步。另见 Media 16。（图b 数据来自 Potvin-Trottier et al.，2016。图c 经 Springer Nature 授权许可：Potvin-Trottier et al., Synchronous long-term oscillations in a synthetic gene circuit. *Nature* vol. 538, 2016。）

13.4 机械时钟可用相图描述

13.4.1 负反馈环中添加开关可以改善其性能

基本的机械振子

为了了解如何创建更明确、更稳健以及更精确的振荡，我们可设想一个机械装置。图 13.3 描述了两个水桶，水从顶部流入。任何时刻，两个桶中的水可以存在一个净质量差 $\Delta m(t)$，而两水桶又挂在机械联动装置上，导致一个下降时另一个上升，该联动状态可由角度 $\theta(t)$ 描述。第二个联动装置则根据 θ 控制放水阀门，使得位置较高的桶得到水。我们知道一个负反馈系统至少有两种行为选择：要么像第12章中的调速器那样最终到达一个稳定不动点；要么像第 13.3.1 节的室内加热器那样出现振荡。

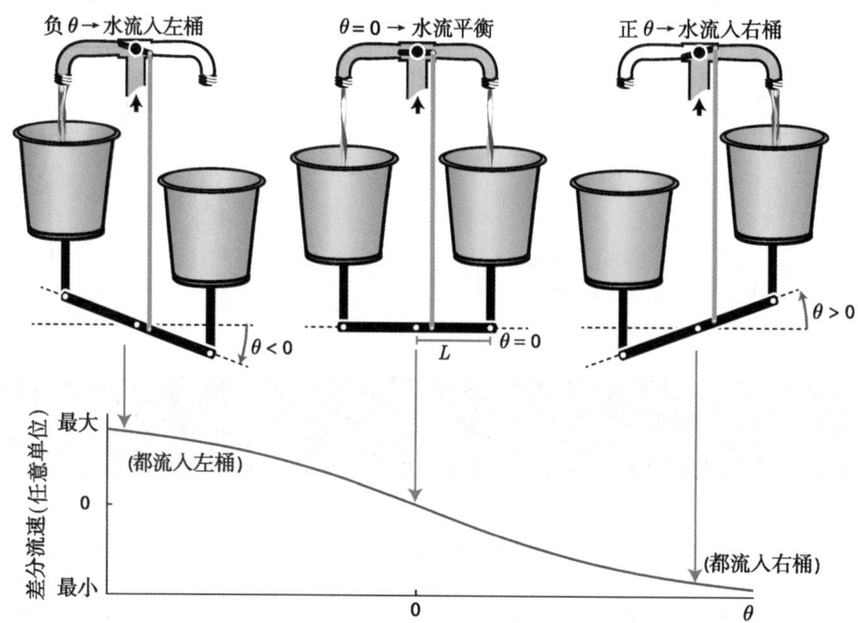

图 13.3 **机械振子的三个态。**上部：(**卡通图**) 偶联在一个枢轴上的两个桶，一个上升时另一个下降。联动装置 (橙色) 将水桶位置与阀门开闭互联。*中心*：当 $\theta=0$ 时 (两个水桶平衡)，水均匀地流入每个桶。*左和右*：当 θ 非零时，联动装置会改变流速。这是一种负反馈形式，显示在卡通下方的曲线上。(水桶可能装满，此时这个想象的装置就会停止运动。我们此处的讨论仅限于水桶装满之前。)

在分析之前，我们首先要完成对系统的刻画。例如，我们必须指定差分流速 $\mathrm{d}(\Delta m)/\mathrm{d}t$ 与 θ 之间的函数关系。当 $\theta=0$ 时，如图 13.3 所示水应该均匀地流入每个桶，所以 $\mathrm{d}(\Delta m)/\mathrm{d}t$ 应等于零。当 θ 为正时，我们希望差分流速为负，反之亦然。最后，我们假设当 $|\theta|$ 较大时流速饱和。具有所有这些特

性的一种典型函数如下

$$\mathrm{d}(\Delta m)/\mathrm{d}t = -Q\theta/\sqrt{1+\theta^2} \tag{13.1}$$

其中常数 Q 是流入两个桶的总质量流。我们只对 $\pm\pi/2$ 之间的 θ 值感兴趣。因此 θ 是周期性变量的事实无关紧要。也就是说，方程(13.1)只在该有限的范围内有效。

系统失衡时，水桶会产生带摩擦的移动。我们至少可以想象一个如图 13.4 所示的运动：如果水桶开始就不平衡，则系统将过度矫正，发生翻转，并一直重复此过程。这真的会发生吗？为简单起见，我们假设是黏滞阻力型摩擦，也就是说，阻力矩正比于转速，但方向相反[2]。因此，θ 服从刚体转动的牛顿定律：

$$I\mathrm{d}^2\theta/\mathrm{d}t^2 = -\zeta L^2\mathrm{d}\theta/\mathrm{d}t + (\Delta m)gL\cos\theta,$$

其中 I 是转动惯量，L 则如图所示。但是，与我们对摆锤的讨论不同，我们在此将假定摩擦常数 ζ 非常大从而进一步简化方程。在这种情况下，惯性项不起作用，所以我们可以忽略牛顿定律的加速度项[3]，得到如下方程

$$\boxed{\mathrm{d}\theta/\mathrm{d}t \approx (\Delta m)\gamma\cos\theta. \quad \text{机械振子}} \tag{13.2}$$

常数 $\gamma = g/(\zeta L)$ 将引力加速度、杠杆臂长和黏滞摩擦系数等组合在一起。

思考题13A

按照方程(13.1)、(13.2)定义的矢量场，画出该动力系统的零变线，并定性描述系统的运动。

事实上，如果 θ 很小，则容易求解该方程组。此时近似有 $\mathrm{d}(\Delta m)/\mathrm{d}t \approx -Q\theta$ 和 $\cos\theta \approx 1$。对方程(13.2)求导，并代入这两个近似结果得

$$\mathrm{d}^2\theta/\mathrm{d}t^2 = -\gamma Q\theta. \tag{13.3}$$

思考题13B

a. 证明图 13.3 所示的系统能以任何固定的幅度做频率为 $\sqrt{Q\gamma}/(2\pi)$的振荡。

b. 因此，当 θ 趋于无穷小极限时，方程是自洽的，即，可以使用近似公式(13.3)。

方程(13.3)在数学上等同于谐振子方程。由于方程相同，所以行为也相同。但两种情况之间存在物理上的巨大差异。例如，钟摆的振荡行为源于惯

[2] 参见第 6.2.2 节（第 142 页）。第 11.7 节对钟摆采用了相同的方法（第 329 页）。然而，这一次，我们使用的约定是 θ 代表横杆偏离水平（而不是垂直）的角度。

[3] [T2] 习题 13.3 有这一步的证明。因为我们忽略了惯性项，我们也不需要考虑随着水的注入 I 是时间函数的事实。

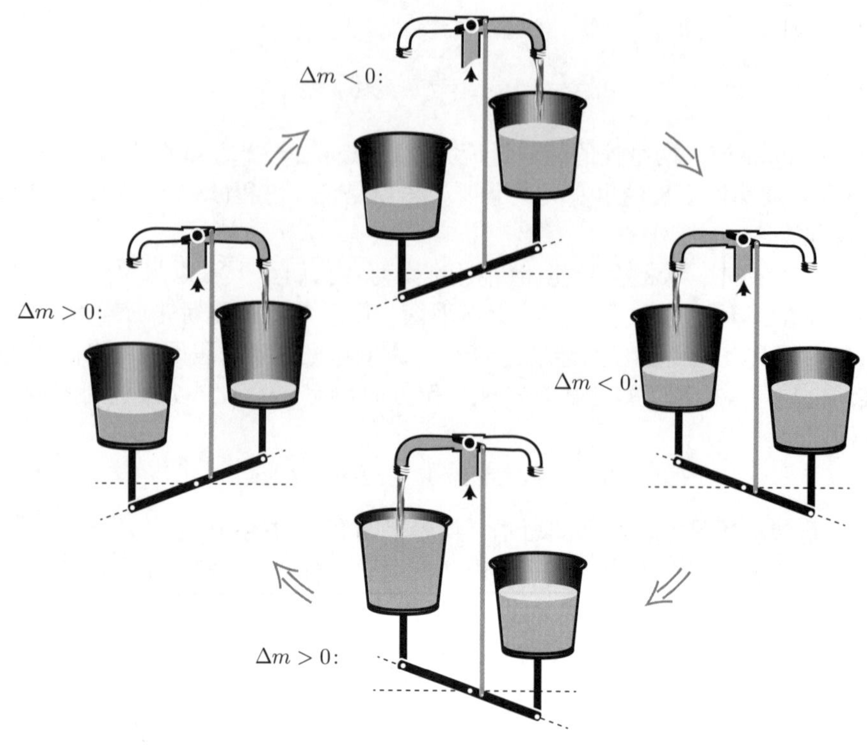

图 13.4（循环图） **简单振子周期**。如果右桶开始时比左桶（*左*）轻，则它在过度平衡（*顶*）后就下降（*右*）。然后相同的过程以相反的方式开始（*底*）。

性且仅依赖于 θ 的回复力。如果存在摩擦，则摩擦会使系统衰减并最终停止在一个稳定不动点。

相反，我们假设系统的摩擦很大以至于惯性效应可以忽略不计。尽管存在大的摩擦，但是系统运动也不会衰减，因为能量持续不断地从外界注入系统，即水被注入到装置。系统的行为具有如下特点。

- 正比于质量失衡的转矩：正 Δm（左桶水多）给出了正转矩（逆时针），角度 θ 也沿转矩方向变化。

- 入流：在小角度范围内，Δm 随时间的变化速率与角度的负值成比例。正 θ（逆时针转动）导致水流入右侧桶（驱动 Δm 变负）。

两种影响总是彼此对立（负反馈），但有一个时间延迟（Δm 的变化需要时间），这种安排在适当情况下可以产生振荡。

带开关的反馈振子

图 13.3 所示的机械系统是振荡的，但不是非常鲁棒。系统不选择特定的

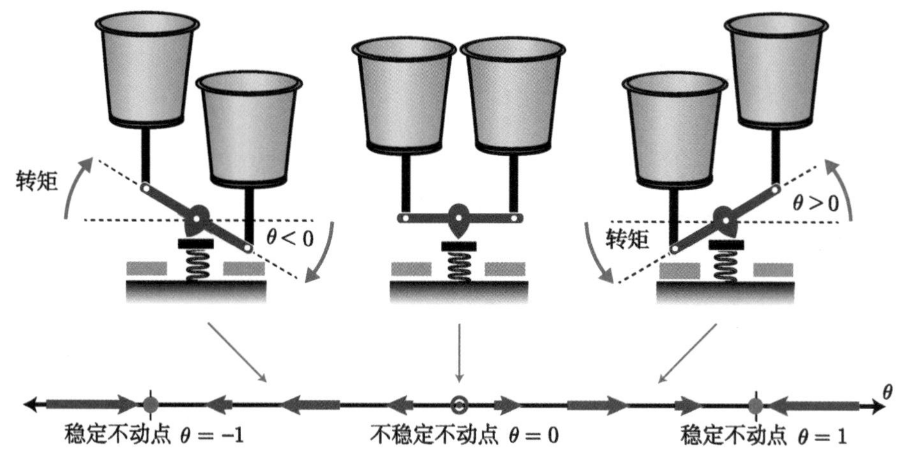

图 13.5（**卡通图；相图**）　**弛豫振子**。供水及阀门系统（未显示）与图 13.3 的一样。顶：系统中添加了开关元件；点 $\theta = 0$ 现在是不稳定的不动点。在左侧所示的状态中，弹簧往上推偏心轴（红色）并施加一个顺时针方向的转矩驱动 θ 偏离 0。这种添加的正反馈将系统变成了弛豫振子。（另见 Media 17。）底部：开关单元的一维相图。

振幅，因此可以为零。我们说 $\Delta m = 0$，$\theta = 0$ 的点是**中性不动点**（或“中心”）。系统的轨迹即不朝向它，也不远离它，而是环绕着它。

对于生物应用（甚至是设计好的机械时钟），关键的改进是在负反馈中添加一个开关元件。假定某个弹簧元件试图推动 θ 值要么到 +1、要么到 −1。也就是说，θ 将有一个图 12.12b 所示的相图，有两个稳定不动点跨在不稳定不动点 $\theta = 0$（图 13.5）的两侧。你大概可以想象会发生什么：较高的水桶会有一段时间始终处于高位，直到 $|\Delta m|$ 大到足以“拨动”开关；然后系统会突然翻转到另一个状态，再等待 Δm 足够大时跳回。

现在来看看相图方法如何验证前面的直觉。我们可以将弹簧引起的额外转矩添加到数学模型中。转矩依赖于 θ，并且应该能给出图 13.5底部所示的矢量场。一个合适的选择是将方程(13.2)修改成

$$\boxed{\mathrm{d}\theta/\mathrm{d}t = (\Delta m)\gamma\cos\theta + \alpha(\theta - \theta^3).\quad \text{带开关元件的振子}} \tag{13.4}$$

该额外的转矩总是指向 $\theta = \pm 1$ 中的一点；大于零的常数 α 设定其总体强度[4]。为了了解该系统的运动行为，我们先将方程(13.1)和(13.4)设定为 0 来画出零变线。

图 13.6a 中的 S 形零变线尤为显著。假设我们切断水流，从而使 Δm 变成常数，如果它是正的且较大，则我们在该值垂直切割相图，发现 θ 仅有一个稳定状态，即图 13.5 所示的左桶在下的状态；类似地，如果 $\Delta m \lesssim -3$ g，唯一的稳态解是左桶在上。但对 Δm 的中间值，开关会创建双稳态行为：沿垂直线切割相图给出 θ 的三个可能的稳态值，其中两个是稳定的。

[4] α 的值还包含摩擦常数。

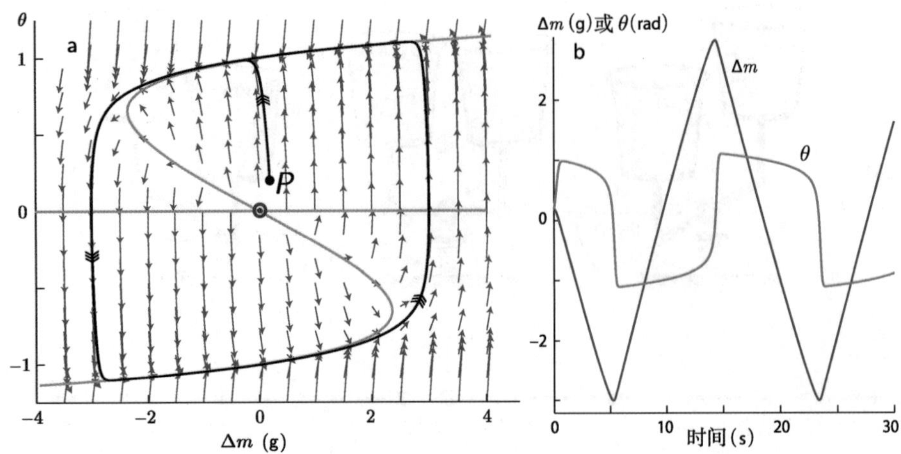

图 13.6（**相图；数学函数**） **弛豫振子的行为**。图 a：方程(13.1)—(13.4)描述的系统，参数值为 $Q = 1\,\mathrm{g\,s^{-1}}$，$\gamma = 1\,\mathrm{g^{-1}s^{-1}}$和 $\alpha = 5\,\mathrm{s^{-1}}$。零变线显示为橙色。在原点的孤立的不稳定不动点对黑色轨迹起排斥作用，该轨迹起始于 P 点，但很快就开始追随系统的极限环。图 b：θ 和 Δm 对时间的依赖性，轨迹如图a 所示。经历初始的短暂过渡后，两个量都开始呈现周期行为。

假设我们取 Δm 和 θ 的小的正值（图 13.6a 点 P）初始化系统，我们随着箭头看到，系统先到达 θ 的零变线，然后慢慢地沿着它左移（$|\Delta m|$ 增大）。当它到达双稳态区域的末端时，突然跳到 θ 零变线的下部分支，然后开始沿着该分支向右移动，直到它再次失稳并跳回上部分支。因此，一个初始的“过渡”后，系统稳定到一个**极限环**，并不断重复，与初始条件无关。

思考题13C

从相图开始定性讨论：如果我们从极限环外的某一点（例如 $\Delta m = 4$ g，$\theta = -1/2$）开始，系统在一个过渡期后仍然会遵循相同的重复行为吗?

本节介绍的机制属于**弛豫振子**。它们非常鲁棒：即便对系统动力学做很大改动，只要 θ 的零变线存在双稳态的区域，系统依然可以实现振荡。此外，这种网络结构对噪声有抵抗力，因为该周期受制于桶注水达到某一刻度所需的时间。因此，控制切换的是在整个注入时间内的流量的积分。噪声的积分通常比噪声自身还小，原因是流量的波动会部分相消。最后，通过改变开关的阈值很容易调节弛豫振子。

T2 第 13.4.1′ a、b 节（第 404 页）介绍了相图中的吸引子的概念和高维相图中可能出现的新现象。第 13.4.1′ c、d 节（第 404 页）介绍了另一种分析系统行为的方法，并且还介绍了噪声介导的振荡机制。

13.4.2 弛豫振子的生物合成

我们已经看到包含开关的负反馈回路可以振荡。我们也看到了如何在细胞内合成负反馈和开关。它们可以联合组成单个细胞反应网络吗?

图 13.7 (**网络图**) **基因弛豫振子**。中心环包含一条阻遏线和一条激活线,因(−)(+) = (−)而形成整体负反馈。下部环是自催化的(正反馈),在弛豫振子中扮演开关元件的角色。(顶部的负反馈环进一步提升了该系统的性能。)

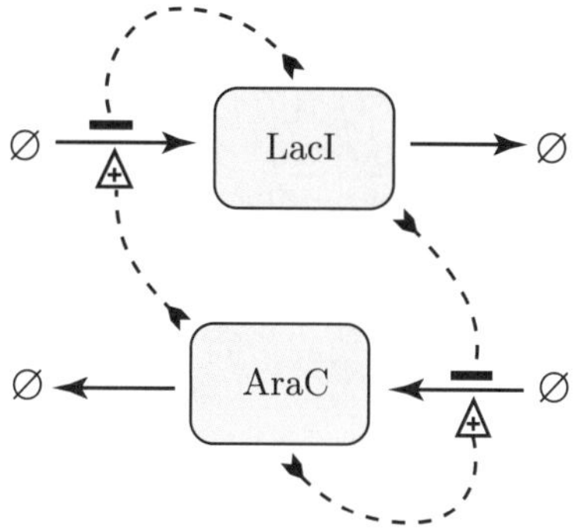

Stricker 及合作者在单基因振子(图 13.1a)中添加一个开关(图 13.7)。第二个环路涉及阿拉伯糖操纵子的转录因子 AraC,它激活自己及 LacI 的表达。这种架构实现了周期性高幅的振荡(图 13.8)。实验者也发现通过调节外部供给的诱导物阿拉伯糖和 IPTG 可以控制振荡的周期。

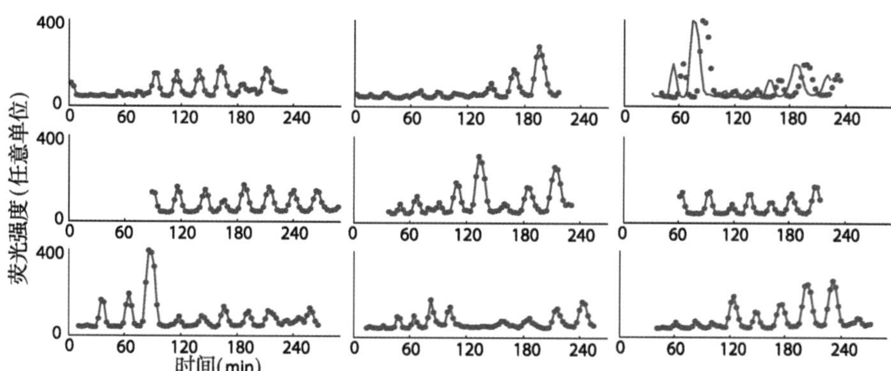

图 13.8 (**实验数据**) **基因弛豫振子**。纵坐标的单位是任意的,但对图示 9 个细胞都一致。峰谷值之差比单基因回路(图 13.1b,第 391 页)更明显。(数据来自 Stricker et al., 2008;参见 Media 18。)

13.5 自然振子

本章开篇提及从蓝细菌到脊椎动物都使用生化振子驱动往复过程并以此预测环境中的周期性事件。我们已经考察了几个人工振子的例子,下面要回到天然系统,在这些例子中强大的实验技术允许我们做出相当精细的分析。

13.5.1 蛋白质回路

到目前为止，我们对于细胞控制的图像是有关基因的：阻遏物和激活物在基因起始位点附近的结合会影响基因的转录速率。我们还看到效应物分子的结合可通过变构相互作用直接影响酶或转录因子的行为。例如，异乳糖或其模拟物之一可以与 LacI 结合并修饰后者；色氨酸也可以与其产物酶之一结合并修饰后者，等等。

当然也存在许多其他类型的控制。细胞中特别普遍的控制之一是通过共价连接一个磷酸基团（**磷酸化**，图 11.3c）或剪切一个磷酸基团（**去磷酸化**）对酶进行修饰。通过添加磷酸根对其他酶进行修饰的酶统称为**激酶**，而剪切磷酸根对其他酶进行修饰的酶统称为**磷酸酶**。修饰磷酸化状态是有用的策略，因为

- 与效应物通过弱键维系在结合位点不同，磷酸化可以无限期维持直到它被主动移除，因为打断共价键需要较高的能量。

- 磷酸化和去磷酸化比从头开始合成一个酶或等待它被清除（或经生长而稀释）来得更快，成本也更低。

细胞也使用其他共价修饰。我们感兴趣的其中之一是通过共价连接小蛋白**泛素**作为分子的“标记”。其他细胞机器输送标记的蛋白到细胞的各区室，特别是到**蛋白酶体**，后者可以降解标记的蛋白并回收氨基酸。

如前所述的共价修饰以及来自效应物的直接结合的变构控制允许细胞实现不涉及基因表达的控制回路，即**蛋白质回路**。

13.5.2 非洲爪蟾的有丝分裂时钟

即使是在细菌里面，细胞分裂也是非常复杂的。如果我们将目光聚焦到单细胞真核生物甚至单细胞脊椎动物的细胞分裂，情况会变得更复杂。真核细胞分裂（**有丝分裂**）的一个周期通常涉及众多的“检查点”，在这些检查点上周期过程将暂停，直到一些关键的步骤（例如 DNA 复制）完成。研究人员正开始借鉴反馈开关的概念来理解这些检查点，但整个研究过程是非常艰巨的。

所以，如果我们希望考察有丝分裂就应该寻找一个最简单的例子。南非爪蛙爪蟾就是这样一个简单例子。其受精卵会经历数轮分裂，而每轮细胞分裂都是同步的[5]。即使我们将胚胎分离成单个细胞，这些细胞会继续按计划开启有丝分裂（进入“M 期”），即每个细胞都有一个自主振子。由于没有检查点，胚胎发育甚至在 DNA 损伤剂存在的情况下也不会暂停。人们甚至在完全阻止细胞分裂时仍然发现时钟本身运行得相当正常。

[5]参见 Media 19。

当我们从合成生物系统过渡到天然系统时，在复杂性方面需要迈出一大步。脊椎动物基因组中的成千上万的基因衍生出许多分子元件，它们之间复杂的相互作用大部分依然未知。因此，只考虑少数元件的模型只是暂时可行的。然而，大量的实验研究已经从非洲爪蟾中鉴定出了一个调控模块（起到弛豫振子的作用），该模块非常小，只包括下面要提及的几种分子；改变其他分子对该模块只有极小的影响。

图 13.9a 显示了与有丝分裂时钟有关的核心负反馈回路。

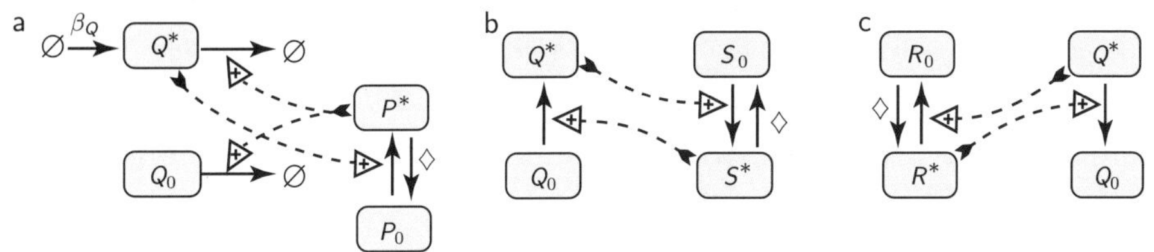

图 13.9（**网络图**） **非洲爪蟾早期胚胎的有丝分裂钟**。为便于清楚展示，此处已将该网络拆分为三个部分重叠的子图。图 a：核心负反馈环产生振荡。图 b：正反馈环形成开关。图 c：另一个正反馈环强化开关行为。用符号 ◊ 标记的箭头表示正文没有讨论的某些基本（无调控）进程。

例题：在我们研究生化细节之前，请按照图 13.9 中所示的反馈环路，解释它们被称为负反馈或正反馈的原因。

解答：

a. 右下指向箭头表示 Q^* 提升了 P^* 的产量。左上指向箭头表示 P^* 加快了 Q^* 的清除。总效应为$((+)(+))((+)(-)) = (-)$。

b. 右向箭头表示 Q^* 提升了 S^* 的产量。左向箭头表示 S^* 提升了 Q^* 的产量。总效应为$((+)(+))((+)(+)) = (+)$。

c. 右向箭头表示 R^* 加快了 Q^* 的清除。左向箭头表示 Q^* 加快了 R^* 的清除。总效应为$((+)(-))((+)(-)) = (+)$。

这些分子及其复合物常常使用繁琐的符号命名；因此，我们将在下表中给这些分子元件赋予单字母缩写便于以后的讨论：

Q^* 和 Q_0	活性和失活 cyclin-Cdk1 复合物
P_0 和 P^*	失活和活性 APC-Cdc20 复合物
R_0 和 R^*	Wee1 失活和活性形态
S_0 和 S^*	Cdc25 失活和活性形态

有丝分裂周期蛋白以恒定速率 β_Q 被合成，且在分裂间期它们是稳定的。被合成后的每个周期蛋白马上结合到周期蛋白依赖性激酶 Cdk1（“通用的 M 期触发器”），形成复合物 Q。Q 具有多种磷酸化状态，我们将它们归并成“活性”（Q^*，无磷酸基团）和“失活”（Q_0，已磷酸化）两种形态。活性形态可以磷酸化许多不同的靶物，从而激发起一轮有丝分裂。对于我们的目的而言，关键点是 Q^* 是如何激活复合物 P 的，该复合物由细胞分裂周期蛋白 Cdc20 与后期促进复合物（APC）结合而成。活性 P^* 反过来标记周期蛋白分子，也包括复合物 Q 中的周期蛋白分子，使其能被细胞蛋白酶体降解。因此，复合物 Q^* 和 P^* 形成总体的负反馈回路（图 13.9a）。

为了在环中引入开关，进而产生一个弛豫振子，细胞还有另外两个蛋白与 Q 相互作用。为了便于讨论，图 13.9b、c 分开展示了这些相互作用，但实际上三个图属于一个网络：

- 图 b 涉及另一个细胞分裂周期蛋白质，即磷酸酶 Cdc25（缩写为 S）。活性 S^* 可以通过去磷酸化激活 Q；相反，Q^* 可以通过磷酸化激活 S。这种双重正反馈环对 Q 形成总体正反馈。第12章证明了这样的反馈可以产生开关行为。

- 最后，图 c 显示了另一个反馈环，涉及激酶 Wee1（缩写为 R）。活性 R^* 可以通过磷酸化失活 Q；相反，Q^* 可以通过磷酸化失活 R。这种双重负反馈环对 Q 的结果也是总体正反馈的。

总之，爪蟾系统拥有构成弛豫振子所需的成分：负反馈和开关元件。早在上述各种影响的细致数学描述确定之前，J. Tyson 和 B. Novák 就已经使用当时已有的证据提出了上述定性模型，并在 1993 年做出了可检验的预测。后续实验提供了更多细节，并验证了模型总体上是合理的。例如，J. Pomerening 和合作者同时监测 Q^* 的水平和周期蛋白两种形态（Q_0 和 Q^*）的总量。图 13.10a 显示了两个量的振荡，其轨迹非常类似于图 13.6a。此外，当实验者通过干预使其中一个正反馈环失效时，Q^* 的时间进程从图 13.6b 的大幅度尖脉冲形式变化为带阻尼的类正弦函数的形式（图 13.10b、c）。

Q. Yang 和 J. Ferrell 通过将复合物 Q 中的周期蛋白替换成能抵抗一般性降解的变体来表征整个负反馈环（振子）。虽然这样打破了反馈环，但复合物 P 仍然能够标记其他待降解的蛋白。实验者跟踪这样一个蛋白就能粗略估算出周期蛋白在爪蟾胚胎系统降解得应该有多快，它是 Q^* 总量的函数。事实上，他们发现该关系可用希尔函数来描述，且有非常大的希尔系数 $n \approx 17$。综合该结果与其他生化学家对上述化学反应的测量，他们最终敲定了物理模型（图 13.9）中的所有要素。特别是，高协同参数意味着系统的零变线之一有一个宽广的、近乎水平的区域（图 13.11a），类似于弛豫振子中的一条线（图 13.6a）。

所得物理模型的确显示了弛豫型振荡，这与整个系统的实验观察定性符合（图 13.11）。

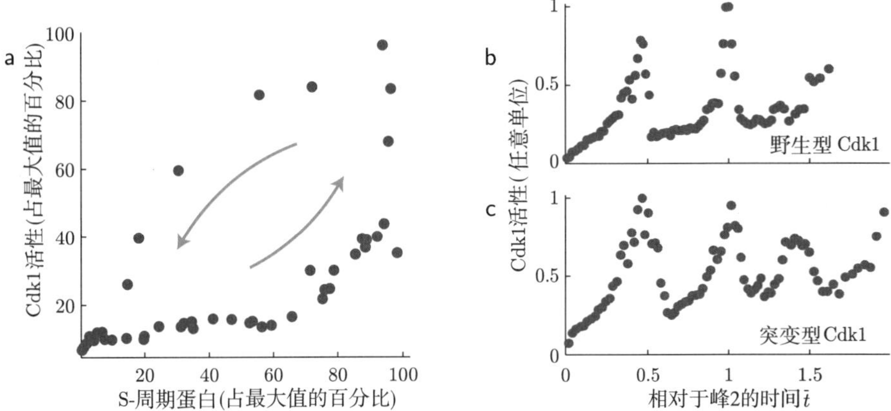

图 13.10（**实验数据**） **在爪蟾卵细胞提取物中观测到的振荡**。图 a：周期蛋白水平与 H1 激酶活性之间关系的散点图，H1 激酶活性代表了 Cdk1 的活性水平。数据点形成一个较宽的环（箭头），而系统不断地沿着环重复。图 b：个别实验振荡的时间进程。实验数据做了重新标度，使得第二个 Cdk1 激活峰位于 $\bar{t} = 1$ 处。图 c：在该试验中，正反馈环被替换的 Cdk1 突变体打破，在突变体中两个抑制性磷酸化位点被改变为非磷酸化残基。所得时间进程与野生型的 b 相比尖脉冲少、最大值与最小值之差也更不明显。（数据由 J. Pomerening 惠赠；参见 Pomerening et al.，2005。）

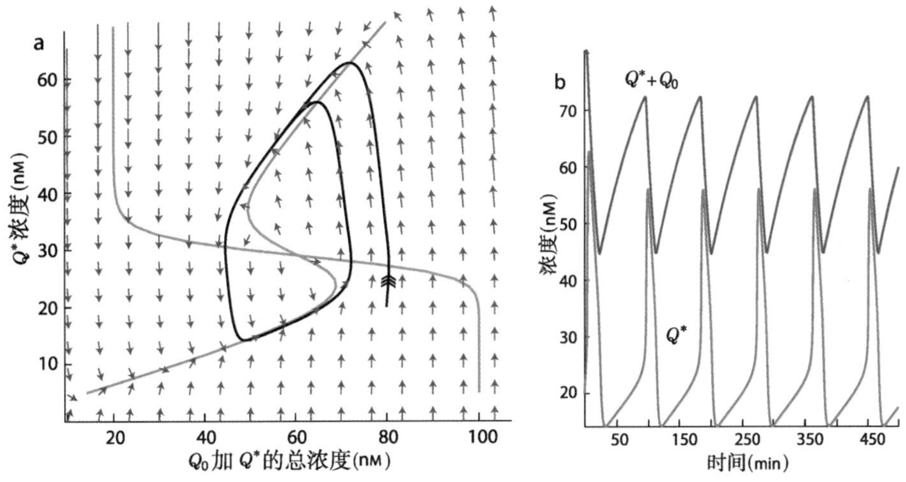

图 13.11（**相位图；数学函数**） **非洲爪蟾胚胎振子模型的行为**。图 a：该图既与机械弛豫振荡器（图 13.6a）也与实验观察（图 13.10a）定性类似。图 b：模型变量的时间过程。绿色轨迹类似于实验观察（图 13.10b）的尖峰脉冲。计算细节在第 13.5.2′ 节（第 407 页）给出。

$\mathcal{T}_2$ 第 13.5.2′ 节（第 407 页）和习题 13.8 给出了模型的一些细节。

总结

第11—13章研究了细胞个体面临的三类典型控制问题。类似的问题以及包含反馈的解决方案也存在于宏观生物体层面。例如，极限环与你每天的睡眠生物钟的控制有关。

至此，我们对生物控制也只是有了一点肤浅了解。细菌个体还能搜寻食源（或阳光）并游向后者；它们也能探测有害化学品（或其他环境危险）并逃离后者。单细胞真核生物拥有比这些更复杂的行为，而脊椎动物更是如此。但凡我们看到的生物都是通过他们的指令来收集能量和信息并采取恰当的行动[6]。

但是，除了希望理解自然进化系统外，我们还希望通过设计合成系统来达到技术或医疗的目的。第11—13章给出了一些合成控制系统的例子，这些例子反映了简单的物理模型，并且表现出了类生命的功能。

我们的整个讨论都是基于有关生命系统的几个特别简单的物理模型展开的。虽然我们似乎取得了一些成功，但人们也不免质疑这种研究策略是否真的可行。会不会是我们挑选的特例恰好显示了这种还原论建模的有效性？当然不是。下面给出几条理由：

- 优先建立简单物理模型的一个原因是每个复杂系统都是从简单系统演化而来。例如，在非常复杂的细胞周期的核心，我们发现了正反馈加负反馈的模式。尽管我们可能并不总是那么幸运，但基于物理思想的简单模型提供了一套初始假设，可以作为获得进一步认识的基础。

- 即使是复杂系统也经常呈现模块化结构，各模块之间只存在很有限的联系。

- 拥有大量动力学变量的复杂系统也可能被简单系统所模拟。这种可能性部分源于复杂系统的某些快变量可始终追随其他慢变量而实时调整自身，因此可从动力学中方程中消去，从而使得系统状态能用一个低维子空间（例如极限环）恰当描述[7]。

- 最后，一旦在进化中找到了某个问题的解决方案，则往往会重复利用和改进该解决方案，并将该解决方案用作他途。阐明某个机制的本质，有助于理解其他具有相似机制的过程。

---

[6] 参见第 2.1 节（第 26 页）。

[7] T2 参见第 13.4.1′ a 节（第 404 页）和习题 13.3。

关键公式

- 简单机械振子：$\mathrm{d}(\Delta m)/\mathrm{d}t = -Q\theta/\sqrt{1+\theta^2}$ ；$\mathrm{d}\theta/\mathrm{d}t = (\Delta m)\gamma\cos\theta$ 。
- 弛豫振子：在第二个方程右侧再加入 $\alpha(\theta-\theta^3)$ 项：

$$\mathrm{d}\theta/\mathrm{d}t = (\Delta m)\gamma\cos\theta + \alpha(\theta-\theta^3). \qquad [13.4]$$

延伸阅读

准科普

Bray, 2009; Strogatz, 2003.

中级阅读

弛豫及其他振子机制：Murray, 2002, chapts. 6, 10; Tyson et al., 2003; Keener & Sneyd, 2009; Strogatz, 2015; Alon, 2019.
细胞周期：Alberts et al., 2015, chapt. 17; Klipp et al., 2009.
作为动力学系统的其他振子： Ingalls, 2013; Gerstner et al., 2014.
通过磷酸化控制：Marks et al., 2017.
T2 线性稳定性分析和线性代数：Otto & Day, 2007; Klipp et al., 2016, chapts. 12, 15.

高级阅读

阻遏振子：Elowitz & Leibler, 2000; Potvin-Trottier et al., 2016.
细胞周期和其他振子：Novák & Tyson, 1993a; Novák & Tyson, 1993b; Tyson & Novák, 2010. 综述： Pomerening et al., 2005; Ferrell et al., 2011; Tyson, 2021.
有关鲁棒可调振荡的正、负反馈之间的互联：Atkinson et al., 2003; Tsai et al., 2008; Stricker et al., 2008.
T2 噪声诱导的振荡：Keeling & Rohani, 2008; Erban & Chapman, 2020.

拓展

$\mathcal{T}_2$ 13.4.1 拓展

13.4.1′a 相图中的吸引子

稳定不动点和极限环是更一般概念的特例。动力系统的 **吸引子**是其相空间的一个子集，具有三个属性：

- 任何起始于吸引子的轨迹在整个演化进程中都约束在吸引子中。
- 存在一个比吸引子更大的、与相空间等维度的集合（“开集”），其所有的点随时间的演化都收敛到吸引子。
- 在吸引子内没有更小的子集具有上述属性。

因此，稳定不动点是零维吸引子；而极限环是一维吸引子（见 Strogatz, 2015, chapt. 9）。

13.4.1′b 确定性混沌

除了正文研究的极限环、逃逸和稳定不动点外，相空间维数大于二的确定性动力学系统可以显示其他形式的长期行为。这种行为称为**确定性混沌**，或简称为“混沌”。混沌系统至少有一些轨迹维持有界，但始终不会收敛到一个稳态或周期轨迹。在给定初始条件的情况下，即使数学上完全可以预测，这类轨迹也会复杂到像是随机的。

如果混沌系统像我们已经研究过的那样是耗散的，那么它的轨迹可以稳定到一个极不寻常的吸引子。这些“奇怪”吸引子就是分形，也就是非整数维相空间的子集。（Strogatz, 2015, chapt. 9.）混沌动力学可以用在种群数量动力学中，并且可能与诸如心脏纤维性颤动和甚至正常脑功能的病理状况相关。

13.4.1′c 线性稳定性分析

第 12.3.1（第 347 页）节介绍了一维不动点分类的有效方法，该方法对一维以上的系统也很有效。

第 12.4.1（第 351 页）从系统

$$\mathrm{d}(\Delta m)/\mathrm{d}t = Qg(\theta),\ \mathrm{d}\theta/\mathrm{d}t = (\Delta m)\gamma\cos\theta,$$

开始，其中 $g(\theta) = -\theta\sqrt{1+\theta^2}$。不动点接近 $\theta \approx 0$，我们可以将非线性函数 g 用其在 $\theta = 0$ 附近的泰勒级数展开代替，并将非线性项截断；$\cos\theta$ 也做类

似处理，则系统可以被简化成[8]：

$$\frac{\mathrm{d}}{\mathrm{d}t}\begin{bmatrix}\Delta m\\ \theta\end{bmatrix}=\begin{pmatrix}0 & -Q\\ \gamma & 0\end{pmatrix}\begin{bmatrix}\Delta m\\ \theta\end{bmatrix}. \tag{13.5}$$

这组方程容易直接求解[9]。作为更一般的问题，一阶常系数线性微分方程具有指数型解[10]。代入试探解

$$\begin{bmatrix}\Delta m\\ \theta\end{bmatrix}=\mathrm{e}^{\beta t}\begin{bmatrix}x\\ y\end{bmatrix}$$

并求

$$\begin{pmatrix}-\beta & -Q\\ \gamma & -\beta\end{pmatrix}\begin{bmatrix}x\\ y\end{bmatrix}=0.$$

矩阵方程存在非零解的唯一可能是系数矩阵行列式等于 0，即

$$(-\beta)^2-(\gamma)(-Q)=0. \tag{13.6}$$

缩写 $\bar{\gamma}=\gamma Q$，则方程有解 $\beta=\pm i\sqrt{\bar{\gamma}}$；对应的特征矢量是

$$\begin{bmatrix}x\\ y\end{bmatrix}=\begin{bmatrix}A\\ \mp iA\sqrt{\bar{\gamma}}/Q\end{bmatrix}$$

其中 A 是任意常数。Δm 和 θ 的物理解必须是实数，为此，我们找到了两个数学解的组合：

$$\begin{aligned}\begin{bmatrix}\Delta m(t)\\ \theta(t)\end{bmatrix} &= \mathrm{e}^{i\sqrt{\bar{\gamma}}t}\begin{bmatrix}A\\ -iA\sqrt{\bar{\gamma}}/Q\end{bmatrix}+\mathrm{e}^{-i\sqrt{\bar{\gamma}}t}\begin{bmatrix}A\\ iA\sqrt{\bar{\gamma}}/Q\end{bmatrix}\\ &= 2A\begin{bmatrix}\cos(\sqrt{\bar{\gamma}}t)\\ \sqrt{\bar{\gamma}}\sin(\sqrt{\bar{\gamma}}t)/Q\end{bmatrix}.\end{aligned} \tag{13.7}$$

解的振荡频率是 $\sqrt{\bar{\gamma}}/2\pi$，幅度任意，且不随时间而变，即既不增长也不衰减[11]。

上述冗长的方法可应用于更复杂的系统。正文考虑了增加一个开关元件，则对 $\mathrm{d}\theta/\mathrm{d}t$ 有一个额外的贡献项 $\alpha(\theta-\theta^3)$，其中 α 是正常数。在不动点 $\theta\approx 0$ 附近再次展开，方程(13.5)变成

$$\frac{\mathrm{d}}{\mathrm{d}t}\begin{bmatrix}\Delta m\\ \theta\end{bmatrix}=\begin{pmatrix}0 & -Q\\ \gamma & \alpha\end{pmatrix}\begin{bmatrix}\Delta m\\ \theta\end{bmatrix}. \tag{13.8}$$

---

[8]本节扩展了第 12.3.1 节（第 347 页）和 **思考题**13B（第 393 页）中介绍的技术。

[9]参见方程(13.2)（第 393 页）。

[10]存在例外情况，参见习题 1.7（第 24 页）。

[11]参见**思考题**13B（第 393 页）。

方程(13.6)则变成

$$(-\beta)(\alpha-\beta)-(\gamma)(-Q)=0. \tag{13.9}$$

其解为 $\beta=\frac{1}{2}(\alpha\pm\sqrt{\alpha^2-4\bar{\gamma}})$。现在我们发现这两个解都有正实部。如果 $\alpha\leqslant 2\bar{\gamma}^{1/2}$，两者都会导致 x 和 y 振荡，并随时间增长，即不动点不稳定，此种情况下系统将从不动点朝外逃逸到极限环。

思考题13D

根据方程(13.7)的类似逻辑，证明上述结论。

上述**线性稳定性分析**的强大之处在于我们不需要对复杂的非线性相图了解太多。我们现在聚焦大幅度行为：由于系统的唯一不动点是不稳定的，所以它既不能停留在任何稳态，基于物理的原因它也不能逃逸到 Δm 或 θ 值无穷大的状态。因此，系统只能振荡。

上述线性分析也可以应用在二维相空间的任何不动点的分类。

- 如果两个特征值是负实数，则不动点是稳定节点[12]；如果两者都是正实数，则不动点是不稳定节点。
- 如果是一正一负，则不动点是鞍点。
- 如果两者都是复数，则不动点是螺旋点：在弛豫振子的例子中是不稳定的[方程(13.8)，第 405 页]；如果两者都有负实部，则系统是稳定的（习题 11.8）。
- 如果两者都是纯虚数，则不动点被称为“中心”[方程(13.5)]。
- 其他一些奇异的情况也有可能出现（见 Strogatz, 2015；参见第 24 页习题 1.7）。

类似的分析适用于任何维度的相空间。然而，超过二维后，对于拥有不稳定不动点的有界系统，可能会出现全新类型的运动行为（见第 13.4.1′ b 节）。

13.4.1′d 噪声诱导的振荡

其动力学方程仅有一个稳定不动点的系统仍然可能由于分子的随机性而振荡。例如，系统可能接近振荡的分岔点（参见习题 13.4）；则涨落可以反复地使其越过阈值，产生一系列类似于真正周期性振荡的孤立事件（Alon, 2019；Hilborn et al., 2012）。第15章将探讨这一点。

[12]参见第 11.7′ 节（第 338 页）。

T2 13.5.2 拓展

13.5.2′ 非洲爪蟾有丝分裂振子

为了获得一组易于处理的动力学方程，我们根据 Yang & Ferrell (2013) 的方法做些近似。他们的模型类似于 Novák & Tyson (1993a) 所提议的，但关键参数是最近的实验测定的。

下面的近似基于生化事实，但作者还解出了不做近似的较复杂的方程，并确认了结论是定性不变的。

下表列出了所需的缩写：

Q 和 Q^*	cyclin-Cdk1 复合物
P 和 P^*	APC-Cdc20 复合物
R 和 R^*	Wee1
S 和 S^*	Cdc25
Y	Q^*（活性cyclin-Cdk1）的浓度
Z	Q_0（失活cyclin-Cdk1）的浓度
X	$= Y + Z$（总周期蛋白浓度）
β_Q	Q 的产生速率

主负反馈环

参见图 13.9a。

首先，Yang 和 Ferrell 假定 Q 以速率 $\beta_\mathrm{Q} = 1\ \mathrm{nM/min}$ 被持续生产，并且所有新合成的周期蛋白分子立即与 Cdk1 形成活性复合物。因此，$\mathrm{d}Y/\mathrm{d}t$ 有生产项，而 $\mathrm{d}Z/\mathrm{d}t$ 没有。

研究人员还认为 P^* 对 Q^* 水平的响应是如此之快，以至于我们可以简单地取它的浓度为 Y 的函数，则它的活性（降解两种形式的 Q）可以表示为

- 对 $\mathrm{d}Y/\mathrm{d}t$ 的贡献形式为 $-g_\mathrm{P}(Y)Y$，g_P 是经验函数，及
- 对 $\mathrm{d}Z/\mathrm{d}t$ 的贡献形式为 $-g_\mathrm{P}(Y)Z$。

这些公式假设 P^* 以一阶质量作用动力学作用于其遭遇的任何 Q，且 P 的活性本身也是 Y 的一个具有饱和性质的递增函数。作者实验发现函数 g_P 可由基础速率加一个希尔函数表示：

$$g_\mathrm{P}(Y) = a_\mathrm{P} + b_\mathrm{P}\frac{Y^{n_\mathrm{P}}}{K_\mathrm{P}^{n_\mathrm{P}} + Y^{n_\mathrm{P}}}, \tag{13.10}$$

其中参数值近似取为：$a_\mathrm{P} = 0.01\ \mathrm{min}^{-1}$，$b_\mathrm{P} = 0.04\ \mathrm{min}^{-1}$，$K_\mathrm{P} = 32\ \mathrm{nM}$及 $n_\mathrm{P} = 17$。

双正反馈环

参见图 13.9b。

其次，假设 S^* 对 Q^* 水平的响应也是非常快的，以至于我们可以取其浓度为 Y 的函数，则其活性（将 Q_0 转换为活性形式）可以表示为

- 对 $\mathrm{d}Y/\mathrm{d}t$ 的贡献形式为 $+g_\mathrm{S}(Y)Y$，g_S 是经验函数，及
- 对 $\mathrm{d}Z/\mathrm{d}t$ 的贡献与此相等但符号相反。

这些公式假设 S^* 以一级动力学作用于其遭遇的任何 Q_0，且 S 的活性本身也是 Y 的饱和递增函数。作者引用自己早先的实验工作求得经验函数 g_S 可由基础速率加一个希尔函数表示：

$$g_\mathrm{S}(Y) = a_\mathrm{S} + b_\mathrm{S}\frac{Y^{n_\mathrm{S}}}{K_\mathrm{S}^{n_\mathrm{S}} + Y^{n_\mathrm{S}}}, \tag{13.11}$$

参数值近似为 $a_\mathrm{S} = 0.16\ \mathrm{min}^{-1}$，$b_\mathrm{S} = 0.80\ \mathrm{min}^{-1}$，$K_\mathrm{S} = 35\ \mathrm{nM}$ 及 $n_\mathrm{S} = 11$。

双负反馈环

参见图 13.9c。

最后，假设 R^* 对 Q^* 水平的响应也是非常快的，以至于我们可以取其浓度为 Y 的函数，则其活性（将 Q^* 转化为失活形式）。可以表示为

- 对 $\mathrm{d}Y/\mathrm{d}t$ 的贡献形式为 $-g_\mathrm{R}(Y)Y$，g_R 是经验函数，及
- 对 $\mathrm{d}Z/\mathrm{d}t$ 的贡献与此相等但符号相反。

这些公式假设 R^* 以一级动力学作用于其遭遇的任何 Q^*，且 R 的活性是一个 Y 的递减函数，因为 Q^* 使 R^* 失活。作者引用自己早先的实验工作求得经验函数 g_S 可由基础速率加一个希尔函数表示：

$$g_\mathrm{R}(Y) = a_\mathrm{R} + b_\mathrm{R}\frac{Y^{n_\mathrm{R}}}{K_\mathrm{R}^{n_\mathrm{R}} + Y^{n_\mathrm{R}}}, \tag{13.12}$$

参数值近似为 $a_\mathrm{R} = 0.08\ \mathrm{min}^{-1}$，$b_\mathrm{R} = 0.40$ ‘min^{-1}，$K_\mathrm{S} = 30\ \mathrm{nM}$ 及 $n_\mathrm{S} = 3.5$。

联立方程组

根据总量 $X = Y + Z$ 可以方便地表达变量 Z。则

$$\mathrm{d}Y/\mathrm{d}t = \beta_\mathrm{Q} - g_\mathrm{P}(Y)Y + g_\mathrm{S}(Y)(X-Y) - g_\mathrm{R}(Y)(Y) \tag{13.13}$$

$$\mathrm{d}X/\mathrm{d}t = \beta_\mathrm{Q} - g_\mathrm{P}(Y)X. \tag{13.14}$$

图 13.11a 显示了方程(13.10)—(13.14)所定义的矢量场、零变线和典型轨迹。图 b 显示了变量的时间演化。

Yang 和 Ferrell 特别关注负反馈环中非常高的协同参数。该特征使图 13.11a 中的一条零变线几乎成水平状，因此类似于机械类比（图 13.6a）中的水平零变线。他们还发现希尔系数不高的模型振荡鲁棒性低，甚至可能无法振荡。如此高的协同性不太可能是第 11.4.3 节中设想的简单方法所能产生的；而很可能是源于其他几种机制，人们已经知道它们能产生等效的协同切换效应（Ferrell Jr. & Ha, 2014a－c）。

考虑到细胞的随机性，作者根据第10章的思路进行了随机模拟，并确认了他们的结果定性吻合。

习题

13.1 非线性振子

将方程(13.1)—(13.2)（第 393 页）无量纲化，用 $\bar{t}=\sqrt{Q\gamma t}/2\pi$ 和正确重标度的质量变量 $\Delta\bar{m}$ 来重新表达。用计算机在 θ–$\Delta\bar{m}$ 平面作相图，用矢量场的流线来显示方程的解。描述流线如何从椭圆（对于小振幅振荡）过渡到其他较大振幅的情况（但仍满足 $|\theta|<\pi/2$）。

13.2 弛豫振子

a. 作一个二维相图来表示没有切换元件的机械振子[方程(13.1)、(13.2)]，可以取 $Q=1\ \mathsf{kg\,s}^{-1}$，$\gamma=1(\mathsf{kg\,s})^{-1}$。需要显示出矢量场和零变线，并讨论定性行为。再加一条流线表示典型的轨迹[13]。

b. 取 $\alpha=1\ \mathsf{s}^{-1}$，对弛豫振子[方程(13.1)、(13.4)]重复上述分析。

13.3 T2 高阻尼情况

第 13.4.1 节声称在高阻尼的极限情况下，我们可以忽略牛顿定律中的角加速度项，近似表述为所有的转矩大约接近平衡。这似乎是合理的，因为加速项与惯性有关，如果你试图将球扔入一桶糖蜜中，球在离手并滑行一段时间后马上就停止运动。为了进一步研究，将方程(13.2)（第 393 页）替换成更完整的牛顿定律

$$I\frac{\mathrm{d}^2\theta}{\mathrm{d}t^2}=-\zeta\frac{\mathrm{d}\theta}{\mathrm{d}t}+(\Delta m)gR\cos\theta.$$

在该式中，ζ 为阻尼常数，I 是振子的惯性矩。

根据正文，写出 θ 很小情况下上述方程和方程(13.1)的近似表达式，联合后消去变量 Δm，获得方程(13.3)的推广形式。由于该方程是常系数线性的，我们可以写出形式为 $\mathrm{e}^{\beta t}$ 的试探解，并获得有关 β 的普通代数方程。完成计算，讨论在 ζ 变得极大而其他参数不变的情况惯性项是否还起作用。

13.4 T2 振荡分岔

a. 弛豫振子动力学方程(13.1)和(13.4)只有一个不动点。在不动点周围将方程线性化，求小偏离时候的解，并评论。与参数值有关的可能行为不止一种吗?

[13]参见习题 11.6（第 340 页）。

b. 调整方程中的开关项，用 $\alpha\theta-\gamma\theta^3$ 取代 $\alpha(\theta-\theta^3)$，并设想只有 α 可变，其他常数维持不变。正文只考虑 $\alpha>0$ 的情况下；现在研究当 α 降到 0 甚至变负时解会发生什么变化。

你发现的行为有时也被称为**霍普夫分岔**。这提醒我们，一个带开关的似乎可信的网络图本身不保证振荡，我们还必须让参数处于恰当的区域。

13.5 T2 线性稳定性分析

a. 回到有关钟摆的方程(11.22)（第 330 页）。利用线性稳定性分析方法（第 13.4.1′ 节，第 404 页）分析稳定与不稳定不动点附近区域的行为。

b. 回到双基因开关的方程(12.16)（第 364 页）。假定 $\tau_1=\tau_2$，$\Gamma_1=\Gamma_2$和 $n_1=n_2$。根据相图 12.15，似乎总是存在一个不动点满足 $\bar{c}_1=\bar{c}_2$ 。请给予证明。针对图中所示的两组参数值分别求该不动点，并评估每种情况下不动点的稳定性。

c. 对于任意 $\bar{\Gamma}$ 和非协同情况（$n=1$），重复 b 小题。

13.6 T2 地方病方程不动点

使用线性稳定性分析来表征 SIRS 模型中的非平凡不动点，其中 $R_0=3$ 和 $\mu=0.07$ [参见方程(12.8)和第 351 页图 12.7a]。

13.7 T2 阻遏振子

图 13.2 显示了一个简化的网络，其中转录和翻译总结于一个实箭头。本题将构造一个更实际（尽管仍不真实）的模型，如下所示[14]：

- 三种 mRNA（称为 m_A、m_B 和 m_C）都使用相同的一阶消解参数[15]进行稀释/降解。我们可以重新标度时间单位使该常数等于 1。所有三种 mRNA 也都以相同的最大速率生产。然而，如图所示，每个生产速率都被另一种 mRNA 的基因产物协同调节。假设所有三个速率定律都具有相同的半最大浓度，并以该浓度为单位度规米氏常数 $K_\mathrm{M}=1$：

  — m_A 被蛋白 C 调控：

$$\mathrm{d}\bar{c}_{\mathrm{m}_A}/\mathrm{d}\bar{t}=-\bar{c}_{\mathrm{m}_A}+50/(1+(\bar{c}_{\mathrm{p}C})^2).$$

  — m_C 反过来受蛋白质 B 的调控，速率方程相同。

  — m_B 反过来受蛋白质 A 的调控，速率方程相同。

[14] 本习题基于 Ellner & Guckenheimer, 2006 的讨论。

[15] 参见第 11.4.5 节（第 321 页）。

- 基因产物遵循质量作用速率定律：mRNA 的生产是一阶的，稀释/降解也是一阶的：

$$d\bar{c}_{\mathrm{p}_A}/d\bar{t} = 0.2(-\bar{c}_{\mathrm{p}_A} + \bar{c}_{\mathrm{m}_A}),$$

对 p_B 和 p_C 有类似的速率定律。

上述六个常微分方程确定了六个浓度变量的动力学系统。让计算机使用六个初始条件：

$$\bar{c}_{\mathrm{m}_A}(0) = 1.5,\ \bar{c}_{\mathrm{p}_A}(0) = 1.5,\ \bar{c}_{\mathrm{m}_B}(0) = 0.5,\ \bar{c}_{\mathrm{p}_B}(0) = 2,\ \bar{c}_{\mathrm{m}_C}(0) = 1,\ \bar{c}_{\mathrm{p}_C}(0) = 2.$$

来求解。

a. 对解进行一维投影，在 0 到 200 的无量纲时间范围内绘制 $\bar{c}_{\mathrm{m}_A}(\bar{t})$ 曲线。

b. 对解进行三维投影，在同一时间范围内绘制 $(\bar{c}_{\mathrm{m}_A}(\bar{t}),\ \bar{c}_{\mathrm{m}_B}(\bar{t}),\ \bar{c}_{\mathrm{m}_C}(\bar{t}))$ 的参数图。

c. 制作b小题的三维动画。

d. 上述模型在上述参数下具有一个不动点。选取不同的初始值，轨迹都可能终止于该点。请举例说明。

13.8 T2 非洲爪蟾振子

完成第 13.5.2′ 节（第 407 页）所述的分析，采用给定的参数值，并产生类似于图 13.11a、b的图像。

第 4 篇　非线性混沌动力学

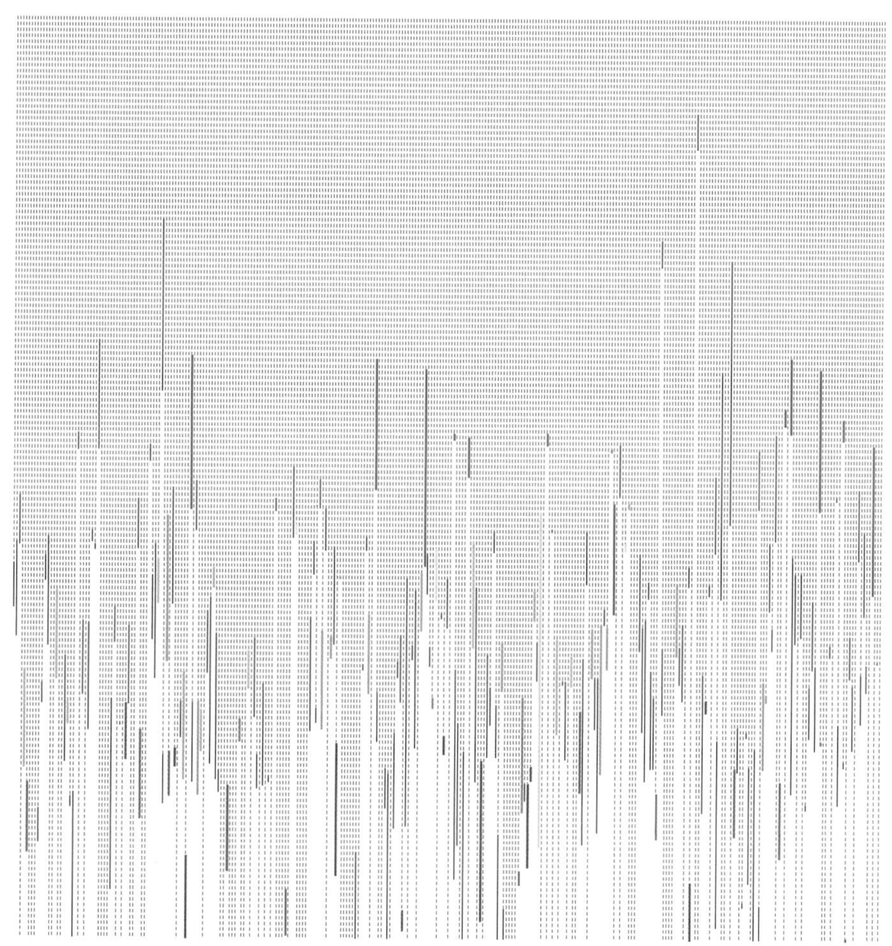

疫情暴发的图形表示。每条垂线代表每个个体的感染过程（300 个样本来自图 14.5 中大规模模拟数据）。从上往下表示时间。虚线代表易感；实线代表感染；当个体康复时其时间线终止。颜色表示该个体是超级传播者（或被该超级传播者传染的人）。尽管该模型只假设 2% 的感染者是超级传播者，但一旦出现了首例超级传播者，他们就会在疫情中发挥关键作用。

第14章 疫情传播中的人口变动

这种古老的律令，温柔又严厉，
它让人重拾对爱情的信仰，
但又掌控我们的情绪，
让我们在承受一切时不忘感恩。
形式是爱能给予的终极礼物，
是必要性与我们所欲所受的神圣结合。

——艾德丽安·里奇（Adrienne Rich）

14.1 导读：超级传播者

第10章介绍了一般的“化学反应”（包括它们固有的随机特性）模型的计算机模拟。我们看到，当分子数量很大时，可采用基于连续确定性近似的简单模型来进行预测[1]。因此，第11—13章探讨了该近似下的系统动力学。当我们将非线性引入速率方程时，就会观察到双稳态及振荡之类的有趣现象。

我们研究的一些非线性模型与疫情暴发（第 12.3 节）有关，其中一个（SIR 模型）呈现了一系列不动点，而其中任何一个都是疫情的可能终点。初始条件决定了疫情的终点，而疫情暴发的严重程度对基本传染数系统参数比较敏感。

然而，我们感兴趣的许多生命系统并不是大量全同“分子”的简单集合。在本书的最后一部分，我们将非线性与种群的有限尺寸效应（及其相关的随机性）结合起来对系统行为进行分析，会观察到全新的特征。生物系统已经进化到能应对甚至受益于这些新特征（当然有时会以损害宿主生物为代价）。

> 本章焦点问题
> **生物学问题：**为什么有时候传染病会突然暴发性地传播，而有时候只是零星出现几例后迅速消失？
> **物理学思想：**小部分超级传播者对疫情的暴发可以产生巨大影响。

[1]参见要点(11.8)（第 317 页）。

14.2 随机 SIR 模型

14.2.1 有时候疫情可自发平息

图 12.4b 用网络图展示了疾病传染进程的一个传统模型。我们将此物理模型重新标度时间单位后表示为一对常微分方程组：

$$\frac{\mathrm{d}s}{\mathrm{d}\bar{t}} = -R_0 is; \quad \frac{\mathrm{d}i}{\mathrm{d}\bar{t}} = (R_0 s - 1)i; \quad i + s \leqslant 1. \qquad [12.7]$$

其中 s 是处于易感状态的人口占比；i 是感染占比，$\bar{t}$ 是重新标度后的无量纲时间；R_0（基本传染数）是一个常数。上述方程基于如下假设：

- 总人数固定为某个值 N_{tot}（没有出生，没有死亡，没有迁入，也没有离开）。
- 每个易感个体每单位时间被感染（并因此具有传染性）的概率为 $R_0 i$。
- 每个感染个体在随机选择的时间点永久康复。
- 每个子群的人数足够大，连续确定性近似是合理的。

上述每个假设对于特定疾病及人群肯定都是过于简化的。尤其是最后一个假设在疫情暴发初期必然失效，因为暴发初始只有一个或少数感染者被引入易感人群中。不难理解为何有时候疫情会自动平息，因为初始感染者总有机会在产生继发感染之前康复。然而，第12章的分析并未给出这种可能。因为我们将种群视为连续变量（而不是整数），所以我们可以考虑任意低的感染种群的初始值 $i(0)$（即接近相图 14.1的右下端点）。根据图示，即便在上述极限下，轨迹的终点也会落在横轴的某个确定点，而不一定落在右下角端点 $s(\infty) \approx 1$ 附近，后者对应着疫情不扩散的情况。实际上，对于小的 i，因为初始增长是指数的，所以将 $i(0)$ 减少只是推迟了峰值到来的时间，而不会改变其最终高度（i 的最大值），也不会改变其端点（$s(\infty)$）。

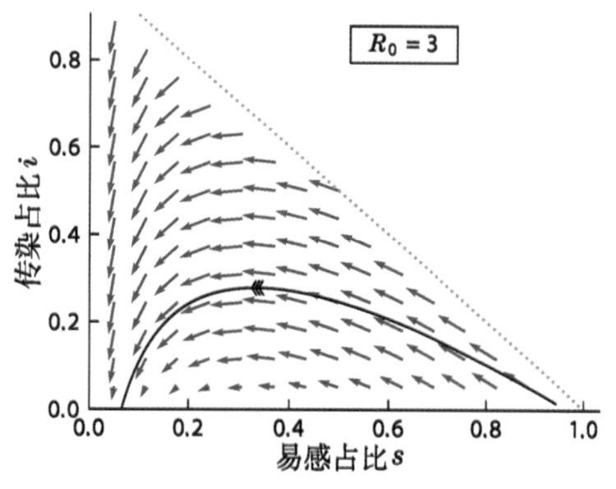

图 14.1（**计算机模拟**） 按照连续确定性近似，疫情必然扩散。与图 12.5a（第 350 页）的相图相同，突出显示的轨迹的起点表示易感人群比例接近100%。

与连续确定性近似不同，真正的传染病模型可以从最初的数例到最终一例，再下降到零例就结束了。简而言之，感染的离散、随机特征导致了统称为**人口变动**的新现象。

14.2.2 SIR 模型中归因于某个体的新增感染数服从几何分布

为了给人口变动建模，我们现在使用随机模拟[2]探讨上一节提出的问题。假设某个时刻有 S 个易感者、I 个感染者，则康复数为 $N_{\mathrm{tot}}-S-I$。每单位时间（$\bar{t}$）任何跃迁的总概率为 $\beta_{\mathrm{tot}}=IS(R_0/N_{\mathrm{tot}})+I$，因此我们从适当的指数分布中抽样驻留时间，然后决定在给定时刻发生了哪类事件：要么某个感染者以概率 I/β_{tot} 康复，要么某个易感者被感染。我们进行适当的伯努利试验，然后不断更新 S 和 I。

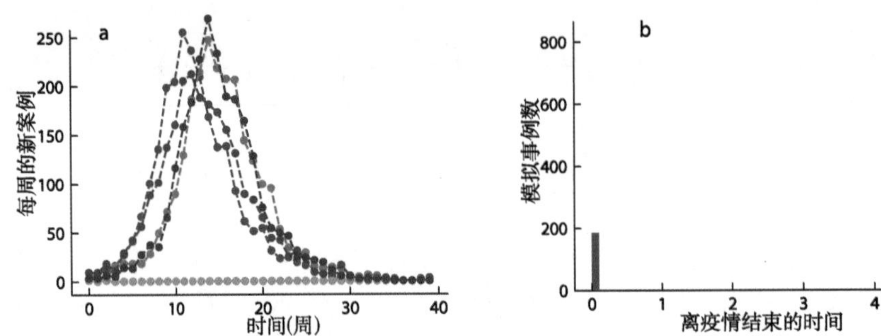

图 14.2（**数值模拟**） **随机 SIR 模型**。图 a：与图 12.6 相同模型的五个典型时间过程，但这次是通过 Gillespie 直接算法模拟的。因此，对一个人数为 2 816、其中有 3 个感染病例的人群，取 $R_0=2.2$。其中一次没有疫情暴发（橙色）。图 b：同一模型模拟 2 000 次，图中显示了疫情传播持续时间的直方图。

图 14.2a 显示了计算机模拟的几个时间过程，每次模拟都以 $I(0)=3$ 开始，该群体的数量与图 12.6 中所示的人群相同。将此处的随机模拟与第12章的确定性模拟相比较，并与真实麻疹疫情的数据进行比对，表明随机模拟给出的结果更符合实际情况。

- 当我们考虑到人口的离散性时，许多疫情的确会很快平息（图 14.2b）。
- 当我们考虑随机性时，每个模拟过程显示的周涨落幅度与真实数据中观察到的大致相同。
- 疫情暴发的峰值时间是随机的（图 14.2a）。
- 但是，如果疫情暴发超过一定的阈值规模，则其时间过程和总体严重程度大致与连续确定性近似所预测的一样。

[2]第 10.3.3 节（第 274 页）介绍了 Gillespie 直接算法。

为了更深入地了解该模型的性质，我们可以通过模拟来预测一个在临床上难以测量的量[3]：针对每个受感染的个体，我们问，有多少后继感染可归因于该个体。答案显然是一个随机变量，因此我们可以改为询问后继感染人数 $\ell_{\rm inf}$ 的概率分布。在疫情开始时，易感人群并未从接近 100% 的初始值显著下降。因此，感染个体在重标度单位时间内有固定的概率（R_0S 近似恒定）遭遇并感染易感者，因此在感染的窗口期内，该个体导致的新感染遵循泊松过程。如果每次感染的窗口期是固定的，则**要点**(9.6)（第 244 页）表明归因于该个体的新感染总数是泊松分布的。

然而，在这个模型中，每次感染的窗口期本身就是一个随机变量。事实上，我们假设单位时间内康复的概率是恒定的，因此感染的窗口期是指数分布的。即$\ell_{\rm inf}$ 遵循某个混合泊松分布[4]。根据习题 5.19，$1+\ell_{\rm inf}$ 是服从几何分布的。从模拟中提取这些信息，可以判断这一预测是成立的（图 14.3b）。

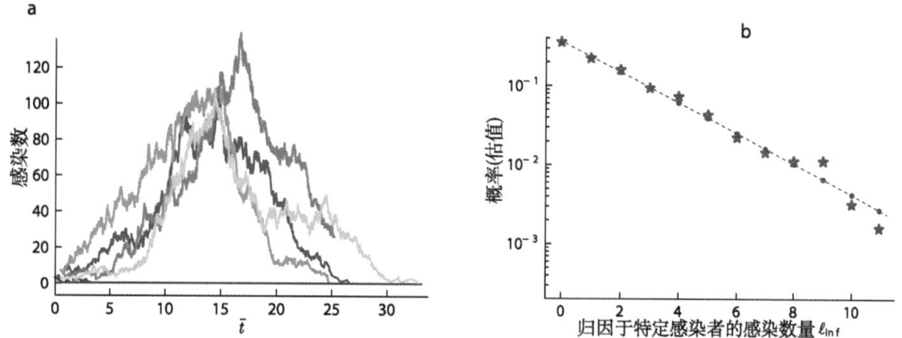

图 14.3（**数值模拟**） $R_0=1.3$ 的**随机 SIR 模型**。图 a：7个具有代表性的疫情的时间进程，其中3个几乎立即消失。总人数还是 2816，最初也只有 3 人被感染。图b *星号*：基于 70000 次疫情模拟的数据，归因于疫情初期某感染者的新增的感染数量的半对数直方图。样本均值为 1.8；估计方差为 4.3，与几何分布大致一致。图b *点*：具有相同期望的几何分布（用于比较）。

14.3 因过度分散导致的超级传播

14.3.1 某些疾病的传染性是高度可变的

第 14.2 节概述了一种提高 SIR 模型真实性的方法。但是这类模型在描述一些流行病（例如 2000 年代的 SARS-CoV-1）时表现得并不好。当然，我们的模型做了许多理想化假设。例如，某些疾病在接触感染者和传染性发作之间处于潜在的“暴露”状态；个人还拥有不同的社交网络、不同的地域流动性以及许多其他混杂因素。将此类影响纳入模型需要引入新的未知参数。反过

[3] [T2] 习题 14.5 概述了如何编写这样的模拟程序。

[4]第 5.2.5 节（第 114 页）介绍了这个概念。

来，这些参数必须用数据来拟合（降低了模型的预测能力）或能以某种方式测量（并非总是可能）。在可接受的众多改进中，我们应该首先尝试哪一个？

我们对 SARS-CoV-1 接触者的追踪数据做统计时发现归因于单个人的新感染分布（$\ell_{\rm inf}$）看起来不像几何分布（图 14.4a）[5]。相反，$\mathcal{P}_{\ell_{\rm inf}}$ 有一个长尾，表明存在一小部分**超级传播者**。几何分布具有如下性质，可用来与实际情况做对比。

例题： 证明，对于任何几何分布，

$$\mathrm{var}\ \ell_{\rm inf} = \langle \ell_{\rm inf} \rangle (1 + \langle \ell_{\rm inf} \rangle).$$

解答： 第 61 页用单个参数 ξ 表示了任何几何分布的期望和方差。用 $\ell_{\rm inf} + 1$ 代替 ξ，上述关系立即得证。

对于新加坡暴发的 SARS-CoV-1，图 14.4a 中的数据给出了 $\langle \ell_{\rm inf} \rangle \approx 0.9$，但估计方差为 ≈ 16，因此分布远非几何分布：它是“过度分散”[6]。2020 年的 SARS-CoV -2 病毒也被发现具有相似的 $\ell_{\rm inf}$ 分布特征。

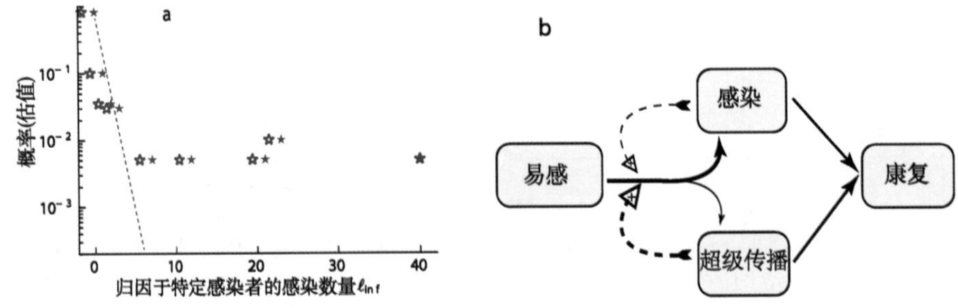

图 14.4（**公共卫生数据；网络图**） **个体再生数变化的证据**。图a 星号：2003 年新加坡 SARS-CoV-1 暴发的传播数据。该半对数图显示了观察到的每个病例感染人数的频率。（数据来自 Leo et al., 2003；参见 Dataset 23。）图a 线显示了几何分布以进行比较。图 b：包含超级传播者的模型。小部分新病例具有高度传染性。

这种长尾分布的起源是什么？

- 传染的多样性：某些感染者因另一种合并感染而比其他感染者更容易打喷嚏。此外，传染性可能还与年龄、总体健康状况等相关。
- 接触的多样性：某些感染者因工作需要选择去拥挤的地方，有些则被限制在疗养院或监狱。
- 活动的多样性：有些人出席了歌唱或演讲活动。其中一些人知道自己可能被感染了但是无症状，从而采取了更好的公共卫生防护措施。

[5]看起来更不像泊松分布，泊松分布是我们假设每次康复都花费相同时间的前提下会自然做出的预测。

[6]泊松分布中，随机变量的方差等于期望（第4章），这与观察值相差更远。

试图对这些多样性的每一项进行数学建模是不现实的。但我们可以通过探索超级传播者概念的最简单实现来获得重要的洞见。

14.3.2 极少数超级传播者会产生很大的影响

图 14.4b 显示了每个感染事件会随机分类，通常会归属于常规组（对应小 R_0），但偶尔也会归为超级传播组（对应于大 R_0）。作为示例，我们假设只有 2% 的病例是超级传播者；但是，他们的 R_0 值是常规组的 20 倍。

图 14.5a 表明，极少数超级传播者对疫情有深远的影响：与原始 SIR 模型相比，该模型显示的疫情更加严重，也更难预测[7]。

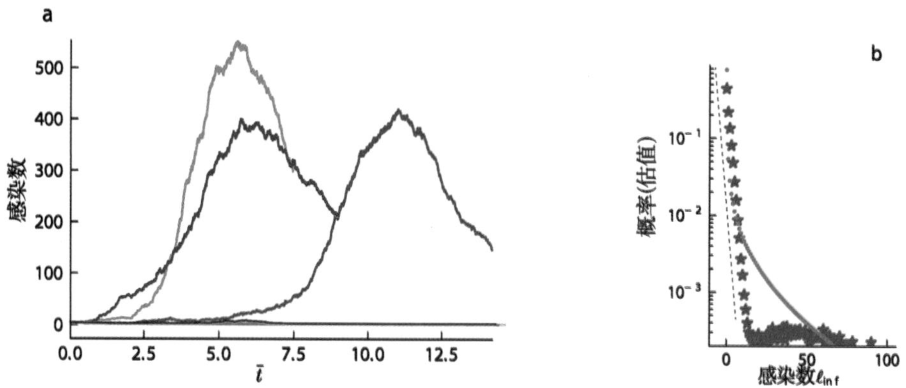

图 14.5（**计算机模拟**） **超级传播者的影响**。图 14.4b 所示模型的结果。所有参数都与图 14.3 相同，除了 2% 的新感染者的 $R_0 = 25$（由图 14.4a 推断得出）。图 a：七个具有代表性的时间过程，其中四个几乎立即消失（没有暴发）。极少数超级传播者大大增加了暴发的平均规模和变异性。图b 星号：归因于疫情早期某感染者的新增感染数量的半对数直方图。SIR 模型中出现的几何分布（图 14.3b）现在已被长尾分布所取代。样本均值为 2.6；估计方差为 100。图b 虚线再次显示几何分布以进行比较。（绿点显示了我们不曾提及的另一个模型。）

总结

我们发现，由于疫情总是始于一个或几个感染者，传播的离散和随机特征对疫情动态有很大影响。因此，一个疫情初期只发生几个轻微案例的社区不能庆幸，因为虽然某轮疫情看似已平息，但很可能紧接其后的就是一次大的暴发。

[7]流行病学家有时使用所谓的负二项式分布族描述归因于某病例的新增感染数的分布。图 14.5b 中的绿点显示了这样一个分布，它与模拟数据具有相同的期望和方差。

提高 SIR 模型真实性的方法很多，但我们只关注某些疾病具有超级传播者这一事实[8]。其意义是深远的。尽管图 14.5a 所示的疫情进程令人不安，但这种时间过程可以被图 14.3 中较温和的过程所取代，方法是及时识别和隔离一小部分感染人群。例如，可反向追踪某感染个体的密接人群，后者可能就是该次传染的源头。当多个反向路径指向同一个人时，该人可能就是超级传播者。

延伸阅读

准科普

Kucharski, 2020; Ellenberg, 2021; Tufekci, 2020.

中级阅读

Andersson & Britton, 2000; Allen, 2011; Rock et al., 2014.

高级阅读

超级传播者：Lloyd-Smith et al., 2005; Laxminarayan et al., 2020; Adam et al., 2020.
过度分散的最大似然估计：Lloyd-Smith, 2007.
基于网络的疫情建模：Miller & Ting, 2019.

[8]也可能详细到超级传播者事件或地点。

习题

14.1 长尾分布

Dataset 23 给出了可归因于 2020 年印度泰米尔纳德邦和安得拉邦某些个体的 SARS-CoV-2 新感染数量的数据。绘制这些数据的半对数图并发表评论。

14.2 疫情的时间过程

通过 Gillespie 直接算法实现第 14.2 节中概述的模型。假设在 5 000 人中，最初有 2 人被感染，其余人易感。取感染窗口期的均值为 $\gamma^{-1} = 20\ \mathsf{d}$，$R_0 = 1.5$。

a. 绘制 S，I 的时间演化过程的几个示例。

b. 对于大量的模拟疫情，求感染数降至零的时间，并绘制类似图 14.2b 的分布。

14.3 峰值速率分布

用 Gillespie 直接算法实现随机 SIR 模型，取参数值 $R_0 = 1.5$，$\gamma^{-1} = 20\ \mathsf{d}$。疫情的一个关键统计量是病例新增速率的峰值 X，即任何一周 $S(t) - S(t-1)$ 内的最高值。这个量决定了医疗系统是否会超负荷。它是一个随机变量，所以我们想知道它的分布 $\mathcal{P}(X)$。

做多次模拟，初始条件是：感染人数为 2，无康复者，易感人数为 2 814。模拟将会随机产生大量事件，按发生时间 t_i 做升序排列。模拟足够多步骤，直到能明确展示出疫情的高峰期。

a. 作图显示三个模拟疫情的感染个体数量 I_i 随 t_i 的变化关系。

b. 扩展现有程序以执行更多操作：对于每个整数 j，找到步骤号 i_{*j}，其中 $t_{i_{*j}}/(7\ \mathsf{d})$ 刚好大于 j。求差 $Y_j = S_{i_{*(j-1)}} - S_{i_{*j}}$，即第 j 周的新感染数。这些 Y_j 值中最大的一个是 X 的一个实例，保存它。之后开始下一个新的模拟。有足够的模拟数后，估算 $\mathcal{P}(X)$。

c. $\boxed{\mathcal{T}_2}$ 创建一个三维动画，显示 S，I 和 R 数量的时间进程。

14.4 峰值速率分布II

先完成习题 14.3，然后完善它以考虑超级传播者。

a. 使用如下参数值：

对于 98% 的新感染病例 $R_0 = 1.5$，而另外 2% 新感染病例取 $R_0 = 25$。

实现第 14.3.2 节中概述的模型。再次使用 $\gamma^{-1} = 20$ d，初始条件同上题。与习题 14.3 一样，估算峰值分布 $\mathcal{P}(X)$。与 SIR 模型的相应结果（上题）进行比较。

b. T2 创建一个四维动画，显示 S，$I1$，$I2$和R 数量的时间进程。是否出现了某些全新的现象？

14.5 T2 传染归因

修正习题 14.2 程序，考虑从每个人的层面来统计感染数量。也就是说，跟踪每个人的 $S/I/R$ 状态，而不是对整个人群计数。每次模拟选择“新感染”时，按均匀分布从所有 I 状态个体中选择一个受感染的个体，将其对应的计数器加一以表明他是病源。同时选择一个易感个体并将其状态更改为 I。

a. 使用习题 14.2 中给出的参数值。运行每个模拟足够长的时间以积累足够多的康复个体，但需要确保当模拟停止时疫情仍处于初始阶段。计算每个感染个体截至康复时所产生的感染总量，再重复多次运行。最后，绘制这个离散量的估计分布并与图 14.3b 进行比较。

b. 对具有超级传播者的模型重复此操作（第 14.3 节，第 417 页）。

第15章　随机可激发动力学与避险行为

真正有意思的是物理现象之间的内在联系及其数学描述，
而不是数学分析本身。

——杰弗里·泰勒（G. I. Taylor）

15.1　导读：可激发

我们为人类收集信息、做出决策、预测和规划未来以及适应新环境等诸多能力而感到自豪。尽管我们认为认知技能是人类独有的，但事实上其他动物也有。正如我们在第12章中所看到的，即使是单细胞生物也可以通过细胞网络（尤其是反馈控制）来实现很原始的决策。

第10章从分子随机相互作用的角度描述了这种网络的基础，但在大种群的极限情况下，网络动力学失去了随机性。因此，第11—13章采用了连续确定性近似。这种方法能使我们使用相图这种极为有用的概念工具。但是我们也看到了分子随机性带来的新的困扰，这种随机性难以被最小化。在某些场合，例如我们希望做出精确判断并以最佳方式应对环境，上述困扰的确存在。

但是，当许多独立的参与者都做出对个人来说最优的决策时，结果可能对整体来说是灾难性的。例如，长期的有利条件可能会导致所有个体都选择尽可能生长而不是储存食物。一旦这种抉择失误，那么整个种群在面对情况突然恶化时将不堪一击。正如我们将看到的，即使是单细胞生物也“理解”这一原则，因此在某些决策中故意产生较多的随机性，以至于在基因全同的种群中，个体行为也存在一些差异。

本章将考虑这种情况。正如我们将看到的，即使是最简单的细胞也可以通过反馈创建一个可激发的网络实现风险对冲。HIV 以及其他一些动物病毒逃避免疫系统的策略中就包含了这样的网络，其中涉及导致免疫系统失效的随机跃迁。

本章焦点问题
生物学问题：病原体如何躲避免疫系统？
物理学思想：具有低拷贝数分子的正反馈系统相当于一个随机开关，能在一个长时间随机延迟后短暂地改变其状态。

15.2 对冲策略

15.2.1 多样性不仅仅是生活的调味品

金融市场的投资者经常受到随机突发事件的影响[1]。对他们来说，最理性的行为是组合投资；有些波动较大，而另一些从长远来看利润较低，但更稳定。如果某些行业在其他行业下跌时往往会上涨，则每个行业都投一点就可以避免大起大落。这种策略通常被称为**赌注对冲**。在经济平稳期，持有低成长的资产看起来是非理性的，但在危机时可以用于避险。

D. Cohen 在 1966 年注意到许多植物会产生多种种子类型。这种变异性肯定不是由于没有能力生产相同的种子（想想面包圈上的芝麻）。Cohen 将这种变异性解释为一种对冲策略，即基因相似的个体扮演着“投资者”的角色。

外皮较硬的种子虽然发芽较慢，但更耐干燥。在气候适宜的时候，外皮较硬的种子竞争不过薄衣种子。但是众所周知，天气是不可预测的。只生产薄衣种子的植物可能会在长期干旱中灭绝。天气可以突然变化，所以植物根本来不及发展出常见于进化过程的那种缓慢、渐进的适应性。随着时间推移，植物可以通过混合种子类型来最大限度地提高其整体繁殖能力。有些种子可能在任何特定条件下都是无法适应的，但只要有别的种子能存活就行。对于整个种群而言，始终生产一些“不适应”类型种子的成本可能会被多样性带来的安全性所抵消。

同样，与你身体中娇生惯养的细胞相比，细菌过着不稳定的生活。身体的精密系统将其细胞维持在恒定的温度、恒定的氧气和食物供应。相比之下，细菌必须能够耐受广泛的环境变化，包括温度波动、食物和水部分或全部消失、云层消散时有害的光照（或者，使光合细菌无法获得赖以生存的阳光）。即使细菌可以实现完全确定的控制机制，它的环境仍然不可预测。细菌能从对冲中受益吗?

15.2.2 细菌的耐受性源自随机性和自发性

我们曾经认为抗生素是在实验室中创造的人类发明。然而，许多最有效的早期抗生素实际上是一些微生物释放出来攻击竞争对手的化学战武器，因此是自然产生的。即使在今天，我们仍在继续从自然寻找新的抗生素。

像任何其他类型的环境挑战一样，抗生素也会导致目标生物产生防御机制。其中一些是复杂的，但对大肠杆菌来说最简单的已经足够了：如果新陈代谢暂时关闭，则对大肠杆菌代谢反应的短暂攻击将不会有效。因此，即使没有攻击，菌落中的一小部分个体也会选择进入这种防御模式，成为**耐受者**，稍后重新进入正常的活跃状态。如果确实发生了攻击，耐受者稍后可以重新建立菌落。关闭一些个体的新陈代谢是有代价的，它会减少菌落整体的繁衍，

[1]参见第 5.4′ b 节（第 129 页）。

但这一策略提供的保护价值可能会超过其代价[2]。

一个由个体组成的社会应该如何选择哪些个体将成为耐受者？这对人类来说将是一个艰难的道德抉择，但细菌因为在基因上都是全同的，因此选哪一个并不重要，只要它们分布在整个菌落。随机决策是最简单的选择，这也是大肠杆菌使用的方法：即使在友好环境中，每个个体单位时间内都有恒定的概率自发地过渡到防御性耐受程序。

也就是说，一些细菌在正常状态和耐受状态之间实现了随机的**表型切换**[3]，这是风险对冲的一个实例。

15.2.3 枯草杆菌有几种应激反应策略

我们现在研究一个稍微复杂的系统。枯草杆菌有一个相似的策略来应对有利或不利的局面。其响应不是完全随机的，而是涉及对环境的观察和应对。然而，它仍然是部分随机的，以应对未来的不确定性。

枯草杆菌在压力下（例如，饥饿时）可以停止其新陈代谢，并形成一个坚硬的外壳，以**孢子**的形式熬过困境，这种反应称为**孢子化**（图 15.1）。与突发的抗生素攻击相比，饥饿过程是相对更平缓的，因此枯草芽孢杆菌可以在直面环境压力之前就提前做些准备。那么，哪些应对方式是最佳的？是整个种群立即就发生孢子化吗？如果环境压力长期存在，这一策略当然是有益的。但如果压力只是暂时的，则这种策略就得不偿失了。因此，枯草芽孢杆菌实施了对冲策略。因为单个个体不可能实现部分孢子化，因此不如在单位时间内随机挑出部分个体，让它们完全孢子化。这种随机性会导致不同个体发生孢子化的时间存在巨大变数，而状态转换的平均速率取决于当前的压力水平。形成的孢子此后也能够被随机唤醒。如果环境条件有所改善，这些唤醒个体就可以重建新的菌落。

此外，枯草杆菌还有其他几种更有意思的可选策略，包括一种称为**感受态**的细胞程序（图 15.1）[4]。处于压力下的菌落中，在幸存者周围总有不少死细胞。幸存者“知道”自己的常规武器库不足以支撑它们渡过难关，因此需要发展新的技能，例如，产生新的代谢机器以利用新的食物源，或者获得抵抗抗生素的能力。令人难以置信的是，枯草芽孢杆菌就具有这类潜在的“元技能”。它们能从环境（其他死细胞的部分残骸）中获取 DNA 分子，将其导入细胞并整合到自身的基因组中，然后将其遗传给后代[5]。通常情况下这不是个好策略，因此都是未启用的。但这种机制有时可产生有益的基因突变。采

[2]第 12.4.2 节（第 353 页）描述了一种更直接的响应，即，抗生素诱导细胞表达特定基因，产生某种泵蛋白（位于细胞质膜上）。然而，这种响应很慢。

[3]该术语基于“表型”，其定义是生物体的外部可观测特征（包括行为方式）。与卢里亚–德尔布吕克研究的抗性不同（第 4.4 节，第 86 页），耐受性表型的变化是暂时的。

[4]除了孢子化和感受态之外，处于压力下的枯草杆菌还可以转变成活动细胞寻求新的食物源，或分泌酶以消化周围大分子，甚至产生毒素来攻击它们的邻居。

[5]感受态细胞也可以使用摄入的 DNA 作为食物或作为自身 DNA 修复的原材料。

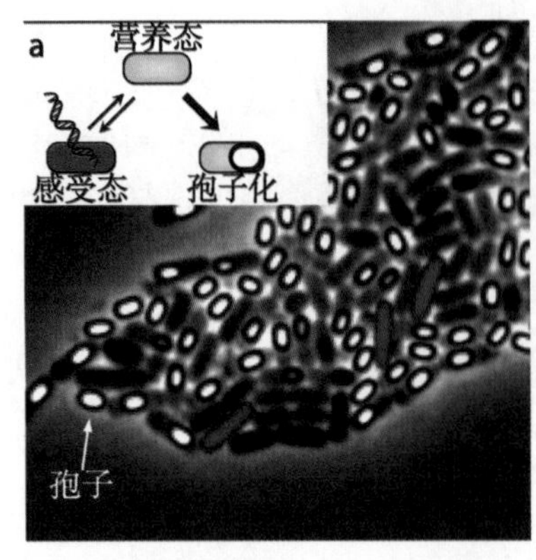

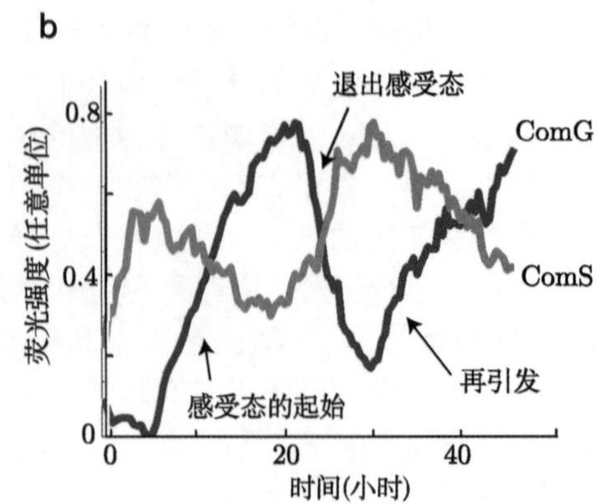

图 15.1（**荧光显微照片；实验数据**） **细菌的应激反应**。图 a：枯草杆菌菌落处于饥饿状态。有些个体选择了形成孢子（白色）；其他个体则切换到感受态（红色）。这两种细胞的命运有明显的差异。为了揭示它们的状态，这些细胞经过了基因改造，当 *comG* 基因激活时会表达荧光蛋白（伪红色）。该活性被其他独立的实验证明可以很好地代表感受态的主要调控物 ComK 的水平。参见 Media 20。图 b：单个细胞的 ComG 和 ComS 荧光水平的时间轨迹，表明它们是反关联的。采用不同光谱的荧光标记，就可以分别追踪这两种蛋白的表达量的变化。（图a 数据经 Springer Nature 授权许可: Süel et al., An excitable gene regulatory circuit induces transient cellular differentiation. *Nature*, vol. 440, 2006. Fig. 1a, p. 546，图b 数据来自 Espinar et al.，2013。）

取这种策略对任何个体来说可能不会赢得更多生存机会，但对于由大量个体组成的群体来说就能提高整体的适应性。

15.3 感受态切换

15.3.1 感受态是个体在随机时刻做出的全有或全无的决策

枯草杆菌可以通过几个表型转换来应对压力，这些转换包括孢子化、感受态或其他程序。我们现在详细地研究感受态。

与维持态相似，参与感受态程序的决策是随机和独立的，单位时间以固定的概率发生，具体取决于压力水平，但与细胞过去的历史无关。 G. Süel 及其合作者通过观察大量单细胞确认了上述行为，这些细胞含有能够表征感受态的荧光报告蛋白。在他们的条件下，他们发现在两次相继的细胞分裂之间，细胞进入感受态的可能性很小，并且与细胞的先前历史无关（例如，与该细胞或其祖先是否经历过感受态无关）。此外，子代细胞尽管在分裂前共享了所有细胞质，但做出进入感受态的决策则是统计独立的。

向感受态的转变是一个复杂的过程，涉及 100 多个基因的激活；然而，进入这种状态的决策却相当简单。我们想了解

- 一个细胞如何在不改变其基因型（DNA 序列）的情况下产生两种不同

的表型；

- 一个细胞如何在单位时间内以恒定的概率准备好转变成感受态；
- 感受态细胞如何决策何时切换回其正常（“营养”）表型。在 Süel 等人的实验中，这种转变平均发生在进入感受态后约 20 小时。

与往常一样，当我们对这些问题提出答案时，希望通过可检验的预测来证实它。我们将看到 Süel 等人是如何做到这一点的。

15.3.2 感受态网络具有单个稳定不动点（连续确定性近似条件下）

揭示感受态切换中涉及的每个参与者（并确定许多其他参与者并非主角）需要多年的仔细研究。我们将从图 15.2 所示的一般框架开始。该图显示了 ComK 蛋白（即感受态的主调节蛋白）对其自身的 mRNA 的生产实施正反馈。此外，ComK 间接阻遏了 *comS* 基因的启动子。

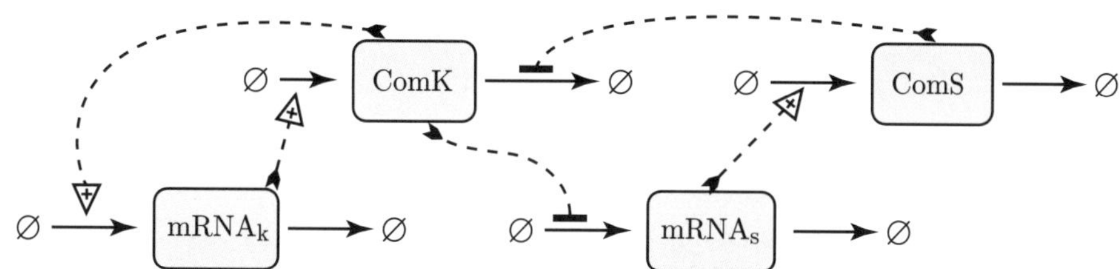

图 15.2（**网络图**） **枯草杆菌的感受回路（简化版）**。第 11.5.1 节（第 322 页）介绍了此类图形使用的符号约定。下面的实心箭头代表基因转录；上面的实线输入箭头代表翻译。*左*：正反馈回路。*右*：第二个反馈回路，总体是负反馈的。*未显示*：ComK 也抑制 ComS 的降解，因为它们都在竞争有限数量的 MecA 分子复合物，而后者能将它们全都降解（见图 15.4）。

ComK 和 ComS（以及它们的 mRNA）都会被细胞生长所稀释并被正常的细胞机制清除[6]。然而，另一种蛋白复合物（包含蛋白 MecA）可以结合并破坏 ComK 或 ComS。当每个 MecA 分子的拷贝都忙于执行此项功能时，ComK 及 ComS 不得不为了有限数量的 MecA 而展开竞争。因此，如图所示，提高 ComS 的水平会降低 ComK 在细胞中被清除的速率。（反过来，ComK 也抑制了 ComS 清除，但图中没有明确显示这一点。）

思考题15A 观察图 15.2 右半部分所示的反馈回路。为什么图注中称其为“负反馈”？

本节的目的是为上述定性描述的网络建立数学模型，并且这个模型要简单到能够采用相图图解的方式进行分析。为此，我们需要提出一些极端的假

[6]请参见第 10.3.1 节（第 271 页）和第 10.4.2′ 节（第 293 页）。

设，但我们不会证明其合理性，而只是关注这个网络能否展示预期的行为，看看模型是否可行。第 15.3.3 节将重新回到这个模型上，给出更细致的处理，并进行随机动力学模拟。

在简化模型中，我们将只明确跟踪两个蛋白质（ComK 和 ComS）的浓度——其中第一个由 c_k 表示。我们的第一个简化是将转录和翻译步骤捏合在一起 [7]；也就是说，我们简单地将蛋白质的生产速率建模为常数乘以其启动子的活性：

$$\left.\frac{\mathrm{d}c_\mathrm{k}}{\mathrm{d}t}\right|_\mathrm{prod}=\Gamma_0+\frac{\Gamma_\mathrm{k}}{1+(K_\mathrm{k}/c_\mathrm{k})^2}\quad \text{生产速率}. \tag{15.1}$$

右边的第一项描述了基础表达速率。第二项设想了 ComK（此时为二聚体）与其自身启动子的协同结合，该项速率由常数 Γ_k 乘以启动子结合的时间占比给出。该时间占比以通常的方式建模，取决于浓度 c_k 和半最大速率浓度参数 K_k[8]。

我们还令 M_f 为游离 MecA 复合物（以下简记为 MecA）的浓度，M_k 为结合到 ComK 的 MecA 的浓度，并将降解过程建模为 MecA 介导的催化反应[9]。

$$\mathrm{MecA}\ +\ \mathrm{ComK}\ \underset{\beta_\mathrm{off,k}}{\overset{k_\mathrm{on,k}}{\rightleftharpoons}}\ \mathrm{MecA\cdot ComK}\ \xrightarrow{k_\mathrm{deg,k}}\ \mathrm{MecA}. \tag{15.2}$$

联立生产速率方程[方程(15.1)]和消解参数为 $k_{\emptyset,\mathrm{k}}$ 的清除过程，可写出如下演化方程

$$\frac{\mathrm{d}c_\mathrm{k}}{\mathrm{d}t} = \Gamma_0+\frac{\Gamma_\mathrm{k}}{1+(K_\mathrm{k}/c_\mathrm{k})^2}-k_\mathrm{on,k}M_\mathrm{f}c_\mathrm{k}+\beta_\mathrm{off,k}M_\mathrm{k}-k_{\emptyset,\mathrm{k}}c_\mathrm{k}, \tag{15.3}$$

$$\frac{\mathrm{d}M_\mathrm{k}}{\mathrm{d}t} = -(\beta_\mathrm{off,k}+k_\mathrm{deg,k})M_\mathrm{k}+k_\mathrm{on,k}M_\mathrm{f}c_\mathrm{k}. \tag{15.4}$$

我们忽略了 MecA 本身的生产或降解。

到目前为止，我们有两个动力学变量 c_k 和 M_k；很快我们还将添加两个 ComS 蛋白的动力学变量。总共四个变量，无法在相图中实现可视化，所以我们再做进一步的简化。方程(15.4)可以解释为 MecA · ComK 有一个负反馈；如果它的浓度太高，那么它的导数就会是负的。如果式中各速率参数都很大，则 M_k 会快速趋向一个定值，后者就是使得方程右方等于零的值。简而言之，我们不再将 M_k 视为自变量[10]，而是代入

$$M_\mathrm{k}\approx\frac{k_\mathrm{on,k}}{\beta_\mathrm{off,k}+k_\mathrm{deg,k}}M_\mathrm{f}c_\mathrm{k}. \tag{15.5}$$

---

[7]第 11.4.4 节（第 320 页）和第 12.6.1 节（第 363 页）采用了这种方法。

[8]结合的概率是 1 减去方程(11.10)（第 318 页）中的表达式。

[9]在最后一步，ComK 没有消失；此处未提及其降解物，因为这与我们此处关心的反应无关。

[10]该逻辑与第 1.2.4 节（第 11 页）、第 13.4.1 节（第 392 页）和第 13.5.2′ 节（第 407 页）中的逻辑相似；另见习题 13.3。

方程(15.3)则简化成

$$\frac{\mathrm{d}c_\mathrm{k}}{\mathrm{d}t} = \Gamma_0 + \frac{\Gamma_\mathrm{k}}{1+(K_\mathrm{k}/c_\mathrm{k})^2} - k_{\mathrm{deg,k}} M_\mathrm{k} - k_{\emptyset,\mathrm{k}} c_\mathrm{k}. \tag{15.6}$$

我们现在转向 ComS。图 15.2 显示，它被 ComK 阻遏，因此我们使用方程(11.11)（第 320 页）形式的基因调控函数和新的解离常数 K_s。实验数据表明存在极强的协同性，且基础表达速率可忽略，因此可写出

$$\left.\frac{\mathrm{d}c_\mathrm{s}}{\mathrm{d}t}\right|_{\mathrm{prod}} = \frac{\Gamma_\mathrm{s}}{1+(c_\mathrm{k}/K_\mathrm{s})^5} \quad \text{生产速率}. \tag{15.7}$$

令 M_s 为结合到 ComS 的 MecA 浓度，并再次将降解过程建模为由 MecA 介导的催化反应：

$$\mathrm{MecA} + \mathrm{ComS} \underset{\beta_{\mathrm{off,s}}}{\overset{k_{\mathrm{on,s}}}{\rightleftharpoons}} \mathrm{MecA}\cdot\mathrm{ComS} \xrightarrow{k_{\mathrm{deg,s}}} \mathrm{MecA}. \tag{15.8}$$

$$\frac{\mathrm{d}c_\mathrm{s}}{\mathrm{d}t} = \frac{\Gamma_\mathrm{s}}{1+(c_\mathrm{k}/K_\mathrm{s})^5} - k_{\mathrm{on,s}} M_\mathrm{f} c_\mathrm{s} + \beta_{\mathrm{off,s}} M_\mathrm{s} - k_{\emptyset,\mathrm{s}} c_\mathrm{s} \tag{15.9}$$

$$\frac{\mathrm{d}M_\mathrm{s}}{\mathrm{d}t} = -(\beta_{\mathrm{off,s}} + k_{\mathrm{deg,s}}) M_\mathrm{s} + k_{\mathrm{on,s}} M_\mathrm{f} c_\mathrm{s}. \tag{15.10}$$

像前面一样消除第二个反应，则

$$M_\mathrm{s} \approx \frac{k_{\mathrm{on,s}}}{\beta_{\mathrm{off,s}} + k_{\mathrm{deg,s}}} M_\mathrm{f} c_\mathrm{s}; \tag{15.11}$$

$$\frac{\mathrm{d}c_\mathrm{s}}{\mathrm{d}t} = \frac{\Gamma_\mathrm{s}}{1+(c_\mathrm{k}/K_\mathrm{s})^5} - k_{\mathrm{deg,s}} M_\mathrm{s} - k_{\emptyset,\mathrm{s}} c_\mathrm{s}. \tag{15.12}$$

因为我们假设了 MecA 复合物的总量保持在一个稳定的水平，所以 $M_\mathrm{f} + M_\mathrm{k} + M_\mathrm{s} = M_{\mathrm{tot}}$ 是恒定的。引入缩写

$$A_\mathrm{k} = (\beta_{\mathrm{off,k}} + k_{\mathrm{deg,k}})/k_{\mathrm{on,k}}; \quad A_\mathrm{s} = (\beta_{\mathrm{off,s}} + k_{\mathrm{deg,s}})/k_{\mathrm{on,s}},$$

联立方程(15.5)和(15.11)得

$$M_\mathrm{f} + \frac{M_\mathrm{f} c_\mathrm{k}}{A_\mathrm{k}} + \frac{M_\mathrm{f} c_\mathrm{s}}{A_\mathrm{s}} = M_{\mathrm{tot}},$$

因此

$$M_\mathrm{k} = \frac{M_{\mathrm{tot}} c_\mathrm{k}/A_\mathrm{k}}{1 + c_\mathrm{k}/A_\mathrm{k} + c_\mathrm{s}/A_\mathrm{s}}; \quad M_\mathrm{s} = \frac{M_{\mathrm{tot}} c_\mathrm{s}/A_\mathrm{s}}{1 + c_\mathrm{k}/A_\mathrm{k} + c_\mathrm{s}/A_\mathrm{s}}.$$

我们使用这些结果可以从方程(15.6)和(15.12)中消除 M_k 和 M_s：

$$\frac{\mathrm{d}c_\mathrm{k}}{\mathrm{d}t} = \Gamma_0 + \frac{\Gamma_\mathrm{k}}{1+(K_\mathrm{k}/c_\mathrm{k})^2} - k_{\mathrm{deg,k}} \frac{M_{\mathrm{tot}} c_\mathrm{k}/A_\mathrm{k}}{1 + c_\mathrm{k}/A_\mathrm{k} + c_\mathrm{s}/A_\mathrm{s}} - k_{\emptyset,\mathrm{k}} c_\mathrm{k}, \tag{15.13}$$

$$\frac{\mathrm{d}c_\mathrm{s}}{\mathrm{d}t} = \frac{\Gamma_\mathrm{s}}{1+(c_\mathrm{k}/K_\mathrm{s})^5} - k_{\mathrm{deg,s}} \frac{M_{\mathrm{tot}} c_\mathrm{s}/A_\mathrm{s}}{1 + c_\mathrm{k}/A_\mathrm{k} + c_\mathrm{s}/A_\mathrm{s}} - k_{\emptyset,\mathrm{s}} c_\mathrm{s}. \tag{15.14}$$

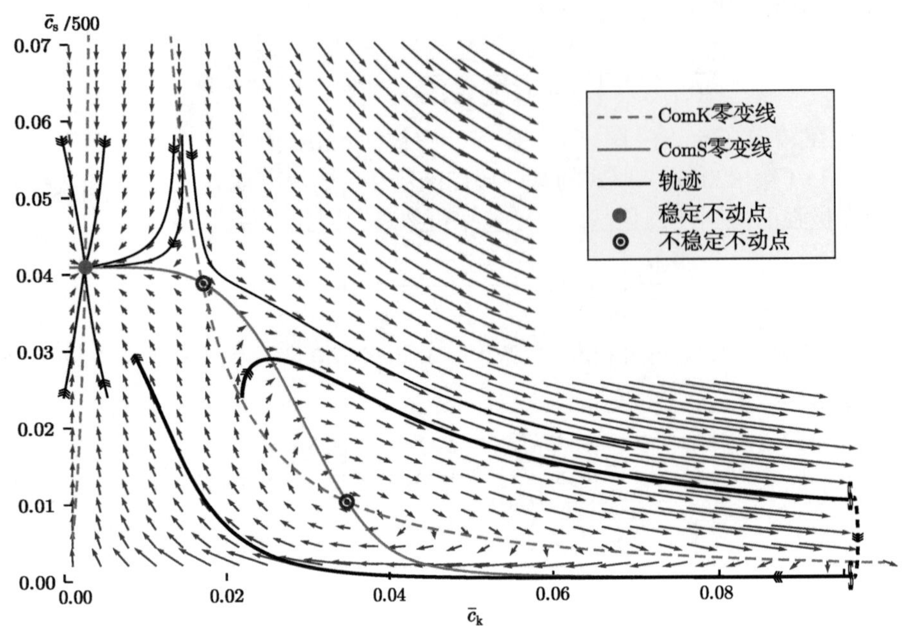

图 15.3（相图） **简化的感受态回路的行为**。零变线相交于所示的三个不动点。粗黑曲线显示了一个单一的轨迹，从稳定不动点附近出发，经过长时间的偏移进入 ComK 高浓度区，但最终结束在稳定不动点。其他黑色曲线显示了其他示例性轨迹。习题 15.1 给出了更多细节。

我们现在已经将系统简化为只有两个动力学变量 c_k 和 c_s 的系统。方程(15.13) 和 (15.14)中的所有其他变量都是常数。现在可以应用在第11—13章中使用过的强大的定性工具。我们首先对方程进行无量纲化处理[11]。先将浓度表示为其自然单位的倍数，再将时间表示为未知单位 τ 的倍数：

$$c_k = \bar{c}_k A_k;\quad c_s = \bar{c}_s A_s;\quad t = \bar{t}\tau.$$

可取 τ 等于 $A_k/(M_{tot}k_{deg,k})$，以简化方程(15.13)中最复杂的项。得到如下**感受态的物理模型**：

$$\begin{aligned}\frac{d\bar{c}_k}{d\bar{t}} &= \bar{\Gamma}_0 + \frac{\bar{\Gamma}_k}{1+(\bar{K}_k/\bar{c}_k)^2} - \frac{\bar{c}_k}{1+\bar{c}_k+\bar{c}_s} - \bar{k}_{\emptyset,k}\bar{c}_k,\\ \frac{d\bar{c}_s}{d\bar{t}} &= \frac{\bar{\Gamma}_s}{1+(\bar{c}_k/\bar{K}_s)^5} - \frac{X\bar{c}_s}{1+\bar{c}_k+\bar{c}_s} - \bar{k}_{\emptyset,s}\bar{c}_s.\end{aligned} \tag{15.15}$$

我们在这里引入了无量纲参数组合 $X = A_k k_{deg,s}/(A_s k_{deg,k})$。

Süel 等人估计了环境压力下枯草芽孢杆菌的各项参数（此处仅为示例值）：

[11]第 12.2.2 节（第 342 页）介绍了这个简化程序。

$\bar{\Gamma}_0$	$= 0.00035$	$\bar{\Gamma}_k$	$= 0.3$
$\bar{\Gamma}_s$	$= 3.0$	$\bar{K}_k$	$= 0.2$
$\bar{K}_s$	$= 0.03$	X	$= 1$
$\bar{k}_{\emptyset,k}$	$= 0.1$	$\bar{k}_{\emptyset,s}$	$= 0.1$

图 15.3 显示了对应的相图。所有的轨迹最终都收敛在一个稳定的不动点上。但是，如果我们将系统推到右上角足够远，它在最终稳定下来之前将会长时间向 ComK 极高浓度区域偏移。我们称这种系统是**可激发的**。从图中也可看出，系统的稳定不动点实际上位于某个“山脊”附近[12]。

15.3.3 随机的分子涨落可开启程式化响应

通常我们认为一个控制网络是用来响应外部信号的。但是，枯草杆菌在持续压力下会在随机时间自发进入感受态。为了理解这种现象，Süel 等人指出，每个细胞中 MecA 分子总数相当少（大约 500 个）。小计数意味着稳态的相对涨落较大（图 10.3b）。因此，研究人员考虑了这些持续的涨落偶尔会使系统翻过“山脊”的可能性，从而引发如图 15.3 所示的长时间偏移。为了证明真实系统可以做到这一点，他们必须超越本章迄今为止（以及本书第三篇）使用的连续确定性近似。他们还使用了一个更详细的模型来明确说明 MecA 的作用（图 15.4）。

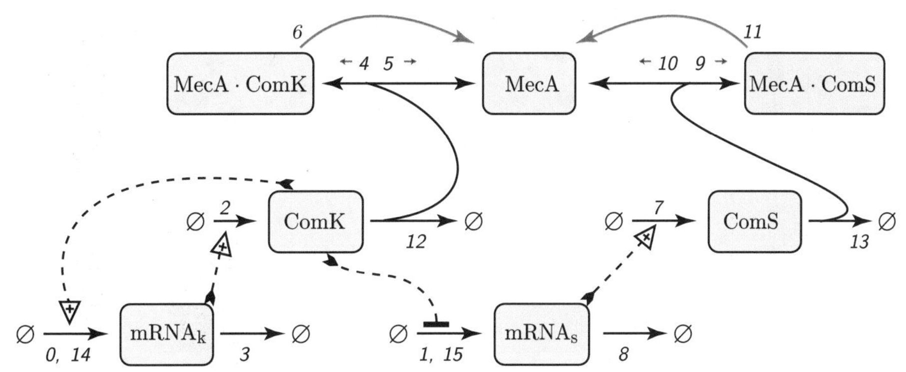

图 15.4（**网络图**） **枯草杆菌的感受态回路（细节版）**。下半部分与图 15.2 相同，只是给出了更详细的降解回路：上半部分显示 ComK 和 ComS 竞争性地与 MecA 复合物结合，这会导致它们各自的降解（顶部绿色箭头）。

图 15.5 和图 15.6 显示了使用 Gillespie 直接算法（第10章）随机模拟该系统的结果。事实上，模拟展示出较长的静止期，被不规则的 ComK 爆发式表达所中断，似乎能对应于枯草芽孢杆菌的行为。

[12]我们不再称这个特征为分界线，因为系统最终会返回到同一个不动点。

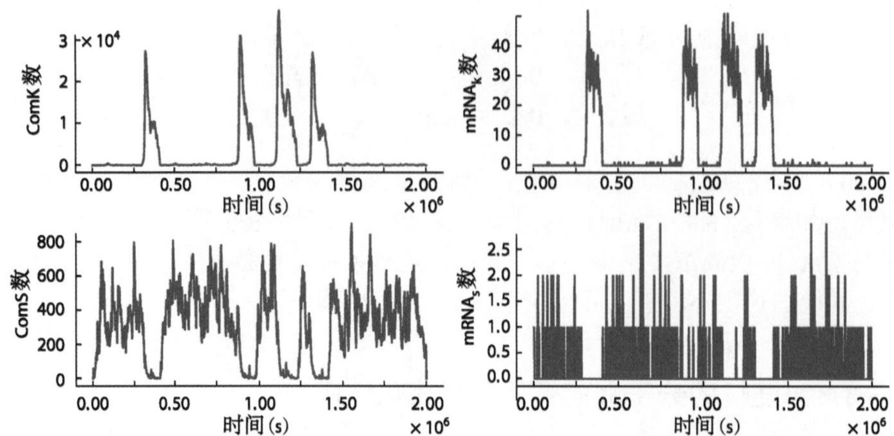

图 15.5（**计算机模拟**） **感受态网络中噪声诱导的偏移**。图 15.4 概述的随机反应网络的模拟轨迹的时间序列。初始游离的 MecA 分子数取为 500；所有其他分子计数变量都初始化为零。c_k 与 c_s 的水平呈反相关，如实验数据所示（图 15.1b，第 426 页）。（模拟蒙 Jordi Garcia-Ojalvo 与 Mark Kittisopikul 惠赠；参见习题 15.2。）

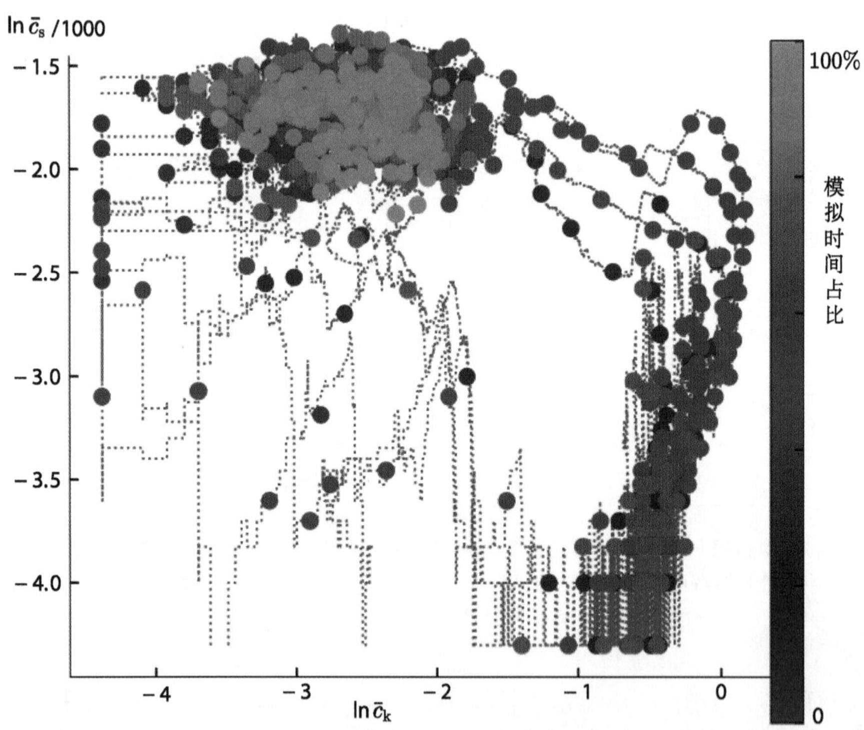

图 15.6（**计算机模拟**） **随机相图**。模拟轨迹的双对数图，显示了四个大循环（图 15.5 中可见的偏移）穿插在靠近稳定不动点（左上角）的长时间轨迹之间。时间由右侧的配色方案指示。（模拟蒙 Jordi Garcia-Ojalvo 与 Mark Kittisopikul 惠赠；参见习题 15.2。）

15.3.4 ComK/ComS 模型做出可检验的预测

我们一直在探索以下假设:

向感受态的转变反映了一个可激发的动力学系统，其偏移由分子数涨落驱动。

该假设预测，如果可以增加关键分子的数量，同时保持相同的连续/确定性极限（相图），那么我们会得到类似的偏移，但频率会降低。此外，了解相图及其产生方式后，Süel 等人还做了一个特别的预测，即如何修饰系统使得其稳定不动点失稳从而转变为一个弛豫振子。这两个预测随后都得到了证实。

15.4 远景

1. 感受态系统的可激发性有先例：Süel 等人指出，一些神经元表现出了数学上相似的行为。

2. 第 1.2.6′ c 节（第 20 页）提到了潜伏的 HIV 前病毒的自发再激活。这个过程展现了类似于感受态系统的方式。

3. 一些癌症化疗专门针对癌症中发生突变的信号分子。这些治疗通常短期有效，但最终会出现耐药癌细胞。我们很自然地想到这可能是通过卢里亚–德尔布吕克型机制产生的抗性（第 4.4 节，第 86 页）。然而，S. Shaer 及合作者通过寻找（而不是发现）单个细胞后代中幸存细胞的长尾分布来证明这一假设是错误的（图 4.8b）。相反，作者发现单个细胞能自发地进入和退出某种“预抗性”表型（类似于本章研究的感受态）。如果在细胞预耐药时开始化疗，则细胞可以锁定到耐药状态，并新建耐药谱系。

总结

连续确定性近似是熟悉的，因为我们经常在实验室观察系综化学反应。但是细胞处于介观尺度；尽管它们由非常多的分子组成，但某些关键参与者的数量很少。我们可能会倾向于忽略只有几个分子的集合的现象。毕竟分子是如此之少。但是，如果对种群有利的话，正反馈可以将分子数涨落放大。本章中我们以基因回路为例研究了由此产生的*可激发性*，但这一特征也出现在很多其他场合中。

为什么随机决策会有好处？如果你能综合思考现状与历史（或更多因素），不是能做得更好吗？的确，你在面对无生命世界时就是如此。但是，当你与另一个适应性主体进行博弈时，随机决策可能才是最佳策略。想想玩剪刀石头布：如果你的策略在任何方面都是可以预测的，那么你的对手最终可以领会它，从那时起你就输定了。

即使在无生命世界中，思考本身也是一个较慢且有代价的过程。以此观点来结束本章及本书或许再恰当不过了。

关键公式

- 绝热近似：我们遇到了一个常微分方程组，其中包括

$$\frac{\mathrm{d}M_{\mathrm{k}}}{\mathrm{d}t}=-(\beta_{\mathrm{off,k}}+k_{\mathrm{deg,k}})M_{\mathrm{k}}+k_{\mathrm{on,k}}M_{\mathrm{f}}c_{\mathrm{k}}. \qquad [15.4]$$

为了获得系统行为的定性指导，我们假设“快”变量（此处为 M_{k}）的时间导数约等于零，从而确定其值：

$$M_{\mathrm{k}}\approx\frac{k_{\mathrm{on,k}}}{\beta_{\mathrm{off,k}}+k_{\mathrm{deg,k}}}M_{\mathrm{f}}c_{\mathrm{k}}. \qquad [15.5]$$

延伸阅读

准科普

Unicellular cognition：Zimmer, 2008; Bray, 2009.

中级阅读

Alon, 2019; M. Elowitz and J. Bois, `be150.caltech.edu/2019/handouts/13_stochastic_differentiation.html`.

模拟神经元和其他可激发的生物物理系统：Conradi Smith, 2019; Baylor, 2020.

其他有关细胞命运决策：Jolly et al., 2018.

其他严重偏离连续确定性近似的随机现象：Hilborn et al., 2012; Erban & Chapman, 2020.

高级阅读

历史：Cohen, 1966. 一般投注对冲：Müller et al., 2013.

耐受表型：Balaban et al., 2004; Kussell & Leibler, 2005; Kussell et al., 2005.

感受态：本章回顾了 Süel et al., 2006; Süel et al., 2007; Espinar et al., 2013等

工作，在此之前已经出现了很多工作包括 Maamar & Dubnau, 2005; Smits et al., 2005. 改变细胞噪声的关键步骤（第 15.3.4 节）是通过不同的方法独立进行的 Maamar et al., 2007. 将感受态的瞬态差异解释为嘈杂的、可激发的动力学的想法源于早期工作，详情看参见综述 Lindner et al., 2004.

癌细胞的暂态预耐药表型：Shaffer et al., 2017.

习题

15.1 折返

图 15.3 表明（但实际上并未证明），显示向右的粗黑线的轨迹最终会向后摆动并返回为较低的粗黑线。使用本章中给出的参数制作类似的图形，并通过显示更宽泛的 ComK 浓度范围，确认上述表述。

15.2 [T2] 感受态

第 15.3 节概述了感受态回路模型，该模型的行为特征可用方程(15.15)和本题结尾处给出的数值列表来揭示。在本习题中，使用 Gillespie 直接算法在随机模拟中实现这个想法，而无需 15.3.2 节中使用的数学近似将相图降低到二维。

因此，应该跟踪七种分子的数量，即 ComK、ComS、mRNAk、mRNAs、游离的 MecA、MecA · ComK 和 MecA · ComS（图 15.4，第 431 页）。假设最初有 500 个游离的 MecA 分子，其他六种分子数均为零。

图 15.4（第 431 页）中显示的每个实箭头表示产生和/或清除指定种群的一个分子的反应。假设细胞体积是固定的，因此下表中各量以整数分子计数（而不是浓度）表示：

- 标记为 *0*、*1*（基础合成）的反应是“生过程”。将它们建模为泊松过程（第 10.3.3 节，第 274 页）。

- 反应 *3*、*5*、*6*、*8*、*10*、*11*、*12* 和 *13* 是一阶“灭过程”（第 10.3.3 节）。

- 还假设反应 *2* 遵循质量作用动力学，即是 $\mathrm{mRNA_k}$ 数量的一阶过程。然而，mRNA 在其中只起催化作用（它们在该反应中没有消耗）。反应 *7* 类似。

- 反应 *4* 和 *9* 遵循质量作用动力学，但它们对两个底物都是一阶的；它们可以通过第 14.2.2 节（第 416 页）中的方法建模。

- $\mathrm{mRNA_s}$ 的合成（反应 *15*）遵循泊松过程，但速率受 ComK 结合抑制，因此遵循协同结合曲线[方程(11.11)，第 320 页]。

- 由 ComK 与 $\mathrm{mRNA_k}$ 结合（反应 *14*）引起的额外合成也遵循泊松过程，但其速率会随 ComK 而饱和，遵循方程(11.23)（第 336 页）。

使用下表中的速率规则（每单位时间的概率。这些规则类似于 Süel 等人使用过的），创建类似于本章正文中的模拟时间序列图。

β_0	$2.2 \times 10^{-4}\ \mathrm{s}^{-1}$
β_1	$10^{-4}\ \mathrm{s}^{-1}$
β_3	$(5 \times 10^{-3}\ \mathrm{s}^{-1})N_{\mathrm{mRNA_k}}$
β_5	$(5 \times 10^{-4}\ \mathrm{s}^{-1})N_{\mathrm{MecA\cdot ComK}}$
β_6	$(5 \times 10^{-2}\ \mathrm{s}^{-1})N_{\mathrm{MecA\cdot ComK}}$
β_8	$(5 \times 10^{-3}\ \mathrm{s}^{-1})N_{\mathrm{mRNA_s}}$
β_{10}	$(5 \times 10^{-5}\ \mathrm{s}^{-1})N_{\mathrm{MecA\cdot ComS}}$
β_{11}	$(4 \times 10^{-5}\ \mathrm{s}^{-1})N_{\mathrm{MecA\cdot ComS}}$
β_{12}	$(10^{-4}\ \mathrm{s}^{-1})N_{\mathrm{ComK}}$
β_{13}	$(10^{-4}\ \mathrm{s}^{-1})N_{\mathrm{ComS}}$
β_2	$(0.2\ \mathrm{s}^{-1})N_{\mathrm{mRNA_k}}$
β_7	$(0.2\ \mathrm{s}^{-1})N_{\mathrm{mRNA_s}}$
β_4	$(2 \times 10^{-6}\ \mathrm{s}^{-1})N_{\mathrm{ComK}}N_{\mathrm{MecA}}$
β_9	$(4.5 \times 10^{-6}\ \mathrm{s}^{-1})N_{\mathrm{ComS}}N_{\mathrm{MecA}}$
β_{15}	$(1.5 \times 10^{-3}\ \mathrm{s}^{-1})(1 + (N_{\mathrm{ComK}}/830)^5)^{-1}$
β_{14}	$(0.19\ \mathrm{s}^{-1})(1 + (5000/N_{\mathrm{ComK}})^2)^{-1}$

附录A 符号列表

物理学是一座巨大的建筑，超出了单个人的能力范围；
有人布置了一块石头，有人造了一栋楼，
但都必须在上世纪为这座大厦打下的坚实基础上工作。

——夏特莱侯爵夫人（Émilie du Châtelet）（1742 年）

A.1 数学符号

缩写字符

var x：方差（第 3.5.2 节，第 55 页）。

$\mathrm{corr}(\ell, s)$：两个随机变量的关联系数（第 3.5.4 节，第 58 页）。

$\mathrm{corr}_{x,y}[k]$：两个数据序列之间的互关联函数；corr' 为修正形式[公式(8.2)，第 212 页和公式(8.3)，第 213 页]。

$\mathrm{cov}(\ell, s)$：协方差（第 3.5.2′ 节，第 64 页）。

argmax f：函数 $f(x)$ 达到最大值时的参数值 x[方程(8.12)，第 217 页]。

算符

$\times$ 和 $\cdot$ 都表示普通的数值乘积。

$\langle f\rangle$：期望（第 3.5.1 节，第 53 页），$\langle f\rangle_\alpha$：参数值取为 α 的分布簇的期望。

$\bar{f}$：随机变量的样本均值（第 3.5.1 节，第 53 页），当然，上划线还有别的意义（见下文）。

$h\star f$：表示两个离散函数[公式(4.10)，第 85 页]或两个连续函数[公式(5.17)，第 114 页]的卷积。

其他符号

$\bar{c}$：变量 c 的无量纲标度形式。

Δ：常被用作前缀：例如，Δx是 x 的有限的小变化。有时，如果被改变的量上下文很清楚，则该符号也会被使用。

加下标 0 的量可以是一个变量的初始值，或该变量某个特定小范围的中心值。

加下标 $*$ 或 $\star$ 的量可能有下列意义：

最佳值（例如最大可能值），极端的值，或某些临界值（例如，拐点）；

相图的不动点值；

某些无穷极限情况下被设定的值（第 4.3.2 节，第 80 页）；

某些特定时间点的函数值，例如，起始值或终止值，或某些事件首次发生时的函数值。

加下标 $*$ 或 $\star$ 的也可能具有下述功能：

多个操纵基因之间的区分（第 12.6.1′ 节，第 378 页）；

表示酶的活性形式（第 13.5.2 节，第 398 页）。

矢量符

矢量表示为 $\boldsymbol{v} = (v_x, v_y, v_z)$ ，如果只在平面内，则直接表示成 (v_x, v_y) 。第8章使用另一种抽象表示 $\vec{X}$ 为高维数据空间中的向量。

关系符

符号 $\stackrel{?}{=}$ 表示暂定或猜测的公式；
符号 $\approx$ 表示“近似等于”；
在量纲分析的正文中 $\sim$ 表示“有相同的量纲”；
符号 $\propto$ 表示“正比于”。

其他

符号 $\frac{\mathrm{d}G}{\mathrm{d}x}|_{x_0}$ 表示 G 对 x 求导后在 $x = x_0$ 点的计算值。
在概率函数内的 $|$ 读作“给定”（第 3.4.1 节，第 44 页）。

A.2 图形符号

A.2.1 相图

在平面或线上的每个点表示系统的一个状态，蓝色箭头表示初始状态将如何演变，黑色曲线表示可能的系统轨迹的例子。零变线以橙色表示。如果有分界线的话则以品红色标出。稳定不动点标示为 $\bullet$ ，不稳定不动点标示为 $\odot$ 。

A.2.2 网络图

参见第 11.5.1 节，第 322 页。

每个方框代表一个状态变量，通常指某类分子的存量。

输入和输出的实箭头表示该状态变量增加或减少的过程（化学反应）。

如果一个过程把一种物质转变成另一种物质，且我们对两种物质都感兴趣，则我们画一条实线连接代表两种物质的框。但是，如果我们对某种物质的前体不感兴趣，例如，由于某种机制使其存量保持恒定，我们就可以用符号 $\varnothing$ 表示；类似地，如果我们对特定物质由于生产某种其他物质而导致的损失不感兴趣，则也可以用该符号代替它。

终止于一个实箭头的每一条虚线代表一个相互作用，其中一类分子改变了一个过程的速率（见图 10.8b）。然而，对于降解速率依赖于物质存量的常见情况，这种“影响线”被省略了。

虚线也可以终止在另一虚线上，代表一分子对另一个分子所影响的过程的调控（见图 12.21b）。

虚线终止符：钝头----┫表示阻遏；而开放箭头--▷表示激活。

A.3 具名变量

下列为本书采用的特定词汇表。尽管量的命名在原则上是任意的，但我们仍然使用标准命名为最常用的命名，并尽可能维持一致。但是，鉴于希腊和拉丁字母数量有限，不可避免地会出现某些字母有多种用途。参阅附录 B 中有关量纲和对应单位的解释。

拉丁字母

c 诸如营养小分子之类的数密度（“浓度”）（第 12.2.2 节和第 11.4.3 节）[量纲 $\mathbb{L}^{-3}$]。

$C(j)$ 自关联函数（见 58 页第 3.5.4 节和 64 页第 3.5.2′ 节）[量纲取决于随机变量的量纲]。

D 扩散常数（见 141 页第 6.2.1 节）[量纲 $\mathbb{L}^2\mathbb{T}^{-1}$]。

$\mathcal{D}(x)$ 累积分布函数（见 123 页第 5.4 节）[无量纲]。

E 普通概率“事件”（见 40 页第 3.3.1 节）[不是一个量]。

f 普通函数，具体指基因调控函数[见 320 页公式(11.11)]。

f 力[量纲 $\mathbb{MLT}^{-2}$]。

G 连续随机变量的变换函数（见 115 页第 5.2.6 节）。

$\hbar$ 约化的普朗克常数（见 449 页第 B.6 节）[量纲 $\mathbb{ML}^2\mathbb{T}^{-1}$]。

i 普通整数，如一个列表的计数下标[无量纲]。

i 感染人数占比（见 349 页第 12.3.2 节）[无量纲]。

I 感染人口总数（见 349 页第 12.3.2 节）[无量纲]。

I 转动惯量（见 392 页第 13.4.1 节）[量纲 $\mathbb{ML}^2$]。

j 普通整数，特指几何分布中离散的等待时间的计数下标（见 46 页第 3.4.4 节）[无量纲]。

k 速率常数，如降解速率常数 $k_\emptyset$、感染 T 细胞的清除速率 k_I（见 10 页第 1.2.3 节）、病毒颗粒的清除速率 k_V（见 10 页第 1.2.3 节）[量纲取决于反应阶数]。

$k_\mathrm{B}T$ 绝对温度 T 下的热能标度（见 144 页第 6.3.2 节）[量纲 $\mathbb{ML}^2\mathbb{T}^{-2}$]。

k_e 静电常数（见 449 页第 B.6 节）[量纲 $\mathbb{ML}^3\mathbb{T}^{-2}$]。

k_g 细菌生长速率常数[量纲 $\mathbb{T}^{-1}$]；$k_\mathrm{g,max}$ 是其最大值。

K 普通平衡常数；K_d 为解离平衡常数（见 316 页第 11.4.3 节）[量纲取决于反应]。

K 饱和速率函数的半最大值参数（见 342 页第 12.2.2 节）[量纲 $\mathbb{L}^{-3}$]。

ℓ 普通离散随机变量，诸如 ℓ_* 的变形可以用来代替常数[无量纲]。ℓ_inf 被一个感染者传染的数量（见 416 页第 14.2.2 节）。

L 普通距离变量，如随机行走的步长[量纲 $\mathbb{L}$]。

$\mathbb{L}$ 长度量纲（见 446 页第 B.1 节）。

m 质量、电子质量 m_e [量纲 $\mathbb{M}$]。

m 普通整数，特指指卢里亚–德尔布吕克实验中抗性细菌的数量，或者阵发式转录中 mRNA 分子的数量[无量纲]。

M 普通整数，特指二项分布中的抛币总次数[无量纲]。

$\mathbb{M}$ 质量量纲（见 446 页第 B.1 节）。

n 协同参数（“希尔参数”），$\geqslant 1$ 的实数（见 316 页 11.4.3 节）[无量纲]。

N 普通整数，特指随机系统某个结果的测量次数[无量纲]、N_I 血液中感染的 T 细胞的数量、N_v 血液中自由病毒粒子（病毒颗粒）的数量（见 10 页第 1.2.3 节）。

$\wp_\mathrm{x}(x)$ 连续随机变量 x 的概率密度函数，有时候缩写成 $\wp(x)$（见 107 页第 5.2.1 节）[量纲就是 $1/x$ 的量纲]，$\wp(x\mid y)$ 则为条件概率密度函数。

$\mathcal{P}(\mathsf{E})$ 事件 E 的概率[无量纲]。$\mathcal{P}_\ell(\ell)$ 离散随机变量 ℓ 的概率质量函数，有时缩写为 $\mathcal{P}(\ell)$（见 40 页第 3.3.1 节）。

$\mathcal{P}(\mathsf{E}\mid\mathsf{E}')$，$\mathcal{P}(\ell\mid s)$ 则为条件概率（见 44 页第 3.4.1 节）。

$\mathcal{P}_\mathrm{name}(\ell;p_1,\cdots)$ 或 $\wp_\mathrm{name}(x;p_1,\cdots)$ 含参数 $p_1,\cdots$ 的关于变量 ℓ 或 x 的函数，用以描述某个特定的理想化概率分布。如：$\mathcal{P}_\mathrm{unif}$（见 42 页第 3.3.2 节）、$\wp_\mathrm{unif}$ [见 109 页公式(5.6)]、$\mathcal{P}_\mathrm{bern}$ [见 42 页公式(3.5)]、$\mathcal{P}_\mathrm{binom}$ [见 76 页公式(4.1)]、$\mathcal{P}_\mathrm{pois}$ [见 81 页公式(4.6)]、$\wp_\mathrm{gauss}$ [见 110 页公式(5.8)]、$\mathcal{P}_\mathrm{geom}$ [见 47 页公式(3.13)]、$\wp_\mathrm{exp}$ [见 242 页公式(9.5)]、$\wp_\mathrm{cauchy}$ [见 111 页公式(5.9)]。

P APC-Cdc20复合物（见 398 页第 13.5.2 节）。

Q 流体流速（见 342 页第 12.2.2 节）[量纲 $\mathbb{L}^3\mathbb{T}^{-1}$]。

Q cyclin-Cdk1复合物（见 398 页第 13.5.2 节）。

$\mathbb{Q}$ 电荷量纲（见 446 页第 B.1 节）。

R_0 传染病的基本传染数（见 349 页第 12.3.2 节）[无量纲]。

R Wee1（见398 页第 13.5.2 节）。

s 标记离散分布的结果，在某些情况下可以是没有任何数字意义的结果，如伯努利试验（“抛币”）。

s 易感到感染的人数占比（见 349 页第 12.3.2 节）[无量纲]。

S 易感到感染的总人数（见 349 页第 12.3.2 节）[无量纲]。

$\mathcal{S}$ 偏移算符（见 215 页第 8.6.1 节）。

S Cdc25（见398 页第 13.5.2 节）。

t_{esc} 首通（“逃逸”）时间（见146 页第6.4.1节）[量纲 $\mathbb{T}$]。

t_{w} 随机过程中事件之间的驻留时间（见 241 页第9.4.1节）[量纲 $\mathbb{T}$]。

$t_{\text{w,stop}}$ 则是转录阵发的间隔（即，跃迁到“关闭”态之前的等待时间）；$t_{\text{w,start}}$ 则是跃迁到“开启”态之前的等待时间（见 279 页第 10.4.2 节）。

T 绝对温度（见 445 页附录 B 和见 144 页第 6.3.2 节）。

$\mathbb{T}$ 时间量纲（见 446 页第 B.1 节）。

U 势能[量纲 $\mathbb{ML}^2\mathbb{T}^{-2}$]。

U_i 出现在冷冻电镜讨论中的归一化因子（见 218 页第 8.6.2 节）。

v_{drift} 外力作用下布朗运动的平均（“漂移”）速度（见 142 页第 6.2.2 节）[量纲 $\mathbb{LT}^{-1}$]。

V 电势[量纲 $\mathbb{ML}^2\mathbb{T}^{-2}\mathbb{Q}^{-1}$]。

$\boldsymbol{W}$ 相图的动态矢量场（见 307 页第 11.2.2 节）。

X 周期蛋白的总存量（见 407 页第 13.5.2′ 节）[无量纲]。

Y Q^* （活性cyclin-Cdk1）的存量（见 407 页第 13.5.2′ 节）[无量纲]。

Z Q_0 （失活cyclin-Cdk1）的存量（见 407 页第 13.5.2′ 节）[无量纲]。

希腊字母

α 用于结果列表的计数下标。

α 描述幂律分布的参数（见 123 页第 5.4 节）[无量纲]。

α 显微镜中观察单个荧光基团的荧光（见 77 页第 4.2.4 节）。

α_{g} 每次倍增的突变概率（见 89 页第 4.4.4 节）[无量纲]。

β 出现在泊松过程或其对应的指数分布的每单位时间的概率（见 240 页第 9.4 节）[量纲 $\mathbb{T}^{-1}$]。在连续确定性近似中，β 也代表对应的零阶反应的速率（高阶反应的速率常数通常由 k 表示）。β_{s}，$\beta_{\emptyset}$ 则分别代表生–灭过程的合成和降解速率（见 271 页第 10.3.1 节）。β_{start}，β_{stop} 则分别代表基因过渡到“开启”或“关闭”转录状态的每单位时间的概率。

γ 每个感染 T 细胞的病毒粒子的平均生产速率（见 10 页第 1.2.3 节）[量纲 $\mathbb{T}^{-1}$]。

$\gamma_i(q)$ 图像 i 偏移 q 的潜在概率[见 217 页公式(8.11)]。

γ 出现在恒化器方程中的参数（见 345 页）[无量纲]。

Γ 基因的最大蛋白生产速率[见 320 页公式(11.11)][量纲 $\mathbb{T}^{-1}$]；$\Gamma_{\rm leak}$ 则是蛋白的本底生产速率[见 380 页方程(12.25)]。

Δ 表示某些量的变化值，通常用作前缀：Δx 表示 x 的微小变化（随机行走的基本步骤）。$\Delta_N x$ 表示随机行走 N 步后的位移。

ζ 黏滞系数（见 142 页第 6.2.2 节）[量纲 $\mathbb{MLT}^{-1}$]。

η 柯西分布的宽度参数[见 111 页公式(5.9)][量纲与其随机变量相同]。

λ 单位时间内从感染到康复的概率（见349页第12.3.2节）[量纲$\mathbb{T}^{-1}$]。

μ 描述泊松分布的参数[见 81 页公式(4.6)][无量纲]。

$\mu_{\rm x}$ 高斯或柯西分布中 x 期望的设定参数[见 110 页公式(5.8)][量纲与其随机变量 x 相同]。

ν 频率（单位时间周期数）[量纲 $\mathbb{T}^{-1}$]。

ν 产生一个新细菌所需的营养分子数[见 344 页方程(12.2)][无量纲]。

ξ 描述伯努利试验的参数（“抛币为正面的概率”）（见 35 页第 3.2.1 节）[无量纲]。$\xi_{\rm thin}$ 则是应用于泊松过程的稀疏因子（见 244 页第 9.4.2 节）。

ρ 细菌的数密度（见 342 页第 12.2.2 节）[量纲 $\mathbb{L}^{-3}$]。

σ 高斯分布的方差[见 110 页公式(5.8)][量纲与其随机变量相同]。

$\tau_{\rm tot}$ 细胞中阻遏物浓度的 e 倍增时间尺度（见 321 页第 11.4.5 节）[量纲 $\mathbb{T}$]。$\tau_{\rm e}$ 则是细胞生长的 e 倍增时间[见 321 页公式(11.13)]。

附录B 单位和量纲分析

航天器事故的根本原因是地面软件代码中未使用公制单位……
而飞行轨迹建模器则默认数据是公制单位的。

——火星气候探测器事故调查委员会
（Mars Climate Orbiter Mishap Investigation Board）

物理建模涉及物理量，尽管培养基中的细胞数之类的物理量是整数，但大多数物理量是连续的，而连续的物理量中的大多数又是有单位的。本书通常将使用国际制单位，或 **SI 单位**，但在阅读其他著作甚至与别的科学家交谈时必须能精确地实现基本的单位换算。（单位换算失败导致造价 1.25 亿美元的火星气候探测器飞船损毁。）单位及其换算是所谓**量纲分析**的一部分。

学生有时觉得量纲分析太平庸而没有认真对待，但它是捕捉代数错误的一个非常强大的方法。*更重要的是*，它提供了对不同数以及不同情况进行分类的手段，甚至能猜测新的物理定律。面对不熟悉的情况时，量纲分析通常是第一步。我们可以使用量纲分析

- 立即发现存在错误的公式；
- 回忆我们已经部分遗忘的公式；甚至为
- 构造可行的新假说提供进一步验证。

关于单位，存在如下简明原则：

大多数物理量应该被视为一个纯数与一个或多个“单位”的积，每个单位都是代表某个未知量的符号。

（少数诸如纯整数的物理量没有单位，因而被称为**纯数**或**无量纲量**。）我们在计算中始终使用单位符号，这些符号如果出现在表达式的分子和分母中就可以像任何其他乘数因子一样相互抵消[1]。某些单位之间存在换算关系，例如，1 inch≈ 2.54 cm，公式两边除以数值 2.54 则有 0.39 inch≈ 1 cm。

[1]使用摄氏和华氏温标（°C 或 °F）表示温度则是一种例外情况，它们与绝对（开尔文）温标（K）之间相差一个偏移量和一个乘积因子。

B.1 基本单位

SI 最“基本”的单位是长度、时间和质量：长度单位是米（m），质量单位是千克（kg），时间单位是秒（s）。另外，还有电荷单位库仑。我们也可以通过加一些前缀来产生相关单位：giga（$=10^9$，十亿），mega（$=10^6$，百万），kilo（$=10^3$，千），milli（$=10^{-3}$，千分之一），micro（$=10^{-6}$，百万分之一），nano（$=10^{-9}$，十亿分之一）和 pico（$=10^{-12}$）。我们将这些前缀依次缩写成G，M，k，m，μ，n和p。因此，1 μg 就是一微克（10^{-9} kg），1 ms 就是一毫秒，等等。

此外，还有一些传统的非 SI 前缀，如 centi（$=10^{-2}$，缩写c），deci（$=10^{-1}$，缩写d）。

B.2 量纲和单位

其他如力之类的物理量的标准单位是可以从上述最基本单位导出的。但是，以一种不太严格地与特定单位系统相关的方式思考“力”是有用的。因此我们定义抽象的**量纲**，它告诉我们量代表什么样的东西[2]。例如，

- 我们定义符号 $\mathbb{L}$ 来表示长度的量纲。SI 赋予的基本单位称“米”，但相同的量纲也存在其他的单位（例如，英里或厘米）。选择了长度单位后，我们就可以导出体积单位，即立方米，或 m^3，其量纲是 $\mathbb{L}^3$。
- 我们定义符号 $\mathbb{M}$ 来表示质量的量纲。它的 SI 基本单位是千克。
- 我们定义符号 $\mathbb{T}$ 来表示时间的量纲。它的 SI 基本单位是秒。
- 我们定义符号 $\mathbb{Q}$ 来表示电荷的量纲[3]。它的 SI 基本单位是库仑。
- 速度的量纲是 $\mathbb{L}\mathbb{T}^{-1}$。SI 赋予的标准单位“米每秒”，写成 m/s 或 m s^{-1}。
- 力的量纲是 $\mathbb{M}\mathbb{L}\mathbb{T}^{-2}$。SI 赋予的标准单位是 kg m/s^2，也称“牛顿”，符号为 N。
- 压强是单位面积上受力，SI 赋予的标准单位是 N m^{-2} = 1 kg m^{-1} s^{-2}，也称“帕斯卡”，符号为 Pa。
- 能量的量纲是 $\mathbb{M}\mathbb{L}^2\mathbb{T}^{-2}$。SI 赋予的标准单位是 kg m^2/s^2，也称“焦耳”，符号为 J。
- 功率（每单位时间的能量）的量纲是 $\mathbb{M}\mathbb{L}^2\mathbb{T}^{-3}$。SI 赋予的标准单位是 kg m^2/s^3，也称“瓦”，符号为 W。

[2] 这种区分及本节许多其他观点来自 J. C. Maxwell 和 F. Jenkins 的开创性论文。

[3] 一些作者使用 $\mathbb{I}=\mathbb{Q}/\mathbb{T}$，“电流”的量纲而非$\mathbb{Q}$。

考试题的定量答案会有恰当的量纲，你可以用它来检验你的工作是否正确。假设你被要求计算一个力，你努力给出了由各种量组成的公式。为了检查你的公式，记下其中每个量的量纲，抵消分子分母中的同类项，再合并重复项后检查结果是不是 $\mathbb{MLT}^{-2}$。如果不是的话，你可能在推导的某个步骤遗漏了某些量。该方法很容易，发现和修复错误的效率也很惊人。

当你将两个量相乘时，量纲可以直接组合，例如：力（$\mathbb{MLT}^{-2}$）乘长度（$\mathbb{L}$）是能量的量纲（$\mathbb{ML}^2\mathbb{T}^{-2}$）。另一方面，你永远不能在一个有效的公式中对不同的量纲实现加减，更不能将货币单位元加入公斤。同样，如果 A 和 B 的量纲不同，则 $A=B$ 的形式方程不成立[4]。例如，假设某人给你一个质量 m 的样本并给出公式 $m=aL$，其中 a 是试管的截面积，而 L 是试管的高度。一边是 $\mathbb{M}$，而另一边是 $\mathbb{L}^3$，这种不一致意味着方程丢失了另一个因子（在这种情况下丢失的是物质的质量密度）。在选择某些特定单位的情况下，该公式也有可能是有效的。例如，写出该公式的作者可能是想表达“(克，质量)=(平方厘米，面积)×(厘米，长度)”

$$\frac{m}{1\mathrm{g}}=\frac{a}{1\mathrm{cm}^2}\frac{L}{1\mathrm{cm}}.$$

在这种形式下，公式相当于两个无量纲量，因此它在任何单位下都是有效的。这的确意味着 $m=\rho_{\mathrm{w}}aL$，其中 $\rho_{\mathrm{w}}=1\ \mathrm{g\ cm}^{-3}$ 是质量密度（水）。

你可以将美元以适当的转换因子添加到卢比，类似地，米也可以转换成英里。米和英里是拥有相同量纲的两个不同单位。如果将 1 mile≈ 1 609 m 重写为

$$1=\frac{1\,609\ \mathrm{m}}{\mathrm{mile}}.$$

我们就可以自动进行单位转换并消除犯错的可能。由于我们可以在任何公式中自由地插入因子 1，因此在需要消除所有 mile 单位时可以在上式引入多个因子。这个简单的处方（“当需要取消不必要的单位时乘或除以 1”）消除了关于应将纯数 1 609置于分子还是分母的困扰。例如，

$$230\ \mathrm{m}+2.6\ \mathrm{mile}\approx 230\ \mathrm{m}+2.6\ \mathrm{mile}\times\frac{1\,609\ \mathrm{m}}{\mathrm{mile}}\approx 4\,400\ \mathrm{m}.$$

应用于带量纲量的函数

如果$x=1$ m，则我们能理解表达式$2\pi x$（量纲$\mathbb{L}$）及x^3（量纲$\mathbb{L}^3$）的意义。但 $\exp(x)$、$\cos(x)$ 及 $\ln(x)$ 有意义吗？这些表达式是没有意义的，更精确地说，与 $2\pi x$ 或 x^3 不同，这些函数不是以简单乘积的方式改变单位。(验证表达式有没有意义的一个方法是，利用泰勒级数对 $\exp(x)$ 展开，注意到其各求和项的单位是不同的。)

大多数非线性函数只能应用于无量纲的量。

[4]有一个例外：如果公式设置的有量纲的量等于零，则我们可以毫不含糊的忽略数值为零的单位。因此，类似于“电位差为 $\Delta V=0$ ”的陈述是合法的，且许多作者此时将省略不必要的单位。

其他 SI 单位

本书偶尔提到有关电的单位（伏特 V、安培 A 和导出单位 μV、pA 等），但还没有根据其定义使用。它们涉及量纲 $\mathbb{Q}$。

传统但非 SI 单位

长度：1 埃（Å）等于 0.1 nm。

体积：1 升（L）等于 10^{-3} m^3。因此，1 mL = 10^{-6} m^3。

数密度：1 M 溶液拥有数密度是 1 mole L^{-1} = 1000 mole m^{-3}，其中“mole”代表无量纲数 $6.02214076 \times 10^{23}$。

能量：1 卡(cal)等于 4.184 J。1 电子伏特(eV)等于 $e \times (1\ \mathrm{V}) = 1.60 \times 10^{-19}$ J = 96 kJ/mole。1 尔格（erg）等于 10^{-7} J。因此 1 kcal mole^{-1} = 0.043 eV= 6.9×10^{-21} J = 6.9×10^{-14} erg = 4.2 kJ mole^{-1}。

压强：一个大气压（atm）等于 1.01×10^5 Pa。752 mm 汞柱产生的压强等于 10^5 Pa。（我们也将此单位缩写为“mmHg”。）

B.3 无量纲量

有时一个量表示的是拥有相同单位的某些其他量的倍数。例如，“相对于零时间的浓度”是指 $c(t)/c(0)$。这种相对量是无量纲的，没有单位。其他一些量本质上也是无量纲，比如角度（见下文）。

B.4 关于图

对连续量作图时，我们通常必需表明单位并标注在坐标轴上。例如，如果坐标标注 `length [m]`，则我们的理解是刻度标记 `1.5` 表示测量长度除以 1 m 时得到纯数 1.5。

同样的解释适用于对数轴（第 9 页第 1.2.2 节和第 123 页第 5.4.2 节）。如果坐标标注 `length [m]`，而刻度线类似于图 0.3b 的纵坐标是不等距的，则我们的理解是标在 `1000` 之后的第一个刻度代表的测量长度除以 1 m 时得到纯数 2 000。我们也可以对量 x 的对数作图形，并标注在坐标轴上，用“$\log_{10} x$”或“$\ln x$”代替“x”。后者的缺点是，如果 x 携带单位，则严格来说我们必须改写成“$\log_{10}(x/(1\mathrm{m}))$”，因为对带量纲的量取对数没有意义。

由于对数的特殊属性，对数图坐标轴上的单位即使省略了，我们仍然可以得到一些信息。例如，如果 x 是长度，则 $\log(x/(1\ \mathrm{m}))$ 和 $\log(x/(1\ \mathrm{nm}))$ 相差常数 $\log(10^9)$。因此，改变单位只是平移整个图形而不会改变其形状。如果图显示两个点相差 100 倍，则该事实在任何一组单位中都是有效的。

任意单位

有时量所代表的单位是未知的，或还没有规定的，也可能是还没有必要具体指明的，但你应该用像“病毒浓度（单位任意）”之类的标注来提醒读者。许多作者将其缩写为“a.u.”。

当一个坐标轴使用任意单位时，通常比较好的做法是其他轴与其 0 值（应标明）点相交，而不在其他值点相交[5]。（否则，读者将无法判断你是否通过放大图形标度而夸大了效果。）

B.5 关于角度

角度是无量纲的。毕竟，我们是在两条交叉线之间先画一段半径为 r 的圆弧，再将弧长（量纲为 $\mathbb{L}$）除以 r（量纲也为 $\mathbb{L}$）即为两交叉线的角度。另一个理由是，如果 θ 携带量纲，则像正弦和余弦之类的三角函数不会有意义（见 B.2 节）。

那么“度”与“弧度”又是怎么回事呢？我们可以把 deg 视作不带量纲的便利的或传统的单位，只是纯数 $\pi/180$ 的缩写。“弧度”表示我们可以省略的纯数 1。明确说明多少 rad 只是有助于提醒我们没有使用“度”。类似地，“每秒周数”或“每分钟转数”之类的短语被认为是角频率，我们可以把“周”和“转”视为无量纲单位（纯数），且都等于 2π。

B.6 量纲分析的丰厚回报

量纲分析还有其他用途。现在让我们回顾一下它是如何帮助我们发现了新科学的。

有关原子的过时物理模型认为电子围绕着重核转。类似于我们的太阳系，原子被公认是由一个质量巨大的正电荷核心（核）和绕其运行的较轻的负电荷电子组成。电荷之间的力被认为具有与引力相同的 $1/r^2$ 形式。然而当科学家发现牛顿物理学只是部分地决定了行星轨道的形状而不能决定其大小时，上述类比失败了。（不友好的外星人只要来推一把就可以改变地球轨道的大小和偏心度。）与此相反，不知何故所有基态的氢原子具有完全相同大小和形状。事实上，所有种类的原子具有类似的尺度，大约只有十分之一纳米。是什么决定了其大小呢？

这个问题可以利用量纲分析简要地分析。质子和电子之间的力是 k_e/r^2，其中 $k_e = 2.3 \times 10^{-28}$ J m 是涉及电荷的自然常数，其量纲 $\mathbb{M}\mathbb{L}^3\mathbb{T}^{-2}$。唯一与问题相关的另一个常数是电子质量 $m_e = 9.1 \times 10^{-31}$ kg。无论怎么摆弄这两个常数也无法获得长度量纲的数。主要问题是没有办法摆脱 $\mathbb{T}$。没有任何

[5] log 轴除外，因为它不能显示 0 值。但在对数轴上，改变单位只是把图形平移而不改变其形状，因此读者可以始终判断变化是否有意义。

理论可以在没有新的自然常数[6]的情况下得到一个明确的原子大小。

在 20 世纪早期，尼尔斯·玻尔得知马克斯·普朗克在关于光的研究中发现了一个新的自然常数。我们将它称为普朗克常数 $\hbar = 1.05 \times 10^{-34}$ kg m²/s。玻尔怀疑该常数在原子物理中发挥了作用。

现在让我们来看看在没有确切理论的指导下，仅凭量纲分析我们能走多远。我们能用 k_e、m_e和 $\hbar$ 构造出长度吗？我们正在寻找求解原子大小的公式，而其量纲必须是 $\mathbb{L}$。我们试着用最普适的办法 $(k_e)^a(m_e)^b(\hbar)^c$ 将相关常数联系在一起，并尝试通过选择指数 a，b，c 来得到量纲：

$$(\mathbb{ML}^3\mathbb{T}^{-2})^a\mathbb{M}^b(\mathbb{ML}^2\mathbb{T}^{-1})^c = \mathbb{L}.$$

我们只能选择 $c = -2a$ 以消除 $\mathbb{T}$ 及 $b = a$ 以消除 $\mathbb{M}$。则 $a = -1$，没有别的解。

这样行吗？构造出的长度是

$$(k_e)^{-1}(m_e)^{-1}(\hbar)^2 \approx 0.5 \times 10^{-10}\ \mathrm{m}, \tag{B.1}$$

就是十分之一纳米的球体，确是原子大小！

我们已经完成任务了吗？远没有，只是开始：我们还没有原子的理论。但是我们已经发现 任何使用这个新常数 $\hbar$ 的理论必然都能给出与公式(B.1)相近的原子尺寸的估计值（也许还有倍乘因子 2、π或类似因子）。这个估值与原子实际尺寸吻合的事实强化了我们原先的设想，即存在一个仅基于这些常数的原子理论。这将激励我们去发现这样的理论。

[6]光速是涉及时间量纲的自然常数，但与该情况无关。

附录C　数值

人类的知识将消失在我们最终理解蚊蝇的语言之前。

——让–亨利・法布尔（Jean-Henri Fabre）

基本常数

玻尔兹曼常数：$k_{\mathrm{B}} \approx 1.38 \times 10^{-23}$ J K^{-1}。
阿伏伽德罗常数：$N_{\mathrm{mole}} \approx 6.02 \times 10^{23}$。
约化的普朗克常数：$\hbar \approx 1.05 \times 10^{-34}$ J s。
静电常数：$k_{\mathrm{e}} = e^2/(4\pi\epsilon_0) \approx 2.3 \times 10^{-28}$ J m。
电子质量：$m_{\mathrm{e}} \approx 9.1 \times 10^{-31}$ kg。

致 谢

本书是头脑风暴后涌现出的想法和灵感的展现。真诚感谢那些给我提供素材、答疑解惑、制作图片及心甘情愿校读初稿的朋友和陌生人。许多人通过他们的写作及我呈现的文献已融入了本书。

一开始，Tom Lubensky 要求我新设两门课程，其内容构成了本书。本书的一些大纲是受两篇文献（Bialek & Botstein, 2004; Wingreen & Botstein, 2006）启发而来，和这些作者的讨论使我获益匪浅。Bruce Alberts 提供了一些有用的建议，但更重要的是他的一句话为本书重新确立了基础和方向。Nily Dan 耐心地与我讨论了本书的目的、涵盖的范围及学生未来需要的技能。我选择的主题也受我本人研究所需技术的影响，其中许多技术是我从合作者那里学到的，他们是 John Beausang、Yale Goldman、Timon Idema、Andrea Liu、Rob Phillips、Jason Prentice，特别是 Vijay Balasubramanian、Kevin Chen和 Jesse Kinder。

在一场热烈的、长达一年的交流中，Sarina Bromberg 帮助我将一系列混乱的想法整理一个连贯的故事。她还提供专业技术知识、巧妙地指出了大大小小的错误、并解释了我所迷惑的表达上的细微差别。

本书的大部分艺术构图来自 Sarina Bromberg、David Goodsell 和 Felice Macera 及以下科学家的想象力。其中 Steven Nelson 是照片复制的专家顾问，而 William Berner、Mary Marcopul 和 Peter Harnish 创建了数个课堂演示，使我的物理模型更加生动形象。

要促成本书，光有想法和灵感是不够的，还需要具体的资金支持。美国国家科学基金会（NSF）多年来坚定不移地支持我的教育理念，在此我特别要感谢 Krastan Blagoev 和 Kamal Shukla，一方面要感谢他们的支持，另一方面也要感谢他们的耐心，因为这个项目在时间上远远超出了我的预期。遗憾的是，培养了整整一代科学家的 Kamal Shukla 未能看到这一版的完成，我们会深切地怀念他。第二版的工作也得到了 NSF 科学技术中心之一的力学生物学工程化中心（CEMB）的支持。

感谢宾夕法尼亚大学校方的非凡帮助。Larry Gladney 不辞辛劳地为我安排了两个学术假期，Dennis Deturck 和 Paul Sniegowski 还资助我，Mark Trodden 在许多方面支持这一愿景的实现。

感谢 Melissa Flamson 再次授权允许我拷贝主要研究出版物中的许多图像，读者也将受益于 Cyd Westmoreland 的热心。

第一版的存在也归功于 WH Freeman 出版社的 Jessica Fiorillo 和 Elizabeth Widdicombe 的坚定支持。我特别感谢由欧阳钟灿（Zhong-Can Ou-Yang）发起的并由舒咬根（Yao-Gen Shu）和黎明（Ming Li）对第一版的中文翻译。

Kevin Chen、Yaakov Cohen、Jesse Kinder、Arnav Lal、Raghuveer Parthasarathy、Keith Kroma-Wiley、Aaron Winn，特别是 Ann Hermundstad 致力于阅读每个细节，他们的无形贡献改进了每一页的内容。 John Briguglio、Edward Cox、 Jennifer Curtis、 Mark Goulian、 Timon Idema、 Kamesh Krishnamurthy、Natasha Mitchell、Rob Phillips、 Kristina Simmons、Daniel Sussman 和 Menachem Wanunu 也阅读了多个章节，并提出了精辟的见解。Andrew Belmonte、Anne Caraley、Jordi Garcia - Ojalvo、 Venkatesh Gopal、James Gumbart、William Hancock、John Karkheck、Michael Klymkowsky、Wolfgang Losert、 Mark Matlin、 Kerstin Nordstrom、 Joseph Pomerening、Mark Reeves、Erin Rericha、Ken Ritchie、Hanna Salmon、Fred Sigworth、Andrew Spakowitz、Megan Valentine、Mary Wahl、Kurt Wiesenfeld及其他一些匿名审稿人审阅了特定章节。

另外，我的助教们多年来也提供了无数的建议，包括解题。他们是 Ed Banigan、Isaac Carruthers、David Chow、Tom Dodson、Stephen Hackler、Jan Homann、Asja Radja、Keith Kroma-Wiley 以及 André Brown、Jesse Kinder 和 Jason Prentice。Aaron Winn 的一次演讲让我对流行病话题大开眼界，并表明对它建模是可行的。

多年以来，我班上的同学们用本书的几版草稿开展过自学。我要求他们每个人每星期挑战我一次，这样经常可以暴露我的无知。其中一些教学模块是在海洋生物实验室的“细胞物理生物学”暑期课程中完成的，感谢 Rob Phillips 及 Hernan Garcia 领导组织了这一鼓舞人心的活动。我特别想提一下 Julia Guerra Alves Miranda、Sophie Lohmann、Monika Makurath、Fereshteh Memarian 和 Raman Thadani，他们为本书某些长习题的解答细节提供了帮助。

其他机构的学生也在使用本书的初级版，这些机构包括厄勒姆学院、埃默里大学、希伯来大学、哈佛大学、麻省理工学院、劳伦斯大学、芝加哥大学、佛罗里达大学、马萨诸塞大学和密歇根大学。他们和他们的指导老师（Amir Erez、Jeff Gore、Maria Kilfoil、Michael Lerner、Erel Levine、Doug Martin、Ilya Nemenman、Stephanie Palmer、Aravinthan Samuel 和 Kevin Wood）标记了许多低级错误。特别感谢 Steve Hagen 使用非常早期的版本，并提供了广泛的建议。

许多书评家慷慨地阅读和评论了本书的初步计划，包括：Larry Abbott、Murat Acar、David Altman、Russ Altman、John Bechhoefer、Meredith Betterton、David Botstein、André Brown、Anders Carlsson、Paul Champion、Horace Crogman、Peter Dayan、Markus Deserno、Rhonda Dzakpasu、Gaute Einevoll、Nigel Goldenfeld、Ido Golding、Ryan Gutenkunst、Robert Hilborn、K. C. Huang、Greg Huber、Maria Kilfoil、Jan Kmetko、Alex Levine、Ponzy Lu、Anotida Madzvamuse、Jens-Christian Meiners、Ethan Minot、Simon Mochrie、Liviu Movileanu、Daniel Needleman、Ilya Nemenman、Kerstin Nordstrom、Julio de Paula、Rob Phillips、Thomas Powers、Thorsten Ritz、Steve Quake、Aravinthan Samuel、Ronen Segev、Anirvan Sengupta、Sima Setayeshgar、John Stamm、Yujie Sun、Dan Tranchina、Joe Tranquillo、Joshua Weitz、Ned Wingreen、Eugene Wong、Jianghua Xing、Haw Yang、Daniel Zuckerman 及其他匿名审稿人，其中一些人还为书的手稿提供了建议。我尽管不能将所有好的建议融入相应的主题，但都强调了该领域的多样性和与该领域有关的科学家所展现出的激情。

很多同事阅读了章节，回答了问题，提供了图形，并讨论了自己和他人的工作等，他们是 Daniel Andor、Charles Asbury、Bill Ashmanskas、Vijay Balasubramanian、Mark Bates、John Beausang、Tamir Bendory、Matthew Bennett、Bill Bialek、Justin Bois、Ben Bolker、Yi-Wei Chang、Paul Choi、James Collins、Carolyn A. Cronin、Tom Dodson、Alex Dunn、Michael Elowitz、Yinnian Feng、James Ferrell、Scott Freeman、Timothy Gardner、Andrew Gelman、Ido Golding、Yale Goldman、Siddhartha Goyal、Urs Greber、Jeff Hasty、Michael Hinczewski、David Ho、Peter Ilgen、Farren Isaacs、Randall Kamien、Hiroaki Kitano、Mark Kittisopikul、Anatoly Kolomeisky、Marco Cosentino Lagomarsino、Michael Lampson、Ti-Yen Lan、Matthew Lang、Michael Laub、David Lubensky、Louis Lyons、Will Mather、Will McClure、Thierry Mora、Thu VP Nguyen、Alex Ninfa、Robert Novak、Liam Paninski、Johan Paulsson、Alan Perelson、Josh Plotkin、Richard Posner、Arjun Raj、Sjors Scheres、Fred Sigworth、Amit Singer、Devinder Sivia、Lok-Hang So、Steve Strogatz、Gürol Süel、Tatyana Svitkina、Alison Sweeney、Gasper Tkacik、Tony Yu-Chen Tsai、John Tyson、Leor Weinberger、William Weis、Chris Wiggins、Ned Wingreen、Geoffrey Woollard、Qiong Yang、Ahmet Yildiz 和 Cheng Zhu。Mark Goulian 无论白天还是晚上都随时准备向我提出的各种技术问题提供专业解答。Scott Weinstein 则给了我力量。

这本书的许多关键思想首次成型于 Aspen 物理中心、费城费尔芒特公园城市绿洲以及费城免费图书馆的活跃氛围。艰苦的修订还得益于马德里自治大学的尼古拉斯卡布雷拉研究所和美国哲学学会的热情好客。

最后，我想但凡遇到过 Nicholas Cozzarelli、Joseph Polchinski、Adrian Parsegian 或 Jonathan Widom 的人都会被他们的善良、严谨和激情所感动。在此衷心感谢上面提到的每个人。

菲利普·纳尔逊
2022年1月于费城

鸣　谢

应该让一心求知的人在“鱼塘里钓鱼”。

——蒙田（Michel de Montaigne）

文本、图像和蛋白质数据库条目

本书的一些图片是基于 RCSB 蛋白质数据库的数据（`http://www.rcsb.org/`, Burley et al., 2021），数据库条目下面列出了PDB ID码和数字对象标识符（DOI）（如果发布的话）或 PubMed 对原始文件的引用。

致指导教师题注：Republished with permission of Hachette Books Group, from Dyson, Freeman. 1979. *Disturbing the universe*, p. 13. New York: Harper and Row. ©1979 by Freeman J Dyson; permission conveyed through Copyright Clearance Center, Inc. 第 1 篇首页：Art by David S Goodsell. Used by permission.第1章题注: Aristotle. Translated on p. 205 of Heath, Thomas L. 1931. *Manual of Greek Mathematics.* Oxford: Oxford University Press. By permission of Oxford University Press. 图 1.1: Art by David S Goodsell. Used by permission. RT enzyme: `1hys (DOI: 10.1093/emboj/20.6.1449)`; protease: `1hsg (PubMed: 7929352)`; *gag* polyprotein: `1l6n (DOI: 10.1038/nsb806)`. 图 1.4: Art by David S Goodsell. Used by permission. PDB: Wildtype: `1hxw (PubMed: 7708670)`; mutant: `1rl8`.第3章题注: Born, Max. 1948. *Natural philosophy of cause and chance*, p. 47. Oxford: Clarendon. By permission of Oxford University Press. 第4章题注: Borges, Jorge Luis, translated by Kerrigan, from *Labyrinths*, ©1962, 1964 by New Directions Publishing Corp. Reprinted by permission of New Directions Publishing Corp. 图 6.11: Art by David S Goodsell. Used by permission. See `http://pdb101.rcsb.org/sci-art/goodsell-gallery/immunological-synapse`. 图 6.12: Adapted from Fig 2 page 1519 of: Das, D K, Feng, Y, Mallis, R J, Li, X, Keskin, D B, Hussey, R E, et al. (2015). Force-dependent transition in the T-cell receptor β-subunit allosterically regulates peptide discrimination and pMHC bond lifetime. *Proceedings of the National Academy of Sciences of the United States of America*, **112**(5), 1517–1522. Used with permission of PNAS. 图 6.13: Adapted from Fig 2 page E8206 of: Feng, Y, Brazin, K N, Kobayashi, E, Mallis, R J, Reinherz, E L, and Lang, M J (2017). Mechanosensing drives acuity of $\alpha\beta$ T-cell recognition. *Proceedings of the National Academy of Sciences of the United States of America*, **114**(39), E8204–E8213. Used with permission of

PNAS. 第8章题注: McIntyre, Michael Edgeworth. 1997. Lucidity and science I: Writing skills and the pattern perception hypothesis. *Interdisciplinary Science Reviews*, **22**(3), 199 - 216. Reprinted by permission of the publisher (Taylor and Francis Ltd, http://www.tandfonline.com). Used by permission. 图 8.1: Detail of Figure 1D (rightmost two subpanels), page E7349, excerpted from Pallesen, J, Wang, N, Corbett, K S,Wrapp, D, Kirchdoerfer, R N, Turner, H L, et al. (2017). Immunogenicity and structures of a rationally designed prefusion MERS-CoV spike antigen. *Proceedings of the National Academy of Sciences of the United States of America*, **114**(35), E7348 - E7357. Used with permission of PNAS. 图 8.2: Reprinted from Fig. 1a and 1c, page 143 from Scheres, S H W, Valle, M, Nuñez, R, Sorzano, C O S, Marabini, R, Herman, G T, and Carazo, J-M (2005). Maximum-likelihood multi-reference refinement for electron microscopy images. Journal of Molecular Biology, **348**(1), 139 - 149. ©2005, with permission from Elsevier. 图 8.3: (a)Adapted from Fig 4a, page 4656, from Althoff, T, Mills, D J, Popot, J-L, and K ü hlbrandt, W(2011). Arrangement of electron transport chain components in bovine mitochondrial supercomplex $I_1III_2IV_1$. The EMBO Journal, **30**(22), 4652 - 4664. ©2011 European Molecular Biology Organization. Used with permission from John Wiley and Sons. 图 9.1: (a,b) Art by David S Goodsell. Used by permission. PDB `1m8q and 2dfs` (PubMed: `12160705` and `16625208`). 图 9.8: Art by David S Goodsell. Used by permission of David S Goodsell and Timothy Herman. PDB: `3tad, 1auv, 1zbd, 1d5t, 2nwl, 2yd5, 1lar, 2id5, 3tbd, 1biw, 3sph, 4gnk, 1mt5`. 第10章题注: Page 206 from Box, George E P 1979. Robustness in the strategy of scientific model building. Eds. Launer, R L and Wilkinson, G N *Robustness in Statistics: Proceedings of a Workshop.* New York: Academic Press. 图 10.4: Art by David S Goodsell. Used by permission. PDB: RNA polymerase: `1i6h (DOI: 10.1126/science.1059495)`; ribosome: `2wdk and 2wdl (DOI: 10.1038/nsmb.1577)`; tRNA + EF - Tu: `1ttt` (PubMed: `7491491`); EFG: `1dar` (PubMed: `8736554`); EF - Tu + EF - Ts `1efu (DOI: 10.1038/379511a0)`; aminoacyl tRNA synthetases `1ffy, 1eiy, 1ser, 1qf6, 1gax, 1asy (PubMed: 10446055, 9016717, 8128220, 10319817, 11114335, 2047877)`. 图 10.5: Reprinted from Fig 1b, page 1027 of Golding, I, Paulsson, J, Zawilski, S M, and Cox, E C (2005). Real-time kinetics of gene activity in individual bacteria. Cell, **123**(6), 1025 - 1036. ©2005, with permission of Elsevier. 图 11.4: Art by David S Goodsell. Used by permission. PDB: `1hw2 (DOI: 10.1074/jbc.M100195200)`. 图 11.5: Fig 6a p. 1512 of Cronin, C A, Gluba,W, and Scrable, H (2001). The lac operator-repressor system is functional in the mouse. Genes and Development, **15**(12), 1506 - 1517. ©Cold Spring Harbor Laboratory Press. Labels adapted and used with permission of Cold Spring Harbor Laboratory Press. 图 11.12: From page 223 of Hoagland, M, Dodson, B, and Hauck, J. 2001. *Exploring the way life works: The science of biology* Sudbury MA: Jones and Bartlett. Used with permission of Judith Hauck and Bert Dodson. 第12章题注: Page 1569 of Barlow, H B 1990. Conditions for versatile learning, Helmholtz's unconscious inference, and the task of perception. *Vision Research* **30**(11), 1561 - 1571. ©1990. Reprinted with permission from Elsevier. 图 12.8: Reprinted from Figs. 1b - c, page 684 from Zeng, L, Skinner, S O, Zong, C, Sippy, J, Feiss, M, and Golding, I (2010). Decision making at a subcellular level determines the outcome of bacteriophage infection. Cell, **141**(4), 682 - 691. ©2010, with permission of Elsevier. 图 12.12：(a) Art by Harry Walton, from *How and why of mechanical movements* (New York, Popular Science Publishing Co./D. P. Dutton and Co., 1968). 图 12.22：Readers may view, browse, and/or download material for temporary copying purposes only, provided these uses are for noncommercial personal purposes. Except as provided by law, this material may not be further reproduced, distributed, transmitted, modified, adapted, performed, displayed, published, or sold in whole or in part, without prior written permission from the publisher. 图 12.27：Adapted from Fig 1c page 7715 of Isaacs, F J, Hasty, J, Cantor, C R, and Collins, J J (2003). Prediction and measurement of an autoregulatory genetic module. *Proceedings of the National Academy of Sciences of the United States of America*, **100**(13), 7714 - 7719. ©2003 National Academy of Sciences, U.S.A. Used with permission of PNAS. 第13章题注：Davies, Jamie. A closed loop. Aeon. 26 September 2014. Used by permission of aeon.co . 第14章题注："At a Bach Concert." ©2016 by the Adrienne Rich Literary Trust. ©1951 by Adrienne Rich, from COLLECTED POEMS: 1950 - 2012 by Adrienne Rich. Used by permission of W. W. Norton and Company, Inc.附录 C 题注：Republished with permission of Beacon Press, from page 326 of Fabre, Jean-Henri. 1991. *The edge of the unknown. The insect world of J. Henri Fabre*, trans. Alexander Teixeira de Mattos. New York: Beacon Press. Copyright 1947, 1977 by Edwin Way Teale. Foreword to the 1991 Edition ©1991 by Beacon Press; permission conveyed through Copyright Clearance Center, Inc. 鸣谢题注：Page 296 of Montaigne, Michel de. 1965. "Of books." *The complete essays of Montaigne*, trans. Donald M Frame. Stanford: Stanford University Press. Used with permission of the publisher.

软件

本书是在几款自由和共享软件的帮助下完成的，这些软件包括 TeXShop、TeXLive、LaTeXiT 和 DataThief，以及 Anaconda 发行的 Python 语言、iPython 解释器和 Spyder IDE。

基金

本书的第一版部分工作基于美国国家科学基金会的资助，资助号 EF-0928048 和 DMR-0832802。第二版的部分工作则受力学生物学工程化中心（CEMB，美国国家科学基金会的科技中心之一），资助号 CMMI-1548571。由美国国家科学基金会部分支持的 Aspen 物理中心（资助号 PHY-1607611）也对本书每个版本的构思、写作和制作提供了不可估量的帮助。本书表达的任何见解、研究成果、结论、愚见或建议只代表作者的意见，并不一定反映国家科学基金会的观点。

宾夕法尼亚大学研究基金会为第一版提供了额外的支持。

参考文献

就像人们常说的，在古老的土地中，种得年年新生的食粮；
人们相信，从古老的书籍里，能够领悟所仰赖的新知。

——杰弗里·乔叟（Geoffrey Chaucer），《百鸟议会》

下面列出的许多文章都发表在高影响因子的科学期刊上。这样的文章经常只是冰山一角，理解这一点非常重要：许多技术细节（通常包括使用任何物理模型的规范）被单独归结为所谓的补充材料文档或类似的东西。文章的在线版本通常会包含补充材料的链接。

Adam, D C, Wu, P, Wong, J Y, Lau, E H Y, Tsang, T K, Cauchemez, S, Leung, G M, & Cowling, B J. 2020. Clustering and superspreading potential of SARS-CoV-2 infections in Hong Kong. *Nat. Med.*, **26**, 1 - 15.

Adhikari, S, Moran, J, Weddle, C, & Hinczewski, M. 2018. Unraveling the mechanism of the cadherin-catenin-actin catch bond. *PLoS Comput. Biol.*, **14**(8), e1006399.

Akera, T, Trimm, E, & Lampson, M A. 2019. Molecular strategies of meiotic cheating by selfish centromeres. *Cell*, **178**(5), 1132 - 1144.e10.

Akiyoshi, B, Sarangapani, K K, Powers, A F, Nelson, C R, Reichow, S L, Arellano-Santoyo, H, Gonen, T, Ranish, J A, Asbury, C L, & Biggins, S. 2010. Tension directly stabilizes reconstituted kinetochore-microtubule attachments. *Nature*, **468**(7323), 576 - 579.

Alberts, B, Johnson, A, Lewis, J, Morgan, D, Raff, M, Roberts, K, & Walter, P. 2015. *Molecular biology of the cell.* 6th ed. Garland Science.

Alberts, B, Hopkin, K, Johnson, A, Morgan, D, Raff, M, Roberts, K, & Walter, P. 2019. *Essential cell biology.* 5th ed. New York:W.W. Norton and Co.

Allen, L J S. 2011. *An introduction to stochastic processes with applications to biology.* 2nd ed. Upper Saddle River NJ: Pearson.

Alon, U. 2019. *An introduction to systems biology: Design principles of biological circuits.* 2nd ed. Boca Raton FL: Chapman and Hall/CRC.

Althoff, T, Mills, D J, Popot, J-L, & Kuhlbrandt, W. 2011. Arrangement of electron transport chain components in bovine mitochondrial supercomplex $I_1III_2IV_1$. *EMBO J.*, **30**(22), 4652 - 4664.

Amador Kane, S, & Gelman, B. 2020. *Introduction to physics in modern medicine.* 3rd ed. Boca Raton FL: CRC Press.

American Association for the Advancement of Science. 2011. *Vision and change in undergraduate biology education.* `www.visionandchange.org`.

American Association of Medical Colleges. 2017. *The official guide to the MCAT exam.* 5th ed. Washington DC: AAMC.

Amir, A. 2021. *Thinking probabilistically: Stochastic processes, disordered systems, and their applications.* Cambridge UK: Cambridge Univ. Press.

Anderson, C R, & Stevens, C F. 1973. Voltage clamp analysis of acetylcholine produced end-plate current fluctuations at frog neuromuscular junction. *J. Physiol. (Lond.)*, **235**(3), 655 - 691.

Andersson, H, & Britton, T. 2000. *Stochastic epidemic models and their statistical analysis.* New York: Springer.

Atkins, PW, & de Paula, J. 2011. *Physical chemistry for the life sciences.* 2d ed. Oxford UK: Oxford Univ. Press.

Atkinson, M R, Savageau, M A, Myers, J T, & Ninfa, A J. 2003. Development of genetic circuitry exhibiting toggle switch or oscillatory behavior in *Escherichia coli. Cell*, **113**(5), 597 - 607.

Bahar, I, Jernigan, R L, & Dill, K A. 2017. *Protein actions: Principles and modeling.* New York: Garland Science.

Bailer-Jones, C A L. 2017. *Practical Bayesian inference: A primer for physical scientists.* Cambridge UK: Cambridge Univ. Press.

Baker, G L, & Gollub, J P. 1996. *Chaotic dynamics.* 2nd ed. Cambridge UK: Cambridge Univ. Press.

Balaban, N Q, Merrin, J, Chait, R, Kowalik, L, & Leibler, S. 2004. Bacterial persistence as a phenotypic switch. *Science*, **305**(5690), 1622 - 1625.

Barrangou, R, Fremaux, C, Deveau, H, Richards, M, Boyaval, P, Moineau, S, Romero, D A, & Horvath, P. 2007. CRISPR provides acquired resistance against viruses in prokaryotes. *Science*, **315**(5819), 1709 - 1712.

Bates, M, Huang, B, & Zhuang, X. 2008. Super-resolution microscopy by nanoscale localization of photo-switchable fluorescent probes. *Curr. Opin. Chem. Biol.*, **12**(5), 505 - 514.

Bates, M, Keller-Findeisen, J, Przybylski, A, Hüper, A, Stephan, T, Ilgen, P, Cereceda Delgado, A R, D'Este, E, Jakobs, S, Sahl, S J, & Hell, S W. 2021. Optimal precision and accuracy in 4Pi-STORM using dynamic spline PSF models. *bioRxiv.*

Baylor, S M. 2020. *Computational cell physiology: With examples In Python.* amazon.com: Kindle Direct Publishing.

Bechhoefer, J. 2015. What is superresolution microscopy? *Am. J. Phys.*, **83**, 22 - 29.

Bechhoefer, J. 2021. *Control theory for physicists.* Cambridge UK: Cambridge Univ. Press.

Becskei, A, & Serrano, L. 2000. Engineering stability in gene networks by autoregulation. *Nature*, **405**(6786), 590 - 593.

Beggs, J M, & Plenz, D. 2003. Neuronal avalanches in neocortical circuits. *J. Neurosci.*, **23**(35), 11167 - 11677.

Benedek, G B, & Villars, F M H. 2000. *Physics with illustrative examples from medicine and biology.* 2d ed. Vol. 2. New York: AIP Press.

Berendsen, H J C. 2007. *Simulating the physical world: Hierarchical modeling from quantum mechanics to fluid dynamics.* Cambridge UK: Cambridge Univ. Press.

Berendsen, H J C. 2011. *A student's guide to data and error analysis.* Cambridge UK: Cambridge Univ. Press.

Berg, H C. 1993. *Random walks in biology.* Expanded ed. Princeton NJ: Princeton Univ. Press.

Berg, H C. 2004. *E. coli in motion.* New York: Springer.

Berg, J M, Tymoczko, J L, Gatto, Jr., G J, & Stryer, L. 2019. *Biochemistry.* 9th ed. New York: WH Freeman and Co.

Betzig, E. 1995. Proposed method for molecular optical imaging. *Opt. Lett.*, **20**(3), 237 - 239.

Betzig, E, Patterson, G H, Sougrat, R, Lindwasser, O W, Olenych, S, Bonifacino, J S, Davidson, M W, Lippincott- Schwartz, J, & Hess, H F. 2006. Imaging intracellular fluorescent proteins at nanometer resolution. *Science*, **313**(5793), 1642 - 1645.

Bialek,W. 2012. *Biophysics: Searching for principles.* Princeton NJ: Princeton Univ. Press.

Bialek,W, & Botstein, D. 2004. Introductory science and mathematics education for 21st-century biologists. *Science*, **303**(5659), 788 - 790.

Bobroff, N. 1986. Position measurement with a resolution and noise-limited instrument. *Rev. Sci. Instrum.*, **57**, 1152 - 1157.

Bodine, E N, Lenhart, S, & Gross, L J. 2014. *Mathematics for the life sciences.* Princeton NJ: Princeton Univ. Press.

Boyd, I A, & Martin, A R. 1956. The end-plate potential in mammalian muscle. *J. Physiol. (Lond.)*, **132**(1), 74 - 91.

Bray, D. 2009. *Wetware: A computer in every living cell.* New Haven: Yale Univ. Press.

Bressloff, P C. 2021. *Stochastic processes in cell biology.* 2nd ed. Vol. 1 - 2. New York: Springer.

Burley, S K, Bhikadiya, C, Bi, C, Bittrich, S, Chen, L, Crichlow, G V, Christie, C H, Dalenberg, K, Di Costanzo, L, Duarte, J M, Dutta, D, Feng, Z, Ganesan, S, Goodsell, D S, Ghosh, S, Green, R K, Guranovic, V, Guzenko, D, Hudson, B P, Lawson, C L, Liang, Y, Lowe, R, Namkoong, H, Peisach, E, Persikova, I, Randle, C, Rose, A, Rose, Y, Sali, A, Segura, J, Sekharan, M, Shao, C, Tao, Y-P, Voigt, M, Westbrook, J D, Young, J Y, Zardecki, C, & Zhuravleva, M. 2021. RCSB Protein Data Bank. *Nucleic Acids Res.*, **49**(D1), D437 - D451.

Calo, S, Shertz-Wall, C, Lee, S C, Bastidas, R J, Nicolas, F E, Granek, J A, Mieczkowski, P, Torres-Martinez, S, Ruiz-Vazquez, R M, Cardenas, M E, & Heitman, J. 2014. Antifungal drug resistance evoked via RNAi-dependent epimutations. *Nature*, **513**(7519), 555 - 558.

Chakrabarti, S, Hinczewski, M, & Thirumalai, D. 2017. Phenomenological and microscopic theories for catch bonds. *J. Struct. Biol.*, **197**(1), 50 - 56.

Chakraborty, A K, & Shaw, A S. 2021. *Viruses, pandemics, and immunity.* Cambridge MA: MIT Press.

Challoner, J. 2015. *The cell: A visual tour of the building block of life.* Chicago IL: Univ. Chicago Press.

Chang, Y-W, Rettberg, L A, Treuner-Lange, A, Iwasa, J, Søgaard-Andersen, L, & Jensen, G J. 2016. Architecture of the type IVa pilus machine. *Science,* **351**(6278), aad2001.

Cheezum, M K, Walker, W F, & Guilford, W H. 2001. Quantitative comparison of algorithms for tracking single fluorescent particles. *Biophys. J.*, **81**(4), 2378 - 2388.

Chen, K Y, Zuckerman, D M, & Nelson, P C. 2020. Stochastic simulation to visualize gene expression and error correction in living cells. *The Biophysicist*, **1**(1), Art. 1.

Cheng, Y, Grigorieff, N, Penczek, P A, & Walz, T. 2015. A primer to single-particle cryo-electron microscopy. *Cell*, **161**(3), 438 - 449.

Cherry, J L, & Adler, F R. 2000. How to make a biological switch. *J. Theor. Biol.*, **203**(2), 117 - 133.

Choi, P J, Cai, L, Frieda, K, & Xie, X S. 2008. A stochastic single-molecule event triggers phenotype switching of a bacterial cell. *Science*, **322**(5900), 442 - 446.

Chong, S, Chen, C, Ge, H, & Xie, X S. 2014. Mechanism of transcriptional bursting in bacteria. *Cell*, **158**(2), 314 - 326.

Clauset, A, Shalizi, C R, & Newman, M E J. 2009. Power-law distributions in empirical data. *SIAM Rev.*, **51**, 661 - 703.

Clemmons, A W, Timbrook, J, Herron, J C, & Crowe, A J. 2020. BioSkills guide: Development and national validation of a tool for interpreting the vision and change core competencies. *CBE Life Sci. Educ.*, **19**(4), ar53.

Cohen, D. 1966. Optimizing reproduction in a randomly varying environment. *J. Theor. Biol.*, **12**(1), 119 - 129.

Colquhoun, D, & Hawkes, A G. 1995. Principles of the stochastic interpretation of ion-channel mechanisms. *Chap. 18 of*: Sakmann, B, & Neher, E (Eds.), *Single-channel recording*, 2nd ed. New York: Plenum.

Conradi Smith, G. 2019. *Cellular biophysics and modeling: A primer on the computational biology of excitable cells.* Cambridge UK: Cambridge Univ. Press.

Coufal, N G, Garcia-Perez, J L, Peng, G E, Yeo, G W, Mu, Y, Lovci, M T, Morell, M, O'Shea, K S, Moran, J V, & Gage, F H. 2009. L1 retrotransposition in human neural progenitor cells. *Nature*, **460**(7259), 1127 - 1131.

Covert, M W. 2015. *Fundamentals of systems biology: From synthetic circuits to whole-cell models.* Boca Raton FL: CRC Press.

Cronin, C A, Gluba, W, & Scrable, H. 2001. The *lac* operator-repressor system is functional in the mouse. *Genes Dev.*, **15**(12), 1506 - 1517.

Dagdas, Y S, Chen, J S, Sternberg, S H, Doudna, J A, & Yildiz, A. 2017. A conformational checkpoint between DNA binding and cleavage by CRISPR-Cas9. *Sci. Adv.*, **3**(8), eaao0027.

Dar, R D, Shaffer, S M, Singh, A, Razooky, B S, Simpson, M L, Raj, A, & Weinberger, L S. 2016. Transcriptional bursting explains the noise-versus-mean relationship in mRNA and protein levels. *PLoS ONE,* **11**(7), e0158298.

Das, D K, Feng, Y, Mallis, R J, Li, X, Keskin, D B, Hussey, R E, Brady, S K, Wang, J-H, Wagner, G, Reinherz, E L, & Lang, M J. 2015. Force-dependent transition in the T-cell receptor β-subunit allosterically regulates peptide discrimination and pMHC bond lifetime. *Proc. Natl. Acad. Sci. USA*, **112**(5), 1517 - 1522.

Dashti, A, Mashayekhi, G, Shekhar, M, Ben Hail, D, Salah, S, Schwander, P, des Georges, A, Singharoy, A, Frank, J, & Ourmazd, A. 2020. Retrieving functional pathways of biomolecules from single-particle snapshots. *Nat. Commun.*, **11**(1), 4734.

Dayan, P, & Abbott, L F. 2001. *Theoretical neuroscience.* Cambridge MA: MIT Press.

Del Vecchio, D, & Murray, R M. 2015. *Biomolecular feedback systems.* Princeton NJ: Princeton University Press.

Denny, M, & Gaines, S. 2000. *Chance in biology.* Princeton NJ: Princeton Univ. Press.

Dickson, R M, Cubitt, A B, Tsien, R Y, & Moerner, W E. 1997. On/off blinking and switching behaviour of single molecules of green fluorescent protein. *Nature*, **388**(6640), 355 - 358.

Dill, K A, & Bromberg, S. 2011. *Molecular driving forces: Statistical thermodynamics in biology, chemistry, physics, and nanoscience.* 2d ed. New York: Garland Science.

Do, C B, & Batzoglou, S. 2008. What is the expectation maximization algorithm? *Nat. Biotech.*, **26**(8), 897 - 899.

Dong, B, Almassalha, L M, Stypula-Cyrus, Y, Urban, B E, Chandler, J E, Nguyen, T-Q, Sun, C, Zhang, H F, & Backman, V. 2016. Superresolution intrinsic fluorescence imaging of chromatin utilizing native, unmodified nucleic acids for contrast. *Proc. Natl. Acad. Sci. USA*, **113**(35), 9716 - 9721.

Dong, Y, Zhang, S, Wu, Z, Li, X, Wang, WL, Zhu, Y, Stoilova-McPhie, S, Lu, Y, Finley, D, & Mao, Y. 2019. Cryo-EM structures and dynamics of substrate-engaged human 26S proteasome. *Nature*, **565**(7737), 49 - 55.

Echols, H. 2001. *Operators and promoters: The story of molecular biology and its creators.* Berkeley CA: Univ. California Press.

Ellenberg, J. 2021. *Shape: The hidden geometry of information, biology, strategy, democracy, and everything else.* New York: Penguin.

Ellner, S P, & Guckenheimer, J. 2006. *Dynamic models in biology.* Princeton NJ: Princeton Univ. Press.

Elowitz, M B, & Leibler, S. 2000. A synthetic oscillatory network of transcriptional regulators. *Nature*, **403**(6767), 335 - 338.

English, B P, Min, W, van Oijen, A M, Lee, K T, Luo, G, Sun, H, Cherayil, B J, Kou, S C, & Xie, X S. 2006. Ever- fluctuating single enzyme molecules: Michaelis-Menten equation revisited. *Nat. Chem. Biol.*, **2**(2), 87 - 94.

Epstein, W, Naono, S, & Gros, F. 1966. Synthesis of enzymes of the lactose operon during diauxic growth of *Escherichia coli. Biochem. Biophys. Res. Commun.*, **24**(4), 588 - 592.

Erban, R, & Chapman, S J. 2020. *Stochastic modeling of reaction-diffusion processes.* Cambridge UK: Cambridge Univ. Press.

Erez, A, Vogel, R, Mugler, A, Belmonte, A, & Altan-Bonnet, G. 2018. Modeling of cytometry data in logarithmic space: When is a bimodal distribution not bimodal? *Cytometry A*, **93**(6), 611 - 619.

Espinar, L, Dies, M, Cagatay, T, Suel, G M, & Garcia-Ojalvo, J. 2013. Circuit-level input integration in bacterial gene regulation. *Proc. Natl. Acad. Sci. USA*, **110**(17), 7091 - 7096.

Evans, E, Leung, A, Heinrich, V, & Zhu, C. 2004. Mechanical switching and coupling between two dissociation pathways in a P-selectin adhesion bond. *Proc. Natl. Acad. Sci. USA*, **101**(31), 11281 - 11286.

Feng, Y, Brazin, K N, Kobayashi, E, Mallis, R J, Reinherz, E L, & Lang, M J. 2017. Mechanosensing drives acuity of $\alpha\beta$ T-cell recognition. *Proc. Natl. Acad. Sci. USA*, **114**(39), E8204 - E8213.

Fernandez-Leiro, R, & Scheres, S H W. 2016. Unravelling biological macromolecules with cryo-electron microscopy. *Nature*, **537**(7620), 339 - 346.

Ferrell Jr., J E. 2008. Feedback regulation of opposing enzymes generates robust, all-or-none bistable responses. *Curr. Biol.*, **18**(6), R244 - 245.

Ferrell Jr., J E, Tsai, T Y-C, & Yang, Q. 2011. Modeling the cell cycle: Why do certain circuits oscillate? *Cell*, **144**(6), 874 - 885.

Fisher, M E, & Kolomeisky, A B. 2001. Simple mechanochemistry describes the dynamics of kinesin molecules. *Proc. Natl. Acad. Sci. USA*, **98**(14), 7748 - 7753.

Frank, J. 2006. *Three-dimensional electron microscopy of macromolecular assemblies: Visualization of biological molecules in their native state.* 2d ed. Oxford UK: Oxford Univ. Press.

Franklin, K, Muir, P, Scott, T, Wilcocks, L, & Yates, P. 2019. *Introduction to biological physics for the health and life sciences.* 2nd ed. Chichester UK: John Wiley and Sons.

Garcia, D A, Fettweis, G, Presman, D M, Paakinaho, V, Jarzynski, C, Upadhyaya, A, & Hager, G L. 2021. Powerlaw behavior of transcription factor dynamics at the single-molecule level implies a continuum affinity model. *Nucleic Acids Res.*, gkab072.

Gardner, T S, Cantor, C R, & Collins, J J. 2000. Construction of a genetic toggle switch in Escherichia coli. *Nature*, **403**(6767), 339 - 342.

Gelles, J, Schnapp, B J, & Sheetz, M P. 1988. Tracking kinesin-driven movements with nanometre-scale precision. *Nature*, **331**(6155), 450 - 453.

Gerstner,W, Kistler,WM, Naud, R, & Paninski, L. 2014. *Neuronal dynamics: From single neurons to networks and models of cognition.* Cambridge UK: Cambridge Univ. Press.

Ghosh, M. 2011. Objective priors: An introduction for frequentists. *Statistical Science*, **26**(2), 187 - 202.

Gigerenzer, G. 2002. *Calculated risks: How to know when numbers deceive you.* New York: Simon and Schuster.

Gillespie, D T. 2007. Stochastic simulation of chemical kinetics. *Annu. Rev. Phys. Chem.*, **58**, 35 - 55.

Gillespie, D T, & Seitaridou, E. 2013. *Simple Brownian diffusion.* Oxford UK: Oxford Univ. Press.

Gireesh, E D, & Plenz, D. 2008. Neuronal avalanches organize as nested theta- and beta/gamma-oscillations during development of cortical layer 2/3. *Proc. Natl. Acad. Sci. USA*, **105**(21), 7576 - 7581.

Golding, I, Paulsson, J, Zawilski, S M, & Cox, E C. 2005. Real-time kinetics of gene activity in individual bacteria. *Cell*, **123**(6), 1025 - 1036.

Goodsell, D S. 2016. *Atomic evidence: Seeing the molecular basis of life.* Springer.

Grigorieff, N. 2007. FREALIGN: high-resolution refinement of single particle structures. *J. Struct. Biol.*, **157**(1), 117 - 125.

Guttag, J V. 2021. *Introduction to computation and programming using Python: With application to computational modeling and understanding data.* 3rd ed. Cambridge MA: MIT Press.

Hand, D J. 2008. *Statistics: A very short introduction.* Oxford UK: Oxford University Press.

Hasty, J, Pradines, J, Dolnik, M, & Collins, J J. 2000. Noise-based switches and amplifiers for gene expression. *Proc. Natl. Acad. Sci. USA,* **97**(5), 2075 - 2080.

Heath, G R, Kots, E, Robertson, J L, Lansky, S, Khelashvili, G,Weinstein, H, & Scheuring, S. 2021. Localization atomic force microscopy. *Nature*, **594**(7863), 385 - 390.

Hell, S W. 2007. Far-field optical nanoscopy. *Science*, **316**(5828), 1153 - 1158.

Herman, I P. 2016. *Physics of the human body: A physical view of physiology.* 2d ed. New York: Springer.

Herron, J C, & Freeman, S. 2014. *Evolutionary analysis.* 5th ed. Boston MA: Pearson.

Hertig, S, & Vogel, V. 2012. Catch bonds. *Curr. Biol.*, **22**(19), R823 - 825.

Hess, S T, Girirajan, T P K, & Mason, M D. 2006. Ultra-high resolution imaging by fluorescence photoactivation localization microscopy. *Biophys. J.*, **91**(11), 4258 - 4272.

Hilborn, R C, Brookshire, B, Mattingly, J, Purushotham, A, & Sharma, A. 2012. The transition between stochastic and deterministic behavior in an excitable gene circuit. *PLoS ONE*, **7**(4), e34536.

Hill, C. 2020. *Learning scientific programming with Python.* 2nd ed. Cambridge UK: Cambridge Univ. Press. `scipython.com/book2/`.

Hinterdorfer, P, & van Oijen, A (Eds.). 2009. *Handbook of single-molecule biophysics.* New York: Springer.

Ho, D D, Neumann, A U, Perelson, A S, Chen, W, Leonard, J M, & Markowitz, M. 1995. Rapid turnover of plasma virions and CD4 lymphocytes in HIV-1 infection. *Nature*, **373**(6510), 123 - 126.

Hoagland, M, Dodson, B, & Hauck, J. 2001. *Exploring the way life works: The science of biology.* Sudbury MA: Jones and Bartlett.

Hobbie, R K, & Roth, B J. 2015. *Intermediate physics for medicine and biology.* 5th ed. New York: Springer.

Hoffmann, P M. 2012. *Life's ratchet: How molecular machines extract order from chaos.* New York: Basic Books.

Holmes, S, & Huber, W. 2019. *Modern statistics for modern biology.* Cambridge UK: Cambridge Univ. Press. `www.huber.embl.de/msmb/`.

Hoogenboom, J P, den Otter, W K, & Offerhaus, H L. 2006. Accurate and unbiased estimation of power-law exponents from single-emitter blinking data. *J. Chem. Phys.*, **125**, 204713.

Hu, K H, & Butte, M J. 2016. T cell activation requires force generation. *J. Cell Biol.*, **213**(5), 535 - 542.

Huang, D L, Bax, N A, Buckley, C D, Weis, W I, & Dunn, A R. 2017. Vinculin forms a directionally asymmetric catch bond with F-actin. *Science*, **357**(6352), 703 - 706.

Huse, M. 2017. Mechanical forces in the immune system. *Nat. Rev. Immunol.*, **17**(11), 679 - 690.

Ingalls, B P. 2013. *Mathematical modeling in systems biology: An introduction.* Cambridge MA: MIT Press.

Isaacs, F J, Hasty, J, Cantor, C R, & Collins, J J. 2003. Prediction and measurement of an autoregulatory genetic module. *Proc. Natl. Acad. Sci. USA*, **100**(13), 7714 - 7719.

Iwasa, J, & Marshall, W. 2020. *Karp's cell and molecular biology: Concepts and experiments.* 9th ed. Hoboken NJ: John Wiley and Sons.

Iyer-Biswas, S, Hayot, F, & Jayaprakash, C. 2009. Stochasticity of gene products from transcriptional pulsing. *Phys. Rev. E*, **79**(3), 031911.

Jacobs, K. 2010. *Stochastic processes for physicists.* Cambridge UK: Cambridge Univ. Press.

James, J R. 2017. Using the force to find the peptides you're looking for. *Proc. Natl. Acad. Sci. USA*, **114**(39), 10303 - 10305.

Jaynes, E T, & Bretthorst, G L. 2003. *Probability theory: The logic of science.* Cambridge UK: Cambridge Univ. Press.

Jolly, M K, Jia, D, & Levine, H. 2018. Modeling cell-fate decisions in biological systems: Bacteriophage, hematopoietic stem cells, epithelial-to-mesenchymal transitions, and beyond. *Chap. 29, pages 583 - 598 of*: Munsky, B, Hlavacek, WS, & Tsimring, L S (Eds.), *Quantitative biology: Theory, computational methods, and models.* Cambridge MA: MIT Press.

Jones, D L, Brewster, R C, & Phillips, R. 2014. Promoter architecture dictates cell-to-cell variability in gene expression. *Science*, **346**(6216), 1533 - 1536.

Kaledhonkar, S, Fu, Z, Caban, K, Li, W, Chen, B, Sun, M, Gonzalez, R L, & Frank, J. 2019. Late steps in bacterial translation initiation visualized using time-resolved cryo-EM. *Nature*, **570**(7761), 400 - 404.

Katz, B, & Miledi, R. 1972. The statistical nature of the acetylcholine potential and its molecular components. *J. Physiol. (Lond.)*, **224**(3), 665 - 699.

Keegstra, J M, Kamino, K, Anquez, F, Lazova, M D, Emonet, T, & Shimizu, T S. 2017. Phenotypic diversity and temporal variability in a bacterial signaling network revealed by single-cell FRET. *eLife*, **6**, e27455.

Keeling, M J, & Rohani, P. 2008. *Modeling infectious diseases in humans and animals.* Princeton NJ: Princeton Univ. Press.

Keener, J, & Sneyd, J. 2009. *Mathematical physiology I: Cellular physiology.* 2d ed. New York: Springer.

Kinder, J M, & Nelson, P. 2021. *A student's guide to Python for physical modeling.* 2nd ed. Princeton NJ: Princeton Univ. Press.

Kirchdoerfer, R N, Cottrell, C A,Wang, N, Pallesen, J, Yassine, H M, Turner, H L, Corbett, K S, Graham, B S, McLellan, J S, & Ward, A B. 2016. Pre-fusion structure of a human coronavirus spike protein. *Nature*, **531**(7592), 118 - 121.

Klipp, E, Liebermeister, W, Wierling, C, & Kowald, A. 2016. *Systems biology: A textbook.* 2nd ed. New York: Wiley-Blackwell.

Koonin, E V, & Wolf, Y I. 2009. Is evolution Darwinian or/and Lamarckian? *Biol. Direct,* **4**, 42.

Kucharski, A. 2020. *The rules of contagion: Why things spread—and why they stop.* New York: Basic Books.

Kussell, E, & Leibler, S. 2005. Phenotypic diversity, population growth, and information in fluctuating environments. *Science*, **309**(5743), 2075 - 2078.

Kussell, E, Kishony, R, Balaban, N Q, & Leibler, S. 2005. Bacterial persistence: a model of survival in changing environments. *Genetics*, **169**(4), 1807 - 1814.

Kuwada, N J, Traxler, B, & Wiggins, P A. 2015. Genome-scale quantitative characterization of bacterial protein localization dynamics throughout the cell cycle. *Mol. Microbiol.*, **95**(1), 64 - 79.

Lacoste, T D, Michalet, X, Pinaud, F, Chemla, D S, Alivisatos, A P, & Weiss, S. 2000. Ultrahigh-resolution multicolor colocalization of single fluorescent probes. *Proc. Natl. Acad. Sci. USA*, **97**(17), 9461 - 9466.

Laurence, T A, & Chromy, B A. 2010. Efficient maximum likelihood estimator fitting of histograms. *Nat. Methods*, **7**(5), 338 - 339.

Laxminarayan, R, Wahl, B, Dudala, S R, Gopal, K, Mohan B, C, Neelima, S, Jawahar Reddy, K S, Radhakrish- nan, J, & Lewnard, J A. 2020. Epidemiology and transmission dynamics of COVID-19 in two Indian states. *Science*, **370**(6517), 691 - 697.

Le Novère, N, et al. 2009. The systems biology graphical notation. *Nat. Biotech.*, **27**(8), 735 - 741.

Lea, D, & Coulson, C. 1949. The distribution of the numbers of mutants in bacterial populations. *J. Genetics*, **49**, 264 - 285.

Leake, M C. 2016. *Biophysics: Tools and techniques.* Boca Raton FL: CRC Press.

Lederberg, J, & Lederberg, E M. 1952. Replica plating and indirect selection of bacterial mutants. *J. Bacteriol.*, **63**(3), 399 - 406.

Leo, Y S, Chen, M, Heng, B H, Lee, C C, Paton, N, Ang, B, Choo, P, Lim, S W, Ling, A E, Ling, M L, Tay, B K, Tambyah, P A, Lim, Y T, Gopalakrishna, G, Ma, S, James, L, Ooi, P L, Lim, S, Goh, K T, Chew, S K, & Tan, C C. 2003. Severe acute respiratory syndrome—Singapore, 2003. *MMWR*, **52**(18), 405 - 411. `www.cdc.gov/mmwr/preview/mmwrhtml/mm5218a1.htm = perma.cc/9GEQ-S776.`

Letts, J A, Fiedorczuk, K, & Sazanov, L A. 2016. The architecture of respiratory supercomplexes. *Nature*, **537**(7622), 644 - 648.

Lewis, M. 2005. The *lac* repressor. *C. R. Biol.*, **328**(6), 521 - 548.

Lidke, K, Rieger, B, Jovin, T, & Heintzmann, R. 2005. Superresolution by localization of quantum dots using blinking statistics. *Opt. Express*, **13**(18), 7052 - 7062.

Lin, J, & Amir, A. 2018. Homeostasis of protein and mRNA concentrations in growing cells. *Nat. Commun.*, **9**(1), 4496.

Lin, J J Y, Low-Nam, S T, Alfieri, K N, McAffee, D B, Fay, N C, & Groves, J T. 2019. Mapping the stochastic sequence of individual ligand-receptor binding events to cellular activation: T cells act on the rare events. *Science Signaling*, **12**(564), eaat8715.

Linden, W von der, Dose, V, & Toussaint, U von. 2014. *Bayesian probability theory: Applications in the physical sciences.* Cambridge UK: Cambridge Univ. Press.

Lindner, B, Garcia-Ojalvo, J, Neiman, A, & Schimansky-Geier, L. 2004. Effects of noise in excitable systems. *Physics Reports*, **392**, 321 - 424.

Lippincott-Schwartz, J. 2015. Profile of Eric Betzig, Stefan Hell, and W. E. Moerner, 2014 Nobel Laureates in Chemistry. *Proc. Natl. Acad. Sci. USA*, **112**(9), 2630 - 2632.

Lippincott-Schwartz, J, & Patterson, G H. 2003. Development and use of fluorescent protein markers in living cells. *Science*, **300**(5616), 87 - 91.

Little, J W, & Arkin, A P. 2012. Stochastic simulation of the phage lambda gene regulatory circuitry. *In*: Wall, M E (Ed.), *Quantitative biology: From molecular to cellular systems.* Boca Raton FL: Taylor and Francis.

Liu, B, Chen, W, Evavold, B D, & Zhu, C. 2014. Accumulation of dynamic catch bonds between TCR and agonist peptide-MHC triggers T cell signaling. *Cell*, **157**(2), 357 - 368.

Lloyd-Smith, J O. 2007. Maximum likelihood estimation of the negative binomial dispersion parameter for highly overdispersed data, with applications to infectious diseases. *PLoS ONE*, **2**(2), e180.

Lloyd-Smith, J O, Schreiber, S J, Kopp, P E, & Getz, W M. 2005. Superspreading and the effect of individual variation on disease emergence. *Nature*, **438**(7066), 355 - 359.

Lodish, H, Berk, A, Kaiser, C A, Krieger, M, Bretscher, A, Ploegh, H, Martin, K C, Yaffe, M B, & Amon, A. 2021. *Molecular cell biology.* 9th ed. New York: Macmillan.

Luckey, M. 2014. *Membrane structural biology: With biochemical and biophysical foundations.* 2nd ed. Cambridge UK: Cambridge Univ. Press.

Luria, S E. 1984. *A slot machine, a broken test tube: An autobiography.* New York: Harper and Row.

Luria, S E, & Delbrück, M. 1943. Mutations of bacteria from virus sensitivity to virus resistance. *Genetics*, **28**, 491 - 511.

Maamar, H, & Dubnau, D. 2005. Bistability in the *Bacillus subtilis* K-state (competence) system requires a positive feedback loop. *Mol. Microbiol.*, **56**(3), 615 - 624.

Maamar, H, Raj, A, & Dubnau, D. 2007. Noise in gene expression determines cell fate in *Bacillus subtilis*. *Science*, **317**(5837), 526 - 529.

Mackey, M C, Santillán, M, Tyran-Kamińska, M, & Santillan Zeron, E. 2016. *Simple mathematical models of gene regulatory dynamics.* New York: Springer.

Mahajan, S. 2014. *The art of insight in science and engineering: Mastering complexity.* Cambridge MA: MIT Press.

María-Dolores, R, & Martínez-Carrión, J M. 2011. The relationship between height and economic development in Spain, 1850 - 1958. *Econ. Hum. Biol.*, **9**(1), 30 - 44.

Marks, F, Klingmüller, U, & Müller-Decker, K. 2017. *Cellular signal processing: An introduction to the molecular mechanisms of signal transduction.* 2d ed. New York: Garland Science.

Marshall, B T, Long, M, Piper, JW, Yago, T, McEver, R P, & Zhu, C. 2003. Direct observation of catch bonds involving cell-adhesion molecules. *Nature*, **423**(6936), 190 - 193.

Mertz, J. 2019. *Introduction to optical microscopy.* 2nd ed. Cambridge UK: Cambridge Univ. Press.

Miller, J C, & Ting, T. 2019. EoN (Epidemics on Networks): A fast, flexible Python package for simulation, analytic approximation, and analysis of epidemics on networks. *Journal of Open Source Software*, **4**(44), 1731.

Mills, F C, Johnson, M L, & Ackers, G K. 1976. Oxygenation-linked subunit interactions in human hemoglobin. *Biochemistry*, **15**, 5350 - 5362.

Mlodinow, L. 2008. *The drunkard's walk: How randomness rules our lives.* New York: Pantheon Books.

Monod, J. 1942. *Recherches sur la croissance des cultures bactérienne.* Paris: Hermann et Cie.

Monod, J. 1949. The growth of bacterial cultures. *Annu. Rev. Microbiol.*, **3**(1), 371 - 394.

Mora, T, Walczak, A M, Bialek, W, & Callan, C G. 2010. Maximum entropy models for antibody diversity. *Proc. Natl. Acad. Sci. USA*, **107**(12), 5405 - 5410.

Morisaki, T, Lyon, K, DeLuca, K F, DeLuca, J G, English, B P, Zhang, Z, Lavis, L D, Grimm, J B, Viswanathan, S, Looger, L L, Lionnet, T, & Stasevich, T J. 2016. Real-time quantification of single RNA translation dynamics in living cells. *Science*, **352**(6292), 1425 - 1429.

Morris, J, Hartl, D, & Knoll, A. 2019. *Biology: How life works.* 3rd ed. New York:W.H. Freeman and Co.

Mortensen, K I, Churchman, L S, Spudich, J A, & Flyvbjerg, H. 2010. Optimized localization analysis for singlemolecule tracking and super-resolution microscopy. *Nat. Methods*, **7**(5), 377 - 381.

Moscovich, A, Halevi, A, Andén, J, & Singer, A. 2020. Cryo-EM reconstruction of continuous heterogeneity by Laplacian spectral volumes. *Inverse Probl*, **36**(2), 024003.

Mugler, A, & Fancher, S. 2018. Stochastic modeling of gene expression, protein modification, and polymerization. *Chap. 28, pages 563 - 582 of*: Munsky, B, Hlavacek, WS, & Tsimring, L S (Eds.), *Quantitative biology: Theory, computational methods, and models.* Cambridge MA: MIT Press.

Mugnai, M L, Hyeon, C, Hinczewski, M, & Thirumalai, D. 2020. Theoretical perspectives on biological machines. *Revi. Mod. Phys.*, **92**(2), 025001.

Müller, J, Hense, B A, Fuchs, T M, Utz, M, & Pötzsche, Ch. 2013. Bet-hedging in stochastically switching environments. *J. Theor. Biol.*, **336**(C), 144 - 157.

Müller-Hill, B. 1996. *The* lac *operon: A short history of a genetic paradigm.* Berlin:W. de Gruyter and Co.

Murray, J D. 2002. *Mathematical biology I: An introduction.* 3d ed. New York: Springer.

Myers, C J. 2010. *Engineering genetic circuits.* Boca Raton FL: CRC Press.

Nadeau, J. 2018. *Introduction to experimental biophysics: Biological methods for physical scientists.* Boca Raton FL: CRC Press.

National Research Council. 2003. *Bio2010: Transforming undergraduate education for future research biologists.* Washington DC: National Academies Press.

Nelson, P. 2017. *From photon to neuron: Light, imaging, vision.* Princeton NJ: Princeton Univ. Press.

Nelson, P. 2020. *Biological physics student edition: Energy, information, life.* Philadelphia: Chiliagon Science.

Newman, M E J. 2018. *Networks.* 2nd ed. Oxford UK: Oxford Univ. Press.

Nobel Committee. 2017. *The development of cryo-electron microscopy.* `www.nobelprize.org/prizes/chemistry/2017/advanced-information/`.

Noble, A J,Wei, H, Dandey, V P, Zhang, Z, Tan, Y Z, Potter, C S, & Carragher, B. 2018. Reducing effects of particle adsorption to the air-water interface in cryo-EM. *Nat. Methods,* **15**(10), 793 - 795.

Nord, A L, Gachon, E, Perez-Carrasco, R, Nirody, J A, Barducci, A, Berry, R M, & Pedaci, F. 2017. Catch bond drives stator mechanosensitivity in the bacterial flagellar motor. *Proc. Natl. Acad. Sci. USA,* **114**(49), 12952 - 12957.

Nordlund, T M, & Hoffman, P M. 2019. *Quantitative understanding of biosystems: An introduction to biophysics.* 2d ed. Boca Raton FL: CRC Press.

Novák, B, & Tyson, J J. 1993a. Modeling the cell division cycle: M-phase trigger, oscillations, and size control. *J. Theor. Biol.*, **165**, 101 - 134.

Novák, B, & Tyson, J J. 1993b. Numerical analysis of a comprehensive model of M-phase control in Xenopus oocyte extracts and intact embryos. *J. Cell Sci.*, **106** (Pt 4), 1153 - 1168.

Novick, A, & Weiner, M. 1957. Enzyme induction as an all-or-none phenomenon. *Proc. Natl. Acad. Sci. USA*, **43**(7), 553 - 566.

Nowak, M A. 2006. *Evolutionary dynamics: Exploring the equations of life.* Cambridge MA: Harvard Univ. Press.

Nowak, M A, & May, R M. 2000. *Virus dynamics.* Oxford UK: Oxford Univ. Press.

Ober, R J, Ram, S, & Ward, E S. 2004. Localization accuracy in single-molecule microscopy. *Biophys. J.*, **86**(2), 1185 - 1200.

Oikonomou, C M, & Jensen, G J. 2017. Cellular electron cryotomography: Toward structural biology in situ. *Annu. Rev. Biochem.*, **86**(1), 873 - 896.

Otto, S P, & Day, T. 2007. *Biologist's guide to mathematical modeling in ecology and evolution.* Princeton NJ: Princeton Univ. Press.

Özbudak, E M, Thattai, M, Lim, H N, Shraiman, B I, & van Oudenaarden, A. 2004. Multistability in the lactose utilization network of Escherichia coli. *Nature*, **427**(6976), 737 - 740.

Pace, H C, Lu, P, & Lewis, M. 1990. lac repressor: Crystallization of intact tetramer and its complexes with inducer and operator DNA. *Proc. Natl. Acad. Sci. USA*, **87**(5), 1870 - 1873.

Pallesen, J, Wang, N, Corbett, K S, Wrapp, D, Kirchdoerfer, R N, Turner, H L, Cottrell, C A, Becker, M M, Wang, L, Shi,W, Kong,W-P, Andres, E L, Kettenbach, A N, Denison, M R, Chappell, J D, Graham, B S,Ward, A B, & McLellan, J S. 2017. Immunogenicity and structures of a rationally designed prefusion MERS-CoV spike antigen. *Proc. Natl. Acad. Sci. USA*, **114**(35), E7348 - E7357.

Parke, W C. 2020. *Biophysics: A student' s guide to the physics of the life sciences and medicine.* Cham CH: Springer.

Parthasarathy, R. 2022. *So simple a beginning: How four physical principles shape our living world.* Princeton NJ: Princeton Univ. Press.

Patterson, G H, & Lippincott-Schwartz, J. 2002. A photoactivatable GFP for selective photolabeling of proteins and cells. *Science*, **297**(5588), 1873 - 1877.

Paulsson, J. 2005. Models of stochastic gene expression. *Physics of Life Revs.*, **2**(2), 157 - 175.

Perelson, A S. 2002. Modelling viral and immune system dynamics. *Nat. Rev. Immunol.*, **2**(1), 28 - 36.

Perelson, A S, & Nelson, P W. 1999. Mathematical analysis of HIV-1 dynamics in vivo. *SIAM Rev.*, **41**, 3 - 44.

Perelson, A S, & Ribeiro, R M. 2018. Modeling viral dynamics. *Chap. 27, pages 545 - 562 of*: Munsky, B, Hlavacek,WS, & Tsimring, L S (Eds.), *Quantitative biology: Theory, computational methods, and models.* Cambridge MA: MIT Press.

Perrin, J. 1909. Mouvement brownien et réalité moléculaire. *Ann. Chim. Phys.*, **8**(18), 5 - 114.

Phillips, R. 2020. *The molecular switch: Signaling and allostery.* Princeton NJ: Princeton Univ. Press.

Phillips, R, Kondev, J, Theriot, J, & Garcia, H. 2012. *Physical biology of the cell.* 2nd ed. New York: Garland Science.

Phillips, R, Belliveau, N M, Chure, G, Garcia, H G, Razo-Mejia, M, & Scholes, C. 2019. Figure 1 theory meets Figure 2 experiments in the study of gene expression. *Annu. Rev. Biophys.*, **48**, 121 - 163.

Pine, D J. 2019. *Introduction to Python for science and engineering.* Boca Raton FL: CRC Press.

Pinker, S. 2021. *Rationality.* New York: Viking.

Pomerening, J R, Kim, S Y, & Ferrell Jr., J E. 2005. Systems-level dissection of the cell-cycle oscillator: Bypassing positive feedback produces damped oscillations. *Cell*, **122**(4), 565 - 578.

Potvin-Trottier, L, Lord, N D, Vinnicombe, G, & Paulsson, J. 2016. Synchronous long-term oscillations in a synthetic gene circuit. *Nature*, **538**(7626), 514 - 517.

Pouzat, C, Mazor, O, & Laurent, G. 2002. Using noise signature to optimize spike-sorting and to assess neuronal classification quality. *J. Neurosci. Meth.*, **122**(1), 43 - 57.

Press,W H, Teukolsky, S A, Vetterling W T, & Flannery, B P. 2007. *Numerical recipes: The art of scientific computing.* 3d ed. Cambridge UK: Cambridge Univ. Press.

Ptashne, M. 2004. *A genetic switch: Phage lambda revisited.* 3rd ed. Cold Spring Harbor NY: Cold Spring Harbor Laboratory Press.

Purcell, E M. 1977. Life at low Reynolds number. *Am. J. Phys.*, **45**(1), 3 - 11.

Raj, A, & van Oudenaarden, A. 2009. Single-molecule approaches to stochastic gene expression. *Annu. Rev. Biophys.*, **38**, 255 - 270.

Raj, A, Peskin, C S, Tranchina, D, Vargas, D Y, & Tyagi, S. 2006. Stochastic mRNA synthesis in mammalian cells. *PLOS Biology*, **4**(10), e309.

Ramakrishnan, V. 2018. *Gene machine: The race to decipher the secrets of the ribosome.* New York: Basic Books.

Razo-Mejia, M, Marzen, S, Chure, G, Taubman, R, Morrison, M, & Phillips, R. 2020. First-principles prediction of the information processing capacity of a simple genetic circuit. *Phys. Rev. E*, **102**, 022404.

Rechavi, O, Minevich, G, & Hobert, O. 2011. Transgenerational inheritance of an acquired small RNA-based antiviral response in *C. elegans*. *Cell*, **147**(6), 1248 - 1256.

Rechavi, O, Houri-Ze'evi, L, Anava, S, Goh, W S S, Kerk, S Y, Hannon, G J, & Hobert, O. 2014. Starvation-induced transgenerational inheritance of small RNAs in *C. elegans*. *Cell*, **158**(2), 277 - 287.

Robert, L, Ollion, J, Robert, J, Song, X, Matic, I, & Elez, M. 2018. Mutation dynamics and fitness effects followed in single cells. *Science*, **359**(6381), 1283 - 1286.

Rock, K, Brand, S, Moir, J, & Keeling, M J. 2014. Dynamics of infectious diseases. *Rep. Prog. Physics*, **77**(2), 026602.

Roe, B P. 2020. *Probability and statistics in the physical sciences.* 3rd ed. Cham CH: Springer.

Rosche, W A, & Foster, P L. 2000. Determining mutation rates in bacterial populations. *Methods*, **20**(1), 4 - 17.

Rosenfeld, N, Elowitz, M B, & Alon, U. 2002. Negative autoregulation speeds the response times of transcription networks. *J. Mol. Biol.*, **323**(5), 785 - 793.

Rosenfeld, N, Young, J W, Alon, U, Swain, P S, & Elowitz, M B. 2005. Gene regulation at the single-cell level. *Science*, **307**(5717), 1962 - 1965.

Rossi-Fanelli, A, & Antonini, E. 1958. Studies on the oxygen and carbon monoxide equilibria of human myoglobin. *Arch. Biochem. Biophys.*, **77**, 478 - 492.

Rust, M J, Bates, M, & Zhuang, X. 2006. Sub-diffraction-limit imaging by stochastic optical reconstruction microscopy (STORM). *Nat. Methods*, **3**(10), 793 - 795.

Sahl, S J, Hell, S W, & Jakobs, S. 2017. Fluorescence nanoscopy in cell biology. *Nat. Rev. Mol. Cell Biol.*, **18**(11), 685 - 701.

Santillán, M, Mackey, M C, & Zeron, E S. 2007. Origin of bistability in the lac operon. *Biophys. J.*, **92**(11), 3830 - 3842.

Sarangapani, K K, & Asbury, C L. 2014. Catch and release: How do kinetochores hook the right microtubules during mitosis? *Trends Genet.*, 1 - 10.

Savageau, M A. 2011. Design of the lac gene circuit revisited. *Math. Biosci.*, **231**(1), 19 - 38.

Scheres, S H W. 2012a. A Bayesian view on cryo-EM structure determination. *J. Mol. Biol.*, **415**(2), 406 - 418.

Scheres, S H W. 2012b. RELION: implementation of a Bayesian approach to cryo-EM structure determination. *J. Struct. Biol.*, **180**(3), 519 - 530.

Scheres, S H W, Valle, M, Nuñez, R, Sorzano, C O S, Marabini, R, Herman, G T, & Carazo, J-M. 2005. Maximum likelihood multi-reference refinement for electron microscopy images. *J. Mol. Biol.*, **348**(1), 139 - 149.

Scheres, S H W, Núñez-Ramírez, R, Gómez-Llorente, Y, San Martín, C, Eggermont, P P B, & Carazo, J-M. 2007. Modeling experimental image formation for likelihood-based classification of electron microscopy data. *Structure*, **15**(10), 1167 - 1177.

Schiessel, H. 2013. *Biophysics for beginners: A journey through the cell nucleus.* Boca Raton FL: CRC Press.

Schnitzer, M J, & Block, S M. 1995. Statistical kinetics of processive enzymes. *Cold Spring Harb. Symp. Quant. Biol.*, **60**, 793 - 802.

Segre, G. 2011. *Ordinary geniuses: Max Delbrück, George Gamow and the origins of genomics and Big Bang cosmology.* New York: Viking.

Shaffer, S M, Dunagin, M C, Torborg, S R, Torre, E A, Emert, B, Krepler, C, Beqiri, M, Sproesser, K, Brafford, P A, Xiao, M, Eggan, E, Anastopoulos, I N, Vargas-Garcia, C A, Singh, A, Nathanson, K L, Herlyn, M, & Raj, A. 2017. Rare cell variability and drug-induced reprogramming as a mode of cancer drug resistance. *Nature*, **546**(7658), 431 - 435.

Sharonov, A, & Hochstrasser, R M. 2006. Wide-field subdiffraction imaging by accumulated binding of diffusing probes. *Proc. Natl. Acad. Sci. USA*, **103**(50), 18911 - 18916.

Sheetz, M, & Yu, H. 2018. *The cell as a machine.* Cambridge UK: Cambridge Univ. Press.

Sigal, Y M, Zhou, R, & Zhuang, X. 2018. Visualizing and discovering cellular structures with super-resolution microscopy. *Science*, **361**(6405), 880 - 887.

Sigworth, F J. 1998. A maximum-likelihood approach to single-particle image refinement. *J. Struct. Biol.*, **122**(3), 328 - 339.

Sigworth, F J. 2016. Principles of cryo-EM single-particle image processing. *Microscopy (Tokyo)*, **65**(1), 57 - 67.

Sigworth, F J, Doerschuk, P C, Carazo, J-M, & Scheres, S H W. 2010. An Introduction to maximum-likelihood methods in cryo-EM. *Chap. 10, pages 263–294 of*: Jensen, G J (Ed.), *Cryo-EM, Part B: 3-D Reconstruction.* Methods in enzymology, Vol. 482. Academic Press.

Silver, N. 2012. *The signal and the noise.* London: Penguin.

Simonson, P D, & Selvin, P R. 2011. FIONA: Nanometer fluorescence imaging. *Chap. 33 of*: Yuste, R (Ed.), *Imaging: A laboratory manual.* Cold Spring Harbor NY: Cold Spring Harbor Laboratory Press.

Sivia, D S, & Skilling, J. 2006. *Data analysis: A Bayesian tutorial.* 2d ed. Oxford UK: Oxford Univ. Press.

Smits, W K, Eschevins, C C, Susanna, K A, Bron, S, Kuipers, O P, & Hamoen, L W. 2005. Stripping Bacillus: ComK auto-stimulation is responsible for the bistable response in competence development. *Mol. Microbiol.*, **56**(3), 604–614.

Sneppen, K, & Zocchi, G. 2005. *Physics in molecular biology.* Cambridge UK: Cambridge Univ. Press.

So, L-H, Ghosh, A, Zong, C, Sepúlveda, L A, Segev, R, & Golding, I. 2011. General properties of transcriptional time series in *Escherichia coli. Nature Genetics*, **43**(6), 554–560.

Sompayrac, L. 2019. *How the immune system works.* 6th ed. Malden, M A: Blackwell Pub.

Steven, A C, Baumeister, W, Johnson, L N, & Perham, R N. 2016. *Molecular biology of assemblies and machines.* New York NY: Garland Science.

Stinchcombe, A R, Peskin, C S, & Tranchina, D. 2012. Population density approach for discrete mRNA distributions in generalized switching models for stochastic gene expression. *Phys. Rev. E*, **85**, 061919.

Stricker, J, Cookson, S, Bennett, M R, Mather, W H, Tsimring, L S, & Hasty, J. 2008. A fast, robust and tunable synthetic gene oscillator. *Nature*, **456**(7221), 516–519.

Strogatz, S H. 2003. *Sync: The emerging science of spontaneous order.* New York: Hyperion.

Strogatz, S H. 2012. *The joy of x: A guided tour of math, from one to infinity.* Boston MA: Houghton Mifflin Harcourt.

Strogatz, S H. 2015. *Nonlinear dynamics and chaos: With applications in physics, biology, chemistry, and engineering.* 2d ed. Boca Raton FL: CRC Press.

Su, Z, Zhang, K, Kappel, K, Li, S, Palo, M Z, Pintilie, G D, Rangan, R, Luo, B, Wei, Y, Das, R, & Chiu, W. 2021. Cryo-EM structures of full-length Tetrahymena ribozyme at 3.1Åresolution. *Nature*, **596**(7873), 603–607.

Süel, G M, Garcia-Ojalvo, J, Liberman, L M, & Elowitz, M B. 2006. An excitable gene regulatory circuit induces transient cellular differentiation. *Nature*, **440**(7083), 545–550.

Süel, G M, Kulkarni, R P, Dworkin, J, Garcia-Ojalvo, J, & Elowitz, M B. 2007. Tunability and noise dependence in differentiation dynamics. *Science*, **315**(5819), 1716–1719.

Suter, D M, Molina, N, Gatfield, D, Schneider, K, Schibler, U, & Naef, F. 2011. Mammalian genes are transcribed with widely different bursting kinetics. *Science*, **332**(6028), 472–474.

Taniguchi, Y, Choi, P J, Li, G-W, Chen, H, Babu, M, Hearn, J, Emili, A, & Xie, X S. 2010. Quantifying E. coli proteome and transcriptome with single-molecule sensitivity in single cells. *Science*, **329**(5991), 533–538.

Tapia-Rojo, R, Alonso-Caballero, A, & Fernández, J M. 2020. Talin folding as the tuning fork of cellular mechanotransduction. *Proc. Natl. Acad. Sci. USA*, **117**, 21346–21353.

Thomas, C M, & Nielsen, K M. 2005. Mechanisms of, and barriers to, horizontal gene transfer between bacteria. *Nat. Rev. Microbiol.*, **3**(9), 711–721.

Thomas, W E, Trintchina, E, Forero, M, Vogel, V, & Sokurenko, E V. 2002. Bacterial adhesion to target cells enhanced by shear force. *Cell*, **109**(7), 913 - 923.

Thompson, R E, Larson, D R, & Webb, W W. 2002. Precise nanometer localization analysis for individual fluorescent probes. *Biophys. J.*, **82**(5), 2775 - 2783.

Tijms, H. 2018. *Probability: A lively introduction.* Cambridge UK: Cambridge Univ. Press.

Tischer, D K, & Weiner, O D. 2019. Light-based tuning of ligand half-life supports kinetic proofreading model of T cell signaling. *eLife*, **8**, e42498.

Tsai, T Y-C, Choi, Y S, Ma, W, Pomerening, J R, Tang, C, & Ferrell Jr., J E. 2008. Robust, tunable biological oscillations from interlinked positive and negative feedback loops. *Science*, **321**(5885), 126 - 129.

Tufekci, Z. 2020. This overlooked variable is the key to the pandemic. *Atlantic Monthly Online*, Sep. 30. `www.theatlantic.com/health/archive/2020/09/k-overlooked-variable-driving-pandemic/616548/`.

Tyson, J J. 2021. Mitotic cycle regulation. I. Oscillations and bistability. *In*: Kraikivski, P (Ed.), *Case studies in systems biology.* Cham CH: Springer Nature.

Tyson, J J, & Novák, B. 2010. Functional motifs in biochemical reaction networks. *Annu. Rev. Phys. Chem.*, **61**, 219 - 240.

Tyson, J J, & Novák, B. 2013. Irreversible transitions, bistability and checkpoint controls in the eukaryotic cell cycle: A systems-level understanding. *In*:Walhout, A J M, Vidal, M, & Dekker, J (Eds.), *Handbook of systems biology: Concepts and insights.* Amsterdam: Elsevier/Academic Press.

Tyson, J J, Chen, K C, & Novák, B. 2003. Sniffers, buzzers, toggles and blinkers: Dynamics of regulatory and signaling pathways in the cell. *Curr. Op. Cell Biol.*, **15**(2), 221 - 231.

van Steenbergen, J E, van den Hof, S, Langendam, M W, van de Kerkhof, J H T C, & Ruijs, W L M. 2000. Measles Outbreak—Netherlands, April 1999 - January 2000. *Morbidity and Mortality Weekly Report*, **49**(14), 299 - 303.

Vedel, S, Nunns, H, Kosmrlj, A, Semsey, S, & Trusina, A. 2016. Asymmetric damage segregation constitutes an emergent population-level stress response. *Cell Syst.*, **3**(2), 187 - 198.

Visscher, K, Schnitzer, M J, & Block, S M. 1999. Single kinesin molecules studied with a molecular force clamp. *Nature*, **400**(6740), 184 - 189.

Voit, E O. 2017. *A first course in systems biology.* 2d ed. New York: Garland Science.

Vrusch, C, & Storm, C. 2018. Catch bonding in the forced dissociation of a polymer endpoint. *Phys. Rev. E*, **97**, 042405.

Walczak, A M, Mugler, A, & Wiggins, C H. 2012. Analytic methods for modeling stochastic regulatory networks. *Meth. Mol. Biol.*, **880**(5584), 273 - 322.

Walls, A C, Tortorici, M A, Bosch, B-J, Frenz, B, Rottier, P J M, Dimaio, F, Rey, F A, & Veesler, D. 2016. Cryo-electron microscopy structure of a coronavirus spike glycoprotein trimer. *Nature*, **531**(7592), 114 - 117.

Walls, A C, Park, Y-J, Tortorici, M A, Wall, A, McGuire, A T, & Veesler, D. 2020. Structure, function, and antigenicity of the SARS-CoV-2 spike glycoprotein. *Cell*, **181**(2), 281 - 292.

Wang, M, Zhang, J, Xu, H, & Golding, I. 2019. Measuring transcription at a single gene copy reveals hidden drivers of bacterial individuality. *Nature Microbiology*, **4**, 2118 - 2127.

Wei, X, Ghosh, S K, Taylor, M E, Johnson, V A, Emini, E A, Deutsch, P, Lifson, J D, Bonhoeffer, S, Nowak, M A, Hahn, B H, Saag, M S, & Shaw, G M. 1995. Viral dynamics in human immunodeficiency virus type 1 infection. *Nature*, **373**(6510), 117 - 122.

Weinberger, L S. 2015. A minimal fate-selection switch. *Curr. Op. Cell Biol.*, **37**, 111 - 118.

Weinstein, J A, Jiang, N,White III, R A, Fisher, D S, & Quake, S R. 2009. High-throughput sequencing of the zebrafish antibody repertoire. *Science*, **324**(5928), 807 - 810.

Weiss, R A. 1993. How does HIV cause AIDS? *Science*, **260**(5112), 1273 - 1279.

White, E P, Enquist, B J, & Green, J L. 2008. On estimating the exponent of power-law frequency distributions. *Ecology*, **89**(4), 905 - 912.

Wilkinson, D J. 2019. *Stochastic modelling for systems biology*. 3rd ed. Boca Raton FL: Chapman and Hall/CRC.

Wingreen, N, & Botstein, D. 2006. Back to the future: Education for systems-level biologists. *Nat. Rev. Mol. Cell Biol.*, **7**, 829 - 832.

Woolfson, M M. 2012. *Everyday probability and statistics: Health, elections, gambling and war*. 2d ed. London: Imperial College Press.

Wrapp, D, Wang, N, Corbett, K S, Goldsmith, Jory A, Hsieh, C-L, Abiona, O, Graham, B S, & McLellan, J S. 2020. Cryo-EM structure of the 2019-nCoV spike in the prefusion conformation. *Science*, **367**(6483), 1260 - 1263.

Xu, K, Zhong, G, & Zhuang, X. 2013. Actin, spectrin, and associated proteins form a periodic cytoskeletal structure in axons. *Science*, **339**(6118), 452 - 456.

Xu, X-P, Pokutta, S, Torres, M, Swift, M F, Hanein, D, Volkmann, N, & Weis, W I. 2020. Structural basis of αE-catenin-F-actin catch bond behavior. *eLife*, **9**, e60878.

Yang, Q, & Ferrell Jr., J E. 2013. The Cdk1-APC/C cell cycle oscillator circuit functions as a time-delayed, ultrasensitive switch. *Nat. Cell Biol.*, **15**(5), 519 - 525.

Yildiz, A, Forkey, J N, McKinney, S A, Ha, T, Goldman, Y E, & Selvin, P R. 2003. Myosin V walks hand-over-hand: Single fluorophore imaging with 1.5-nm localization. *Science*, **300**(5628), 2061 - 2065.

Yousefi, O S, Günther, M, Hörner, M, Chalupsky, J, Wess, M, Brandl, S M, Smith, R W, Fleck, C, Kunkel, T, Zurbriggen, M D, Höfer, T, Weber, W, & Schamel, W W A. 2019. Optogenetic control shows that kinetic proofreading regulates the activity of the T cell receptor. *eLife*, **8**, e42475.

Zeng, L, Skinner, S O, Zong, C, Sippy, J, Feiss, M, & Golding, I. 2010. Decision making at a subcellular level determines the outcome of bacteriophage infection. *Cell*, **141**(4), 682 - 691.

Zenklusen, D, Larson, D R, & Singer, R H. 2008. Single-RNA counting reveals alternative modes of gene expression in yeast. *Nat. Struct. Mol. Biol.*, **15**(12), 1263 - 1271.

Zhang, Y, Sun, B, Feng, D, Hu, H, Chu, M, Qu, Q, Tarrasch, J T, Li, S, Kobilka, T S, Kobilka, B K, & Skiniotis, G. 2017. Cryo-EM structure of the activated GLP-1 receptor in complex with a G protein. *Nature*, **546**(7657), 248 - 253.

Zimmer, C. 2008. *Microcosm: E. coli and the new science of life*. New York: Pantheon Books.

Zimmer, C. 2021. *A planet of viruses*. 3rd ed. Chicago IL: Univ. Chicago Press.

Zocchi, G. 2018. *Molecular machines: A materials science approach*. Princeton NJ: Princeton Univ. Press.

Zoller, B, Little, S C, & Gregor, T. 2018. Diverse spatial expression patterns emerge from unified kinetics of transcriptional bursting. *Cell*, **175**(3), 835 - 847.

索　引

关键词的定义见黑体参考页。字符名称和数学符号见附录 A 中的定义。

$\langle \cdots \rangle$，见期望
AZT（齐多夫定） 8
α–联蛋白 alpha-catenin 158
β–gal 见β–半乳糖苷酶
β–半乳糖苷酶 beta-galactosidase **354**-357, 359, 370, 370, 372, 375, 377, 385
χ^2 统计 见卡方统计
λ *lambda*
　λ噬菌体 phage 见噬菌体 bacteriophage
　λ阻遏物 repressor 见阻遏物 repressor
　λ开关 switch 见开关 switch
μ 子 muon 262
σ 因子 sigma factor 335
t分布 t distribution 见 Student's t 分布
env 基因 *env* gene 7
E. coli 见大肠杆菌 *Escherichia coli*
*gag*基因 *gag* gene 7, 8
*pol*基因 *pol* gene 7
*tet*阻遏物 *tet* repressor (TetR) 见阻遏物 repressor
*trp*阻遏物 *trp* repressor 见阻遏物 repressor
M 见摩尔（单位） molar (unit)
a.u. 见任意单位 arbitrary units
ADP（二磷酸腺苷） 258, 271
AIDS（艾滋病，获得性免疫缺陷综合征） 1, 3, 7, 8
AMP, 环AMP 见cAMP
APC 见抗原—抗原呈递细胞，后期促进复合物 anaphase promoting complex
AraC 见阻遏物 repressor
aTc 见四环素 tetracycline
ATP（三磷酸腺苷 adenosine triphosphate） 105, 179, 236-238, 248, 248, 252, 258, 271
ATP水解 hydrolysis of ATP 258
BMI 见体重指数 body mass index
cAMP, **372**
　cAMP结合受体蛋白 -binding receptor protein 见CRP
CD4+ 辅助性 T 细胞 CD4+ helper T cell 见T 细胞 T cell
Cdc20（细胞分裂周期蛋白20 cell division cycle protein 20） 399, 407, 442
Cdc25（细胞分裂周期蛋白25, 或S cell division cycle protein 25, or S） 399, 407, 443
Cdk1（周期蛋白依赖性激酶 1 cyclin-dependent kinase 1） 399, 401, 407, 442
CFU 见菌落形成单位 colony forming units
cI, 见阻遏物—λ 阻遏物
ComK and *comK* 426, 427-431, 436
ComS and *comS* 426, 427-429, 431, 436
covid 见 SARS-CoV-1，SARS-CoV-2
Cro, 见阻遏物—*cro* 阻遏物
CRP(cAMP-binding receptor protein) 371, 372
CV 见标准偏差—相对标准偏差
DNA 7, 8, 295, 310, 312, 313, 364
　DNA损伤 damage 352, 372, 373, 398
　DNA成环 looping 384

DNA转录 transcription 见转录
Dronpa 194
ECM 见细胞外基质 extracellular matrix
EM 见显微术—电子显微术
e倍增时间 e-folding time **321**
FadR 312
Fano 因子 Fano factor **279**, 280, 301
FIONA 见荧光—纳米精度的荧光成像
FPALM 见显微术—定位显微术
Gardner, Timothy 363, 369
GFP 见荧光蛋白—绿色荧光蛋白
Gillespie, Daniel 275
Gillespie 直接算法 Gillespie's direct algorithm **275**, 300, 303, 416, 297, 431, 436, 见模拟—随机过程模拟
Gosset, William ("Student") 192
gp120 5, 7
gp41 5, 7
GRF 见基因—基因调控函数
IPTG (isopropylβ-d-1-thiogalactopyranoside) 21, 310, **313**, 314, 334, 354, 364, 368, 377, 397
IQR 见四分位距 interquartile range
Katz, Bernard 84, 103
LacI 见阻遏物—*lac* 阻遏物
LacY, 见通透酶 permease
Lippincott-Schwartz, Jennifer 182
May, Robert 19
MecA 427-429, 431, 432
MERS 206, 228
MHC 见主要组织相容性复合物 major histocompatibility complex
MHV 鼠肝炎病毒(murine hepatitis virus) 228
Miledi, Ricardo 84, 102
miRNA 335
MLE 见似然—似然最大化
Monod, Jacques 353
mRNA 见 RNA
M期 M phase 398
Novák, Béla 400
Novick, Aaron 342, 354-356, 358, 359, 370, 377
Nowak, Martin 4, 19
PALM 见显微术—定位显微术
Pareto 分布 Pareto distribution 见幂律—幂律分布
PDF 见概率—概率密度函数
Perelson, Alan 1-3
Perrin, Jean 199
RecA 蛋白 RecA protein 373
RFP 见荧光蛋白—红色荧光蛋白
RNA 5, 8, 272, 311-313
  RNA 编辑 editing 292
  RNA 干扰 interference 97, 335
  信使RNA messenger (mRNA) 270, 272, 277-282, 293-294, 301, 311-313, 320, 332, 390, 442
  微RNA micro (miRNA) 335
  非编码RNA noncoding 335
  RNA聚合酶 polymerase 见聚合酶—RNA聚合酶
  小分子RNA small (sRNA) 335
  干扰小 RNA small interfering (siRNA) 21
  转移RNA transfer (tRNA) 277
  病毒RNA基因组 viral genome 5, 7, 10, 19, 24, 68
RSD 见标准偏差 standard deviation
RT 见逆—逆转录酶
S, 见刺突蛋白 Spike protein
SARS-CoV-1, 207, 418
SARS-CoV-2, 67, 136, 206-207, 228, 418
SEIR and SEIRS models **377**
SEM 见均值标准误差 standard error of mean
Shaw, George 4
SI 模型 SI model 347, 348
Sigworth, Frederick 209, 215, 225, 232
SIR 模型 SIR model 347, 350, 414
  随机的 SIR 模型 stochastic 413, 415-417, 421
SIRS 模型 SIRS model 347, 350, 351
SNR, 见信噪比 signal to noise ratio
SOS 应答 SOS response **372**
STORM 见显微术—定位显微术
Student's t 分布 Student's t distribution **192**
Système Internationale 见单位 units
Szilard, Leo 342, 359

T 淋巴细胞 T lymphocyte, 见T 细胞 T cell
T 细胞（T 淋巴细胞） T cell (T lymphocyte) 5, 7, 8, 10-13, 15, 16, 18-20, 22-24, 37, 68, **154**-156, 162, 442, 443
　辅助性 T 细胞 helper **7**
　T 细胞受体 receptor 154, 155
TetR 见阻遏物 repressor
tRNA 见 RNA
TrpR 见阻遏物 repressor
Tyson, John J., 400
var 见方差 variance
Weiner, Milton, 354-356, 357, 359, 370, 377
X 射线结晶 x ray crystallography 179, 205, 207, 312
Zipf分布 Zipf distribution 见幂律—幂律分布

A

阿伏伽德罗常数 Avogadro number 451
阿拉伯糖 arabinose
　操纵子 operon 397
　阻遏物 repressor 见阻遏物
阿伦尼乌斯法则 Arrhenius rule, **148**, 158, 161
埃里克・贝齐格 Betzig, Eric 182
癌症 cancer
　吸烟与癌症 and smoking 71
　化疗 chemotherapy 433
　结直肠癌 colorectal 70
　预抗态 pre-resistant state 433
爱因斯坦 Einstein, Albert 146
爱因斯坦关系 Einstein relation **146**, 159
氨基酸 amino acid 16, 277
氨酰tRNA合成酶 aminoacyl-tRNA synthetase 277
鞍点（不动点）saddle (fixed point) 338, 406
奥恩斯坦–乌伦贝克过程 Ornstein–Uhlenbeck process, 144

B

靶物（向） target
　Cdk1 的靶物 of Cdk1 399
　靶向区域 region 316
白化病小鼠 albino mouse 313
白细胞 leukocyte 152, **156**, 157
半对数图 semilog plot **9**
半高宽 FWHM (full width at half maximum) 110, 111, 114, 129, 137
半衰期 half-life 22
伴侣 chaperones 292
包膜 envelope 5, **7**
孢子化 sporulation **425**, 426
饱和 saturation
　活性的饱和 of activation rate 407
　细菌生长速率的饱和 bacterial growth rate 342, 347
　清除速率的饱和值 of clearance rate 11, 321, 407
　流速饱和 of flow rate 392
　分子数量饱和值 of molecular inventory **274**, 327
报告基因 reporter gene 364, 369, 383
贝尔–朱尔科夫关系 Bell-Zhurkov relation 150, 285
贝塔函数 beta function 176
贝叶斯公式 Bayes formula **52**, 53, 60, 61, 69, 168, 171, 191, 201, 216, 224
　连续分布的贝叶斯公式 continuous 111, 126
　广义贝叶斯公式 generalized 63, 191
贝叶斯推断 Bayesian inference **173**
倍增时间 doubling time 321
本底的生产速率 leak production rate 380
边缘分布; 边缘化某个变量 marginal distribution; marginalizing a variable **48**-49, 61, 125, 178, 191, 193, 216, 289
变构 allostery 153, **310**-313, 325, 335, 336, 378, 398
变异系数 coefficient of variation, 见标准偏差—相对标准偏差
便潜血检查 hemoccult test 70
标记 tagging
　荧光标记 fluorescent 283
　泛素标记 ubiquitin 398
标准偏差 standard deviation **55**, 61, 138

相对标准偏差 relative (RSD) **57**, 244, 254, 276
表观遗传 epigenetic inheritance **96**, 358
表型切换 phenotypic switch **425**
病毒 virus
冠状病毒 corona-, 见 SARS-CoV-1，SARS-CoV-2，MERS，MHV
病毒动力学 dynamics 10-11
HIV 病毒 见人类免疫缺陷病毒 HIV
噬菌体病毒 phage 见噬菌体 bacteriophage
病毒粒子 virion 5, **7**, 351, 352
有竞争力的病毒颗粒 competent 19
病毒衣壳 capsid 5, **7**
病毒载量 viral load **1**, 3, 9, 12
拨动（开关）toggle **360**, 366, 383, 394-397, 399, 400, 405, 410, 411
分岔型切换（开关） bifurcation 366
电子切换（开关）（锁存电路）electronic (latch circuit) 361, 363
机械切换（开关） mechanical 363
单基因切换（开关） single-gene 378-383, 388
双基因切换（开关）two-gene 363-368, 379, 387, 411
玻尔兹曼 Boltzmann
玻尔兹曼常数 constant **146**, 451
玻尔兹曼分布 distribution **146**, 149, 158
玻璃态冰 vitreous ice 208
伯努利试验 Bernoulli trial **36**, 39, 40-43, 53, 61, 72-75, 78, 80, 83,102, 119, 174-175, 239, 240, 244, 246, 248, 255, 256, 261, 263, 265, 269, 270, 275, 416, 443, 444
伯努利试验的期望 expectation of 57
伯努利试验的模拟 simulation 见模拟
伯努利试验的方差 variance of 57
泊松 Poisson
泊松分布 distribution 34, 74, **81**, 79-86, 88-91, 94, 99, 100, 103, 104, 106, 118, 121, 138, 186, 189, 190, 199, 240, 241, 244, 245, 251, 266, 267, 274-276, 279, 289, 358, 417-418, 444
泊松分布是二项式分布的极限形式 as a limit of Binomial 80-83
泊松分布的卷积特性 convolution property of 84-86, 94
泊松分布的直觉 intuition 79
泊松分布模拟 simulation 见模拟 simulation
泊松过程 process 74, **241**, 240-248, 251, 252, 256, 258, 263, 266, 269, 275, 299, 301, 355, 417, 436, 443, 444
复合泊松过程 compound **254**, 272, 274, 298
泊松过程的平均速率 mean rate of 见平均—平均速率 mean rate
泊松过程的合并特性 merging property 见合并特性 merging property
泊松过程模拟 simulation 见模拟
泊松过程的稀释特性 thinning property 见稀释特性 thinning property
不动点 fixed point **308**, 330, 346, 374, 387, 404, 也可参见节点 node，鞍点 saddle，螺线交点 spiral
中性不动点 neutral **395**, 406
稳定不动点 stable 308, **309**, 310, 323, 323, 329-331, 338, 340, 344, 346, 347, 360, 361, 362, 366, 366, 368, 370, 381, 382, 387, 392, 394, 395, 411, 440
不稳定不动点 unstable 329, **330**, 338, 350, 360, 360, 362, 364, 366, 381, 382, 395, 396, 406, 406, 411, 440
不动点湮灭 annihilation of fixed points **366**, 381
布朗运动 Brownian motion **27**, 35, 37, 38, 40, 41, 48, 60, 65, 142, 268, 见随

机—随机行走，扩散 diffusion
能量面上布朗运动 general landscape, 144, 145, 166
有偏布朗运动 with drift, 142-144
布雷特–维格纳分布 Breit-Wigner distribution 见柯西分布 Cauchy distribution
步行 foot-over-foot stepping 238, 251, 253, 264
步行 hand-over-hand stepping 238

C

参量 parameter **11**
操纵基因 operator 310, **311**-314, 324, 328, 370, 373, 378, 379, 384, 390
*lac*操纵基因 *lac* **313**, 314, 384
操纵子 operon **313**, 320, 332, 364, 364, 370
*lac*操纵子 *lac* **370**, 372, 384
*trp*操纵子 *trp* 327
层流 laminar flow **32**
插值 interpolation **15**
插值公式 formula **266**
查尔斯·达尔文 Darwin, Charles 86
产物、乘积、生产 product **39**, 271, 309
乘法规则 rule **45**, 48, 61, 85, 171, 194, 246, 247, 316
扩展的乘法规则 extended 64
独立事件的乘法规则 independent events 见独立事件 independent events
肠杆菌噬菌体λ enterobacteria phage *lambda* 见噬菌体 bacteriophage
长尾分布 long-tail distribution **88**, 123-124, 129, 433
超分辨显微术 superresolution microscopy 见显微术—定位显微术
超级传播者 superspreader 413, 418-419, 421
超距作用 action at a distance 310
超螺旋化 supercoiling 295
沉淀 sedimentation **142**
成簇规律间隔短回文重复序列 CRISPR 97, 335
弛豫振子 relaxation oscillator 433, 见振子 oscillator
迟滞 hysteresis **358**, 368, 368, 382, 383
持续性 processivity **237**, 251, 269, 277, 284
充分混合假设 well-mixed assumption 320
出人意料之处 unpleasant surprise 200
触发器 flip-flop 见拨动（开关） toggle
传染病 epidemic, 347-350, 414-419
串扰 crosstalk **334**
刺突蛋白 Spike protein 207-207
促旋酶 gyrase 295
催化 catalysis 310, 428, 429
存量 inventory 309

D

达尔文假说 Darwinian hypothesis 86-89, 92, 178, 201
大肠杆菌 *Escherichia coli* 87, 278, 279, 295, 312, 323, 324, 351-354, 358, 359, 362, 369, 370, 371-373, 378, 384, 390, 391, 424, 425
大气压（单位） atmosphere (unit) 448
代谢 metabolism 312, 353, 369, 370, 372, 377, 也可参见能量 energy
单调函数 monotonic function **116**
单位 units 445 - 450
任意单位 arbitrary, 见任意单位 arbitrary units
基本单位 base 446
无量纲单位 dimensionless 449
国际制单位 Systéme Internationale (SI) **445**
单稳态 monostability 365, 381
蛋白酶 protease 见人类免疫缺陷病毒 HIV
蛋白酶体 proteasome **398**, 400
蛋白质 protein 277, 292
嵌合蛋白 chimeric 见融合蛋白 fusion
蛋白质回路 circuits **398**
融合蛋白 fusion **277**
调控或阻遏蛋白 regulatory or repressor 见转录—转录因子

蛋白质数据库 Protein Data Bank 21
德尔布吕克 Delbrück, Max 86-90, 92, 95, 104, 105, 201
德州红 Texas red 见荧光团 fluorophore
等分样品 aliquot 74
等位基因 allele 98
抵抗、耐药、抗性 resistance
耐药或对病毒的抗性 to drug or virus 4, 16, 21, 68, 74, 86-90, 92, 95, 104-105, 178, 324, 341, 353, 442
耐噪声 to noise 396
底物 substrate **39**, 248, 271, 310
地震 earthquake 131
点扩展函数 point spread function **179**-182
电 electric
电荷 charge 446
电力常数 force constant 451
电势 potential 84, 122, 362
膜电势 membrane 见细胞膜极化 polarization of cell membrane
电压门控离子通道 voltage-gated ion channel 见离子—离子通道 ion channel
电压钳 voltage clamp 103
电泳 electrophoresis **142**
电子 electron
电子质量 mass 451
电子显微镜 microscope 179
电子伏特（单位） volt (unit) **31**, 448
定位显微术 localization microscopy 见显微术 microscopy
动力学变量 dynamical variable **11**
动粒 kinetochore 159, 283, 300
动态范围 dynamic range 391
抖动 jitter 55
独立 independent
独立事件或独立随机变量 events or random variables 45, 48, 53, 57, 58, 61, 72
独立事件的乘法规则 product rule **45**
某个条件下的独立事件 under a condition 63
自变量 variable **184**, 187
独立事件 independent events 58
赌徒谬误 gambler's fallacy 66
赌注对冲 bet hedging **424**
度（角度单位） degree (angular unit) 29, 449
度（温度单位） degree (temperature unit) 445
度量特征 metric character 107
对比传递函数 contrast transfer function 215, 217, **230**, 233
对齐问题 alignment problem 211
多电极阵列 multielectrode arrays 196
多余参数 nuisance parameters 193

E

尔格（单位） erg (unit) 448
二倍体生物 diploid organism **39**
二次生长 diauxie **353**
二聚化 dimerization 379, 380
二项式 binomial
二项式系数 coefficients 17
二项式分布 distribution 34, 74, **76**, 79, 80, 83, 88, 100, 118, 119, 134, 139, 164, 175-176, 198, 240, 294, 442
二项式定理 theorem 17, 76

F

翻译 translation 7, **277**, 311, 313, 322, 332, 390
烦人的苦差事 distasteful chore 28
反馈 feedback 103, 155, 326
负反馈 negative **307**, 308, 310, 324, 327, 331, 344, 360, 362, 364, 378, 390, 392, 394, 395, 397, 399, 400, 402
非协同负反馈 noncooperative 323, 325
正反馈 positive 341, **342**, 344, 360, 362, 364, 369, 370, 373, 378, 397, 399-400
反应坐标 reaction coordinate 142
反转录转座子 retrotransposon 378
泛素 ubiquitin **398**

方差 variance 439
连续分布方差 continuous distribution 112
离散分布方差 discrete distribution **55**
估算的方差值 estimated 66, 99, 104
柯西分布方差 of Cauchy distribution 见柯西分布 Cauchy distribution
高斯分布方差 of Gaussian 见高斯—高斯分布
样本均值方差 of sample mean 57
放射性 radioactivity 266
非洲爪蟾 *Xenopus laevis* 33, 183, 398-401, 407
分贝 decibel 116
分辨率 resolution **179**
分布 distribution 见概率分布（或特定分布）
双峰分布 bimodal 见双峰分布 bimodal distribution
分布弥散度 spread of a distribution 55, 57
分布中的矩 moments of a distribution **54**, 56, 61, 64, 126
分岔 bifurcation **347**, 348, 351, 365, 367, 368, 374, 375, 381, 384, 388
分岔图 diagram 382
霍普夫分岔 Hopf **411**
分界线 separatrix **362**, 365, 370, 372, 374, 384, 431, 440
分区 bin 107, 125
分水岭 watershed 341, 见分界线 separatrix
分形 fractal 404
分子 molecular
分子机器 machines 236
分子马达 motor 见分子马达 motor
分子马达 motor, molecular 180, 236, 251, 252, 262, 也可参见肌球马达 myosin
峰度 kurtosis **64**
福克尔–普朗克方程 Fokker-Planck equation 289
辅激活物 coactivator 336
辅因子 cofactor 278 292
辅助性 T 细胞 helper T cell 见 T 细胞 T cell
负二项式分布 Negative Binomial distribution 419
负反馈 negative feedback 见反馈 feedback
负调控 negative control **359**
复合泊松过程 compound Poisson process 见泊松—泊松过程
复利公式 compound interest formula 17, 81

G

钙 calcium 334
钙粘蛋白 cadherin 157
概率 probability
条件概率 conditional **44**, 49-52, 58-61, 63, 72, 111, 125, 201, 239, 240, 275, 442
概率密度函数 density function **108**-111, 114, 115, 118, 120, 124, 132-135, 181, 200, 203, 215, 217, 225, 232, 242, 253, 262, 267, 300
概率密度函数是累积分布的导数 as derivative of cumulative distribution 128
柯西概率密度函数 Cauchy, 见柯西分布 Cauchy distribution
指数概率密度函数 Exponential 见幂律（指数）—幂律（指数）分布
高斯概率密度函数 Gaussian 见高斯—高斯分布 Gaussian distribution
联合概率密度函数 joint 见联合分布 joint distribution
幂律概率密度函数 Power-law 见幂律—幂律分布
概率密度函数的模拟 simulation 见模拟 simulation
概率密度函数的变换 transformation 139

概率密度函数中的变量变换 transformation of variables 115-117, 126, 133, 135, 254
均匀概率密度函数 Uniform 见均匀—均匀分布—连续均匀分布
概率分布 distribution 75
伯努利试验的概率分布 Bernoulli 见伯努利试验 Bernoulli trial
二项式分布概率 Binomial 见二项式—二项式分布 Binomial distribution
连续概率分布 continuous 见概率—概率密度函数
离散概率分布 discrete **41**, 60
几何分布概率 Geometric 见几何分布 Geometric distribution
联合分布概率 joint 见联合分布 joint distribution
边缘分布概率 marginal 见边缘分布 marginal distribution
概率分布的矩 moments 见分布中的矩 moments of a distribution
负二项式分布概率 Negative Binomial 见负二项式分布 Negative Binomial
泊松分布概率 Poisson 见泊松—泊松分布
幂律（指数）分布概率 power-law 见幂律（指数）—幂律（指数）分布
均匀分布概率 Uniform 见均匀—均匀分布
概率分布函数 distribution function
本书没有使用替代定义 alternative definition not used in this book 41
概率质量函数 mass function **41**, 108, 128
概率测量 measure 128
突变概率 of mutation 见突变 mutation
概率与统计 versus statistics **169**
概率密度函数变换 transformation of PDF, 见概率—概率密度函数 probability density function
概率密度函数的云表示 cloud representation of pdf 36-38, 59, 116, 359, 369
肝炎 hepatitis 16
感受态 competence 426, 见枯草杆菌 *Bacillus subtilis*
干扰小RNA siRNA 见 RNA
高斯 Gaussian
高斯分布 distribution 74, **110**, 113, 119-121, 123-125, 130, 137, 139, 146, 180, 181, 185-187, 191, 193, 197, 198, 200, 201, 240, 267, 444
高斯分布是二项式分布的极限形式 as limit of Binomial 134, 139
高斯互补累积分布 complementary cumulative 见累积分布 cumulative distribution
高斯分布的卷积特性 convolution property of 138
关联高斯分布 correlated 195
高斯分布模拟 simulation 见模拟 simulation
二维高斯分布 two-dimensional 135, 198
高斯分布的方差 variance of 113
高斯积分 integral 17
隔离 sequestration 335, 385
功率 power 446
功率谱 spectrum 166, 166
估计量 estimator **58**, 176, 192
古细菌 archaea 389
股票市场 stock market 129-131
拐点 inflection point 318, **319**, 332, 365, 440
拐角频率 corner frequency 167
关联 correlation 37, 39, **45**, 51, 58
关联系数 coefficient **58**-61, 64, 184, 212, 439
互关联 cross, 见互关联 cross-

correlation
冠状病毒 coronavirus, 见 SARS-CoV-1, SARS-CoV-2, MERS, MHV
光 light
光吸收 absorption 377
光速 speed of 449
紫外光 ultraviolet 352, 372
光活化 photoactivation **182**, 194
光活化定位显微术 photoactivated localization microscopy (PALM) 见显微术—定位显微术
光阱（光镊）optical trap 155, 156, 166, 269
光开关 photoswitching 182
光镊 tweezers, optical or laser 见光阱 optical trap
光漂白 photobleaching 181, 182
光异构化 photoisomerization 194
光转换 photoconversion 182
光子 photon 35
到达速率 arrival rate 278
光子发射 emission 77
归一化常数 normalization constant 77
归一化条件 normalization condition
连续分布的归一化条件 continuous case **109**, 110, 126
离散分布的归一化条件 discrete case **41**, 43, 49, 61
国际单位 SI units 见单位 units
过冲 overshoot 326, **329**-331, 339, 347, 390
过度分散 overdispersion 417
过拟合 overfitting **14**, 170, 189
过约束模型 overconstrained model **14**, 89, 282
过阻尼系统 overdamped system **330**, 340

H

函数达到最大值时的参数赋值 argmax 217
毫米汞柱（单位） millimeter of mercury, or mm of Hg (unit) 448
合并特性 merging property **246**-248, 255, 256, 269, 272
合成生物学 synthetic biology **306**
何大一 Ho, David 3
核，原子 nucleus, atomic 449
核孔复合体 nuclear pore complex 183
核酶 ribozyme 21
核糖体 ribosome **277**
核糖体结合位点 binding site 369
核糖体开关 riboswitch 335
黑色素 melanin 313
恒化器 chemostat **342**-347, 351, 354-358, 363, 365, 374, 381, 444
恒化器方程 equations **345**
恒温器 thermostat 306
红色荧光蛋白 red fluorescent protein 见荧光蛋白 fluorescent protein
后期促进复合物 anaphase promoting complex 400, 407, 442
后验概率 posterior 192
后验分布 distribution **52**, 61, 171-177, 186, 190-193, 197, 198, 200
后验概率之比 ratio **172**, 187, 190
厚尾分布 fat-tail distribution 见长尾分布 long-tail distribution
弧度(单位) radian (unit) 29, 449
互斥事件 mutually exclusive events **43**
互相关 cross-correlation **212**, 213, 214, 218, 220, 222, 223, 229-233
华氏温标 Fahrenheit temperature scale 446
踝蛋白 talin 164
环腺苷酸 cyclic AMP 见cAMP
黄色荧光蛋白 YFP 见荧光蛋白—黄色荧光蛋白
混沌 chaos 384
确定性混沌 deterministic **404**
混合分布 mixture distribution, 见混合概率 probability, mixture
活化能垒 activator **147**
霍普夫分岔 Hopf bifurcation 见分岔 bifurcation

J

肌动蛋白 actin 157, **236**, 237, 251
肌红蛋白 myoglobin 320
肌联蛋白 titin 237

肌球马达 myosin
  肌肉组织中的肌球马达 muscle 237
  肌球蛋白 V myosin-V 180, 181, 240-238, 248, 251-253, 258, 264, 269, 284
肌肉 muscle 84, 236, 237
  肌肉细胞 cell 84, 266
肌细胞 myocyte **249**, 250
基本传染数 basic reproduction number, **349**, 414, 415, 443
基因 gene 27, **311**
  自动调控基因 autoregulated 323, 326, 372, 373
  基因表达 expression **277**, 311, 391
  基因连锁 linkage 39
  无协同调控基因 noncooperatively regulated 325, 340
  基因产物 product 277, 332
  基因重组 recombination 27
  基因调控函数 regulation function 315, **320**, 324, 325, 332, 336, 364, 379, 380, 441
  报告基因 reporter 见报告基因 reporter gene
  结构基因 structural 7
  基因换位, 复制, 切除 transposition, duplication, excision 39
  无调控基因 unregulated 323, 325
基因型 genotype 98
基因组 genome 39, 96, 309, 311, 314, 336, 351-354
  病毒基因组 viral 见 RNA
激光 laser 259
激活物 activator **313**, 336, 372, 378, 398
激酶 kinase **398**
激酶 Wee1 Wee1 399, 407, 443
级联, 调节 cascade, regulatory 311, 372
极限环 limit cycle **396**, 402-406
几何分布 Geometric distribution 34, 42, **47**, 61, 69, 74, 88, 100, 147, 159, 160, 161, 238-240, 242, 256, 416-419, 442
  几何分布模拟 simulation 见模拟
记忆 memory 258
  免疫记忆 immune 378
加法规则 addition rule 47, 61, 85, 171, 246, 247
  广义加法规则 general 43
  互斥事件的加法规则 mutually exclusive events **43**
假、伪 false
  假阴性 negative **50**, 72, 197
  假阳性 positive **50**, 52, 70, 72
尖头信号 blip 35-38, 41, 121, 179, 186, 240, 241, 243, 263, 265
检查点 checkpoint 398
检察官谬论 prosecutor's fallacy 45
减法规则 negation rule **43**, 61, 67, 171, 246
  扩展的减法规则 extended 63
减数分裂 meiosis **39**, 95, 169
建模、模型 model
  噪声模型 noise **195**
  物理建模 physical, 见物理建模 physical model
降解 degradation 321
交互证实 cross-validation **189**
角度 angle 449
教授 professor
  文学；化学教授 chemistry; literature 247
  挑剔的教授 tiresome 28
阶梯图 staircase plot 181, 238-240, 245, 265
接触者追踪 contact tracing 418, 420
节点（不动点） node (fixed point)
  稳定节点 stable 340, 406
  不稳定节点 unstable 338, 406
结合 binding 312, 315
  协同结合 cooperative **318**, 331
  结合曲线 curve 316-318
    协同结合曲线 cooperative 见希尔—希尔函数
    无协同结合曲线=双曲线 noncooperative = hyperbolic **317**, 365
  结合速率常数 rate constant **316**
解离 dissociation
  解离平衡常数 equilibrium constant 见平衡常数 equilibrium constant

解离速率 rate **316**
进化 evolution 341, 369
细菌进化 bacterial 86
HIV进化 HIV 4, 13, 16, 24, 68, 92
进化模体的重复利用 recycling of motifs 402
近场光学显微镜 near-field optical microscope 179
聚合酶 polymerase 312, 378
RNA聚合酶 RNA 272, **277**, 311-313, 335, 361
卷积 convolution 94, 120, 138, 219, 232, 252, 256
连续分布卷积 continuous **114**
离散分布卷积 discrete **85**
图像处理中的卷积 in image processing 86, 219
有关柯西, 指数, 高斯和泊松分布的卷积 of Cauchy, Exponential, Gaussian, Poisson distributions, 见特殊分布
计算机软件包中设置索引的卷积 offset index used in computer packages 220
决策 decision
决策模块 module 373
决策理论 theory 52
绝对温标 absolute temperature scale 445
绝热近似 adiabatic approximation 383
均方根偏差 RMS (root-mean-square) deviation **55**
均匀 Uniform
均匀分布 distribution 40, 40, 55, 88, 120
二维均匀分布 2D 101
连续均匀分布 continuous **36**, 39, 109, 112, 118
离散均匀分布 discrete 35, **36**, 38, 42, 72, 74, 98
均匀先验分布 prior, 见先验概率、先验分布 prior
均值标准误差 standard error of the mean **58**
菌落形成单位 colony forming units 100

K

卡（单位） calorie (unit) 448
卡方统计 chi-square statistic **185**, 187
开关 switch
*lac*开关 *lac* **359**, 363, 368-372, 375, 383
*lambda*开关 *lambda* **352**, 363, 372-373, 375
单向开关 one-way 362
拨动开关 toggle **360**, 389
开氏温标 Kelvin temperature scale 445
凯特勒指数 Quetelet index 见体重指数 body mass index
抗生素 antibiotic 87
抗体 antibody 124, 206, 378
抗原 antigen 156, **206**
抗原呈递细胞 presenting cell 133, **153**, 154
柯西分布 Cauchy distribution **111**, 114, 118, 123, 126, 129, 137, 193, 200, 444
柯西互补累积分布 complementary cumulative 见累积分布 cumulative distribution
柯西分布的卷积 convolution of 139
广义柯西分布 generalized(Cauchy-like) 130, 132, 201
柯西分布模拟 simulation 见模拟
柯西分布的方差 variance of 113, 134
可复制的随机系统 replicable random system 见随机—随机系统
可激发性 excitability **433**
可数特征 meristic character 107
可证伪模型 falsifiable model **19**
枯草杆菌 *Bacillus subtilis* 353,426, 430-431
枯草杆菌感受态切换 competence switch **425**-431
库伦（单位） coulomb (unit) 446
框图 box diagram 46, 51, 70
扩散 diffusion **122**, 126, 141, 198, 269, 320
扩散常数 constant **122**, 199
扩散方程 equation 289

扩散定律 law **122**, 142
扩散定律 law of diffusion **121**

L

拉马克 Lamarck, Jean-Baptiste 87
拉马克假说 Lamarckian hypothesis 87, 89, 92, 178, 201
莱维飞行 Lévy flights 131
蓝细菌 cyanobacteria 389, 397
朗缪尔函数 Langmuir function 317, 见结合—结合曲线—非协同结合曲线
酪氨酸酶 tyrosinase 313
累积分布 cumulative distribution 41, **69**, 128, 262, 441
互补累积分布 complementary 124, **124**
柯西互补累积分布 of Cauchy 138
高斯互补累积分布 of Gaussian 138
幂律互补累积分布 of power-law 138
离群值 outlier **87**, 186
离子 ion
离子通道 channel **83**, 102, 362
配体门控通道 ligand-gated 249, 297
电压门控离子通道 voltage-gated 249, **362**
离子渗透性 permeability 334
力学化学 mechanochemistry **141**
力学生物学 mechanobiology **141**, 283-285
利托那韦 ritonavir 2, 3, 8, 16, 21
连续确定性近似 continuous, deterministic approximation 17, **273**, 274-276, 287, 293, 299, 309, 315, 320, 337, 340, 343, 356, 380, 414-416, 443
连续时间随机过程 continuous-time random process 241
连续随机变量 continuous random variable **107**
联合分布 joint distribution **48**, 49, 111, 125
量纲 dimensions 28, **446**
量纲分析 dimensional analysis 445-450
量子物理 quantum physics 168
裂解 lysis 100, **351**, 372, 373
淋巴细胞 lymphocyte 206
磷酸化 phosphorylation 311, **398**
磷酸酶 phosphatase **398**, 400
灵敏度 sensitivity **50**, 53, 70, 154
零变线 nullcline **330**, 339, 346, 350, 351, 365-367, 387, 393-396, 400, 409, 410, 430, 440
零假设 null hypothesis 101
零阶反应动力学 zeroth-order reaction kinetics **271**
流行病学中的成簇 clusters in epidemiology 40, 101
流式细胞术 flow cytometry 116, **133**
流线 streamline **340**, 387, 410
硫甲基半乳糖苷 TMG (thiomethyl-β-d-galactoside) **313**, 334, 354-356, 357, 358, 371, 377
卢里亚 Luria, Salvador 86-89, 92, 95, 104, 105, 201
卢里亚–德尔布吕克实验 Luria-Delbrück experiment 88, 95, 104, 168, 178, 186, 190, 274, 442
鲁棒、稳健 robustness **347**, 396
逻辑斯蒂微分方程 logistic differential equation 361
螺线交点（不动点） spiral (fixed point) 406
稳定螺线交点 stable 338, 340
洛伦兹分布 Lorentzian distribution 111
绿色荧光蛋白 green fluorescent protein 182, 见荧光蛋白 fluorescent protein
滤波函数 filter function **114**, 220

M

马尔可夫过程 Markov process **37**, 40, 239, 270 - 276, 289
马克斯·玻恩 Born, Max 34
麦克斯韦 Maxwell, James Clerk 446
盲拟合 blind fitting 15, 23
毛细管 capillaries 157
酶 enzyme 5, 7, 8, 16, **39**, 144, 248, 258, 264, 277, 310-312, 354, 398

别构酶 allosteric 311
酶失活 inactivation 374, 399
力学化学酶 mechanochemical **248**
持续酶 processive 见持续性 processivity
蒙提·霍尔之谜 Monty Hall puzzle 71
梦魇，不现实的 nightmare 419
弥散度 dispersion 55
米氏结合曲线 Michaelan binding curve 见结合—结合曲线—非协同结合曲线
幂律（指数） power-law
幂律（指数）分布 distribution 122, **123**-124, 129, 131, 137, 161-162, 319
互补累积幂律分布 complementary cumulative 见累积分布 cumulative distribution
指数函数 function **17**
指数关系 relation 123
免疫 immune
免疫记忆 memory, 见记忆 memory
免疫受体 receptor, 见受体 receptor
免疫抗体库 repertoire, 378
免疫反应 response 349
免疫系统 system 1, 2, 4, 7, 10, 12, 19, 39, 124, 133, 153-156, 206-313, 423, 见 T 细胞 T cell
CRISPR原始免疫系统 CRISPR 335
免疫 immunity 350
免疫诱导物 gratuitous inducer 见诱导物 inducer
模块性 modularity 402
模拟 simulation
伯努利试验模拟 Bernoulli trial 39, 66, 102, 261
柯西分布模拟 Cauchy distribution 134
指数分布模拟 Exponential distribution 117, 265, 265
高斯分布模拟 Gaussian distribution 134
普适的离散分布模拟 generic discrete distribution 78-79, 93
普适的概率密度函数模拟 generic PDF 117, 134
几何分布模拟 Geometric distribution 100
卢里亚–德尔布吕克模型模拟 Luria-Delbrück model 90-92, 104, 201, 255
泊松分布模拟 Poisson distribution 83, 99
随机过程模拟（Gillespie算法） random process (Gillespie algorithm), 254-255, 265, 274-275, 287, 294, 409
生–灭随机过程模拟 birth-death 274, 301
阵发转录随机过程模拟 bursting model 280, 293-294, 301, 302
泊松随机过程模拟 Poisson 254
随机行走模拟 random walk 65, 269, 270, 298
摩尔（单位） molar (unit) 31, 448

N

奈韦拉平 nevirapine 21
耐药表型 persister phenotype 97, **424**
囊泡 vesicle **250**, 251
神经递质囊泡 neurotransmitter 250
神经递质囊泡的融合 fusion 249
内稳态 homeostasis 258, **307**, 331, 389
能量 energy
能量的各种单位 alternative units 448
原子的能量尺度 atomic scale 31
化学键的能量 chemical bond 236, 354, 398
能量量纲 dimensions 446
流入系统的能量 flow into system 394
自由能 free 144
代谢能量 metabolic 353
光子能量 photon 194
势能 potential
外力势能 external force 143

引力势能 gravitational 31
分子相互作用势能 molecular interaction 144, 145, 315, 336
重置锁存的能量 to reset latch 361
能量面上布朗运动 Brownian motion on landscape 见能量曲面 landscape
能量曲面 landscape **144**, 146, 151, 165
粗糙的能量曲面 rough **161**
尼尔斯・玻尔 Bohr, Niels 450
拟合参数 fit parameter **6**
逆 reverse
逆转录酶 transcriptase 5, **7**-8, 21
逆转录酶抑制剂 inhibitor **8**
逆转录 transcription 10, 19
逆锁键 catch bond **150**, 152-157, 158
逆锁键 slip bond **149**, 150-153
逆转录病毒 retrovirus **7**
逆转录酶 transcriptase, reverse 见逆—逆转录酶
黏度 viscosity **31**
黏着斑蛋白 vinculin 157
黏滞系数 viscous drag coefficient **142**, 158, 330, 444
浓度 concentration 79, **441**

P

胚胎 embryo 398
赔率 odds **190**
配体 ligand **141**, 249, 310, 320
配体门控通道 -gated channel 见离子—离子通道
偏度 skewness **64**
偏移算符 shift operator 215
漂移 drift 143
漂移速度 drift velocity **142**
频率 frequency
波的频率 of a wave 41, 444
等位基因的频率 of an allele 98
观察值的频率 of an observed value **41**, 60, 101, 107, 177
平衡常数 equilibrium constant 442
解离平衡常数 dissociation **317**, 331, 364, 379
平均 mean
平均速率 rate **241**, 243-248, 252, 252, 256, 264, 269, 270-272, 289, 298, 299, 301
样本均值 sample 见样本—样本均值
普朗克 Planck, Max 449
普朗克常数 Planck's constant 31, 441, 449, 451

Q

期望 expectation 53, 439
连续分布的期望 continuous distribution **112**
离散分布的期望 discrete distribution 54
期望值 value 54
期望值 expected value 54
期望最大化算法 expectation-maximization algorithm 219, 230
齐多夫定 zidovudine 8
启动子 promoter 271, **311**-313, 335, 371
气味 odorant 27
迁移率 mobility 见黏滞系数 viscous drag coefficient
潜伏期 latency period 1, 19, 23, **377**
潜在概率 latent probability **217**, 225
欠阻尼振子 underdamped oscillator **340**
嵌合蛋白 chimeric protein 见蛋白质—融合蛋白
嵌合体 mosaicism 377
切割 cleavage 7, 8, 264, 335
亲和性 affinity **316**
亲和性 agonist 141
倾倒点 tipping point 361
倾向 propensities 275, 276, 287
清除 clearance 2, **10**-12, 22, 39, 78, 271, 282, 320, 321, 332, 380, 391, 398
清除速率 rate 见消解参数 sink parameter
驱动蛋白 kinesin **285**, 285, 302
驱动马达 Kinesin 302
曲线拟合 curve fitting 186
去关联 decorrelation 196

去极化 depolarization 见细胞膜极化
去磷酸化 dephosphorylation **398**

R

染色单体 chromatid 284
染色体 chromosome 39, 97, 283
  细菌染色体 bacterial 295, 352
热平衡 thermal equilibrium **145**
人口变化 demographic variation **416**
人类免疫缺陷病毒 HIV (human immunodeficiency virus) 1-5, 7, 19, 24, 68, 92, 321, 352, 386
  HIV的根除 eradication 20
  HIV蛋白酶 protease 5, **7**, 8, 16
    HIV蛋白酶抑制剂 inhibitor 3, **8**, 21
  HIV原病毒 provirus 20, 433, 见原病毒 provirus
  HIV逆转录酶 reverse transcriptase 见逆—逆转录酶
任意单位 arbitrary units 449
溶源 lysogeny 95, 96, **351**, 352, 373
融合蛋白 fusion protein **277**, 278, 293, 324, 371
冗长的 rigamarole 405
乳糖 *lac*
  乳糖阻遏物 repressor 见阻遏物 repressor
  乳糖开关 switch 见开关 switch
乳糖 A（基因） *lac*A (gene) 370
乳糖 Y（基因） *lac*Y (gene) 370
乳糖 Z（基因） *lac*Z (gene) 370

S

扫描探针显微镜 scanning probe microscope 179
色氨酸 tryptophan 327, 328, 398
上位性 epistasis **120**
设定点（值） setpoint **307**, 323, 325, 326, 329
摄氏温标 Celsius temperature scale 446
神经递质 neurotransmitter 84, 103, **249**-251, 266, 362
  神经递质囊泡 vesicle 见囊泡 vesicle
神经肌肉接头 neuromuscular junction **249**
神经细胞 nerve cell 见神经元 neuron
神经元 neuron 83, **121**, 122, **249**, 309, 362, 433
  运动神经元 motor 250, 251, 266
神秘的结合位点 cryptic binding site 153
渗透性 permeability 334
升（单位） liter (unit) 448
生成时间 generation time 321
生–灭过程 birth–death process **271**, 272, 274, 276, 278-280, 283, 287, 294, 307, 308, 321, 323-325, 344, 354
  为阵发式转录修正的生–灭过程 modified for bursting 见转录阵发 bursting
  生–灭过程模拟 simulation 见模拟
  时间相关的生–灭过程 time dependent 356
失活 inactivation 见酶 enzyme；阻遏物 repressor
湿件 wetware 306
时间 time
  清除时间常数 constant, clearance 见消解参数 sink parameter
  时间序列 series 60
  时隙 slot 240
势 potential
  电势 electric 见电—电势
  势能 energy 见能量 energy
  膜电势 membrane 266
事件 event **42**, 441
  独立事件 independent 见独立事件
试探解 trial solution **13**
视蛋白 opsin 292
视黄醛 retinal 292
视交叉上核 suprachiasmatic nucleus 389
嗜中性粒细胞 neutrophil 306
噬菌体 bacteriophage **87**, 351
  λ噬菌体 **351**, 352, 372, 378
  T1噬菌体 87
首通时间 first-passage time **147**, 148
受体 receptor 141, **311**
  核激素受体 hormone, nuclear 336
  免疫受体 immune 152, 153, 156
  嗅觉受体 olfactory 27
鼠（小鼠）肝炎病毒 murine (mouse)

hepatitis virus, 见 MHV 鼠肝炎病毒
树突 dendrite **249**, 250, 362
数据分区 binning data 37, 38, **43**, 107, 189
数据集的范围 range of a dataset **129**
衰减 attenuation 328
双对数坐标图 log-log plot 9, **124**, 134
双峰分布 bimodal distribution **115**, **135**, 253, 359, 371
双曲型结合曲线 hyperbolic binding curve 见结合—结合曲线—非协同结合曲线
双稳态 bistability **358**, 359-370, 372-375, 381-383, 396
水平基因转移 horizontal gene transfer 96
瞬态、过渡 transient **12**, 396
斯莫卢霍夫斯基方程 Smoluchowski equation 289
斯特林公式 Stirling’s formula **106**, 139
死区时间 dead time 258
死亡率 mortality 100
　中位数死亡率 median 132
　死亡表 table **262**
四分位距 interquartile range **129**, 137
四环素 tetracycline 324, 325-327, 353
四聚体化 tetramerization 371, 384, 385, 390
似然 likelihood **52**, 61, 171-174, 180-182, 185, 186, 190, 197-199, 262, 266
　似然最大化 maximization(MLE) **173**, 180, 186, 187, 198, 200, 245, 262
　似然比 ratio 173, 173, 178, 178, 187, 201
速率 rate
　速率常数 constant **11**, 272, 275, 289
　平均速率 mean 见平均—平均速率 mean rate
随机 random
　随机过程 process **238**, 256, 286
　　连续时间随机过程 continuous-time 241
　　光的随机过程 light, 见泊松—泊松过程
随机 stochastic
　随机光学重构显微术 optical reconstruction microscopy (STORM), 见显微术—定位显微术 microscopy, localization
　随机共振 resonance, 见噪声诱导的振荡 oscillation, noise-induced
　随机模拟算法 simulation algorithm, 见 Gillespie 直接算法 Gillespie’s direct algorithm
随机变量 variable **42**
随机行走 walk 65, 99, 126, 141-142, **268**, 272, 276, 286, 见布朗运动 Brownian motion，扩散 diffusion，莱维飞行 Lévy flight
　光阱中的随机行走 in trap 144-150
　随机时间的随机行走 random times 270
　随机行走模拟 simulation 见模拟
　有偏随机行走 with drift 142-144
随机系统 system **38**
　可复制随机系统 replicable **40**, 41, 58, 60, 107, 128, 169-171
随机性 randomness, 意味着可重复 implies replicable 170
随机性参数 randomness parameter **259**
锁存电路 latch circuit 见拨动（开关）toggle

T

肽 peptide 153
　自身肽与非自身肽 self vs non-self 154
泰勒定理 Taylor’s theorem 17, 47, 69, 82, 116, 405, 447
糖蛋白 glycoprotein 157
逃逸解 runaway solution 361, 387
特异性 specificity **334**

特征矢量 eigenvector 405
特征值 eigenvalue 405
体重指数 body mass index 30
条件概率 conditional probability 见概率
调控 regulatory
调控蛋白 protein 见转录—转录因子
调控序列 sequence **311**
调速器 governor 305, 307-309, 323, 331, 360, 391, 392
离心调速器 centrifugal **307**, 308, 329, 330
跳跃基因 jumping genes 378
通道 channel 见离子—离子通道
通透酶 permease, *lac* (LacY) 21, **370**-372, 377, 385
统计独立事件 statistically independent events 见独立事件 independent events
统计量 statistic **58**
统计学 statistics **169**
突变 mutation 4, 6, 9, 10, 12, 17, 19, 27, 39, 68, 86-90, 92, 105, 243, 261, 313
突变概率 probability 89, 90, 92, 169, 443
突触 synapse 249
神经突触 neural 249
神经肌肉突触 neuromuscular 250
突触的 synaptic
突触间隙 cleft 249
突触囊泡 vesicle, 见囊泡 vesicle
突触前结构 presynaptic structures 249
图 graph
双对数图 log-log, 见双对数坐标图 log-log plot
半对数图 semilog **9**
推断 inference **169**, 209
拓扑异构酶 I topoisomerase I 295

W

瓦特 Watt, James 307
外推，外插植 extrapolation **15**
网络模体 network motif **324**
网络图 network diagram 271, 272, 282, 314, **322**-323, 326, 334, 339, 342, 343, 344, 347, 364, 364, 371, 373, 373, 377, 379, 386, 391, 397, 399, 400, 418, 431, 441
危险 hazard
危险率 rate 262
危险比 ratio 262
微管 microtubule 159, 283-285, 300
微管蛋白 tubulin **236**
维持 maintenance **358**, 370
维持培养基 medium 358
位 bit 35, 36, 65, **360**, 362, 383
温度 temperature 146, 159, 208, 208, 442, 443, 445
温度敏感转录因子 -sensitive transcription factor 364, 366-367, 379, 382, 383
摄氏、华氏、绝对温度 Celsius, Fahrenheit, absolute 445
稳态 steady state 2, 274, 321, 346, 347, 354, 356, 365
无关联事件 uncorrelated events 见独立事件 independent events
无量纲化流程 nondimensionalizing procedure 340, 344-346, 356, 357, 365, 374, 381, 387
无量纲量 dimensionless quantities **445**, 447-448
无协同结合 noncooperative binding 331
无意识推理 unconscious inference 171
物理建模 physical model v, **6**, 15, 45, 60, 74, 107, 168, 169, 172, 185, 243, 266, 307, 368, 402, **497**, 445, 453
原子模型 atomic 449
机械振子的物理建模 basic mechanical oscillator 393
生–灭过程的物理建模 birth-death process 272
布朗运动的物理建模 Brownian motion 65
能量面上布朗运动的物理建模 on landscape 144
细胞周期时钟模型 cell-cycle clock 400
恒化器的物理建模 chemostat 344

感受态的物理模型 competence 430
冷冻电镜的物理建模 cryo-electron microscopy
一维冷冻电镜的物理建模 1D 215
二维冷冻电镜的物理建模 2D 224
达尔文模型 “Darwinian” 87
疫情传播模型 epidemic
SI 疫情传播模型 348
SIR 疫情传播模型 349
SIRS 疫情传播模型 350
基因调控模型 gene regulation 320
线性关系的通用物理模型 generic linear relation 185
基因切换模型 genetic toggle 368
驱动马达步进模型 kinesin stepping 285
动粒的物理建模 kinetochore 284
拉马克模型 “Lamarckian” 87
定域显微术的物理模型 localization microscopy 181
机械驰豫振子的物理建模 mechanical relaxation oscillator 395
膜电导的物理建模 membrane conductance 83, 297
马达或酶的物理模型 motor or enzyme 238, 240, 248, 264
神经递质释放的物理建模 neurotransmitter release 251, 266
Novick–Weiner的物理建模 355
自调控基因的物理建模 self-regulated gene 325
模拟模型 simulation 90
转录模型 transcription 272, 282
转录阵发的物理建模 transcriptional bursting 280
双基因开关的物理建模 two-gene toggle 364
解离的物理建模 unbinding 315
病毒动力学模型 virus dynamics 11,13-15
误差函数 error function 138

X

吸引盆 basin of attraction 362, 384
吸引子 attractor **404**
希尔 Hill, Archibald 318
希尔 Hill
希尔系数 coefficient 见协同—协同参数
希尔函数 function **318**-321, 343, 400, 407, 408
稀释 dilution **293**, 321, 332, 380, 391
稀释特性 thinning property **246**-248, 256, 263, 265
膝式千斤顶 knee jack 360
细胞 cell
细胞周期 cycle 见有丝分裂时钟 clock, mitotic
细胞周期效应 cycle effect 337
细胞分裂 division 见有丝分裂时钟 clock, mitotic
细胞分裂周期蛋白 division cycle proteins 见Cdc20, Cdc25
细胞凋亡 apoptosis **341**
细胞膜极化 polarization of cell membrane 84, 102, 309, 334, 362
细胞膜极化噪声 noise 见噪声
细胞外基质 extracellular matrix (ECM) 157
细胞因子 cytokine **156**
先验概率、先验分布 prior **52**, 171, 173, 178, 186, 189, 191, 192, 197
Jeffreys 先验概率 Jeffreys 189, 192
先验概率比 ratio 173, 187
均匀先验概率 Uniform **172**, 175, 177, 199
没有任何信息的先验概率 uninformative 192
显微镜 microscope
电子显微镜 electron 179
近场光学显微镜 near-field optical 179
扫描探针显微镜 scanning probe 179
显微术 microscopy
电子显微术 electron (EM) **205**
定位显微术 localization 27, 112, 181, **183**, 192, 205

超分辨显微术 superresolution 183
线性稳定性分析 linear stability analysis 348, 404-**406**, 411
腺苷 adenosine
二磷酸腺苷 diphosphate 见ADP
一磷酸腺苷 monophosphate, 环腺苷酸 cyclic 见cAMP
三磷酸腺苷 triphosphate 见ATP
相对标准偏差 relative standard deviation 见标准偏差 standard deviation
相位 phase
相平面 plane 见二维相图 phase portrait, 2D
相图 portrait 346, 374, 375, 395, 396, 401, 440
一维相图 1D 308, **309**, 330, 360, 381, 382
二维相图 2D 329, 330, 344, 346, 347, 362, 363, 365, 410, 430
像素 pixel **179**, 183, 194
消解参数 sink parameter **321**, 325, 332, 364, 380, 428
小分子RNA sRNA 335
效应物 effector **310**, 312, 313, 320, 322, 325-328, 372, 377, 398
协方差 covariance **59**, 61, 73, 439
协方差矩阵 matrix **195**
协同 cooperativity 见结合
协同参数 coefficient 316-**318**, 325, 332, 339, 364, 365, 369, 400, 409, 442
协同阻遏 repression, cooperative 369
谐振子 harmonic oscillator 144
心室纤颤 fibrillation, ventricular 260
心脏纤维性颤动 cardiac fibrillation, 404
信使RNA messenger RNA 见RNA
信噪比 signal to noise ratio **210**, 214, 221, 223, 226
选择素 selectin 152, **157**
选择性 selectivity **50**, 53, 70, 154
雪崩 avalanche 121, 131
血红蛋白 hemoglobin 320

Y

衍射 diffraction
衍射极限 limit **179**
样本（音频） sample (audio) **211**
样本 sample
样本均值 mean 53, **57**, 58, 134, 135, 181, 184, 439
样本均值的局限性 limitations of 200
样本空间 space **42**-44, 45, 48, 57, 78, 93, 119, 128, 170, 238, 289
一阶反应动力学 first-order kinetics **272**
乙酰胆碱 acetylcholine 84, 102
异方差性 heteroscedasticity 185
异构化 isomerization **165**
异构体和异构化 isomers and isomerization 310
异乳糖 allolactose 313, 377, 398
抑制, 竞争 inhibition, competitive 334
疫苗 vaccine 100, 27, **206**
疫苗的有效性 efficacy **67**
mRNA 疫苗 mRNA 206, 207
因变量 dependent variable **184**, 187
婴儿床死亡事件 crib death 45-46
荧光 fluorescence 77
纳米精度的荧光成像 imaging at one nanometer accuracy (FIONA), 180, 181, 183, 187, 194
荧光显微镜 microscopy **179**
荧光活化定位显微镜 photoactivated localization microscopy (FPALM) 见显微术—定位显微术
荧光蛋白 fluorescent protein 359
绿色荧光蛋白 green (GFP) 182, 278, 324-326, 364, 367, 369, 383
红色荧光蛋白 red (RFP), 278
黄色荧光蛋白 yellow (YFP) 371
荧光团 fluorophore 179-183, 194, 251
营养态 vegetative state 426, 427
影响线 influence line 271, 322, 373, 441
硬盘驱动器 hard disk drive 358
有丝分裂 mitosis 283, **398**, 400, 也可参见有丝分裂时钟 clock, mitotic
有丝分裂时钟 clock, mitotic 398-401
有效的 productive

有效的碰撞 collision 238
有效的感染细胞 infected cell 20
有效性 efficacy **67**
诱导 induction 280, 281, 352, 354, 355, 358, 372, 375
乳糖中的诱导 in *lac* **354**
λ中的诱导 in *lambda* **352**
诱导物 inducer **313**, 314, 354, 355, 359, 366-368, 372
诱导物排斥效应 exclusion **372**
安慰型诱导物 gratuitous 21, 354, 355, 359, 370, 377
原病毒 provirus 20, **351**, 352, 433
原子力显微镜 atomic force microscope 152

Z

噪声 noise **26**, 55
膜电位中的噪声 membrane potential 84
噪声诱导的振荡 oscillation, noise-induced 406
涨落 fluctuation 55
折叠 folding
折叠分岔图 bifurcation diagram 382
蛋白质折叠 protein 277, 390
RNA 折叠 RNA 278
真核生物 eukaryotes 283, 292, 295, 313, 334, 336, 390, 398, 402
振子 oscillator 389, 391, 也可参见有丝分裂时钟 clock, mitotic
自主振子 autonomous 398
机械振子 mechanical 410
基本的机械振子 basic 392, 403
弛豫振子 relaxation 395, **396**, 399, 400, 401, 403, 410
基因弛豫振子 genetic 397
单基因振子 single-gene 397
三基因振子 three-gene 见阻遏振子 repressilator
整合酶 integrase 5, **7**
整合素 integrin 157
正规化 regularization **230**
正态分布 normal distribution **110**
指令输入 command input 364, 379
指数 exponential **17**
指数衰减 decay 17
指数分布 distribution 36, 74, 118, 125, 161, **242**-242, 245, 252, 254, 256, 260-262, 265, 270, 272, 274, 276, 281, 282, 416, 417
指数分布卷积 convolution of 252, 256
指数分布模拟 simulation 见模拟
指数增长 growth 17, 415
指数关系（普适的） relation (general) **9**
质粒 plasmid 96, 364
质量作用 mass action **316**, 348, 407
置信区间 confidence interval 193
置信区间 credible interval **177**, 184, 186, 191, 192, 198, 199, 266
中东呼吸综合征 Middle East Respiratory Syndrome, 见 MERS
中奖分布 jackpot distribution 88
中位数 median 129, **132**
中位数死亡率 mortality 132
中心（不动点） center (fixed point) 见不动点—中性不动点
中心极限定理 central limit theorem 119, **120**, 121, 130, 131, 138, 139
钟摆 pendulum 329-331, 338, 339, 344, 347, 363, 365, 411
类似于单向开关 as one-way switch 362
钟形曲线 bell curve 110
众数 mode **54**
周期蛋白 cyclin 399, 400, 407, 442
周期蛋白依赖激酶 cyclin-dependent kinase 见Cdk1
轴突 axon 362
轴突末端 terminal **249**, 249
昼夜时钟 circadian clock **389**
主方程 master equation **290**, 287 - 292, 295, 301
主要组织相容性复合物 major histocompatibility complex (MHC) 153-156
驻留（等待）时间 waiting time **35**, 36-

38, 39, 41, 43, 54, 69, 105, 107, 121, 181, 238, 241-244, 252, 256, 263, 264, 272, 282
驻留时间 dwell time 见驻留（等待）时间 waiting time
转基因 transgene 314
转基因小鼠 transgenic mouse **314**
转录 transcription **272**, 277, 311, 313, 315, 322, 332, 335, 363, 371, 378, 384, 390
阵发式转录 bursting, 见转录阵发 bursting
真核生物中的转录 eukaryotes 336
转录因子 factor 7, 21, **313**, 311-314, 320, 322, 324, 363, 372, 387, 397, 398, 参见阻遏物 repressor, 激活物 activator
逆转录 reverse 12
转录物 transcript **277**
转录阵发 bursting **280**-282, 293, 299, 371, 385
真核生物中的转录阵发 in eukaryotes 283
蛋白质生产中的转录阵发 in protein production 283
转录阵发模型 model 282
阵发转录模型的模拟 simulation 见模拟
转乙酰基酶 transacetylase 369, 370
转运 translocation 334
状态变量 state variable **238**, 240, 268, 271, 307, 330, 360
准平衡 quasi-equilibrium **147**
准稳态 quasi-steady state **10**, 12, 24
自催化 autocatalysis **342** 见反馈—正反馈
自关联函数 autocovariance function **60**, **166**
自律 self-discipline 276
自身免疫性疾病 autoimmune disorder 154
自调节 autoregulation 见反馈—负反馈
自主振子 autonomous oscillator **389**
阻遏物 repressor **311**-313, 316, 328, 364, 375, 380, 390, 398
阿拉伯糖阻遏物 arabinose (AraC) 397
阻遏物结合曲线 binding curve 见结合—结合曲线
cro 阻遏物（Cro） 21, 372, 373
FadR 阻遏物 312
阻遏物失活 inactivation of 313, 327, 370
lac 阻遏物（LacI） 21, 310, **313**-314, 328, 328, 359, 363, 366, 368, 370, 373, 377, 384, 385, 391, 390, 397, 398
λ 阻遏物（cI） 363, 366-369, 372, 373, 378-380, 383, 391
tet 阻遏物（TetR） **324**-327, 391
trp 阻遏物（TrpR） 328
阻遏振子 repressilator **390**
最大似然估算 maximum likelihood estimation 见似然 likelihood
最概然值 most probable value **54**
最小二乘法拟合 least-squares fitting **185**, 187

后 记

偏离又牵连，看似无规，
但仍有规可循，
它们在互动中达成神圣的和谐。

——约翰·弥尔顿（John Milton）（1667 年）

到目前为止，本书已经提出了一个大的问题：什么是物理模型？你已经在前面章节中看到了一种有效的科研方法的很多例子。他们有什么共同点吗？

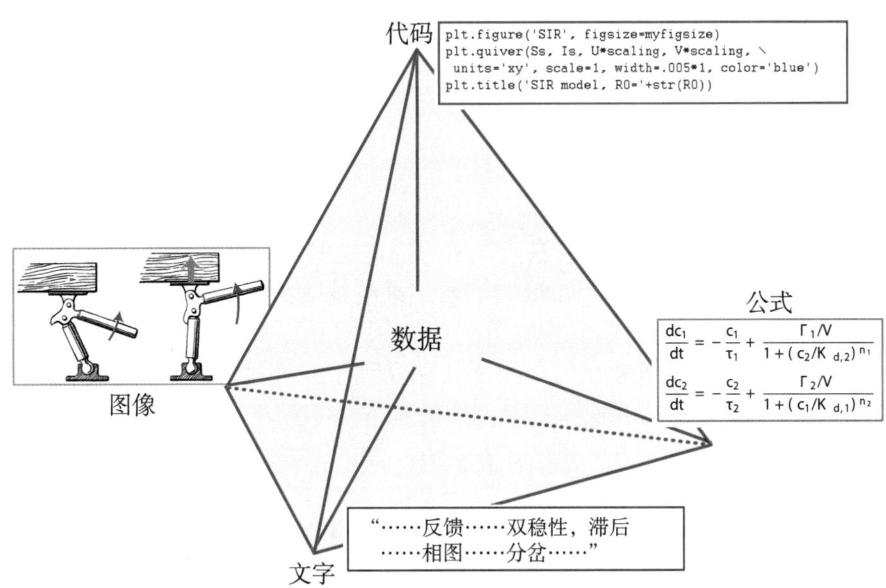

上图提供了一种答案：我们讨论的模型试图寻找四种不同思维和表达模式之间的协同作用，每种模式又都能启发其他模式。我们可以从四面体的任意顶点开始，然后在各点之间跳跃从而逐步细化我们的想法。我们可以从可视化图像开始来探索一个新系统（例如网络的双稳态）和我们已知系统（图 12.12 机械开关）之间可能的类比。基于经验的描述性文字有助于凸显我们的期望，并提醒我们寻找什么现象。数学公式则将这些文字精确化，并由此解释当前问题的已知结果。计算机代码可以帮助我们解这些方程，甚至会揭开我们没有预想到的后果。整个过程中，模型的每个方面必须与我们已知的内容（数据）兼容；此外，每个人都可以建议正确的实验来挖掘新的数据。

模型是对真实世界系统的简化描述，以展示系统特定的特征或研究关于系统的具体问题。建模可以帮助我们发现复杂系统的哪几个特征是某些行为所必需的；正如我们所看到的，建模也可以在天然系统启发下引导我们构建有用的人工系统。但是，是什么让一个模型变得“物理”呢？这里的边缘是模糊的，但有一点应该是明确的，即贯穿本书的与非生命系统的类比是有益的。像切换开关之类的触觉图像有助于我们猜测进化中偶然产生的机制，大概是因为它们从现有组件进化来的，因此可以很好地执行适应性任务。基于生命和非生命世界对比的诸多事实而提出的假说，尽管有些只是临时的，但也往往富有成效，也许是因为我们在分析数据之前就不自觉地赋予了这些假说较高的先验概率。诸如光的离散特性之类的其他物理思想也被证明在定位显微镜之类的新实验技术方面是不可缺少的。

令人惊讶的是看起来物理建模无所不能，我们甚至能奇迹般地将模型成功地外推到实验尚未触及的新情况。作为科学家，我们无法揭示大自然规律性的来源，但我们可以探究这种规律性，先研究它曾经展示过的例子，然后再发明各种技术去识别它。

技能和框架

由于个人认知源自狭小的专业领域，因此这些认知很快就会过期。但是，随着新事实的不断补充和跨领域的了解，某些技能和框架可以帮你重新认识已知的世界。

本书许多习题的解答已经让你深切感受到了建模过程的实施细节。某些技能涉及诸如量纲分析和曲线拟合之类的日常科学任务，其他则涉及随机性，包括特征分布、最大似然推断和随机模拟。此外，我们还需要更多的概念和方法，如遗传学、动力系统、生理学、控制论、生物化学、统计推断、物理化学、细胞生物学、免疫学和流行病学。

我们的目标一直是揭示生命科学、物理科学，以及“我们如何知道”之类普适问题的某些方面。可是，许多科学家除了获得知识以外，还希望利用这些洞察力来改善健康、获得可持续性以及实现一些其他的宏伟目标。在此，上面提到的技能和概念方法同样有效。

与任何其他工具一样，如果我们对物理建模不予鉴别地过度延伸，其结果会误导我们试图用少数几个共性元素和机制来解释很多事情，这不一定总能成功。但搜索额外相关数据的冲动本身就是能带来更好科学的一次训练，因为部分数据可能会支持但大部分可能会证伪我们最喜爱的模型。

远景

本书的另一个目标是向你展示很多科学领域比你想象的联系更加紧密。有人说机械理解玷污了世界的神秘美感，许多科学家却反驳说我们就是需要大量的机械理解直到掌握美感和神秘感的本质。

当我写下这些句子时，鸟儿在我周围的森林里欢唱。我知道它们想要领地、配偶以及昆虫。但是，尽管知道我正沉醉在那些迷人的细节中，自我调控系统也没有削弱我听到鸟叫的愉悦感。了解一点有关它们生活的机制只会增强我的惊奇感。不同于古代人，我们还可以欣赏它们所生活的密集、有知觉和几乎看不见的生活世界，乃至了解它们周围土壤中的微生物的水平，并开始理解那个世界的复杂舞蹈。

现在，通向各个方向的大门都已经打开，祝各位在探索路上好运。